国家科学技术学术著作出版基金资助出版

压缩空气储能理论与应用
The Theory and Applications of Compressed Air Energy Storage

陈海生　徐玉杰　张华良　著

科学出版社

北　京

内 容 简 介

本书涵盖压缩空气储能理论、技术和应用三个方面，内容包括压缩空气储能的技术背景、理论基础、技术分类、设计方法、技术应用与发展前景等。全书共分 6 章。第 1 章为绪论，主要介绍压缩空气储能的研究和应用背景。第 2 章为压缩空气储能的技术分类，包括各种压缩空气储能技术的工作原理、技术特点、国内外现状和发展趋势。第 3 章为压缩空气储能的技术基础，包括热力学基础、气体动力学基础、传热学基础、燃烧学基础、电工学基础。第 4 章为压缩空气储能的设计，包括系统总体设计、压缩机、燃烧室、膨胀机、蓄热(冷)器、换热器、储气装置、控制系统。第 5 章为压缩空气储能的应用，包括常规电力系统、可再生能源、分布式能源和压缩空气储能经济性分析等。第 6 章为压缩空气储能技术展望，包括技术展望和应用展望。

本书可供压缩空气储能技术的研究人员、工程技术人员及相关从业者阅读、参考。

图书在版编目(CIP)数据

压缩空气储能理论与应用 / 陈海生，徐玉杰，张华良著. -- 北京：科学出版社，2025.7. -- ISBN 978-7-03-080360-3

Ⅰ. TK02

中国国家版本馆CIP数据核字第2024C8B557号

责任编辑：范运年 / 责任校对：王萌萌
责任印制：赵 博 / 封面设计：陈 敬

科 学 出 版 社 出版
北京东黄城根北街 16 号
邮政编码：100717
http://www.sciencep.com

北京中科印刷有限公司印刷
科学出版社发行 各地新华书店经销

*

2025 年 7 月第 一 版　开本：720×1000 1/16
2026 年 1 月第二次印刷　印张：27 3/4
字数：530 000
定价：360.00 元
(如有印装质量问题，我社负责调换)

前　　言

廿易寒暑，廿载春秋，压缩空气储能于我和团队而言，似一块待琢璞玉，二十年来，我们沉浸其中，孜孜以求成器。回首这段科研征途，深知我国在此领域起步相对较晚，系统性的专著长期阙如，实为学科发展之憾。多年来，同行挚友和学界同仁常殷切鼓励："海生，该是时候写一本书了！"这份沉甸甸的期许，我始终铭记于心，然或因冗务所羁，或因才思所扰，又常感时机不成熟，动笔之事一拖再拖，每每念及，心中不免抱憾。今天，《压缩空气储能理论与应用》终能付梓，既是了却一桩夙愿，亦是向一直关心此事的朋友们献上的一份回应。

书成三愿：一愿不负同仁相期殷殷，二愿填补学科专著空白，三愿响应国家能源战略亟需。储能，作为能源革命的核心支撑与国家战略性新兴产业，是可再生能源大规模消纳与新型电力系统安全高效运行的基石。压缩空气储能以其规模大、寿命长、环境友好等优势，在国际上被视为大规模长时储能的主要发展方向，技术探索与应用实践已蔚然成观。然而，新世纪以来，国内虽奋起直追，成果斐然，却始终缺乏一部系统阐述其理论、技术与应用的专门著作。因此，我们希望本书能填补此一空白，为奋战在压缩空气储能研究前沿的科研人员、投身于工程设计与建设一线的技术专家，以及所有关注此领域的从业者，提供一部兼具理论深度、技术广度和应用价值的参考书，以期成为推动我国压缩空气储能技术快速发展的铺路之石。

在内容上，本书力求全面性、系统性、前沿性三者并重。我们希望跟读者一起深入剖析压缩空气储能的技术和应用背景，洞悉技术底层的热力学与流体力学等理论基础和学科内涵。在此基础上，系统地介绍传统补燃式、先进绝热式与蓄热式、超临界压缩空气储能等主要技术路线，对其基本原理、关键部件设计方法、系统集成优化策略进行阐述。同时，我们始终关注技术发展的前沿，书中一方面融入了大量研究团队在热力循环创新、高效压缩/膨胀、储/换热系统集成等领域的最新研究成果与实践经验，另一方面努力呈现国际最新发展动态，以期帮助读者把握住技术发展的趋势与方向。需要说明的是，本书的核心内容，源于研究团队十数年来在实验室里的测试数据、在工程现场攻坚克难的汗水，以及在国内外学术交流中碰撞出的思想火花，是长期积累的成果与集体智慧的结晶。

值此成书之际，心中涌动着难以言表的感激。首先，向并肩作战的研究团队全体成员致以最崇高的敬意与最诚挚的感谢！刘畅、丁捷、林曦鹏、孙爽、朱阳历、王亮、张新敬、左志涛、张宇鑫、盛勇、付文秀、郭欢、王嘉辉、张可心、陶船斯嘉、门静婧、张志来、李文凯、汪翔、尹钊、陈仕卿、朱轶林、李文、周学志、张雪辉、梁奇、侯虎灿、王艺斐、凌浩恕、杨征、王少林、谭雅倩、贺凤娟、胡珊……是他们夜以继日的钻研、无私分享的成果和不懈的支持，赋予了本书坚实的根基与鲜活的生命力。他们的无私奉献，是本书得以成型的根本保障。

同时，本书的出版也得到了学界前辈和业界同仁们的鼎力支持与殷切关怀。承蒙中国工程热物理学会荣誉理事长金红光院士和理事长朱俊强院士高屋建瓴的指导与勉励，中国化工学会储能工程委员会朱庆山主任、中国能源研究会储能专业委员会夏清教授的宝贵建议与大力支持，为本书增色良多。在此一并深表谢忱！

压缩空气储能技术方兴未艾，探索之路未有穷期。因个人学识与水平有限，书中难免存在疏漏或不足之处。恳请各位专家、学者、读者朋友们不吝赐教，敬请批评与指正。

于北京

2025 年 4 月 15 日

目　录

前言
第1章　绪论 ·· 1
  1.1　能源概述 ··· 1
    1.1.1　能源的分类 ··· 1
    1.1.2　能源的发展历程 ··· 1
    1.1.3　能源的发展趋势 ··· 2
  1.2　储能概述 ··· 2
    1.2.1　储能的必要性 ·· 2
    1.2.2　储能的分类 ··· 6
    1.2.3　储能的作用 ··· 16
    1.2.4　储能的发展现状 ··· 18
  1.3　压缩空气储能概述 ··· 19
    1.3.1　技术原理 ·· 19
    1.3.2　发展现状 ·· 20

第2章　压缩空气储能的技术分类 ·· 25
  2.1　传统压缩空气储能 ··· 25
    2.1.1　工作原理 ·· 25
    2.1.2　技术特点 ·· 27
    2.1.3　国内外现状 ··· 28
    2.1.4　发展趋势 ·· 31
  2.2　蓄热式压缩空气储能 ·· 32
    2.2.1　工作原理 ·· 32
    2.2.2　技术特点 ·· 33
    2.2.3　国内外现状 ··· 34
    2.2.4　发展趋势 ·· 38
  2.3　等温压缩空气储能系统 ··· 39
    2.3.1　工作原理 ·· 39
    2.3.2　技术特点 ·· 42
    2.3.3　国内外现状 ··· 44
    2.3.4　发展趋势 ·· 46

2.4 液化空气储能 ········· 47
2.4.1 工作原理 ········· 47
2.4.2 技术特点 ········· 48
2.4.3 国内外现状 ········· 51
2.4.4 发展趋势 ········· 54
2.5 超临界压缩空气储能 ········· 55
2.5.1 工作原理 ········· 55
2.5.2 技术特点 ········· 57
2.5.3 国内外现状 ········· 58
2.5.4 发展趋势 ········· 60
2.6 水下压缩空气储能 ········· 60
2.6.1 工作原理 ········· 60
2.6.2 技术特点 ········· 63
2.6.3 国内外现状 ········· 66
2.6.4 发展趋势 ········· 71
2.7 压缩空气储能耦合系统 ········· 71
2.7.1 工作原理 ········· 71
2.7.2 技术特点 ········· 72
2.7.3 国内外现状 ········· 73
2.7.4 发展趋势 ········· 80

第3章 压缩空气储能的技术基础 ········· 81
3.1 热力学基础 ········· 81
3.1.1 热力学基本概念 ········· 81
3.1.2 热力学基本过程 ········· 98
3.1.3 热力学能量及损失分析方法 ········· 106
3.2 气体动力学基础 ········· 114
3.2.1 气体动力学基本概念 ········· 114
3.2.2 叶轮机械工作过程分析 ········· 126
3.2.3 叶轮机械能量与损失分析方法 ········· 133
3.3 传热学基础 ········· 145
3.3.1 传热学基本概念 ········· 145
3.3.2 蓄热/换热器工作过程分析 ········· 153
3.3.3 蓄热/换热器能量与损失分析方法 ········· 155
3.4 燃烧学基础 ········· 157
3.4.1 燃烧学基本概念 ········· 158
3.4.2 燃烧室工作过程分析 ········· 165

  3.4.3 燃烧室能量与损失分析方法 ································· 165
3.5 电工学基础 ··· 168
  3.5.1 电工学基本概念 ··· 168
  3.5.2 电力系统工作过程分析 ······································· 175
  3.5.3 电力系统能量与损失分析方法 ································· 182

第4章 压缩空气储能的设计 ································· 188
4.1 系统总体设计技术 ··· 188
  4.1.1 系统设计原则 ··· 188
  4.1.2 设计工况的热力学分析 ····································· 190
  4.1.3 变工况分析 ··· 200
  4.1.4 非稳态分析 ··· 214
  4.1.5 系统优化设计 ··· 225
4.2 压缩机设计技术 ··· 231
  4.2.1 总体设计 ··· 231
  4.2.2 气动设计 ··· 241
  4.2.3 结构与强度设计 ··· 244
  4.2.4 变工况设计 ··· 250
  4.2.5 试验与测量技术 ··· 253
4.3 燃烧室设计技术 ··· 258
  4.3.1 总体设计 ··· 259
  4.3.2 燃烧技术 ··· 267
  4.3.3 结构与强度设计 ··· 271
  4.3.4 变工况设计 ··· 276
  4.3.5 试验与测量技术 ··· 278
4.4 膨胀机设计技术 ··· 282
  4.4.1 总体设计 ··· 282
  4.4.2 气动设计 ··· 284
  4.4.3 结构与强度设计 ··· 292
  4.4.4 变工况设计 ··· 297
  4.4.5 试验与测量技术 ··· 299
4.5 蓄热(冷)器设计技术 ··· 302
  4.5.1 总体设计 ··· 303
  4.5.2 流动与传热设计 ··· 306
  4.5.3 结构与强度设计 ··· 313
  4.5.4 试验与测量技术 ··· 318
4.6 换热器设计技术 ··· 319
  4.6.1 总体设计 ··· 320

  4.6.2 传热设计 ··· 323
  4.6.3 结构与强度设计 ··· 328
  4.6.4 变工况设计 ·· 332
  4.6.5 试验与测量技术 ··· 333
 4.7 储气装置设计技术 ·· 337
  4.7.1 总体设计 ··· 338
  4.7.2 压力容器设计 ··· 341
  4.7.3 储气洞穴设计 ··· 351
  4.7.4 变工况设计 ·· 353
  4.7.5 试验与测量技术 ··· 355
 4.8 控制系统设计 ·· 356
  4.8.1 总体设计 ··· 357
  4.8.2 硬件设计 ··· 370
  4.8.3 软件设计 ··· 372
  4.8.4 试验与测试 ·· 373

第5章 压缩空气储能的应用 ·· 376
 5.1 常规电力系统 ·· 376
  5.1.1 削峰填谷 ··· 376
  5.1.2 提高电能质量 ··· 377
  5.1.3 提供备用容量 ··· 379
  5.1.4 辅助传统发电机组运行 ··· 380
 5.2 可再生能源 ··· 381
  5.2.1 平滑输出 ··· 382
  5.2.2 并网调峰 ··· 383
  5.2.3 平衡出力 ··· 384
 5.3 分布式能源 ··· 385
  5.3.1 不间断电源 ·· 385
  5.3.2 无功及电压支持 ··· 387
  5.3.3 容量及分时电价管理 ·· 388
 5.4 压缩空气储能经济性分析 ·· 390
  5.4.1 技术经济性分析 ··· 390
  5.4.2 热经济性分析 ··· 399

第6章 压缩空气储能技术展望 ·· 405
 6.1 技术展望 ·· 405
  6.1.1 新型系统 ··· 405
  6.1.2 关键技术 ··· 409

6.2 应用展望……………………………………………………………415
　　6.2.1 经济性………………………………………………………415
　　6.2.2 产业发展……………………………………………………417
主要参考文献……………………………………………………………423

第1章　绪　论

1.1　能　源　概　述

1.1.1　能源的分类

能源是人类生存与发展的物质基础。每一次能源技术变革，都会引起人类文明的巨大进步。能源有多种分类方式，按其形成和来源分为来自太阳辐射的能源、地球内部的能源和由天体引力产生的能源，其中，来自太阳辐射的能源包括太阳能、煤、石油、天然气、水能、风能、生物质能等；地球内部的能源包括核能、地热能等；由天体引力产生的能源包括潮汐能等。按开发利用状况分为传统能源和新能源，传统能源包括煤、石油、天然气、水能、生物质能等；新能源包括核能、太阳能、风能、地热能、海洋能等。按再生属性分为可再生能源和非可再生能源，其中，可再生能源包括水能、太阳能、风能、地热能、生物质能、海洋能等；非可再生能源包括煤、石油、天然气、核能等。按是否从自然界直接获取分为一次能源和二次能源，其中，一次能源包括煤、石油、天然气、水能、太阳能、风能、核能、海洋能、生物质能等；二次能源包括电能、汽油、柴油、煤气、氢能等。

1.1.2　能源的发展历程

人类文明的发展历程也是能源利用方式的发展历程。利用火取暖和加热食物，宣告原始人告别了茹毛饮血的阶段。对火的认识和利用，实际上就是一种能源的转化利用。经过百万年的发展，能源利用方式及能源结构发生了多次变革：农耕社会以直接燃烧和提高加热效率为主要技术方向，形成以薪柴为主的生物质能源结构；18世纪中叶第一次工业革命以机械化和实现热功转化为主要技术方向，形成以蒸汽机动力为代表的煤炭时代；19世纪中叶第二次工业革命以电气化和提高能效为主要技术方向，形成以电力系统和内燃机/燃气轮机为代表的石油天然气时代；20世纪中叶第三次工业革命以电子信息化和发展新能源为主要技术方向，形成以互联网和可再生能源为代表的低碳能源时代。每一次工业革命都伴随着能源技术革命，人类也一直走在能源技术创新的道路上。一方面，科学技术不断推动能源利用方式向更高效更智能的方向发展；另一方面，随着社会进步，人们对生态环境越来越关注，在高效智能的基础上，能源利用方式进一步向清洁低碳方向发展。

1.1.3 能源的发展趋势

21世纪，面对资源和环境的挑战，全球气候变化备受关注，可持续发展成为全人类的共识，可再生能源在能源结构中的占比逐渐增加。同时，全球能源需求快速增长，国际地缘政治格局经历重大变化，能源安全问题更加凸显。另外，随着信息技术和人工智能等技术的快速发展，智慧能源系统逐渐兴起，人类进入了以可再生、智能化、多元化为特征的能源新时代，因此发展"清洁低碳、安全高效"的能源技术势在必行。

2020年9月，我国在联合国大会上提出了"碳达峰、碳中和"的战略目标，致力于在2030年前使二氧化碳排放达到峰值，并努力争取在2060年前实现碳中和。为实现《巴黎协定》的气候目标，承诺将提高国家自主贡献力度，采取更加强有力的政策和措施。我国从应对气候变化的积极参与者、努力贡献者，逐步成为关键引领者。实现"双碳"目标是一场广泛而深刻的经济社会变革，而储能将为这场变革提供关键技术支撑。

1.2 储能概述

1.2.1 储能的必要性

储能是通过介质或设备把能量存储起来，需要时再释放出来的过程。广义的储能包括基础燃料的存储(煤、石油、天然气等)、二次燃料的存储(煤气、氢、太阳能燃料等)、储电和储热等。我们通常讲的储能是指狭义的储能，包括储电和储热。

储能是第三次工业革命的支撑技术，是国际能源科技创新的战略必争领域，具有重大的战略意义。第一，储能是信息革命的支撑技术。信息技术经历了三个时代：第一个时代是计算机时代，第二个时代是互联网时代，第三个时代是移动互联网时代。在移动互联网时代，全球范围内智能终端(如手机、平板电脑等)设备迅速增长，移动能源驱动的便携式电子设备形成对储能技术革新的重大需求。第二，储能是交通动力变革的关键支撑技术。过去十年，电动汽车增长了10倍以上，预计到2030年全球电动汽车数量将超过2.4亿辆。动力电池作为电动汽车的核心部件，其材料体系创新和智能制造工艺优化等关键技术已成为产业发展的关键突破口。第三，储能是能源革命的关键支撑技术。在应对全球气候变化和可持续发展的紧迫需求下，未来能源结构将发生颠覆性变化，可再生能源将从补充能源变为主体能源，传统单一的集中式大电网受到挑战。储能将是解决可再生能源间歇性和不稳定性、提高常规电力系统和区域能源系统效率、安全性和经济性的迫切需要，是实现"双碳"目标和能源革命的关键。本书主要关注储能在能源系统中的战略作用。

1. 储能是可再生能源大规模接入的迫切需要

随着能源向低碳方向发展，包括我国在内的全球能源结构，可再生能源从补充能源变为主体能源，相应地，以集中式为主的电力系统转化为集中式和分布式相结合的以新能源为主体的新型电力系统。截至2023年底，全国可再生能源发电累计装机容量15.17亿kW，2023年可再生能源发电量达2.95万亿kW·h；从全球来看，2023年可再生能源占全球新增发电装机容量比重达86%。未来，可再生能源装机容量仍将保持较快增长。按照我国国务院发布的《2030年前碳达峰行动方案》要求，到2030年非化石能源消费比重将达到25%左右，风电、太阳能发电总装机容量达到12亿kW以上。然而，风能和太阳能等可再生能源固有的间歇性和波动性对电网的冲击很大，导致我国风电和光伏等可再生能源存在弃风/弃光现象。利用储能可以实现可再生能源的平滑波动、跟踪调度输出、调峰调频等，实现可再生能源发电的稳定可控输出(图1-2-1)，满足可再生能源电力大规模接入并网的要求。因此，储能是实现可再生能源大规模接入的必然选择。

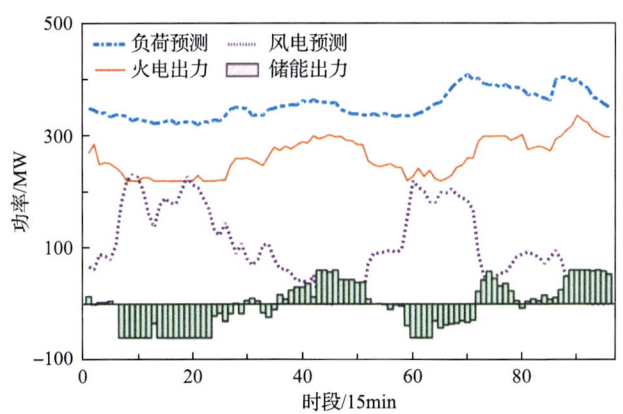

图1-2-1 储能对平滑可再生能源电力功率波动的作用

2. 储能是新型电力系统发展的迫切需要

新型电力系统是以确保能源电力安全为前提，以新能源为供给主体，以智能电网为枢纽平台,以"源网荷储"一体化与多能互补为支撑,以清洁低碳、安全可控、灵活高效、智能友好、开放互动为基本特征的电力系统。随着具有间歇性强、波动性大的新能源大规模并网及电动汽车、分布式电源等交互式设备的大量接入,电力系统将呈现出高比例新能源、高比例电力电子化的"双高"特点,并在供需平衡、系统调节、稳定特性、配网运行、控制保护和建设成本等方面发生显著变化,但也面临一系列新的挑战。储能作为电网中优质的灵活性调节资源,同时具有电源和负荷的双重属性,可实现电力系统的能量平衡,保障电能质量,从而提高系统的安全性和灵活性。电力系统将从"源网荷"三个主体发展为"源网荷储"四个主体(图 1-2-2),储能作为四个基本主体之一,将成为新型电力系统的关键支撑。

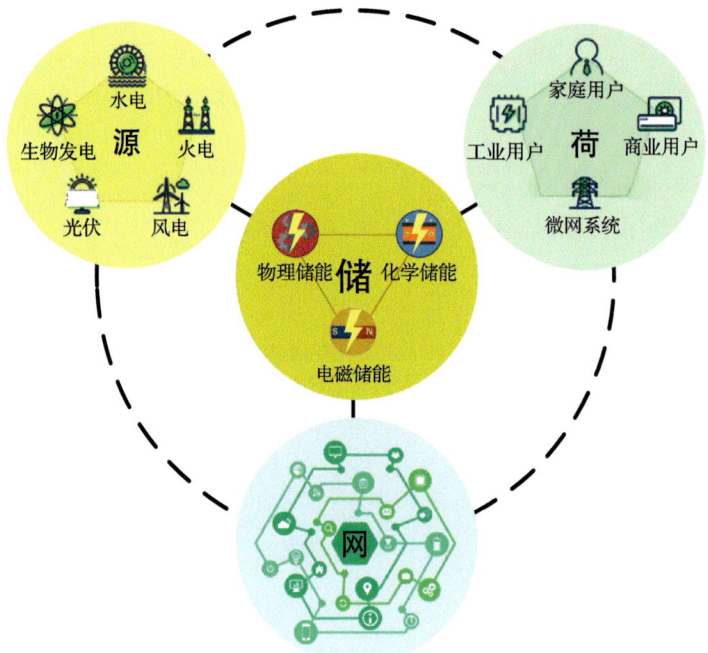

图 1-2-2　新型电力系统：源网荷储一体化

3. 储能是区域能源系统的关键技术

区域能源系统包括工业、民用和边远特殊地区能源系统等。近年来,我国以新能源汽车为代表的大量分布式能源系统与电网的互联将改变未来的能源网络。由于区域供能系统的规模比大电网小,所以负荷的波动率和故障率相对较高,而储能是提高其供电可靠性、电能质量、负荷平衡能力和储备应急电源等的必备关键技术(图 1-2-3)。储能还在工业、民用和国防等领域具有广阔的应用前景,是医院、国防设施、数据中心等敏感部门备用电源的最佳选择，也是芯片加工等精密制造行业高质量电力的可靠保障。

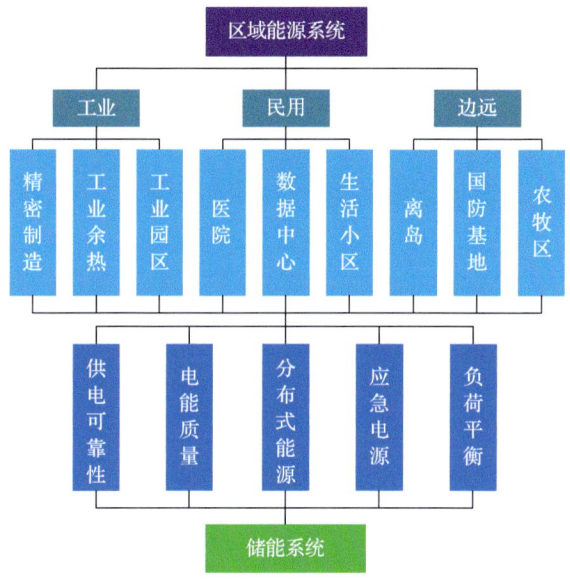

图 1-2-3 储能在区域能源系统中的关键作用

综上所述，储能是具有基础性和战略性的重大能源技术，其应用贯穿了电力系统的发电、输电、配电、用电等多个环节，被称为电力行业的第六价值链，是极具发展潜力的战略性新兴产业(图 1-2-4)。储能技术和储能产业的发展将极大地改善传统电力系统的运行和管理模式，挖掘电力系统发展的新增长点，已成为世界各国政府关注和支持的战略领域。根据国际能源署(International Energy Agency，IEA)的预测，到 2050 年全球储能装机容量将达到 8 亿 kW 以上，占电力总装机容量的 10%～15%，市场规模达数万亿美元。

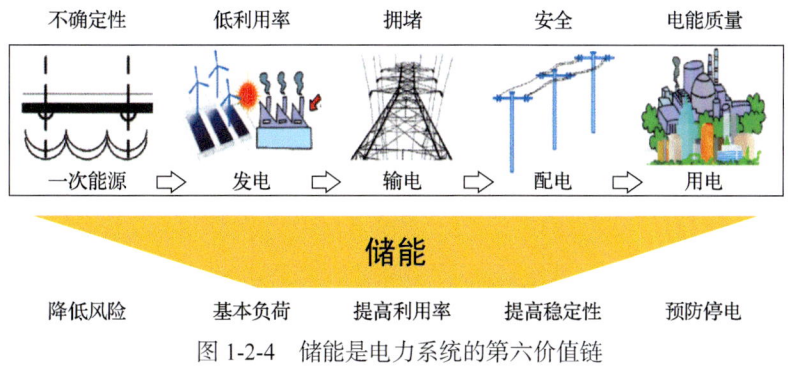

图 1-2-4 储能是电力系统的第六价值链

1.2.2 储能的分类

如前所述，通常讲的储能主要包括储电和储热。如图 1-2-5 所示，储电技术根据电能存储原理不同可分为物理储能、化学储能和电磁储能。目前已经实现商用或达到示范应用水平的物理储能技术包括抽水蓄能、压缩空气储能、飞轮储能、重力储能等，化学储能技术包括铅蓄电池、锂离子电池、钠离子电池、液流电池等，电磁储能技术包括超导磁储能、超级电容器等。储热技术根据热量存储原理不同可分为显热储热、潜热储热和热化学储热，储热技术与储电技术在同一系统中可以配合使用。不同的储能技术具有不同的技术特征，应用不同的技术设备可适用于不同的应用场景。

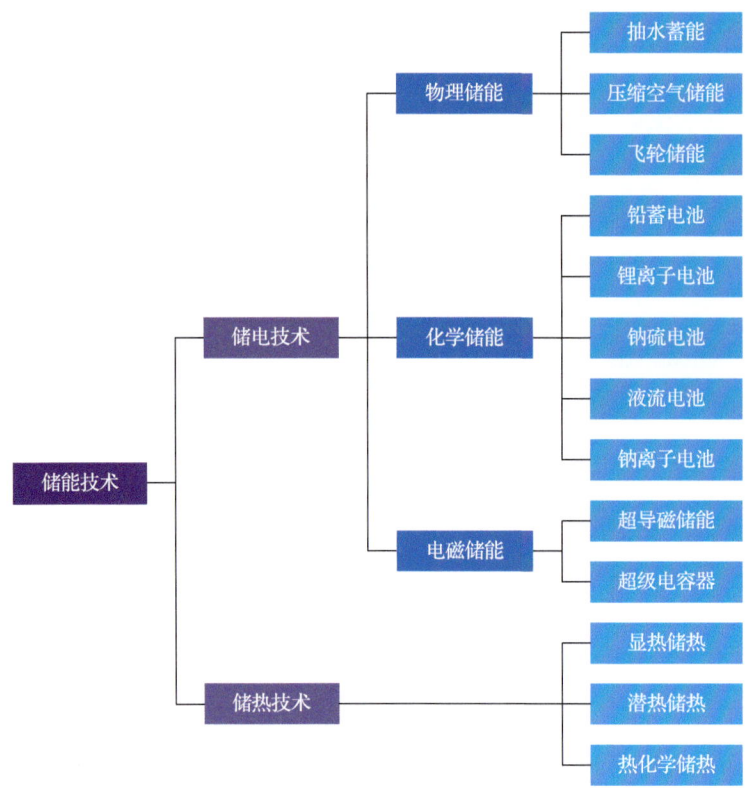

图 1-2-5　储能技术的分类

1. 抽水蓄能

抽水蓄能的技术原理是在用电低谷通过水泵将水从低位水库送到高位水库，将电能转化为水的势能存储起来，在用电高峰，水从高位水库排放至低位水库并驱动水轮机发电，实现能量释放，如图 1-2-6 所示。抽水蓄能具有安全性高、寿命长、功率和容量大的优势(最大功率达到 1300MW 以上)，与风电、太阳能发电、核电等联合的运行效果好，在能量管理、频率控制和备用电源等方面的用途广泛，在保障电力系统安全运行和促进新能源大规模发展方面的意义重大，是当前技术最成熟、经济性最优、最具大规模开发条件的物理储能技术。抽水蓄能电站的关键技术包括大型抽水蓄能电站选址技术、高坝工程技术、高水头大容量水泵水轮机及智能调度与运行控制技术。抽水蓄能电站的建设对地理条件的要求很高，需要考虑的因素包括地理位置(是否靠近供电电源和负荷中心)、地形条件(上下水库落差、距离等)、地质条件(岩体强度、渗透特性等)、水源条件(同水源距离等)、环境影响(淹没损失、生态修复等)，甚至移民问题等，因此选址受地理条件的限制，建设周期很长(一般为 5～10 年)，初期投资巨大。

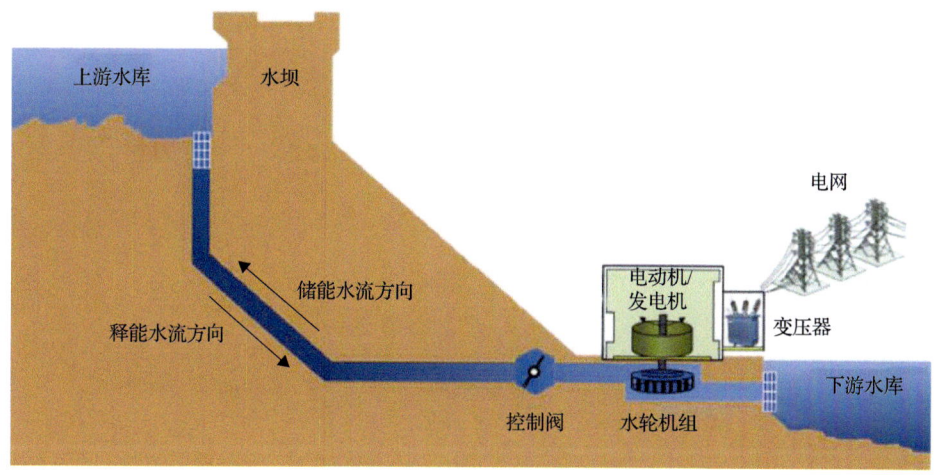

图 1-2-6　抽水蓄能电站工作原理

2. 压缩空气储能

压缩空气储能的技术原理是在用电低谷利用压缩机将空气压缩并存于储气室中，使电能转化为空气的热力学能存储起来；在用电高峰，高压空气从储气室释放，驱动膨胀机发电，实现能量的释放，如图 1-2-7 所示。传统压缩空气储能系统通常利用成熟的燃气轮机部件和大型洞穴，具有投资相对较小、建设周期短、储能容量大、储能周期长和调节灵活等优点，是一种极具发展潜力的大规模储能技术。但是，由于传统压缩空气储能系统仍依赖天然气等化石燃料，并不适合我国贫油少气的能源结构，而且还面临化石燃料价格上涨和污染物控制等问题。当前，国内外学者在传统压缩空气储能的基础上，通过采用优化热力循环、改变工质或其状态、与其他技术互补等方法，发展了多种新型的压缩空气储能技术，如等温压缩空气储能技术、超临界压缩空气储能技术、水下压缩空气储能技术等，使压缩空气储能技术得到快速发展。

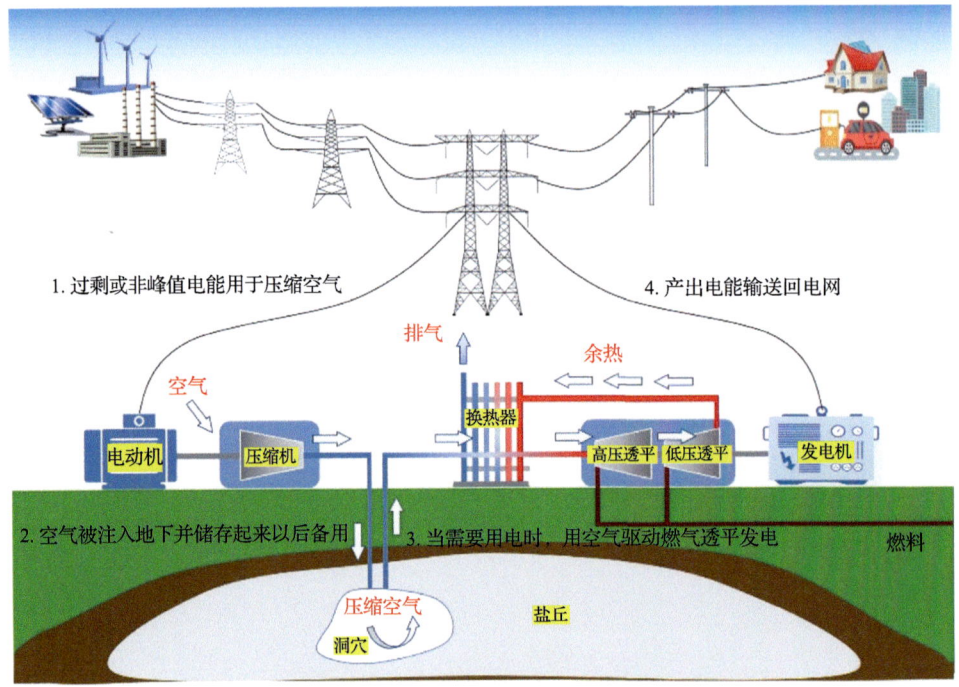

图 1-2-7　压缩空气储能系统工作原理

3. 飞轮储能

飞轮储能的技术原理是将电能以飞轮转动动能的形式进行存储，图 1-2-8 是一个典型的飞轮储能装置，包括高速旋转的飞轮、封闭壳体和轴承系统及电源转换和控制系统。充电时，由电机带动飞轮飞速旋转，将电能转化为飞轮的动能；

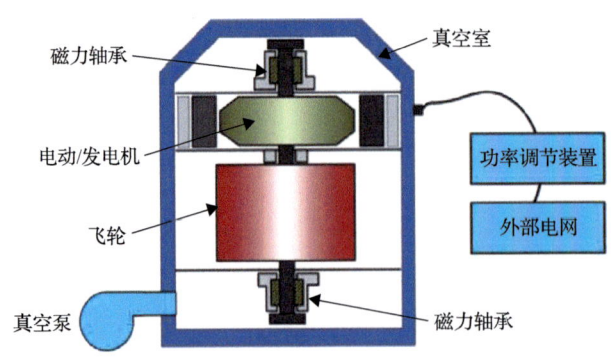

图 1-2-8　飞轮储能系统工作原理

放电时，电机作为发电机由旋转的飞轮带动发电，将动能转化为电能，实现能量的释放。由于储存在飞轮中的能量与飞轮(以飞轮转轴作为其转动惯量的参考轴)的质量和旋转速度的平方成正比，所以可以通过提高飞轮的质量和转速来实现更多的电能存储。飞轮储能具有功率密度高、充放电次数高、能量转换效率高、可靠性高、易维护、无污染等优点；但也面临能量密度较低、自耗散率高的技术挑战。飞轮储能技术凭借其独特的优势，在电网调频、可再生能源整合等方面显示出巨大的应用潜力和市场空间，特别是在新能源汽车、分布式能源、微电网等新兴领域，飞轮储能技术的应用前景十分广阔。

4. 铅蓄电池

如图 1-2-9 所示，传统铅蓄电池是一种电极由铅及其氧化物制成、电解液是硫酸溶液的铅酸电池。铅酸电池种类多，具有成本低、生产制造基础设施成熟、废旧电池回收体系成熟等优点，但也存在充电速度慢、能量密度低、循环寿命短、过充电易析出气体、硫酸溢出会污染环境等问题。因此，传统的铅蓄电池不适合用于纯电动汽车、混合电动汽车和新能源发电等领域。近年，全球很多企业致力于开发各种新型铅蓄电池，如铅炭电池，通过加入活性炭显著提高铅蓄电池的寿命，相比传统铅蓄电池其寿命可以提高 6 倍。铅炭电池属于电容型铅蓄电池，具有性能更强、安全性更高、经济性更好等优势，在长时储能领域具有较好的发展前景。

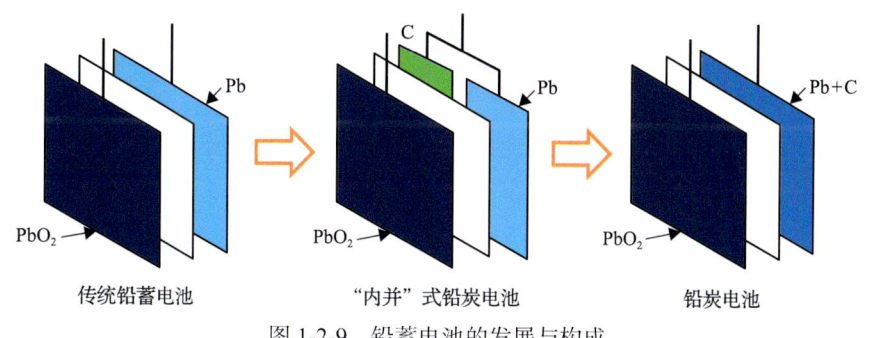

图 1-2-9　铅蓄电池的发展与构成

5. 锂离子电池

锂离子电池分为液态锂离子电池、聚合物锂离子电池、固态锂电池等。它以含锂化合物作正极，如钴酸锂($LiCoO_2$)、锰酸锂($LiMn_2O_4$)或磷酸铁锂($LiFePO_4$)等二元或三元材料；以锂-碳层间化合物作负极，主要有石墨、软碳、硬碳、钛酸锂等；电解质由溶解在有机碳酸盐中的锂盐组成。其工作原理如图 1-2-10 所示，充电时锂原子变成锂离子并通过电解质向碳极迁移，在碳极与外部电子结合后作为锂原子储存，放电过程是充电时发生化学反应的逆过程。与传统铅蓄电池相比，锂离子电池具有比能量高、大电流放电能力强、自放电率低、循环寿命长、储能效率高等优点。但锂离子电池存在耐过充/放电性能差、组合及保护电路复杂、安全性有待提高、成本相对于铅蓄电池偏高等问题。随着新能源汽车、可再生能源及分布式电站技术的发展，锂离子电池在新能源汽车和电力储能方面得到了快速发展与应用。

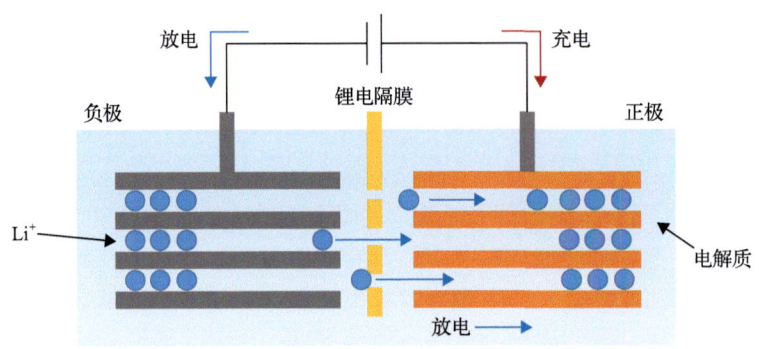

图 1-2-10　锂离子电池工作原理

6. 钠硫电池

钠硫电池的正极为硫（熔融），负极为钠（熔融），两者通过固态氧化铝陶瓷分离开，电解质只允许正钠离子通过，正钠离子与硫结合形成多硫化物。钠硫电池的工作原理如图 1-2-11 所示，放电时，带正电的钠离子（Na^+）通过电解质，而电子通过外部电路流动产生大约 2V 的电压；充电时，多硫化钠释放正钠离子并反

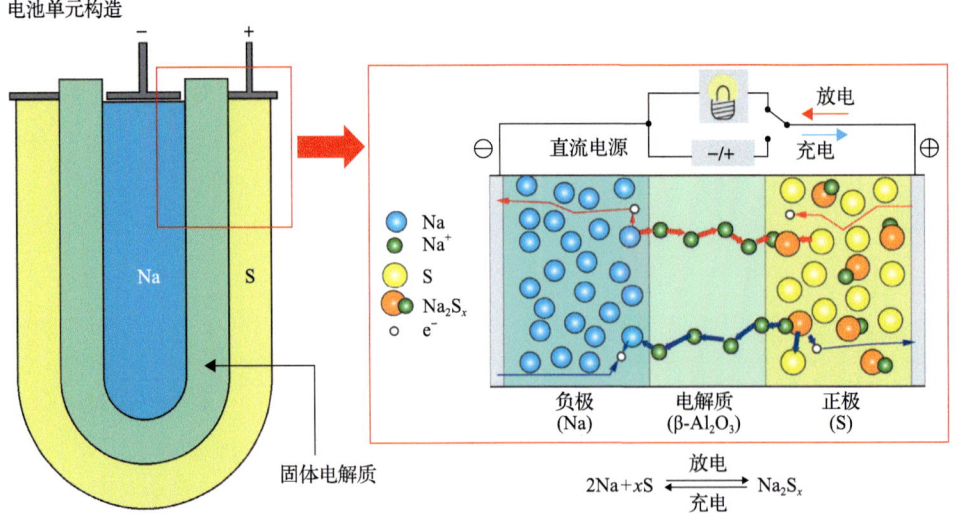

图 1-2-11　钠硫电池工作原理

向通过电解质，重新结合为钠。典型钠硫电池的寿命可超过 2500 次充放电循环。其能量功率密度高、单元效率高，具有输出脉冲功率的能力，输出的脉冲功率可在 30s 内达到连续额定功率值的 6 倍。这些特性使钠硫电池可同时用于提高电能质量和调峰，具有很好的经济性。但钠硫电池需要在高温下工作（300～350℃），使用电池自身存储的热量来维持系统温度，从而降低了电池的部分性能。钠硫电池的初期成本、长期运行的可靠性、规模化成套技术等问题是制约其大规模应用的重要原因。

7. 液流电池

液流电池和通常以固体作电极的普通蓄电池不同，液流电池的活性物质是具有流动性的电解质溶液，由于大量的电解质溶液可存储在外部并通过泵输送到电池内反应，所以液流电池的使用规模相对于普通蓄电池得到了大幅提高。电池内的正、负极电解液由离子交换膜隔开，在充放电过程中，电解液中的活性离子在惰性电极表面发生价态变化。液流电池的工作原理如图 1-2-12 所示。液流电池的额定功率和额定容量是独立的，功率取决于电池堆，容量取决于电解液，所以可以通过增加电解液的量或提高电解质的浓度达到增加电池容量的目的。电池在充放电期间只发生液相反应，不发生复杂的固相变化，故电化学极化程度较小。此外，液流电池可以 100%深度放电且不损坏电池，通过更换电解液实现"瞬间再充电"。电池的电解液只在工作状态下循环，非工作状态下分别在两个不同的储罐中密封存放，因此不存在自放电和电解液变质等问题，理论保存期无限、储存寿命长。但电池经过长期使用后，电池隔膜的电阻增大，从而使隔膜的离子选择性

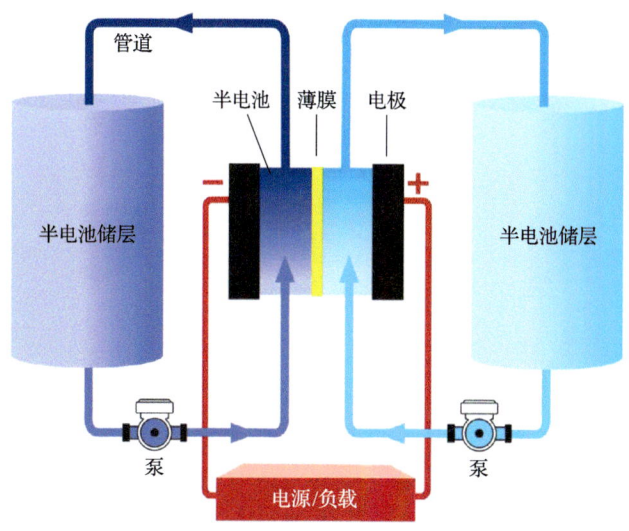

图 1-2-12 液流电池工作原理

降低，给电池的充放电及性能造成不利影响。制约液流电池发展的主要问题是系统效率和应用成本。值得说明的是，基于其特殊的构造与工作原理，液流电池被视为最适合长时储能的电池技术之一。

8. 钠离子电池

钠离子电池是一种以钠离子为电荷载体的充电电池，其工作原理和结构与锂离子电池相似（图 1-2-13）。钠离子电池的电极材料是决定其性能和成本的主要因素之一，也是实现产业化应用的关键挑战之一。近年来，国内外研究者设计开发了一系列应用于钠离子电池的正负极材料，在容量和循环寿命方面得到了很大提升，如作为负极的硬碳材料、过渡金属及其合金类化合物，作为正极的聚阴离子类、普鲁士蓝类、氧化物类材料，特别是具有层状结构的 Na_xMO_2（M 可为 Fe、Mn、Co、V、Ti）及其二元、三元材料展现了很好的充放电比容量和循环稳定性。得益于电极材料本身的特性，钠离子电池可使用低浓度电解液；钠离子不与铝形成合金，所以可采用铝箔作为负极集流体；由于钠离子电池无过放电特性，故钠离子电池可以放电到零伏而不会出现过放电的问题。这些特点能够有效降低电池成本，并提高电池安全性。在锂电资源紧张的背景下，钠离子电池凭借其显著的成本优势和资源供应关系，正逐步攻克面临的关键挑战，向高密度、长寿命方向发展，产业化进程也在不断加速，无论是在储能领域还是在动力领域均具有较大的发展空间。

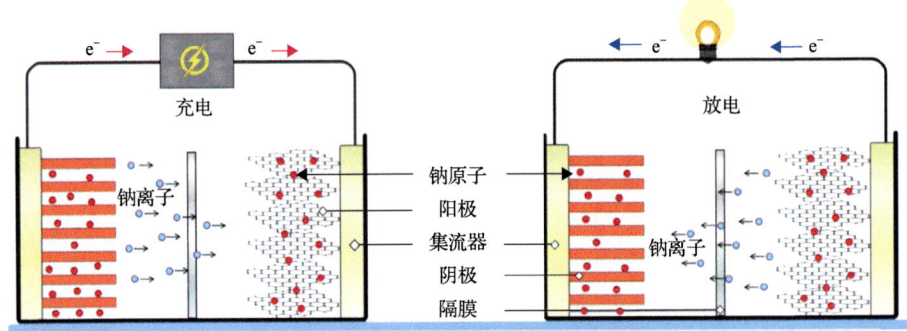

图 1-2-13　钠离子电池工作原理

9. 超导磁储能

超导磁储能系统利用超导线圈和变流器将电能转化为磁场能量进行高效储存，是目前唯一能将电能直接存储为电流的储能系统。它将电流导入环形电感线圈，该环形电感线圈由超导材料制成，电流在线圈内可以实现无损失地不断循环，直到导出为止。目前超导线圈大多用常规的铌钛（NbTi）或铌三锡（Nb_3Sn）等材料组成的导线绕制而成，它们均运行在液氦的低温区(4.2K)，储能容量较大。另外，储能线圈也可采用 Bi 系等高温超导材料绕制，但高温超导材料在液氮温区的磁场特性很差，即其临界电流随磁场强度的增大而迅速减小，无法在液氮温区产生强磁场，储能容量难以提升。如图 1-2-14 所示，超导磁储能系统通常包括三个主要部分：超导单元、低温恒温系统和电源转换系统。线圈储存的能量由公式 $E = 0.5Li^2$ 计算得出(其中 L 为线圈的电感，i 为通过它的电流)。为了保持超导线圈的低温超导态，必须将超导线圈放在存有液氦(低温超导 4.2K)和液氮(高温超导 77K)的低温容器，所以必须有低温恒温系统，制冷费用高，且需进行绝热处理，同时使线圈本身的发热减少到最低限度。超导磁储能系统具有很高的充放电效率和负荷反应时间(微秒级)，但相对于其他类型储能系统数十至数百倍的单位成本制约了其大规模应用。

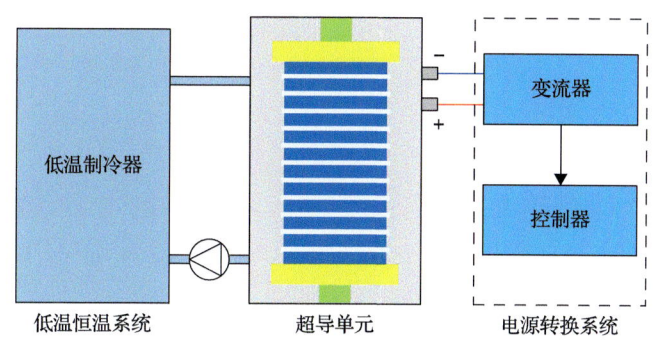

图 1-2-14　超导磁储能系统

10. 超级电容器

超级电容器是介于传统电容器和充电电池之间的一种新型储能装置，其结构和电池结构类似，主要包括双电极、电解质、集流体和隔离物四个部分，具有功率密度高、循环寿命长、低温性能好、安全可靠、环境友好等优点。根据超级电容器的储能原理，可以分为双电层型(EDLC)、赝电容型(FPC)和混合型(HSC)。双电层型超级电容器是利用电解液中的阴阳离子被静电吸附在电极材料表面形成双电层实现储能，工作原理如图 1-2-15 所示。赝电容型超级电容器利用在材料表面或近表面发生的可逆法拉第反应来存储电荷。混合型超级电容器又称为非对称超级电容，其正负极的储能方式存在差异，一个电极是双电层型，另一个电极是赝电容型。目前，主流的超级电容器主要基于多孔炭材料的双电层型电容器，它兼具功率密度大、循环寿命长等优点，已广泛应用于新能源汽车、国防军工、航空航天等领域。需要指出的是，超级电容器仍然存在循环稳定性不良、能量密度低、自放电现象严重等问题，同时电极材料作为影响超级电容器性能和成本的重要因素仍是未来研究的重点。

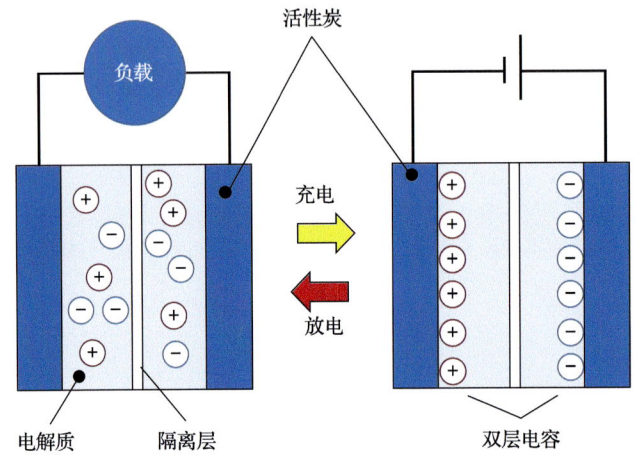

图 1-2-15　双电层型超级电容器工作原理

11. 显热储热

显热储热是一种利用材料的固有热容进行热量储存的储能形式，图 1-2-16 为显热储热的原理图。固体显热储热材料包括岩石、砂、金属、混凝土和耐火砖等，液体显热储热材料包括水、导热油和熔融盐等。水、土壤、砂石及岩石是最常用

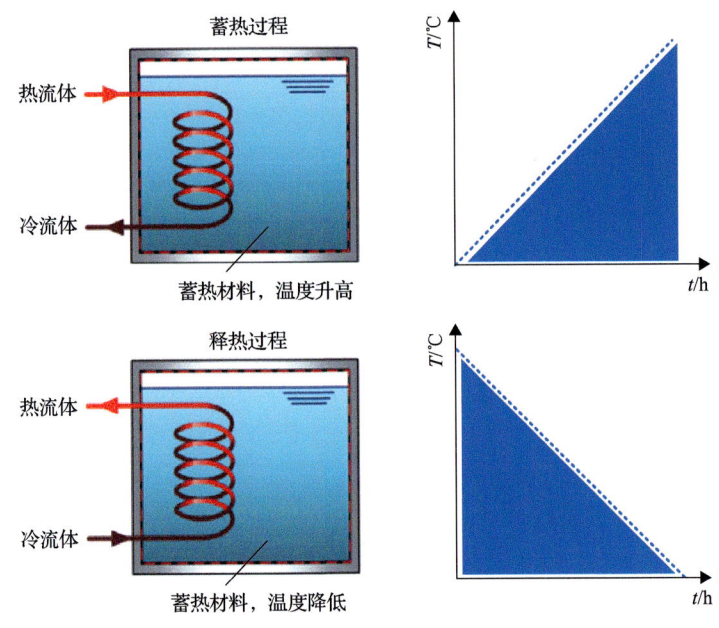

图 1-2-16　显热储热原理图

的低温(<100℃)显热储热材料。导热油、熔融盐和混凝土是常用的中高温(120~600℃)显热储热材料。蜂窝陶瓷、耐火砖、混凝土或浇注料等是常用的超高温(≥600℃)显热储热材料。显热储热的原理简单,材料来源丰富并对环境友好、成本低廉,是研究最早、应用最广泛、技术最成熟的热能储存方式,但由于其储能密度低(体积庞大)、温度输出波动大、自放热与热损问题突出等限制了发展。

12. 潜热储热

潜热储热是利用相变材料发生相变时的吸/放热来实现热能的储存/释放,图 1-2-17 为潜热储热原理图。相变储热材料按工作过程中材料的相变形式可分为固-气、液-气、固-固和固-液相变材料四类。潜热储热具有储能密度高、放热过程温度波动范围小等优点,但固-气、液-气两类材料在相变过程中的体积变化大,固-固相变材料存在相变潜热小和严重的塑晶现象,因此与固-气、液-气和固-固相变的相关研究和实际应用较少。固-液相变材料在相变过程中的相变焓大、体积变化较小、过程可控,是目前的主要研究和应用对象。固-液相变储热材料按工作温度范围可分为低温和中高温相变材料。目前,常用的低温相变材料包括聚乙二醇、石蜡和脂肪酸等有机物及无机水合盐,中高温相变材料主要包括无机盐、金属和合金等。

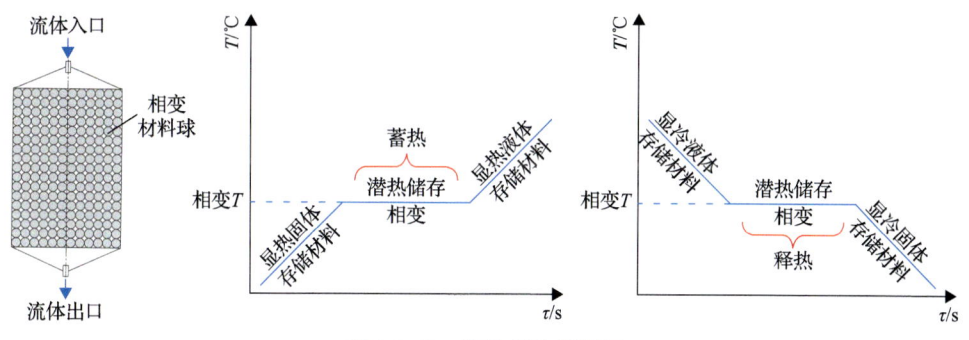

图 1-2-17 潜热储热原理图

13. 热化学储热

热化学储热利用物质间的可逆化学反应或化学吸/脱附作用进行热量的存储与释放。图 1-2-18 为热化学储热原理图。热化学储热的储能密度大,不需要保温,可以在常温下实现无损长期储能。用于热化学储热的反应体系必须满足:循环稳定性好;反应速率快、储放热效率高;反应生成物易分离且能稳定贮存;反应物和生成物无毒、无腐蚀、无可燃性;反应焓值高、能量密度大;储能材料来源广泛、成本低、易实现规模化应用等。热化学储热的关键技术包括高温储热材料的制备工艺、高温储热单元的优化设计技术、储热系统的动态热管理技术等。新型的大容量热化学储热技术层出不穷，目前正向高温(≥500℃)、长循环寿命和高储热密度方向发展。

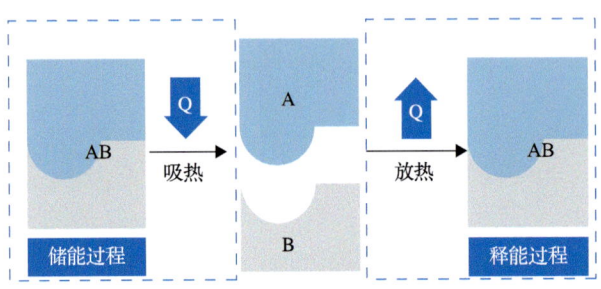

图 1-2-18　热化学储热原理图

1.2.3　储能的作用

储能技术的诸多特性使其在电力系统的发、输、配、用等各个环节都具有广泛的应用前景。同一个储能系统也可以通过合理的功率和能量分配发挥多种用途。总体来看，储能对电力系统的作用可以分为功率服务和能量服务两类。对于功率服务，需要具备快速调节响应能力的储能技术，满足电网的暂态稳定和短时功率平衡需求。对于能量服务，需要具有一定规模和高能量转换效率的储能技术，能够满足长时间的功率调节和电能存储，以应对系统峰谷调节及输配电线路的阻塞问题。具体来看，储能可以在调峰、调频、备用容量、电压支持、辅助动态运行、备用电源、用户分时电价管理等多个方面发挥重要作用，本书将重点介绍削峰填谷等六类主要功能。

1. 削峰填谷

由于可再生能源具有的间歇性和不稳定性，再加上电力输送通道不足和火电机组调峰能力不够等因素，限制了可再生能源消纳能力，造成较为严重的"弃风弃光弃水"问题。将储能接入可再生能源发电系统是解决这一问题的有效手段。当电网负荷低时，可再生能源发电系统给储能装置充电，当电网负荷高时，储能装置向电网放电。储能系统的输出可调，可以减少电力系统备用机组容量，使间歇性可再生能源变得电网友好，避免了可再生能源弃电并减少了线路阻塞，从而提高可再生能源发电系统的收益。此外，储能系统在电网负荷尖峰时段提供支持，减少了传统火电机组的调峰压力。

2. 备用容量

备用容量是指电力系统除满足预计负荷需求外，还应考虑发生突发事件时保障电能质量和系统安全稳定运行而预留的有功功率储备。备用容量可以被随时调用，并且输出负荷可调。储能设备可以为电网提供备用辅助服务，通过对储能设备进行充放电操作，可以实现调节电网有功功率平衡的目的。同时，它能够快速响应电网需求，提供高功率、长时间功率输出的储能技术原则上都能提供备用容量辅助服务，特别是旋转备用辅助服务。目前建成并投运的抽水蓄能电站、压缩空气储能电站在提供调峰、调频辅助服务的同时，几乎都承担了为系统提供旋转备用服务的任务。储能系统在提供备用辅助服务时，不需要一直保持在运行状态，并且可以被随时调用，因此经济性较好。另外，由于储能系统具有可充电的特性，实际可以提供两倍于其额定容量的调节容量。

3. 频率控制

电力系统频率是评价电能质量的主要指标之一，其定义是在规定时间间隔内测量的基波电压波形的重复次数，反映了发电有功功率和负荷之间的平衡关系。在标准情况下，电力系统频率应该维持在稳定频率(50Hz 或 60Hz)，而在实际运行中，频率并不能时刻保持在基准频率状态。当电力系统发电侧的功率和负荷侧的功率发生变化时，必然会引起电力系统的频率变化。频率的偏差不利于用电和发电设备安全、高效的运行，有时甚至还会损害设备。因此，在系统频率偏差超出允许范围时(我国允许的偏差范围为 0.2Hz)，必须进行频率调节。

通过对电网中的储能设备进行充放电并控制充放电的速率，可以达到调节系统频率的目的。我国大量的燃煤电厂参与了电力系统的频率调节，大部分火电厂运行在非额定负荷及变工况运行时的效率不高，并且因调频需求而频繁调整输出功率，会加大机组损耗，影响机组寿命。因此，火电机组并不是电网调频控制的最佳选择。如果储能设备与火电机组结合来共同提供调频服务，不仅可以提高火电机组的运行效率，还能大幅降低碳排放。另外，储能设备还能经济高效地运行在非满负荷状态，提供本身容量两倍的调节能力，非常适合提供调频服务。

4. 功率控制

可再生能源具有波动性、间歇性和不稳定性的显著特征，如风电系统输出功率受风的影响，瞬间湍流会造成风电输出功率的大幅波动，但这种变化是短时的，需要其他机组随风电的变化进行调节，瞬间提高或减少功率输出。对于以火电为主要调频机组的中国来说，这样的操作会增加火电机组的损耗，减少运行寿命，增加维修成本。通过储能系统的储、释能，可以减少风电或光伏发电在短时间内输出的波动，进而降低电网调峰的压力，保证电网的安全稳定运行。在电力系统中，功率控制的核心之一是降低爬坡率，其主要作用是降低风电等发电侧对电网负荷的跟踪压力，降低备用机组容量，从而减少机组因调峰操作造成的损耗、维持寿命及维护成本。

5. 电压支持

电压是衡量电能质量的一个重要指标，电力系统的电压水平与无功功率密切相关，反映了系统中无功功率的平衡关系。电力系统中，各种无功电源的无功功率输出应能满足系统负荷和网络损耗在额定电压下对无功功率的需求，否则电压就会偏离额定值。电压偏移过大（过高或过低）不仅会影响电力用户的正常工作，也会对电力系统本身产生负面作用，甚至损坏电气设备。因此，必须采取一定措施对电压进行调节，使电压保持在合理范围，即电压支持。

储能系统在动态逆变器、通信和控制设备的辅助下，可以实现动态补偿，通过传感器测量线路的实际电压，按照要求的电压范围调整输出或吸收无功功率，进而调节整条线路的电压，使其在规范要求内。具有快速响应能力的分布式储能装置能在几秒钟内快速响应负荷需求，将负荷电压维持在合理水平。将储能装置布置在负荷端，根据负荷需求释放或吸收无功功率，能够很好地避免无功功率远距离输送时的损耗问题，为系统提供电压支持。

6. 备用电源

变电站直流电源可以为信号设备、继电保护、自动装置、事故照明及断路器分合闸操作提供直流电，在外部交流电中断的情况下，保证备用电源（如蓄电池）继续提供直流电。直流电源的可靠性、安全性直接影响电力系统供电的可靠性、安全性。新型储能设备进入变电站成为直流电源应满足两个要求：可靠性不低于传统铅蓄电池，并且维护成本和频率应低于传统直流电源设备。作为备用电源的新型储能技术，应该能够让操作人员较容易地监测系统当前的运行状况及其剩余寿命。另外，新型储能可以更可靠地为直流负荷供电（如直流电动机），具备承受冲击电流的能力，如直流电机忽然启停，冲击负荷忽然变化，包括开关动作、隔离开关和电动机变速操作等带来的电流冲击。在保证可靠性和成本优势的前提下，新型储能可以发挥其寿命长、免维护的优势，成为重要的电力安全保障技术。

1.2.4　储能的发展现状

储能是保障国家能源安全和实现"双碳"目标的战略性技术，该领域的技术创新层出不穷，呈现出"百家争鸣、百花齐放"的良好发展态势。"十四五"时期是我国实现碳达峰目标的关键期和窗口期，也是新型储能发展的重要战略机遇期。随着电力系统对调节能力需求提升、新能源开发消纳规模不断加大，尤其是在沙漠戈壁荒漠大型风电光伏基地项目集中建设的背景下，新型储能建设周期短、选址简单灵活、调节能力强，与新能源开发消纳的匹配性更好，优势逐渐凸显。国家能源局高度重视储能技术进步和产业发展，会同国家发展改革委等有关部门，持续加强新型储能发展顶层设计，强化宏观政策引导，并先后印发《关于促进储能技术与产业发展的指导意见》《关于加快推动新型储能发展的指导意见》和《"十四五"新型储能发展实施方案》等一系列文件，聚焦服务"双碳"战略目标，部署新型储能发展重大任务，细化具体举措，明确任务分工，加强政产学研用协同，推动形成技术、市场和机制多轮驱动的局面，促进新型储能和新型电力系统发展。

得益于综合国力的提高和能源科技创新领域的快速发展，我国在抽水蓄能、电化学储能和压缩空气储能的技术水平和产业竞争力总体处于全球前沿。截至 2023 年底，我国已投运电力储能项目累计装机规模 86.5GW，占全球市场总规模的 30%，同比增长 45%。抽水蓄能累计装机占比首次低于 60%；新型储能累计装机规模达到 34.5GW/74.5GW·h，功率规模和能量规模同比增长均超过 150%。2023 年我国新增投运新型储能装机规模 21.5GW/46.6GW·h，功率和能量规模同比增长均超 150%，三倍于 2022 年新增投运规模水平，并且首次超过抽水蓄能新增投运四倍之多，共有超过 100 个百兆瓦级项目实现投运，该规模量级的项目数量同比增长 370%。锂电占比进一步提高，从 2022 年的 94%增长至 2023 年的 97%；压缩空气储能、钠离子电池、液流电池、飞轮、超级电容等非锂储能技术逐渐实现应用突破，为新型电力系统建设和多元用户侧场景提供了更多的技术选择。

需要指出的是，虽然我国抽水蓄能技术成熟，已经实现了大规模应用，但受地理条件的限制，其规划开发容量并不能完全满足我国未来储能发展的需求，因此加快发展新型大规模储能技术势在必行。国家发改委、国家能源局《关于加快推动新型储能发展的指导意见》中明确指出，到 2025 年，实现新型储能从商业化初期向规模化发展转变，装机规模达 3000 万 kW 以上；到 2030 年，实现新型储能全面市场化发展。在新型储能技术中，压缩空气储能是基于热力循环的物理过程，在安全性和寿命方面具有天然优势，同时具有充放电功率高、储能容量大、周期长等优点，是未来最具发展潜力的大规模新型储能技术之一。

1.3　压缩空气储能概述

1.3.1　技术原理

压缩空气储能技术始于 20 世纪 40 年代，传统压缩空气储能是基于燃气轮机技术的一种能量存储系统。其工作原理(图 1-2-7)是在用电低谷，压缩机将空气压缩并存于储气室中，使电能转化为空气的热力学能存储起来；在用电高峰，高压空气从储气室释放，进入燃烧室同燃料一起燃烧，驱动膨胀机发电。压缩空气储能与燃气轮机单个部件的工作过程类似，主要区别在于压缩、燃烧和膨胀过程是否连续。在燃气轮机中，空气连续地经过压缩、燃烧和膨胀而完成一个循环过程，压气机（即压缩机）与透平（即膨胀机）同轴工作，透平旋转向外输出功的同时带动压气机使气体压力升高。而压缩空气储能将空气的压缩、燃烧和膨胀过程在时间和空间上解耦：压缩、燃烧、膨胀不再连续进行，中间存在可调节存储时长的空气存储过程，储能过程和释能过程分时进行，实现了电能在时间和空间上的转移。

1.3.2 发展现状

目前，全球已有两座大规模传统压缩空气储能电站投入商业运行。第一座是1978年投入商业运行的德国 Huntorf 电站（图 1-3-1）。机组采用两级压缩两级膨胀，压缩机功率为 60MW，膨胀机功率为 290MW（2007 年扩容至 321MW），压缩空气存储在地下 600m 的废弃矿洞中，存储压力最高可达 100bar。机组可连续充气 8h，连续发电 2h，电站效率为 42%。第二座是 1991 年投入商业运行的美国 McIntosh 电站（图 1-3-2）。其储气洞穴在地下 450m，储气压力约为 75bar。该电站的压缩机功率为 50MW，膨胀机功率为 110MW，可实现连续 41h 充气和 26h 发电，系统效率为 54%。

图 1-3-1　德国 Huntorf 电站

图 1-3-2　美国 McIntosh 电站

传统压缩空气储能系统具有规模大、寿命长、成本低、储能周期不受限制等优点。但传统压缩空气储能系统也存在三大技术瓶颈：依赖天然气等化石燃料提供热源、需要特殊地理条件建造大型储气室、系统效率相对较低。

近年来，为了摆脱传统压缩空气储能系统对大型储气装置及化石燃料的依赖，各国正在积极研发新型压缩空气储能技术，先后研发了蓄热式压缩空气储能系统、等温压缩空气储能系统、液化空气储能系统、超临界压缩空气储能系统等先进压缩空气储能系统。其中，已实现兆瓦级以上的示范的新型压缩空气储能有如下几种：①美国 SustainX 公司等温压缩空气储能系统，该系统利用等温压缩过程和等温膨胀过程提高系统效率，目前已建成 1.5MW 等温压缩空气储能示范系统。该系统不需要补燃，摆脱了对化石燃料的依赖，但其仍需储存高压空气，未摆脱对大型储气室的依赖。②美国 General Compression 公司蓄热式压缩空气储能系统，该系统利用水吸收空气压缩过程中产生的热量并存储，目前已建成 2MW 示范系统。该系统摆脱了对化石燃料的依赖，但仍未摆脱对大型储气室的依赖。③英国 Highview 公司液态空气储能系统，该系统利用空气的液化存储，大幅度减小了存储装置尺寸，不需要大型储气室，已建成 2MW 示范电站，该系统不依赖化石燃料和大型储气室，但系统效率低于 25%。

我国对压缩空气储能系统的研究开发开始得比较晚，但发展很快。中国科学院工程热物理研究所在 2009 年原创性地提出超临界压缩空气储能技术，综合了压缩空气储能和液化空气储能技术，采用高压蓄冷蓄热装置实现了压缩热和低温冷能的回收与再利用。在工程示范和商业运行方面，中国科学院工程热物理研究所于 2013 年率先开展并完成了兆瓦级超临界压缩空气储能系统，效率超过 50%；2016 年在毕节完成了 10MW 级系统研制与示范（图 1-3-3），成功并网发电，效率分别为 52%和 60.2%；2021 年在肥城建成 10MW 级盐穴式压缩空气储能示范项目（图 1-3-4），顺利实现并网发电，效率达到 60.7%，取得了突破性进展；2021 年底在张家口建成了国际首套 100MW 级洞穴式先进压缩空气储能国家示范项目（图 1-3-5），成功并网送电，正式进入系统带电调试阶段，设计效率超过 70%。2022 年，由清华大学、中国盐业集团有限公司和中国华能集团有限公司共同研发建设的金坛 60MW 盐穴式压缩空气储能项目并网发电，效率达到 60%以上。2023 年，由中国科学院工程热物理研究所和中储国能（北京）技术有限公司共同研发建设的山东肥城 300MW/1800MW·h 先进压缩空气储能国家示范电站成功并网发电（图 1-3-6），系统的额定效率达到 72.1%，可实现连续放电 6h。

在液态压缩空气储能系统研发方面，2017 年中国科学院物理化学研究所团队在廊坊中试基地完成了 100kW 低温液态空气储能示范平台的建设，取得了良好的试验结果，系统的整体效率可达 60%。2022 年 12 月，河北建投国融能源服务有

图 1-3-3　国际首套 10MW 先进压缩空气储能示范系统（贵州毕节）

图 1-3-4　国际首套 10MW 级盐穴式压缩空气储能国家示范电站（山东肥城）

图 1-3-5　国际首套 100MW 级洞穴式先进压缩空气储能国家示范电站（河北张家口）

图 1-3-6　国际首套 300MW/1800MW·h 先进压缩空气储能国家示范电站（山东肥城）

限公司申报的液态空气储能科技攻关项目"揭榜"成功，并列为河北省省级科技计划项目。2023 年，由中绿中科储能技术有限公司负责建设的 60MW 液态空气储能示范项目在青海省海西蒙古族藏族自治州格尔木市正式开工，为我国新型储能项目建设做出了有益探索和重要实践。

各国主要压缩空气储能电站的进展情况如表 1-3-1 所示。可见，我国目前在新型压缩空气储能技术领域已处于国际领先水平，具体表现如下。

表 1-3-1　国内外典型压缩空气储能系统

项目	性质	投运时间	功率	储气装置	燃料	效率
德国 Huntorf 电站	商业运营	1978 年	290MW	地下 600m 的废弃矿洞	天然气	44%~46%
美国 Alabama McIntosh 电站	商业运营	1991 年	110MW	地下 450m 洞穴	天然气/油	52%~54%
日本上砂川町电站	示范机组	2001 年	2MW	地下 450m 废弃煤矿坑	天然气	<40%
英国液态空气储能电站	示范机组	2010 年	2MW·h	储罐	无	<40%
美国 SustainX 等温压缩空气储能电站	示范机组	2013 年	1.5MW	储罐	无	<45%
工程热物理研究所廊坊 1.5MW 先进压缩空气储能示范项目	示范机组	2013 年 6 月建成	1.5MW	储罐	无	52.1%
工程热物理研究所毕节 10MW 先进压缩空气储能示范项目	商业运营	2016 年 11 月建成 2021 年 10 月并网	10MW	储罐	无	60.2%
工程热物理研究所肥城 10MW 盐穴压缩空气储能示范电站	商业运营	2021 年 8 建成 2021 年 9 月并网	10MW	盐穴	无	60.7%
江苏金坛 60MW 盐穴压缩空气储能示范项目	示范机组	2021 年 9 月建成 2022 年 5 月并网	60MW	盐穴	无	60%
工程热物理研究所张家口 100MW 先进压缩空气储能示范电站	商业运营	2021 年 12 月并网	100MW	储罐	无	70.4%
工程热物理研究所肥城 300MW/1800MW·h 先进压缩空气储能示范电站	示范机组	2022 年 11 月建成 2023 年 4 月并网	300MW	盐穴	无	72.1%

1. 研发实力领先

我国已建立了全球首个完整的压缩空气储能研发设计体系，包括完全自主知识产权的设计软件、试验平台和样机测试平台，掌握了蓄热式压缩空气储能、液态空气储能和超临界压缩空气储能等先进压缩空气系统的各项关键技术，建成了国际首个集系统基础研究、原理验证、技术研发到系统集成的系列化研发试验平台。中国科学院工程热物理研究所还建成了物理储能领域首个国家级研发中心——国家能源大规模物理储能技术研发中心。

2. 技术原理及性能领先

我国目前最先进的压缩空气储能技术具有如下优势。①不需要大型储气洞穴：可将高压气态或低温液态空气储存在储气装置中，储能密度大幅提高，无地理条件限制。②不需要燃烧化石燃料：采用蓄热装置将空气压缩过程中产生的压缩热进行存储回收，不需要通过燃烧燃料提供热源。③系统效率高：采用超临界蓄热与换热、高效压缩膨胀、压缩热回收利用、系统集成优化等措施，系统效率比同等规模的国外压缩空气储能电站高 10%～20%。④单位成本低：以 100MW 系统为例，产业化后的建设成本可达 4000～6000 元/kW 或 800～1200 元/kW·h，同抽水蓄能系统单位建设成本基本相当甚至更低，比国外系统低 50%以上。⑤系统寿命长：系统主要设备寿命 30 年以上，在定期维护、合理运行的基础上，系统寿命可达 50 年甚至更久。⑥储能周期不受限制：日能量耗散率极低，可实现大规模长期储能。⑦适用范围广：先进压缩空气储能系统同外界仅交换电能，不涉及电源及电用户内部流程，适用于各种类型的电站及电用户。⑧对环境友好：该储能系统不涉及化石燃料的燃烧，不排放任何有害物质。

3. 研发进度领先

以中国科学院工程热物理研究所为代表，2004 年国内开始启动压缩空气储能技术研发，在国际上率先突破 1～100MW 先进压缩空气储能系统各项关键技术，分别于 2013 年、2016 年、2021 年和 2023 年建成国际首套 1.5MW、10MW、100MW 和 300MW 先进压缩空气储能国家示范项目，研发进程和系统效率均优于国际同等规模的压缩空气储能电站，被评价为"我国压缩空气储能的一项重要突破，达到国际领先水平"。国际权威期刊 *Nature* 评价其"系统性能高于已有压缩空气储能电站"。

随着技术的不断进步和商业模式的日臻完善，新型压缩空气储能将成为一种主流储能技术，特别是在大规模长时储能领域的应用前景广阔，将成为保障能源安全供应、实现绿色低碳发展的重要利器，为推动面向"清洁低碳、安全高效"的能源体系变革，实现"双碳"目标贡献力量。

本书围绕压缩空气储能理论、技术和应用三个维度展开，内容包括压缩空气储能的技术背景、技术分类、理论基础、设计方法、技术应用与发展前景等。本书在阐述压缩空气储能基本理论和技术的同时，还总结了压缩空气储能的最新研究成果，力求让读者把握国内外压缩空气储能的最新发展趋势。

第 2 章　　　压缩空气储能的技术分类

2.1　传统压缩空气储能

压缩空气储能(compressed air energy storage，CAES)通过将空气压缩至高气密性的岩石洞穴、废弃矿井、人造储气罐等大型储气装置进行能量储存，待需要时将高压空气释放，并通过膨胀机做功发电供能。自从 1949 年 Stal Laval 提出利用地下洞穴开展压缩空气储能以来，国内外学者对此进行了大量的研究和实践工作。

2.1.1　工作原理

传统压缩空气储能系统的工作原理如图 2-1-1 所示，系统包括 6 个子系统。
(1)压缩机，一般为多级压缩机，用于对空气的压缩以提高空气压力。
(2)膨胀机，一般为多级膨胀机，用于将空气的压力释能并转化为轴功输出。
(3)燃烧室，一般采用燃气轮机燃烧室，用于燃料燃烧以提高空气焓值。
(4)储气装置，一般为地下洞穴，用于储存高压空气。

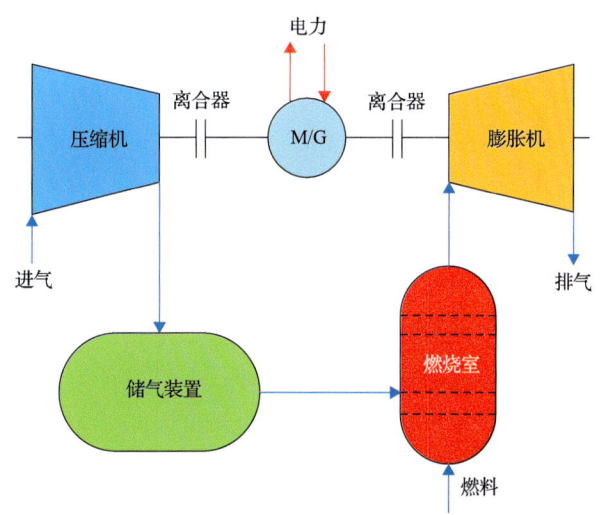

图 2-1-1　传统压缩空气储能系统工作原理

(5) 电动机/发电机，通过离合器分别与压缩机和膨胀机连接，用于驱动压缩机和对外输出电能。

(6) 控制系统和辅助设备，包括控制系统、燃料罐、机械传动系统、管路和配件等，用于实现系统的正常运行。

传统压缩空气储能系统是在燃气轮机技术原理的基础上提出的一种能量存储系统，最初主要作为调峰电厂使用。图 2-1-2 为燃气轮机系统的工作原理图，环境空气经压缩机压缩后升压，在燃烧室中与燃料混合燃烧，高温高压燃气进入膨胀机膨胀做功。因为燃气轮机的压缩机与膨胀机同轴，而且驱动压缩机要消耗约 2/3 的膨胀机输出功，所以燃气轮机的净输出功仅占膨胀机输出功的 1/3 左右，所以燃气轮机的净输出功远小于高温高压燃气通过膨胀机膨胀转化的轴功。

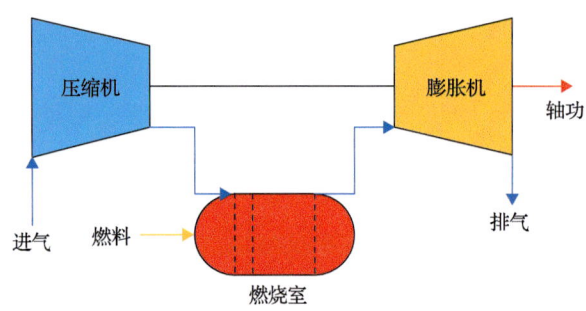

图 2-1-2　燃气轮机系统工作原理

与燃气轮机工作过程不同，传统压缩空气储能系统的压缩机和膨胀机不同时工作。储能时，压缩机耗电将空气压缩并存于储气装置中。释能时，高压空气从储气装置释放，进入燃烧室。经燃料燃烧加热升温后，高温高压的空气驱动膨胀机发电。由于储能、释能分时工作，在释能过程中，没有压缩机消耗膨胀机的输出功，因此相比消耗同样燃料的燃气轮机系统，压缩空气储能系统可以产生两倍甚至更多的电力。

传统压缩空气储能系统工作过程的温熵图如图 2-1-3 所示。若为单级压缩-单级膨胀过程，一个完整的储能周期如图 2-1-3(a)所示。若为多级压缩-多级膨胀过程，以两级压缩-两级膨胀为例，一个完整的储能周期如图 2-1-3(b)所示。为了在温熵图中便于区分储能过程和释能过程，在本节及以后的章节中，释能过程均以上标"′"表示。

(1) 压缩过程：空气经压缩机压缩到一定压力，并存于储气装置。单级压缩过程如图 2-1-3(a)中的 1-2 过程所示。如果为两级压缩，压缩过程如图 2-1-3(b)中的 1-2-3-4 过程所示，其中 2-3 过程为空气的级间冷却过程。

(2) 加热过程：高压空气从储气装置释放，在燃烧室经燃料燃烧加热后变为高温高压的空气，一般情况下认为该过程为等压吸热过程，如图 2-1-3(a)中的 2-3′

和如图 2-1-3(b)中的 4-5′过程所示。

(3)膨胀过程：高温高压的空气在膨胀机中膨胀，驱动发电机发电。单级空气膨胀过程如图 2-1-3(a)中的 3′-4′过程所示。如果为两级膨胀，膨胀过程如图 2-1-3(b)中的 5′-6′-7′-8′所示，其中 6′-7′为空气的级间再热过程。

(4)冷却过程：空气膨胀后排入环境，并在下次压缩时经环境吸入，一般认为这个过程为等压冷却过程，如图 2-1-3(a)中的 4′-1 和如图 2-1-3(b)中的 8′-1 过程所示。

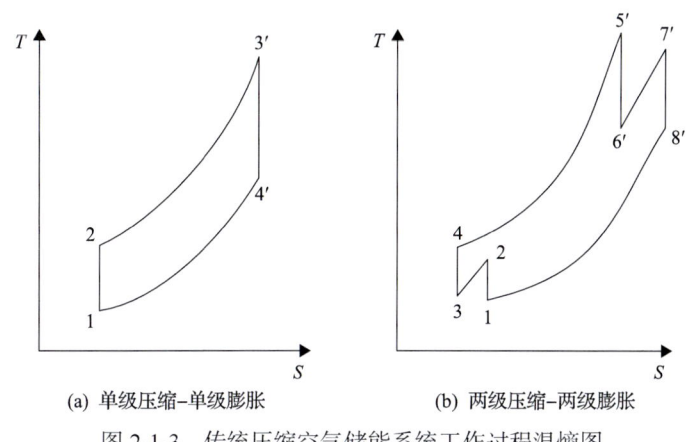

图 2-1-3　传统压缩空气储能系统工作过程温熵图

2.1.2　技术特点

传统压缩空气储能系统的关键技术包括压缩机技术、膨胀机技术、燃烧室技术、储气技术和系统集成与控制技术等，以下将对此分别进行介绍。

压缩机技术：压缩空气储能系统中的压缩机同时面临高流量和高压的工作条件。一般情况下，大流量连续运行的叶轮式压缩机通常输出低于 1.5MPa 的空气，而输出空气压力高于 1.5MPa 的容积式压缩机通常用于小流量工况。在压缩空气储能中对压缩机流量和压力的要求均较高，通常采用离心叶轮式或轴流与离心叶轮组合式压缩机。另外，在压缩空气储能系统中，压缩机处于连续运行状态，压缩机出口的空气通常储存在地上或地下具有固定体积的储气装置中，工作过程中压缩机出口的背压逐渐升高，这对压缩机性能提出了更高的要求。因此，高效且适用于压缩空气储能系统的压缩机不是常见的工业设备，需要进行针对性的设计和制造。

膨胀机技术：压缩空气储能系统中的膨胀机同样面临高流量和高压的工作条件。此外，系统中的膨胀机需要应对不同的应用场景，满足更复杂的变工况要求。例如，压缩空气储能系统用于平衡可再生能源输出、调峰、负载均衡、黑启动或其他服务时，膨胀机应根据系统需要以较快的响应速度和较高的效率来输出功。

燃烧室技术：尽管压缩空气储能系统与燃气轮机类似，但压缩空气储能系统燃烧室内的压力较大，在高压高温条件下燃烧会产生较多的污染物。因此，压缩空气储能系统高压燃烧室的温度一般控制在500℃以下。

储气技术：在压缩空气储能系统中，一般要求储气装置具有较大容量，通常选择天然的地下洞穴。此外，储气装置的建设还需要综合考虑多个地质因素，包括机械和结构完整性、密封性和化学稳定性等。例如，在 Huntorf 和 McIntosh 压缩空气储能这两个项目中，储气洞穴是使用溶液采矿法开采的盐穴，同时还需额外对储气洞穴内的湿度进行管理，以保证储气洞穴内部结构稳定。

系统集成与控制技术：压缩空气储能系统涉及多个组成部件，因此需要控制系统协调运行所有组成部件。例如，在储能过程中，为了保证空气始终流入储气装置，应使压缩机出口的压力足够高，并尽可能接近储气装置内的压力，以避免产生大量额外的压缩功，同时对所有压缩机进行严格控制。在释能过程中，必须按照应用要求，控制膨胀机入口空气的质量流量等参数以达到目标发电功率。

2.1.3 国内外现状

传统压缩空气储能系统主要为大型系统，单台机组规模常为 100MW 以上，储气装置一般为废弃矿洞或岩洞等，储气洞穴的体积通常为 $10^5 m^3$ 以上。大型传统压缩空气储能系统一般用作削峰填谷和平衡电力负荷，也可以用于稳定可再生能源发电输出。目前，全球已有的两座已经投入商业运行的大规模传统压缩空气储能电站均属于此类大型系统。第一座是 1978 年投入商业运行的德国 Huntorf 电站，目前仍在运行中。系统压缩段有两个压缩机，每个压缩机都配备一个后冷装置，低压压缩机采用轴流式压缩机，高压压缩机采用离心式压缩机，高压轴流式压缩机共有 6 级（一排动叶和一排静叶组成一级），级间冷却次数 2 次。系统将压缩空气存储在 2 个地下废弃矿洞中，矿洞总容积达 $3.1 \times 10^5 m^3$。系统可连续储能 8h，连续释能 2h。机组平均启动可靠性 97.6%，Huntorf 电站的效率较低，实际循环效率约为 42%。Huntorf 电站运行 26 年后，于 2006 年进行了一次改造。高压膨胀机进口温度由 490℃提升至 550℃，系统释能的额定功率由 290MW 提升至 321MW。关于 Huntorf 电站改造前的其他相关参数见表 2-1-1。第二座是于 1991 年投入商业运行的美国 McIntosh 压缩空气储能电站。该电站由美国亚拉巴马州电力公司的能源控制中心进行远距离自动控制。McIntosh 压缩空气储能电站的设计参考了德国 Huntorf 电站，该系统有两个压缩机和两个膨胀机，储气装置同样为地下洞穴。该储能电站压缩机组的额定功率为 50MW，膨胀机额定功率为 110MW，可以实现连续 38h 空气压缩和 24h 发电，储气洞穴位于地下 450m。关于 McIntosh 电站的其他相关参数见表 2-1-2。与德国 Huntorf 电站相比，该系统增加了回热器用以回收膨胀机的排气余热，以减少燃烧室化石燃料的用量，提高了系统效率，系统的循环效率为54%。

表 2-1-1　Huntorf 电站参数

参数		值	单位
整体	规划-建成	1969～1978	年
	循环效率	42%	
	储能/释能流量比	1:4	—
	储能时长	8	h
	释能时长	2	h
膨胀机	制造商	Brown Boveri & Cie（BBC）	—
	输出功率(最小/最大)	100/321	MW
	额定功率	290	MW
	质量流量(最大/平均)	455/417	kg/s
	数量	2	—
	高压膨胀机进口压力	41.3	bar
	高压膨胀机进口温度	490	℃
	低压膨胀机进口压力	10	bar
	低压膨胀机进口温度	825	℃
	低压膨胀机出口温度	480	℃
压缩机	制造商	Sulzer	—
	额定功率	60	MW
	质量流量	108	kg/s
	数量	2	—
	低压压缩机形式	轴流式	—
	低压压缩机转速	3000	r/min
	高压压缩机形式	离心式	—
	高压压缩机转速	7622	r/min
	级间冷却次数	2	—
	后冷次数	2	—
地下储气装置	制造商	KBB underground solution	—
	数量	2	
	容积	140000，170000	m³
	洞穴深度(顶/底)	650/800	m
	最大直径	60	m

表 2-1-2　McIntosh 电站参数

	参数	值	单位
整体	规划-建成	1988~1991	年
	循环效率	54%	
	储能时长	38	h
	释能时长	24	h
	容量	2640	MW·h
	释能启动时长(正常/紧急)	12/7	min
膨胀机	制造商	Dresser-Rand	—
	额定功率	110	MW
	输出功率范围	10~110	MW
	最大质量流量	154	kg/s
	数量	2	—
压缩机	制造商	Dresser-Rand	—
	额定功率	50	MW
	最大质量流量	90	kg/s
	数量	4	—
地下储气装置	压力范围	46~75	bar
	容积	538000	m³

除此之外，日本、瑞士、俄罗斯、法国、意大利、卢森堡、以色列和韩国等也在积极开发压缩空气储能电站。美国俄亥俄州从 2001 年开始建设一座 2700MW 的大型压缩空气储能商业电站，该电站由 9 台 300MW 机组组成。压缩空气存储于地下 670m 的岩盐层洞穴，储气洞穴的容积为 $9.57\times10^6\text{m}^3$。日本于 2001 年投入运行的上砂川町压缩空气储能示范项目位于北海道空知郡，输出功率为 4MW。系统利用废弃的煤矿坑(地下约 450m 处)作为储气洞穴，最大储气压力为 8MPa。美国 APEX CAES 公司于 2021 年开始建设的德克萨斯州 317MW 压缩空气储能系统，计划于 2025 年春季投入商业运营。瑞士 ABB 公司(现已并入阿尔斯通公司)正在开发联合循环压缩空气储能发电系统。欧洲能源公司 Corre Energy 利用地下盐穴分别在荷兰格罗宁根省、丹麦日德兰半岛北部和德国北莱茵-威斯特法伦州建设压缩空气储能系统，并与当地的可再生能源制氢及储氢技术配合，使用氢气作为补燃燃料，实现了零碳排放的绿色发电。其中，位于荷兰的压缩空气储能系统发电功率为 320MW，最长发电持续时间为 3.5 天，已于 2023 年完成地下钻井勘探，计划于 2026 年完成建设。位于丹麦的压缩空气储能系统的发电功率为 320MW，项目

计划于 2030 年完成。位于德国的压缩空气储能系统的发电功率为 500MW，用于平衡德国北部不断增加的海上风电发电量和南部不断增长的电力消耗，已于 2023 年 6 月完成选址，一期项目将使用跨国化学公司索尔维集团位于阿豪斯的两个地下洞穴。我国对压缩空气储能系统研发的起步较晚，但目前已经得到相关科研院所、电力企业和政府部门的高度重视。华北电力大学、西安交通大学和中国大唐有限公司等均在压缩空气储能系统分析和经济性评估方面开展了详细研究；华中科技大学和山东大学在千瓦级涡旋式压缩空气储能系统设计和控制技术方面开展了深入研究；国家电网有限公司、国家能源集团、中国华能集团有限公司、中国能源建设集团江苏省电力设计院有限公司等国家和地方的能源与电力企业也纷纷开始布局，探索压缩空气储能的技术与产业发展路径。

2.1.4 发展趋势

最初传统压缩空气储能系统主要用于电网调峰和调频，如德国 Huntorf 电站和美国 McIntosh 电站。随着压缩空气储能及相关技术的发展，压缩空气储能系统的应用场景越来越广泛。压缩空气储能在大规模储能领域具有优势主要源于其 3 个优越参数：容量或额定功率高（数百兆瓦）、放电时间长（数或数十小时）及能源成本低（数百美元/千瓦时）。2020 年美国能源部发布的《储能大挑战》将压缩空气储能系统作为一种典型的大规模长时储能系统，认为其利用低谷电能将空气压缩到大型储气洞穴中，在用电高峰时再释放压缩空气发电，可以实现对电网的削峰填谷，提升电网调节能力和新能源消纳能力。在现有储能技术中，压缩空气储能系统是全生命周期成本最低、最具发展潜力的大规模长时储能系统，预计到 2030 年平均安装成本为 118 美元/(kW·h)，运行成本将低于 0.05 美元/(kW·h)。

目前，压缩空气储能作为一种极具应用前景的大规模储能技术，在世界范围内得到了广泛重视和研究。面对"双碳"战略需求，在能源革命和新型电力系统快速发展的新形势下，传统压缩空气储能仍存在三个主要应用瓶颈：一是依赖天然气等化石燃料提供热源，但这并不适合我国这类"贫油少气"的国家，尤其是在"双碳"目标下需要对化石能源进行严格控制；二是在大容量长时储能的需求下，对大容量储气库的依赖及建造大型储气洞穴的技术难题，包括高气密性盐洞的探测、钻井及工质气体脱水脱盐技术等；三是推广应用必须面对技术上的效率问题和商业上的成本控制问题。目前，世界上公认的最成熟、最可靠、最安全的储能技术为抽水蓄能技术，其运行效率在 70%~80%。需要指出的是，抽水蓄能因依赖大型水源，环境评估和建设周期长，尚不能满足未来储能的迫切需要和全部需求，因此包括压缩空气储能在内的新型大规模储能技术发展前景广阔。此外，从商业运行角度看，未来压缩空气储能系统大规模应用的运行效率应向 70%甚至更高方向发展。

由于存在上述技术瓶颈,限制了传统压缩空气储能系统的大规模应用和发展,因此传统压缩空气储能系统开始向新型压缩空气储能系统发展。新型压缩空气储能系统主要包括蓄热式压缩空气储能(thermal storage compressed air energy storage,TS-CAES)系统、等温压缩空气储能(isotherm compressed air energy storage,I-CAES)系统、液化空气储能(liquid air energy storage,LAES)系统、超临界压缩空气储能(supercritical compressed air energy storage system,SC-CAES)系统和水下压缩空气储能(underwater compressed air energy storage,UW-CAES)系统。另外,在压缩空气储能应用方面,小型压缩空气储能系统和压缩空气储能系统与可再生能源或其他能源动力系统的耦合技术也在快速发展。

2.2 蓄热式压缩空气储能

蓄热式压缩空气储能系统是将空气压缩过程中产生的压缩热存储起来,在释能膨胀发电过程中,利用存储的压缩热加热压缩空气,该系统用蓄热/换热装置代替了传统压缩空气储能系统的燃烧室,摆脱了对天然气、石油等化石燃料的依赖,可实现零排放和零污染。

2.2.1 工作原理

蓄热式压缩空气储能系统的工作原理如图 2-2-1 所示,系统包括 6 个子系统。

(1)压缩机,一般为多级压缩机,用于对空气的压缩以提高空气压力。

(2)膨胀机,一般为多级膨胀机,用于将空气的压力释能转化为轴功输出。

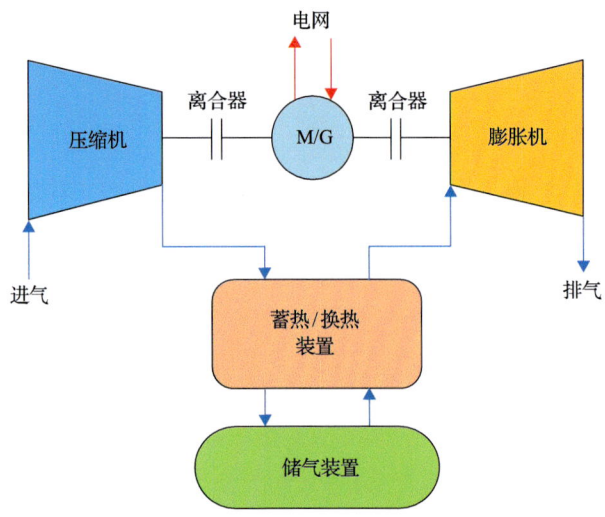

图 2-2-1 蓄热式压缩空气储能系统的工作原理

(3) 蓄热/换热装置，一般为双罐式或填充床式，用于储存储能过程中产生的压缩热。

(4) 储气装置，一般为地下洞穴或人造高压容器，用于储存高压空气。

(5) 电动机/发电机，通过离合器分别与压缩机和膨胀机连接，用于驱动压缩机并对外输出电能。

(6) 控制系统和辅助设备，包括控制系统、机械传动系统、管路和配件等，用于实现系统的正常运行。

蓄热式压缩空气储能一般为多级间冷蓄热式压缩空气储能系统，以两级压缩-两级膨胀过程为例，系统在工作过程中的温熵图如图 2-2-2 所示，其中 P_0 定压线和 P_f 定压线分别表示压缩过程初始和压缩过程终点的压力状态。

(1) 压缩过程：储能时，电动机驱动压缩机将空气压缩至高压并储存至储气装置中，完成电能到空气压力能的转换，对应图中的 1-2 和 3-4 过程。

(2) 蓄热过程：在级间冷却和级后冷却中，压缩机出口的高温空气流经蓄热/换热装置，将压缩热传递给蓄热介质实现蓄热，对应图中的 2-3 和 4-5 过程。

(3) 释热过程：当需要系统释能时，压缩空气从储气装置中释放，在进入每一级膨胀机之前流经蓄热/换热装置进行预热，以提高膨胀机进口空气焓值，对应图中的 6′-7′ 和 8′-9′ 过程。

(4) 膨胀过程：在空气流经蓄热/换热装置完成预热后，高温高压的空气进入膨胀机膨胀做功，完成空气压力能到电能的转换，对应图中的 7′-8′ 和 9′-10′ 过程。

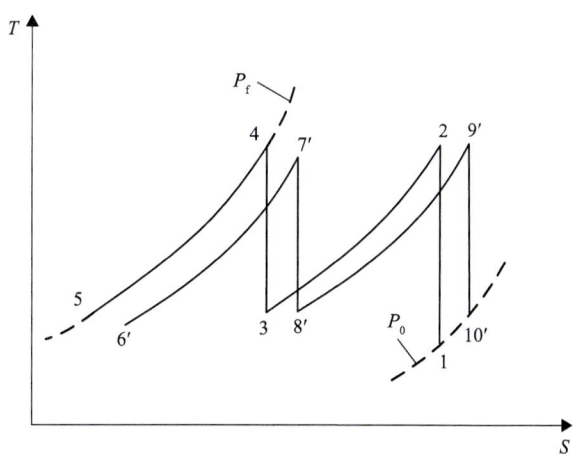

图 2-2-2　多级间冷蓄热式压缩空气储能系统温熵图

2.2.2　技术特点

蓄热式压缩空气储能系统区别于传统压缩空气储能系统的技术特点主要包括

以下两个方面，换热器技术和膨胀机技术。

换热器技术：传统压缩空气储能系统不考虑压缩热的存储和利用，在系统设计中不需要考虑级间换热器和级后换热器的热量㶲损。但在蓄热式压缩空气储能系统中，储能过程的压缩热被储存起来，需要尽量减小冷、热侧流体之间的温差，以最大限度地减少换热过程的㶲损。然而，热梯度不够会降低传热效果，达不到换热器设计的需求。因此，需要额外考虑换热效果和热量㶲损之间的权衡关系。

膨胀机技术：相较于传统压缩空气储能系统，蓄热式压缩空气储能系统去掉了燃烧室，使用蓄热/换热装置对膨胀机进口的空气进行预热，故蓄热式压缩空气储能系统膨胀机入口的温度较低。所以，蓄热式压缩空气储能系统的膨胀机运行面临着更高的蒸汽冷凝和冻结风险，同时低温运行时的气体黏性效应更显著，而这也会导致内部摩擦损失增大。因此，需要针对其运行工况进行特殊设计和操作管理，以保证膨胀机的稳定、高效运行。

2.2.3 国内外现状

目前，国内外对蓄热式压缩空气储能系统的研究已经从理论分析发展到了系统示范阶段，以下分别从这两方面进行介绍。

1. 理论分析研究

蓄热式压缩空气储能系统的蓄热系统根据蓄热温度可分为高温、中温、低温三类。一般认为蓄热温度在400℃以上为高温蓄热，蓄热温度在200~500℃为中温蓄热，蓄热温度在200℃以下为低温蓄热。根据蓄热形式可分为填充床式和双罐式。填充床式蓄热/换热装置的适用温度较广，高温、中温、低温工况均适用。双罐式蓄热/换热装置一般适用于中温、低温工况。

对于高温蓄热式压缩空气储能系统的研究，德国于2010年开始筹建ADELE项目，当设计压力为10~20MPa时，压缩空气温度可达到650℃，将这部分热量存储在蓄热/换热装置中，并用于释能过程。蓄热/换热装置拟采用填充床形式，蓄热材料为特制的蓄热砖。该系统的热力学理论循环效率超过70%。但由于系统高温与高压的工作特点,其研发和建设面临两个方面的挑战,项目已于2013年暂停：一是承受热应力和机械应力的高温蓄热/换热装置需要使用特殊材料并进行复杂的系统工程设计；二是当前尚没有成熟的高温压缩机部件。2018年，瑞士苏黎世联邦理工学院的研究人员在一条直径为4.9m、长度为120m的隧道内进行了高温蓄热式压缩空气储能中试试验。试验中，空气温度为550℃，使用填充床式蓄热/换热装置，如图2-2-3所示。蓄热材料采用平均直径为2cm的岩石混合颗粒(镁铁质岩石、长英质岩石、石灰石、砂岩和富含石英的砾岩)。蓄热填充床高2.7m,

长度 9.9m，平均宽度 2.4m，蓄热容量为 12MW·h。研究人员据此开展了不同持续时间的储释能循环试验，测得蓄热/换热装置的蓄热效率为 76%～90%。假定膨胀机效率为 90%、压缩机效率 85%、电动机与发电机效率分别为 97%，那么该中试系统的循环效率为 63%～74%。在此基础上，研究人员增加了 171.5kW·h 的潜热蓄热/换热装置，进一步提升了系统性能。

 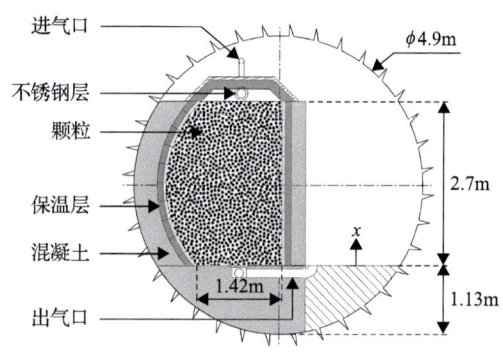

(a) 高温蓄热填充床外观   (b) 高温蓄热填充床结构图

图 2-2-3 　高温蓄热填充床

对于中温蓄热式压缩空气储能系统的研究，德国研究人员 Daniel Wolf 设计了一种三级压缩-两级膨胀的蓄热式压缩空气储能系统，该系统有两个蓄热填充床，如图 2-2-4 所示。储能时，空气先进入第一个压缩机并被压缩至 0.24MPa，级间冷却后进入第二个压缩机并被压缩至 1.9MPa、380℃，进入第一个蓄热/换热装置，回收压缩热。之后空气进入最后一级压缩机并压缩温度至 380℃，再进入第二个蓄热/换热装置对压缩热进行回收储存。释能过程包括两级膨胀，压缩空气在第一个蓄热/换热装置预热后进入第一级膨胀机，空气膨胀降温后进入第二个蓄热/换热

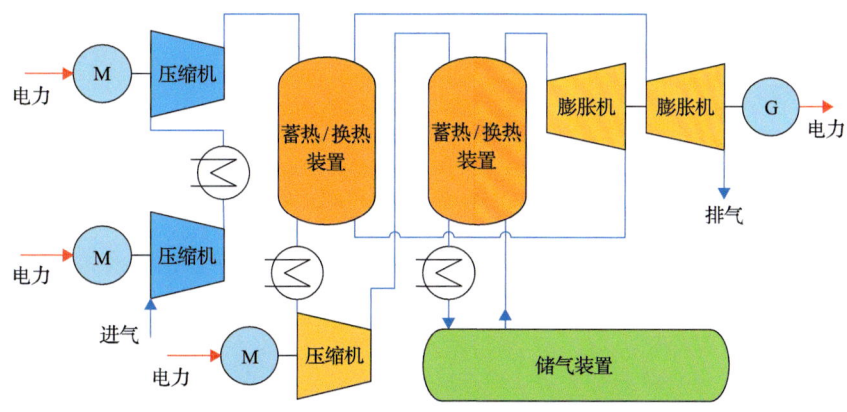

图 2-2-4 　双蓄热填充床压缩空气储能系统

装置再次被加热进入第二级膨胀机，完成释能发电过程。该系统的理论循环效率在 62%～69%。

对于低温蓄热式压缩空气储能系统的研究，常采用冷热双罐式蓄热/换热装置进行蓄热。冷热流体分别储存在冷罐和热罐中，并由液体泵驱动冷热流体在系统中流动。意大利 GE 石油天然气公司的研究人员对以常压水为蓄热介质进行了理论研究，压缩空气储能系统储气压力为 125bar，系统有 7 个压缩机和 6 个膨胀机，如图 2-2-5 所示。在储能过程结束时，热罐的平均蓄热温度为 89℃，在释能过程结束时，冷罐的平均温度为 47℃。系统的理论循环效率为 52%。

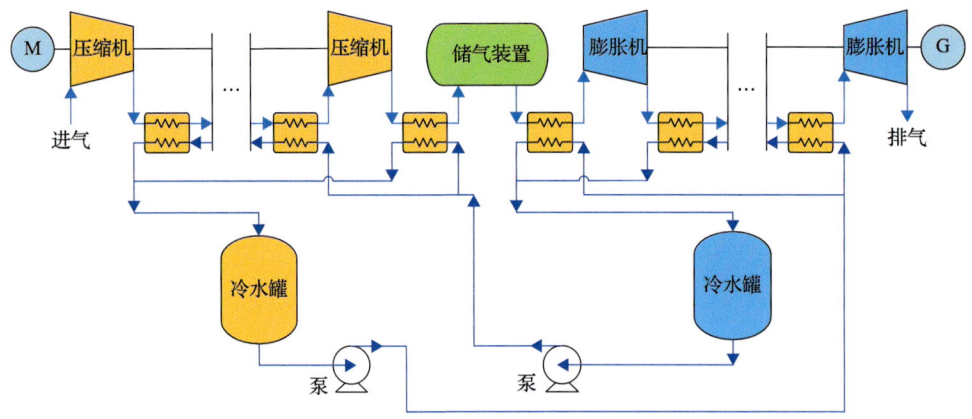

图 2-2-5　冷热双罐式蓄热压缩空气储能系统

此外，相比于显热蓄热方式，潜热蓄热的蓄热密度更大。填充床蓄热又被认为是应用于蓄热式压缩空气储能系统中一种较为经济可行的蓄热方式，因此很多研究机构对以相变材料为蓄热填充床的压缩空气储能系统开展了研究。浙江大学的研究人员进行了相变材料热物性对蓄热/换热装置和系统性能影响的正交试验。研究结果表明，从蓄热填充床单一部件角度来看，材料密度和潜热值是影响蓄热效率最重要的两个因素。从整个压缩空气储能系统角度来看，材料密度和相变温度是影响系统循环效率最重要的两个因素。伊朗图斯大学的研究人员构建了一种封装相变材料的级联填充床梯级蓄热/换热装置，以实现对不同温度热能的梯级利用，进而提升系统效率。通过动态特性分析，该系统的循环效率为 61.5%。

在技术经济性能分析方面，华北电力大学的研究人员系统建立了理论分析模型。分析结果显示，10MW/80MW·h 压缩空气储能系统的静态投资成本为 6679 万元，度电成本为 0.501～0.686 元/(kW·h)。在环境性能分析方面，针对压缩空气储能系统的全生命周期 CO_2 排放及能源与水消耗情况，西安交通大学的相关研究结果显示蓄热式压缩空气储能系统与电网结合能够获得可观的环境效益，在火力发电占比较大的省份其效益更加显著。

2. 系统示范

国内目前已经建成了多个蓄热式压缩空气储能系统示范项目，在技术路线、应用场景和商业模式等方面都取得了多项突破性进展。贵州毕节 10MW 先进蓄热式压缩空气储能系统于 2016 年底实现示范运行，是国际首套集气式压缩空气储能系统，并于 2021 年 10 月正式并网发电，实测循环效率为 60.2%。在满负荷发电状态下，每小时可发 10000 度的电能，能同时满足 3000 多户居民的用电需要，并起到电网调峰的作用。山东肥城 10MW 盐穴先进压缩空气储能商业示范项目在 2021 年 9 月并网发电，系统额定效率达到 60.7%。该项目于 2022 年 7 月获准参与山东省电力现货市场交易，标志着国际首个盐穴先进压缩空气储能电站已进入正式商业运行状态。江苏金坛 60MW 盐穴压缩空气储能电站(图 2-2-6)于 2022 年 5 月并网运行，在 2022 年 7 月和 8 月响应了约 40 次调峰指令，累计调峰电量达到 8500 万 kW·h，该系统的设计循环效率大于 60%。河北张家口国际首套 100MW 先进压缩空气储能国家级示范电站于 2022 年 9 月实现并网发电，系统效率达到 70.2%，该项目获得河北省发改委的电价政策支持，系统核心装备的自主化率 100%，每年可发电 1.32 亿 kW·h 以上，能够在用电高峰为约 5 万用户提供电力保障，每年可节约标准煤 4.2 万 t，减少二氧化碳排放 10.9 万 t，是当时世界上单机规模最大、效率最高的新型压缩空气储能电站。此外，中国大唐集团有限公司、中国长江三峡集团有限公司、中国电力建设集团、中国能源建设股份有限公司、中储国能(北京)技术有限公司等企业也纷纷启动或规划建设山东肥城 300MW、宁夏中宁 100MW、江苏淮安 465MW 等蓄热式压缩空气储能示范工程项目。

图 2-2-6　江苏金坛 60MW 盐穴压缩空气储能电站

目前，国际上也已建成或规划了多个蓄热式压缩空气储能系统示范项目。2019 年，加拿大安大略 Goderich 项目建成并运行至今，如图 2-2-7 所示。该系统由 Hydrostor 公司建造，服务于安大略省独立电力系统运营商，负责调峰、辅助供电及全面参与商业能源市场。系统储能功率为 2.2MW，释能功率为 1.75MW，储能容量大于 10MW·h。

图 2-2-7　加拿大安大略 Goderich 项目

此外，Hydrostor 公司目前在建的 2 个蓄热式压缩空气储能系统分别位于澳大利亚和美国。澳大利亚新南威尔士州 Silver City 储能中心的释能功率为 200MW，可稳定供电 8h，预计 2027 年建成，如图 2-2-8 所示。美国加州 Willow Rock 储能中心的释能功率为 500MW，可稳定供电 8h，计划于 2030 年建成，如图 2-2-9 所示。

图 2-2-8　Silver City 储能中心效果图　　图 2-2-9　Willow Rock 储能中心效果图

2.2.4　发展趋势

蓄热式压缩空气储能技术经过多年发展已成为当前大规模储能技术应用的主流，但目前在技术层面还需解决以下问题。

针对蓄热/换热装置，还需要进一步研究材料的蓄热与传热特性，增强换热的同时也需要兼顾蓄热/换热装置的经济性，以利于该技术的商业化发展。

对于绝热压缩空气储能系统，通常为单级压缩与单级膨胀，这时存在压缩温度较高的问题，给压缩机及蓄热/换热装置的设计与制造带来了挑战。针对压缩机与膨胀机部件，尚没有适合该系统的成熟高压部件。同时为了满足大功率、高效率与宽工况的工作需求，如 20MW 以上的压缩机需要轴流与离心压缩机集成，需要解决叶轮设计与匹配问题及该部件的加工制造问题。膨胀机部件应用于压缩空气储能系统，因其进口工作压力较高，高于常规燃气轮机的工作压力，所以同样需要开展高压膨胀机的研制工作。

对于间冷蓄热式压缩空气储能系统,通常为多级压缩、级间冷却及多级膨胀、级间再热系统。该系统具有较多的部件参数,需要发展和完善蓄热式压缩空气储能系统整体的优化设计方法,研究各级参数的优化匹配设计,提高各级压缩机与膨胀机效率,研制高效换热器,降低换热损失,提升系统效率。

2.3 等温压缩空气储能系统

等温压缩空气储能系统是指通过一定措施(如液体活塞、喷淋等),使用比热容大的液体(水或油),提供近似恒定的温度环境,增大气液接触面积和接触时间,使空气在压缩和膨胀过程中无限接近等温过程,将热损失降到最低,从而提高系统效率,其理论效率可达 70%以上。此外,由于该技术中的压缩和膨胀过程无限接近等温过程,所以可以减少部件的热应力。但在压缩过程中,由于部分空气溶解于比热容大的液体中而没有存储到储气装置,故存在部分能量损失和材料腐蚀等问题。

2.3.1 工作原理

等温压缩空气储能系统的工作原理主要分为两类,一类是喷淋式,另一类是液体活塞式。喷淋式等温压缩空气储能系统的工作原理图如图 2-3-1 所示,系统的主要组成部分包括以下 7 类。

(1)压缩机,一般为单级压缩机,用于对空气进行压缩以提高空气压力。

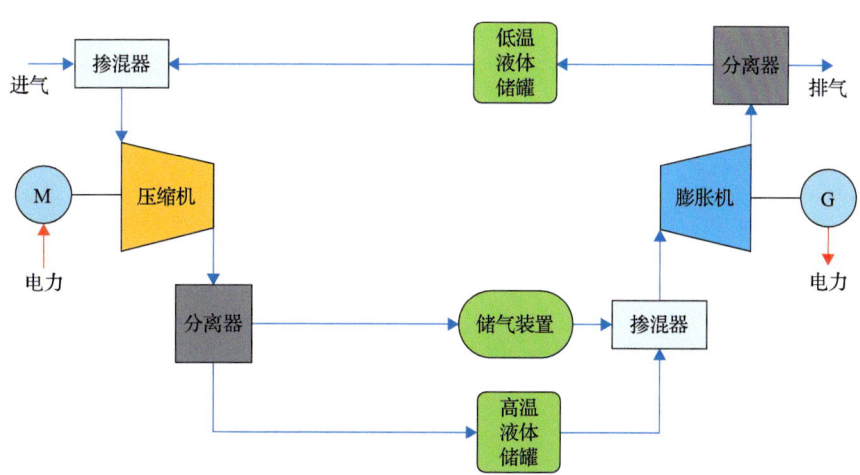

图 2-3-1 喷淋式等温压缩空气储能系统工作原理

(2)膨胀机，一般为单级膨胀机，用于将空气的压力释能并转化为轴功输出。

(3)掺混器/分离器，一般根据不同工况采用不同压力的喷嘴，用于空气和高比热容液体的掺混/分离。

(4)储气装置，一般为压力容器，用于储存高压空气。

(5)低温/高温液体储罐，一般为带保温层的液体罐，用于储存储能时产生的高温液体和释能时产生的低温液体。

(6)电动机(M)/发电机(G)，通过离合器分别与压缩机和膨胀机连接，用于驱动压缩机和对外输出电能。

(7)控制系统和辅助设备，包括控制系统、机械传动系统、管路和配件等，用于实现系统的正常运行。

系统的主要运行步骤如下所述。

(1)储能过程：将空气与高比热容液体掺混，低温液体与压缩空气快速换热并吸收压缩热，控制压缩过程中的空气升温。压缩机出口的气液两相流体经过气液分离器后，高压空气进入储气装置，高温液体进入高温液体储罐。

(2)释能过程：储气装置出口的高压空气与高温液体掺混，高温液体与空气快速换热并释放压缩热来抑制膨胀机内空气的降温。膨胀机出口的气液两相流体经过气液分离器后，气体被排空，液体进入低温液体储罐。

液体活塞式等温压缩空气储能是将液体泵入密闭压缩室来实现空气增压的技术，在压缩过程中空气产生的热量被压力容器内的液体吸收，降低了空气在压缩过程中的温升效应。在膨胀过程中，压缩室内液体的热量传导给空气，减弱了空气在膨胀过程中的降温效应。液体活塞式等温压缩空气储能系统主要有闭式和开式两种形式，工作原理图如图 2-3-2 所示。闭式和开式系统的主要区别在于系统内的空气质量是否恒定。闭式系统的主要组成部分为压缩室、液压泵/涡轮泵、电

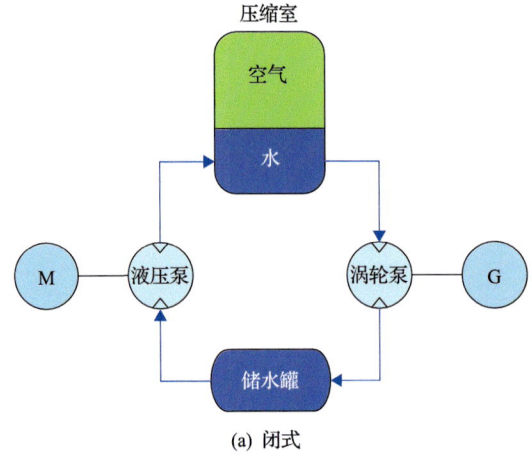

(a) 闭式

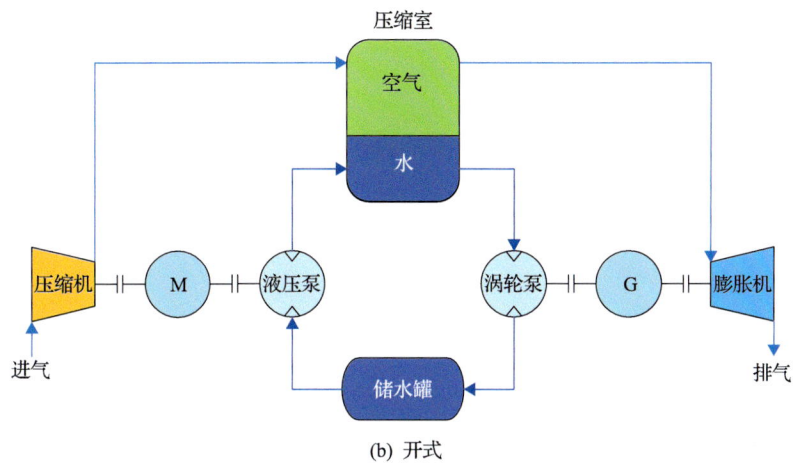

(b) 开式

图 2-3-2　液体活塞式等温压缩空气储能系统工作原理

动机/发电机,其中电动机/发电机的作用与喷淋式等温压缩空气储能系统中的相同,此处不再赘述。

(1)压缩室,一般为压力容器,在其内部对空气进行压缩,同时也是高压储气装置。

(2)液压泵/涡轮泵,一般根据工况的扬程/流量选取相应型号,用于泵送液体/发电。

闭式系统内的空气质量恒定,液体体积可变。其主要工作过程如下所述。

(1)压缩过程:使用电动机驱动液压泵,向压缩室内泵送更多液体,并对液体上方的空气进行压缩。

(2)膨胀过程:压缩室内的液体流出,驱动涡轮泵旋转,此时液体上方的空气膨胀。涡轮泵带动发电机对外发电。

开式系统的主要组成部分为压缩室、液压泵/涡轮泵、压缩机/膨胀机及电动机/发电机,其中压缩室、液压泵/涡轮泵、电动机/发电机与闭式系统中的相同,相比于闭式系统,开式系统具有压缩机/膨胀机。压缩机/膨胀机一般为单级压缩机/单级膨胀机,用于压缩空气/将空气的压力释能并转化为轴功输出。开式系统内的空气质量和液体体积均可变,其有两种工作模式,分别为液压驱动模式和气动驱动模式。其中,液压驱动模式由液压泵/涡轮泵完成,其工作过程与闭式系统的压缩过程和膨胀过程相同。气动驱动模式由压缩机/膨胀机完成,其工作过程如下所述。

(1)压缩过程:使用电动机驱动压缩机,向压缩室输送高压气体。

(2)膨胀过程:压缩室内的高压空气流出,经膨胀机对外做功,驱动发电机发电。

为了便于理解等温压缩空气储能系统的热力过程,将等温压缩空气储能系统与蓄热式压缩空气储能系统的热力学过程进行比较,理想等温压缩-膨胀热力学过程温熵图与多级蓄热式压缩-膨胀过程温熵图的对比如图 2-3-3 所示。假定储能初始参数及储气参数相同,其中 P_0 定压线和 P_f 定压线分别表示压缩过程初始和压缩过程终点的压力状态。等温过程为一级压缩,等温压缩储能过程为 1～7,7 点为储气状态。由于高压气体储存阶段存在不可避免的压损,故节点 7 的压力会略降至 8′的压力。释能的等温膨胀为图中 8′～1 过程;对于三级压缩-三级膨胀的蓄热式压缩空气储能系统,储能过程为 1-2-3-4-5-6-7,释能过程为 8′-9′-10′-11′-12′-13′-14′。等温压缩空气储能系统与多级蓄热式压缩空气储能系统相比,能够实现单级高压比,不需要级间换热器,可降低流动损失,具有较高的系统效率。

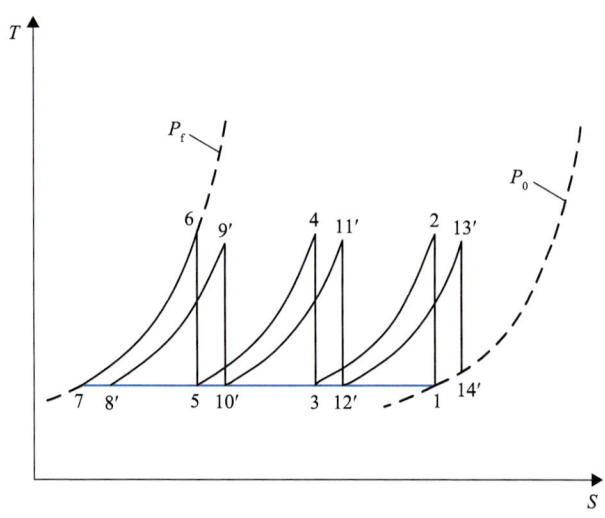

图 2-3-3 理想等温压缩-膨胀过程与多级蓄热式压缩-膨胀过程的温熵图

2.3.2 技术特点

等温压缩空气储能系统相比于其他的压缩空气储能系统,具有相对较高的系统循环效率和能量密度。在储能时,压缩过程中的温度保持不变,所以等温压缩机的耗功低于具有相同压力比的绝热压缩机。在释能时,工质在恒温下膨胀,储能过程中压缩机消耗的能量可在释能过程中几乎完全恢复,等温压缩空气储能系统的理想循环效率超过 90%,系统能量密度可达 5～30(kW·h)/m³。

等温压缩空气储能系统的设计关键是如何实现等温压缩与等温膨胀过程。由于空气在压缩过程中会升温,在膨胀过程中会降温,所以为了维持空气在压缩过程和膨胀过程的温度恒定,需要使用换热介质与空气换热。根据换热方式的不同,可以分为直接换热和间接换热。直接换热,即空气与高比热容的介质直接接触,控制压缩过程的温升与膨胀过程的温降,通常采用喷淋或液体活塞方式;间接换热,即采用换热器,通过增加换热面积的方式实现空气和传热介质的快速换热,如在空气流动区域增加翅片、降低空气流速等方式。相关研究表明,间接换热在实现等温压缩/膨胀方面的能力有限,因此当前研究主要集中在直接换热方面,主要有两种方法:喷淋换热和液体活塞换热。

喷淋换热技术:水以三种形态向压缩室内喷淋,包括液态水、水雾和水泡沫。液态水喷淋换热较为简单,在此不再赘述。水雾换热利用高压喷嘴将水雾化成微米级小液滴,使其具有足够大的表面积与空气直接接触,能够实现短时间内大量的热交换,因此水雾换热技术能够实现的传热范围远超传统传热技术。但通常需要将水加压至 3~5MPa,故加压泵的耗能不能忽略。水泡沫换热通过在活塞式压缩机的活塞底部产生泡沫,并将泡沫上升到气液界面以增加气液间的传热面积,从而强化气液换热。目前,水泡沫技术面临的挑战是在连续工作过程中残留泡沫的累积及在腔室中形成的腐蚀性环境等。

液体活塞换热技术:与开式液体活塞换热技术相比,闭式液体活塞换热技术的工作模式更加灵活多变,可选液压动力路径和气动动力路径。液压动力路径通过液压泵/涡轮向压缩室添加/减少液体,对空气进行压缩/膨胀以达到储能/释能的目的。气动动力路径通过空气压缩机/膨胀机向压缩室增加/减少空气质量,对空气进行压缩/膨胀以达到储能/释能的目的。由于液压动力路径能很快地达到压缩室的最大压力极限,所以储能密度较低,多用于功率型场景,尤其适用于瞬态高功率或突发的电力需求。气动动力路径的储能密度更高,但功率小于液压动力路径,故更适用于平稳工况。在相同条件下,液压动力路径的功率密度比气动动力路径高一个数量级,而气动动力路径的能量密度比液压动力路径高一个数量级。

液体活塞增强换热技术:由于液体可变形,能够适应不规则的压缩室形状,因此压缩室可以通过增加换热面积进行特殊设计。此外,液体活塞式压缩机使用液体活塞进行直接接触换热时,可在空气压缩/膨胀空间添加多孔介质换热材料以增强传热。图 2-3-4 为三种典型的多孔介质换热材料。

(a) 金属丝网　　　　　　　(b) 金属细管　　　　　　　(c) 金属泡沫

图 2-3-4　典型的多孔介质换热材料

2.3.3 国内外现状

目前,国内外等温压缩空气储能系统的研究主要集中在换热技术方面。

在喷淋换热技术方面,有研究结果显示,向涡旋膨胀机/压缩机中喷入液体可实现近等温膨胀/压缩过程,工作过程多变指数接近 1,可提升其容积效率至 95%以上。相关试验研究表明近等温压缩过程相比绝热压缩过程,比压缩功大幅降低。美国 General Compression 公司和 LightSail Energy 公司采用喷淋式直接接触换热方式实现了近等温压缩空气储能。General Compression 公司于 2010 年完成了 30kW 的样机,LightSail Energy 公司于 2011 年完成了 100kW 的样机,测试报告显示通过向压缩室喷水,压缩机的热力学效率为 90%,系统循环效率为 70%。美国 SustainX 公司的兆瓦级等温压缩空气储能示范系统如图 2-3-5 所示,该公司开发了一种水泡沫传热方法以实现快速等温压缩和膨胀,对于单级压缩或膨胀,其压力最大可达 20MPa,压缩机和膨胀机具有超过 95%的等温效率。该公司建成了 1.5MW 等温压缩空气储能示范系统,测试结果显示其循环效率为 54%。

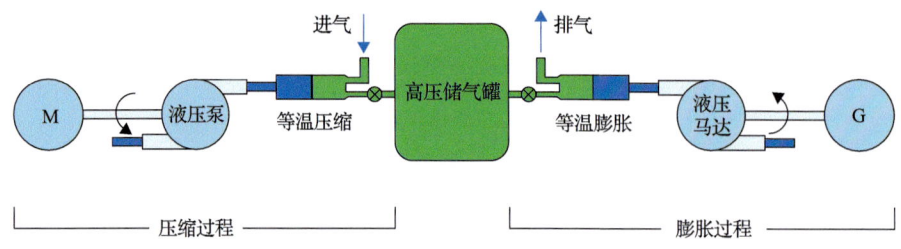

(a) 系统示意图

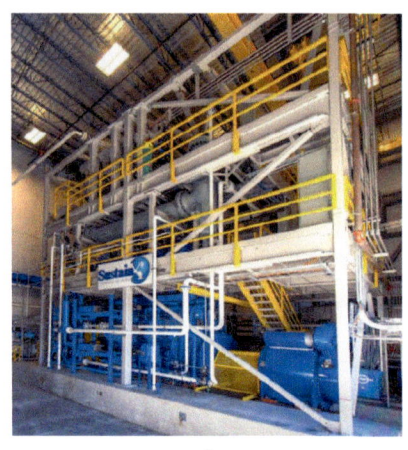

(b) 实物图

图 2-3-5 美国 SustainX 公司等温压缩空气储能示范系统示意图及实物图

在液体活塞式换热方面,美国橡树岭国家试验室建造了一个小型液体活塞式等温压缩空气储能系统,如图 2-3-6 所示,额定容量为 3kW·h,最大储气压力为 160bar。该系统的主要组成部件包括一个 500gal 的蓄水罐、四个 500L 的压力容器、一个 11kW 的容积泵、一个涡轮机和一个 5kW 的发电机。储能时,由电能驱动容积泵将蓄水罐中的水泵入压力容器中,对容器内的空气进行压缩以实现储能。释能时,利用压缩空气的压力和高水头驱动涡轮机旋转,带动发电机对外发电。图 2-3-6(a)为该系统的试验台,图 2-3-6(b)为储能时储气装置的红外图像,从图中可以看出储气装置内的最高温度和最低温度之间的温差为 4℃。测试结果显示,该系统的循环效率为 21%,大部分能量损失发生在涡轮机和容积泵,分别占总能量输入的 29%和 36%。

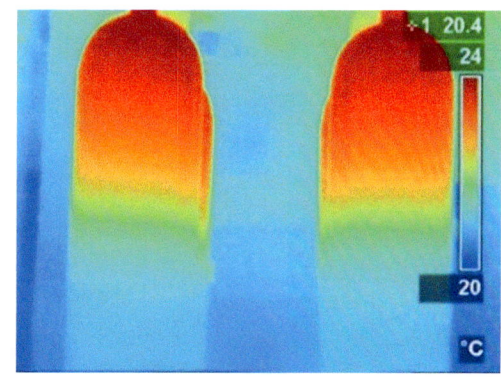

(a) 液体活塞式等温压缩空气储能系统试验台　　　(b) 储能时储气装置的红外图像

图 2-3-6　美国橡树岭国家试验室液体活塞式等温压缩空气储能试验

进一步,将以上两种直接接触方式结合,可以提升换热性能。郑州轻工业大学的研究人员设计了一种开放式等温压缩空气储能(open isotherm compressed air energy storage, OI-CAES)系统,将喷淋式和液体活塞式相结合,如图 2-3-7 所示。系统主要由一个储气装置、两个用于压缩/膨胀的工作缸、一个用于驱动水流的可逆液压泵/涡轮泵、一个用于储能/释能的电动机/发电机和两个用于喷淋的泵组成,储能介质为空气,发电介质为水。该系统主要通过水泵调节来适应变工况的需求,对连续变工况具有较好的调节特性。系统可将空气加压至 20~30MPa,理论循环效率在 66%~82%,能量密度在 2.46~3.59MJ/m³。目前已建成 2kW 的原理样机,试验获得的循环效率为 24%,峰值压力为 13MPa。

关于间接式换热等温压缩空气储能的研究,印度安娜大学能源研究院的学者提出一种浸润式等温压缩空气储能系统,他们将主要部件放置于大型水罐中,维持其近等温过程,该系统的工作压力较低(0.8MPa),可通过引入外部热源来提升输出功,输出功量可达储能耗能的 1.6 倍。

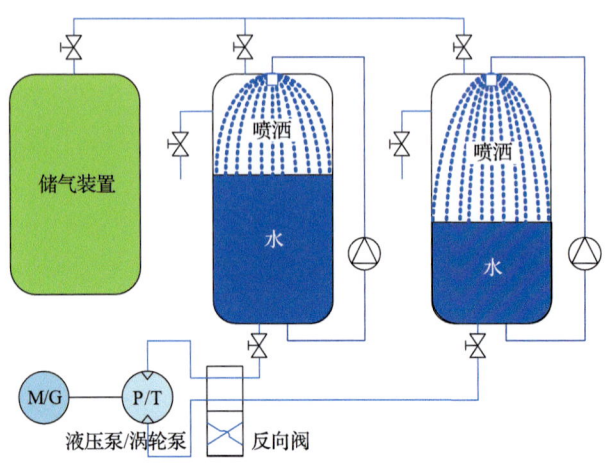

图 2-3-7 开放式等温压缩空气储能系统

2.3.4 发展趋势

等温压缩空气储能技术受到国内外的广泛关注，重点包括等温压缩与等温膨胀过程及部件研究、等温压缩空气储能的系统性能研究及等温压缩空气储能与可再生能源的耦合应用研究等。

在等温压缩空气储能关键部件优化设计与试验研究方面，主要关注点为压缩机与膨胀机。一般开展结构创新与参数优化设计并进行相应的试验研究，通过试验验证等温过程的总体性能及其流动与换热机理。压缩机和膨胀机包括容积式和旋转式两种结构型式，相对而言，对旋转式压缩机和膨胀机的研究更充分。容积式压缩机和膨胀机一般只开展稳态试验，并且工作压力不高，因此有必要进一步开展高压、动态过程的试验研究。

在等温压缩空气储能系统性能研究方面，主要关注储能系统等温压缩/膨胀过程的两相流流动及其强化传热机理。针对不同工作压力、不同工作温度及不同压缩/膨胀机械结构条件，对两相流的流动特点及其传热机理开展基础理论与试验研究，特别是在高压比条件下液相中的液滴大小、喷射方式等因素对系统性能的影响开展深入研究与探索，并结合相关试验，完善理论方法。

在等温压缩空气储能与可再生能源耦合应用研究方面，主要关注宽工况范围与陆上、海上风电或其他可再生能源耦合应用时的容量规模、经济性、环境等因素。等温压缩空气储能包括多种类型，如喷雾冷却/加热类型、液体活塞型、浸润型等，具有不同的性能，适合于不同的应用场合，需通过开展系统性对比研究，进一步得到不同类型系统的技术经济性。

2.4 液化空气储能

液化空气储能系统是一种将电能转化为液态空气的热力学能进行存储的新型物理储能方式,在压缩空气储能技术的发展历程中具有典型代表意义。该技术利用液态空气储能密度高的特点,克服传统压缩空气储能密度不高和依赖洞穴的缺点,具有占地面积小、储能容量大、不受地理条件限制等优点。

2.4.1 工作原理

液化空气储能系统主要包括储能子系统、储存子系统和释能子系统,基本结构如图 2-4-1 所示。

(1) 储能子系统即空气液化子系统,主要设备包括电动机组、空气压缩机(含空气干燥纯化系统)、冷却器、液化器、降压装置(膨胀机或节流阀)、分离器等。

(2) 储存子系统即液态空气和冷热能储存子系统,主要设备包括蓄热装置、蓄冷装置和液态空气储罐等。

(3) 释能子系统即膨胀发电子系统,主要设备包括低温泵、蒸发器、换热器、膨胀机、发电机等。

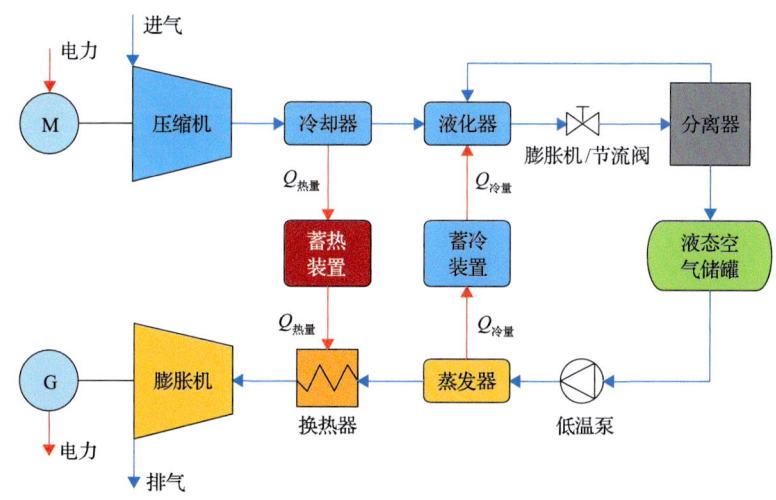

图 2-4-1 液化空气储能工作原理

液化空气储能系统工作过程的温熵图如图 2-4-2 所示,其中 P_0 定压线和 P_f 定压线分别表示压缩过程初始和压缩过程终点的压力状态。系统运行主要分为储能、储存和释能 3 个阶段。

(1)储能阶段：压缩机消耗可再生能源电力或电网的谷电，常通过多级压缩、级间冷却的方式将干燥纯化的空气压力提高至 P_f，如图 2-4-2 中的 1-2-3-4-5-6 过程所示。然后，将高压空气冷却和液化(深冷)，如图 2-4-2 中的 6-7 过程所示。高压液化状态的空气经节流阀或液体膨胀机膨胀至常压气液两相状态，如图 2-4-2 中的 7-8 过程所示。经过气液分离器后常压液态空气 10 储存在液态空气储罐内，低温气态空气 9 则返回液化器内，冷量被回收。储能时同时回收冷却器出口的压缩热能，用于释能时加热高压空气。

(2)储存阶段：压缩热能、高品位深冷冷能和液态空气分别储存在蓄热装置、蓄冷装置和液态空气储罐内。

(3)释能阶段：液态空气经低温泵加压，如图 2-4-2 中的 10-11′过程所示。然后，进入蒸发器内汽化，如图 2-4-2 中的 11′-12′过程所示。汽化后的高压空气通过多级膨胀、级间再热的方式在膨胀机内膨胀对外做功并驱动发电机输出电力，如图 2-4-2 中的 12′-13′-14′-15′16′17′过程所示。释能时同时回收蒸发器内液态空气汽化释放的深冷冷能，并用于下一次储能过程对空气进行液化。

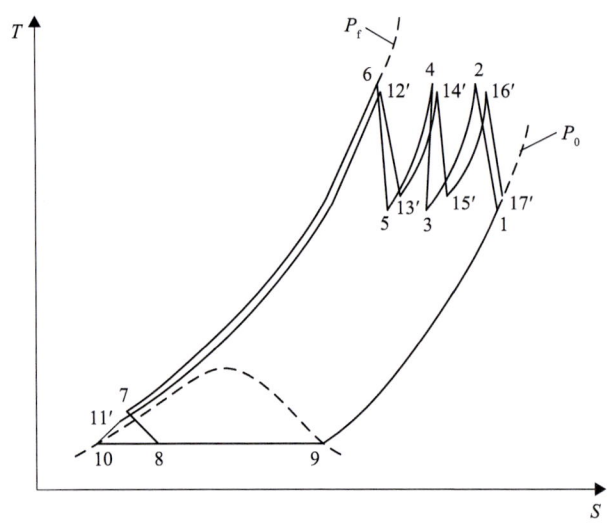

图 2-4-2　液化空气储能系统温熵图

2.4.2　技术特点

液化空气储能具有储能密度高[50～200kW·h/m³)]、储存时间长(数小时级)、寿命长(20～40 年)、不依赖地理条件、易于部署和建设周期短等优点。与其他类型的压缩空气储能相比，液化空气储能的主要技术特点包括空气净化技术、空气液化技术、深冷蓄冷技术、与其他系统耦合技术等。

空气净化技术：空气是不同气体的混合物，每种成分都有不同的沸点。因此，有必要在液化前将沸点高的气体（CO_2 和 H_2O）分离出来，以防止管道和换热器因冷冻而堵塞，确保系统的安全运行。通常采用吸收或吸附方式对空气进行净化，空气净化过程需要额外消耗电能，然而在大多数研究中，有时会忽略空气净化过程，或者假设 CO_2 和 H_2O 已经被净化，所以出现系统效率高于实际情况。

空气液化技术：在液化过程中，净化后的空气被冷却至低于其沸点（-194.35℃，78.8K）的状态，在适当压力下由气相转变为液相，体积显著减少（减少 700 倍），形成高能量密度存储介质。液化过程的性能对系统效率起决定性作用，在液化空气储能中，已经开发并使用了几种专门的循环来液化空气（图 2-4-3），包括林德-汉普森循环、克劳德循环和柯林斯循环。林德-汉普森循环是最基础的循环，如图 2-4-3(a)所示。林德-汉普森循环具有寿命长、成本低等优点，但由于节流阀的不可逆节流和蓄冷装置内温度分布不匹配，其㶲损较高，系统的循环㶲低于 10%。为了提高空气液化过程中的性能，提出林德-汉普森循环的几种变体，包括克劳德循环和柯林斯循环，分别如图 2-4-3(b) 和 (c) 所示。克劳德循环由 Georges Claude 于 1902 年提出，为了减少不可逆节流损失，克劳德循环中引导部分压缩气流通过低温膨胀机，该方法除可以通过低温膨胀机发电外，还可以显著降低液化温度并提高液化产量。柯林斯于 1946 年在克劳德循环的基础上增加了低温膨胀机的个数，允许系统在比克劳德循环更低的压力下工作，但其多重低温膨胀过程更复杂，投资和维护成本要高得多。

深冷蓄冷技术：液化空气储能系统中的冷能损失对系统循环效率的影响远大于热能损失，深冷冷能的大规模、低成本和高效存储是液化空气储能系统的关键核心技术。按照蓄冷工质划分，主要有液体蓄冷材料和固体蓄冷材料两种。其中，

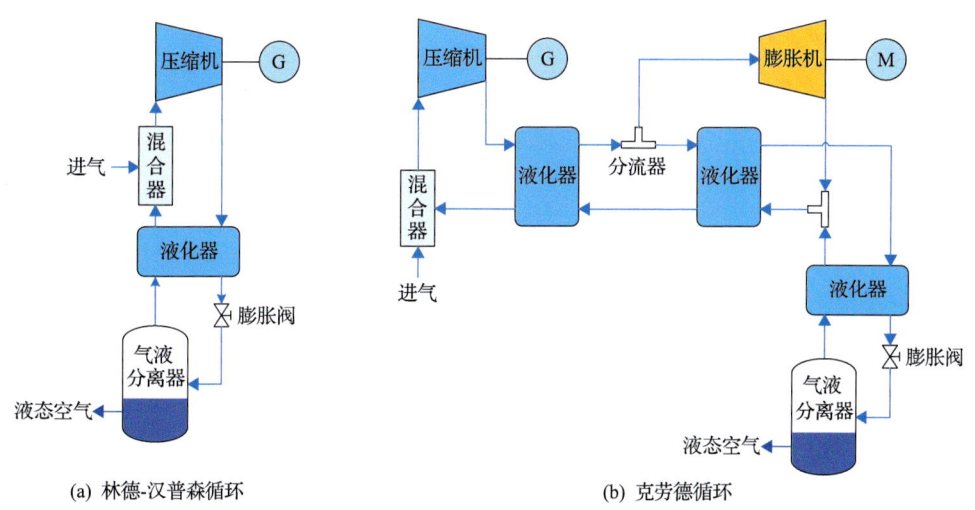

(a) 林德-汉普森循环　　　　　　　(b) 克劳德循环

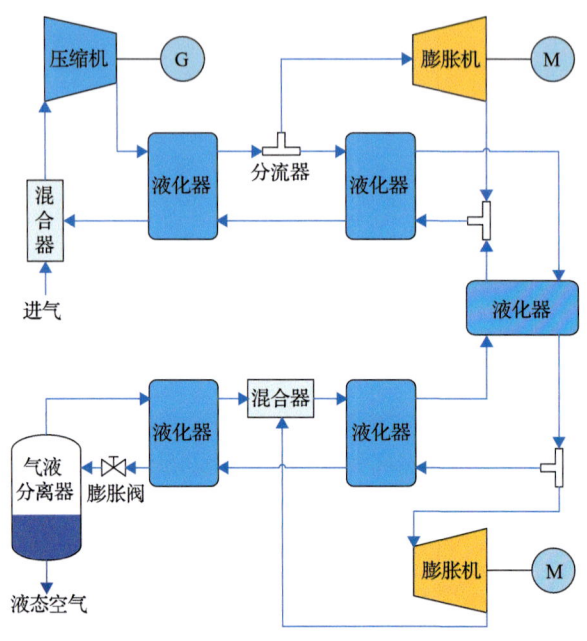

(c) 柯林斯循环

图 2-4-3 典型液化循环

液体蓄冷材料具有热容高、无温跃层、出口温度稳定、可作为传热介质等优点，通常采用双储罐配置。由于尚未发现一种流体可以完全覆盖液化空气储能系统中液化空气的工作温度区域，一般需要将两种液体结合起来，用以储存不同温度区间的冷能，如甲醇和丙烷、甲醇和 R218 或 R123 和 R290 等。然而，上述液体介质存在易燃、易爆、环境不友好、价格昂贵等缺点，限制了它们在大规模储能系统中的应用。此外，出于安全原因，液态空气流应与含碳氢化合物的液体蓄冷工质分开，通常采用中间回路传递冷量，这也增加了设备成本和冷能不可逆损失。固体蓄冷材料一般为陶瓷、氯化钠或岩石等，这类材料在低温条件下的性质稳定且价格便宜，成为冷能存储的重要发展方向。固体材料蓄冷通常采用固体填充床方式，按照工作方式的不同，又分为蓄冷-换热耦合和蓄冷-换热解耦两种技术。在蓄冷-换热耦合技术中，液态空气直接进入高压填充床与固体蓄冷材料接触并换热。这种方法的优点是换热损失小，缺点是需要昂贵的大容量高压容器。蓄冷-换热解耦技术通过高压换热器间接换热，将大容量蓄冷和高压换热解耦，实现冷能在常压下的大规模存储，这种方法的优点是大幅降低蓄冷成本，但由于增加了高压换热器的间接换热，所以储释能过程的㶲损失增大。目前，分级填充床低温蓄冷是一种新技术，通过冷能分级的存储和换热提高换热器中冷热流体温度的协同性，可以显著提高液化压缩空气储能的系统效率。综合来看，目前蓄冷-换热解耦的间接式填充床蓄冷依然是推动液化空气储能实现大规模商业化应用的发展方向，如何进一步提高其冷能回收效率，是目前迫切需要解决的关键问题。

耦合技术：为了提高液化空气储能系统的效率，将液化空气储能系统与具有冷源/冷能需求的能源动力系统或能量过程耦合协同工作是其重要发展方向。例如，将液化空气储能与液化天然气系统或空分单元集成，利用液化空气具有深冷低温的特点，与外部热源/冷源集成实现能源协同。将回收液化天然气再气化时的冷能用于液化空气储能的液化过程可将液化空气储能系统的效率提高10%以上，展现出了良好的经济性和应用前景。

2.4.3 国内外现状

1. 理论分析研究

在系统总体设计方面，英国伯明翰大学储能中心的研究人员基于MATLAB软件建立了100MW/300MW·h的液化空气储能数值模型，该系统包含两个压缩机、三个膨胀机，液化过程使用克劳德循环，导热和蓄热介质使用导热油，蓄冷介质使用岩石。研究人员首先研究了最佳的储能释能操作条件，包括储气压力(即压缩机出口压力)、排气压力(即膨胀机入口压力)、高品位冷量回收率等参数。研究发现储气压力和排气压力会影响系统的循环效率和液化率，在一定的工况条件下，存在最佳的储气压力和排气压力。高品位冷量回收率对系统整体性能产生直接影响，高品位冷量回收率越高，系统的循环效率和液化率也越高。

在液化空气储能与其他系统耦合方面，英国伯明翰大学储能中心的研究人员也做了相关研究。考虑到在液化天然气进口终端通常需要用海水加热或燃烧一部分天然气对液化天然气进行再汽化，所以进口终端的废冷量较大。若将这部分冷量用来液化空气，可同时为液化空气储能系统和液化天然气再气化系统带来正向收益。研究人员建立了10MW液化空气储能与液化天然气再气化的耦合模型。研究结果显示系统的循环效率可达75%~85%，相较于独立的液化空气储能系统，循环效率提高了15%~35%。耦合系统的液化率也有明显提高，液化率可至0.87。同时，研究人员发现由于充分利用了液化天然气再气化系统的深冷冷能，系统的循环效率和液化率对储气压力和排气压力的敏感度下降。

2. 系统示范

液化空气储能系统示范发展过程如图2-4-4所示。1977年，纽卡斯尔大学的研究人员首次提出了液化空气储能的概念。虽然理论的系统效率可以高达72%，但要求用于冷热能回收利用的核心部件在两个极端温度(-200℃和800℃)及高压下运行，这在工程设计中存在诸多限制。日本三菱重工和日立公司也分别于1998年和2000年开展了液化空气储能技术应用研究。三菱重工运行了2.6MW的液化空气储能单元，并显示出良好的发电稳定性。三菱重工重点研究了涡轮泵和发电涡轮的性能，但系统中没有集成液化装置，液化空气直接从液态空气储罐中抽出，液化系统和能量回收系统分别运行，由于系统规模较小，系统的测试性能与理论值的差距较大。日立公司通过液化过程和能量回收系统的集成耦合，采用小直径不锈钢或混凝土筒罐存储冷能并将其用于空气液化过程，采用燃气燃烧室和回热器提高膨胀机进口温度，实现了系统效率的提升，系统的理论效率为 70%。

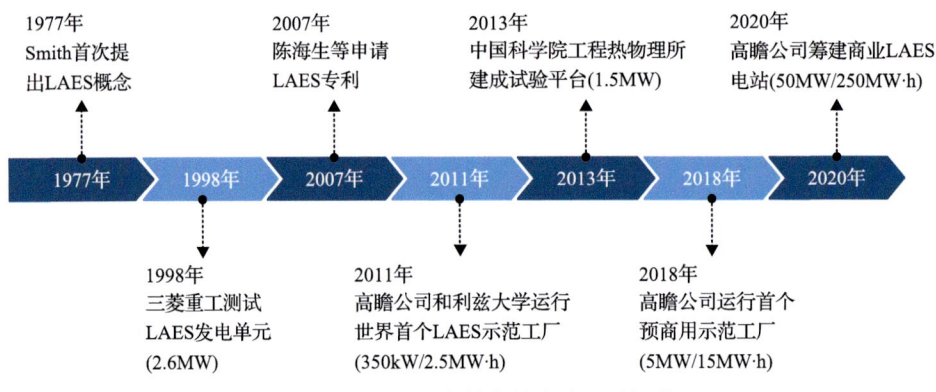

图 2-4-4 液化空气储能技术发展时间线

此后液化空气储能发展缓慢，直至 2011 年，英国高瞻公司与利兹大学根据陈海生等的发明专利，合作设计并建成了世界上首套完全集成的 350kW/2.5MW·h 液化空气储能系统，如图 2-4-5 所示。该系统基于单膨胀机克劳德液化循环产生液态空气并将其储存在液态空气储罐，利用附近生物质发电厂的余热来提高系统效率，膨胀机末级排气并在蒸发器内吸收冷能后进入岩石颗粒填充床，将高品位冷能储存在填充床内。2011~2014 年对该系统进行了全面测试，系统可在启动后 2min 内达到 80%的峰值功率输出，能够密切跟踪电力需求的变化并做出快速响应。但该系统运行时只有 51%的冷能被回收，45%的热能被转化为功，系统效率只有 8%。研究人员认为这是由工厂规模较小和冷能回收效率较低导致的，在 100MW/600MW·h 的"最佳建造"配置下效率可以达到 60%。2018 年 6 月，高瞻公司另一个 5MW/15MW·h 的示范电站在英国曼彻斯特投入运营，如图 2-4-6 所示，可为大约 20 万户家庭提供电力。该示范电站与 GE Jenbacher 垃圾处理厂的燃气轮机集成，将低品位废热转化为电力。

2020 年高瞻公司宣布计划在英格兰北部建设英国首个(50MW/250MW·h)液化空气储能系统并在佛蒙特州建设美国首个商用(50MW/250MW·h)液化空气储能系统，项目效果图如图 2-4-7 所示。2021 年高瞻公司宣布计划在西班牙建设 350MW/2.1GW·h 的液态空气储能项目，项目效果图如图 2-4-8 所示。2023 年，高瞻公司与全球最大的海上风电开发商沃旭能源完成了联合调查，拟将海上风电与液态空气储能相结合，以减少弃风、提高效率，向更灵活、更有弹性的零碳电网转型。

图 2-4-5　世界首个液态空气储能系统

图 2-4-6　英国曼彻斯特 5MW/15MW·h 商业示范项目

图 2-4-7　美国液化空气储能项目效果图

图 2-4-8　西班牙液化空气储能项目效果图

在国内，中国科学院工程热物理研究所于 2013 年在河北省建成了国际首套 1.5MW 压缩空气储能综合示范系统，该系统可以同时开展液化空气储能和超临界压缩空气储能的部件和整机系统测试。中国科学院理化技术研究所于 2018 年搭建了压缩功率为 100kW 的液化空气储能试验台，蓄冷材料采用双液相工质（R123 和 R290）。2018 年，江苏省苏州同里综合能源服务中心的 500kW 液化空气储能示范项目建成投产，可为该园区提供 500kW·h 的储能服务。同时，利用溴化锂冷热双效机组为园区供冷和供热，夏季每天的供冷量约 2.9GJ，冬季每天的供暖量可达 4.4GJ。2023 年 7 月 1 日，青海省格尔木市 60MW/600MW·h 液化空气储能示范项目正式开工建设，项目配建光伏 250MW、110kV 升压站 1 座，计划 2024 年内整体并网发电。该项目于 2024 年正式入选中国国家能源局新型储能试点示范项目，项目建成投产后，将成为液化空气储能领域发电功率世界第一、储能规模世界最大的示范项目。

目前，液化空气储能关键设备，如压缩机、低温膨胀机、液体泵、膨胀发电机等国产设备已较为成熟，产业链也相对成熟。规模化推广应用后的价格将会下降，此外系统集成、不同应用场景等因素也存在一定的降本空间。整体来看，液化空气储能度电成本和压缩空气、抽水蓄能处于同一价格区间。随着储能系统容量增大，造价将趋于下降，8h 储能系统功率达到 100MW 时，预测单位造价相比 10MW 可下降 46%。

2.4.4　发展趋势

液化空气储能系统在分布式能源和电网规模的储能领域具有广阔的应用前景，但目前液化空气储能技术尚处于研发和示范阶段。未来，液化空气储能技术走向成熟化、商业化和规模化，还需要在大规模系统集成技术、系统关键设备研发、多应用场景耦合等方向上有所突破。

在系统大型化方面，重点关注工艺流程设计、系统大规模集成和控制策略优化等关键技术的研发，提高系统内部多能量转换与传递过程的协同性和关键设备的性能，克服当前小容量示范系统中设备性能和工艺流程对系统效率的限制，提高系统效率并降低成本。

在关键材料和设备研发方面，新型高储能密度蓄冷材料的研制与应用是未来液化空气储能技术商业化应用面临的重要挑战，利用冷能多级存储和阵列化灵活配置是蓄冷技术发展的重点。同时，基于液化空气储能技术特点的大型宽负荷离心压缩机、大型高负荷高压比膨胀机、大流量高压离心低温泵和液体膨胀机等涡轮泵设备的设计研发和制造等是液化空气储能设备研发的主要方向。

在多应用场景耦合方面，充分利用液化空气储能在整个能源系统集成中的潜力，积极开展液化空气储能在电力系统、液化天然气行业、化工系统等不同应用场景中的优化分析，通过耦合系统内冷、热、电、气等资源，提高系统效率和经济性。

2.5 超临界压缩空气储能

超临界压缩空气储能系统是在蓄热式压缩空气储能和液化空气储能技术的基础上提出的新型压缩空气储能系统。超临界压缩空气储能与液化空气储能技术的原理基本一致，区别在于蓄冷/换热器中的空气以超临界状态换热，蓄冷/换热器中的压力较高，约为10MPa。该系统采用回收压缩热、超临界蓄热换热和空气液态存储技术，可同时解决传统压缩空气储能系统依赖化石燃料和大型储气洞穴及系统效率相对较低的三个技术问题。

2.5.1 工作原理

超临界压缩空气储能系统的工作原理图如图 2-5-1 所示。该系统由以下几个部分组成。

(1)压缩机，一般为间冷式多级压缩机，用于对空气进行压缩。

(2)膨胀机，一般为再热式多级膨胀机，用于将空气的压力释能并转化为轴功输出。

(3)蓄热/换热器，用于储存储能过程中的压缩热，待释能时预热膨胀机进口空气。

(4)蓄冷/换热器，用于回收液化空气气化过程的冷量，待下一次进行循环储能时使空气降温液化。

(5)节流阀，用于降低空气压力至常压状态。

(6)气液分离装置,用于分离液态空气和气态空气。

(7)液态空气储罐,用于存储液态空气。

(8)低温泵,用于释能时泵送低温液态空气。

(9)电动机/发电机,通过离合器分别与压缩机和膨胀机连接,用于驱动压缩机并对外输出电能。

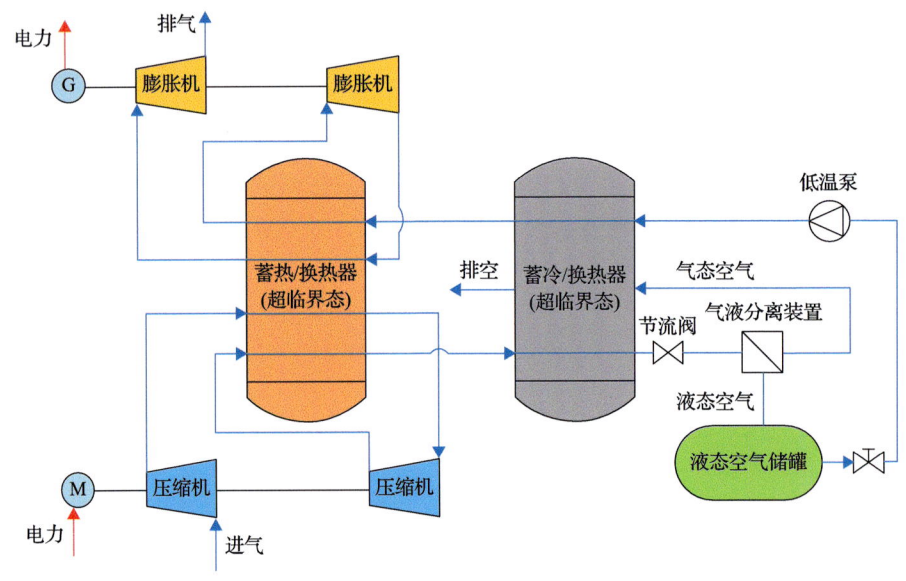

图 2-5-1　超临界压缩空气储能系统工作原理

以四级压缩-四级膨胀的超临界压缩空气储能系统为例,图 2-5-2 为超临界压缩空气储能系统工作过程中的温熵图,其中 P_0 定压线和 P_f 定压线分别表示压缩过程初始和压缩过程终点的压力状态。由于超临界压缩空气储能与液化空气储能技术的原理基本一致,主要区别在于蓄冷/换热器中的空气以超临界状态换热,因此超临界压缩空气储能系统工作过程中的温熵图与液化空气储能工作过程中的温熵图大体一致。超临界压缩空气储能系统的主要工作过程如下所述。

(1)储能阶段:压缩机消耗电力,采用多级压缩、级间冷却的方式将空气压力提高至 P_f,储能时同时通过蓄热/换热器储存压缩热能,用于释能时加热高压空气。其中,压缩过程对应图 2-5-2 中的 1-2、3-4、5-6、7-8 过程,蓄热过程对应图 2-5-2 中的 2-3、4-5、6-7 过程。然后,将高压空气冷却和液化(深冷),如图 2-5-2 中的 8-9 过程所示。高压液态空气经节流阀或液体膨胀机膨胀至常压气液两相状态,如图 2-5-2 中的 9-10 过程所示。经气液分离器后常压液态空气 12 储存在液态空气储罐内,气态空气则进入蓄冷器/换热器中将冷能回收储存,如图 2-5-2 中的 10-11-1 过程所示。

(2) 储存阶段：压缩热能、高品位深冷冷能和液态空气分别储存在蓄热/换热装置、蓄冷/换热装置和液态空气储罐内。

(3) 释能阶段：液态空气经低温泵加压，如图 2-5-2 中的 12-13′过程所示。然后，进入蓄冷/换热器内汽化，如图 2-5-2 中的 13′-14′过程所示，这个过程同时回收蓄冷/换热器内液态空气汽化释放的深冷冷能。汽化后的高压空气通过多级膨胀、级间再热的方式在膨胀机内膨胀对外做功并驱动发电机输出电力，其中膨胀过程如图 2-5-2 中的 14′-15′、16′-17′、18′-19′、20′-21′过程所示，再热过程在蓄热/换热器中进行，使用储存的压缩热加热空气，如图 2-5-2 中的 15′-16′、17′-18′、19′-20′过程所示。

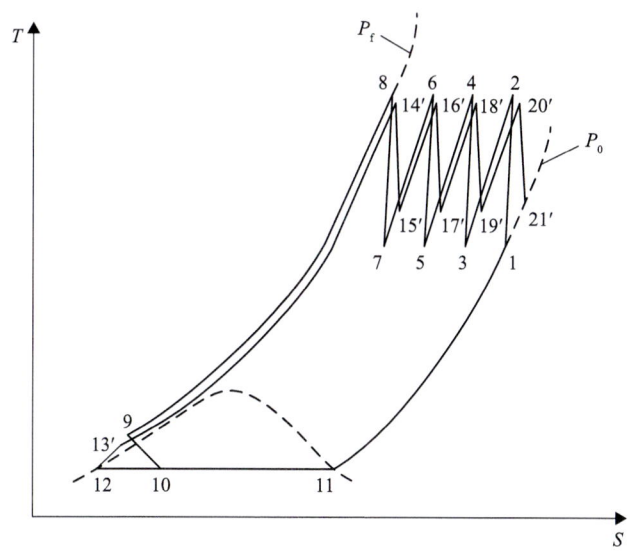

图 2-5-2　超临界压缩空气储能温熵图

2.5.2　技术特点

由于超临界流体兼具液体和气体的双重特性，近年来得到了广泛关注。超临界流体具有接近液体的重要特性，如比密度高、热容大、良好传热传质特性等；同时也具有类似气体的优点，如黏度小、扩散系数大、渗透性好和互容性强等。因此，超临界压缩空气储能系统具有以下技术特点。

(1) 能量密度高：超临界空气和液态空气具有很高的密度(常压下液态空气和气态空气的密度比约为 800∶1)，在相同条件下，能量密度可比压缩空气储能系统高 1 个数量级，比抽水电站(以 500m 落差计)高 2 个数量级以上。

(2) 不需要大的储存装置：由于能量密度高，空气储罐的体积大幅缩小，节省投资，缩短建设周期，更重要的是不受地理条件限制。

(3)储能效率高:由于采用必要的储热、储冷设备,同时采用超临界换热,系统的效率高于传统压缩空气储能系统及液化空气储能系统。

(4)储能周期不受限制:目前常规工业用真空低温储罐(杜瓦罐)可大规模长期保存液态空气,其每天的损耗率小于 0.005。

(5)节能环保:可以和常规电厂及其他工业部门结合,既可储能又可有效回收各种废热,如水泥行业、钢铁冶金行业和化工行业等;同时该储能系统不涉及化石燃料的燃烧,不排放任何有害物质。

超临界压缩空气储能系统与现有的压缩空气储能系统及液化空气储能系统相比,最显著的区别在于其利用蓄热/换热装置和蓄冷/换热装置对压缩热量和气化冷量进行回收利用,所以拥有远高于压缩空气储能的能量密度,又大幅提高了液化空气储能的效率。

超临界压缩空气储能虽然兼具高效和高能量密度的优点,但目前发展仍存在以下两方面的挑战:一方面相对于蓄热式压缩空气储能系统,超临界压缩空气储能系统增加了蓄冷和液化单元,系统复杂度增加;另一方面,蓄冷和液化单元对系统结构设计及系统效率有较大影响,并且超临界流体的特性使蓄冷器设计难度增加。

2.5.3 国内外现状

自中国科学院工程热物理研究所于 2009 年率先提出超临界压缩空气储能技术以来,超临界压缩空气储能技术作为新型压缩空气储能技术的重要分支,在全球范围获得了广泛研究进展与应用拓展,展现出其在提高能源系统灵活性、促进可再生能源消纳方面的巨大潜力。目前的研究集中在理论研究和试验示范两个方面。

1. 理论研究

在蓄热方面,中国科学院工程热物理研究所于 2016 年建立了超临界空气储能系统热力学模型,重点分析了蓄热过程对超临界系统性能的影响。分析结果表明在储能过程中,储能效率随蓄热水流量的上升而下降;在存储过程中,存储效率随存储时间的增加不断降低;在释能过程中,释能效率随蓄热水流量的增加呈先上升后逐渐下降的趋势。系统循环效率随蓄热水流量的增加先升高后降低,系统循环效率可达 68.3%。在蓄冷方面,中国科学院工程热物理研究所于 2020 年提出高效的填充床分级蓄冷系统并建立了热力学模型,分级蓄冷系统使用两个填充床分别储存不同温度区间的冷能。研究结果表明,在超临界压缩空气储能系统中,蓄冷系统是除压缩机和膨胀机外㶲损失最大的部件,所以对蓄冷系统的研究至关重要。分级蓄冷系统能有效提高超临界压缩空气储能系统在储释能过程中冷能的供需匹配度,并且换热器换热面积越大、填充床容积越大,分级蓄冷系统的蓄冷效率就越高。在系统集成层面,中国科学院工程热物理研究所完成了10MW级基于超临界过程的先进压缩空气储能系统设计,系统的设计效率达到67.2%。

2. 试验示范

在试验方面:中国科学院工程热物理研究所于2014年搭建了首个兆瓦级超临界压缩空气储能系统四级向心膨胀机试验台,包括四级向心膨胀机试验件、齿轮传动系统、能量耗散系统、压力调节系统和温度控制系统等,试验台满足高转速、高膨胀比多级向心膨胀机的试验要求。对四级向心膨胀机进行试验研究,分析系统的启动特性和总体性能,启动时间在5min内。当进口压力为7MPa时,膨胀机的总效率为84.4%。在蓄冷材料循环测试方面:中国科学院工程热物理研究所于2016年搭建了自动循环储释冷试验台,选用玄武岩、石灰岩、花岗岩和大理石作为超临界压缩空气储能系统蓄冷填充床的材料,在 –196～20℃循环1000次。研究发现随着储释冷次数的增加,大理石、玄武岩和石灰岩的外观未发生明显变化,花岗岩存在少量裂纹和脱落。1000次储/释冷循环对岩石的密度、导热系数和比热均无明显影响。在深冷区间,四种岩石材料的导热系数和比热随温度成线性变化。综合比较四种岩石,石灰岩具有储能密度大、平均导热系数高、抗压强度高、不易脱落等优点,可优先选用石灰岩作为岩石深冷储能材料。

在项目示范方面:2013年中国科学院工程热物理研究所在廊坊建成投运1.5MW超临界压缩空气储能示范项目,如图2-5-3所示。基于此示范项目完成了试验系统600余小时的试验运行和性能测试,系统效率达到52.1%。

图2-5-3 中国科学院工程热物理研究所1.5MW超临界压缩空气储能示范项目

目前根据《2024中国压缩空气储能产业发展白皮书》数据显示，新型压缩空气储能技术正在全球范围逐步扩大市场份额，尽管传统压缩空气储能依然占据主导地位，但先进压缩空气储能(占比约35.1%)和液态空气储能(占比约4.5%)等新型技术正快速增长。虽然目前超临界压缩空气储能的装机量相对较小，仅为1.5MW，但凭借其高效率(52%～71%)、高能量密度(3.46×10^5kJ/m^3，约为传统压缩空气储能的20倍)等优势，将成为未来储能技术发展的重要方向。

2.5.4 发展趋势

目前，超临界压缩空气储能技术总体上处于关键技术示范阶段，在商业化应用方面还面临一些挑战，如超临界空气液体膨胀机、超临界空气换热器和低温蓄冷/换热器等关键部件仍需进一步研究。未来超临界压缩空气储能技术的发展趋势如下所述。

在系统关键部件性能提升方面，一是研究更高效、适用于超临界空气的液体膨胀机，进一步提升系统的热力学效率；二是研究高效低温蓄冷器，超临界空气的蓄冷温度为100～280K，蓄冷温度范围大，比热变化大，换热夹点明显，所以如何减少蓄冷/换热器损失是目前需要解决的关键问题。

在系统优化控制方面，超临界压缩空气储能系统的结构复杂，系统运行时的储能压力和释能压力存在较大差别，因此对蓄冷液化段的压力和流量控制存在困难。同时，如何在运行中保证蓄冷液化段和压缩膨胀段参数的合理匹配也是维持系统高效运行的关键。

2.6 水下压缩空气储能

水下压缩空气储能系统是针对传统压缩空气储能存在依赖大型储气洞穴和储释能过程中压力不稳定问题提出的一种新型压缩空气储能系统。水下压缩空气储能系统将高压空气存储在海底或湖底的储气装置中，从而摆脱对储气洞穴的依赖，同时利用水的静压特性来维持空气压力恒定，使压缩机和膨胀机始终在额定工况下工作，从而提高系统效率。目前水上特别是海上可再生能源技术快速发展，但存在波动性、间歇性、不稳定性和低可靠性等问题。水下压缩空气储能系统是加快海上可再生能源利用、实现高品质电能供应、推进岛礁多能互补系统发展的重要技术手段。

2.6.1 工作原理

水下储气装置的储气压力取决于其放置位置的静水压力，特定位置的静水压力几乎是不变的。基于此，可以实现等压压缩空气储能，使压缩机和膨胀机在额定工况下运行，避免受背压变化对压缩机和膨胀机运行效率产生的不利影响。已有研究表明等压压缩空气储能相较于等容压缩空气储能可以实现更高的循环效率。水下压缩空气储能系统的工作原理如图 2-6-1 所示。系统储气压力根据式(2-6-1)计算。

$$P = P_0 + \rho g h \tag{2-6-1}$$

式中，P_0 为水面压力；ρ 为水的密度；g 为重力加速度；h 为存储容器所处的水深，忽略水下容器本身的高度。

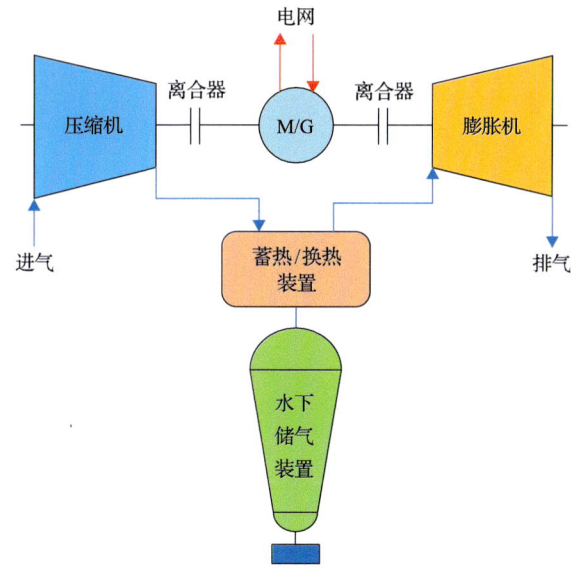

图 2-6-1 水下压缩空气储能系统工作原理示意图

水下压缩空气储能系统一般包括 5 个主要部分。
(1)压缩机，用于对空气的压缩以提高空气压力。
(2)膨胀机，用于将空气的压力释能并转化为轴功输出。
(3)电动机/发电机，通过离合器分别与压缩机和膨胀机连接，用于驱动压缩机和对外输出电能。
(4)水下储气装置，用于储存高压空气。
(5)蓄热/换热装置，蓄热/换热装置用于储存压缩热，待释能时释热。
水下压缩空气储能系统的具体工作过程如下所述。
(1)储能过程，压缩机消耗电能对空气进行压缩并将其存储在水下储气装置中，蓄热/换热装置回收压缩热。

(2)释能过程，高压空气从水下储气装置中释放，经过蓄热/换热装置升温后，进入膨胀机驱动膨胀机做功发电。

水下压缩空气储能系统根据分类标准不同，可分为如下分类。

(1)根据电站所处的位置，水下压缩空气储能系统可分为海基和陆基两种，陆基水下压缩空气储能系统指电站建立在海岸或河岸的固定地面上，海基水下压缩空气储能系统指电站建立在水面的浮动平台上，分别如图 2-6-2(a)和(b)所示。

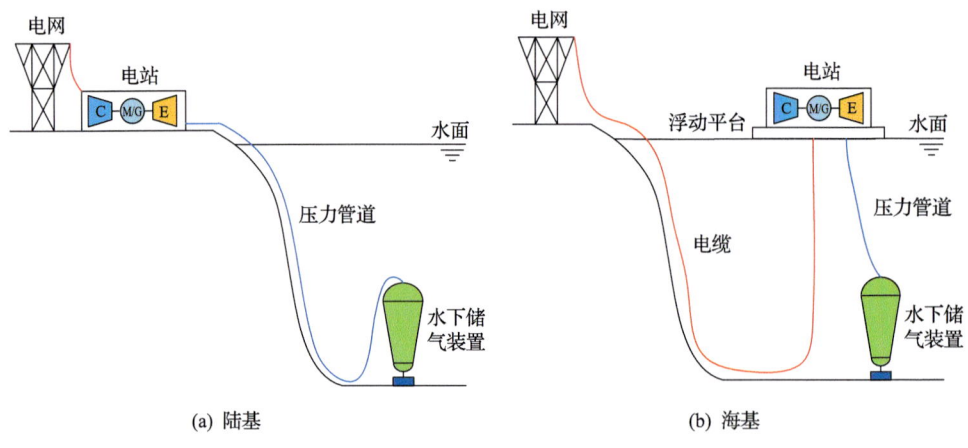

图 2-6-2 水下压缩空气储能系统的不同形式

(2)根据储气装置的类型，水下压缩空气储能系统可分为刚性容器水下压缩空气储能系统和柔性容器水下压缩空气储能系统两大类。刚性容器是指有固定外形和容积的储气装置，其中气体压力恒等于当前深度的水压，和压缩空气与水直接接触，水能够自由进出存储容器。柔性容器是指没有固定外形的储气装置，其形状随着水深、容量、水流等因素变化，其压力也维持在当前深度的水压。柔性容器又可分为开式和闭式两种，其中开式柔性容器允许压缩空气直接与水接触，而闭式柔性容器不允许压缩空气与水直接接触。

水下压缩空气储能与地面压缩空气储能相比，在工作原理上的最大区别在于储气装置的状态。在水下压缩空气储能系统的压缩和膨胀过程中，储气装置保持定压状态。图 2-6-3 展示了定压和定容两种储气装置在储能、静置和释能过程中压力与温度的变化特性。其中，定压储气装置在整个过程中的压力和温度保持不变。而定容储气装置中的空气压力在储气过程中近似线性升高，静置过程因冷却，压力有所下降，之后在释能过程中又近似线性下降。在定容储气装置中，温度在储能过程中先上升，当容器达到热平衡后不再变化，在静置过程中缓慢下降，在释能过程中快速降低。

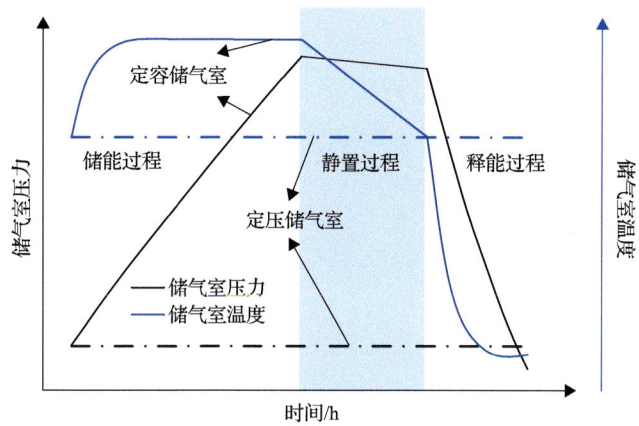

图 2-6-3　定容储气装置和定压储气装置压力与温度变化特性

2.6.2　技术特点

水下压缩空气储能系统与其他形式的压缩空气储能系统相比具有独特的技术特点，主要体现在储气装置设计、储气装置安置与回收、水下管道、系统选址等方面。

1. 水下储气装置设计

由于水下压缩空气储能系统的储气装置长期工作于水下，要求其必须能够长期适应水下或海洋环境，满足较高的强度、水密性、气密性、耐腐蚀性及耐生物附着的要求。在储气装置设计方面的研究主要包括材料（混凝土、涂层织物等）、形状（圆柱形、南瓜形、水滴形等）、体积和结构型式等。

刚性储气装置一般为开式结构，允许水自由出入，储能时利用高压气体将储气装置内的水排出，释能时水进入储气装置，从而维持气源压力恒定。图 2-6-4 和图 2-6-5 分别是带压载柜的刚性储气装置和无底沉箱刚性储气装置的示意图。柔性储气装置一般为闭式结构，其形态随水深、充放气流量、水流等因素而变化。图 2-6-6 为诺丁汉大学 Garvey 团队提出的柔性储气装置。闭式柔性储气装置因将压缩空气与水隔开，故对系统的要求降低，但储气装置必须具备高气密性和耐腐蚀性。此外，水下储气装置的特性受水流影响较大，因此研究不同水文条件（如水量、水的流速、水质及水的流向等）下储气装置的受力及流场特性，是优化水下压缩空气储能系统、确保储气装置设计方案及其布置方式可行的关键。

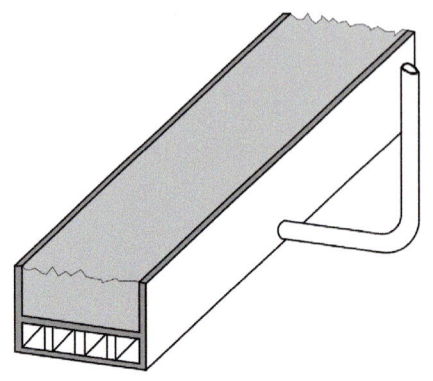

图 2-6-4　带压载柜的刚性储气装置

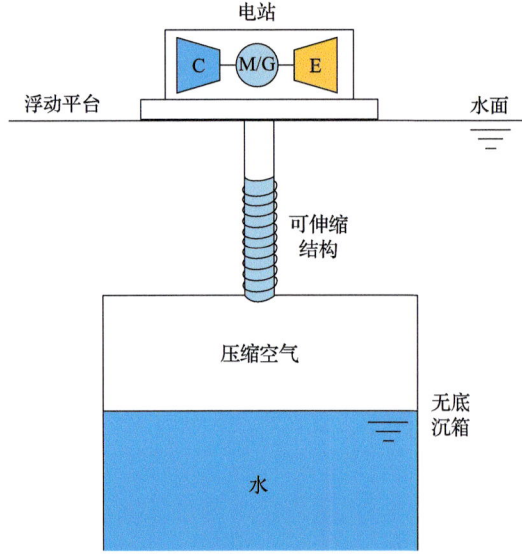

图 2-6-5　无底沉箱刚性储气装置

图 2-6-6　Garvey 团队提出的柔性储气装置

2. 水下储气装置安置与回收

水下压缩空气储能的另一个技术特点是水下储气装置的安置与回收,包括固定和回收方式及布置形式。

在固定和回收方式方面,储气装置产生的浮力与储气容积成正比,因此刚性储气装置若能利用容器自身重量进行压载,可减少系统成本,如图 2-6-7 所示为一种混凝土刚性储气装置。对于柔性储气装置,若直接采用重物压载,则水下储气装置成本高,也不利于回收。设计时可参考水下系泊系统的固定方法,如采用定点锚、螺旋桩等进行固定,该方法具有承载力大、成本低,安装便捷等优点。如图 2-6-8 所示,利用定点锚将管状柔性储气装置固定在海底,这种设计有利于保证储气装置在同一高度,维持压力恒定。

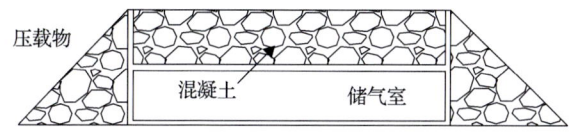

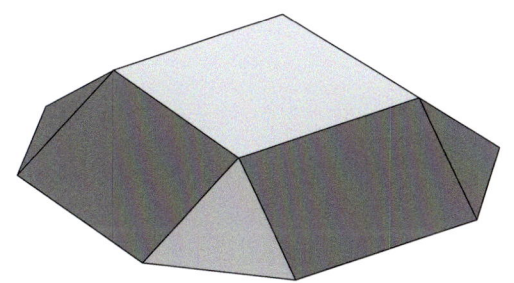

图 2-6-7 混凝土刚性储气装置

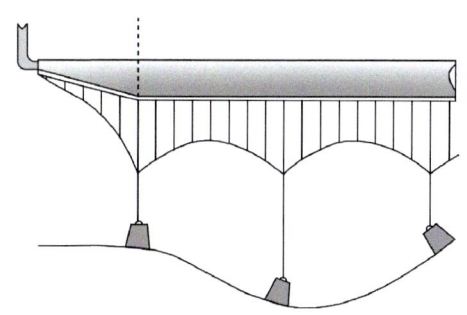

图 2-6-8 管状柔性储气装置

在布置形式方面,大规模水下压缩空气储能系统需要多个储气装置串联或并联运行。当其中某个储气装置失效时,对其他储气装置和系统将产生一定影响。

3. 水下管道

相比地上压缩空气储能，水下压缩空气储能系统使用的管道材料除需满足压力要求外，还必须满足防腐蚀、水下布置方便的要求。采用柔性立管，相比于其他海洋立管具有以下优点：外部采用钢结构层可减小海水腐蚀、具有优异的隔热性能、安装方便低价、可重复利用、可承受较大的非线性位移等。在管口位置选取方面，若采用底部充放气，气囊发生泄漏后，水在气囊底部慢慢积聚，堵塞软管。因此建议采用顶部充放气，并在底部装止回阀用于排水。

4. 系统选址

为了减少储气装置体积，提高系统能量密度，储气装置的深度不宜过浅，建议选取在靠近海岸的深水地区(大于400m)布置水下压缩空气储能系统，如我国南海、欧洲地中海和北美环太平洋沿海水域等均有类似地点，特别是岛屿。另外，结合距离水体较近的地下洞穴也可以进行水下压缩空气储能，即将高压气体存储在地下洞穴，利用水位实现近定压运行。

2.6.3 国内外现状

目前，国内外对水下压缩空气储能系统的研究已经从理论分析发展到关键技术示范阶段，以下分别从这两方面进行介绍。

1. 理论分析研究

在系统总体设计及优化分析方面，2010年Purtz提出一个带有蓄热/换热装置的等压绝热水下压缩空气储能系统(图 2-6-9)，并指出水下绝热管道及蓄热/换热装置的绝热性能是系统设计的难点。2014年，温莎大学的Cheung等对带有蓄热的水下压缩空气储能系统进行了特性分析，研究结果表明：空气压缩和膨胀过程中的㶲损严重，管道直径、膨胀机和压缩机效率、储气装置深度对系统效率的影响较大。随后，Cheung等利用遗传算法对水下压缩空气储能系统进行了多目标的优化分析。以系统效率、运行利润最大、成本最低为目标函数，对系统输入功率、压缩机、膨胀机级数、管道直径、储释能时间比等参数进行了优化配置，并获得了最优解集。Cheung等应用伪权向量多指标决策方法在Pareto解集中获得了最优解，系统效率为68.5%左右。

在水下压缩空气储能与可再生能源的耦合研究方面，1987年圣地亚哥大学Liang等提出一项创新专利，将风力发电与水下压缩空气储能技术相结合。2006年，英国诺丁汉大学的Garvey等提出了可再生能源-水下压缩空气储能耦合系统，如图 2-6-10所示。在该系统中，可再生能源(如海上风能、波浪能、潮汐能等)直接压缩空气，被压缩的高压空气可直接驱动膨胀机做功，或者存储在水下

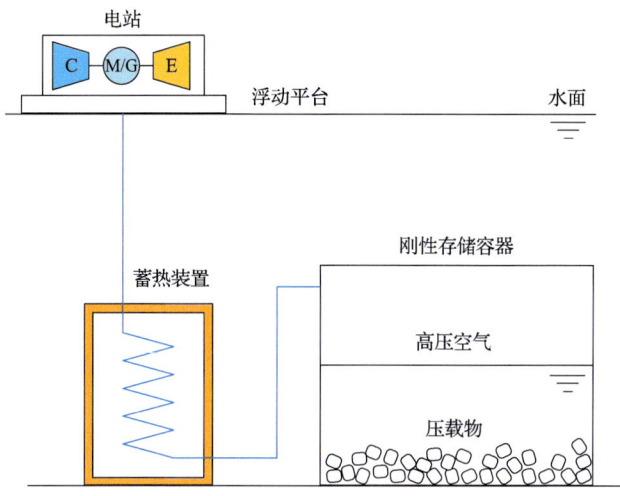

图 2-6-9 等压绝热水下压缩空气储能系统

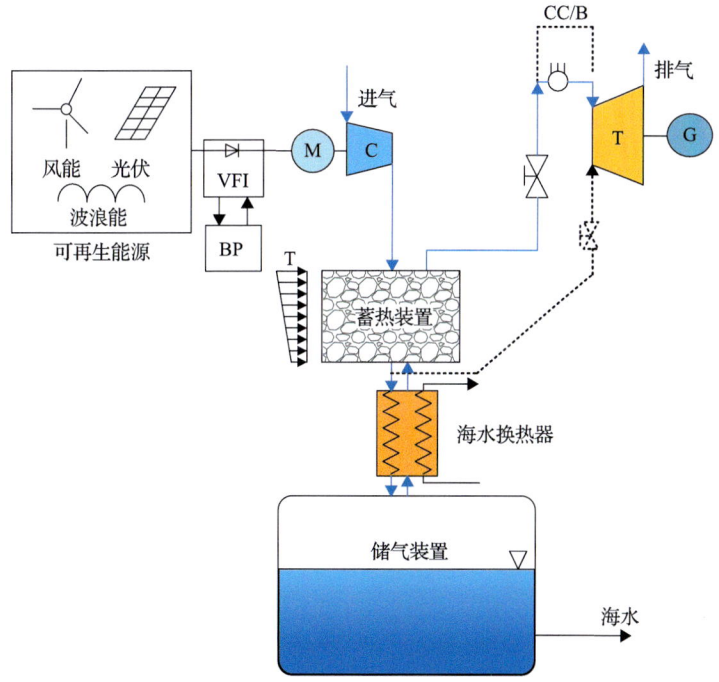

图 2-6-10 可再生能源-水下压缩空气储能耦合系统

500m 的柔性储气装置中，压缩热存储在具有多层结构的蓄热装置中，蓄热装置还能够收集部分太阳能。2012 年，佛罗伦萨大学 Fiaschi 等在多种储能方式耦合的海洋可再生能源系统研究中提出使用水下压缩空气储能装置来实现高压空气定压存储，储气装置位于水下 100m。储能时，太阳能、风能、波浪能转化为空气的压力势能进行存储,压缩热通过岩石固定床蓄热装置进行存储;释能时,高压空气与岩石固定床蓄热/换热装置换热升温后驱动膨胀机对外做功。

在水下压缩空气储能与其他系统耦合方面,由于水下压缩空气储能系统多选址在沿海区域或岛礁,此类区域常涉及海水淡化问题。2021 年,西安交通大学研究人员对自主可再生海水反渗透系统与水下压缩空气储能系统耦合进行了研究,如图 2-6-11 所示。他们将风电和光伏发电作为系统的动力输入端,海水反渗透系统作为系统的负载端,水下压缩空气储能系统作为能源缓冲装置,用于平衡电力输入与输出。研究结果表明,柔性储气装置体积越大,安置深度越深,系统在电力供应和淡水供应的可靠性方面均表现更佳。

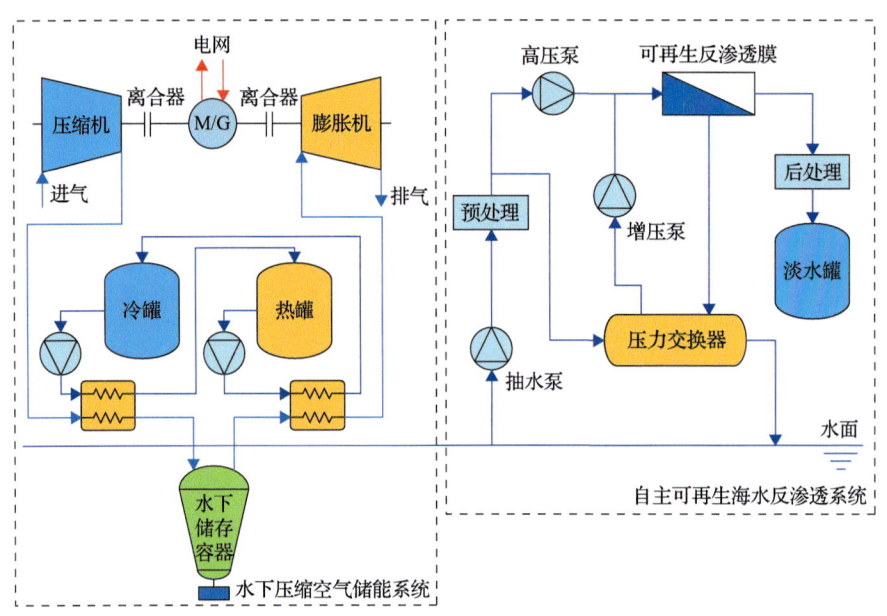

图 2-6-11　水下压缩空气储能系统与自主可再生海水反渗透系统耦合示意图

2. 试验与示范

英国诺丁汉大学 Garvey 团队(图 2-6-12)于 2011 年在 2.4m 深的水箱开展了两个直径 1.8m 的气囊试验,并成功循环充放气 425 次。2013 年进行海水中的气囊充放气循环试验,采用直径 5m 的气囊在奥克尼岛边 25m 深的海水中进行试验,出现了较大泄漏,经检修后泄漏量显著减小,但随着水深增加仍存在漏气风险。

2011 年,温莎大学的研究人员 Cheung 等与加拿大 Hydrostor 公司合作对柔性储气装置的水下压缩空气储能进行试验研究,该试验在加拿大安大略湖进行,储气装置固定在两个混凝土圆柱上,如图 2-6-13 所示,他们测试了柔性储气装置在水深 20m 处储释能时的流量、压力、温度。2014 年,Hydrostor 公司在安大略湖安装了多个刚性储气装置,如图 2-6-14 所示,并对其进行了测试。2015 年,Hydrostor 公司在安大略湖旁建成了世界首台水下压缩空气储能电站并成功并网,功率 700kW,柔性储气装置距离海岸大约 3km,位于水深 60m 处。

图 2-6-12　Garvey 团队水箱气囊试验(左)和海水气囊试验[(中)和(右)]

(a) 概念图　　　　　　　　　　　　　　(b) 实物图

图 2-6-13　Hydrostor 公司柔性储气装置研究

图 2-6-14　Hydrostor 公司刚性储气装置研究

其他研究水下压缩空气储能系统的公司包括 Bright Earth、Brayton Energy、Exquadrum、AGNES、DNV 和 Moffatt-Nichol。其中，Brayton Energy 公司于 2010～2016 年在美国夏威夷海岸建立了 60MW 的水下压缩空气储能系统，如图 2-6-15 所示。该系统需要燃烧室补燃，可使用一系列液体或气体燃料，具有较好的耐用性，水下管道及储气装置通过使用指定材料和设计，预计可使用 75 年。系统采用刚性储气装置，如图 2-6-15(b)所示，其大部分压载物来自低成本的填土。

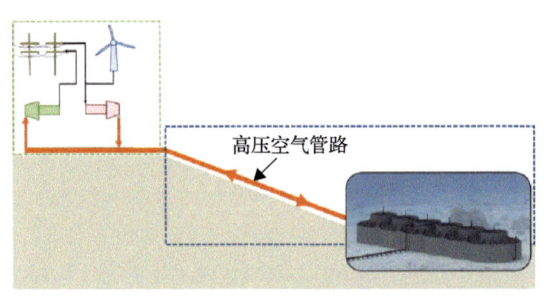

(a) 系统示意图　　　　　　　　　　　(b) 水下刚性储气装置

图 2-6-15　Brayton Energy 公司 60MW 夏威夷示范项目

以色列 BaroMar 公司 2011 年提出了基于刚性储气装置水下压缩空气储能系统。储气装置由混凝土罐体和管道组成，允许水进出，以保持恒定压力。如果刚性储气装置锚定在 250m 水深，离岸大约 3km，则系统效率约为 50%，度电成本 0.2 美元/(kW·h)；锚定在 700m 水深，离岸大约 8km，系统效率约为 60%，度电成本 0.08 美元/(kW·h)。

中国科学院工程热物理研究所于 2023 年建成了低压全可视化试验平台，如图 2-6-16 所示，并开展了水下储气装置的储气特性研究。他们联合多家单位开发了高压水下环境模拟舱，验证了柔性储气装置在 7MPa 环境压力下的工作特性。

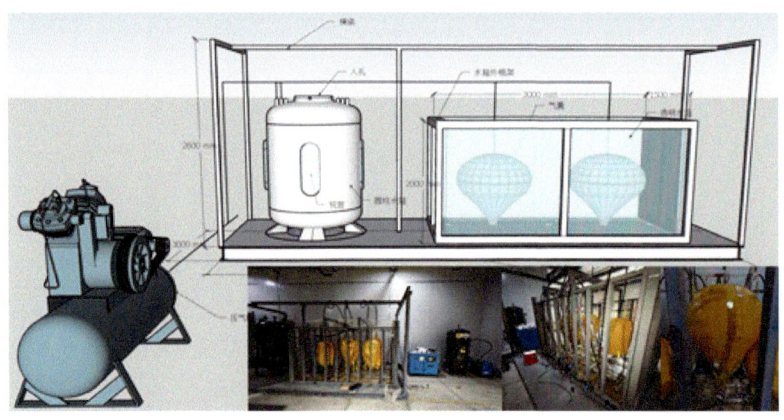

图 2-6-16　中国科学院工程热物理研究所低压全可视化试验平台

同时结合活塞压缩机，验证了等压压缩空气储能作为风电侧储能的可行性，结果表明可以实现对不稳定风力发电的实时吸收，从而确保储能系统的高效运行。

综上所述，目前对于水下压缩空气储能系统及其储气装置的试验和示范仅集中在浅水和低压范围，还没有开展深水高压的试验研究及示范性电站。随着水深、气压的增加及水文环境的变化，对储气装置气密性、强度的要求将进一步提高。深水试验可以通过密闭高压环境进行模拟，对储气装置开展充放气试验，得到其储释能特性，从而为深水高压环境下水下压缩空气储能系统中储气装置的设计及布置提供合理依据。

2.6.4　发展趋势

海上可再生能源的大规模开发对水下压缩空气储能系统提出了更大的需求。目前水下压缩空气储能技术仍处于关键技术示范阶段，未来水下压缩空气储能系统需要在系统设计、关键技术研发和系统示范等方向继续发展。

在系统设计方面，一方面，应充分发挥水下恒压储气特性的优势，结合水力条件开发新型水下压缩空气储能系统；另一方面，需要研发与水上可再生能源(风、光、波浪能等)耦合的系统，解决可再生能源的间歇性和不稳定性问题，这也是大规模利用水上特别是海上可再生能源的迫切需要。

在关键技术方面，主要围绕水下储气装置，需要在储气装置材料开发、浮动平台定位、管路漂移、水下管路及蓄热/换热装置保温、储气装置的安装与锚固等方面开展理论与试验研究，充分考虑水下实际环境如水流、微生物、水压等因素，提高部件和系统的可靠性。

在系统示范方面，一方面结合应用场景，加快现有水下压缩空气储能技术示范，加大技术推广力度；另一方面，积极开展深水环境下的大规模水下压缩空气储能技术示范，进一步提高系统性能。

2.7　压缩空气储能耦合系统

压缩空气储能系统的运行涉及冷、热、电等多种能量形式的存储和转化，具有良好的环境适应性和兼容性，可与其他热力循环、可再生能源及多种储能技术耦合，回收利用其他热力循环的热能，提升系统的应用灵活性与适用性，从而提高整个能源动力系统的能源利用率。

2.7.1　工作原理

压缩空气储能系统与其他热力循环系统耦合时，可以利用其他热力循环系统的余热，提高整个能源系统的效率。例如，压缩空气储能与火电机组热电联产循环的耦合，当用户侧的电需求较小时，可以利用热电厂富余电量驱动压缩空气储能系统的压缩机工作进行储能。当用户侧的电需求较大时，可以使用热电厂部分供热抽汽作为膨胀机入口空气加热热源，提高压缩空气储能系统释能发电量。压缩空气储能系统还可以与典型燃气轮机和内燃机热力循环耦合。燃气轮机和内燃机的共同特点是在变工况时的性能下降，通过与压缩空气储能系统耦合，一方面可以利用压缩空气储能系统储释能过程的时空可调优势，满足全工况范围的负荷需求，使燃气轮机或内燃机始终保持在额定工况运行，保持较高效率；另一方面，燃气轮机和内燃机作为热功转化系统，存在大量的余/废热，可与压缩空气储能的蓄热/换热装置实现耦合协同工作，提高储能系统的能量密度，同等条件下可以增加输出功率，提高系统效率。

压缩空气储能系统与可再生能源耦合时，可通过控制系统运行模式，提升可再生能源利用率与耦合系统的可调节性。例如，压缩空气储能与风力发电系统耦合时，可利用风电驱动压缩机对空气进行压缩实现储能，待用电高峰期，再利用压缩空气驱动膨胀机释能实现平稳的电力输出，以抑制风电的波动性。压缩空气储能与太阳能光热或光伏发电系统耦合时，可以实现昼夜稳定供电，在日间光照充足的条件下，可将多余的发电量通过压缩空气储能进行储存，当夜间无光照时，太阳能发电系统无法工作，可由压缩空气储能系统释能进行供电。

压缩空气储能系统与其他储能技术耦合时，可与其他储能技术实现优势互补，满足不同的电力需求。例如，压缩空气储能与超级电容耦合能够最大限度地跟踪突变功率，维持电网电压稳定；压缩空气储能与飞轮耦合，可通过功率分配，由飞轮和压缩空气储能分别承担高频功率、低频功率，从而达到风电平抑的效果。

2.7.2 技术特点

压缩空气储能系统与其他热力循环系统耦合，一方面可以提高能源供给的灵活性，即满足冷、热、电的负荷需求；另一方面可以提高整个能源系统的效率，即满足节能降碳的需求。但需要指出的是，两个或多个系统耦合运行在一定程度上增加了压缩空气储能系统和其他能源动力系统的复杂程度，因此耦合系统需要从总系统角度进行科学设计，在耦合运行时需要高效精确的控制策略。

压缩空气储能系统与可再生能源耦合，一方面可以在可再生能源发电过剩时存储无法及时消纳的电力，待电网负荷高时，由压缩空气储能系统向电网供电，可有效改善弃风弃光现象。另一方面可以平抑可再生能源输出的波动性，可再生能源功率波动大、并网难是制约可再生能源发电经济效益和行业发展的主要难题，将压缩空气储能系统与可再生能源发电耦合可在一定程度上使电力输出更加稳定，提升可再生能源系统发电的可靠性和并网渗透率。

压缩空气储能系统与其他储能技术耦合可以集各种储能技术的优势为一体，

同时满足容量、功率、响应频率及长寿命的用能需求。在电力系统中，相比于单个储能技术，采用混合储能系统可以在同时满足多种需求的基础上，降低储能总装机规模和投资成本，提升系统效率和延长储能系统寿命。

2.7.3 国内外现状

1. 压缩空气储能-燃气轮机耦合系统

压缩空气储能与燃气轮机耦合的动力系统能够大幅提升系统的功率范围，回收利用尾气余热，提升系统效率。该混合动力系统的工作模式非常灵活，包括燃气轮机工作模式、压缩空气储能模式、压缩空气释能模式、压缩空气储能-燃气轮机耦合模式。压缩空气储能-燃气轮机耦合系统示意图及其温熵图如图2-7-1所示，在用电低谷，多余的电力用来压缩空气并将其储存在地下洞穴或地上高压容器；在用电高峰，压缩空气与燃气轮机联合做功。如果存储的空气压力较低（1～2MPa），压缩空气可以直接喷入或同燃气轮机压缩空气混合后喷入燃烧室，以增加燃气轮机出功，如图2-7-1(a)所示；如果存储空气的压力较高（5～10MPa），压缩空气先与燃气轮机中的废气换热，然后再进入高压膨胀机做功，高压膨胀机出口空气再同燃气轮机压缩空气一起进入燃烧室，同燃料燃烧后驱动燃气轮机做功，如图2-7-1(b)所示。图2-7-1(c)为储气压力较高的耦合系统在工作过程中对应的温熵图，其中P_0定压线和P_f定压线分别表示压缩过程初始和压缩过程终点的压力状态。假定压缩空气储能系统的压缩机为两级压缩，则储能过程为1-2-3-4-5，释能过程为6'-7'-8'-9'，燃气轮机的工作循环为1-2-9'-10'。

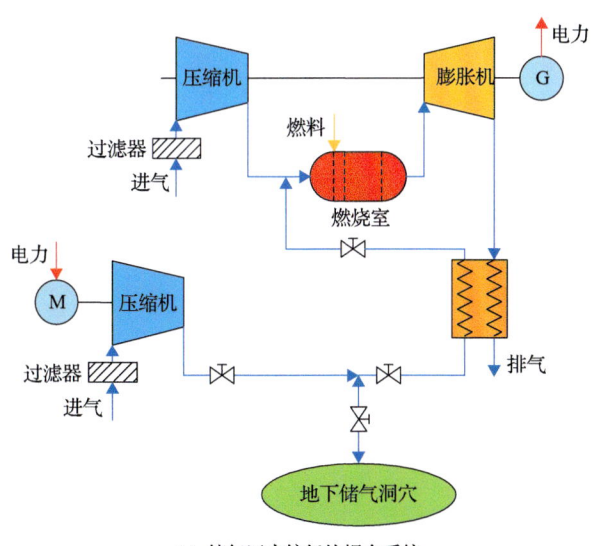

(a) 储气压力较低的耦合系统

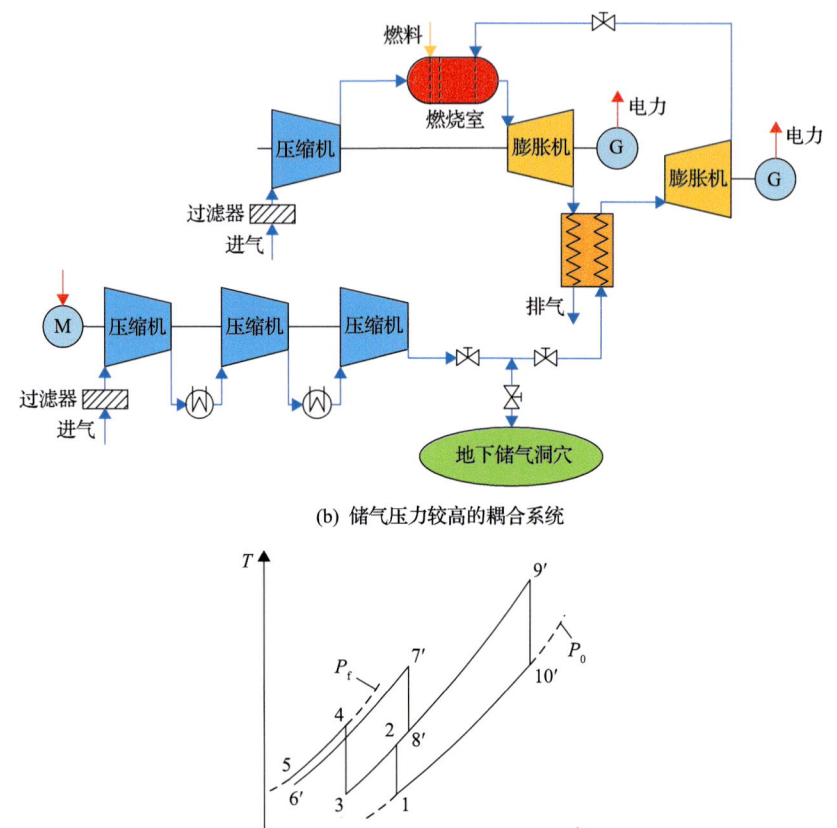

(b) 储气压力较高的耦合系统

(c) 储气压力较高的耦合系统在工作过程中的温熵图

图 2-7-1　压缩空气储能-燃气轮机耦合系统示意图及其温熵图

美国 ESPC（Energy Storage and Power Consultants）公司对基于 GE7FA 燃气轮机的压缩空气储能-燃气轮机耦合动力系统进行了分析。研究中，考虑两种不同的压缩空气流量，在压缩空气分别为 52.62kg/s 和 26.31kg/s（混合 13.61kg/s 的水蒸气）的条件下，将压缩空气作为辅助供气参与燃气轮机的燃烧，系统输出功率增加约 26.7%，热消耗率分别下降约 59% 和 36.5%。

燃气轮机与压缩空气储能耦合系统也可以实现冷-热-电联供，主要利用燃气轮机排气的废热为压缩空气储能系统的释能过程提供热能。中国科学院工程热物理研究所对耦合系统进行了热力学分析，并对关键热力学参数进行敏感性分析。研究表明，在满足用户冷热电需求的前提下，通过优化燃料的消耗量和能源利用效率，相比传统的冷-热-电联供系统，燃气轮机功率减小 30.4%，节能率高达 29.4%。

压缩空气储能系统也可以进一步与燃气-蒸汽联合循环系统耦合，耦合系统的工作方式灵活，可以充分回收并利用余热,燃气-蒸汽联合循环系统的运行更稳定，并保持在80%以上负荷工作。其工作模式包括压缩空气储能-蒸汽耦合模式、压缩空气释能-蒸汽耦合模式、燃气-蒸汽联合循环模式及压缩空气释能-燃气蒸汽联合循环模式。

2. 压缩空气储能-火电机组耦合

压缩空气储能系统与火电机组耦合能够实现火电机组的灵活调峰,也能够实现热电机组的热电解耦,从而更好地适应未来电力系统的需求。典型的压缩空气储能系统与热电联产机组集成的新方案如图 2-7-2 所示,该方案可以实现强化供热、强化供电及火电厂独立运行模式。

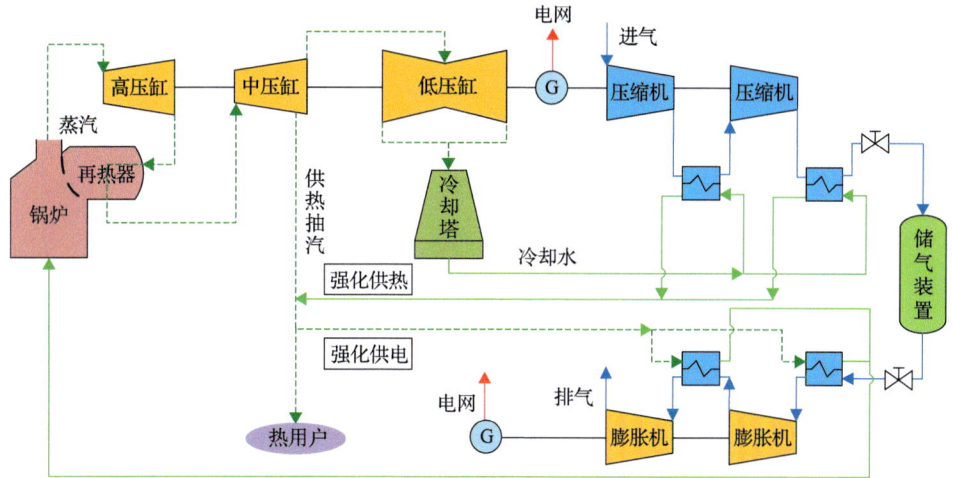

图 2-7-2 抽凝式热电联产机组与压缩空气储能系统耦合运行模式

强化供热模式适用于夜间电负荷较低,热负荷较高的情况。此时,火电厂热电联产机组保持额定工况运行,利用热电厂富余电量驱动压缩空气储能系统的压缩机工作,将高压空气储存在储气室中,同时通过间冷换热器收集压缩机的压缩热,并与火电厂热电联产机组中压缸的供热抽汽共同向用户供热。集成系统的供热量大于热电联产机组的供热量,可以满足较大的热负荷需求。

强化供电模式适用于日间电负荷需求较大、热负荷需求较小的情况。此时,压缩空气储能系统储气装置内的高压空气进入膨胀机做功,使用部分供热抽汽作为膨胀机入口空气加热热源。在该模式下,火电厂热电联产机组与压缩空气储能系统共同为用户供电,供热抽汽的剩余部分为用户供热,可满足较低的热负荷需求。

火电厂独立运行模式适用于供电量和供热量与用户的电负荷、热负荷匹配度较高的情况,火电厂热电联产机组单独运行即可实现高效率的供电供热,此时处于火电厂独立运行状态。

中国科学院工程热物理研究所的相关研究表明，这种耦合系统方案相较于常规火电机组有更高的㶲效率，可以实现更灵活的热电调节，有效拓宽了热电比范围。

3. 压缩空气储能-内燃机耦合系统

典型的压缩空气储能系统与内燃机耦合的汽车耦合动力系统如图 2-7-3(a)所示。该系统中压缩空气吸收内燃机余热后，通过气动发动机产生动力，气动发动机与原有汽车发动机联合工作，提供汽车混合动力。图 2-7-3(b)为该系统的温熵图，其中 P_0 定压线和 P_f 定压线分别表示压缩过程初始和压缩过程终点的压力状态。图 2-7-3(b)中的 1-2-3 为压缩空气储能过程，4'-5'-6'为压缩空气释能过程，1-7-8-9 为内燃机循环过程。在功率为 11.8kW 的压缩空气储能-内燃机耦合系统研究中，该系统的压缩空气排气量为发动机流量的 2 倍，排气压力为 0.15MPa。研究表明，在额定工况下，气动发动机可以分别从内燃机排气和冷却水中吸收 26%和 20%的能量，从而降低系统的燃料消耗率。

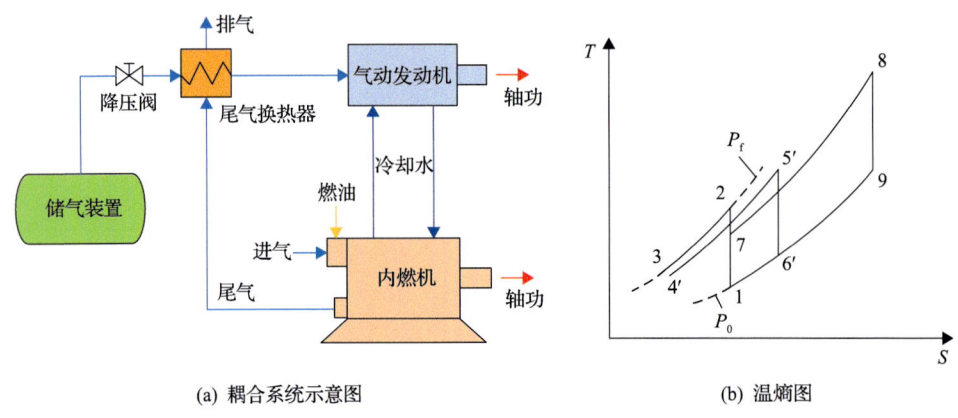

(a) 耦合系统示意图　　　　　　　　　　(b) 温熵图

图 2-7-3　压缩空气储能-内燃机耦合的汽车耦合动力系统示意图及温熵图

4. 压缩空气储能-可再生能源耦合系统

风能、太阳能等可再生能源具有间歇性和不稳定性问题，压缩空气储能系统可以与间歇式可再生能源"拼接"起来，稳定地输出电能，为实现可再生能源大规模利用提供有效的解决方案。图 2-7-4(a)为典型的压缩空气储能-风能耦合系统示意图。在用电低谷，风电厂多余的电力驱动压缩机，压缩并储存空气；在用电高峰，压缩空气通过燃烧室后再进入膨胀机(燃气涡轮)发电，用以填补风电对电网/用户供电的不足，该系统的温熵图如图 2-7-4(b)，其中 P_0 定压线和 P_f 定压线分别表示压缩过程初始和压缩过程终点的压力状态。以两级压缩为例，储能过程为 1-2-3-4-5，释能过程为 6'-7'-8'-9'-10'。采用压缩空气储能-风能耦合系统可将风电在电网中的供电比例提高至 80%，远高于传统 40%的上限。压缩空气储能系统还可以同太阳能光热发电系统耦合，该耦合系统既可以节省压缩空气储能系统的燃料成本，又可以提高太阳能光热发电系统的稳定性。

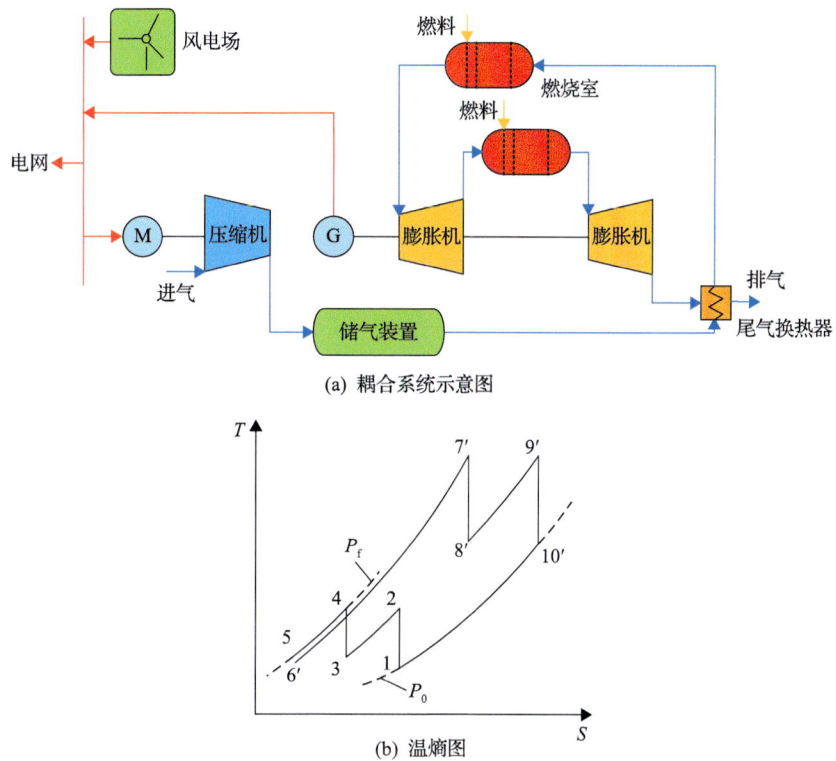

图 2-7-4　压缩空气储能-风能耦合系统示意图及其温熵图

5. 压缩空气储能与其他储能耦合系统

目前，常见的储能装置类型可以分为功率型和容量型。前者具有功率密度大、响应速度快等优点，但容量密度小、储能时间短、成本较高（如超级电容器、超导储能、飞轮储能等）；后者具有容量密度大、储能时间长、储能成本低等优势，但功率响应慢，不适于短期频繁地充放电（如蓄电池、抽水蓄能、压缩空气储能等）。

压缩空气储能与超级电容结合的混合储能技术方案，如图 2-7-5 所示。超级电容具有瞬时功率大、响应速度快和循环寿命长等优点，将其与压缩空气储能耦合，能够最大限度地跟踪突变功率、维持电网电压稳定。混合储能系统在电网负荷低谷阶段储能，直流电网中多余的电能根据分配策略首先储存到超级电容组中，多余电能驱动电机带动液压泵，将液体泵入储气罐中得到高压气体。混合储能系统在电网负荷较高的阶段释能，除超级电容组提供电能外，还有高压气体驱动液压泵带动发电机提供电能。通过研究混合储能系统的能量管理控制策略，按照不同工况，应用最大效率点跟踪控制和最大功率点跟踪控制保障液压泵/液力马达的工作效率和功率要求，实现能量的分配与管理。

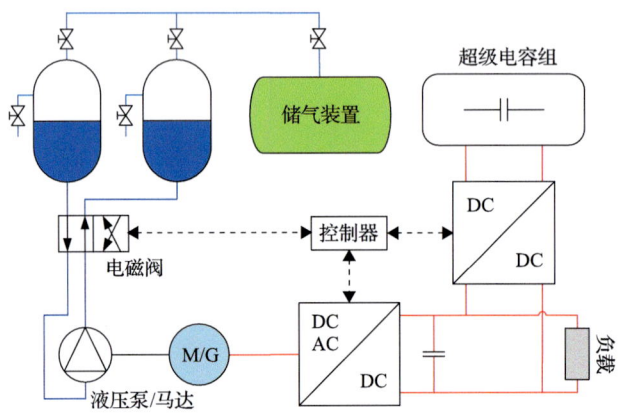

图 2-7-5　压缩空气储能与超级电容储能混合系统示意图

压缩空气储能与重力储能结合的混合储能系统，如图 2-7-6 所示，其工作过程为：在储能阶段，用电能驱动水泵将水抽到如图 2-7-6 所示的容器中，使重力活塞位置抬高，增加其重力势能，同时压缩机压缩空气并储存在储气室中；在释

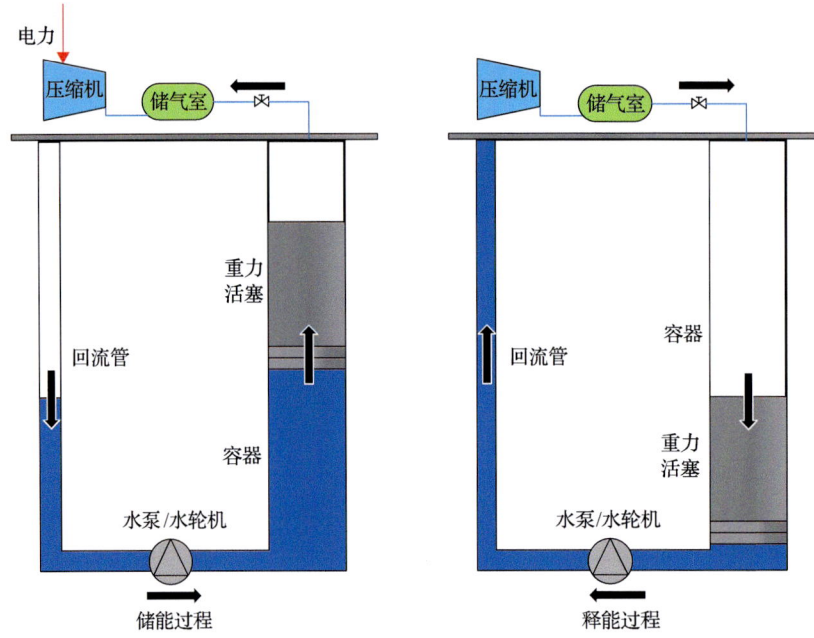

图 2-7-6　压缩空气与重力储能混合的储能系统

能阶段，通入高压空气，活塞在压缩空气推力和自身重力的驱动下向下运动，推动容器中的水通过水轮机发电。有分析表明，当重力储能系统接入压缩空气储能系统时，在维持相同储能量的条件下，可降低重力储能系统容器的高度。在不改变容器高度的前提下，相较于仅依靠活塞的重力储能系统，通过接入压缩空气储能，可以增加储能量。

6. 小型压缩空气储能在其他场景的应用

小型压缩空气储能系统的规模一般为千瓦至兆瓦级，它可以利用地上高压容器储存压缩空气，突破了大型传统压缩空气电站对储气洞穴的依赖，具有更大的灵活性。相比于大型电站，小型压缩空气储能更适合城区的供能系统，如分布式储能与冷-热-电联供、并/离网微电网等，也可用于电力需求侧管理、无间断电源、压缩空气动力汽车等。

压缩空气的能量还可以用于直接驱动物体移动，形成压缩空气弹射技术。压缩空气弹射属于冷发射方式的一种，该类弹射系统把压缩空气作为工作介质和动力来源，将压缩空气储存的热力学能快速转化为弹射体的动能，使之在短时间内获得较大的出射速度。相对于其他弹射方式，压缩空气弹射具有结构简单、运营费低、能量密度高、爆发力强、适用场景广、易于维护且不会对环境产生污染等优点。世界各国都很重视压缩空气弹射在导弹推进、武器装备和航空航天等领域的应用，目前国外少部分国家已实现压缩空气弹射的军事或商业应用，如美国"扫描鹰"（scan eagle）无人机使用的"超级楔形"（super wedge）气动弹射器、芬兰罗伯尼克（robonic）公司生产的"孔蒂奥"（kontio）气动弹射器等。中国科学院工程热物理研究所科研人员开展了压缩空气弹射研究工作，成功研制了无人机用压缩空气弹射器样机（图2-7-7），针对50kg无人机，其出射速度可达25m/s。

图2-7-7 中国科学院工程热物理研究所研制的压缩空气弹射器样机

2.7.4 发展趋势

无论是将压缩空气储能系统与其他热力循环耦合，还是与可再生能源系统或其他类型储能技术耦合，目的都是提升系统的灵活性，满足不同的用能需求，并提高整个耦合系统的能源利用率。随着能源供应和需求的多样化，以源网荷储深度耦合为特征的能源互联网和新型电力系统将成为未来能源系统发展的重要方向。压缩空气储能系统在多能量形式的能源消纳和吸收、提高能源供应可靠性、提高能源利用率等方面均具有重要作用。因此，还需对压缩空气储能与其他系统的耦合进行进一步研究，包括针对特定地区的政策分析、环境分析、经济性分析、耦合方式优化等。未来需要深入研究压缩空气储能系统的宽工况工作性能，特别是其与可再生能源的匹配特性，进而掌握耦合系统的并网特性，推进耦合系统的应用。针对混合储能系统的推广应用还需要对其功率与容量进行优化匹配，通过优化控制策略，提升其应用灵活性与经济性。

需要说明的是，压缩空气储能系统与其他热力循环、可再生能源或储能技术耦合在一定程度上都增加了系统的复杂程度。因此，需要进一步从系统总体角度进行科学设计，探索耦合运行时更高效精确的控制策略。

第3章　压缩空气储能的技术基础

3.1　热力学基础

热力学是一门研究物质的能量、能量传递和转换及能量与物质性质之间普遍关系的学科。热能的利用通常有两种基本形式：一种是热利用，如在冶金、化工、食品等工业和生活上的利用；另一种是动力利用，即把热能转化成机械能或电能，各类动力装置和热力循环系统都包含上述过程。压缩空气储能是一种基于热功转化的能源动力系统，热力学是研究压缩空气储能系统的重要学科之一，也是压缩空气储能技术应用发展的基础。

3.1.1　热力学基本概念

1. 热力系统

热力学中常把分析的对象从周围物体中分割出来，研究它与周围物体之间能量和物质的传递规律。这种被人为分割出来作为热力学分析对象的有限物质系统叫作热力系统（简称系统、体系），与系统发生质能交换的物体统称为外界。系统和外界之间的分界面叫作边界。边界可以是实际存在的，也可以是假想的。

根据热力系统和外界之间能量和物质交换的情况，热力系统可以分为几种不同的类型。一个热力系统如果和外界只有能量交换而无物质交换，则该系统称为闭口系统。闭口系统内的质量恒定不变，所以闭口系统又叫作控制质量。如果热力系统和外界不仅有能量交换还有物质交换，则该系统叫作开口系统。开口系统中的能量和质量都可以变化，但这种变化通常是在某一划定的空间范围进行，所以开口系统又叫作控制容积或控制体。当热力系统和外界无热量交换时，该系统称为绝热系统。当一个热力系统和外界既无能量交换又无物质交换时，该系统就称为孤立系统。孤立系统的一切相互作用都发生在系统内部。在压缩空气储能系统的实际研究过程中，根据研究目标的不同可将系统分解成不同性质的子系统进行研究。

不同的子系统由若干热工设备组成，每一种热工设备都有其各自的工作过程。研究热工设备的工作过程即应用热力学基本定律分析计算工质在热工设备中经历的状态变化过程和循环过程、探讨并分析影响能量转换效果的因素及提高转换效果的途径。在一个复杂的热力系统中存在多种热力学过程，每个过程由若干热力学参数表达。

2. 热力学参数

压缩空气储能系统是一个复杂的热力系统，由压缩子系统、膨胀子系统和蓄冷/蓄热子系统组成，每个子系统包含众多热力设备。为了说明工质在热力设备中的工作过程，必须研究工质所处的状态和它所经历的状态变化过程。研究时常用的状态参数有温度 T、压力 P、体积 V、热力学能 U、焓 H 和熵 S，其中压力、温度及体积为基本状态参数，可直接用测量仪器测量，热力学能、焓和熵则根据基本状态参数通过间接计算得出。在热力学中，与系统质量无关的量称为强度量，与系统质量成正比且具有可加性的量称为广延量。需要说明的是，广延量的比参数与系统质量无关，可当作强度量来处理。

1) 温度

温度是表示物体冷热程度的物理量，微观上表现为分子热运动的强弱，其概念的建立是以热力学第零定律为基础的。根据热力学第零定律，若两个热力系统中的每一个都与第三个系统处于热平衡，那么它们彼此也处于热平衡状态。进一步，对处于热平衡状态的各个系统，用来表征热平衡宏观特性的物理量称为温度。可见，温度是一个状态参数，是系统间达到热平衡的判据，而且处于热平衡状态的系统内部的每一部分都具有相同的温度。

为了给温度确定数值，还应建立温标，常用的温标有热力学温标、热力学摄氏温标、热力学华氏温标和朗肯温标等。在压缩空气储能系统中通常选用热力学温标来表示系统状态，热力学温标以符号 T 表示，计量单位为开尔文（Kelvin），用符号 K 表示。热力学温标的基准点为水的气、液、固平衡共存的状态点，即三相点，规定它的温度为 273.16K。用热力学温标表示的温度称为热力学温度，其单位"开尔文"等于水在三相点热力学温度的 1/273.16。与热力学温度并用的有热力学摄氏温度，以符号 t 表示，单位是摄氏度，用符号℃表示。1960 年，国际计量大会通过决议，规定摄氏温度由热力学温度移动零点来获得，这样规定的摄氏温标称为热力学摄氏温标，即

$$t = T - 273.15 \tag{3-1-1}$$

也就是说摄氏温度的零点（$t=0$℃）相当于热力学温度 273.15K，热力学摄氏温度与热力学温度两种温标的温度间隔完全相同。此外，其他常用的温标还有华氏

温标(符号为 t，单位为℉)和朗肯温标(符号 T_F，单位为°R)，其中摄氏温度与华氏温度的换算关系为

$$t/℃ = \frac{5}{9}(t/℉ - 32) \tag{3-1-2}$$

朗肯温度的零点与热力学温度的零点相同，它们的换算关系为

$$T_F/°R = \frac{5}{9}(T/K) \tag{3-1-3}$$

2) 压力

工质(流体)在单位面积上作用力的法向分量称为压力(又称压强)，以 p 表示。

在工程中，将测量工质压力的仪器称为压力计。由于压力计的测压元件处于某种环境的压力作用下，因此压力计测得的压力是工质的真实压力(或称为绝对压力)与环境介质压力之差，叫作表压力或真空度。下面以大气环境中的 U 形管压力计为例，说明工质的绝对压力 p 与大气压力 p_b 及表压力 p_e 或真空度 p_v 的关系。当绝对压力大于大气压力时，有

$$p = p_b + p_e \tag{3-1-4}$$

式中，p_e 为表压力，表示测得的差数。如工质的绝对压力低于大气压力，则有

$$p = p_b - p_v \tag{3-1-5}$$

式中，p_v 为真空度，也表示测得的差数。作为工质状态参数的压力是绝对压力。大气压力是由地面上空气柱的重量造成的，它随着各地的纬度、高度和气候条件的不同而发生变化，可用气压计测定。因此，即使工质的绝对压力不变，表压力和真空度仍有可能发生变化。在用压力计进行热工测量时，必须同时用气压计测定当时当地的大气压力，才能得到工质的实际压力。国际单位制中压力的单位是帕斯卡，符号为 Pa。

$$1Pa = 1N/m^2 \tag{3-1-6}$$

即 1Pa 等于在每平方米面积上作用 1N 的力。工程上，常采用千帕(kPa)或兆帕(MPa)作为压力单位，$1kPa=10^3Pa$，$1MPa=10^6Pa$。在工程上还可能遇到的其他压力单位有 atm(标准大气压，也称为物理大气压)、bar(巴)、mmHg(毫米汞柱)和 mmH_2O(毫米水柱)、at(工程大气压)。

标准大气压是以北纬 45°海平面上常年平均大气压力的数值为压力单位，它和其他压力单位之间的换算关系为

$$1 \text{atm} = 760 \text{mmHg} = 1.01325 \times 10^5 \text{Pa} = 1.013 \text{bar} \tag{3-1-7}$$

巴是一种工程中常用的压力单位，1bar 与标准大气压相差不到 0.5%，即

$$1 \text{bar} = 10^5 \text{Pa} = 0.1 \text{MPa} = 100 \text{kPa} \tag{3-1-8}$$

毫米汞柱和毫米水柱是用液柱高度表示的压力单位，即

$$1 \text{mmHg} = 133.322 \text{Pa} \approx 133.3 \text{Pa} \tag{3-1-9}$$

$$1 \text{mmH}_2\text{O} = 9.80665 \text{Pa} \approx 9.81 \text{Pa} \tag{3-1-10}$$

工程大气压是采用工程单位制的压力，即

$$1 \text{at} = 10^4 \text{mmH}_2\text{O} = 9.80665 \times 10^4 \text{Pa} = 0.980665 \text{bar} = 735.6 \text{mmHg} \tag{3-1-11}$$

3）比体积与密度

单位质量物质的体积称为比体积，即

$$v = \frac{V}{m} \tag{3-1-12}$$

式中，v 为比体积；m 为物质的质量；V 为物质的体积。

单位体积物质的质量称为密度，单位为 kg/m^3，用符号 ρ 表示，即

$$\rho = \frac{m}{V} \tag{3-1-13}$$

显然，v 与 ρ 互成倒数，因此它们不是相互独立的参数，可以任意选用其中之一。热力学中通常用 v 作为独立参数。

4）比热容

比热容是热力学中常用的物理量，表示单位质量的某种物质升高（或下降）单位温度所吸收（或放出）的热量。在国际单位制中的单位是 J/(kg·K)，定义式为

$$c = \frac{\delta q}{\text{d}T} \tag{3-1-14}$$

物质的比热容随着物质组成、结构和温度变化而变化。在工程应用上常用的有比定压热容 c_p、比定容热容 c_V 和饱和状态比热容三种。其中，比定压热容是单位质量的物质在压力不变的条件下，温度升高或下降 1℃ 或 1K 吸收或放出的热量。有关热量的定义在本节热力学状态部分将进行详细说明。比定容热容是单

位质量的物质在容积(体积)不变的条件下,温度升高或下降1℃或1K吸收或放出的热量。对于理想气体而言,比定压热容与比定容热容都是温度的函数,它们的差值为R_g,即

$$c_p - c_V = R_g \tag{3-1-15}$$

式中,R_g为常数,其值恒大于零,上式称为迈耶公式。c_p/c_V称为比热容比或绝热指数,以κ表示,即

$$\kappa = \frac{c_p}{c_V} \tag{3-1-16}$$

5) 热力学能与总能

储存于系统内部的能量,称为热力学能(也称为内能)。气体工质的热力学能包含气体的内动能和内位能。其中内动能包括气体分子的移动动能、转动动能和气体分子内部原子的振动动能和位能,内动能是温度的函数。内位能是指气体内部具有因克服分子间作用力而形成的分子位能,它是比体积和温度的函数。压缩空气储能系统的热力过程是一个物理过程,不涉及化学反应和核反应,故不考虑与分子结构有关的化学能和原子核能,故热力学能的变化只是内动能和内位能的变化。通常用U表示质量为m的物质的热力学能,单位为J,用u表示单位质量工质的热力学能,称为比热力学能,单位是J/kg。

$$u = \frac{U}{m} \tag{3-1-17}$$

由于气体工质的内动能取决于工质的温度,内位能取决于工质的比体积和温度,因此热力学能是温度和比体积的函数,即

$$u = f(T, v) \tag{3-1-18}$$

由此可见热力学能是热力状态的单值函数,属于状态参数。工程上,我们关心的是在热力过程中热力学能的相对变化量,而不是工质在某状态下热力学能的绝对值,因此热力学能的起点可人为规定。

工质的总能量除热力学能外,还包含因宏观运动而具有的动能及因所处不同高度而具有的位能。人们把热力学能与宏观运动动能及位能的总和叫作工质的总能,用E表示,动能和位能分别用E_k和E_p表示,则

$$E = U + E_k + E_p \tag{3-1-19}$$

若工质的质量为 m，速度为 v，在重力场中的高度为 z，则宏观动能和位能分别为

$$E_k = \frac{1}{2}mv^2, \quad E_p = mgz \tag{3-1-20}$$

工质的总能可写成

$$E = U + \frac{1}{2}mv^2 + mgz \tag{3-1-21}$$

6) 焓

当工质流过压缩空气储能系统的压缩机、膨胀机、蓄热/换热器时，可将其视为开口系统来处理。工质流进（或流出）开口系统时，必将其本身具有的各种形式的能量带入（或带出）开口系统。因此，开口系除通过做功与传热方式传递能量外，还可以借助物质的流动来转移能量。开口系统与外界交换的功除容积变化功外，还有因工质出入开口系统而传递的功，称为推进功，如压缩机推动工质流动所供给的功。1kg 工质的推进功在数值上等于其压力和比容的乘积 pv，是工质在流动中向前方传递的功，只在工质的流动过程中才出现。当工质不流动时，虽然工质也具有一定的状态参数 p 和 v，但此时的乘积 pv 并不代表推进功。

根据上述分析，开口系统与外界之间进行交换的总能量是热力学能与推进功之和，为了简化计算，将其定义为焓，用符号 H 来表示。单位质量工质的焓称为比焓，用 h 表示，p 和 v 都是状态参数，其乘积也是状态参数，故由 $H = U + PV$（$h = u + pv$）定义的焓也是一个状态参数，可写成两个独立参数的函数形式：$h = f(T, p)$，其与工质是否流动无关。工程计算中，关心的是在热力过程中工质焓的相对变化量 ΔH，而不是工质在某状态下焓的绝对值。因此，与热力学能一样，焓的起点可以人为规定，但如果已预先规定了热力学能的起点，那么焓的数值必须根据其定义式确定。

7) 熵

熵是用来判定实际过程方向、对过程不可逆程度进行度量的重要状态参数。1865 年，克劳修斯将这个新的状态参数定名为熵，用符号 S 表示，定义式为

$$dS = \frac{\delta Q_{rev}}{T_r} \tag{3-1-22}$$

式中，δQ_{rev} 为系统在微元可逆过程中与外界交换的热量；T_r 为热源温度；dS 为该微元可逆过程中系统熵的变化量。每千克工质的熵称为比熵，一般简称为熵，用 s 表示，定义式为

$$\mathrm{d}s = \frac{\delta q_{\mathrm{rev}}}{T_{\mathrm{r}}} \tag{3-1-23}$$

任意工质经过任意一个可逆循环，微小量 $\dfrac{\delta Q_{\mathrm{rev}}}{T_{\mathrm{r}}}$ 沿循环的积分为零，可以表示为

$$\oint \frac{\delta Q_{\mathrm{rev}}}{T_{\mathrm{r}}} = 0 \tag{3-1-24}$$

式中，$\dfrac{\delta Q_{\mathrm{rev}}}{T_{\mathrm{r}}}$ 由克劳修斯首先提出，称为克劳修斯积分。式(3-1-24)称为克劳修斯积分等式，对任意两个可逆过程，从状态1到状态2，无论沿哪一条可逆路线，$\dfrac{\delta Q_{\mathrm{rev}}}{T_{\mathrm{r}}}$ 的积分值都相同，这正是状态参数的特征。而对于同一途径上正、反方向的两个可逆过程，对应微元段的 δQ_{rev} 数值相等，符号相反。将熵的定义式(3-1-22)代入式(3-1-24)，可得

$$\oint \mathrm{d}S = 0 \tag{3-1-25}$$

$$\Delta S = \int_{1}^{2} \mathrm{d}S = \int_{1}^{2} \frac{\delta Q_{\mathrm{rev}}}{T_{\mathrm{r}}} \tag{3-1-26}$$

任意可逆过程的熵增可由式(3-1-26)计算得到。熵是状态参数，只要系统的状态1和状态2是平衡状态，无论状态1到状态2经历的是何种过程，是否可逆，都有确定的熵值。状态1到状态2的熵增可以由通过状态1和状态2的任何可逆过程按式(3-1-26)计算得到，这是计算熵增的方法。两个状态之间可以设想出许多可逆途径，按各种可逆途径积分得出的熵增结果应该相同。

8) 烟

烟是从能量品质的角度对能量进行度量的重要参数。当系统由任意状态可逆变化到与给定环境相平衡的状态时，理论上可以无限转换为任何其他能量形式的那部分能量称为烟。相应地，一切不能用来转换的能量称为炕。任何能量均由烟和炕两部分组成。若系统温度高于环境温度，当系统由任意状态可逆变化到与环境状态相平衡的状态时放出的热量 Q 对外界做出的最大有用功称为热量烟 $E_{\mathrm{x},Q}$，其定义式为

$$E_{\mathrm{x},Q} = \int \left(1 - \frac{T_0}{T}\right) \delta Q \tag{3-1-27}$$

若系统温度 T 低于环境温度 T_0，则系统吸入热量 Q_0 变化到与环境状态相同时做出的最大有用功称为冷量㶲 E_{x,Q_0}，定义式为

$$E_{x,Q_0} = \int \left(\frac{T_0}{T} - 1\right) \delta Q_0 \tag{3-1-28}$$

热量㶲是系统放热 Q 时能做的最大有用功，而冷量㶲是系统吸热 Q_0 时外界得到的最大有用功，两者的热量方向不同，热量㶲的方向与 Q 相同，而冷量㶲的方向与 Q_0 相反。此外还有焓㶲和内能㶲，对于 1kg 稳定流动气体工质的焓㶲为

$$e_x = (h - h_0) - T_0(s - s_0) \tag{3-1-29}$$

焓㶲是状态参数，当环境状态一定时，焓㶲只取决于工质的流动状态。初始状态和终止状态的焓㶲差就是这两个状态间能做出的最大有用功，可表示为

$$e_{x1} - e_{x2} = (h_1 - h_2) - T_0(s_1 - s_2) \tag{3-1-30}$$

对于封闭系统，1kg 工质的热力学能㶲表示为

$$e_{x,U} = u - u_0 + p_0(v - v_0) - T_0(s - s_0) \tag{3-1-31}$$

热力学能㶲是状态参数，它与系统状态和环境状态有关，当环境状态给定后，热力学能㶲仅取决于系统本身的状态，而与经历的过程无关。封闭系统在由一个状态变化到另一个状态的过程中能提供的最大有用功为两个状态的热力学能㶲之差。

3. 热力学状态

人们把工质在热力变化过程中某一瞬间呈现的宏观物理状况称为工质的热力学状态，简称状态。热力系统的状态可以用状态参数来描述，每个状态参数分别从不同角度描述系统在某一方面的宏观特性。如果在不受外界影响的条件下一个热力系统的状态能够始终保持稳定且不随时间变化，则系统的这种状态称为平衡状态。当系统内部存在某种不平衡势差时，会破坏原有的平衡过程，系统的状态参数改变，系统状态的连续变化称为系统经历了一个热力学过程。当系统内各部分工质的温度不一致时，在温差的推动下，系统各部分之间的热量自发地从高温工质向低温工质传递,这时系统的状态不能稳定维持,直至温差消失而达到平衡,这种平衡称为热平衡。同样，当系统内部存在不平衡力时，在力差（如压力差）的推动下，工质各部分之间将发生相对位移，直至力差消失而达到平衡，这种平衡称为力平衡。平衡和均匀是两个不同的概念，平衡是相对时间而言的，而均匀是相对空间而言的，对于单相系统可认为系统内部各处的热力参数均匀一致，对于整个系统可用一组统一的状态参数来描述其状态，压缩空气储能系统的热力状态

分析是指平衡状态下的热力分析。

在研究热力学过程时，通常要对实际过程进行简化，建立某种理想化的物理模型。如果造成系统状态改变的不平衡势差无限小，以致该系统在任意时刻均无限接近某个平衡态，则这个过程称为准静态过程。系统经历一个过程后，如存在另一个过程可使系统与外界同时恢复到初始状态而不留下任何痕迹，则该过程称为可逆过程。

压缩空气储能系统中的主要工质为气体，对于由气态工质组成的热力系统，只要给定任意两个独立的状态参数的值，系统的状态即可被确定，其余的状态参数也随之确定。

$$f(p,v,T)=0 \tag{3-1-32}$$

该式反映了基本状态参数 p、v、T 之间的制约关系，也可以表示为

$$T=T(p,v), p=p(T,v), v=v(p,T) \tag{3-1-33}$$

如果忽略分子本身的体积和分子之间的相互作用力，即对理想气体而言，其状态方程为

$$pv=R_g T \tag{3-1-34}$$

上式称为理想气体状态方程。式中，R_g 为气体常数，对于空气，R_g =287.06J/(kg·K)。对于实际气体，当温度不太低，压强不太高时，分子间的相互作用力可以忽略，用理想气体状态方程进行计算仍具有令人满意的准确度。因此，在压缩空气储能系统中，一般把气体作为理想气体来处理。

功和热量是热力学研究中的重要概念，压缩空气储能系统中的热力学研究主要关注功热转化关系。热力学中，功是热力系统通过边界传递的能量。显然，由于功是热力系统通过边界与外界交换的能量，所以其与系统本身具有的宏观运动动能和宏观位能不同。热力学中约定：系统对外界做功取为正，而外界对系统做功取为负。功是与系统状态变化过程相联系的，工质在可逆过程中做功。设有质量为 m 的气体工质在气缸中进行可逆膨胀，按照功的力学定义，工质推动活塞移动距离 dx 时，反抗斥力所做的膨胀功为

$$\delta W = Fdx = pAdx = pdV \tag{3-1-35}$$

式中，A 为活塞面积；dV 为工质体积微元变化量。膨胀功或压缩功都是通过工质体积的变化而与外界交换的功，统称为容积变化功，用 W 表示。从功的计算式可以看出，体积变化功只与气体压力和体积变化量有关，与形状无关。闭口系统的工质在膨胀过程中所做的功并不能全部用来输出做有用功，如举起重物，一部分

因摩擦而耗散,一部分用以排斥大气、反抗大气压力做功,余下的才是可以被利用的功,这部分可被利用的功称为技术功或有用功,用 W_t 表示。若用 W_t、W_l 和 W_r 分别表示技术功、摩擦耗功及排斥大气功,则有

$$W_t = W - W_r - W_l \tag{3-1-36}$$

由于大气压力可作定值,将排斥大气功称为流动功,即

$$W_r = p_0(V_2 - V_1) = p_0 \Delta V \tag{3-1-37}$$

在压缩空气储能系统中,由于系统与外界存在温差,所以必然存在热量传递。系统与外界依靠温差传递的能量称为热量。国际单位制中热量的单位为 J,工程上曾用 cal。两者的换算关系为 1cal = 4.1868J。单位质量的工质与外界交换的热量用符号 q 表示,单位是 J/kg。热量不是系统的状态参数,而是一个与过程特征有关的过程量。热力学中规定:系统吸热时热量取正值,放热时取负值。系统在可逆过程中与外界交换的热量可由下式计算,即

$$\delta q = T\mathrm{d}s \tag{3-1-38}$$

$$q_{1-2} = \int_1^2 T\mathrm{d}s \tag{3-1-39}$$

从功和热量的定义可以看出,功和热量都是能量传递的度量,是过程量。只有在能量传递过程中才有所谓的功和热量,没有能量传递过程也就没有功和热量。但功和热量又有不同之处:功是有规则的宏观运动的能量传递,在做功过程中通常伴随能量形态的转化;热量则是大量微观粒子进行杂乱热运动的能量传递,传热过程中不出现能量形态的转化。功转变成热量是无条件的,而热转变成功是有条件的。

4. 热力学三大定律

压缩空气储能系统是复杂的热力系统,其热功转化过程必定遵循热力学定律。热力学定律是描述热力系统行为的基本规律。一般包括三大定律,即热力学第一定律,又称为能量守恒与转换定律;热力学第二定律,又称为熵增加原理;热力学第三定律,又称为绝对零度不可能达到定律。

1) 热力学第一定律

能量守恒与转换定律是自然界的基本规律之一。自然界中的一切物质都具有能量,能量不可能被创造,也不可能被消灭;但能量可以从一种形态转变为另一种形态,并且在能量转化过程中能量的总量保持不变。热力学第一定律是能量守恒与转换定律在热现象中的应用,它确定了热力过程中热力系统与外界进行能量

交换时，各种形态的能量在数量上的守恒关系。我们知道，运动是物质的属性，能量是物质运动的度量。热力学第一定律是人类在实践中累积的经验总结，它不能用数学或其他理论来证明，第一类永动机迄今仍未建成和由热力学第一定律得出的一切推论都与实际经验相符合等事实可以充分说明它的正确性。热力学第一定律的能量方程式就是系统变化过程中的能量平衡方程式，是分析状态变化过程的根本方程式。它可以从系统在状态变化过程中各项能量的变化及其总量守恒这一原则推导得出。把热力学第一定律的原则应用于系统中的能量变化时可以写成如下形式，即

进入系统的能量 − 离开系统的能量 = 系统中储存能量的增加

(1)闭口系统能量方程。对于闭口系统，其与外界不发生物质交换，进入和离开系统的能量只包括热量和做功两项。取气缸活塞系统中的工质为系统，考察其在状态变化过程中和外界(热源和机器设备)的能量交换。

当工质从外界吸入热量 Q 后，从状态 1 变化到状态 2，并对外界做功 W。若忽略工质的宏观动能和位能的变化，则工质(系统)储存能的增加即热力学能的增加 ΔU。于是，可得

$$Q - W = \Delta U = U_2 - U_1$$

或

$$Q = \Delta U + W \quad (3\text{-}1\text{-}40)$$

式中，U_2 和 U_1 分别表示系统在状态 2 和状态 1 的热力学能。上式是闭口系统中热力学第一定律的能量方程式，叫作热力学第一定律的解析式，是最基本的能量方程式。它表明加给工质的热量一部分用于增加工质的热力学能，并储存于工质内部，余下的一部分以做功的方式传递至外界。

对于一个微元过程，第一定律解析式的微分形式是

$$\delta Q = \mathrm{d}U + \delta W \quad (3\text{-}1\text{-}41)$$

上式直接从能量守恒与转换的普遍原理得出，没有进行任何假定，因此对闭口系统是普遍适用的。它适用于可逆过程也适用于不可逆过程。对工质性质也没有限制，无论是理想气体还是实际气体，甚至是液体都适用。需要注意的是，为了确定工质初态和终态热力学能的值，要求工质初态和终态是平衡状态。式中，热量 Q、热力学能变量 ΔU 和功 W 都是代数值，可正可负。系统吸热 Q 为正，系统对外做功 W 为正；反之则为负。系统的热力学能增大时，ΔU 为正，反之为负。

对于可逆过程，$\delta W = p\mathrm{d}V$，所以

$$\delta Q = \mathrm{d}U + p\mathrm{d}V, \quad Q = \Delta U + \int_1^2 p\mathrm{d}V \tag{3-1-42}$$

对于循环过程，有

$$\oint \delta Q = \oint \mathrm{d}U + \oint \delta W \tag{3-1-43}$$

完成一个循环后，工质恢复到原来的状态，热力学能是状态参数，所以 $\oint \mathrm{d}U = 0$。于是，有

$$\oint \delta Q = \oint \delta W \tag{3-1-44}$$

即闭口系统完成一个循环后，它在循环中与外界交换的净热量等于与外界交换的净功量。

(2) 开口系统能量方程。通常将压缩空气储能系统中的压缩机和膨胀机视为开口系统进行分析，如图3-1-1所示为开口系统能量平衡示意图，考察该微过程中的能量平衡。

进入系统的能量：

$$\mathrm{d}E_1 + p_1 \mathrm{d}V_1 + \delta Q$$

离开系统的能量：

$$\mathrm{d}E_2 + p_2 \mathrm{d}V_2 + \delta W_\mathrm{i}$$

控制容积的储存能增量：

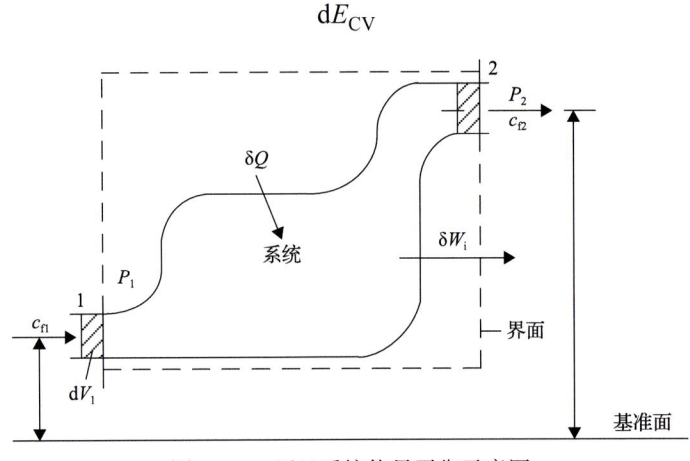

图 3-1-1　开口系统能量平衡示意图

如果流进流出控制容积的工质各有若干股，那么开口系统能量方程式可以写作

$$\delta Q = \mathrm{d}E_{\mathrm{CV}} + \sum_j \left(h + \frac{c_f^2}{2} + gz\right)_{\mathrm{out}} \delta m_{\mathrm{out}} - \sum_i \left(h + \frac{c_f^2}{2} + gz\right)_{\mathrm{in}} \delta m_{\mathrm{in}} + \delta W_{\mathrm{i}} \quad (3\text{-}1\text{-}45)$$

令 $\dfrac{\delta Q}{\mathrm{d}\tau} = \phi$、$\dfrac{\delta m_{\mathrm{in}}}{\mathrm{d}\tau} = q_{m,\mathrm{in}}$、$\dfrac{\delta m_{\mathrm{out}}}{\mathrm{d}\tau} = q_{m,\mathrm{out}}$ 及 $\dfrac{\delta W_{\mathrm{i}}}{\mathrm{d}\tau} = P_{\mathrm{i}}$。其中，$\phi$、$q_m$ 和 P_{i} 分别为单位时间的热流量、质量流量及内部功量，分别称为热流率、质流率和内部功率。于是，有

$$\phi = \frac{\mathrm{d}E_{\mathrm{CV}}}{\mathrm{d}\tau} + \sum_j \left(h + \frac{c_f^2}{2} + gz\right)_{\mathrm{out}} q_{m,\mathrm{out}} - \sum_i \left(h + \frac{c_f^2}{2} + gz\right)_{\mathrm{in}} q_{m,\mathrm{in}} + P_{\mathrm{i}} \quad (3\text{-}1\text{-}46)$$

上式即开口系统能量方程的一般表达式。

需要说明的是，工程应用时，在开口系统的能量分析中，对于各类功的考察至关重要，了解各类功之间的关系有利于理解系统中各种能量的表现形式。关于技术功 W_{t}、容积变化功 W、内部功 W_{i} 的关系推导如下。1kg 工质在开口系统中稳定流动的能量方程式以比功形式 $(w_{\mathrm{t}}, w, w_{\mathrm{i}})$ 表示为

$$q = \Delta h + \frac{1}{2}\Delta c_f^2 + g\Delta z + w_{\mathrm{i}} \quad (3\text{-}1\text{-}47)$$

技术功 w_{t} 表示为

$$w_{\mathrm{t}} = \frac{1}{2}\Delta c_f^2 + g\Delta z + w_{\mathrm{i}} \quad (3\text{-}1\text{-}48)$$

式中，w_{i} 为系统在机器内部做的功，忽略摩擦时与其轴功相等，则稳定流动的能量方程式可写为

$$q = \Delta h + w_{\mathrm{t}} \quad (3\text{-}1\text{-}49)$$

联立，可得

$$q = \Delta u + w \quad (3\text{-}1\text{-}50)$$

$$\Delta h = \Delta u + \Delta(pv) \quad (3\text{-}1\text{-}51)$$

故有

$$w_{\mathrm{t}} = w - \Delta(pv) \quad (3\text{-}1\text{-}52)$$

由上式可以得到技术功 w_t 与容积变化功 w、流动功 $\Delta(pv)$ 之间的关系。

2) 热力学第二定律

热力学第二定律是阐明热力学过程进行方向、条件和限度的规律，其中最根本的是方向问题。观察实际过程，人们发现大量的自然过程具有方向性。例如，①功热转化：功可以自动转化为热，常见的例子是摩擦功全部转化为热。功转热是不可逆过程，即热不可能全部无条件地转化为功。②有限温差传热：当温度不同的两个物体通过透热壁面传热时，热量一定自发地从高温物体传向低温物体。有限温差下的传热是不可逆过程，热量由低温物体传回高温物体使系统恢复到原状的过程不能自动进行，需要依靠外界的帮助。③自由膨胀：隔板将刚性绝热容器分成两部分，一侧充有气体，另一侧为真空，抽去隔板后，气体必定自动地向另一侧膨胀并占据整个容器。自由膨胀是一种典型的不可逆过程，气体不会自动压缩并升压返回原侧。④混合过程：在同一容器内，两种不同种类的流体必定自动地相互扩散混合，所有混合过程都是不可逆过程，使混合物中各组分分离需要耗费功或热。

自然过程中凡是能够独立、无条件自动进行的过程称为自发过程。另一类不能独立自动进行，需要外界帮助作为补充条件的过程，称为非自发过程。自发过程的反向过程是非自发过程，如热转化为功、热量由低温物体传向高温物体、气体压缩、流体组分的分离等。自然过程存在方向性，热力系统中进行了一个自发过程，虽然可以通过反向的非自发过程使系统复原，但后者会给外界留下影响，无法做到热力系统和外界全部恢复原状，因此不可逆是自发过程的重要特征和属性。

工程实践中热现象普遍存在，热力学第二定律的应用范围极为广泛，如热量传递、热功转换、化学反应、燃料燃烧、气体扩散、混合、分离、溶解、结晶、辐射、生物化学、生命现象、信息理论、低温物理、气象及其他许多领域。

关于热力学第二定律有各种形式的表述，在压缩空气储能系统中经常用到两种基本表达形式。①热力学第二定律的克劳修斯说法。1850 年，克劳修斯(Rudolf Clausius)从热量传递具有方向性的角度提出：热不可能自发地、不付代价地从低温物体传至高温物体。②热力学第二定律的开尔文说法。1851 年，开尔文(Lord Kelvin)和普朗克(Max Planck)等从热能转化为机械能的角度提出：不可能制造出从单一热源吸热并使之全部转化为功而不留下其他任何变化的热力发动机。

克劳修斯不等式是分析可逆过程一个很好的数学判据。如果循环中全部或部分是不可逆过程，即为不可逆循环。

$$\oint \frac{\delta Q}{T_r} < 0 \qquad (3\text{-}1\text{-}53)$$

该式表明：工质经过任意不可逆循环，微量 $\dfrac{\delta Q}{T_r}$ 沿整个循环的积分必小于零。该式即著名的克劳修斯积分不等式。由此，热力学第二定律的数学表达式可以写作

$$\oint \frac{\delta Q}{T_r} \leqslant 0 \tag{3-1-54}$$

克劳修斯积分 $\oint \dfrac{\delta Q_{rev}}{T_r}$ 等于零为可逆循环，小于零为不可逆循环，而大于零的循环则不能实现。

式(3-1-26)给出了可逆过程的熵增和积分 $\int_1^2 \dfrac{\delta Q_{rev}}{T_r}$ 是等式关系。对于不可逆过程，应用克劳修斯积分不等式 $\oint \dfrac{\delta Q}{T_r} < 0$，并结合可逆过程，则有

$$S_2 - S_1 \geqslant \int_1^2 \frac{\delta Q}{T_r} \tag{3-1-55}$$

该式是用于判断热力过程是否可逆的热力学第二定律数学表达式的积分形式。任何不可逆过程的熵增均大于 $\int_1^2 \dfrac{\delta Q}{T_r}$，极限状况(可逆)时相等，不可能出现小于 $\int_1^2 \dfrac{\delta Q}{T_r}$ 的过程。该式可直接用来判断循环过程是否可能及是否可逆。

在闭口系中，根据熵的定义，可逆绝热过程为

$$dS = 0, \; S_2 - S_1 = 0, \; S_2 = S_1 \tag{3-1-56}$$

不可逆绝热过程为

$$dS > 0, \; S_2 - S_1 > 0, \; S_2 > S_1 \tag{3-1-57}$$

可见，闭口系统在可逆绝热过程中的熵不变，是等熵过程。在不可逆绝热过程中，工质的熵必定增大，这是由于过程中存在由不可逆因素引起的耗散效应，使损失的机械功转化为耗散热被工质吸收。这部分由耗散热产生的熵增，叫作熵产，以 S_g 表示。

孤立系统熵增原理表明：当孤立系统内发生任何不可逆变化时，孤立系统的熵必然增大。需要指出，孤立系统的熵增等于熵产，即

$$I = T_0 \Delta S_{iso} = T_0 S_g \tag{3-1-58}$$

上式称为 Gouy-Stodla 公式(G-S 公式)。该式表明：当环境温度 T_0 一定时，孤立系统的㶲损失与其熵增成正比。这是一个普适公式，适用于计算任何由不可逆因素

引起的㶲损失，不限于孤立系统，即开口系统或闭口系统的不可逆过程均有 $I=T_0S_g$。

热力学第二定律的开尔文说法表明，热效率为100%的热机是不可能实现的，那么热机的热效率最大能达到多少与哪些因素有关，卡诺对此进行了回答。1824年，卡诺在《论火的动力》一文中描述了一个由两个可逆定温过程与两个可逆绝热过程组成的循环，称为可逆循环。卡诺循环的每一个过程都是可逆的，因此卡诺循环是可逆循环。卡诺循环是热力学第二定律的重要基础，所以对卡诺循环的理解至关重要。以下采用热力参数的比参数形式对卡诺循环进行介绍。

卡诺循环是工作于温度分别为 T_1 和 T_2 的两个热源之间的正向循环，由两个可逆定温过程和两个可逆绝热过程组成。工质为理想气体时卡诺循环的 p-v 图和 T-s 图如图3-1-2所示。图中，d-a 为绝热压缩，a-b 为定温吸热，b-c 为绝热膨胀，c-d 为定温放热。

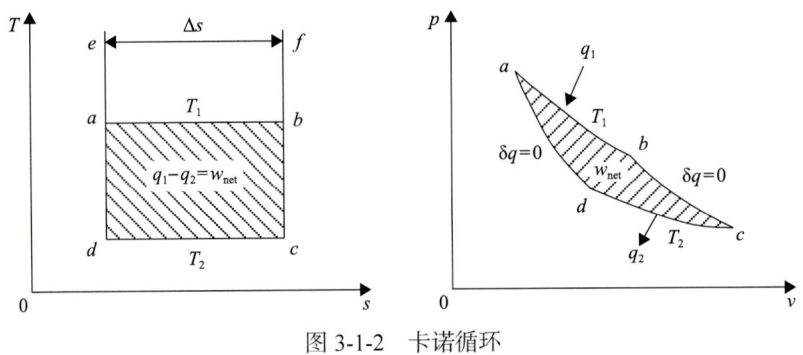

图3-1-2　卡诺循环

根据定义，循环热效率为

$$\eta_t = \frac{w_{net}}{q_1} = 1 - \frac{q_2}{q_1} \tag{3-1-59}$$

a-b、c-d 过程是理想气体的可逆定温过程，将式(3-1-39)用于其热量计算，可将卡诺循环的热效率写为

$$\eta_t = 1 - \frac{T_2}{T_1} \tag{3-1-60}$$

分析卡诺循环热效率公式，可以得出如下几点重要结论。

(1) 卡诺循环的热效率只取决于高温热源和低温热源的温度，提高 T_1、降低 T_2 可以提高热效率。

(2) 卡诺循环的热效率只能小于1，决不能等于1，因为 $T_1=\infty$ 或 $T_2=0$ 都不可能实现。这就是说，在循环发动机中，即使在理想情况下也不可能将热能全部转化为机械能。

(3) 当 $T_1 = T_2$ 时，循环热效率 $\eta_t = 0$。这表明在温度平衡的体系中热能不可能转化为机械能，热能产生动力一定存在温度差，这是热力学条件。

除卡诺循环外，还有概括性卡诺循环，即双热源间的极限回热循环。它由两个可逆定温过程 a-b 和 c-d 及两个同类型的其他可逆过程 d-a 和 b-c 组成(当工质是理想气体时，这两个过程的多变指数 n 相同)。

根据热力学第二定律及不可逆循环的定义，采用反证法对卡诺定理予以论证。卡诺定理包括以下两个分定理。

定理一：在相同温度的高温热源和相同温度的低温热源之间工作的一切可逆循环，其热效率都相等，这与可逆循环的种类无关，与采用哪一种工质也无关。

定理二：在温度同为 T_1 的热源和同为 T_2 的冷源间工作的一切不可逆循环，其热效率必小于可逆循环。

综合上述讨论，可以得出几点有关热效率方面的重要结论。

(1) 在两个热源间工作的一切可逆循环，它们的热效率都相同，与工质的性质无关，只取决于热源和冷源的温度，热效率都可以表示为 $\eta_t = 1 - T_2/T_1$。

(2) 温度界限相同，但具有两个以上热源的可逆循环，其热效率低于卡诺循环。

(3) 不可逆循环的热效率必定小于同等条件下的可逆循环。

3) 热力学第三定律

热力学第三定律是热力学基本定律之一。1906 年，能斯特(W·H·Nerst)根据低温电化学反应试验结果提出一个定理，后来称为能斯特定理。该定理表述为当开尔文温度趋于零度时，系统经过任何可逆等温过程，其熵的变化趋于零，即

$$\lim_{T \to 0}(\Delta S)_T = 0 \tag{3-1-61}$$

式中，脚注 T 表示定温过程。

当接近绝对零度时，化学反应前后热力学系统中各物质的成分因发生化学反应改变，但物系的总熵却保持不变。这只有一种可能，即在绝对零度时各种物质的比熵相等，为一常数或零。这一结论为各种物质比熵存在绝对值这一设想找到了更有力的根据。

普朗克(Planck)在 1911 年假定这个常数为零，即在绝对零度下各种物质的熵值为零。因为非晶体、混合物、固溶体(如玻璃)等物质在绝对零度时的比熵应比绝对零度时纯粹物质完整晶体的比熵大，因而不等于零。所以将其表述成定律时，严格的说法应为："在绝对零度下任何纯粹物质完整晶体的熵等于零"。这是热力学第三定律一种常见的表述形式。绝对零度下纯粹物质完整晶体的熵等于零，这与熵的统计热力学理论相符。这样，各种物质比熵的绝对值 s 可从绝对零度

算起，即

$$s = \int_0^T \frac{\delta q}{T} \tag{3-1-62}$$

上述表达式解决了熵基准点的选择与绝对熵的计算问题，绝对熵都是在标准大气压 p_0（101325Pa）下的值，即 $S_m^0(T)$。不同压力和温度下理想气体的熵由下式计算，即

$$S_m(T,p) = S_m^0(T) - R_m \ln \frac{p}{p_0} \tag{3-1-63}$$

1912 年，能斯特根据他提出的热定理推论得出：绝对零度不可能达到。叙述成定律为："不可能靠有限的步骤使物体的温度达到绝对零度。"这是热力学第三定律的另一种表述方式，其本质是物体分子和原子中和热能有关的各种运动形态不可能全部被停止。这与量子力学的观点相符，也符合辩证唯物主义的观点："运动是物质不可分割的属性"。

根据能斯特热定理推出绝对零度不可能达到的推理如下：物系在接近绝对零度时进行定温过程，物系的熵不变。物系熵不变的过程本为孤立系统的可逆绝热过程，所以在接近绝对零度时，绝热过程也具有定温的特性，这时就不可能再依靠绝热过程来进一步降低物系的温度以达到绝对零度。

热力学第三定律的两种叙述方式是等效的，其中任何一种都可以从另一种推出。

3.1.2 热力学基本过程

压缩空气储能系统由众多热力设备组成。热力设备中，为了实施热能与机械能之间的相互转换，或者使工质达到预期的热力状态，通常通过气态工质的吸热、放热、压缩、膨胀等热力状态变化过程实现。对工质热力学过程进行分析计算的目的在于揭示过程中工质状态参数的变化规律及能量转化情况，进而找出影响转化的主要因素。实际过程很复杂，严格来说都是不可逆过程，如果工质的各个状态参数都在变化，则不易确定其变化规律。因此，在进行热力学分析时，可以将热力设备中的各种过程近似为几种典型过程，如定容、定压、定温和绝热过程等。同时，为了简化问题，将这四种典型热力过程简化为可逆过程暂不考虑实际过程中不可逆的耗损。这四种典型的可逆过程称为热力学基本过程，可以用简单的热力学方法予以分析计算。在此基础上，再借助一些经验系数对不可逆耗损进行修正。

不同形式的压缩空气储能系统包含的热力学过程不同，压缩空气储能系统中的不同设备在实际运行过程中经历的热力学过程也不尽相同。例如，在传统补燃

型压缩空气储能系统燃烧室中发生的是定压过程,在水下压缩空气储能系统柔性储气罐内发生的也是定压过程,等温压缩空气储能系统中空气的压缩又可以近似当作定温过程来处理,先进压缩空气储能系统中压缩机和膨胀机的工作过程可以当作绝热过程来处理,这四种过程在进行时总有一个状态参数保持不变或在过程中热力系统与外界没有热量交换(如绝热过程)。当考虑工质的多个状态参数同时变化时,要把问题当作多变过程来处理,如活塞压缩机中的气体被压缩的同时被冷却,过程中气体的压力、比体积、温度均发生变化。因此,对热力学基本过程如定容过程、定压过程、定温过程、绝热过程和多变过程的理解非常重要。

1. 定容过程

定容过程即比体积保持不变的过程。通常,一定量的气体在刚性容器内定容吸热(或放热)时,比体积保持不变,即 $dv=0$,其过程方程式为 $v=$ 定值。初、终态参数间的关系可根据 $v=$ 定值 和 $pv=R_gT$ 得出,即

$$v_2=v_1, \quad p_2/p_1=T_2/T_1 \tag{3-1-64}$$

定容过程中,理想气体的压力与热力学温度成正比。

由于比体积不变 $dv=0$,定容过程的过程功为零,即

$$w=\int_{v_1}^{v_2} p dv=0 \tag{3-1-65}$$

过程中吸收或放出的热量可根据热力学第一定律得出,即

$$q_v=\Delta u=u_2-u_1 \tag{3-1-66}$$

由此可见,定容过程中工质不输出膨胀功。定容吸热时,加给工质的热量未转变为机械能,全部用于增加工质的热力学能,温度升高。定容放热时,热力学能的减小量等于放热量,温度降低。

定容过程的热量或热力学能差还可借助定容比热容计算,即

$$q_v=u_2-u_1=c_V\Big|_{t_1}^{t_2}(t_2-t_1) \tag{3-1-67}$$

定容过程的技术功

$$w_t=-\int_{p_1}^{p_2} v dp=v(p_1-p_2) \tag{3-1-68}$$

2. 定压过程

定压过程是工质在状态变化过程中压力保持不变的过程。工程上使用的加热器、冷却器、燃烧器、锅炉等很多热力设备是在接近定压的情况下工作的。其过程方程式为

$$p = 定值, \quad p_1 = p_2 \tag{3-1-69}$$

初、终态参数的关系可根据 $p = $ 定值 及 $pv = R_g T$ 得出，即

$$v_2 / v_1 = T_2 / T_1 \tag{3-1-70}$$

定压过程中气体的比体积与绝对温度成正比。在 p-v 图上，定压过程线为一水平直线。定压过程的熵增可简化为 $\Delta s_p = c_p \ln(T_2 / T_1)$。

由于 $p = $ 定值，定压过程的过程功为

$$w = \int_{v_1}^{v_2} p \mathrm{d}v = p(v_2 - v_1) \tag{3-1-71}$$

对于理想气体，定压过程的过程功可表示为

$$w = R_g (T_2 - T_1) \tag{3-1-72}$$

上式表明，理想气体的气体常数 R_g 在数值上等于 1kg 气体在定压过程中温度升高 1K 所做的膨胀功，单位为 J/(kg·K)。

根据热力学第一定律可得过程热量为

$$q_p = u_2 - u_1 + p(v_2 - v_1) = h_2 - h_1 \tag{3-1-73}$$

即任何工质在定压过程中吸收的热量等于焓增或放出的热量等于焓降。定压过程的热量或焓差还可借助比定压热容计算，即

$$q_p = h_2 - h_1 = c_p \Big|_{t_1}^{t_2} (t_2 - t_1) \tag{3-1-74}$$

定压过程的技术功为

$$w_t = -\int_{p_1}^{p_2} v \mathrm{d}p = 0 \tag{3-1-75}$$

它表明工质按定压过程稳定流过如换热器等设备时，不对外作技术功。这时有 $q_p - \Delta u = pv_2 - pv_1$，其中 $(pv_2 - pv_1)$ 为流动功，即热能 $(q_p - \Delta u)$ 转化的机械能

全部用来维持工质流动。上述公式是根据过程功的定义和热力学第一定律直接导出的,故不限于理想气体,对任何工质都适用。而式(3-1-72)和式(3-1-74)只适用于理想气体。

3. 定温过程

定温过程是工质状态变化时温度保持不变的过程,即 T = 定值。代入理想气体状态方程 $pv = R_g T$ 可得定温过程的过程方程式,即

$$pv = 定值 \tag{3-1-76}$$

初、终态参数的关系可由此写出,即

$$T_2 = T_1, \quad p_2 v_2 = p_1 v_1 \tag{3-1-77}$$

定温过程中气体的压力与比体积成反比。定温过程线在 p-v 图上为一条等轴双曲线,在 T-s 图上则为水平直线。理想气体的热力学能和焓都只是温度的函数,故定温过程即定热力学能过程、定焓过程。这时,有

$$\Delta u = 0, \quad \Delta h = 0 \tag{3-1-78}$$

定温过程的熵增为

$$\Delta s = R_g \ln \frac{v_2}{v_1} = -R_g \ln \frac{p_2}{p_1} \tag{3-1-79}$$

定温过程的过程功为

$$w = \int_1^2 p \, dv = \int_1^2 pv \frac{dv}{v} = \int_1^2 R_g T \frac{dv}{v} = R_g T \ln \frac{v_2}{v_1}$$

$$= p_1 v_1 \ln \frac{v_2}{v_1} = -p_1 v_1 \ln \frac{p_2}{p_1} \tag{3-1-80}$$

过程热量为

$$q_T = w = R_g T \ln \frac{v_2}{v_1}$$

$$= p_1 v_1 \ln \frac{v_2}{v_1} = -p_1 v_1 \ln \frac{p_2}{p_1} \tag{3-1-81}$$

可见,理想气体定温过程的热量 q_T 和过程功 w 的数值相等,并且正负也相同。由于这时理想气体的热力学能不变,故定温膨胀时的吸热量全部转变为膨

胀功，定温压缩时消耗的压缩功全部转变为放热量。技术功为

$$w_t = -\int_1^2 v\,dp = -\int_1^2 pv\frac{dp}{p} = -\int_1^2 R_g T \frac{dp}{p} = -R_g T \ln\frac{p_2}{p_1} = -p_1 v_1 \ln\frac{p_2}{p_1} \quad (3\text{-}1\text{-}82)$$

理想气体定温稳定流经开口系时的技术功 w_t 与过程热量 q_T 相等，由于这时 $p_2 v_2 = p_1 v_1$，流动功 $p_2 v_2 - p_1 v_1$ 为零，所以吸热量全部转变为技术功。上式及过程方程式 $pv=$ 定值的推导引用了理想气体状态方程式，故只适用于理想气体。

定义亥姆霍兹函数 F 和比亥姆霍兹函数 f（即 1kg 物质的亥姆霍兹函数）为

$$F = U - TS, \quad f = u - Ts \quad (3\text{-}1\text{-}83)$$

因为 U、T、S 均为状态参数，所以 F 也是状态参数。亥姆霍兹函数又称为自由能，其单位与热力学能的单位相同。

定义吉布斯函数 G 和比吉布斯函数 g 为

$$G = H - TS, \quad g = h - Ts \quad (3\text{-}1\text{-}84)$$

吉布斯函数又称为自由焓，也是状态参数，其单位与焓的单位相同。
进一步可得

$$df = -sdT - pdv, \quad dg = -sdT + vdp \quad (3\text{-}1\text{-}85)$$

对于可逆定温过程，当 $dT = 0$ 时，有 $df = -pdv$，$dg = vdp$。可见，亥姆霍兹函数的减少量等于可逆定温过程对外所做的容积变化功；而吉布斯函数的减少量等于可逆定温过程对外所做的技术功。或者说，在可逆定温条件下亥姆霍兹函数是热力学能中可以自由释放并转变为功的部分；而 $T\Delta s$ 是可逆定温条件下热力学能中无法转变为功的部分，称为束缚能。同样，吉布斯函数是可逆定温条件下焓中能够转变为功的部分，$T\Delta s$ 是束缚能。

4. 绝热过程

绝热过程是在状态变化的任何一微元过程中系统与外界都不交换热量的过程，即过程中每一时刻均有 $\delta q = 0$，当然全部过程与外界交换的热量也为零，即 $q = 0$。实际中，工质无法与外界完全隔热，因此绝对绝热过程难以实现，但当实际过程进行得很快，一定量工质的换热量相对极少时可近似看作绝热过程。这个过程进行迅速，通常是非准平衡的和不可逆的，所以可逆绝热过程是实际过程的一种近似。近似绝热过程是很普遍的，如内燃机气缸内工质进行的膨胀过程和压缩过程、压缩机中气体的压缩过程（尤其是叶轮式压缩机）、汽轮机和燃气轮机喷管内的膨胀过程等，因此对绝热过程的研究具有重要的实用价值。

根据熵的定义，$ds = \delta q_{rev}/T$，可知可逆绝热时有 $\delta q_{rev} = 0$，故有 $ds = 0$，$s =$ 定值。可逆绝热过程又称为定熵过程。

对于理想气体，可逆过程的热力学第一定律解析式的两种形式为

$$\delta q = c_V dT + p dv \quad \text{和} \quad \delta q = c_p dT - v dp \tag{3-1-86}$$

因绝热 $\delta q = 0$，将两式分别移项后相除，可得

$$\frac{dp}{p} = -\frac{c_p}{c_V}\frac{dv}{v} \tag{3-1-87}$$

式中，比热容比 $\frac{c_p}{c_V} = \gamma = 1 + \frac{R_g}{c_V}$；$c_V$ 是温度的复杂函数，上式的积分解十分繁复，不便于工程计算。设比热容为定值，则 γ 也是定值，上式可写为

$$\frac{dp}{p} + \gamma \frac{dv}{v} = 0 \tag{3-1-88}$$

$$pv^\gamma = \text{定值} \tag{3-1-89}$$

可以看出，定熵过程方程式是指数方程。定熵指数(绝热指数)通常以 κ 表示。对于理想气体，定熵指数等于比热容比 γ。因此，定熵过程的方程式为

$$pv^\kappa = \text{定值} \tag{3-1-90}$$

该式在推导过程中假设工质为理想气体、可逆绝热过程及定值比热容，对于一般的绝热过程来说，它只是近似式。将式(3-1-90)写作

$$\frac{dp}{p} + \kappa \frac{dv}{v} = 0 \tag{3-1-91}$$

将初、终态的 p、v、T 参数代入过程方程及状态方程，经整理后得

$$p_2 v_2^\kappa = p_1 v_1^\kappa \tag{3-1-92}$$

$$\frac{T_2}{T_1} = \frac{p_2}{p_1}^{\frac{\kappa-1}{\kappa}} \tag{3-1-93}$$

绝热过程体系与外界不交换热量，即 $q = 0$。根据闭口系统能量守恒定律 $q = \Delta u + w$，可以得到过程功为

$$w = -\Delta u = u_1 - u_2 \qquad (3\text{-}1\text{-}94)$$

上式表明绝热过程中工质与外界无热量交换，过程功只来自工质本身的能量转换。绝热膨胀时，膨胀功等于工质的热力学能减少量；绝热压缩时，消耗的压缩功等于工质的热力学能增加量。上式直接由能量守恒定律导出，故普遍适用于可逆和不可逆绝热过程。若为理想气体，并按定值热容考虑，可得近似式

$$w = c_V(T_1 - T_2) = \frac{1}{\kappa - 1} R_g (T_1 - T_2) = \frac{1}{\kappa - 1}(p_1 v_1 - p_2 v_2) \qquad (3\text{-}1\text{-}95)$$

对于可逆绝热过程，还可以得到

$$\begin{aligned} w &= \frac{1}{\kappa - 1} R_g T_1 \left[1 - \left(\frac{p_2}{p_1}\right)^{\frac{\kappa-1}{\kappa}} \right] \\ &= \frac{1}{\kappa - 1} R_g T_1 \left[1 - \left(\frac{v_1}{v_2}\right)^{\kappa - 1} \right] \end{aligned} \qquad (3\text{-}1\text{-}96)$$

5. 多变过程

实际热机中，一些过程中工质的状态参数 p、v、T 等都有显著变化，与外界的换热量也不能忽略不计，这时它们不能简化为上述四种基本热力学过程。试验测定了一些过程中工质压力 p 和体积 v 的关系，发现它们接近指数函数，用数学式描述为 $pv^n =$ 定值，即 $p_1 v_1^n = p_2 v_2^n$。满足这一关系式的过程称为多变过程，该式即多变过程的过程方程式，其中 n 为多变指数，它可以是 $-\infty \sim +\infty$ 的任意数值。多变过程比前述几种基本过程更为一般化，但仍然依据一定的规律变化。对于多变指数 n 变化的实际过程，若 n 的变化范围不大，则可用一个不变的平均值近似代替实际变化的 n；若 n 的变化较大，则可将实际过程分成数段，每一段近似为 n 值不变。

在理想气体的多变过程中，初、终态参数间的关系可根据过程方程 $pv^n =$ 定值及状态方程式 $pv = R_g T$ 得出，即

$$\frac{p_2}{p_1} = \left(\frac{v_1}{v_2}\right)^n, \quad \frac{T_2}{T_1} = \left(\frac{v_1}{v_2}\right)^{n-1}, \quad \frac{T_2}{T_1} = \left(\frac{p_2}{p_1}\right)^{\frac{n-1}{n}} \qquad (3\text{-}1\text{-}97)$$

其过程功同样可以按 $w = \int_1^2 p \mathrm{d}v$ 积分确定，将过程方程式 $pv^n =$ 定值代入，得

$$w = \int_1^2 p\mathrm{d}v = p_1 v_1^n \int_1^2 p\mathrm{d}v = \frac{1}{n-1}(p_1 v_1 - p_2 v_2) \tag{3-1-98}$$

对于稳定流动的开口系统，其技术功同样可利用积分求得，即

$$\begin{aligned} w_\mathrm{t} &= -\int_1^2 v\mathrm{d}p = -\int_1^2 \left[\mathrm{d}(pv) - p\mathrm{d}v\right] = p_1 v_1 - p_2 v_2 + \int_1^2 p\mathrm{d}v \\ &= p_1 v_1 - p_2 v_2 + \frac{1}{n-1}(p_1 v_1 - p_2 v_2) \\ &= \frac{n}{n-1} R_\mathrm{g} T_1 \left[1 - \left(\frac{p_2}{p_1}\right)^{\frac{n-1}{n}}\right] \end{aligned} \tag{3-1-99}$$

根据比热容的定义，热量为比热容乘以温差，即 $q = c_n(T_2 - T_1)$。引入多变过程比热容 c_n，并结合热力学第一定律，可得

$$c_n = \frac{n-\kappa}{n-1} c_\mathrm{V} \tag{3-1-100}$$

压缩空气储能运行的工质为实际气体，压缩和膨胀过程属于多变过程。研究实际气体的性质在于寻求各热力参数间的关系，其中最重要的是建立实际气体的状态方程。因为 p、v、T 不仅是过程和循环分析中必须确定的量，而且在状态方程的基础上利用热力学一般关系式可导出 u、h、s 及比热容的计算式，以便进行过程和循环的热力学分析。

实际气体的这种偏离通常采用压缩因子或压缩系数 Z 表示，即

$$Z = pV/nRT \quad \text{或} \quad pV_\mathrm{m} = ZRT \tag{3-1-101}$$

式中，V_m 为摩尔体积。显然，理想气体的 Z 恒等于 1。实际气体的 Z 可大于 1，也可小于 1。Z 值偏离 1 的幅度反映了实际气体对理想气体性质偏离的程度。Z 值不仅与气体种类有关，而且同种气体的 Z 值还随压力和温度而变化。因而，Z 是状态的函数。为了便于理解压缩因子 Z 的物理意义，将式(3-1-101)改写为

$$Z = pv/R_\mathrm{g}T \tag{3-1-102}$$

式中，v 为实际气体在 p、T 时的比体积。压缩因子 Z 即当温度、压力相同时实际气体比体积与理想气体比体积之比。若 $Z>1$，说明该气体的比体积比理想气体在同温同压下计算而得的比体积大，也说明实际气体比理想气体更难压缩；反之，若 $Z<1$，则说明实际气体的可压缩性大。所以，Z 是从可压缩性的角度来描述实际气体对理想气体的偏离程度的。

3.1.3　热力学能量及损失分析方法

压缩空气储能系统分为储能和释能两个阶段，关键部件为空气压缩机、膨胀机、储气装置和蓄热装置。热力学过程包括压缩过程、膨胀做功过程、气体储存过程、换热蓄热过程。需要对系统整体和各子系统进行热力学分析，力求减小损失得到更高的系统效率。

前面提到的平衡状态和可逆过程是热力学分析的基础可逆过程的实现受限于热力学平衡条件，要求系统与环境的势差趋于零，也就是说过程速率需要趋于无穷小，在工程实践中对应过程持续时间趋于无穷大。这种理论模型与实际工程之间的矛盾，可以通过有限时间热力学进行调和。20 世纪 70 年代，柯曾和阿尔博恩首先论述了有限时间热力学概念，提出在热力循环中考虑过程进行所需的时间并在有限时间对循环进行优化的更具有实际意义的理论问题，为宏观热力学的近代发展开拓了一个新的领域。有限时间热力学从 20 世纪 70 年代至今得到了迅速发展。

从 20 世纪 80 年代开始，过程集成逐渐成为节能的热点。在过程集成方法中最实用的就是英国林霍夫提出的夹点分析方法。由于夹点分析能取得明显的节能和降低经济成本的效果，因此在热力学分析中得到了广泛重视。

1. 热力学效率

结合热力学第一定律与热力学第二定律，在评价热力系统和热力学过程的完善程度时可采用能量效率和㶲效率。能量效率是利用能量平衡分析方法，根据热力学第一定律计算各部分能量损失，能量效率为

$$\eta = \frac{\text{有用能}}{\text{有用能} + \text{能量损失}} \times 100\% \qquad (3\text{-}1\text{-}103)$$

根据热力学第二定律，对于给定条件的热力学过程，㶲损失能够衡量该过程的不可逆程度。㶲损失越大，说明过程的不可逆性越大，做功能力降低越多。但是，㶲损失是一个绝对数量，仅能够比较相同条件下的热工设备和装置。对于不同条件下的热工设备与装置，直接使用㶲损失作为判据是不合理的，还应考虑热力学完善度。热力学完善度即整个系统中㶲的利用程度，为此引入㶲效率的概念，表示热力系统或热工设备中㶲的利用程度。例如，功率同为 100MW 的多台汽轮机，㶲损失大的热力学完善度就差，也就是㶲效率低。但是，对于功率分别为 100MW 和 200MW 的两台汽轮机，一般而言，后者的㶲损失值较大，就热力学完善度而言，其㶲效率未必低。在系统或设备的能量传递和转换过程中，将被利用或收益的㶲 $E_{x,gain}$ 与支付或耗费的㶲代价 $E_{x,pay}$ 的比值定义为系统或设备的㶲效率，用 η_{e_x} 表示，即

$$\eta_{e_x} = \frac{E_{x,\text{gain}}}{E_{x,\text{pay}}} \tag{3-1-104}$$

二者的差即系统或设备中进行不可逆过程所引起的㶲损失，即

$$E_{x,L} = E_{x,\text{pay}} - E_{x,\text{gain}} \tag{3-1-105}$$

从而有

$$\eta_{e_x} = \frac{E_{x,\text{pay}} - E_{x,L}}{E_{x,\text{pay}}} = 1 - \frac{E_{x,L}}{E_{x,\text{pay}}} = 1 - \xi \tag{3-1-106}$$

式中，ξ 为㶲损失系数，定义为

$$\xi = \frac{E_{x,L}}{E_{x,\text{pay}}} \tag{3-1-107}$$

因此，㶲效率是耗费㶲中被利用部分所占的份额，而㶲损失系数是耗费㶲中损失部分所占的份额。在循环分析中，涉及的各设备㶲损失系数中的耗费㶲(㶲代价)既可以是设备的㶲代价，也可以是整个循环的㶲代价。

㶲效率公式的建立必须遵循以下原则：
(1)在㶲效率公式的分子、分母中必须包括所有进出系统的㶲。
(2)任意一项㶲只能出现一次，某项㶲不能既作为代价又作为收益。
(3)进入系统的㶲在㶲效率公式的分子上为负，在分母上为正。
(4)输出系统的㶲在㶲效率公式的分子上为正，在分母上为负。
(5)㶲效率必有 $\eta_{e_x} > 0$，$\eta_{e_x} \leqslant 100\%$。

2. 损失分析方法

常用的分析方法有㶲分析方法、熵产最小化分析方法和夹点分析方法。

1)㶲分析方法

能量系统㶲分析的目的是计算和分析系统内部与外部进行能量交换过程中的不可逆损失，揭示用能过程的薄弱环节，以进行改进；或者以㶲效率等为目标函数进行最优化分析计算，达到全面节能。

对于总能系统而言，它有许多单元设备，如蒸汽动力循环装置包括锅炉、汽轮机、冷凝器、给水泵和冷油器等，这些单元设备称为子系统。

对子系统进行㶲分析的目的如下。
(1)根据子系统的㶲分析，对子系统的用能水平进行合理评价。

(2) 根据对子系统的㶲损分析，判别用能过程中的薄弱环节。

(3) 根据㶲分析结果，提出改进意见。

(4) 在子系统㶲分析的基础上，对总能系统进行㶲分析和改进，或者建立总能系统的优化目标函数并以此对总能系统进行优化。

按照㶲分析的不同要求，可以建立不同的㶲分析模型，这些模型不仅使子系统内部，而且使子系统与外界间的各种能量传递、转换过程一目了然。子系统的㶲分析主要有黑箱模型分析和白箱模型分析。

其中，黑箱模型分析(黑箱分析)是借助输入、输出子系统的能流信息来研究子系统内部用能过程宏观特性的一种方法。在黑箱模型分析(黑箱分析)中可以计算得到子系统的㶲效率 η_{e_x} 和过程中的㶲损系数 ξ，但不能计算子系统内各过程的㶲损系数。

所谓子系统的黑箱模型，是把子系统看作由不"透明"边界包围的体系，如图 3-1-3 所示，以实线表示边界，以带箭头的㶲流线表示输入、输出的㶲流，以虚线箭头表示子系统内所有不可逆过程集合的总㶲损，并在各㶲流线上标出㶲流符号，这样就构成了一个"黑箱模型"。

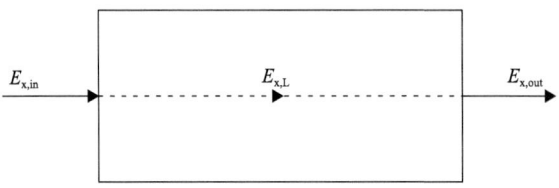

图 3-1-3　子系统的黑箱模型

黑箱模型中的㶲流值可以通过仪表直接测出的数据计算。各股输入㶲流值之和为

$$E_{x,L} = E_{x,in} - E_{x,out} \tag{3-1-108}$$

上式表明，只需借助输入、输出子系统的㶲流信息，而不必剖析子系统内部过程，即可获得反映子系统用能过程的宏观特性，这是黑箱模型的突出优点。在实际子系统中，输入、输出子系统的㶲流通常是多段的，并且各股㶲流的性质、效用不一。为了使不同子系统的黑箱模型具有统一的形式，一般采用下列㶲分析术语。

(1) 供给㶲 $E_{x,sup}$ 是由㶲源或具有㶲源作用的物质供给体系的㶲，通常有燃料㶲、蒸汽㶲、电㶲等。燃料㶲包括物理㶲和化学㶲。

(2) 带入㶲 $E_{x,in}$ 是除㶲源外的物质带入体系的㶲，如送入炉内助燃的空气㶲、生产子系统的原料㶲等。

(3) 有效㶲 $E_{x,ef}$ 是被子系统有效利用或由子系统输出可有效利用的㶲。对于动力装置而言即输出的机械能，对于工艺子系统而言即达到工艺要求的产品离开体系所具有的㶲，如锅炉生产的蒸汽㶲、原油加热炉输出的原油㶲、水泵出口的水的压力㶲和动能㶲等。

(4) 无效㶲 $E_{x,inef}$ 是指体系输出的总㶲中除有效㶲外的部分。通常无效㶲即体系的外部㶲损。

(5) 耗散㶲 $E_{x,irr}$ 是由体系内的不可逆性引起的能量耗散，即内部㶲损。

综上所述，可以写出子系统通用㶲的平衡方程式为

$$E_{x,sup} + E_{x,in} = E_{x,ef} + E_{x,inef} + E_{x,irr} \tag{3-1-109}$$

此外，对某些子系统，当带入㶲很小可以忽略或无带入㶲时，有

$$E_{x,in} = 0 \tag{3-1-110}$$

根据上式，可以写出子系统㶲效率的通用表达式及㶲损失系数表达式，即

$$\eta_{e_x} = \frac{E_{x,ef}}{E_{x,sup}} = 1 - \frac{E_{x,irr} + E_{x,inef}}{E_{x,sup}} \tag{3-1-111}$$

$$\xi_{in} = \frac{E_{x,irr} + E_{x,inef}}{E_{x,sup}} \tag{3-1-112}$$

采用黑箱模型不能分析体系内部各用能过程的状况，这是黑箱模型分析的不足之处。对于一些重要的耗能设备来说，仅有黑箱模型分析显然是不够的。

白箱模型是为了克服黑箱模型的缺陷而提出来的。该模型将分析对象看作是由"透明"边界包围的系统，可以对系统内的各个用能过程逐个进行剖析，计算各过程的耗散㶲。白箱模型分析（白箱分析）不仅可以计算子系统的㶲效率，还能计算体系内各过程的㶲损系数，揭示系统中用能不合理的"薄弱环节"。因此，白箱模型分析是一种精细的㶲分析。

白箱模型的表示方法如下：以虚线表示体系边界，以带箭头的㶲流线表示输入、输出的㶲流，对其中属于外部的㶲损，在㶲流线上标以黑点，而对体系内的不可逆过程，则在㶲流线上标圆圈；子系统内、外各过程的相互关系以㶲流线的串、并联表示；在各相应部位标出㶲流和㶲损符号。这样，就构成了一个完整的白箱模型。白箱模型可以将子系统的用能状况，包括外部㶲损与内部㶲损，全部在模型中清楚地显示出来。图 3-1-4 为子系统的通用白箱模型。图中进入子系统的供给㶲为 $E_{x,sup} = \sum_i E_{x,sup,i}$，带入㶲为 $E_{x,in} = \sum_i E_{x,in,i}$，外部㶲损为 $E_{x,L,out} =$

$\sum_i E_{x,\text{inef},i}$,内部㶲损为 $E_{x,L,\text{in}} = \sum_i E_{x,\text{irr},i}$,白箱模型的㶲平衡方程为

$$\sum_i E_{x,\text{sup},i} + \sum_i E_{x,\text{in},i} = E_{x,\text{ef}} + \sum_i E_{x,\text{inef},i} + \sum_i E_{x,\text{irr},i} \quad (3\text{-}1\text{-}113)$$

子系统的㶲效率为

$$\eta_{e_x} = 1 - \frac{\sum_i E_{x,\text{irr},i} + \sum_i E_{x,\text{inef},i}}{\sum_i E_{x,\text{sup},i}} \quad (3\text{-}1\text{-}114)$$

子系统内不可逆过程 i 的㶲损系数为

$$\xi_{\text{in},i} = \frac{E_{x,\text{irr},i}}{\sum_i E_{x,\text{sup},i}} \quad (3\text{-}1\text{-}115)$$

子系统外部物流或能流排放过程 i 的㶲损系数为

$$\xi_{\text{out},i} = \frac{E_{x,\text{inef},i}}{\sum_i E_{x,\text{sup},i}} \quad (3\text{-}1\text{-}116)$$

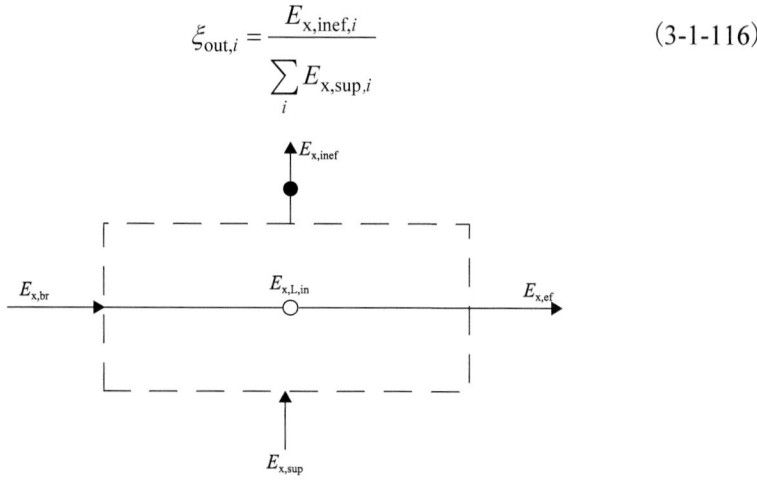

图 3-1-4　子系统的通用白箱模型

各种子系统的白箱模型可以在通用模型上建立,如换热器的白箱模型见图 3-1-5。换热器的外部㶲损有耗热㶲损 $E_{x,L,s}$,热流体离开换热器带走的㶲为无效㶲,也属于外部㶲损。也就是说,换热器内的㶲耗散由两部分组成:一部分是在热流体对冷流体的温差传热过程中产生的;另一部分是冷、热流体各自克服流阻的耗散㶲。

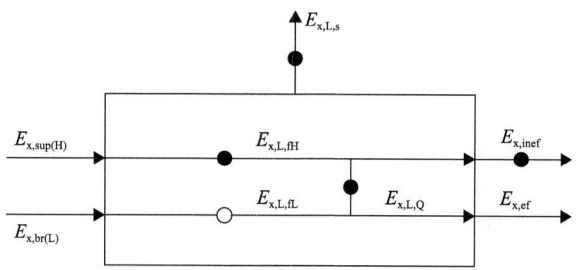

图 3-1-5　换热器的白箱模型

通过以上分析可以看出，从获得节能的实际效益考虑，单元子系统的㶲分析只能解决个别的、局部的问题，总能系统的㶲分析才能解决整体的、全局的问题。这就是总能系统㶲分析的重要性和必要性。

总能系统㶲分析的目的和作用主要有以下几方面。

(1) 对系统的整体用能技术状况做出评价，其中主要是对系统中㶲的有效利用程度及系统的节能潜力进行评价。

(2) 找出系统中用能薄弱的设备，为选择需要进行白箱模型分析的设备及确定系统改造的主要对象提供依据。

(3) 全面分析系统的耗能结构、㶲损分布、㶲流去向，为系统的整体技术改造提供技术资料。

总能系统的㶲分析包括以下几方面。

(1) 在分析系统能量传递和转换关系的基础上，建立系统㶲分析模型。

(2) 以分析模型为依据，建立系统㶲平衡方程。

(3) 参照㶲分析模型和㶲平衡方程，采用由设计或实测的基础数据计算系统㶲效率、热力学完善度和设备㶲损系数等技术指标。

(4) 应用热力学、传热学及流体力学等基本理论，对各项计算指标做出科学解释，提出分析结论。

(5) 根据分析结论，结合工程实际，提出系统的改造方案或改进意见。

(6) 必要时，还可以对拟定的改造方案进行㶲经济分析，为有关部门提供决策依据。

2) 熵产最小化分析方法

熵产最小化分析可用于热力过程(传热、传质和流动等)的建模和优化。在有限时间热力学的研究中，熵产最小化以最基本的热力学和传热流动定律为基础。对于不同的研究对象，热力学评价指标不同，如电厂追求出功最大、制冷机追求耗功最小。热力过程(传热、传质和流动等)的建模和优化建立在设备不可逆运行的约束下，需将传热学和热力学结合用于分析实际的不可逆过程。热力过程的优化将熵产作为指标,需探究熵产产生的位置、大小及其流动情况和如何影响系统性能等。

熵产数可表示为

$$N_{\mathrm{s}} = \frac{\dot{S}_{\mathrm{gen}}}{\dot{S}_{\mathrm{gen,min}}} \tag{3-1-117}$$

其他对应形式也可以使用,$S_{\mathrm{gen,min}}/S_{\mathrm{gen}}$ 或 $\left(S_{\mathrm{gen}}/C\right)/\left(S_{\mathrm{gen,min}}/C\right)$,其中 C 为常数。以下举例说明 N_{s},假设 $D_i = D_{\mathrm{c}}$,其中 D_{c} 是一个常数,满足以下容积限制条件,即

$$D_{\mathrm{c}} = \left(\frac{4V/\pi}{\sum_{i=0}^{n} N_i L_i}\right)^{1/2} \tag{3-1-118}$$

最小熵产数为

$$N_{\mathrm{s}} = \frac{\dot{S}_{\mathrm{gen}}}{\dot{S}_{\mathrm{gen,min}}} = \frac{\left(\sum_{i=0}^{n} N_i L_i\right)^2 \sum_{i=0}^{n} \frac{L_i}{N_i}}{\left(\sum_{i=0}^{n} N_i^{1/3} L_i\right)^3} \tag{3-1-119}$$

可以证明 $N_{\mathrm{s}} > 1$。例如,对于 $N = 2^i$,并且新的管道长度与原长度的比值恒定为 f,则上式可简化为

$$N_{\mathrm{s}} = \frac{\dot{S}_{\mathrm{gen}}(D_i = D_{\mathrm{c}})}{\dot{S}_{\mathrm{gen,min}}} = \frac{\left[\sum_{i=0}^{n}(2f)^i\right]^2 \sum_{i=0}^{n}\left(\frac{f}{2}\right)^i}{\left[\sum_{i=0}^{n}\left(2^{1/3} f\right)^i\right]^3} \tag{3-1-120}$$

即可验证 $N_{\mathrm{s}} > 1$。

3) 夹点分析方法

夹点分析是基于热力学定律分析热力过程中能量流沿温度的分布,确定热力过程中传热温差最小的地方,即热力系统用能的"瓶颈",并给以"解瓶颈"的一种方法。通常使用㶲分析方法和熵产最小化分析方法对系统和热工部件进行热

力学宏观评价与优化。然而，面对复杂的能源动力系统，尤其是含超临界工质的热力系统，如压缩空气储能系统，由物性非线性变化造成的系统内部用能瓶颈被忽视。因此，夹点分析方法的核心是采用统一的能量单位直观地表达复杂系统中不同种类能量的转化与传递过程，同时综合考虑过程能量。

夹点分析立足于严格的热力学和数学规则，以整个系统为出发点，描绘能源系统热回收网络。利用夹点将整个换热网络分成两个部分，夹点之上即热端，夹点以下即冷端。最终，通过分析热力过程中能量流沿温度的分布确定换热网络所需的最低热公用工程用量和冷公用工程用量。

夹点分析主要通过组合曲线法和问题表法两类手段进行。在组合曲线法中，每股物流根据其参数在温-焓图上绘制出物流的热特性曲线。温-焓图以温度 T 为纵轴，焓值 H 为横轴。热物流的热特性曲线在温-焓图上表现为由高温到低温、从高焓值到低焓值；相反，冷物流的热特性曲线在温-焓图上表现为低温到高温、从低焓值到高焓值。如图 3-1-6 所示，物流热特性曲线在温-焓图上左右平移并不会影响物流的温度和焓值的变化量。在温-焓图上，$dT = 1/C_p \, dH$，热特性曲线斜率为 $1/C_p$。

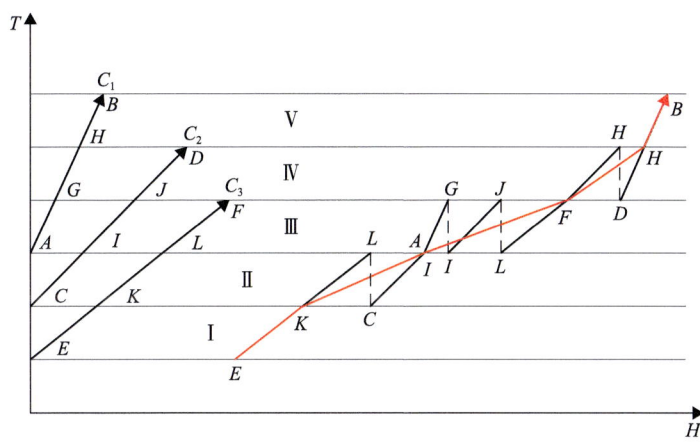

图 3-1-6　冷物流组合曲线的构造过程

采用温-焓图可以清晰直观地看到夹点在什么地方，但当参与换热的物流数目较多时，采用温-焓图绘制组合曲线进行分析则比较烦琐。另外，在计算中涉及热特性曲线的组合和移动，图线绘制十分凌乱，并且不够准确。因此，在实际工程中采用问题表法进行夹点计算。问题表法的计算过程分为 4 个步骤。

(1) 计算位移温度(数据分析处理中已经完成)，以位移温度为分界将冷热物划分成几个连续的温度区间。

(2) 计算每个温度区间的热平衡，得到各个温度区间需要的冷却或加热的热量。计算方程为

$$\Delta H_i = (\sum C_{p_C} - \sum C_{p_H})(T_i - T_{i+1}) \tag{3-1-121}$$

式中，ΔH_i 为第 i 区间所需的热量；$\sum C_{p_C}$ 为该温度区间冷物流的热容流率之和；$\sum C_{p_H}$ 为该温度区间所有热物流的热容流率之和；T_i 为该温度区间热物流的进口温度，即较高的温度；T_{i+1} 为该温度区间热物流的出口温度，即较低的温度。

(3) 进行热量传递的级联计算。首先，计算当没有外界热量输入时各温度区域之间的热通量。此时，各温度区间有自上而下的热量传递，但一定没有热量的逆向传递，即热量从较低的温度区间传递到较高的温度区间。然后，为了保证不发生热量的逆向传递，使各温度区间的热通量大于等于零，故要通过热公用工程给物流加热。过程所需的最小加热量即最小热公用工程用量。同时，最后一个温度区间流出的热量即该换热网络所需的最小冷公用工程用量。

(4) 确定夹点。在整个过程中，温度区域之间热通量为零处即夹点。

夹点分析法能够让技术人员用简单的方法了解热力系统中什么地方浪费了能量、浪费原因及如何改善，从而制定优化措施与方案，实现系统或热工部件的节能。同时，该法还可以通过合理设置热泵和热机，确定公用工程的消耗量和能量品位，并将优化范围扩展到整个能量系统，进一步提高能量利用率。综上所述，夹点分析方法对于实际工程设计中多过程复杂系统的改造和优化具有十分重要的意义。夹点分析方法已成功应用在多个项目中，在世界范围取得了显著的节能效果。

3.2 气体动力学基础

气体动力学是流体力学的一个分支，属于经典力学的范畴，主要研究气体在不同条件下的运动规律及其与固体之间的相互作用。压缩空气储能系统主要以空气作为工作和存储工质，空气是一种黏性流体，在不同条件下存在不同的流动状态，包括层流和湍流。对于压缩空气储能系统而言，在管道中存在流阻，在压缩机和膨胀机中会产生旋流现象，在换热器中存在气热耦合关系，这些都与气体动力学有关。气体动力学在压缩空气储能系统中扮演着重要角色，对理解和分析系统中的流动和热传递过程至关重要。

3.2.1 气体动力学基本概念

1. 气体流动的概念

1) 气体流动的描述方法

通常采用两种方法来描述气体(流体)运动。①拉格朗日法：以流场中个别质点的运动作为研究出发点，进而研究整个流体的运动，它强调的是质点运动的整个历史过程。②欧拉法：以流体流过空间某点时的运动特性为研究的出发点，从而研究整个流场内流体的运动情况，它强调的是流场中各固定空间点上流体物理量的空间分布及其随时间的变化。在实际研究问题中，通常只对流场内的流体物理量场感兴趣，因此欧拉法更为适用。若以 f 表示流场中某空间点上一个流体物理量，其欧拉描述的数学表达式为

$$f = F(x,y,z,t) \text{ 或 } f = F[x(a,b,c,t), y(a,b,c,t), z(a,b,c,t), t] \quad (3\text{-}2\text{-}1)$$

流体质点物理量随时间的变化率称为随体导数或质点导数，它意味着跟随质点运动时观测到的质点物理量的时间变化率。在流体力学的实际应用中，通常采用拉格朗日的观点分析问题，而采用欧拉的方法处理问题，这样空间中某一物理量的随体导数可表示为

$$\frac{\mathrm{D}F}{\mathrm{D}t} = \frac{\partial F}{\partial t} + v_x \frac{\partial F}{\partial x} + v_y \frac{\partial F}{\partial y} + v_z \frac{\partial F}{\partial z} = \frac{\partial F}{\partial t} + (V \cdot \nabla)F \quad (3\text{-}2\text{-}2)$$

式中，右端 $\frac{\partial F}{\partial t}$ 为 (x,y,z) 不变时，在该空间点上的物理量随时间的变化率，称为局部或当地导数，它是由物理量的非定常性导致的；$(V \cdot \nabla)F$ 项为迁移导数，表示在有梯度 ∇F 的非均匀物理场中，由空间位置变化引起的物理量的变化率。在分析问题时，通常通过加速度将测量得到的流体速度与流动的力学特性联系起来，而压缩空气储能系统中的管道流动和叶轮机械内的流动通常采用柱坐标系 (r,θ,z) 进行分析，在柱坐标系下流体质点的加速度公式为

$$\begin{cases} a_r = \left(\frac{\mathrm{D}V}{\mathrm{D}t}\right)_r = \frac{\partial v_r}{\partial t} + v_r \frac{\partial v_r}{\partial r} + \frac{v_\theta}{r} \frac{\partial v_r}{\partial \theta} + v_z \frac{\partial v_r}{\partial z} - \frac{v_\theta^2}{r} = \frac{\mathrm{D}v_r}{\mathrm{D}t} - \frac{v_\theta^2}{r} \\ a_\theta = \left(\frac{\mathrm{D}V}{\mathrm{D}t}\right)_\theta = \frac{\partial v_\theta}{\partial t} + v_r \frac{\partial v_\theta}{\partial r} + \frac{v_\theta}{r} \frac{\partial v_\theta}{\partial \theta} + v_z \frac{\partial v_\theta}{\partial z} + \frac{v_r v_\theta}{r} = \frac{\mathrm{D}v_\theta}{\mathrm{D}t} + \frac{v_r v_\theta}{r} \\ a_z = \left(\frac{\mathrm{D}V}{\mathrm{D}t}\right)_z = \frac{\partial v_z}{\partial t} + v_r \frac{\partial v_z}{\partial r} + \frac{v_\theta}{r} \frac{\partial v_z}{\partial \theta} + v_z \frac{\partial v_z}{\partial z} = \frac{\mathrm{D}v_z}{\mathrm{D}t} \end{cases} \quad (3\text{-}2\text{-}3)$$

从式中可以看出，径向加速度 a_r 由两项组成，一项是 $\mathrm{D}v_r/\mathrm{D}t$，它是径向速度分量 v_r 随时间的变化率；另一项为 v_θ^2/r，表示流体质点作圆周运动时产生的向心加速度。周向加速度 a_θ 也由两项组成，一项是 $\mathrm{D}v_\theta/\mathrm{D}t$，它是周向速度分量 v_θ 随时间的变化率；另一项为 $v_r v_\theta/r$，它是流体质点以周向速度分量 v_θ 作圆周运动时，径向分速度 v_r 因圆周运动而时刻改变方向使流体质点沿周向产生的附加加速度。而轴向加速度 a_z 与直角坐标系中 z 轴方向加速度分量的表达式相同。

作为物质的一种运动形态，气体运动也必须遵循自然界关于物质运动的普遍

规律，这些规律包括质量守恒、牛顿第二定律、能量守恒等，将这些普遍定律应用于气体运动就可以得到诸多参数关系式，即气体运动的基本方程。质量守恒方程、牛顿第二定律、能量守恒方程的原始形式是针对"系统"提出的，因此对于实际气体运动问题，我们采用"控制体"的概念。用欧拉方法研究流体流过控制体时参数的变化规律，需要把针对系统建立的物理定律的数学表达式改写为适合控制体形式的数学描述，即雷诺输运定理的内容。

雷诺输运定理表述为：某时刻一体积可变的系统总物理量的时间变化率等于该时刻系统所在空间域(控制体)物理量的时间变化率与单位时间通过该空间域边界净输运的流体物理量之和。

$$\frac{\mathrm{D}I(t)}{\mathrm{D}t} = \frac{\mathrm{D}}{\mathrm{D}t}\iiint_{\tau_0(t)} \phi(r,t)\mathrm{d}\tau_0 = \frac{\partial}{\partial t}\iiint_{\tau} \phi(r,t)\mathrm{d}\tau + \oiint_S \phi(r,t)V \cdot n\mathrm{d}S \quad (3\text{-}2\text{-}4)$$

式中，$\frac{\partial}{\partial t}\iiint_{\tau}\phi(r,t)\mathrm{d}\tau$ 为单位时间控制体 τ 中所含物理量 $\iiint_{\tau}\phi(r,t)\mathrm{d}\tau$ 的增量，即当系统位置不变时仅由被积函数 $\phi(r,t)$ 随时间变化产生的积分式增量，这是由流场的非定常导致的；$\oiint_S \phi(r,t)V \cdot n\mathrm{d}S$ 为单位时间通过控制体表面 S 流出的相应物理量，即被积函数 $\phi(r,t)$ 不随时间变化，由系统位置变化而产生的积分增量，这是由流场的非均匀性导致的。

2) 气体的可压缩性

气体的可压缩性指当温度一定时，气体因压强变化而发生密度改变的特性，是气体区别于其他流体的重要属性。气体的可压缩性与当地的温度和压力有关，一般用声速或马赫数来表征气体的可压缩性。声速是微弱扰动波在流体介质中的传播速度，微弱扰动波的传播过程可视为等熵过程，声速可表示为

$$c = \sqrt{\left(\frac{\partial p}{\partial \rho}\right)_s} = \sqrt{k\frac{p}{\rho}} = \sqrt{kRT} \quad (3\text{-}2\text{-}5)$$

声速是状态参数的函数，c 通常是指某一点在某一瞬时的声速，即当地声速。在国际标准大气的海平面，空气温度为 288.2K，声速为 340.3m/s。

流动中气体的运动速度通常用马赫数来表征，它是一种无量纲的气流速度参数，可表征流动气体的可压缩程度。马赫数定义为流场中气体流速 V 与该点处(当地)声速 c 的比值，用符号 Ma 表示，即

$$Ma = \frac{V}{c} = \frac{V}{\sqrt{kRT}} \quad (3\text{-}2\text{-}6)$$

根据马赫数可将可压缩气体的流动分为：亚声速流动($Ma<1$)、跨声速流动

($Ma=1$)、超声速流动($1<Ma<3$)、高超声速流动($Ma>3$)。在工程中,对于马赫数小于 0.3 的气体绝热流动,可以当作不可压缩流动来处理。因此,不可压缩流动只是一种密度变化较小时的真实流动情况的简化模型。在压缩空气储能系统的压缩机和膨胀机中,气体的马赫数一般大于 0.3,需要采用可压缩模型。

3)气体的黏性

气体的黏性是指气体抵抗变形或阻止相邻流体层发生相对运动的一种性质。气体的黏性主要由相邻分子之间的动量交换和相互吸引力引起。实际气体都是有黏性的,黏性是实际气体的固有属性,并在气体层之间有相对运动时表现出来。流动中的气体,如果各气体层的流速不相等,那么在相邻两个气体层之间的接触面上就会形成一对等值且反向的内摩擦力来阻碍两气体层做相对运动,一般会消耗气体的机械能。

通过试验总结出两平板间任意两相邻气体层之间的切应力可表示为

$$\tau = \pm \mu \frac{\mathrm{d}V}{\mathrm{d}y} \tag{3-2-7}$$

式中,$\frac{\mathrm{d}V}{\mathrm{d}y}$ 为速度梯度,即在垂直流动方向单位长度上的速度变化。该式通常称为牛顿剪切应力公式,是牛顿内摩擦定律的数学表达式。牛顿内摩擦定律揭示了流体中的切应力与速度梯度之间的关系。大量试验表明,一般气体和分子结构简单的液体均符合牛顿切应力公式,将这种流体称为牛顿流体;反之,把不符合该式的流体称为非牛顿流体。由于压缩空气储能系统涉及的主要工质(空气和水)均为牛顿流体,因此本书讨论的对象限于牛顿流体。

黏性系数 μ 是表征流体黏性的一种度量,牛顿流体的黏性系数与分子相互作用有直接关系,可以视为宏观意义下的热力学特性,它随温度和压力而变化。温度对流体黏性系数的影响很大。根据试验,气体的黏性系数随温度升高而增大,这是因为造成气体黏性的主要原因是气体内部分子的无规则热运动,使速度不相同的相邻气体层之间发生质量和动量交换。当温度升高时,气体分子无规则热运动的速度增大,速度不相同的相邻气体层之间的质量和动量交换也随之加剧,所以气体的黏性增大。通常液体的黏性系数比气体大得多,它随温度升高而减小,因为液体的黏性主要是由分子间的内聚力造成的,当温度升高时,分子间的内聚力减小,所以黏性降低。

除黏性系数 μ 外,气体动力学中还常用到运动黏性系数 ν,表示为

$$\nu = \frac{\mu}{\rho} \tag{3-2-8}$$

它的国际单位是 m²/s，因为量纲中仅有长度和时间，即具有运动量的量纲，故取名为运动黏性系数。

黏性系数等于零的气体称为无黏气体，也称为理想气体。实际气体都是有黏性的，在实际分析时，首先用无黏气体模型替代真实气体，以便较为清晰地揭示气体运动的主要特征，求出气体运动的规律。然后，根据实际需要，进一步考虑黏性的影响并对分析结果加以修正。实际气体与理想气体的重要区别是与固壁接触时的气体速度，对于实际气体来说，紧贴固壁的气体相对固壁速度为零，即"无滑移条件"；而理想气体则存在相对速度，同样条件下理想气体的速度分布均匀。

4) 气体的导热性

当气体沿某个方向存在温度梯度时，热量就会由温度高的地方传向温度低的地方，这种性质称为气体的导热性。单位时间内通过垂直于该方向单位面积所传递的热量 q 可由傅里叶导热定律确定，即

$$q = -\lambda \frac{\partial T}{\partial n} \tag{3-2-9}$$

式中，$\frac{\partial T}{\partial n}$ 为温度梯度；λ 为导热系数；负号表示热量传递方向与温度梯度方向相反。

气体中热传导的物理本质与黏性类似，气体的导热系数也随温度升高而增大，但其数值非常小，如常温时空气的导热系数为 2.47×10^{-2} W/(m·K)。当温度梯度不大时，可以忽略气体导热性的影响。

2. 气体流动的分类

压缩空气储能系统的工作介质包括气体和液体，它们均属于流体范畴。本节主要介绍流体流动的分类，可分为层流与湍流、黏性流动与无黏流动、有旋流动与无旋流动等。

1) 层流与湍流

黏性流体存在两种完全不同的流动状态，一种状态是流体质点做有规则的运动，称为层流流动；另一种状态是流体质点做无规则的混乱运动，称为湍流流动。引入雷诺数 Re 作为流体流动状态的判定准则。雷诺数定义为

$$Re = \frac{\rho V l}{\mu} \tag{3-2-10}$$

式中，ρ 为流体密度；V 为流体速度；l 为流动边界的特征尺寸；μ 为黏度。Re

表征流体流动的惯性力与黏性力之比，在研究管道流动的黏性损失、运动物体的黏性阻力时必须考虑。

在流体流动中，层流与湍流在流动过程中会相互转化。试验表明，当由层流变到湍流和由湍流变到层流时，存在不同的 Re 临界值。由层流到湍流的临界雷诺数用 Re_{cr1} 表示，称为上临界雷诺数；由湍流到层流的临界雷诺数由 Re_{cr2} 表示，称为下临界雷诺数。由试验得知，下临界雷诺数低于上临界雷诺数，说明使紊乱状态恢复平稳要比由平稳过渡到紊乱状态需要更低的流速。

当用雷诺数来判别流动状态时，有以下 3 种情况。

(1) 当 $Re < Re_{cr2}$ 时，流动为层流状态。

(2) 当 $Re > Re_{cr1}$ 时，流动为湍流状态。

(3) 当 $Re_{cr2} < Re < Re_{cr1}$ 时，流动可能是层流状态，也可能是湍流状态。具体状态取决于雷诺数的变化规律，如果开始时雷诺数较小，流动处于层流状态。当 Re 逐渐增大并超过 Re_{cr2} 但小于 Re_{cr1} 时，仍可能保持层流状态，一般称这个状态为层流和湍流之间的过渡状态。

无论是管路计算还是叶轮机械内的流动计算，边界层问题都备受关注，普朗特的边界层理论使得对黏性问题的研究大为简化，应用边界层理论可以计算得到流体运动过程中受到的摩擦阻力，解释脱体旋涡的形成、尾流的产生等复杂流动现象。边界层内同样存在层流和湍流两种流动状态，流动从层流变为湍流这一流动现象称为流动转捩。通常转捩并不是立即完成的，而是从层流出现不稳定开始在一段距离内完成的，称这段过渡区为转捩段。为了研究方便，通常将转捩段长度设为 0，将来流速度 V_∞ 及前驻点至转捩点的距离 x_{tr} 作为特征参数，并将由此计算得到的雷诺数称为临界雷诺数，表示为

$$Re_{cr} = \frac{\rho V_\infty x_{tr}}{\mu} \qquad (3\text{-}2\text{-}11)$$

Re_{cr} 的数值由试验确定，它与物面的形状及来流湍流度有关。对于沿平板流动的情况，Re_{cr} 的范围为 $5 \times 10^5 \sim 3 \times 10^6$。边界层内流态的变化是由扰动和黏性的稳定作用这两个因素的相对数值决定的。由于流体具有黏性，将产生摩擦剪切应力来消耗扰动动能，当黏性的稳定作用占主导地位时，流动为层流状态；当扰动占主导地位时，黏性的稳定作用不足以使扰动衰减，流动转化为湍流。与层流相比，流动变为湍流后，边界层会变得更厚，随着流动向下游发展，边界层厚度快速增加。需要指出的是，即使在湍流流态下，在紧贴物体表面的区域，由于受物体表面的限制，湍流微团的掺混现象变弱，这时存在一个很薄的流层，其内部基本保持层流运动，称为黏性底层。基于边界层的概念，在边界层内可根据其特征对 N-S 方程进行简化，得到通用的沿壁面的二维定常不可压缩流体的层流边界

层微分方程，也称为普朗特方程，即

$$\begin{cases} \dfrac{\partial v_x}{\partial x} + \dfrac{\partial v_y}{\partial y} = 0 \\ v_x \dfrac{\partial v_x}{\partial x} + v_y \dfrac{\partial v_x}{\partial y} = -\dfrac{1}{\rho} \dfrac{\mathrm{d} p_e}{\mathrm{d} x} + \dfrac{\mu}{\rho} \dfrac{\partial^2 v_x}{\partial y^2} \end{cases} \quad (3\text{-}2\text{-}12)$$

边界层方程是 N-S 方程在边界层流动中的一个近似方程。对于曲壁情况，通常可采用曲线坐标系。以曲面壁上的某点为坐标原点，沿流动方向的物面轮廓线为 x 轴，沿物面法线方向自物面算起的距离为 y 轴，物面曲率半径为 R_c，可得曲壁边界层方程为

$$\begin{cases} \dfrac{\partial v_x}{\partial x} + \dfrac{\partial v_y}{\partial y} = 0 \\ v_x \dfrac{\partial v_x}{\partial x} + v_y \dfrac{\partial v_x}{\partial y} = -\dfrac{1}{\rho} \dfrac{\partial p}{\partial x} + \dfrac{\mu}{\rho} \dfrac{\partial^2 v_x}{\partial y^2} \\ \dfrac{\partial p}{\partial y} = \dfrac{\rho v_x^2}{R_c} \end{cases} \quad (3\text{-}2\text{-}13)$$

上述方程与平壁边界层方程的区别是必须考虑 y 方向的压力梯度项，从而与流动弯曲所产生的离心力平衡。

在压缩空气储能系统中普遍存在的流动是湍流，湍流运动产生的质量和能量输运远大于流体分子热运动产生的宏观输运。湍流流动的显著特征是空间某固定点处的速度、压力等参数随时间不断变化，而且会产生很高频率的无规则脉动。不规则运动过程属于随机过程，因而湍流中的各参数是时间和空间的随机函数。虽然湍流脉动非常强烈，但在湍流研究中更关注各物理量的平均值，所以通常研究计及脉动量影响的各物理量的平均量。将变量 f 作如下分解，即

$$f = \overline{f} + f' \quad (3\text{-}2\text{-}14)$$

式中，右侧第一项为平均量；第二项为脉动量。若采用时间平均法（时均方法）来确定各流动物理量的平均值，称为时均量，即

$$\overline{f}(x,y,z,t_0) = \dfrac{1}{T} \int_{t_0-\frac{T}{2}}^{t_0+\frac{T}{2}} f(x,y,z,t) \mathrm{d} t \quad (3\text{-}2\text{-}15)$$

式中，T 为对各物理量进行平均的时间间隔，其值应比脉动周期大得多，但又远小于流体非定常运动的特征时间。

雷诺(O.Reynolds)在1886年应用时均方法建立了不可压缩流体的湍流运动时均方程，认为湍流中任何物理量虽然都随时间和空间变化，但任一瞬时运动仍符合连续介质的流动特征，流场中任一空间点上都应该适用黏性流体运动的基本方程。由于各个物理量都具有某种统计特征的规律，所以基本方程中任一瞬时物理量都可以用平均物理量和脉动物理量之和来代替。对整个方程做时均处理，即可得到不可压缩流体做湍流运动时的时均运动方程，也称为雷诺方程。

雷诺方程将脉动运动对平均运动的影响分离出来，但由于雷诺应力项的存在增加了新的独立变量，使原物理方程不再封闭，因此需要补充新的方程进行求解。湍流理论的核心问题就是建立雷诺应力的物理方程。若补充的关系式是一个代数方程，则不需要任何附加的微分方程来求解时均流场，这种模型为零方程模型。若补充的关系式是一个微分方程，则称为一方程模型。若补充的是两个微分方程则称为二方程模型。迄今为止，湍流模型均为湍流的半经验理论，其中零方程模型中的普朗特混合长度理论已成功应用于各种湍流剪切流、管道流动、边界层等问题的研究，在工程应用上取得了很好的实际效果。普朗特混合长度理论的基本思想是把流体微团的湍流脉动与气体的分子运动相比拟，认为雷诺应力是由宏观流体微团的脉动引起的，它和分子微观运动引起黏性应力的情况十分相似。当湍流时均流动的流线为直线时，认为脉动引起的雷诺应力可以表示为

$$\tau_\mathrm{t} = \mu_\mathrm{t} \frac{\mathrm{d}\overline{v_x}}{\mathrm{d}y} \tag{3-2-16}$$

式中，μ_t 为湍流黏度，与分子运动黏度具有相同的单位。湍流黏度不仅与流体的物理性质有关，还与湍流的结构特征有关。流场各点的湍流强度是变化的，它不是流体的物理属性，而是流体运动的特性。湍流边界层整个区域的速度分布可近似描述为

$$\frac{v_x}{V_\mathrm{e}} = \left(\frac{y}{\delta}\right)^{\frac{1}{7}} \tag{3-2-17}$$

2) 黏性流动与无黏流动

黏性是流体的一种物理属性，它表示流体各部分之间能量输运的难易程度及流体抵抗剪切变形的能力。流体的黏性用黏度 μ 来衡量，空气本身的黏度值很小，在速度梯度较小的情况下可采用无黏流动假设解释一些实际问题。但如果流体运动的速度梯度很大(如解释物体在流动过程中的运行阻力、流动分离、管道流动损失等问题时)，就不能忽略黏性力的作用，这时需要采用黏性流体模型。当分析流体导热问题时也必须采用黏性流体模型，因为流体黏性和热传导性是分子热运动

输运过程的两个不同方面,黏性是动量输运的表现,而导热性是动量交换的结果,黏度 μ 和热导率 λ 之间满足关系式 $\lambda = c_v \mu$,即无黏流动必然是无热传导流动。

3) 有旋流动与无旋流动

旋涡是流体运动的肌腱,流体运动过程中流体质点本身有旋转的流动称为有旋流动,有旋流动是自然界普遍存在的流动现象。黏性流体本质上都是有旋的,因为剪切应力是黏性的基础。对于无黏、正压(压力仅为密度的函数)流体,当假设质量力有势时,均匀来流流体的运动或从静止状态开始的流动可视为无旋流动。若流动是无旋的,那么流场中流体微团的旋转速度 ω 处处为零。无旋流动是简化问题的重要手段,其意义在于在无旋条件下可以得到速度的势函数,如果再假设流体不可压缩,就可以得到势函数的拉普拉斯方程。由此可见,在无旋流中必定存在势函数;反之,如果流场中存在势函数,则该流场一定是无旋流。

对于平面势流,势函数表示为 $\varphi(x, y)$,它的全微分为

$$\mathrm{d}\varphi = \frac{\partial \varphi}{\partial x}\mathrm{d}x + \frac{\partial \varphi}{\partial y}\mathrm{d}y = V_x \mathrm{d}x + V_y \mathrm{d}y \tag{3-2-18}$$

在平面流中,如果该流动满足连续方程 $\frac{\partial V_x}{\partial x} + \frac{\partial V_y}{\partial y} = 0$,则这个平面流存在一个流函数 ψ。然而,得到一个特定平面流的流函数,就等于知道该流场的速度、压强。对于平面势流,流函数表示为 $\psi(x, y)$,它的全微分为

$$\mathrm{d}\psi = \frac{\partial \psi}{\partial x}\mathrm{d}x + \frac{\partial \psi}{\partial y}\mathrm{d}y = -V_y \mathrm{d}x + V_x \mathrm{d}y \tag{3-2-19}$$

除上述三种分类外,气体流动还可以分为绝热流动与等熵流动,定常流动与非定常流动,一维、二维、三维流动等。对于绝热流动和等熵流动,流体与外界之间不存在热量的输入和输出且流体内部也不存在热传导现象的流动称为绝热流动,严格来说绝热流动是不存在的,但对于某些忽略热交换效应的宏观问题的分析,可以近似认为流动是绝热的。如果每个流体质点的熵在运动过程中保持不变,则称该流动为等熵流动。因此,没有机械能损耗或忽略流体黏性、热传导的可逆绝热流动可看作等熵流动。对于定常流动和非定常流动,流场内空间点上的流体物理量随时间变化的流动称为非定常流动,而对于流动状况随时间变化较小或流动状态不随时间变化的流动称为定常流动。对于一维、二维、三维流动,如果流场内空间点上的流体参数是三个空间坐标的函数,则称这样的流动是三维流动;如果是两个空间坐标的函数,则称为二维流动或平面流动;如果仅是一个空间坐标的函数,称为一维流动。在一些情况下,可采用适当假设将复杂的三维流

动简化为一维或二维流动来处理,这在工程实践中有着广泛的应用。

3. 气体动力学基本方程

气体(流体)动力学基本方程是将气体运动时应遵循的物理定律用方程的形式表达出来,气体运动遵循的定律有:①质量守恒定律;②动量守恒定律;③动量矩守恒定律;④能量守恒定律(热力学第一定律);⑤熵不等式(热力学第二定律)。

1) 连续方程

对于一个确定的系统,质量守恒定律可表示为:在系统不存在源或汇的条件下,系统的质量不随时间变化。利用雷诺输运定理可推导出连续方程的微分形式,即

$$\frac{\partial \rho}{\partial t} + \nabla \cdot (\rho V) = 0 \qquad (3\text{-}2\text{-}20)$$

它建立了流场中某点(即占据该空间点的流体质点)流动变量之间的关系。在积分形式的连续方程中,如果流动是一维定常流动,并且截面上的参数比较均匀或用平均参数时,连续方程可以化简为

$$\rho V A = 常数 \qquad (3\text{-}2\text{-}21)$$

说明一维定常流动中通过各截面的质量流量相等。

2) 动量方程

系统的动量对时间的变化率等于外界作用于该系统上的合力,由雷诺输运定理可以推导出动量方程的积分形式,即

$$\frac{\partial}{\partial t}\iiint_\tau \rho V \mathrm{d}\tau = \iiint_\tau \rho f \mathrm{d}\tau + \oiint_S P \cdot n \mathrm{d}S - \oiint_S \rho V (V \cdot n) \mathrm{d}S \qquad (3\text{-}2\text{-}22)$$

其物理意义为作用在控制体内流体上的合力与单位时间通过控制面净流出控制体流体的动量之差等于控制体内流体的动量随时间的变化率,进一步推导可以得到动量方程的微分形式,即

$$\frac{\partial (\rho V)}{\partial t} + \nabla \cdot (\rho V V) = \rho f - \nabla p + 2\mu \nabla \cdot S - \frac{2}{3}\mu \nabla (\nabla \cdot V) \qquad (3\text{-}2\text{-}23)$$

该式称为纳维-斯托克斯方程(N-S 方程),方程左端项为单位体积流体的惯性力,右端项分别为单位体积流体的质量力、作用在单位体积流体的压强梯度、黏性变

形应力、黏性体积膨胀应力。

3) 动量矩方程

系统某点动量矩对时间的变化率等于外界作用在系统上所有外力对同一点的力矩之和。利用雷诺输运定理可表示为

$$\iiint_\tau \frac{\partial}{\partial t}(r \times \rho V)\mathrm{d}\tau = \iiint_\tau \rho(r \times f)\mathrm{d}\tau + \oiint_S [r \times (P \cdot n)]\mathrm{d}S - \oiint_S \rho(r \times V)(V \cdot n)\mathrm{d}S \qquad (3\text{-}2\text{-}24)$$

其物理意义是作用在控制体内流体的外力矩之和与单位时间通过控制面流出流体的动量矩之差等于控制体内流体的动量矩随时间的变化率。

4) 能量方程

能量方程是热力学第一定律应用于流动气体的数学表达式，表述为单位时间内由外界传入系统的热量等于该系统的总能量对时间的变化率加上系统对外界输出的功率。利用雷诺输运定理可表示为

$$\iiint_\tau \frac{\partial}{\partial t}\left[\rho\left(e + \frac{V^2}{2}\right)\right]\mathrm{d}\tau = \dot{Q} - \dot{W} - \oiint_S \rho\left(e + \frac{V^2}{2}\right)(V \cdot n)\mathrm{d}S \qquad (3\text{-}2\text{-}25)$$

其物理意义是单位时间内传给控制体内流体的热量、控制体内流体对外界所做的功与通过控制面流出的流体总能量三者之差等于控制体内流体的总能量对时间的变化率。能量方程的微分形式可表示为

$$\rho \frac{\mathrm{D}}{\mathrm{D}t}\left(e + \frac{V^2}{2}\right) = q_\mathrm{R} \rho + \nabla \cdot (\lambda \nabla T) + \rho f \cdot V - \nabla \cdot (pV) + \nabla \cdot (\tau \cdot V) \qquad (3\text{-}2\text{-}26)$$

5) 熵方程

对于一个确定系统，结合热力学第二定律，利用雷诺输运定理可以得到熵方程，即

$$\iiint_\tau \rho \frac{\mathrm{D}s}{\mathrm{D}t}\mathrm{d}\tau \geqslant \frac{\dot{Q}}{T} \qquad (3\text{-}2\text{-}27)$$

在实际分析过程中通常会用到其定常绝热微分方程的形式，可表示为

$$\frac{\mathrm{D}s}{\mathrm{D}t} = \frac{\partial s}{\partial t} + V \cdot \nabla s = \left[\frac{q_\mathrm{R}}{T} + \frac{\nabla \cdot (\lambda \nabla T)}{T\rho}\right] + \frac{\phi}{T\rho} \qquad (3\text{-}2\text{-}28)$$

即单位质量流体熵的变化包括两部分：一部分是热力过程中外界环境对系统实际传递的热增量；另一部分是系统内部进行不可逆过程如激波、黏性摩擦等作用产生的熵增项。

4. 两类流面理论

吴仲华先生提出的 S_1/S_2 两类流面理论对叶轮机械的发展具有里程碑意义。三元流动理论可用于求解：①具有任意轮毂和护罩形状的叶轮机械；②有限叶片数、有厚度和任意形状的叶片。该理论的提出是在流动相对稳定的假设下，将三维流动方程拆分为两组二维流动方程进行迭代求解。三元流动的思想逐步发展为叶轮机械的准正交设计方法，并为数值模拟技术的发展奠定了基础。

其中，静子叶片的基本三维黏性流动方程包括质量守恒方程式(3-2-29)、动量守恒方程式(3-2-30)和能量守恒方程(3-2-31)，可分别表示为

$$\frac{\partial \rho}{\partial t} + \nabla \cdot (\rho V) = 0 \tag{3-2-29}$$

$$\rho \frac{\mathrm{D}V}{\mathrm{D}t} = -\nabla p + \mu \left[\nabla^2 V + \frac{1}{3} \nabla (\nabla \cdot V) + \cdots \right] \tag{3-2-30}$$

$$\frac{\mathrm{D}u}{\mathrm{D}t} + \rho \frac{\mathrm{D}(1/\rho)}{\mathrm{D}t} = \dot{q} + \frac{\phi}{\rho} \tag{3-2-31}$$

其中，对于动量守恒方程通常可以省略黏度随温度变化的高阶项。

对于叶轮机械的计算通常使用滞止焓和比熵作为两个热力学独立变量来定义气体的状态，则动量守恒方程和能量守恒方程可表示为

$$\frac{\partial V}{\partial t} - V(\nabla \cdot V) = -\nabla H + T \nabla s + \frac{\mu}{\rho} \left[\nabla^2 V + \frac{1}{3} \nabla (\nabla \cdot V) + \cdots \right] \tag{3-2-32}$$

$$\frac{\mathrm{D}H}{\mathrm{D}t} = \dot{q} + \frac{1}{\rho} \frac{\partial p}{\partial t} + \frac{\phi}{\rho} + V \cdot \left[\frac{\mu}{\rho} \left(\nabla^2 V + \frac{1}{3} \nabla (\nabla \cdot V) \right) + \cdots \right] \tag{3-2-33}$$

省略号中省略的是流体黏度随温度变化的高阶项。

对于沿相对流面的流动控制方程，为了求解稳定的三维流动问题，可将复杂的三元流动转化为两类二维的相对流面进行求解，如图3-2-1所示。

第一类流面是叶片到叶片的平面，可以叶片弧长为起始；第二类流面以径向线为起始。两类流面簇可实现对流道的完全划分。在设计过程中通常将 S_1 流面看作圆柱形回转面，S_2 流面通过相邻两个叶片的中间位置，通常选择将流道大致分为相等的两部分，设计时常选定质量平分流面或中间流道截面 S_{2m}。

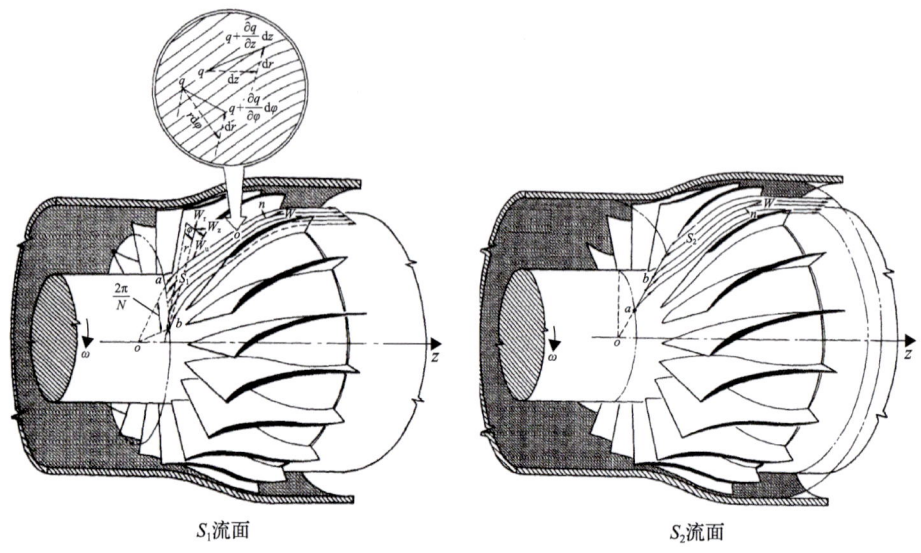

图 3-2-1 轴流式叶轮机械中两类流面示意图

利用三维动量方程，再结合截面特征方程，即可进行两类流面物理量的迭代求解。此时，三维动量方程的表达式为

$$-\frac{W_\varphi}{r}\left(\frac{\partial(V_\theta r)}{\partial r}-\frac{\partial W_r}{\partial \varphi}\right)+W_z\left(\frac{\partial W_r}{\partial z}-\frac{\partial W_z}{\partial r}\right)=-\frac{\partial I}{\partial r}+T\frac{\partial s}{\partial r} \qquad (3\text{-}2\text{-}34)$$

$$\frac{W_r}{r}\left(\frac{\partial(V_\theta r)}{\partial r}-\frac{\partial W_r}{\partial \varphi}\right)-W_z\left(\frac{1}{r}\frac{\partial W_z}{\partial \varphi}-\frac{\partial W_\varphi}{\partial z}\right)=-\frac{1}{r}\frac{\partial I}{\partial \varphi}+\frac{T}{r}\frac{\partial s}{\partial \varphi} \qquad (3\text{-}2\text{-}35)$$

$$-W_r\left(\frac{\partial W_r}{\partial z}-\frac{\partial W_z}{\partial r}\right)+W_\varphi\left(\frac{1}{r}\frac{\partial W_z}{\partial \varphi}-\frac{\partial W_\varphi}{\partial z}\right)=-\frac{\partial I}{\partial z}+T\frac{\partial s}{\partial z} \qquad (3\text{-}2\text{-}36)$$

在正问题的求解过程中 S_2 流面的形状是给定的，而在反问题求解时通常给定 $V_\theta r$ 分布来满足方程封闭的要求。随着计算流体力学的发展，如今 S_1/S_2 流面的流动状态可由计算机求解，对两类流面的分析和设计也极大地促进了叶轮机械领域的发展。

3.2.2 叶轮机械工作过程分析

叶轮机械通过安装在旋转轴上的叶片排与流动工质进行能量的传输或转换。叶轮机械可分为两大类：第一类是工质从机械运动中吸取能量来提高工质压力或压头（风扇、压缩机和泵）；第二类是通过工质膨胀、降低压力对外做功（风力机、水轮机、蒸汽轮机和燃气轮机）。压缩空气储能系统中的压缩机与膨胀机都是典型的叶轮机械。

压缩空气储能系统中的叶轮机械涉及：轴流式，流动的主要方向与旋转轴平行，如轴流压缩机、膨胀机；径流式，流动的主要方向垂直于旋转轴的径向，如离心压缩机、向心膨胀机及介于两者的混流式。当气体通过压缩机时，转子叶片（轴流式中常称为动叶，径流式中常称为叶轮）对气体做功，气体工质获得能量，压力升高。当高温高压气体通过膨胀机时，气体工质对转子叶片做功，释放能量，压力降低。

1. 基元级速度三角形

轴流式叶轮机械的一级由一排旋转的叶片（动叶）及一排静止的叶片（静叶）组成。以级的旋转轴为轴、半径为 r 的圆柱面与级的两排叶片相截，所得圆柱面上的两排环形叶栅称为基元级。压缩机的一级可看作由无数个基元级沿径向叠加而成，不同半径上基元级的流动在本质上是一样的，因此研究基元级的流动过程是对级流动的合理简化。

速度三角形是了解与分析叶轮机械级工作过程的有效工具，图 3-2-2 为一个典型的轴流压缩机的简图（沿径向向内观察），由此可见叶片的布置和叶片进出口处的速度三角形。气流以一定角度和速度进入级内，其进口绝对速度 c_1 与压缩机级上游的设置有关，上游的设置可以为入口管道、另一压缩机级或入口导叶。通过矢量相减，进入动叶的相对速度为 w_1，相对气流角为 β_1。动叶可以使做相对运动的气流顺畅流过并改变其方向，这时出口处气流离开动叶时的相对速度为 w_2，相对气流角为 β_2。在这个过程中，动叶对气流做功，最终使气流压力和滞止温度升高。通过矢量相加可以得到动叶出口气流的绝对速度 c_2 及绝对气流角 α_2。气流应该顺畅地进入静叶，并以降低后的速度 c_3、绝对气流角 α_3 从静叶流出。气体流过静叶，动能转化为压力能（速度降低，压力提升），需要注意的是，由于静叶中没有加入

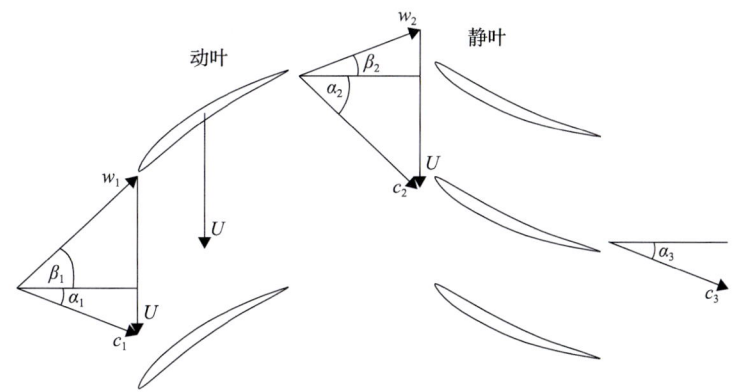

图 3-2-2　轴流式压缩机的速度三角形

轮缘功,此处的压力提升仅为静压的提升,气体流经静叶时的总压实际上是下降的。然后,气流被导入到动叶并在后面的压缩机级中重复以上过程。

将进、出口的速度三角形画在一起,称为"基元级速度三角形",如图 3-2-3 所示。在压缩机的基元级速度三角形中,有 4 个决定速度三角形的主要参数,分别是绝对速度的轴向分速度 c_{1a}、绝对速度切向分速度 c_{1u}、圆周速度 U、相对速度在切向的变化量 Δw_u。下面分别介绍上述 4 个参数。

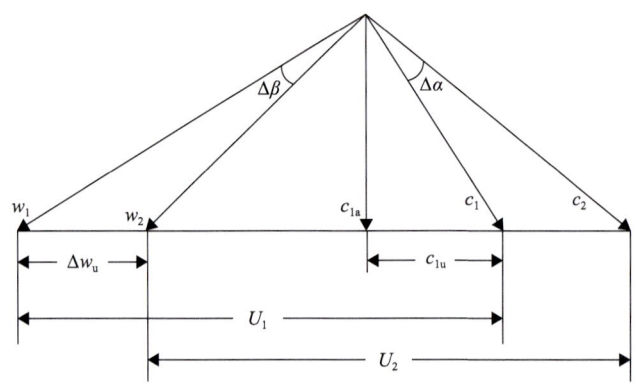

图 3-2-3 轴流式压缩机的基元级速度三角形($c_{1a} = c_{2a} = c_{3a}, c_1 = c_3, U_1 = U_2 = U$)

(1)绝对速度的轴向分速度 c_{1a}。

绝对速度的轴向分速度与流入压缩机的气体流量及压缩机的进口面积有关。根据连续方程,当压缩机进口面积和进口气体状态一定时,c_{1a} 增大,质量流量增大,功率也随之增大;若质量流量一定,c_{1a} 增大,则压缩机进口面积减小。所以,c_{1a} 直接影响了压缩机的进口面积和功率。

(2)绝对速度的切向分速度 c_{1u}。

气体进入动叶前在圆周方向有分速度就说明气体存在预先旋转,预先旋转以气体的切向分速度 c_{1u} 表示,所以 c_{1u} 也称为预旋。如果 c_{1u} 的方向与圆周速度 U 的方向相同,称为正预旋,反之则称为反预旋或负预旋。

(3)圆周速度 U。

圆周速度直接影响压缩机动叶对气流的加功量,在动叶前后气体切向速度变化量相同的情况下,U 越大,对气体加入的轮缘功越多。在 U 和 c_1 确定的情况下,就决定了气体的相对速度 w_1。

(4)相对速度在切向的变化量 Δw_u。

动叶前后气体的相对速度在切向的变化量 Δw_u 标志着气流经过动叶后气流方向在周向的扭转,又称为扭速,并且有 $\Delta w_u = \Delta c_u$,而 Δw_u 与圆周速度 U 完全决定了加功量。

当气流流经轴流式膨胀机时，先流经静叶再流经动叶，膨胀机的速度三角形如图 3-2-4 所示，流体以绝对速度 c_1 沿气流角 α_1 方向进入静叶，加速到绝对速度 c_2，并沿 α_2 角方向流出。所有角度均以轴向为基准。根据速度三角形可知，由绝对速度 c_2 与叶片圆周速度 U 的矢量差可得动叶进口的相对速度为 w_2、相对气流角为 β_2。在动叶通道内，相对运动的流体继续加速，出口相对速度增大到 w_3、相对气流角为 β_3；而对应的绝对流动参数则可由圆周速度 U 与相对速度 w_3 的矢量和获得。绝对速度方向与静叶进口角和出口角的方向一致，而相对速度方向则与动叶进口角和出口角的方向一致。需要注意的是，在轴流式膨胀机内部，气流折转角度很大，无论是在静叶还是在动叶通道中，气流方向都会从轴线一侧转至另一侧。

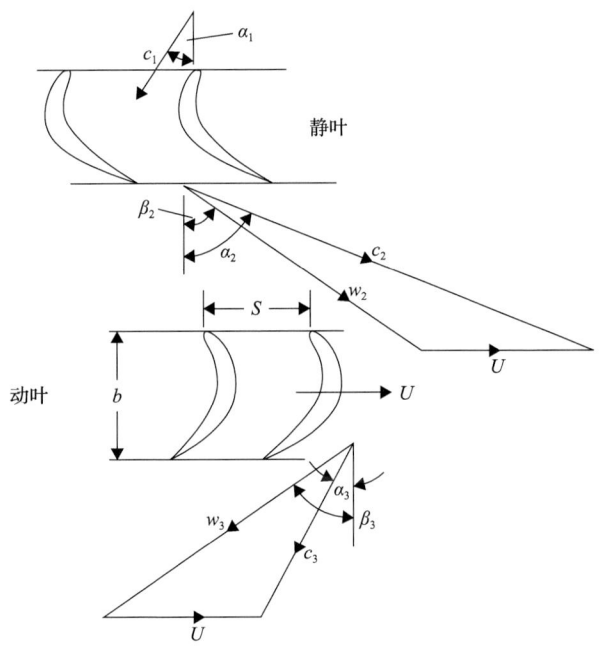

图 3-2-4　轴流式膨胀机的速度三角形

决定膨胀机基元级速度三角形的主要参数与压缩机（c_{1a}、c_{1u}、U、Δw_u）类似，如图 3-2-5 所示，主要区别在于压缩机单级增压比很小，在分析时可以近似认为 c_{1a} 与 c_{2a} 相等。而对于膨胀机，在一级中气体的膨胀可以很大，根据目前的设计经验，动叶进出口的轴向分速度比值为 c_{2a}/c_{3a}，一般在 0.75～0.85。此外，压缩机中反映气体流量的速度分量为 c_{1a}，而膨胀机中反映气体流量的参数是静叶出口的气流角 α_2。因此，决定膨胀机基元级速度三角形的主要参数有 5 个：动叶进口绝对速度的切向分速度 c_{2u}、动叶出口绝对速度的切向分速度 c_{3u}、静叶出口

的气流角 α_2、圆周速度 U 和轴向速度的比值 c_{2a}/c_{3a}。

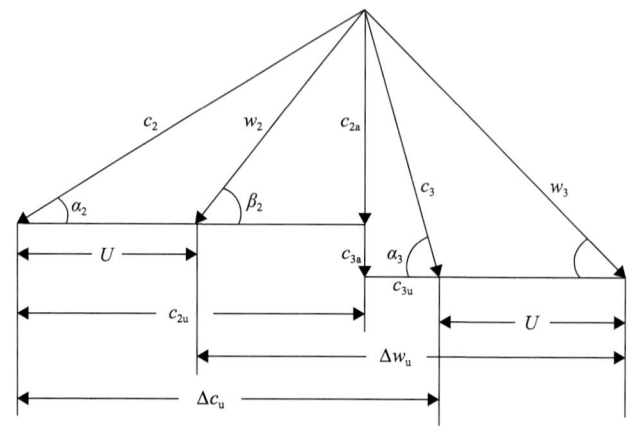

图 3-2-5　轴流式膨胀机的基元级速度三角形

对于径流式叶轮机械如离心式压缩机、向心式膨胀机，叶轮进、出口速度三角形同样至关重要。在离心式压缩机中，叶轮进口速度三角形如图 3-2-6 所示。速度三角形的主要参数与叶轮结构尺寸或压缩机的运行参数直接相关，分别是圆周速度 u_1，其与叶轮叶片进口直径和叶轮转速有关；进口绝对速度轴向分量 c_{1a}，其与叶轮叶片进口的通流截面面积和流量有关；进口气流角 α_1，即叶轮叶片进口截面来流绝对速度的气流方向；进口叶片角 β_{1b}，即叶轮叶片与圆周速度 u_1 的夹角，也称为几何进口角，零预旋时进口叶片角 β_{1b} 与相对气流角 β_1 相等。

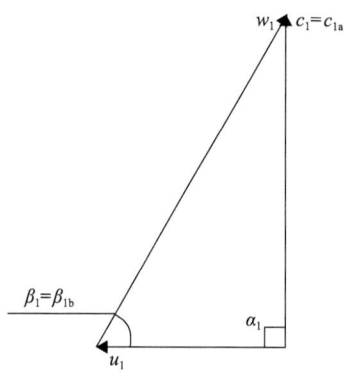

图 3-2-6　离心式压缩机叶轮进口速度三角形(零预旋)

离心式压缩机叶轮出口速度三角形如图 3-2-7 所示，其中主要参数为：圆周速度 u_2，其与叶轮出口直径和叶轮转速有关；出口绝对速度的轴向分量 c_{2a}，其与叶轮出口的通流截面面积和流量有关；出口叶片角 β_{2b}，叶轮设计完成后即为已知量，在利用叶轮出口速度三角形定性分析流动变化时,有时也用出口的相对气流角 β_2 取

代叶片角 β_{2b}，并将其作为离心式压缩机叶轮出口速度三角形的一个主要参数。

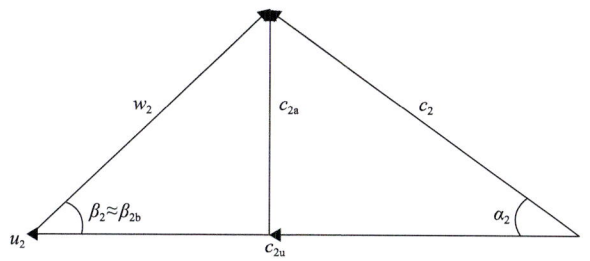

图 3-2-7　离心式压缩机叶轮出口速度三角形

对于向心式膨胀机，气体在叶轮进口和出口的流动情况与轴流式膨胀机一样，可用速度三角形来表示，如图 3-2-8 所示。在叶轮入口，气流的流动方向与 u_1 呈 β_1 角。当膨胀机工作时，气流沿绝对气流角 α_1 流出导向装置并按相对气流角 β_2 流出叶轮。

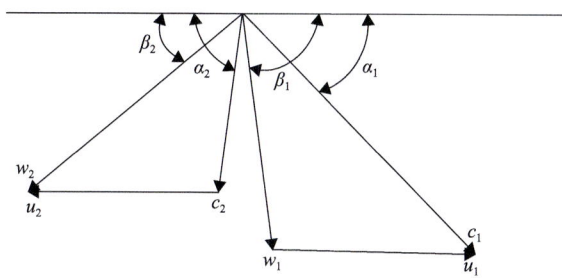

图 3-2-8　向心式膨胀机进出口速度三角形

叶轮的进口叶片角 β_{1b} 和气流角 β_1 的差值称为叶轮的冲角 i_1，即

$$i_1 = \beta_{1b} - \beta_1 \tag{3-2-37}$$

在叶轮出口截面上，一般气流角 β_2 落后于该处的叶片角 $1° \sim 2°$，这个差值称为落后角 δ，即

$$\delta = \beta_{2b} - \beta_2 \tag{3-2-38}$$

落后角 δ 的存在使工作叶轮出口绝对速度的切向分速度 c_{2u} 小于圆周速度 u_2。在离心式压缩机中，c_{2u} 与 u_2 的比值称为周速系数，用 φ_{2u} 表示。

应用进出口速度三角形时要将其与实际流动现象和叶轮机械的运行条件联系起来，并根据物理条件的变化分析速度三角形的变化。

2. 过程欧拉功

对于质量为 m 的系统，作用在系统上的所有外力绕任意固定的 A-A 轴力矩

的矢量为 τ_A，其值等于系统对该轴角动量的时间变化率

$$\tau_A = m\frac{\mathrm{d}}{\mathrm{d}t}(rc_\theta) \tag{3-2-39}$$

式中，r 为质量中心沿转轴流线方向与转轴的距离；c_θ 为垂直于转轴和矢量半径 r 的速度分量。

对于控制体可以应用动量矩定理。图 3-2-9 为一个广义叶轮机械转子控制体。具有切向分速度的流体在半径 r_1 处以切向分速度 $c_{\theta 1}$ 进入控制体，在半径 r_2 处以切向分速度 $c_{\theta 2}$ 离开控制体。对于一维稳态流动的动量矩定理可写为

$$\tau_A = \dot{m}(r_2 c_{\theta 2} - r_1 c_{\theta 1}) \tag{3-2-40}$$

这表明外力作用于瞬间占据控制体流体的力矩之和等于离开控制体流体角动量的净时间变化率。

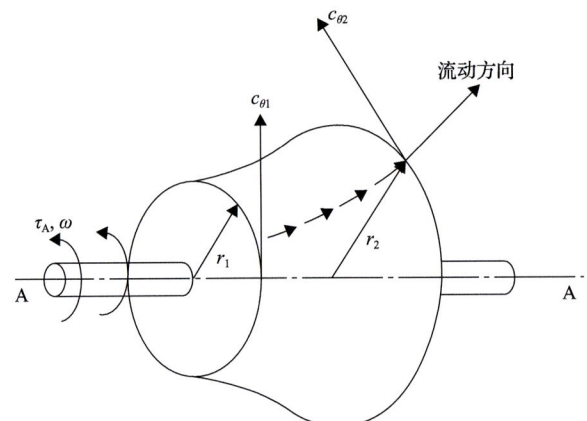

图 3-2-9 广义的叶轮机械转子控制体

以角速度 ω 运转的压缩机转子对流体做功的功率为

$$\dot{W}_c = \tau_A \omega = \dot{m}(u_2 c_{\theta 2} - u_1 c_{\theta 1}) \tag{3-2-41}$$

式中，叶片速度 $u = \omega r$。所以，对单位质量流体做功（比功）为

$$\Delta W_c = \frac{\dot{W}_c}{\dot{m}} = u_2 c_{\theta 2} - u_1 c_{\theta 1} \tag{3-2-42}$$

上式称为压缩机的欧拉方程。

对于膨胀机，流体对转子做功，取功为正值，这样比功为

$$\Delta W_{\mathrm{t}} = \frac{\dot{W}_{\mathrm{t}}}{\dot{m}} = u_1 c_{\theta 1} - u_2 c_{\theta 2} \qquad (3\text{-}2\text{-}43)$$

上式称为膨胀机的欧拉方程。

考虑到方程推导时进行的假设,该方程对叶轮机械叶片在绝热流动中的任一流线都是适用的。它同时适用于黏性流体和非黏性流体,因为流体的压力和摩擦力均会对叶片产生力矩。严格地说,它只适用于稳态流动,但只要计算平均值的时间周期取得足够长,也可应用于时间平均的非稳态流动。

3.2.3 叶轮机械能量与损失分析方法

级效率是评价叶轮机械性能最重要的指标之一,其本质是表征级内能量转换的能力。在叶轮机械的实际应用中,通常认为其内部呈黏性非稳态的可压缩流动。这种复杂流动在叶轮机械内部产生的摩擦、冲击、掺混等,导致了能量的耗散与损失。因此,为了准确预测叶轮机械的效率,需要了解内部的流动损失。

叶轮机械中的流动损失主要包括以下四部分:叶型损失、间隙泄漏损失、端壁损失、尾迹掺混损失。本节列出了由气动热力学守恒定律或试验导出的计算四类损失的关联式。这些公式能够较好地表征损失产生的物理机制,并且可以根据具体机械的设计需要进一步改进修正。下面分别针对每种损失相关的物理因素进行讨论,并最终得到定量计算损失的关联式。

1. 叶轮机械效率

通常用压缩机效率来反映增压过程中的损失。压缩机效率 η_{c}^* 定义为达到一定增压比所需理想绝热压缩功与有流动损失时所需实际加入的机械功之比,即

$$\eta_{\mathrm{c}}^* = \frac{L_{\mathrm{cs}}}{L_{\mathrm{c}}} \qquad (3\text{-}2\text{-}44)$$

式中,L_{cs} 为理想绝热压缩功,它表示将 1kg 空气通过理想绝热压缩所耗的功;L_{c} 为压缩机轮缘功,它表示 1kg 空气在实际压缩过程中所耗的机械功。上式说明,如果把起始状态相同的 1kg 空气压缩到同样压力,损失越小则所需要耗费的轮缘功越小,压缩机效率越高。因增压过程的损失不可避免,所以压缩机的效率总小于 1。设计状态下,轴流式压缩机的效率一般为 0.8~0.9。

图 3-2-10 为焓熵图上实际压缩的状态变化 1-2 和相应的理想过程 1-2s。对于绝热压缩机,势能的变化可以忽略不计,则压缩机效率的表达式为

$$\eta_{\mathrm{c}} = \frac{h_{02s} - h_{01}}{h_{02} - h_{01}} \qquad (3\text{-}2\text{-}45)$$

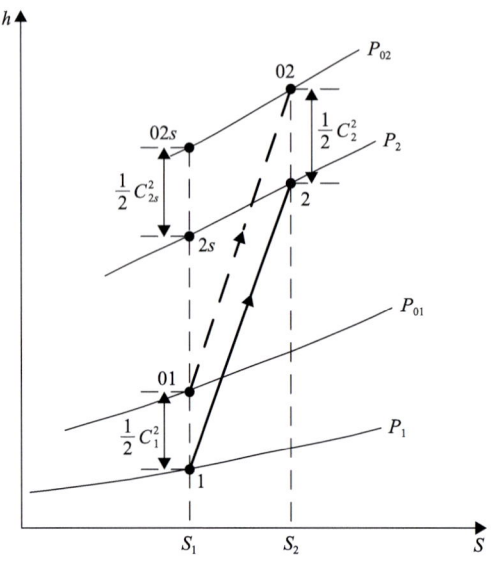

图 3-2-10　压缩机工作过程的简化焓熵图

膨胀机的作用是将流体的能量转换为机械功，并通过输出轴上的联轴器将机械功输出。这个过程的膨胀机效率 η_T^* 定义为 1kg 工质的实际输出功与理想绝热膨胀功的比值，即

$$\eta_T^* = \frac{L_T}{L_{TS}} \tag{3-2-46}$$

式中，L_T 为膨胀机的输出功，它表示 1kg 工质的实际输出功；L_{TS} 为理想绝热膨胀功，它表示 1kg 工质在理想绝热膨胀过程中输出的功。

图 3-2-11 是膨胀机膨胀过程的简化焓熵图。线 1-2 表示实际膨胀过程，线 1-2s 表示理想或可逆膨胀过程。膨胀机从进口到出口的流速很高，工质动能较大。另外，对于可压缩流体，其势能通常忽略不计。所以，膨胀机转子实际的比功为

$$\Delta W_x = h_{01} - h_{02} = (h_1 - h_2) + \frac{1}{2}(c_1^2 - c_2^2) \tag{3-2-47}$$

膨胀机等熵效率的表示方法主要有两种，主要区别在于出口动能是否被有效利用。如果出口动能可以被利用，那么理想膨胀的终压与实际过程的滞止总压相等。因此，理想的输出比功等于状态点 01 和 02s 的比焓差。

$$\Delta W_{max} = (h_{01} - h_{2s}) + \frac{1}{2}(c_1^2 - c_{2s}^2) \tag{3-2-48}$$

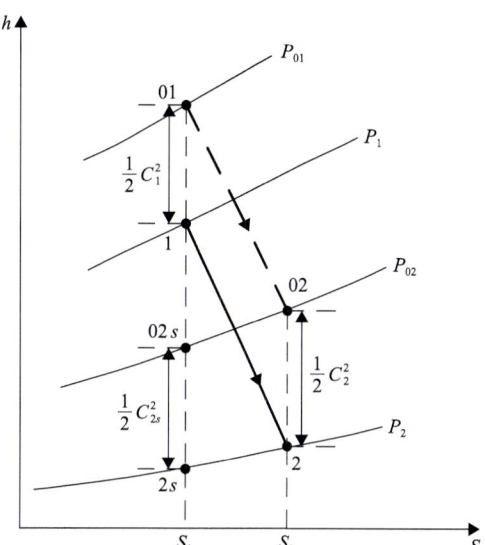

图 3-2-11 膨胀机工作过程的简化焓熵图

由这一理想比功得出的绝热效率称为总-总效率，可表示为

$$\eta_{tt} = \frac{\Delta W_x}{\Delta W_{max}} = \frac{h_{01} - h_{02}}{h_{01} - h_{02s}} \qquad (3\text{-}2\text{-}49)$$

如果排气动能被完全浪费，则理想膨胀的终压与实际过程中出口动能为零时的出口静压相同。此时，理想输出比功可由状态点 01 和 2s 的比焓得出，即

$$\Delta W_{max} = h_{01} - h_{2s} = (h_1 - h_{2s}) + \frac{1}{2}c_1^2 \qquad (3\text{-}2\text{-}50)$$

由此得出的绝热效率称为总-静效率，可由下式得出，即

$$\eta_{ts} = \frac{\Delta W_x}{\Delta W_{max}} = \frac{h_{01} - h_{02}}{h_{01} - h_{2s}} \qquad (3\text{-}2\text{-}51)$$

2. 叶轮机械损失分析方法

气体在叶轮机械内部的流动极其复杂，流动过程中伴随着能量损失。压缩空气储能系统中的压缩机与膨胀机同属叶轮机械，其理论分析、试验测试、数值模拟共同构成了研究叶轮机械内部流动损失的完整体系。通常结合大量试验结果和内部流动机制将损失进行分类，并根据总结的经验关系式进行计算，这也是构建损失模型的主要方法。损失模型对研究叶轮机械的普遍规律、明晰不同物理量对流动的影响具有重要意义。

1) 叶型损失

叶型损失通常被认为是产生于远离端壁区域叶片表面边界层中的损失，包括叶型表面边界层中的摩擦损失、边界层分离时的涡流损失及叶片出口的尾迹损失，其形成过程如图 3-2-12 所示。

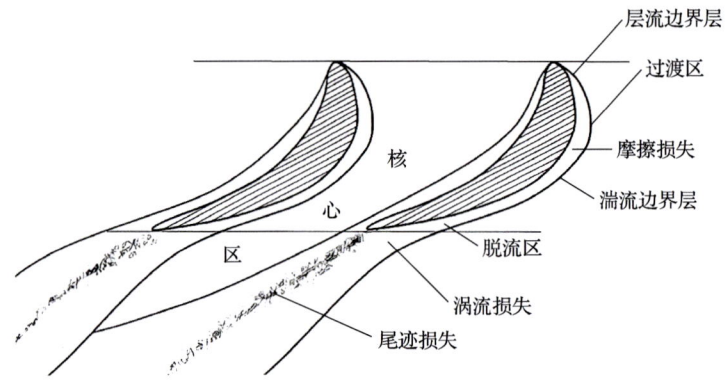

图 3-2-12　叶型损失形成示意图

该区域的流动损失可由总压损失来表征，即

$$\zeta = \frac{P_{01} - P_{02}}{0.5\rho V_2^2} \tag{3-2-52}$$

式中，ζ 为总压损失系数；P_0 为总压（滞止压力）；ρ 为密度；V 为速度；下标中的 01、02 分别代表叶片进口和出口。作用于单位高度上的轴向力可以表示为

$$F_{ax} = \frac{\rho}{2}\left(V_2^2 - V_1^2\right)s + \zeta \frac{\rho}{2} V_2^2 s \tag{3-2-53}$$

式中，s 为叶片节距。等式右边第二项表示作用于单位高度上的阻力的轴向分量，其与在边界层黏性作用下产生的能量耗散直接相关，因此损失系数可由轴向阻力表示为

$$\zeta = \frac{D_{ax}}{0.5\rho V_2^2 s} \tag{3-2-54}$$

式中，D_{ax} 为阻力的轴向分量，其与总阻力 D 的换算关系为

$$D_{ax} = \frac{D}{\sin \overline{\alpha}} \tag{3-2-55}$$

式中，$\overline{\alpha}$ 为叶片平均气流角，即 $(\alpha_1 + \alpha_2)/2$。假设叶片的高度为 1，根据式（3-2-54）可以得到阻力与损失之间的关系，即

$$\zeta = C_D \frac{c}{s} \frac{1}{\sin \bar{\alpha}} \tag{3-2-56}$$

式中，C_D 为阻力系数；c 为叶片弦长。在一般叶栅试验中，主要对翼型的升力系数进行测量与研究。因此，定义阻力升力比 ε 为

$$\varepsilon = \frac{C_D}{C_L} \tag{3-2-57}$$

式中，C_L 为升力系数，表达式为

$$C_L = \frac{F}{0.5 \rho V_2^2 ch} \tag{3-2-58}$$

将式(3-2-57)代入式(3-2-56)，可以得到用升力系数 C_L 表示的损失系数，即

$$\zeta = C_L \frac{c}{s} \frac{\varepsilon}{\sin \bar{\alpha}} \tag{3-2-59}$$

根据 Zweifel 的叶栅试验结果，升力系数 C_L 在膨胀机叶栅中的取值范围为 0.8~1.05，在压缩机叶栅中的取值范围为 0.9~1.25。此外，为了进一步探究不同形状叶栅对叶型损失系数的影响，Pfeil 分别对叶片剖面的线变化从低到高、采用 NACA 型线的 8 个膨胀机及压缩机叶型进行了一系列综合试验研究。其定义相对 ε 比值函数为

$$\left(\frac{\varepsilon}{\varepsilon_s}\right)_{\text{opt}} = 1 + K \left(\frac{c}{s}\right)_{\text{opt}}^n \tag{3-2-60}$$

图 3-2-13 为 Pfeil 试验结果中相对 ε 比值函数与稠度的关系。根据拟合结果可知，在压缩机叶栅中，$\varepsilon_{s,\text{opt}}$、$K$ 分别取 0.0126、0.1；在膨胀机叶栅中，$\varepsilon_{s,\text{opt}}$、$K$ 分别取 0.0115、0.11。

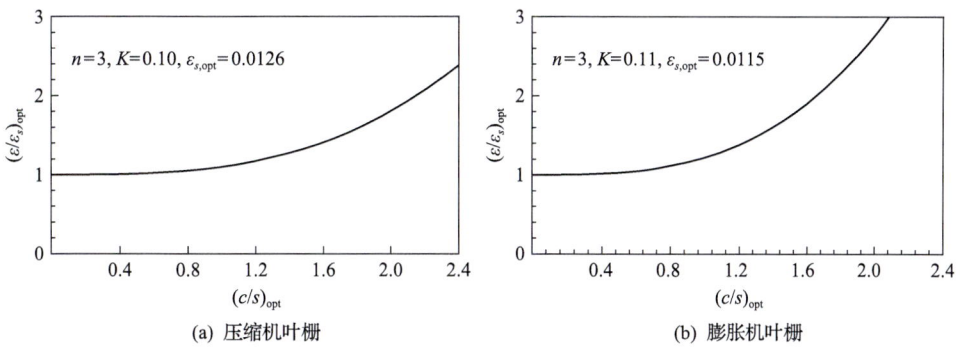

(a) 压缩机叶栅　　　　　　　　　　(b) 膨胀机叶栅

图 3-2-13　相对 ε 比值函数与稠度 (c/s) 在压缩机与膨胀机叶栅中的关系

将式(3-2-60)代入式(3-2-59)，可以得到计算叶型损失系数的关联式，即

$$\zeta_P = \varepsilon_{s,\text{opt}} \left[1 + K\left(\frac{c}{s}\right)_{\text{opt}}^3\right] C_L \frac{c}{s} \frac{1}{\sin \bar{\alpha}} \quad (3\text{-}2\text{-}61)$$

图 3-2-14 为叶型损失系数 ζ_P 与进口气流角 α_1 的关系。图中的结果是在 $Re=3.4\times10^5$ 环境下测得的，式(3-2-61)可以根据 Ainley 和 Mathieson 提出的修正方法进行进一步修正，即

$$\frac{\zeta_P}{\zeta_{P,\text{ref}}} = \left(\frac{Re_{\text{ref}}}{Re}\right)^{-0.2}, \quad Re = \frac{cV_2}{\nu} \quad (3\text{-}2\text{-}62)$$

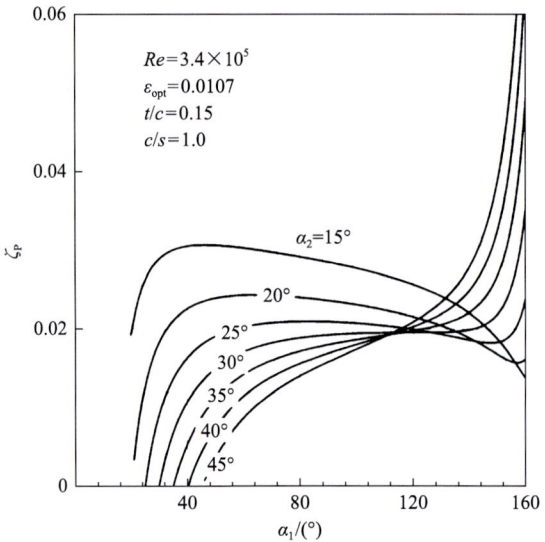

图 3-2-14　膨胀机叶栅叶型损失系数与进口气流角的关系

2) 间隙泄漏损失

叶顶间隙的流体在两侧压差的驱动下从压力面向吸力面移动，由此产生的泄漏称为间隙泄漏。流体通过间隙时表现为束涡系的特征，经过间隙后在叶片尾缘形成自由涡系，该间隙泄漏涡的形成过程如图 3-2-15 所示。间隙泄漏对膨胀机造成的影响主要包括两个方面：首先，泄漏涡系增加了额外阻力，该二次流引起的黏性耗散增加使膨胀机级的效率下降；其次，经过间隙的泄漏流没有参与做功过程，从而造成膨胀机级的输出功率下降。对于压缩机而言，间隙泄漏使部分高压气体绕过叶片直接泄漏到低压区域，造成压力损失，实际压比减小，压缩机效率降低。间隙泄漏还会引起压缩机内部的气体流动不稳定，产生喘振现象，使压缩

机的运行稳定性变差。

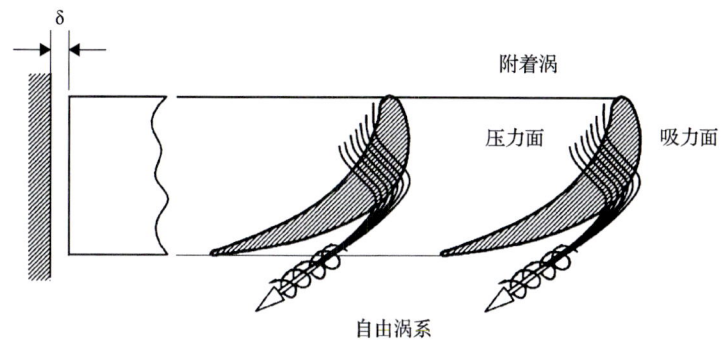

图 3-2-15　膨胀机叶栅叶顶间隙泄漏涡形成示意图

根据前面的分析，间隙泄漏同样会造成阻力增加，产生黏性耗散，其损失可以表示为

$$\zeta_S = \frac{1}{0.5\rho V_2^2} \frac{D}{\sin\bar{\alpha}} \frac{1}{sh} \tag{3-2-63}$$

式中，s 为叶片节距；h 为叶片高度；D 为阻力，其与升力 F 的关系为

$$D = \frac{F^2}{0.5\rho V_\infty^2 sh} \tag{3-2-64}$$

将式 (3-2-64) 代入式 (3-2-63)，有

$$\zeta_S = \frac{F^2}{\left(0.5\rho V_2 V_\infty sh\right)^2} \frac{1}{\sin\bar{\alpha}} = \left(C_L \frac{c}{s}\right)^2 \frac{\sin\bar{\alpha}}{\sin^2\alpha_2} \tag{3-2-65}$$

式中，c 为叶片弦长。升力系数 C_L 可以进一步表示为

$$C_L \frac{c}{s} = 2 \frac{\sin^2\alpha_2}{\sin\bar{\alpha}} \left(\cot\alpha_2 - \cot\alpha_1\right) \tag{3-2-66}$$

将式 (3-2-66) 代入式 (3-2-65)，有

$$\zeta_S = 4\left(\cot\alpha_2 - \cot\alpha_1\right)^2 \frac{\sin^2\alpha_2}{\sin\bar{\alpha}} \tag{3-2-67}$$

为了将间隙泄漏损失系数与间隙物理结构联系起来，Berg 经过试验研究发现泄漏损失可以表示为无量纲间隙的函数，即

$$\zeta_S = f\left(\frac{\delta - \delta_0}{c}\right) \tag{3-2-68}$$

式中，δ 为实际的间隙值；δ_0 为间隙损失为零时的假想间隙。根据 Berg 的试验结果，式(3-2-68)可具体表达为

$$\zeta_S = K\left(\frac{\delta - \delta_0}{c}\right)^m \cdot 4(\cot\alpha_2 - \cot\alpha_1)^2 \frac{\sin^2\alpha_2}{\sin\overline{\alpha}} \tag{3-2-69}$$

式中，系数 K 与 m 分别取 0.169 与 0.6。因此，式(3-2-69)可以表示为

$$\zeta_S = 0.676(\cot\alpha_2 - \cot\alpha_1)^2 \frac{\sin^2\alpha_2}{\sin\overline{\alpha}}\left(\frac{\delta - \delta_0}{c}\right)^{0.6} \tag{3-2-70}$$

图 3-2-16 为泄漏损失系数 ζ_S 与无量纲叶顶间隙的关系。总体来看，泄漏损失系数随间隙的增加而增加。随着气流偏转角的增大，泄漏损失也显著增加。这是由于较高的气流偏转角会增大叶片压力面至吸力面的压差，增强了间隙处的泄漏涡系强度，而这将造成更显著的间隙泄漏损失。

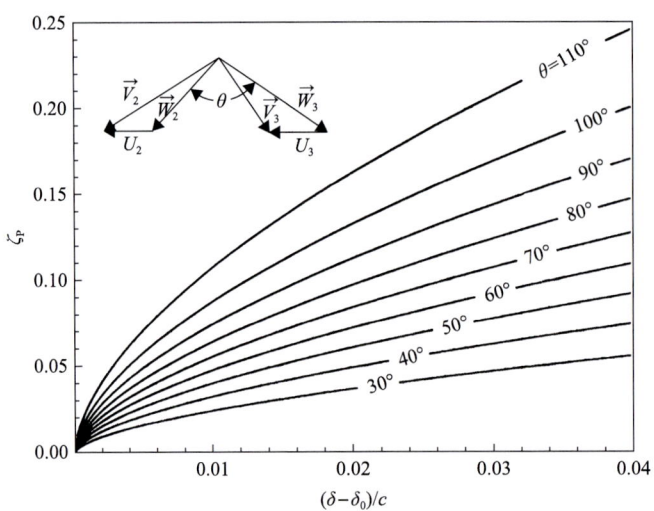

图 3-2-16　泄漏损失系数与无量纲叶顶间隙的关系

3) 端壁损失

在叶轮机械的轮毂及叶尖端壁附近有较厚的低能端壁边界层，在叶片间压差的作用下形成端壁二次涡，从而造成端壁附近的能量耗散，如图 3-2-17 所示。除前面提到的叶顶间隙泄漏涡外，端壁二次涡系统还包括机匣二次涡、轮毂二次涡及角涡等。端壁二次涡造成的阻力及总压损失增加的物理机制与泄漏涡相同。

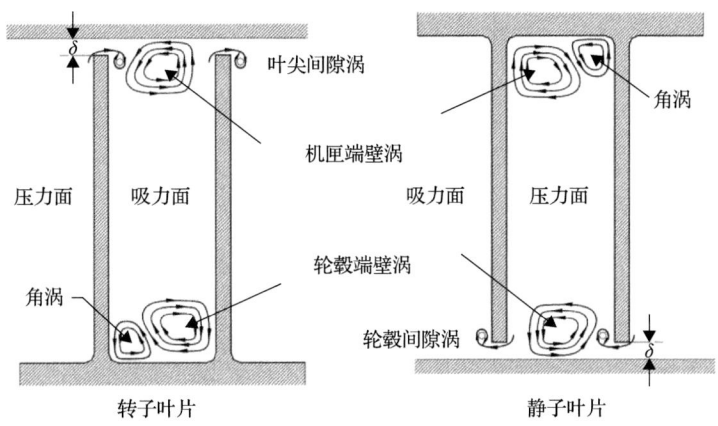

图 3-2-17 动静叶叶尖、轮毂附近的端壁二次涡示意图

在边界层内，由于黏性作用，流体速度沿主流到固体壁面方向逐渐减小，流体动量被黏性耗散。这种边界层的黏性作用对二次涡的产生起着重要作用，所以在表达端壁二次流损失时必须考虑。由于边界层很薄，故在工程上获得边界层的边界很困难，一般用边界层厚度来表达壁面受黏性影响的区域。边界层厚度一般分为位移厚度 δ_1、动量损失厚度 δ_2、能量损失厚度 δ_3 三种，其中边界层的动量损失厚度是指在流体靠近固体壁面处，因黏性效应而导致的流体动量减小的区域厚度。边界层动量损失厚度 δ_2 的定义式为

$$\delta_2 = \int_0^\infty \frac{\rho}{\rho_0} \frac{V}{U}\left(1 - \frac{V}{U}\right)\mathrm{d}y \tag{3-2-71}$$

式中，ρ_0、U 分别为主流区流体的密度和速度；ρ、V 分别为边界层内流体的实际密度和速度。考虑上、下端壁附近的摩阻系数，即

$$\zeta_{\mathrm{fw}} = K_1 \frac{\delta_2}{h} = K_1 \frac{\delta_2}{c}\frac{c}{h} = 2K_1 c_\mathrm{f} \tag{3-2-72}$$

采用边界层动量损失厚度 δ_2 计算边界层动量亏损系数，即

$$\zeta_{\mathrm{sw}} = K\left(\frac{\delta_2}{h}\right)\left(C_\mathrm{L}\frac{c}{s}\right)^2 \frac{\sin\bar{\alpha}}{\sin^2\alpha_2} \tag{3-2-73}$$

为了进一步确定系数 K 与动量损失厚度 δ_2，将式（3-2-72）代入上式并令 $K = K_2 \dfrac{c}{h}$，可得边界层动量亏损系数为

$$\zeta_{\mathrm{sw}} = 2K_2 c_\mathrm{f} \frac{c}{h}\left(C_\mathrm{L}\frac{c}{s}\right)^2 \frac{\sin\bar{\alpha}}{\sin^2\alpha_2} \tag{3-2-74}$$

端壁损失可用式(3-2-73)和式(3-2-74)表示为

$$\zeta_{sf} \frac{h}{c} = 2c_f \left[K_1 + K_2 \left(C_L \frac{c}{s} \right)^2 \frac{\sin \bar{\alpha}}{\sin^2 \alpha_2} \right] \quad (3\text{-}2\text{-}75)$$

式中，系数 K_1、K_2 分别取 4.65 与 0.675。图 3-2-18 绘制了端壁损失系数与进口气流角的关系。对于膨胀机叶栅中的加速流动，进口气流角 α_1 大于出口气流角 α_2。图中虚线是当进出口气流角相等时的分界线，此时流动未发生偏转，式(3-2-75)中的升力项 C_L 为零。因此，这时端壁损失只与非零项的端壁摩擦有关。对于压缩机叶栅中的减速流动，进口气流角 α_1 小于出口气流角 α_2。对于给定的出口气流角，端壁损失几乎是在折转角为零时取得最小值，折转角过小或过大都会使端壁损失增加。

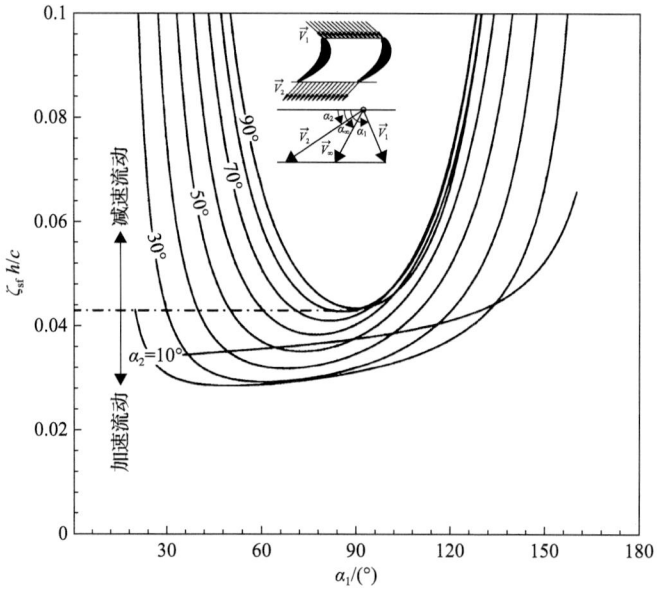

图 3-2-18　膨胀机叶栅端壁损失系数与进口气流角的关系

4) 尾迹掺混损失

由于叶片尾缘存在一定厚度 b，所以边界层附近的流动会产生速度亏损，在叶片下游表现为尾迹，如图 3-2-19 所示。位置 1 表示叶栅进口，假设来流是均匀的；位置 2 表示尾迹的起始位置，在尾缘下游显示出明显的速度亏损；位置 3 表示尾迹与主流均匀掺混的位置。尾迹掺混过程 2~3 因黏性耗散造成了额外的总压损失。

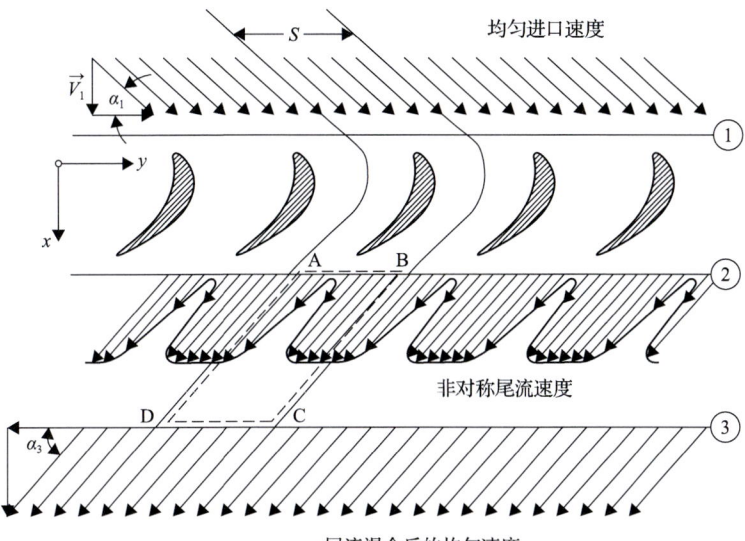

图 3-2-19　尾迹掺混过程示意图

下面通过连续方程、动量方程及能量方程推导并计算尾迹掺混损失的关联式。尾迹区的连续方程表示为

$$\int_0^d \rho_2 V_2 \sin\alpha_2 \mathrm{d}y = \rho_3 V_3 \sin\alpha_3 s \tag{3-2-76}$$

X、Y 方向的动量方程分别表示为

$$\int_0^d \rho_2 V_2^2 \sin^2\alpha_2 \mathrm{d}y + \int_0^d p_2 \mathrm{d}y = \rho_3 V_3^2 \sin^2\alpha_3 s + p_3 s \tag{3-2-77}$$

$$\int_0^d \rho_2 V_2^2 \sin\alpha_2 \cos\alpha_2 \mathrm{d}y = \rho_3 V_3^2 \sin\alpha_3 \cos\alpha_3 s \tag{3-2-78}$$

能量方程表示为

$$\zeta = \frac{p_{02} - p_{03}}{0.5\rho_3 V_3^2} = \frac{p_2 - p_3}{0.5\rho_3 V_3^2} + \frac{\rho_2}{\rho_3}\left(\frac{V_{20}}{V_3}\right)^2 - 1 \tag{3-2-79}$$

式中，V_{20} 为边界层外层流速。引入边界层位移厚度 δ_1 及动量厚度 δ_2，并转为相关的无量纲量 Δ_1 和 Δ_2，有

$$\delta_1 = \int_0^d \left(1 - \frac{V_2}{V_{20}}\right)\mathrm{d}y, \quad \delta_2 = \int_0^d \frac{V_2}{V_{20}}\left(1 - \frac{V_2}{V_{20}}\right)\mathrm{d}y \tag{3-2-80}$$

$$D = \frac{d}{s} = \frac{b}{s\sin\alpha_2}, \quad \Delta_1 = \frac{\delta_1}{s}, \quad \Delta_2 = \frac{\delta_2}{s} \tag{3-2-81}$$

式中，d 为叶片尾缘厚度 b 在 y 方向投影的厚度；D 为其无量纲量。将式(3-2-81)代入式(3-2-76)～式(3-2-78)，可得无量纲形式的连续方程、动量方程，即

$$\frac{\rho_3 V_3}{\rho_2 V_2} = \frac{\sin\alpha_2}{\sin\alpha_3}(1 - D - \Delta_1) \tag{3-2-82}$$

$$\frac{\rho_2}{\rho_3}\cot\alpha_3 = \cot\alpha_2 \frac{1 - D - \Delta_1 - \Delta_2}{(1 - D - \Delta_1)^2} \tag{3-2-83}$$

$$\frac{p_2 - p_3}{0.5\rho_3 V_3^2} = 2\sin\alpha_3^2\left[1 - \frac{\rho_2}{\rho_3}\frac{1 - D - \Delta_1 - \Delta_2}{(1 - D - \Delta_1)^2}\right] \tag{3-2-84}$$

引入下列辅助函数

$$G_1 = 1 - D - \Delta_1, \quad G_2 = 1 - D - \Delta_1 - \Delta_2, \quad R = \frac{\rho_3}{\rho_2} \tag{3-2-85}$$

将式(3-2-85)代入能量方程可以得到尾迹掺混损失的表达式，即

$$\zeta_w = \frac{G_1^2 - 2RG_2 + R}{G_1^2} - \cos\alpha_3^2\left(\frac{2G_1^2 - 2G_2 + R}{G_1^2} - \frac{1}{R}\frac{G_1^2}{G_2^2}\right) \tag{3-2-86}$$

图 3-2-20 为尾迹掺混损失系数 ζ_w 的分布，主要讨论了损失与无量纲的尾缘厚度 D 及边界层厚度 Δ 之间的关系。从图中可以看出，尾迹的掺混损失随无量纲

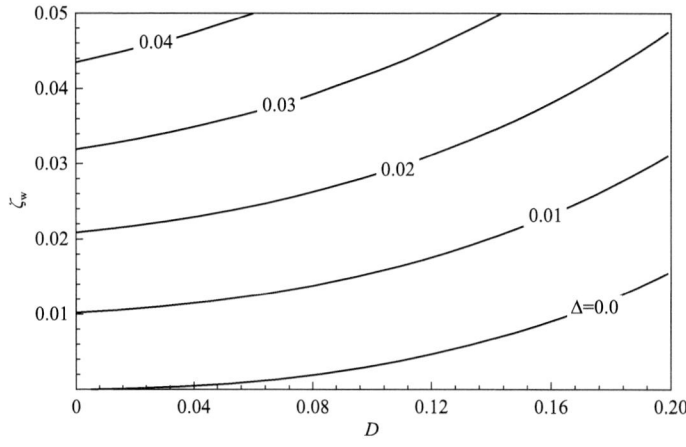

图 3-2-20 尾迹掺混损失与尾缘厚度的关系

尾缘厚度 D 的增加而增加，表明较宽的叶片尾缘使速度亏损区域扩大，所以总压损失也随之增大。从图中边界层厚度的变化可以看出，叶片尾缘表面边界层越厚，损失越大。$\Delta=0$（$\Delta_1=0$ 或 $\Delta_2=0$）代表边界层厚度为零时的情况，这是一种理想状态。实际流动中，边界层厚度始终存在，但通常情况下其数值不大，在一些特定的流动问题中，可近似为零，从而简化数学模型和分析。需要指出的是，如果在试验中已经测得叶表的边界层厚度，并基于此计算叶型损失，那么尾缘掺混损失已经包括在叶型损失中，不必再重复计算。

3.3 传热学基础

热量传递是热功转化领域普遍存在的现象。热力学基本原理表明，只要有温度差就会有热量从高温物体（部分）传递到低温物体（部分）。由 3.1 节热力学基础知识可以知道工程热力学研究的是处于平衡状态的系统，其中不存在温差或压力差，而传热学填补了存在温差的系统关于热能传递规律的空白。传热学是研究在温差作用下热量传递规律的一门科学。热力学第二定律指出，传热温差是一种不可逆损失，传热学则研究如何在一定的传热温差下增加传热量的方法，也就是要减少为传递一定热量所需的温差，以减少传热的不可逆损失。因此，热力学第一定律和热力学第二定律是进行传热学研究的基础。传热学是能源、动力、化工、电子、机械、土木等行业的基础理论。压缩空气储能技术也涉及大量的热量传递问题，因此传热学是指导压缩空气储能技术应用发展的理论基础之一。

3.3.1 传热学基本概念

热量传递有 3 种基本方式：热传导、热对流和热辐射，压缩空气储能系统中热量传递的主要形式是热传导和热对流。3 种基本热量传递方式分别简述如下。

1. 热传导

热传导是指物体各部分之间不发生相对位移时，依靠分子、原子及自由电子等微观粒子的热运动而产生的热能传递过程，简称为导热。物体中的导热可以通过傅里叶定律确定。单位时间通过给定截面传导的热量与截面方向上的温度梯度和截面积成正比，热量传递方向即热流方向，与温度升高的方向相反。傅里叶定律的基本形式如下，即

$$\Phi = -\lambda A \frac{\partial T}{\partial x} \tag{3-3-1}$$

通过单位面积的热流量称为热流密度，记为 q。当物体温度仅在 x 方向发生

变化时，按照傅里叶定律，热流密度表示如下，即

$$q = \frac{\Phi}{A} = -\lambda \frac{\partial T}{\partial x} \quad (3\text{-}3\text{-}2)$$

式中，Φ 为单位时间的导热量；λ 为材料的导热系数；A 为截面积；$\frac{\partial T}{\partial x}$ 为物体沿 x 方向的温度变化率；q 为沿 x 方向传递的热流密度。

导热系数 λ 取决于物质的种类和温度等因素。一般地，金属材料的导热系数最高，液体次之，气体最小。常温（20℃）条件下金属导热系数的典型数值是：纯铜为 399W/(m·K)、碳钢（碳质量分数 $w_c \approx 1.5\%$）为 36.7W/(m·K)。气体的导热系数很小，如 20℃时干空气的导热系数为 0.0259W/(m·K)。液体的导热系数介于金属和气体之间，如 20℃时水的导热系数为 0.599W/(m·K)。非金属固体的导热系数可在很大范围内变化，数值高的同液体相近，数值低的则接近甚至低于空气导热系数的量级。

研究者基于能量守恒方程和傅里叶定律建立了导热微分方程以描述物体温度场随时间和空间的变化关系。为了获得满足某一具体导热问题的温度分布，还必须给出用以表征该特定问题的一些附加条件，这些附加条件称为定解条件。对非稳态导热问题，定解条件包括初始条件和边界条件。初始条件规定了初始时刻温度分布的初始条件，边界条件规定了导热物体边界上的温度或换热情况。导热微分方程和相应的定解条件构成一个导热问题完整的数学描述。笛卡儿坐标系下三维非稳态导热微分方程的一般形式如下，即

$$\rho c \frac{\partial T}{\partial t} = \frac{\partial}{\partial x}\left(\lambda \frac{\partial T}{\partial x}\right) + \frac{\partial}{\partial y}\left(\lambda \frac{\partial T}{\partial y}\right) + \frac{\partial}{\partial z}\left(\lambda \frac{\partial T}{\partial z}\right) + \dot{\Phi} \quad (3\text{-}3\text{-}3)$$

式中，ρ 为物质的密度；c 为物质的比热容；t 为时间；$\dot{\Phi}$ 为单位时间单位体积中内热源的生成热。

如果导热系数为常数，导热方程可以写为

$$\frac{\partial T}{\partial t} = \alpha \left(\frac{\partial^2 T}{\partial x^2} + \frac{\partial^2 T}{\partial y^2} + \frac{\partial^2 T}{\partial z^2}\right) + \frac{\dot{\Phi}}{\rho c} \quad (3\text{-}3\text{-}4)$$

式中，$\alpha = \lambda/(\rho c)$ 为热扩散系数，表征热量在物质中的扩散能力。

傅里叶定律和导热微分方程基于热扰动传递速度无限大的假定。对于一般工程情况下的热传导问题，热流密度不大，过程作用时间足够长，尺度足够大，所以傅里叶定律和导热微分方程是适用的。但在以下三种情况下并不适用：导热物体温度接近绝对零度、过程作用时间与材料本身的固有时间尺度接近、过程发生空间尺度与微观粒子的平均自由程接近。

前面已经提到,求解特定导热问题的导热微分方程还需要知道在 $t = 0$ 时整个物质所处的状态(初始条件)及边界条件。目前主要有三类边界条件,即边界表面温度给定(第一类边界条件)、边界热流密度给定(第二类边界条件)和边界上的流体温度和传热系数给定(第三类边界条件),其数学描述如下。

第一类边界条件:$T(0,t) = T_s$

第二类边界条件:$-\lambda \left.\dfrac{\partial T}{\partial x}\right|_{x=0} = q_s$

第三类边界条件:$-\lambda \left.\dfrac{\partial T}{\partial x}\right|_{x=0} = h[T_\infty - T(0,t)]$

2. 热对流

热对流是指由流体宏观运动而引起流体各部分之间发生相对位移,冷热流体相互掺混导致的热量传递过程。对流只发生在运动的流体中。工程上特别关心当流体流过一个物体表面时流体与物体表面间的热量传递过程,称为对流传热,以区别于一般意义上的热对流。本书只讨论对流传热。按照引起流动的原因,对流传热可分为自然对流和强迫对流。自然对流是由流体内部的密度差引起的。强迫对流是由泵、风机或其他外部动力源引起的。对流传热是非常复杂的物理过程,通常采用牛顿冷却公式计算,即

$$\Phi = hA\Delta T \tag{3-3-5}$$

$$q = h\Delta T \tag{3-3-6}$$

式中,Φ 为单位时间通过固体壁面的传热量;h 为表面传热系数;A 为截面积;q 为通过固体壁面的热流密度;ΔT 为流体和壁面的温差。

对流传热是导热和对流两种基本传热方式综合作用的结果。影响对流传热的因素主要有:①流体的流动,包括强迫对流和自然对流;②流体有无相变;③流体的流动状态,包括层流和湍流;④换热表面的几何状态,包括形状、大小、换热表面与流体运动方向的相对位置、换热表面粗糙度等;⑤流体的物理性质,包括流体的黏度、密度、导热系数、比热容等。

当黏性流体在壁面流动的过程中,流速在靠近壁面的位置越来越小,贴近壁面的流体处于滞止状态,在贴壁处的流体没有相对于壁面的运动,满足无滑移条件,应用傅里叶定律可得

$$q = -\lambda \left.\dfrac{\partial T}{\partial y}\right|_{y=0} \tag{3-3-7}$$

代入牛顿冷却公式,可得表面传热系数的基础公式,即

$$h = -\frac{\lambda}{\Delta T}\frac{\partial T}{\partial y}\bigg|_{y=0} \quad (3\text{-}3\text{-}8)$$

研究对流传热的主要目的是获得表面传热系数。其方法主要有分析法、试验法、比拟法和数值法。

对流传热问题的数学描述由控制方程和定解条件两部分构成。控制方程包括基于质量守恒、动量守恒和能量守恒三大定律建立的对流传热微分方程组；定解条件包括初始条件（$t=0$ 时的系统状态）和边界条件（涉及速度、压力和温度等参数）。对于不可压缩、常物性、无内热源的二维问题，微分方程同样满足上述流体方程组，包括质量守恒、动量守恒和能量守恒方程，即

质量守恒方程

$$\frac{\partial u}{\partial x} + \frac{\partial v}{\partial y} = 0 \quad (3\text{-}3\text{-}9)$$

动量守恒方程

$$\rho\left(\frac{\partial u}{\partial t} + u\frac{\partial u}{\partial x} + v\frac{\partial u}{\partial y}\right) = F_x - \frac{\partial p}{\partial x} + \eta\left(\frac{\partial^2 u}{\partial x^2} + \frac{\partial^2 u}{\partial y^2}\right) \quad (3\text{-}3\text{-}10)$$

$$\rho\left(\frac{\partial v}{\partial t} + u\frac{\partial v}{\partial x} + v\frac{\partial v}{\partial y}\right) = F_y - \frac{\partial p}{\partial y} + \eta\left(\frac{\partial^2 v}{\partial x^2} + \frac{\partial^2 v}{\partial y^2}\right) \quad (3\text{-}3\text{-}11)$$

能量守恒方程

$$\frac{\partial T}{\partial t} + u\frac{\partial T}{\partial x} + v\frac{\partial T}{\partial y} = \frac{\lambda}{\rho c_p}\left(\frac{\partial^2 T}{\partial x^2} + \frac{\partial^2 T}{\partial y^2}\right) \quad (3\text{-}3\text{-}12)$$

式中，F_x 和 F_y 分别为体积力在 x、y 方向上的分量；η 为动力黏度，单位是 Pa·s。

通过试验获取对流传热关联式是传热学研究中非常重要并可靠的手段。由于对流传热的影响因素众多，所以为了减少试验次数，需要在相似原理的指导下进行试验工作。判断同类物理现象相似的充要条件是：①同名已定特征数相等；②单值性条件（初始、几何、物理和边界条件等）相似。特征数主要通过相似分析法和量纲分析法获得。常见相似特征数的定义和物理意义见表 3-3-1。

图 3-3-1 为不同对流传热的分类树，已有学者对这些对流传热方式的传热机制进行了大量的试验研究，相关对流传热关联式可参考相关传热学教材。下面对工程上常见的圆管内强制对流传热的经验关联式进行介绍。

表 3-3-1　常见相似特征数的物理意义

特征数名称	定义	释义
Bi 数	$\dfrac{hl}{\lambda}$	固体内部导热热阻与界面上换热热阻的比值（λ 为固体的导热系数）
Fo 数	$\dfrac{\alpha \tau}{l^2}$	非稳态过程的无量纲时间，表征过程进行的深度
Gr 数	$\dfrac{gl^3 \alpha_v \Delta T}{\nu^2}$	浮升力与黏性力之比的度量
j 因子	$\dfrac{Nu}{RePr^{1/3}}$	无量纲表面传热系数
Nu 数	$\dfrac{hl}{\lambda}$	壁面上流体的无量纲温度梯度（λ 为流体的导热系数）
Pr 数	$\dfrac{\mu c_p}{\lambda}=\dfrac{\nu}{\alpha}$	动量扩散能力与热量扩散能力的度量
Re 数	$\dfrac{ul}{\nu}$	惯性力与黏性力比值的度量
Ra 数	$Ra = PrGr$	与浮力驱动对流（自然对流）相关的无量纲数，当流体的 Ra 数低于临界值，热传导主导；高于临界值，对流传热主导
St 数	$\dfrac{Nu}{RePr}$	一种修正的 Nu 数，无量纲对流传热系数，或者视为流体实际换热热流密度与流体可传递最大热流密度之比

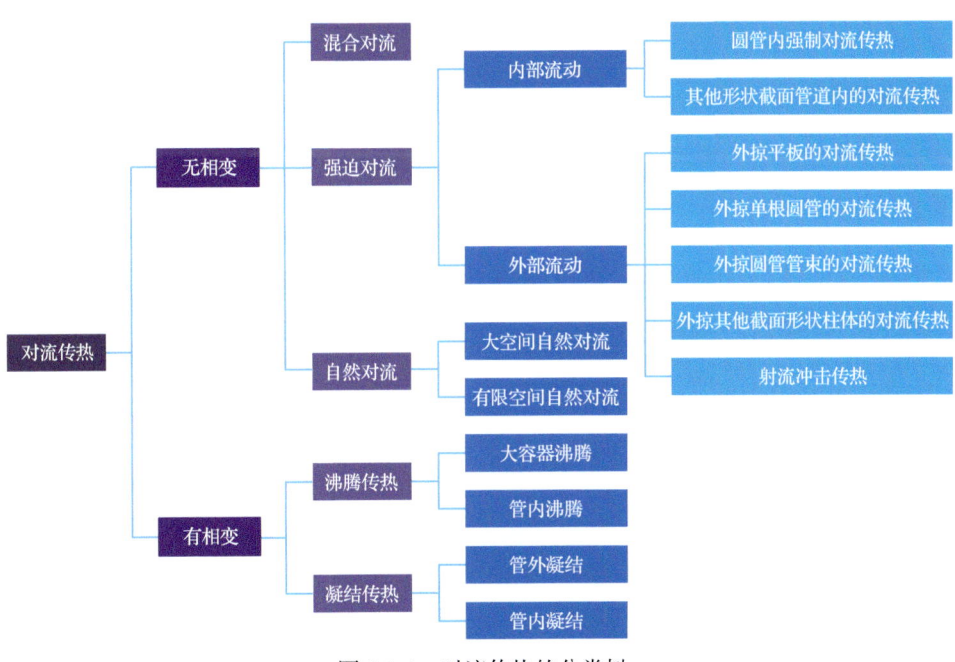

图 3-3-1　对流传热的分类树

圆管内湍流对流传热试验关联式通常采用 Dittus-Boelter 公式计算，即

$$Nu_f = 0.023 Re_f^{0.8} Pr_f^n \tag{3-3-13}$$

一般情况下，加热流体时，$n=0.4$；冷却流体时，$n=0.3$。其中，温度定义为流体进出口界面的平均温度，特征长度取管内径 d，适用条件为

$$Re_f = 10^4 \sim 1.2 \times 10^5, \quad Pr_f = 0.7 \sim 120, \quad l/d \geqslant 60$$

圆管内层流对流传热试验关联式通常采用 Sieder-Tate 公式计算，即

$$Nu_f = 1.86 \left(\frac{Re_f Pr_f}{l/d} \right)^{1/3} \left(\frac{\eta_f}{\eta_w} \right)^{0.14} \tag{3-3-14}$$

式中，温度定义为流体进出口界面的平均温度；η_f 为流体的动力黏度；η_w 为壁面的动力黏度。特征长度取管内径 d，适用条件为

$$Pr_f = 0.48 \sim 16700, \quad \frac{\eta_f}{\eta_w} = 0.0044 \sim 9.75, \quad \left(\frac{Re_f Pr_f}{l/d} \right)^{1/3} \left(\frac{\eta_f}{\eta_w} \right)^{0.14} \geqslant 2$$

3. 热辐射

根据经典的电磁波理论和量子理论，辐射是电磁波向外传递能量的现象。发射辐射是各类物质的固有特性，其中因热而发出辐射能的现象称为热辐射。从微观角度，物质由分子、原子、电子、中子等基本粒子组成，当内部电子受激或振动时，会产生交替变化的电磁场，发出电磁波并向空间传播。只要物体温度高于绝对零度，就会不断地向外发出热辐射。同时，物体会不断吸收周围物体投射到它表面上的热辐射，并将其转变为热能。与导热和对流不同，热辐射的能量传递不需要介质，并且其在真空中的传递效率最高。在物体发射和吸收辐射能量的过程中，存在电磁能和热能的相互转换。

热辐射具有一般辐射现象的共性。例如，各种电磁波都以光速在空间传播，这是电磁辐射的共性，热辐射也不例外。电磁波的速率、波长和频率关系如下，即

$$c = f\lambda \tag{3-3-15}$$

式中，c 为电磁波的传播速率，真空中为 3×10^8 m/s；f 为频率；λ 为波长。

理论上物体热辐射的电磁波波长覆盖整个波谱，即波长从零到无穷大（图 3-3-2）。工业上常见的温度范围一般在 2000K 以下，热辐射波长在 0.8~100μm，大部分能量位于红外线区段（0.8~20μm）。当热辐射投射到物体表面上时，和可见

光一样,会发生吸收、反射和穿透现象。

$$Q = Q_\alpha + Q_\rho + Q_\tau \tag{3-3-16}$$

式中,Q 为外界投射到物体表面的总能量;Q_α 为吸收部分;Q_ρ 为反射部分;Q_τ 为穿透部分。这三部分能量所占份额 Q_α/Q、Q_ρ/Q、Q_τ/Q 分别为该物体对投入辐射的吸收比、反射比和穿透比。固体和液体对投入辐射呈现的吸收和反射特性都具有在物体表面上进行的特点,不涉及物体内部,而气体的辐射和吸收是在整个气体容积中进行的。

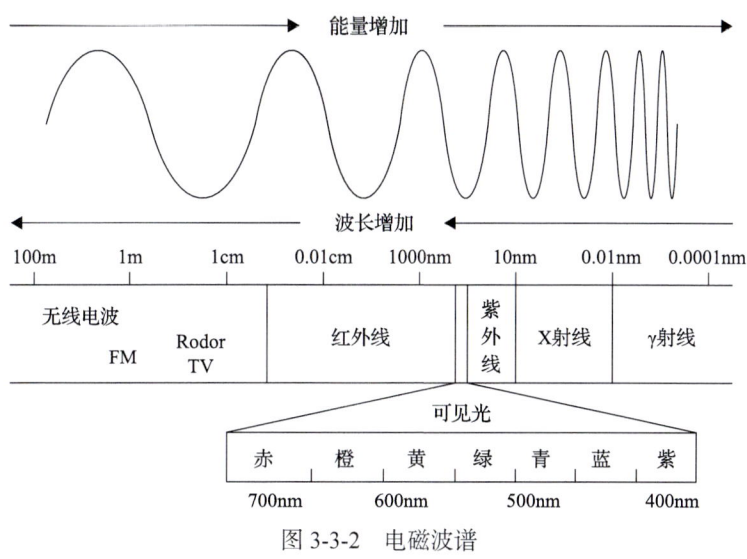

图 3-3-2 电磁波谱

在探索热辐射规律的过程中,一种称为黑体的理想物体概念的提出具有重大意义。所谓黑体,是指能吸收投入其表面上所有热辐射能量的物体,其吸收比等于 1。为了定量表述单位黑体表面在一定温度向外界辐射的能量,需要引入辐射力的概念。单位时间单位表面积向其上半球空间所有方向辐射的全部波长范围的能量称为辐射力,记为 E。黑体的辐射力可以由斯蒂芬-玻尔兹曼定律求得,即

$$E_b = \sigma T^4 = C_0 \left(\frac{T}{100}\right)^4 \tag{3-3-17}$$

式中,E_b 为黑体辐射力;σ 为黑体辐射常数,其值为 $5.67 \times 10^{-8} \text{W}/(\text{m}^2 \cdot \text{K}^4)$;$C_0$ 为黑体辐射系数,其值为 $5.67 \text{W}/(\text{m}^2 \cdot \text{K}^4)$;$T$ 为黑体的热力学温度。

黑体辐射沿波长分布的规律可由普朗克定律描述。为了定量描述,需要引入光谱辐射力的概念。光谱辐射力定义为单位时间单位表面积向其上半球空间所有

方向辐射的包含波长 λ 的单位波长的能量，记为 $E_{b\lambda}$。黑体的光谱辐射力随波长的变化由普朗克定律描述，即

$$E_{b\lambda} = \frac{c_1 \lambda^{-5}}{e^{c_2/(\lambda T)} - 1} \tag{3-3-18}$$

式中，$E_{b\lambda}$ 为黑体的光谱辐射力；λ 为波长；c_1 为第一辐射常量，其值为 3.7419×10^{-16} W·m²；c_2 为第二辐射常量，其值为 1.4388×10^{-2} m·K。图3-3-3 为按普朗克定律计算的黑体光谱辐射力随波长的变化情况。

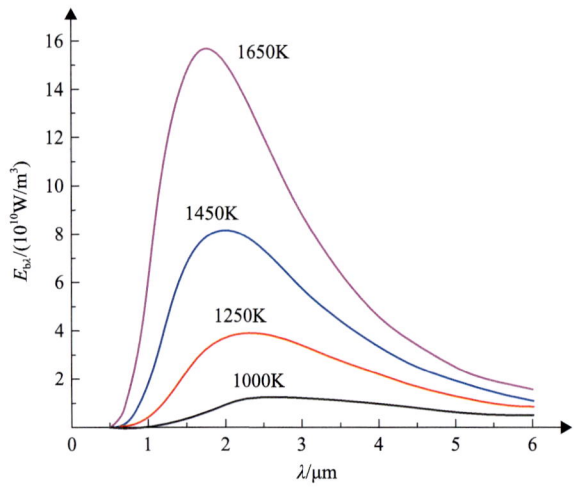

图 3-3-3　黑体辐射的光谱分布

黑体辐射按空间方向的分布规律可由兰伯特定律描述，即

$$\frac{d\Phi(\theta)}{dAd\Omega} = I \cos\theta \tag{3-3-19}$$

式中，I 为黑体定向辐射强度；dA 为黑体微元面积；θ 为空间纬度角；$d\Omega$ 为微元立体角；$d\Phi(\theta)$ 为面积为 dA 的黑体微元面积向围绕空间纬度角 θ 方向的微元立体角 $d\Omega$ 内的辐射能量。

试验测定表明式(3-3-19)中的黑体定向辐射强度 I 为常数，与空间方向 θ 无关，该式还可以表示为

$$\frac{d\Phi(\theta)}{dAd\Omega \cos\theta} = I \tag{3-3-20}$$

需要指出的是，实际物体的辐射力 E 总小于同温度下的黑体辐射力 E_b，两者比值称为实际物体的发射率 ε，即

$$\varepsilon = \frac{E}{E_b} \tag{3-3-21}$$

实际物体的发射特性只与其自身状况(表面温度、表面状况及表面材料种类)有关。实际物体的吸收特性不仅取决于自身的表面特性,还取决于投射辐射沿波长的能量分布情况。实际物体辐射和吸收之间的内在联系可由基尔霍夫(Kirchhoff)定律描述,它表明在物体与黑体投入辐射处于热平衡的情况下,实际物体的发射率 ε 和吸收比 α 相等。

3.3.2 蓄热/换热器工作过程分析

换热器是当两种或多种流体存在换热温差时进行内部热量传递的传热设备。蓄热/换热器是一种特殊的换热器,其中一种流体变成了蓄热介质。蓄热/换热器由蓄热介质、传热流体和换热设备组成,在工作过程中蓄热介质吸收/释放热量,传热流体带来/带走热量,换热设备交换热量并容纳蓄热介质和传热流体。

1. 基本工作过程

热能储存方式一般有 3 种,显热储热、潜热储热和热化学储热。按照储热/换热原理,可分为显热蓄热/换热器、潜热蓄热/换热器和热化学蓄热/换热器。按照是否封闭及质量是否变化,可分为闭式定质量蓄热/换热器、闭式变质量蓄热/换热器和开式变质量蓄热/换热器。按照传热流体是否与储热介质直接接触,可分为接触式蓄热/换热器和非接触式蓄热/换热器。按照结构型式,可分为板式、管壳式和填充床式蓄热/换热器(图 3-3-4)。更为复杂的蓄热/换热器结构型式均可从这 3 种基本形式演化得到。

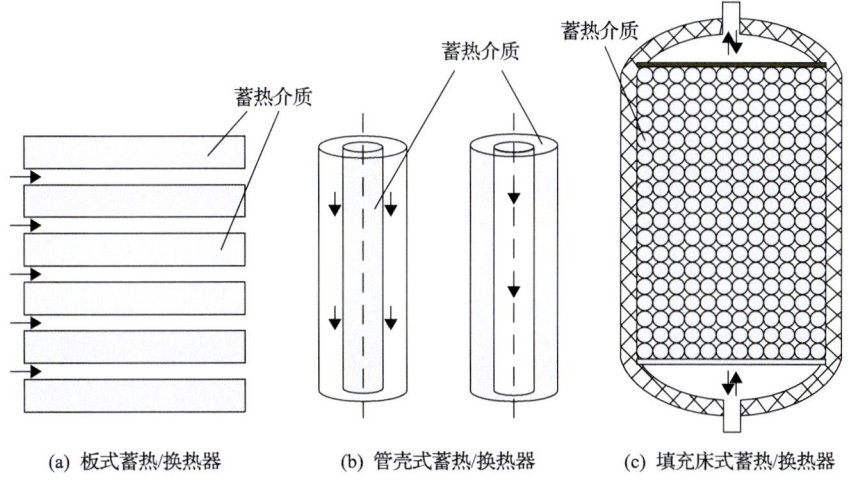

图 3-3-4 板式、管壳式和填充床式蓄热/换热器

根据物体温度随时间的变化关系，热量传递过程可分为稳态过程和非稳态过程。其中，物体中各点温度不随时间变化的传热过程为稳态过程，反之为非稳态过程。蓄热是利用介质和设备把热量储存起来，在需要的时候再释放出来的过程。蓄热/换热器在热量传递和交换过程中，一般为非稳态过程。蓄热/换热器的工作过程可分为储热、保温和释热过程。在一个完整的蓄热过程中，热量的储存和释放过程是必不可少的，一般热量在储存和使用过程中存在一定的时间间隔，因此存在保温过程。

以储热（温度高于环境温度）为例（图 3-3-5）：①储热过程中，传热流体（温度为 T_H）中携带的热量经过蓄热/换热器将热量传递给蓄热介质，随着储热时间的增加，蓄热介质的温度（T_i）不断升高，蓄热/换热器的换热温差不断减小，极限状态下蓄热介质温度等于传热流体的温度，所储存的热量和㶲量不断增大，最后趋于极限温度下的热量和㶲量；②保温过程中，蓄热/换热器中没有传热流体经过，仅有蓄热介质在环境内自然散热，蓄热介质的温度在这个过程中趋于环境温度（T_0），储存的热量和㶲量随保温时间的增加有所下降；③释热过程中，蓄热介质将保存的热量经过蓄热/换热器传递给传热流体，随着释热时间的增加，蓄热介质的温度不断降低，蓄热/换热器的换热温差不断减小，极限状态下蓄热介质的温度等于传热流体的温度，储存的热量和㶲量不断减小，最后趋于极限温度下的热量和㶲量。以上过程（0-t_1-t_2-t_3）即为一个储释热循环。

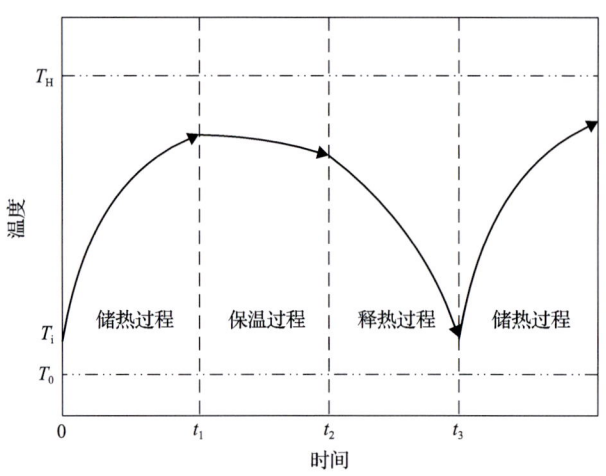

图 3-3-5 蓄热/换热器工作过程的温度变化

2. 强化传热方法

蓄热/换热器中的传热过程是由热传递的 3 种基本方式组合而成的复杂过程，强化传热主要有以下几种方法。

(1) 改善传热系数。选用导热性能良好的材料作为传热间壁，并尽可能地减薄间壁厚度，从而避免或减轻污垢积聚等对传热的影响。一般来说，传热间壁多由金属材料制造，导热热阻很小。当传热面上出现灰污或结垢时，间壁热阻增大，影响传热。在设计时需要考虑方便清扫、合理增大流速、控制介质温度或对流体进行预处理等问题，使污垢热阻控制在合适范围以增加表面传热系数。

(2) 增加平均温差。一种方法是当热冷流体进出口温度一定时，可以通过流型布置来改善平均温差，逆流流型可以得到较大的平均温差，因而各类换热器尽可能采用逆流或渐近逆流的流型布置。另一种方法是提高热流体温度或降低冷流体温度，增大热冷流体间的温差从而使平均温差增大，但在实际工程中，热冷流体的种类及温度还需要考虑生产工艺等因素的限制。

(3) 扩大传热面积。增大传热面积是工业上最有实效的强化传热途径之一，通常通过改进传热面的物理结构来实现，如采用翅片扩大传热面积，促进流体从层流向湍流转换或提高湍流度，从而提高传热效率。采用异形表面使流道截面形状发生变化，不仅能够增大传热面积，还能使流体在这种管道中不断改变流动状态，减小边界层厚度，增大扰动度，从而强化传热。此外，还可以将细小的金属颗粒烧结或涂敷于传热表面或填充于传热面间，以扩大传热面积，提高设备的紧凑性。

在压缩空气储能系统中，对流传热是换热器中传热过程的主要传热方式。传热学原理指出，对流传热过程受流体物性、流动状态、温度条件和传热面几何特征等多种因素影响，表面传热系数综合反映了各种影响因素所决定的对流传热过程进行的程度。从对流传热过程流动和换热的实质来说，表面传热系数取决于边界层，特别是层流底层的厚度，因而上述影响对流传热过程的因素其实就是影响边界层厚度的因素。所谓强化对流传热是指从对流传热过程的影响因素出发，采用人工方法，增大对流的扰动度，尽可能改变边界层结构，减小边界层特别是层流底层的厚度，以降低对流热阻，从而增大表面传热系数。强化对流传热的方法可归纳为两类，一类是不需要外部附加动力的无源强化，另一类是需要外加动力的有源强化。无源强化法包括表面粗糙度、表面处理、旋流发生器、短管、流体添加物强化等。有源强化法包括流体搅拌、表面振动、流体振动或脉动、喷射、吸收、附加静电场等。

3.3.3 蓄热/换热器能量与损失分析方法

通常情况下，热力学分析是建立在能量平衡的基础上的。能量平衡分析可以定量分析出蓄热/换热器中储热-保温-释热过程中的能量。由能量平衡分析得到的热效率无法提供系统性能接近其最优性能的程度，也不能准确得到其中的损失，所以还需对系统进行㶲分析。㶲分析将能量和温度联系起来，能量不仅可以传递和转移，还存在品位的提升和降级。从本质上讲，㶲分析可以表述蓄热系统热㶲的理论上限，实际上没有系统可以把所有热㶲全部储存，并且也只有部分热㶲可以被释放出来，因此㶲分析可以定量指出实际储热系统的限制。

1. 蓄热换热效率

效率是进行能量和损失分析的重要工具，可以定量分析能量利用和损失的比例。建立在热力学第一定律基础上的热效率可以表征能量及损失的情况，建立在热力学第二定律基础上的㶲效率给出了系统在实际运行过程中的热功转化程度及损失情况。

目前主要有两种效率定义方法，第一种为

$$\eta_e = \frac{E_2}{E_1} = 1 - \frac{E_L}{E_1} \tag{3-3-22}$$

$$\eta_{e_x} = \frac{E_{x,2}}{E_{x,1}} = 1 - \frac{E_{x,L}}{E_{x,1}} \tag{3-3-23}$$

式中，η_e 为热效率；E_1、E_2 分别为系统输入、输出的能量；E_L 为系统能量损失；η_{e_x} 为㶲效率；$E_{x,1}$、$E_{x,2}$ 分别为系统输入、输出的㶲量；$E_{x,L}$ 为系统㶲损失。

第二种为

$$\eta_e = \frac{E_2 + E_r}{E_1 + E_o} \tag{3-3-24}$$

$$\eta_{e_x} = \frac{E_{x,2} + E_{x,r}}{E_{x,1} + E_{x,o}} \tag{3-3-25}$$

式中，下标 r、o 分别为最终状态量和初始状态量。

针对蓄热/换热器的储热过程、保温过程和释热过程，分别按照上述通用流程就可以获得其局部和整体的能量和损失情况。已有研究表明，采用如下措施可以提高效率、减小损失：①通过保温可以减小系统与外部的热损失和㶲损失；②通过使用具有小换热温差的换热装置可以减小系统内部的传热㶲损失；③避免系统内的冷热混合可以减小系统内部的㶲损失；④通过使用高效率的泵、阻力小的传热流体和合适的释热入口温度可以减小系统热损失和㶲损失。

2. 蓄热/换热器损失分析方法

压缩空气储能系统为开口系统，分析压缩空气储能系统层级的能量和损失，应首先从开口系统着手。在一个开口系统的非稳态过程中，环境温度为 T_0，环境压力为 P_0，在一个时间间隔 $t_1 \sim t_2$ 中，将通用平衡方程用于质量、能量、熵和㶲，可得如下平衡方程，即

$$\sum_i m_i - \sum_e m_e = m_2 - m_1 \tag{3-3-26}$$

$$\sum_i (e+Pv)_i m_i - \sum_e (e+Pv)_e m_e + \sum_r (Q_r)_{1,2} - (W_t)_{1,2} = E_2 - E_1 \tag{3-3-27}$$

$$\sum_i s_i m_i - \sum_e s_e m_e + \sum_r (Q_r/T_r)_{1,2} + S_{g,1,2} = S_2 - S_1 \tag{3-3-28}$$

$$\sum_i \varepsilon_i m_i - \sum_e \varepsilon_e m_e + \sum_r (X_r)_{1,2} - (W_t)_{1,2} - I_{1,2} = (E_x)_2 - (E_x)_1 \tag{3-3-29}$$

式中，m_i 为进入的质量；m_e 为离开的质量；$\sum_r (Q_r)_{1,2}$ 为热源的生成热；$\sum_i s_i m_i - \sum_e s_e m_e$ 为质熵流，是由物质迁移引起的；$\sum_r (Q_r/T_r)_{1,2}$ 为热熵流，是系统与外界换热引起的系统熵增；S_g 为系统熵产，是由耗散产生的熵增；$I_{1,2}$ 为过程 1-2 的㶲损失，$I_{1,2}=T_0 S_{g,1,2}$；m_1、E_1、S_1 和 $(E_x)_1$ 分别为 t_1 时刻系统的质量、总能、熵和㶲；m_2、E_2、S_2 和 $(E_x)_2$ 分别为 t_2 时刻的质量、总能、熵和㶲；e、s、ε、P、T 和 v 分别为比总能、比熵、比㶲、绝对压力、温度和比体积；X_r 为热量㶲，定义为 $X_r = \int_i^f (1-T_0/T)\delta Q$；$W_t$ 为技术功，是技术上可以利用的功；W 为容积变化功，其余参数与开口系统中的类似。

在部件层级中，蓄热/换热器在保温过程中可视为一个闭口系统。闭口系统与外界无质量交换，此时质量、能量、熵和㶲平衡方程方程演化为

$$0 = m_2 - m_1 \tag{3-3-30}$$

$$\sum_r (Q_r)_{1,2} - (W)_{1,2} = E_2 - E_1 \tag{3-3-31}$$

$$\sum_r (Q_r/T_r)_{1,2} + S_{g,1,2} = S_2 - S_1 \tag{3-3-32}$$

$$\sum_r (X_r)_{1,2} - (W_t)_{1,2} - I_{1,2} = (E_x)_2 - (E_x)_1 \tag{3-3-33}$$

式中，W 为容积变化功，其余参数与开口系统中的类似。

3.4 燃烧学基础

燃烧学是研究燃烧现象、理论和实践的学科。燃烧现象是一种复杂的自然现象，以化学动力学、热力学、传热传质学和流体力学等学科理论为基础。基于燃

气轮机的技术原理,传统压缩空气储能系统为了在释能阶段获得更多的焓降,首先在燃烧室使高压空气与燃料混合燃烧以提高空气能量的品位,形成高温高压燃气,再进入膨胀机发电。燃烧室是传统压缩空气储能系统的重要部件。本节详细介绍燃烧学基础,可为读者分析研究传统压缩空气储能系统和了解先进压缩空气储能系统的发展进程提供理论支撑。

3.4.1 燃烧学基本概念

燃烧是由于物质剧烈氧化而出现的发光发热的现象,表现为火。燃烧不单纯是化学反应,而是流动、传热和传质并存且相互作用的综合现象。本书仅介绍与燃烧室相关的基本燃烧现象和燃烧规律,便于读者理解压缩空气储能系统中燃烧室的设计基础,同时强化能量传递、减少损失、提高效率的理论依据。

1. 燃烧类型

根据燃料与氧化剂的混合机制,燃烧类型可以分为预混燃烧、扩散燃烧和部分预混燃烧。燃烧系统中的燃料与氧化剂在反应之前已经混合的燃烧称为预混燃烧;燃料和氧化剂同时且分开进入燃烧系统,通过分子扩散和对流,在某一区域混合并发生反应的燃烧称为扩散燃烧;部分预混燃烧是燃料与一部分氧化剂在反应前已经混匀,典型部分预混燃烧的例子是本生火焰。

根据火焰的流动状态,燃烧类型可以分为层流燃烧和湍流燃烧。在层流燃烧中,可以非常明晰地观察到流线和对流运动;在湍流燃烧中,流动在时间和空间上都表现出很大的随机性脉动。现代湍流理论认为,湍流可以促进流动的宏观混合和微观混合,有助于燃烧。

根据燃料和氧化剂是否具有相同的形态,燃烧类型可以分为均相燃烧和非均相燃烧。均相燃烧是指燃料和氧化剂具有相同的形态,即同为气态或同为液态,在补燃式压缩空气储能系统中,燃烧均为此类型。非均相燃烧的燃料和氧化剂具有不同的形态(气-液、气-固、液-固等),如电站锅炉中的煤粉燃烧。

2. 燃烧反应速度

燃烧的本质是一种氧化反应,氧化过程中的化学反应速度关系到燃烧过程发展的程度。化学反应速度 ω 的内涵是:在化学反应过程中,反应物或生成物的浓度 C 随时间 t 的变化率,即

$$\omega = \pm dC / dt \tag{3-4-1}$$

式中,"±"符号表示反应过程中物质的分解和合成方向。

化学反应速度与反应物初始浓度成正比关系。例如，对于反应

$$A + B \rightarrow M \tag{3-4-2}$$

其化学反应速度可以写为

$$\omega = \frac{dC_M}{dt} = KC_A^x C_B^y \tag{3-4-3}$$

式中，C_A、C_B 分别为反应物质 A、物质 B 的浓度；x、y 为幂指数，表示不同反应物质对反应速度的影响程度；K 为反应速度常数。

更深入的试验揭示了反应速度常数 K 与物质浓度无关，而与反应物质的种类及反应温度 T（热力学温度）有密切关系，它可以表示为

$$K = K_0 \cdot e^{-E_a/(RT)} \tag{3-4-4}$$

式中，K_0 为频率因子，与反应物质的性质有关，与 T 成正比；R 为通用气体常数，$R=8.3145\text{J}/(\text{mol}\cdot\text{K})$；$E_a$ 为活化能，指分子碰撞过程中化学键断裂所需的能量，与反应物质的性质有关，但对于一定反应物质体系，活化能是一个定值。显然，函数 $e^{-E_a/(RT)}$ 决定了化学反应速度随温度升高而迅速增大。

在气相化学反应中，反应压力 p 对化学反应速度也有直接影响，它是通过反应物浓度起作用的，对于理想气体，化学反应速度可以表示为

$$\omega = K_0 \cdot e^{-E_a/(RT)} \cdot \left(\frac{p}{RT}\right)^v \varphi_A^x \varphi_B^y \tag{3-4-5}$$

式中，反应级数 v 是与反应物质性质有关的系数，与 T 成正比，数值上为化学反应速度方程中反应物浓度指数的代数和，即 $v = x + y$，一般大于 1，反应级数越高，压力对化学反应速度的影响越大；φ_A、φ_B 分别为反应物质 A、物质 B 的容积百分比。

总之，从燃烧的化学反应角度来看，提高反应温度和反应过程的压力是强化燃烧过程的主要手段。

3. 气体燃料燃烧过程

气体燃料的燃烧过程一般有两种模式，均相预混燃烧和均相扩散燃烧。

均相预混燃烧是指气体燃料与空气或氧气在预混室中预先混合成均匀的可燃气体后再喷出到燃烧空间燃烧。其特点是燃料与氧化剂不仅处于同一相态，而且在燃烧前已充分混合，这种预混燃烧是受化学过程控制的，预混气体的燃烧速度主要取决于着火和燃烧反应速度。均相预混燃烧在现代的干式低污染燃烧室中起

着重要作用。

均相扩散燃烧是指气体燃料与空气或氧气分别喷到燃烧空间进行燃烧。其特点是燃料与氧化剂虽处于同一相态,但在到达喷口外的燃烧空间前未经预先混合,而是通过湍流交换及分子扩散作用,一边进行掺混的物理过程,一边发生化学反应,这种扩散燃烧的进展总体上是受物理过程控制的。在扩散燃烧过程中,燃烧速度取决于燃料与氧化剂的扩散速度。当氧化剂供应不足或二者混合不好时,特别是燃料来不及进入火焰前锋就因导热或燃烧产物的扩散作用而被加热分解,生成烟、碳粒等不易燃烧的重质碳氢化合物,这时很容易发生燃烧不完全现象。因此,扩散燃烧的显著特点是产生不完全燃烧损失和排放污染问题。

一般来说,气体燃料燃烧所需的全部时间由两部分组成,定义燃烧过程所需的特征时间尺度 τ 等于燃料同氧化剂互相混合所耗的时间尺度 τ_m 与化学反应所耗的时间尺度 τ_c 的总和,即

$$\tau = \tau_m + \tau_c \tag{3-4-6}$$

如果燃烧过程中 τ_m 远小于 τ_c,燃烧进展主要受化学反应时间尺度的控制,这类燃烧过程称为动力燃烧,如预混燃烧属于动力燃烧。动力燃烧过程主要受可燃物性质、反应物浓度、反应温度、压力等化学动力学因素的影响。反之,如果燃烧过程中 τ_m 远大于 τ_c,燃烧过程主要受控于燃料和氧化剂混合时间尺度,这类燃烧过程称为扩散燃烧。

1) 预混燃烧

预混气体的燃烧过程实质上是着火后的火焰在预混气体中的传播过程。一切可燃气体混合物的正常燃烧都是由着火和燃烧两个阶段组成的。

当一个炽热物体或电火花将可燃混合气的某一局部点燃着火时,将形成一个薄层火焰面,火焰面产生的热量加热邻近层的混合气,使其温度升高并着火燃烧。这样一层一层地着火燃烧,把燃烧逐渐扩展到整个混合气,这种现象称为火焰传播。试验证实,燃烧化学反应只在这薄薄的一层火焰面内进行,火焰将已燃气体与未燃气体分隔开来。因此,火焰传播的特征是:燃烧化学反应不是在整个混合气内同时进行,而是集中在火焰面内逐层推进。

火焰在气流中以一定速度向前传播,传播速度取决于预混气体的物理化学性质与气体的流动状况。根据其流动情况,预混可燃气体中的火焰传播可分为层流火焰传播和湍流火焰传播。

对于层流火焰传播,火焰在静止的预混气体中被点燃后向四周传播开来,形成一个球形火焰面,这层火焰面称为火焰前锋,其厚度通常在 1mm 以下。火焰的传播就是火焰前锋面在预混可燃气体中的推进运动。我们可通过本生灯观察到层流火焰前锋:在管口处,火焰前锋呈稳定的正锥形;在管道内,火焰前锋呈抛物

面型；若在管内的层流预混可燃气流中安装火焰稳定器，则形成倒锥形焰锋。预混可燃气体层流火焰的传播速度一般由试验测定，常用方法有本生灯法、一维平焰燃烧器法、球形火焰法、滞止火焰法等。试验表明，当预混可燃气体的性质、组成及温度和压力一定时，层流火焰的传播速度为定值，与气体流动参数无关。

层流火焰传播的主要影响因素包括：可燃气体混合物性质（热扩散系数、燃烧温度等），燃料分子结构，混合气过量空气系数、压力、初始温度和惰性气体等。

对于湍流火焰传播，其基本原理与在层流中时相同，都是依靠已燃气体与未燃气体之间热量和质量交换所形成的化学反应区在空间的移动，但气流的湍流特性对预混可燃气体火焰的传播有着重大影响。在湍流火焰中，预混可燃气体的火焰传播速度比层流时大许多倍。

从火焰结构角度看，湍流火焰结构与层流火焰有很大差别。湍流火焰的发光区较厚，火焰轮廓较模糊，火焰面有抖动，火焰长度也显著缩短。由于脉动的影响，火焰面结构不像层流火焰那样光滑整齐，而是弯曲皱折，同时在燃烧过程中伴有噪声。火焰的传播速度不仅取决于可燃混合气的性质和组成，而且在很大程度上受气流脉动的影响。当雷诺数增大时，湍流火焰传播速度显著增大。目前用来解释湍流火焰传播速度增大原因的理论有两种，即皱折表面燃烧理论和容积燃烧理论。

皱折表面燃烧理论认为：湍流的脉动作用使火焰峰面发生弯曲和皱折，这显著增大了已燃气体与未燃气体接触的焰锋表面积，使化学反应速度加快，从而使火焰传播速度增大；同时由于湍流作用，热传导速度及活性物质扩散速度加快，也促使了火焰传播速度增大；此外，湍流的脉动使燃气与燃烧产物快速混合，使火焰本质上成为均匀可燃混合物。

容积燃烧理论认为：湍流对燃烧的影响以微扩散为主。由于这种扩散非常迅速，以致不可能维持层流火焰结构。在每个湍动的气团内，温度和浓度是均匀的，但不同气团的温度和浓度是不同的。在整个微团内存在着快慢不同的燃烧反应；各气团间互相渗透混合，不时形成新微团，进行着不同程度的容积化学反应。

对于预混燃烧的火焰稳定问题，在一维管流假设条件下，火焰稳定的基本条件为火焰传播速度 S_L 与可燃混合气的流动速度 v 大小相等，方向相反，即 $S_L = -v$。对于任意方向的锥形火焰，火焰稳定则需要满足两个基本条件：一是法向稳定条件，即满足余弦定律，$|S_L| = |v\cos\varphi|$，其中 φ 为焰锋表面法线方向与可燃混合气流动方向的夹角；二是切向稳定条件，即在火焰根部有稳定的点火源，并且该点火源应具有足够的能量。

2) 扩散燃烧

在扩散燃烧中，燃料所需的氧化剂是依靠空气扩散获得的，因而扩散火焰产生于燃料与氧化剂的交界面上。扩散燃烧过程主要受混合过程的气流速度、气流流过的物体形状与尺寸等因素的影响。在大多数工业燃烧设备中，燃料和空气分别供入燃烧室，边混合扩散边燃烧。此时，燃烧室内温度很高，燃烧化学反应可在瞬间完成，而扩散混合则几乎占据整个燃烧过程。

按照燃料和空气供入燃烧室的方式不同，扩散燃烧可以分为：自由射流扩散燃烧，即气体燃料以射流形式由燃烧器喷入大空间的空气中，形成自由射流火焰；同轴射流扩散燃烧，即气体燃料和空气分别由环形喷管的内管和外环管喷入燃烧室，形成同轴扩散射流；逆向射流燃烧，即气体燃料和空气喷出的射流方向正好相反，形成逆向射流扩散火焰。

在燃烧过程中，如果燃气和氧化剂的流动处于层流状态，燃气和氧化剂的混合则依靠分子的扩散作用进行，层流扩散燃烧的速度取决于气体的扩散速度。层流扩散火焰结构可分为四个区域，即中心纯燃料区、外围纯空气区、火焰面外侧燃烧产物和空气的混合区及火焰面内侧燃烧产物和燃料的混合区。扩散燃烧的试验与理论分析均表明：过量空气系数 $\alpha=1$ 处为扩散燃烧的火焰面，在火焰面上燃料和空气完全反应，燃烧产物的浓度最高，而燃料与氧气的理论浓度则应等于零；在火焰外侧只有氧气和燃烧产物，没有可燃气，为氧化区；火焰内侧只有可燃气和燃烧产物，没有氧气，为还原区。

火焰高度(或长度)是设计扩散燃烧系统时的关键参数之一。对于层流扩散火焰与湍流扩散火焰，流动特性对其火焰高度将产生不同影响。

对于层流扩散火焰，以同轴伴随射流扩散燃烧为例，根据空气供应量的不同，点火后在管口可能形成两种不同形状的火焰：空气充足时形成向内管中心汇集的火焰面，其火焰高度为 h_1；空气不充足时形成向外壁面扩展的火焰面，其火焰高度为 h_2。研究表明，影响火焰高度的关系式为

$$\begin{cases} h_1 \propto \dfrac{v_f r_1^2}{D} \propto \dfrac{V_f}{D} \\ h_2 \propto \dfrac{v_a (r_2 - r_1)^2}{D} \propto \dfrac{V_a}{D} \end{cases} \quad (3\text{-}4\text{-}7)$$

式中，v_f、v_a 分别为气体燃料和空气的流速；D 为燃料扩散系数；r_1、r_2 分别为喷管内、外管的半径；V_f、V_a 分别为气体燃料和空气的容积流量。由此可见，对于层流扩散火焰来说，当容积流量一定时，火焰高度与管径无关。当管径一定时，火焰高度与管内流速成正比。

对于湍流扩散火焰来说，燃料与氧化剂的混合是依靠湍流交换效应来实现的，混合条件越好，燃烧效率越高。与层流情况相比，湍流情况下的传质速率快（即 $D_T > D$），则火焰高度缩短，但仍服从类似关系，即

$$h_T \propto \dfrac{V}{D_T} \quad (3\text{-}4\text{-}8)$$

式中，h_T 为湍流火焰高度；V 为容积流量；D_T 为平均湍流扩散系数。

在流速较高的扩散燃烧中，通常采用钝体或旋流式稳焰器等在喷口附近建立高温烟气环流区或回流区来实现火焰稳定。火焰稳定器的稳定性优良，主要是指具有较高的吹熄速度和在较宽广的混合气浓度范围实现稳定燃烧。影响扩散火焰稳定的因素有很多，例如，混合气的着火极限与点燃能量取决于燃料种类、混合气组成、气流速度、湍流强度及混合气压力和温度等。旋流式稳焰器因存在强烈的旋转离心效应，在旋涡核心处将产生明显的负压区，使流线偏斜，形成强大的回流区，从而强化燃料的着火和燃烧，同时加速燃料和空气的混合。其中，可调叶轮式旋流器可根据实际需要调整气流旋流强度，以适合燃烧及稳焰的要求。

4. 液体燃料燃烧过程

液体燃料的燃烧方式主要为扩散燃烧。液体燃料实际就是一个由多种沸点各不相同的碳氢化合物掺混在一起而组成的液体混合物。任何一种液体，当温度达到其沸点时，就会汽化成蒸气。对于一般常用的液体燃料来说，着火温度均比其沸点温度高很多，而且燃烧反应时所需达到的活化能也远高于燃料蒸发时所需吸收的汽化潜热。因此，一般液体燃料不可能在液相之下直接燃烧，而是首先蒸发成为燃料蒸气，随后逐渐与外界的氧化剂互相扩散或进行湍流交换，形成气相的可燃混合物，最后才进入燃烧阶段。由此可见，液体燃料燃烧现象的实质就是一种气相扩散燃烧，只是多了一个汽化过程。所以，液体燃料的燃烧时间应由蒸发、扩散混合和化学反应这三个部分组成。试验研究表明：碳氢燃料的燃烧温度很高，化学反应非常迅速，蒸发过程是三个环节中最缓慢的环节，液体燃料的燃烧速度主要取决于其蒸发速度。因此，提高液体燃料的蒸发速度是加快其燃烧速度的重要途径。

1) 液体燃料燃烧方式

根据液体燃料在着火燃烧前发生蒸发与汽化的特点，可将燃烧分为液面燃烧、灯芯燃烧、蒸发燃烧和雾化燃烧 4 种方式。

液面燃烧是燃料在辐射和对流作用下蒸发，燃料蒸气与周围空气形成一定浓度的可燃混合气，并达到着火温度时发生的燃烧。液体燃料发生液面燃烧时，其附近通常有热源或火源。在液面燃烧过程中，若燃料蒸气与空气的混合不良，燃料会发生严重裂解，通常其中的重质成分并不发生燃烧反应，而是冒出大量黑烟，严重污染空气。在工程燃烧中不宜采用这种燃烧方式。

灯芯燃烧是利用灯芯的毛细吸附作用将燃油从容器中抽吸上来，并在灯芯表面生成油蒸气，然后油蒸气与空气混合发生的燃烧。这种燃烧方式的功率小，一般用于家庭生活，如煤油炉、煤油灯等。

蒸发燃烧是使液体燃料通过一定的蒸发管道，利用燃烧时放出的一部分热量来加热管中的燃料并使其蒸发，然后再像气体燃料那样进行的燃烧。蒸发燃烧的方式适合黏度不高、沸点不高的轻质液体燃料，在工程燃烧中有一定的应用。

雾化燃烧是利用各种形式的雾化器把液体燃料雾化成很细的液滴群，并使它们悬浮在空气中边蒸发边燃烧。这种燃烧方式可以增大蒸发表面，提高燃烧速度。雾化燃烧是工程实际中主要的液体燃料燃烧方式，下面对液体燃料的雾化过程进行详细介绍。

2) 液体燃料的雾化过程

液体燃料燃烧一般通过喷嘴将燃料喷入燃烧设备中。在通过喷嘴时，液体燃料被破碎为由大量细小液滴组成的液滴群，这个过程称为雾化。液体燃料雾化的目的是增加燃料的比表面积（单位质量燃料的表面积），从而加速燃料的蒸发汽化并有利于燃料与空气的混合，保证燃料迅速而完全地燃烧。因此，雾化是组织液体燃料喷雾燃烧的关键，对燃烧强度和燃烧效率均有很大影响。

液体燃料雾化是一个极其复杂的物理过程。它与许多因素有关，其中主要是液体射流的湍流扩散与周围气体介质相互作用的情况。大多数研究者认为，雾化过程大致按以下几个阶段进行。

(1) 液体燃料从喷嘴中喷出，被分散成薄片状液膜或流股。

(2) 由于液体初始湍流状态和空气对液体的作用，液膜或流股表面将发生弯曲和皱折。

(3) 在空气压力的作用下，液膜或流股越往下游发展变得越薄、越细，分裂为细丝或细环流。

(4) 在液体表面张力的作用下，细丝或细环状液体破碎分裂成液滴。

(5) 在空气流阻及表面张力的共同作用下，液滴继续破碎或聚合。

因此，从机制上讲，雾化是液体自身内力与其所受外力相互作用的结果，当外力大于内力时油膜失去稳定性发生破碎。

液体燃料雾化主要通过以下两种方式进行：机械雾化和介质雾化。机械雾化是指依靠油泵提高燃油压力，并将其以较高速度喷入燃烧室。由于油流受空气阻力破碎为油滴群，所以在雾化中不需要再使用雾化剂，故又称为压力式雾化。介质雾化又称为气动式雾化，它的原理是以空气或蒸气为雾化介质，将其压力能转化为高速气流的动能，使液体燃料喷散为雾化炬。此外，还有兼具这两种方式特点的组合型雾化方式。

液体燃料的雾化质量对燃烧过程及燃烧设备的工作性能有着重大影响。通常评定液体燃料雾化器的雾化性能及质量的主要指标为流量特性、调节比、雾化角、雾化细度及均匀度、射程等。

3.4.2 燃烧室工作过程分析

1. 燃烧室的工作过程

传统压缩空气储能系统中燃烧室的主要作用是使燃料与来自储气室的高压空气在其中混合和燃烧，释放储存在燃料中的化学能释放，并转化成为高温燃气的热能，借以提高膨胀机做功的能力。燃烧室的工作过程具有高温、高速、高燃烧热强度、高过量空气系数等特点。在燃烧室中发生的整个工作过程主要包括：燃烧区中气流流动过程的组织；燃烧区中燃料浓度场的组织；燃烧区中可燃混合物的形成、着火与燃烧；混合区中二次掺冷空气与高温燃气掺混过程的组织；火焰管壁冷却过程的组织。

2. 燃烧区的燃烧特性与气流组织

压缩空气储能系统燃烧室中主要发生扩散燃烧。在这种情况下，燃烧室的总过量空气系数较高，易出现燃烧不完全现象，从而产生较大的不完全燃烧损失；同时燃烧是在高速气流中进行的，火焰稳定也成为一个难题。可见，燃烧室的工作存在两方面的困难：①如果将燃料直接喷到高压空气中燃烧，那么燃烧区的温度必然很低，燃料不能完全燃烧，燃烧效率下降；②由于气流的速度很高，燃烧火焰很容易被吹熄，特别是在低负荷工况下，燃烧火焰更难稳定。

为了解决上述两个困难，并确保燃烧室在任何情况下都能高效稳定地燃烧，通常采用以下三种气流组织措施：①采用扩压器，降低进入燃烧区的来流速度，减小气流的压降损失；②采用火焰稳定器，在燃烧区内形成一个有利于稳定火焰的气流结构；③采用气流分流的方法来提高燃烧区温度。

采用火焰稳定器稳定燃烧火焰的方法在前面已经介绍，本节重点阐述气流分流方法，其原理为：利用火焰管把来流高压空气分流成两部分，其中一部分空气直接进入火焰管前部的燃烧区，参与燃烧过程，这部分空气称为一次空气；余下的另一部分空气由冷却流道和混合机构逐渐流入火焰管，以便冷却火焰管壁或掺冷高温燃气。其中，一次空气可全部由火焰管头部的旋流器供入燃烧区，也可分别由旋流器和位于火焰管前段的射流孔供入。此外，在分流方法中，控制一次空气的流量是改善燃烧工况的关键。试验表明，对一次空气的控制一般要求在满负荷工况下的总过量空气系数在 1.1～1.3，待机工况或低负荷工况下的总过量空气系数在 2.0～2.5，否则燃烧效率将严重下降。

3.4.3 燃烧室能量与损失分析方法

燃烧室内部的能量与压力损失情况通常通过燃烧室的热平衡计算获得，主要由燃烧效率和燃烧室压力损失来评价，下面分别介绍二者的计算分析方法。

1. 燃烧效率

燃烧效率是燃料实际燃烧时释放的热量与该燃料在绝热条件下完全燃烧时释放的热量之比。在传统压缩空气储能系统中，一般考虑的是燃烧室效率，它表示燃料在燃烧室中燃烧时，化学能释放程度和热能利用程度的经济性指标。燃料在燃烧室中燃烧时可能发生的能量损失主要包括化学未完全燃烧损失 Q_c、物理未完全燃烧损失 Q_m 及燃烧室对外界的散热损失 Q_h 三部分，即

$$\sum Q = Q_c + Q_m + Q_h \tag{3-4-9}$$

这些能量损失的总效果表现为燃料的发热量 H_u 未被完全利用于加热燃气。因此，燃烧室热效率可以用单位质量燃料发热量的有效利用程度来表示，即

$$\eta_e = \frac{H_u - \sum Q}{H_u} = 1 - \frac{\sum Q}{H_u} \tag{3-4-10}$$

燃料的化学未完全燃烧损失 Q_c 是指在燃烧室中的排气残存有一部分尚未反应的 CO、H_2、CH_4 等物质带走一部分未能释放的化学能而导致的能量损失。一般情况下，化学未完全燃烧损失是在燃烧区内空气供应过多或不足、燃烧温度过低或过高时发生的。

燃料的物理未完全燃烧损失 Q_m 指有一部分燃料在燃烧室中因未能完全燃烧而造成的能量损失。这些未燃物质通常以液滴、碳粒或结焦的形态出现，被燃气带走或积存在燃烧室的壁面上。这种损失一般是在机组负荷降低时，由于燃烧区温度过低且燃料的雾化质量恶化时发生的。目前，在设计良好的燃烧室中，待机工况或低负荷工况下的这种损失不超过 0.5%~1%，在满负荷工况下趋于零。

燃烧室对外界的散热损失 Q_h 指因燃烧室外壳温度比外界环境温度高而造成的对外界有对流传热和热辐射损失。一般敷设有绝热材料的燃烧室的外壁温度不超过 60℃，这时热损失可以控制在 0.5% 以内。

此外，也可以根据燃烧室进出能量的平衡计算来确定燃烧效率。燃烧室工作过程的能量平衡如图 3-4-1 所示，即排出燃气的能量应与喷射燃油的能量、进入空气的能量及燃烧产生的能量总和平衡。因此，燃烧效率还可以表示为

$$\eta_e = \frac{\left(\dot{M}_a + \dot{M}_f\right) i_g^{T_3^*} - \dot{M}_a i_a^{T_2^*} - \dot{M}_f i_f^{T_f^*}}{\dot{M}_f H_u^{T_1}}$$

$$= \frac{\dot{M}_f (1+L_0) i_{pg}^{T_3^*} + \left(\dot{M}_a - \dot{M}_f L_0\right) i_a^{T_3^*} - \dot{M}_a i_a^{T_2^*} - \dot{M}_f i_f^{T_f^*}}{\dot{M}_f H_u^{T_1}} \tag{3-4-11}$$

式中，$H_u^{T_1}$ 为在温度 T_1 时测定的燃料低发热量；L_0 为 1kg 质量的燃料燃烧所需消

耗的理论空气量；$\dot{M}_a$ 为单位时间流进燃烧室的空气质量；$\dot{M}_f$ 为单位时间供给燃烧室的燃料质量；$i_g^{T_3^*}$ 为 1kg 燃气在燃烧室出口平均总温为 T_3^* 时的热焓值；$i_{pg}^{T_3^*}$ 为 1kg 纯燃气在温度为 T_3^* 时的热焓值；$i_a^{T_2^*}$ 为 1kg 空气在燃烧室进口平均总温为 T_2^* 时的热焓值；$i_a^{T_3^*}$ 为 1kg 空气在温度为 T_3^* 时的热焓值；$i_f^{T_f^*}$ 为 1kg 燃料在温度为 T_f^* 时的热焓值。

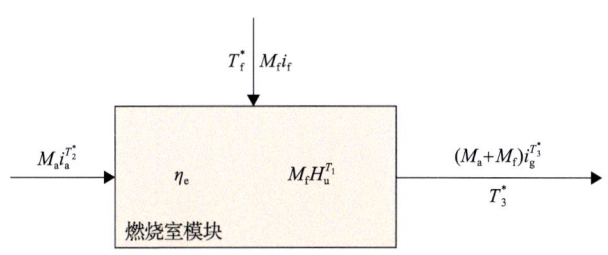

图 3-4-1 燃烧室能量平衡示意图

参考现代燃气轮机和航空发动机的燃烧室，传统压缩空气储能系统燃烧室的燃烧效率一般在 90%～99%，它与燃烧室和喷燃设备的结构型式、燃料种类及负荷的变化范围等因素有密切关系。

2. 燃烧室压力损失

压力损失是表示空气工质流经燃烧室时压力能损失程度的指标。在压缩空气储能系统中，工质的压力能是对外发电的主要能量来源，压力损失的增加会显著影响系统的储能效率。

在燃烧室中产生的压力损失通常由五个部分组成：①扩压器中的流动损失，包括由摩擦损失和扩张角过大引起的流动分离损失；②气流流过燃烧室各部件时的流动损失，包括气流经头部装置(扰流器或燃烧碗等)的压力损失及流经壁面进气孔或缝隙时的压力损失；③冷气射流与火焰筒内主流之间的混合损失；④气流通过通道内各种障碍物(支板、挡板、喷嘴等)产生的局部损失；⑤气流加热时因气流密度变化引起的热阻损失。燃烧室压力损失的表示方法包括流阻损失系数和总压恢复系数(或总压损失系数)。

1) 流阻损失系数

流阻损失系数 ϕ 的定义为

$$\phi = \frac{p_2^* - p_3^*}{\rho_2 v_2^2 / 2} \quad (3\text{-}4\text{-}12)$$

式中，p_2^*、p_3^* 分别为燃烧室进、出口处气体的总压；v_2 为燃烧室进口处空气的平均流速；ρ_2 为燃烧室入口处空气的密度。

试验结果表明：当气流流经不喷油燃烧的燃烧室时，只要雷诺数足够大，气流会进入自模化流动状态，这时流阻损失系数是一个常数，不再随气流速度的增大而改变。在燃烧工况下，由于热阻的影响，流阻损失系数随燃气加热温度的升高而逐渐增大，可以表示成如下函数关系，即

$$\phi_k = f\left(\phi, \frac{T_3^*}{T_2^*}\right) = \phi + K\left(\frac{T_3^*}{T_2^*} - 1\right) \quad (3\text{-}4\text{-}13)$$

式中，ϕ_k 为燃烧工况下的流阻损失系数；ϕ 为燃烧室吹冷风试验时的流阻损失系数；K 为常数，反映了燃烧室结构差异。

2) 总压恢复系数(或总压损失系数)

总压恢复系数 σ^* 与总压损失系数 δ^* 的定义式分别为

$$\sigma^* = \frac{p_3^*}{p_2^*} = 1 - \frac{p_2^* - p_3^*}{p_2^*} \quad (3\text{-}4\text{-}14)$$

$$\delta^* = \frac{p_2^* - p_3^*}{p_2^*} = 1 - \sigma^* \quad (3\text{-}4\text{-}15)$$

采用总压恢复系数和总压损失系数表示燃烧室压力损失的优点在于：当得知燃烧室进口总压 p_2^* 后，可以估算出燃烧室的总压降，进而对燃烧室的总压损失情况进行定量分析。

3.5　电工学基础

电工学是研究电磁现象在工程中应用的技术科学，它包括电磁能量和信息在产生、传输、控制、应用这一全过程中涉及的各种手段和活动。压缩空气储能系统的运行过程涵盖了电路、电机、电控等涉及电工学的多个领域。系统的储能和释能离不开电动机和发电机，电能的传输与分配离不开电力线路和变压器，系统的调整运行离不开电子控制技术，因此电工学基础是进行压缩空气储能系统分析研究与推广的重要理论基础。

3.5.1　电工学基本概念

电动机和发电机是压缩空气储能系统的重要组成部分，变压器和输电线路是压缩空气储能系统与电网之间的电能进行双向传输的重要通道。信号测量与控制可以实时获取运行参数并调节系统工艺流程。了解这些基础知识有助于加深对压

缩空气储能系统的认知。

1. 电路

电路是指电流流经的回路,是由电源、负载、金属导线和辅助设备按一定方式连接起来组成的导电回路。电路可以实现电能的传输、分配和转换(工程上称为强电),还可以实现信号的传输与处理(工程上称为弱电)。根据流过电流的性质,电路可以分为直流电路和交流电路。

电路中需要用到一些特定含义的物理量,如电流、电压、电阻、电功率。在金属导体中,可以自由移动的电荷是电子,电子在外电场作用下逆着电场力方向运动即在导体内部形成电流,电流大小常用电流强度 I 表示,在数值上等于单位时间流过某一导体截面的电荷量。电流产生的原因是电路中两点之间的电位差,即是两点间的电压 U ,电压是衡量电场力做功能力的物理量。单位时间电场力所做的功称为电功率 P ,某段电路上的电功率与这段电路两端的电压和电路中的电流成正比。对于部分电路而言,电压与电流的比值称为电阻 R ,即部分电路的欧姆定律。

为了方便研究电路的基本规律和计算方法,通常将实际电路抽象成由理想电路元件和理想导线构成的电路模型。在电路模型中常见的电路元件有电阻、电源、电感、电容,如图 3-5-1 所示。

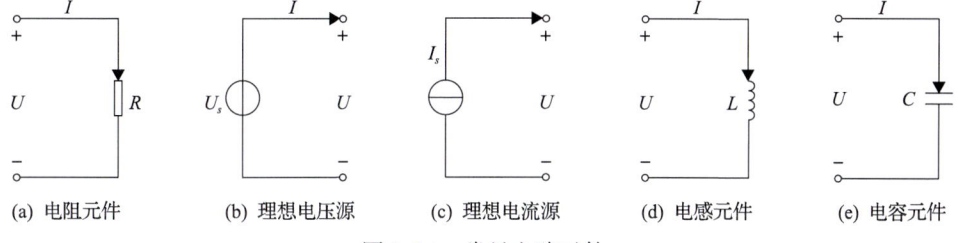

(a) 电阻元件　　(b) 理想电压源　　(c) 理想电流源　　(d) 电感元件　　(e) 电容元件

图 3-5-1　常见电路元件

在经典电路理论中,无论是直流电路还是交流电路的分析计算,元件的伏安特性和基尔霍夫定律都是最基本的理论依据。基尔霍夫定律包括基尔霍夫电流定律和基尔霍夫电压定律,由此可以分别确定电路中节点电流之间的约束关系及回路电压之间的约束关系。

基尔霍夫电流定律表述为:在任一时刻,流向电路任意节点的电流之和恒等于由该节点流出的电流之和,即 $\sum I = 0$ 。

基尔霍夫电压定律表述为:在任一时刻,沿任一回路循行方向(顺时针方向或逆时针方向),回路中各段电压的代数和恒等于 0,即 $\sum U = 0$ 。

2. 电动机

电动机是压缩空气储能系统在储能过程中的重要部件,电动机从电网取电带动压缩机运转,将电能转换为高压空气的热力学能保存在储气装置中,完成储能过程。

交流电动机可以分为异步电动机和同步电动机两大类。当电动机稳定运行时,转子转速与旋转磁场转速不相等、不同步的为异步电动机;转子转速与旋转磁场转速相等、同步的则为同步电动机。

异步电动机基于通电导体在磁场中产生电磁力的原理工作,具有结构简单、运行可靠及效率较高等优点,应用十分广泛。图 3-5-2 是异步电动机工作原理示意图,外圆圈上的一对磁极以速度 n_1 沿逆时针方向旋转,形成旋转磁场。图中内部圆环表示转子,转子上固定有绕组。假定此时转子还未转动,则由磁极旋转形成的旋转磁场就会切割转子导条。根据电磁感应原理,转子导条中会产生感应电动势。根据右手定则可知,N 极下导条中感应电动势的方向是向内的,S 极下导条中感应电动势的方向则是向外的。上下两根导体构成闭合线圈,所以在闭合线圈中会产生与感应电动势同方向的电流。通电导体在磁场中受到电磁力的作用,由左手定则可知 N 极下通电导条受到的电磁力方向向左,S 极下通电导条受到的电磁力方向向右,这一对力偶形成逆时针方向的电磁转矩 T。在电磁转矩 T 的作用下,转子以 n 的速度沿逆时针方向旋转。其中,旋转磁场的转速 n_1 为同步转速,电机正常工作时转子转动的方向与旋转磁场相同,但转子转速 n 低于旋转磁通的转速 n_1。如果转子与磁极之间不发生相对运动($n=n_1$),则转子导条中无法产生感应电动势,并且转子线圈中不产生电流也不形成电磁转矩。异步电动机中的异步是指电机正常工作时 n 与 n_1 不相等。

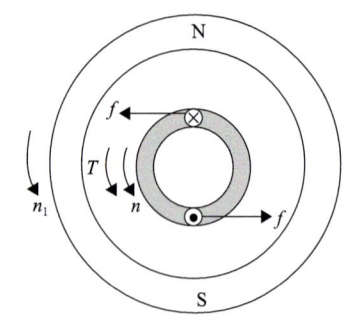

图 3-5-2 异步电动机工作原理图

同步电动机可分为旋转电枢式和旋转磁极式两种。旋转电枢式如图 3-5-3(a)所示,励磁绕组在定子上,电枢绕组在转子上。由于转动的电枢绕组要通过滑动接触才能输出或输入电能,故只适用于小容量同步电机。旋转磁极式更适用于大功率高电压领域,可分为隐极式和凸极式两种。隐极式结构如图 3-5-3(b)所示,该结构气隙均匀、转子的机械强度高,直流励磁嵌放在槽中,两个大齿分别形成 N 极和 S 极,适用于少极高速的同步电机,汽轮发电机都采用隐极式结构。凸极式结构如图 3-5-3(c)所示,该结构气隙不均匀、构造简单,励磁绕组绕在磁极上通入直流电形成 N 极和 S 极。但由于其旋转时的空气阻力大,故比较适合多极中速或低速旋转场合。当旋转磁极式同步电动机定子三相绕组接交流电源,可在定子与转子间的气隙中产生旋转磁场;转子励磁绕组通直流电源时将产生恒定磁场。恒定磁场由于受到旋转磁场的作用,产生电磁转矩,带动转子旋转。同步电动机转子转速总与旋转磁场保持同步。

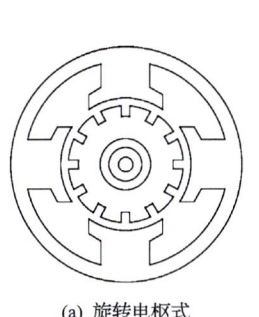 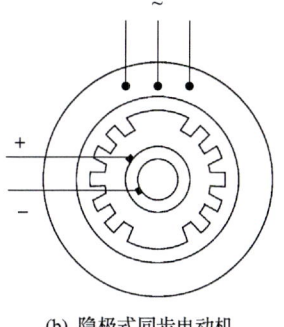 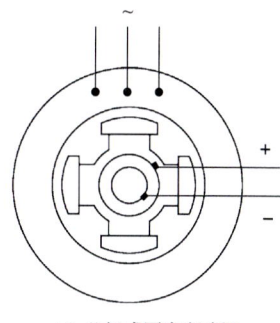

(a) 旋转电枢式　　　　(b) 隐极式同步电动机　　　　(c) 凸极式同步电动机

图 3-5-3　同步电动机结构图

3. 发电机

发电机是压缩空气储能系统在释能过程中的重要部件，储气装置中的高压空气驱动膨胀机运转带动发电机工作，从而将空气压力能转换为电能向外输出。与电动机一样，发电机也可以分为同步发电机和异步发电机。

异步发电机主要有并网运行和独立运行两种工作模式。异步发电机的并网操作简单，可将发电机转子在原动机的作用下拖到接近同步转速，当其转向与定子磁场旋转方向一致时即可并入电网运行。异步发电机并网运行时的带载能力强，电压、频率稳定。异步发电机独立运行时需要给定子绕组并联足够的电容，并且要求电机有剩磁。其中，能够建立空载电压的最小电容容量称为临界电容。

同步发电机是指转子转速与定子旋转磁场转速相同的交流发电机，根据结构型式不同可以分为旋转电枢式和旋转磁极式两类。其中，旋转磁极式又包括隐极式和凸极式两种（图 3-5-4）。旋转电枢式同步发电机的磁极固定在定子上，电枢绕组安装在转子上。同步发电机的应用十分广泛，绝大部分发电厂采用同步发电机发电。

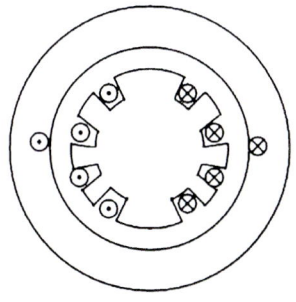 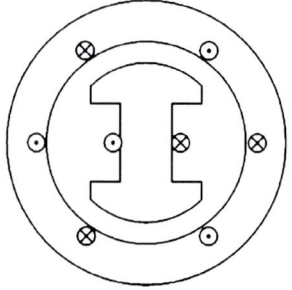

(a) 隐极式同步发电机　　　　(b) 凸极式同步发电机

图 3-5-4　旋转磁极式同步发电机结构示意图

4. 变压器

变压器是电力系统最常见的电气设备,也是压缩空气储能系统与电网耦合回路的重要组成部分,起到升降压的作用。变压器的种类有很多,按照变压器用途可以分为升压变压器、降压变压器、配电变压器。按照变压器结构可以分为双绕组变压器、三绕组变压器和自耦变压器。按照相数可以分为单相变压器、三相变压器和多相变压器。

变压器由闭合铁心和绕在铁心上的绕组等主要部分组成。其中,铁心构成变压器的磁路部分,绕组则构成变压器的电路部分。图 3-5-5 是变压器带载运行的工作原理图。与电源连接的绕组称为一次绕组,与负载连接的绕组称为二次绕组。一次、二次绕组的匝数分别为 N_1 和 N_2。当交流电压接入一次绕组时,一次绕组中便有交流电流 I_1 通过,在磁动势 N_1I_1 的作用下产生主磁通 Φ_{m1} 和漏磁通 $\Phi_{\sigma1}$。其中,漏磁通 $\Phi_{\sigma1}$ 只与一次绕组交链,产生漏磁感应电动势 $E_{\sigma1}$。当二次绕组接有负载时,二次绕组中流过交流电流 I_2。在磁动势 N_2I_2 的作用下产生主磁通 Φ_{m2} 和漏磁通 $\Phi_{\sigma2}$。其中,漏磁通 $\Phi_{\sigma2}$ 只与二次绕组交链,产生漏磁感应电动势 $E_{\sigma2}$。根据主磁通保持不变的原则,主磁通 Φ_{m1} 和 Φ_{m2} 形成的合成主磁通等于变压器空载时的主磁通 Φ_m,同时与一次绕组和二次绕组交链,分别形成感应电动势 E_1 和 E_2。

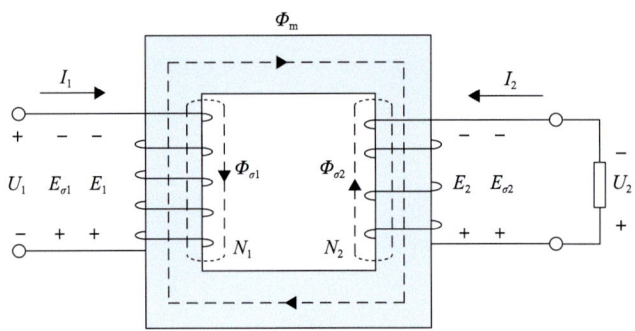

图 3-5-5　变压器带载运行的工作原理图

根据电磁感应定律可得 $E_1 = 4.44fN_1\Phi_m$ 和 $E_2 = 4.44fN_2\Phi_m$,则有

$$\frac{U_1}{U_2} \approx \frac{E_1}{E_2} = \frac{N_1}{N_2} = k \tag{3-5-1}$$

式中,k 为变压器的匝数比,简称为变比。

一次绕组产生的磁动势和二次绕组产生的磁动势大小相等,方向相反。一次、

二次绕组的电流关系为

$$\frac{I_1}{I_2} = \frac{N_2}{N_1} = \frac{1}{k} \tag{3-5-2}$$

5. 输电线路

输电线路是电能传输的重要通道，压缩空气储能系统的用电与发电都离不开输电线路。常用的输电线路包括架空输电线路、电力电缆输电线路、特高压输电线路、直流输电线路等。

架空输电线路是电力系统中电能传输、交换、调节和分配的主要环节。采用架空输电线路可以实现远距离输电和电力的跨区域调节。架空导线通常采用铝、铝合金、铜和钢材料做成，它具有导电率高、耐热性好、机械强度高、耐腐蚀性强、质量轻等特点。架空输电线路的输送容量和线路电压的平方成正比，与输电线路的阻抗成反比。输电线路的电压、输送容量和输送距离关系如表 3-5-1 所示。

表 3-5-1 输电线路电压、输送容量和输送距离的关系

线路电压/kV	输送容量/(MV·A)	输送距离/km
35	2～10	20～50
110	10～50	50～150
220	110～500	100～300
330	200～800	200～600
500	1000～1500	150～850
750	2000～2500	500～1000
1000～1150	4000～6000	1000～2000

电力电缆是电力系统常用的电能传输通道，具有施工简便、易于维护、生产周期快等特点。根据绝缘类型的不同，可以分为油浸纸绝缘电缆、塑料绝缘电缆、橡皮绝缘电缆、气体绝缘电缆及低温电缆、超导电缆等新型电缆。

特高压输电线路可以实现远距离、大规模、低损耗输电，电力规模的经济性驱动电网向特高压发展。发展特高压输电线路能够实现以下目标：①大容量、远距离从发电中心向负荷中心输送电能；②有利于形成坚强的互联电网，能更有效地利用整个电网可用资源，提高互联电网的可靠性和稳定性；③发展特高压可以继续扩大电力系统的覆盖范围，确保电网更经济、更可靠地运行。

高压直流输电是将三相交流电通过换流站整流成直流电，通过直流输电线路送至另一个换流站逆变成三相交流电的输电方式，主要由两个换流站和直流输电线路组成。直流输电的优点较多，主要体现在以下几个方面。

(1) 直流输电两端的交流系统无须同步运行,输送容量由换流阀电流的允许值决定,输送容量和距离不受两端交流系统的限制,有利于远距离大容量送电。

(2) 采用直流输电可实现电力系统非同步联网,而不增加被联电网的短路容量,无需因短路容量问题更换被联电网的断路器。

(3) 可以方便地对直流输电输送的有功功率和换流器吸收的无功功率进行快速控制,改善了交流系统的运行性能。

(4) 直流输电系统可以利用大地或海水作为回路,省去一极的导线。对于双极直流系统,大地回路通常作为备用导线,当一极发生故障时可自动转为单极方式运行,提高了输电系统的可靠性。

6. 测量与控制

在机械工程领域,测试技术是一项重要的基础技术,包括各种物理量的测量方法、测量系统及测量信号处理方法。工程上常用的反馈测试系统由传感器、信号变换、信号分析处理或微型计算机等环节组成,如图 3-5-6 所示。

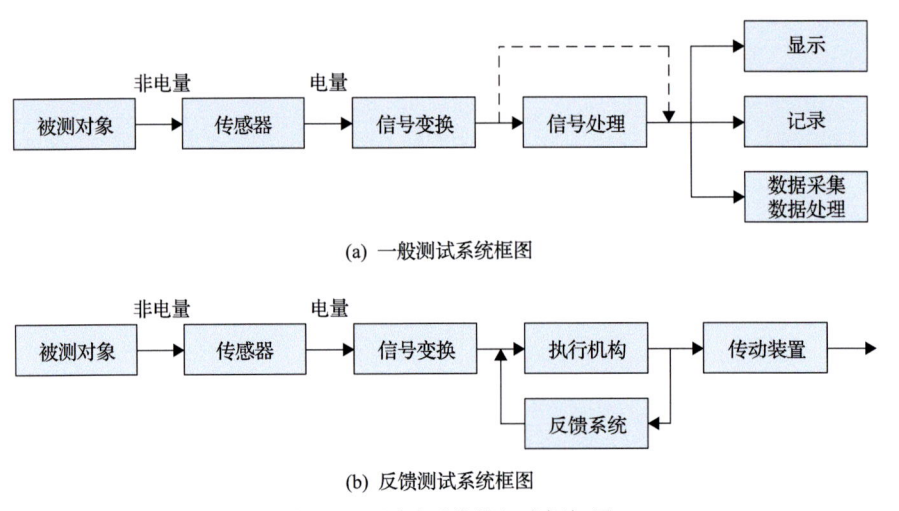

图 3-5-6　测试系统的组成框架图

传感器是将外界信息按一定规律转换成可以被测试系统识别的物理形式的装置。压缩空气储能系统通常采用的传感器是将外界信息按一定规律转换成电信号的装置,它是自动检测和自动控制的首要环节。按传感器的工作机制可以分为结构型传感器和物性型传感器。传统的结构型传感器是通过物体的变形或位移来检测被测量的,如电感式、电容式传感器。物性型传感器则利用材料的固有特性实现对外界信息的检测,如陶瓷类、光纤类传感器等。

信号变换环节是对传感器的输出信号进行加工,如信号放大、调制与解调、阻抗变换,将信号变换为电压或电流等。原始信号经过这个环节处理后,变成便于传输、记录、显示、转换及可进行进一步后续处理的信号。这个环节常用的模拟电路有电桥电路、相敏电路、测量放大电路、振荡电路等,常用的数字电路有门电路、各种触发器、A/D 和 D/A 转换器等。

3.5.2 电力系统工作过程分析

"发电、输电、变电、配电、用电"是电力系统的五大环节,涉及的机组出力调控、系统功率调节、用户负荷调配、系统安全稳定运行等都离不开控制技术。自动控制技术广泛应用于电力系统的过程控制,使被控对象达到预定目标。压缩空气储能系统生产工艺运行的安全可靠性、经济性也离不开控制系统,如机组的转速控制、功率控制及电气系统的保护控制。了解控制系统的理论知识有助于进一步了解压缩空气储能系统的工作原理。

1. 自动控制基本方法

随着自动控制技术的发展,先后出现了基于频域传递函数的经典控制理论、基于时域状态空间描述的现代控制理论和基于人工智能的智能控制理论。基于经典控制理论的控制方式按照系统结构可以分为开环控制方式、闭环控制方式和复合控制方式。现代控制理论常见的控制方法有最优控制、预测控制、鲁棒控制等。智能控制理论主要包括模糊控制、自适应控制、神经网络等控制方式。下面对几种有代表性的控制方法进行简单介绍。

1) 开环控制方式

开环控制方式是指控制装置与被控对象之间只有顺向作用而没有反向联系的控制方式(图 3-5-7)。在开环控制系统中,不把关于被控量值的信息用在控制过程中构成控制作用。开环控制系统可以按给定量控制方式组成,也可以按扰动控制方式组成。其中,按给定量控制的开环系统,其控制作用直接由系统的输入量产生,给定一个输入量就会产生与之对应的输出量,系统控制精度完全取决于所用元件和校准的精度。按扰动控制的开环控制系统是利用可测量的扰动量而产生的一种补偿作用来降低或抵消扰动对输出量的影响。

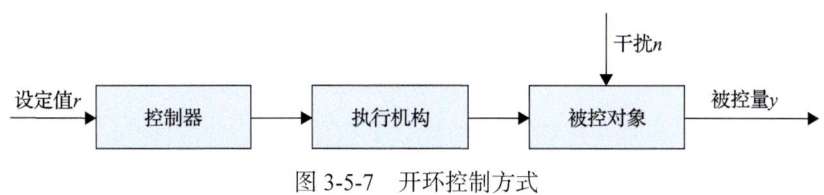

图 3-5-7 开环控制方式

2) 闭环控制方式

闭环控制方式(也称为反馈控制方式)是控制装置与受控对象之间不但有顺向

作用而且还有反向联系(反馈)的控制方式(图 3-5-8)。闭环控制是根据偏差来控制的，当被控量偏离期望值出现偏差时控制系统就会产生控制作用来降低或消除偏差，使被控量与期望量趋于一致。反馈控制系统由控制器、执行机构、被控对象和反馈通路组成。比较环节是用来将输入(设定值 r)与输出(被控量 y)相减，给出偏差信号。这一环节在具体系统中可能与控制器统称为调节器。

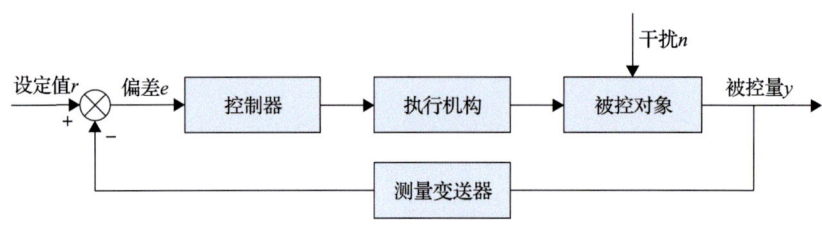

图 3-5-8　闭环控制方式

3) 复合控制方式

复合控制方式是将按偏差控制和按扰动控制相结合的控制方式，这样可以对主要扰动采用适当的补偿装置来实现按扰动控制，同时再结合反馈控制系统实现按偏差控制来消除偏差，如图 3-5-9 所示。

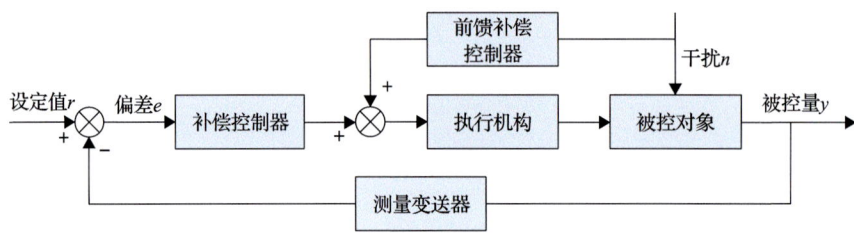

图 3-5-9　复合控制方式结构图

4) 最优控制方式

最优控制是现代控制理论的核心。最优控制研究的主要问题是根据已建立被控对象的数学模型，选择一个容许的控制规律，使被控对象按预定要求运行，并使给定的某一性能指标达到极值。

5) 模糊控制方式

模糊控制是一种基于模糊数学理论，采用语言规则与模糊推理和先进控制策略的控制方式。模糊控制的实质是将相关领域的专家知识和熟练操作人员积累的经验转换为模糊化的语言规则，通过运用模糊推理与模糊决策实现对复杂系统的控制。

2. 自动控制系统基本要求

稳定性、快速性和准确性是控制系统的基本要求，三者在一定程度上是互相影响的，要做到三者兼顾并有所侧重才能使被控量更好地满足实际需求。

1) 稳定性

稳定性是保证控制系统正常工作的先决条件。控制系统的稳定表现在其被控量与期望值之间的偏差随时间逐渐减小并趋于零。对于稳定的恒值控制系统来说，被控量因扰动偏离期望值后，经过一个过渡过程，被控量应恢复到恒值控制期望值状态；对于稳定的随动系统，被控量应能始终跟踪输入量的变化。对于线性自动控制系统，其稳定性是由系统结构和参数决定的，与外界因素无关。非线性自动控制系统的稳定性不仅取决于控制系统的固有结构和参数，而且与系统的初始条件和输入信号有关。

2) 快速性

控制系统的快速性是指其动态性能。动态过程是指控制系统的被控量在输入信号作用下随时间变化的全过程，衡量动态过程的品质通常采用在单位阶跃信号作用下过渡过程的超调量、过渡过程时间等性能指标。

3) 准确性

理想情况下，当过渡过程结束后，被控量达到的稳态值应与期望值一致。实际上，由于系统结构、外作用形式等非线性因素的影响，被控量的稳态值与期望值之间存在一定偏差，即稳态误差。稳态误差是衡量控制系统控制精度的重要标志，与控制系统的结构、参数及输入信号的形式有关。

3. 常用控制规律

控制系统的控制器常采用比例、微分、积分、比例-微分、比例-积分、比例-积分-微分等基本控制规律。压缩空气储能系统的机组转速控制、功率控制、油温控制、气体温度控制等均涉及上述基本控制规律。因此，了解这些基本控制规律有助于理解压缩空气储能系统的工作过程。

1) 比例控制（P 控制）

具有比例控制规律的控制器即 P 控制器，如图 3-5-10 所示。P 控制器输出量 $u(t)$ 与作用误差信号 $e(t)$ 之间的关系为

$$u(t) = K_p e(t) \tag{3-5-3}$$

或者表示成拉普拉斯变换量的形式,即

$$\frac{U(s)}{E(s)} = K_p \tag{3-5-4}$$

式中,K_p 为比例系数。

比例控制器实质上是一个具有可调增益的放大器。在信号变换过程中,P 控制器只改变信号的增益而不影响其相位。在串联校正中,放大控制器增益 K_p 可以提高系统的开环增益,减小系统稳态误差,从而提高系统的控制精度,但这会降低系统的相对稳定性,甚至可能会造成闭环系统的不稳定。一般而言,比例控制不单独使用。

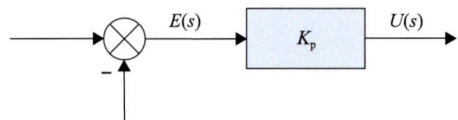

图 3-5-10　比例控制器结构图

2) 比例-微分控制(PD 控制)

具有比例-微分控制规律的控制器即 PD 控制器,如图 3-5-11 所示。

PD 控制器输出与输入的关系为

$$u(t) = K_p e(t) + K_p T_d \frac{\mathrm{d}e(t)}{\mathrm{d}t} \tag{3-5-5}$$

其传递函数为

$$\frac{U(s)}{E(s)} = K_p(1 + T_d s) \tag{3-5-6}$$

式中,T_d 为微分时间常数。

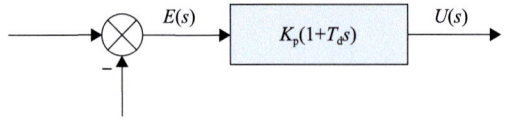

图 3-5-11　比例-微分控制器结构图

PD 控制器中的微分控制规律能反映输入信号的变化趋势,产生有效的修正信号,以增加系统的阻尼,从而提高系统的稳定性。在串联校正中,系统增加一个 $1/\tau$ 的开环零点可提高系统的相角裕度,从而有利于改善控制系统的动态性能。

3) 积分控制(I 控制)

具有积分控制规律的控制即 I 控制器, 如图 3-5-12 所示。I 控制器的输出与输入信号的积分成正比, 则有

$$u(t) = K_i \int_0^t e(t) \mathrm{d}t \tag{3-5-7}$$

式中, K_i 为积分系数。积分控制器的传递函数为

$$\frac{U(s)}{E(s)} = \frac{K_i}{s} \tag{3-5-8}$$

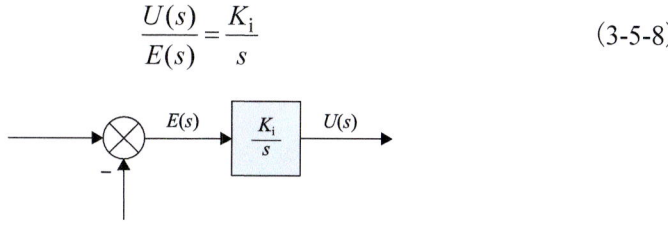

图 3-5-12 积分控制器结构图

在串联校正中, 采用 I 控制器有助于系统稳态性能的提高, 但积分控制使系统增加了一个位于原点的开环极点, 这使信号产生了 90°的相角滞后, 所以不利于系统的稳定性。因此, 对于控制器的设计一般不采用单一的积分控制。

4) 比例-积分控制(PI 控制)

具有比例-积分控制规律的控制器即 PI 控制器, 如图 3-5-13 所示。

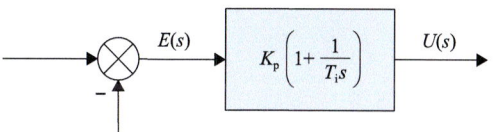

图 3-5-13 比例-积分控制器结构图

PI 控制器的输出与输入关系为

$$u(t) = K_p e(t) + \frac{K_p}{T_i} \int_0^t e(t) \mathrm{d}t \tag{3-5-9}$$

式中, T_i 为积分时间常数, 其传递函数为

$$\frac{U(s)}{E(s)} = K_p \left(1 + \frac{1}{T_i s}\right) \tag{3-5-10}$$

PI 控制器主要用来改善控制系统的稳态性能。在串联校正中, PI 控制器相当

于是在系统中增加了一个位于原点的开环极点，同时也增加了一个位于 s 左半平面的开环零点。位于原点的极点可用来提高系统的型别，以消除或减小系统的稳态误差，改善系统的稳态性能；增加的负实零点则用来减小系统阻尼，以缓和 PI 控制器极点对系统稳定性及动态过程产生的不利影响。

5) 比例-积分-微分控制(PID 控制)

具有比例-积分-微分控制规律的控制器即 PID 控制器，如图 3-5-14 所示。PID 控制器的输入与输出关系为

$$u(t) = K_p e(t) + \frac{K_p}{T_i} \int_0^t e(t) \mathrm{d}t + K_p T_d \frac{\mathrm{d}e(t)}{\mathrm{d}t} \tag{3-5-11}$$

其传递函数为

$$\frac{U(s)}{E(s)} = K_p \left(1 + \frac{1}{T_i s} + T_d s\right) \tag{3-5-12}$$

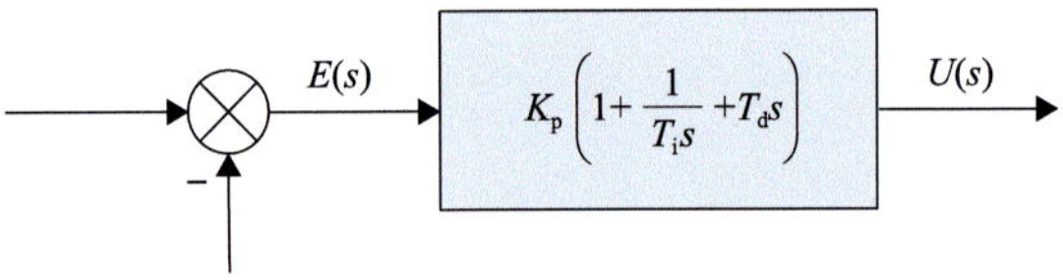

图 3-5-14　比例-积分-微分控制器结构图

与 PI 控制器相比，PID 控制器不仅能提高系统的稳态性能，还能提高系统的动态性能。PID 控制器是工业过程控制系统广泛采用的一种控制器。

4. 继电保护

继电保护是对电力系统中发生的故障或异常情况进行检测，从而发出报警信号，或直接将故障部分隔离、切除的一种重要措施。继电保护在电力系统中的主要作用是通过预防事故或缩小事故范围来提高系统运行的可靠性。继电保护装置是电力系统的重要组成部分，是保证电力系统安全和可靠运行的重要技术措施之一。

1) 继电保护的分类

继电保护主要有以下几种分类方式。

(1) 按被保护对象分类，有输电线保护和主设备保护(如发电机、变压器、母线、电抗器、电容器等保护)。

(2) 按保护功能分类，有短路故障保护和异常运行保护。前者又可分为主保

护、后备保护和辅助保护；后者又可分为过负荷保护、失磁保护、失步保护、低频保护、非全相运行保护等。

(3) 按保护装置进行比较和运算处理的信号量分类，有模拟式保护和数字式保护。机电型、整流型、晶体管型及集成电路型(运算放大器)保护装置均属于模拟式保护，其直接响应输入信号的连续模拟量；而基于微处理机或微型计算机的保护装置则属于数字式保护，其通过采样与模数转换将模拟量处理为离散数字信号进行响应。

(4) 按保护动作原理分类包含过电流保护、低电压保护、过电压保护、功率方向保护、距离保护、差动保护、纵联保护、瓦斯保护等。

2) 继电保护的基本要求

继电保护装置是保证电力系统安全可靠运行的重要设备。选择性、速动性、灵敏性和可靠性是对继电保护的四项基本要求。

Ⅰ. 选择性

继电保护动作的选择性是指：当电力系统发生故障时，保护装置能够精准识别并快速切除故障元件(如故障线路、变压器等)，同时保持非故障设备的正常运行，实现故障影响范围的最小化，最大限度维持电力系统的完整性和供电连续性。

Ⅱ. 速动性

快速切除故障可以提高电力系统的稳定性，减小故障元件的损坏程度，缩小电力系统的事故范围。电力系统发生故障时，需要继电保护装置能够迅速动作切除故障。必须快速切除的故障包括：高压输电线路上发生的故障；造成发电厂或重要用户的母线电压低于允许值的故障；大容量发电机、变压器及电动机内部发生的故障；1～10kV 线路导线截面过小，为避免过热不允许延时切除的故障等。

Ⅲ. 灵敏性

继电保护的灵敏性是指对于保护范围内发生故障或不正常运行状态的反应能力。对于继电保护装置，在事先规定的保护范围发生故障时，保护都应灵敏反应。保护装置的灵敏性用灵敏系数来衡量，主要取决于被保护设备和电力系统的参数及运行方式。

Ⅳ. 可靠性

保护装置的可靠性是指在保护范围内发生应该动作的故障时，保护装置不应该拒绝动作，在该保护装置不该动作的情况下则不应误动作。可靠性包括可靠不拒动和可靠不误动。为了提高继电保护系统的可靠性，除主保护外还应考虑后备保护和辅助保护。其中，后备保护又分为近后备保护和远后备保护。近后备保护是指除主保护外再装设另一套保护作为主保护的后备。远后备保护是指当主保护或断路器拒绝动作时，由靠近电源侧的相邻元件进行保护以实现后备保护。

3.5.3 电力系统能量与损失分析方法

电力系统是发电、输配电及配(用)电相结合的复杂系统。其中，发电系统即生产电能的系统，其功能是将自然界中的一次能源转化为电能。输电系统的功能是将发电机产生的电能经过变压器和不同电压等级的输电线路输送至负荷中心，从而实现电能的传输。配(用)电系统的功能是将送至负荷中心的电能经过配电变压器和配电线路再变压分配给各电力用户的用电设备(即电力负荷)来消费电能，其中不含电力负荷的部分称为配电网络。

电力系统效率和各个环节的能量损失紧密相关，电力系统的能量损失分析是一个复杂的能量损失分析过程。

1. 电力系统效率

电力系统的整体效率分析取决于庞大而复杂的系统中各个设备和过程的能量损失，如电机能量损失、输电线路能量损失、变压器能量损失等。效率直接关系到电力系统的经济性。为了使电力系统运行维持经济性，必须降低发电成本，提高输送效率，通常以"煤耗"和"网损率"作为衡量系统运行经济性的两大指标。"煤耗"又称煤耗率，即电厂消耗的能量与输出能量之比，单位为 g/(kW·h)，即每发 1kW·h 的电能所消耗的煤量。"网损率"是指电力网络中损耗的电能与供应电力网络电能的百分比。

2. 电力系统能量与损失分析方法

电动机和发电机是压缩空气储能系统的重要组成部件，电机效率对系统效率有着直接影响。同时，输电线路和变压器的能量损失关系到压缩空气储能系统所发电能的最大化利用。因此，研究各个设备的能量损失对分析系统效率十分必要。

1) 电机能量损失

压缩空气储能系统中的发电机和电动机主要为同步电机，本节主要分析同步发电机和同步电动机的能量损失分析方法。

同步发电机将机械能转化为电能，发电机在稳定运行时的功率平衡关系为

$$P_1 = P_M + P_0 \tag{3-5-13}$$

式中，P_1 为原动机的输入功率；P_M 为同步发电机的电磁功率；P_0 为同步发电机的空载损耗。当同步发电机空载运行时，电机不向电网输送功率，原动机提供的功率等于发电机空载运行时消耗的功率，即发电机的空载损耗 P_0，包括发电机的

铁损耗和机械损耗，则空载损耗 P_0 可表示为

$$P_0 = P_{Fe} + P_m \tag{3-5-14}$$

式中，P_{Fe} 为发电机的铁损耗；P_m 为发电机的机械损耗。由于发电机定子绕组中存在铜损耗，故电磁功率的一部分用于铜损耗，剩下的功率即同步发电机的输出功率，则有

$$P_M = P_{Cu} + P_2 \tag{3-5-15}$$

式中，P_{Cu} 为发电机定子绕组的铜损耗；P_2 为同步发电机的输出功率。

同步发电机功率流程图如图 3-5-15 所示，同步发电机带负载运行时的功率平衡关系为

$$P_1 = P_M + P_0 = P_2 + P_{Cu} + P_{Fe} + P_m \tag{3-5-16}$$

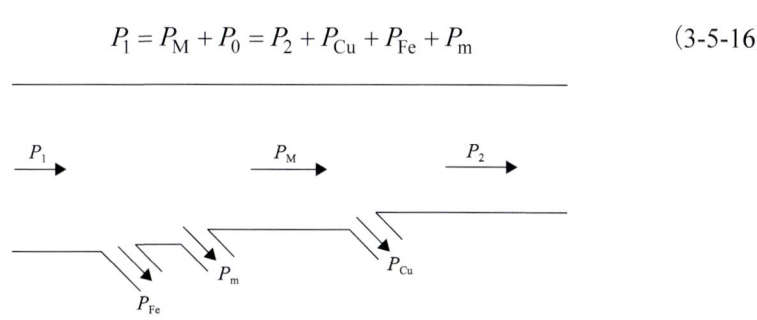

图 3-5-15　同步发电机功率流程图

同步发电机的效率为

$$\eta = \frac{P_2}{P_1} \times 100\% = \left(1 - \frac{P_{Cu} + P_{Fe} + P_m}{P_1}\right) \times 100\% \tag{3-5-17}$$

同步电动机将电能转换为机械能，在电机运行过程中存在一定损耗。同样，使用功率流法分析同步电动机的功率平衡，同步电动机从电源吸收有功功率 P_1，再减去在定子绕组的铜损耗 P_{Cu1}，可转化为电磁功率 P_M，即

$$P_1 - P_{Cu1} = P_M \tag{3-5-18}$$

从电磁功率中再减去定子铁损耗 P_{Fe}、机械损耗 P_m 和附加损耗 P_s 后，可得输出功率 P_2，即

$$P_2 = P_M - P_{Fe} - P_m - P_s \tag{3-5-19}$$

式中，定子铁损耗 P_{Fe}、机械损耗 P_{mec} 及附加损耗 P_s 与同步电动机是否带负载无

关，统称为空载损耗，用 P_0 表示，则有

$$P_0 = P_{Fe} + P_m + P_s \tag{3-5-20}$$

输出功率 P_2 和空载损耗 P_0 相加得到的结果即同步电动机的电磁功率 P_M，则

$$P_M = P_2 + P_0 = P_2 + P_{Fe} + P_m + P_s \tag{3-5-21}$$

根据上述分析可以得到同步电动机功率流程如图 3-5-16 所示，其功率平衡方程为

$$P_1 = P_2 + P_{Cu1} + P_{Fe} + P_m + P_s \tag{3-5-22}$$

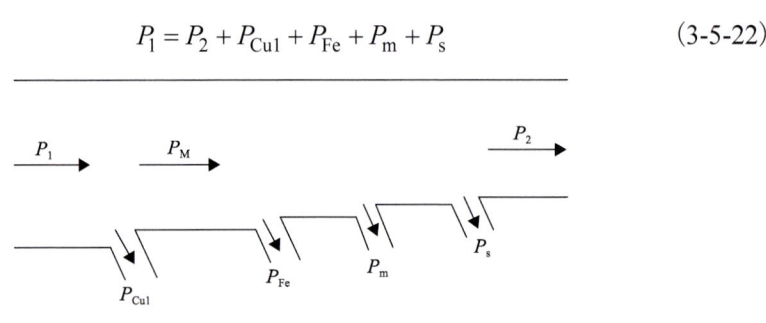

图 3-5-16 同步电动机功率流程图

同步电动机的效率为

$$\eta = \frac{P_2}{P_1} \times 100\% = \left(1 - \frac{P_{Cu1} + P_{Fe} + P_m + P_s}{P_1}\right) \times 100\% \tag{3-5-23}$$

2) 输电线路能量损失

图 3-5-17 是输电线路的 Ⅱ 形等值电路，其中 $Z = R + jX$、$Y = G + jB$ 为每相阻抗和导纳。输电线路的功率损耗是指电流通过阻抗 Z 产生的损耗 $\Delta \tilde{S}_z$ 和电流通过导纳 $Y/2$ 产生的损耗 $\Delta \tilde{S}_{y1}$ 和 $\Delta \tilde{S}_{y2}$。

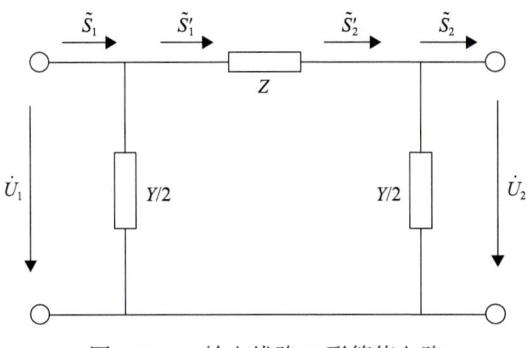

图 3-5-17 输电线路 Ⅱ 形等值电路

根据图 3-5-17，设输电线路末端功率为 $\tilde{S}_2 = P_2 + jQ_2$，当末端电压为 $\dot{U}_2$ 时，输电线路末端导纳支路的功率损耗 $\Delta\tilde{S}_{y2}$ 为

$$\Delta\tilde{S}_{y2} = \dot{U}_2 \left(\frac{Y}{2}\dot{U}_2\right)^* = \frac{1}{2}\overset{*}{Y} U_2 \overset{*}{\dot{U}}_2 = \frac{1}{2}(G - jB)U_2^2$$
$$= \frac{1}{2}GU_2^2 - j\frac{1}{2}BU_2^2 = \Delta P_{y2} - j\Delta Q_{y2} \tag{3-5-24}$$

式中，$\dot{U}$、$\dot{I}$ 分别为电压相量和电流相量；$\overset{*}{U}$、$\overset{*}{Y}$ 分别为电压的共轭相量和导纳的共轭相量。输电线路阻抗支路末端功率 $\tilde{S}_2'$ 为

$$\tilde{S}_2' = \tilde{S}_2 + \Delta\tilde{S}_{y2} = (P_2 + jQ_2) + (\Delta P_{y2} - j\Delta Q_{y2})$$
$$= (P_2 + \Delta P_{y2}) + j(Q_2 - \Delta Q_{y2}) = P_2' + jQ_2' \tag{3-5-25}$$

阻抗支路中的功率损耗 $\Delta\tilde{S}_z$ 为

$$\Delta\tilde{S}_z = \left(\frac{\tilde{S}_2'}{U_2}\right)^2 Z = \frac{P_2'^2 + Q_2'^2}{U_2^2}(R + jX)$$
$$= \frac{P_2'^2 + Q_2'^2}{U_2^2}R + j\frac{P_2'^2 + Q_2'^2}{U_2^2}X = \Delta P_z + j\Delta Q_z \tag{3-5-26}$$

则流入阻抗支路始端功率 $\tilde{S}_1'$ 为

$$\tilde{S}_1' = \tilde{S}_2' + \Delta\tilde{S}_z = (P_2' + jQ_2') + (\Delta P_z + j\Delta Q_z)$$
$$= (P_2' + \Delta P_z) + j(Q_2' + \Delta Q_z) = P_1' + jQ_1' \tag{3-5-27}$$

输电线路始端导纳支路中的功率损耗 $\Delta\tilde{S}_{y1}$ 为

$$\Delta\tilde{S}_{y1} = \dot{U}_1 \left(\frac{Y}{2}\dot{U}_1\right)^* = \frac{1}{2}\overset{*}{Y} U_1 \overset{*}{\dot{U}}_1 = \frac{1}{2}(G - jB)U_1^2$$
$$= \frac{1}{2}GU_1^2 - j\frac{1}{2}BU_1^2 = \Delta P_{y1} - j\Delta Q_{y1} \tag{3-5-28}$$

根据以上分析，可以得出始端功率 $\tilde{S}_1$ 为

$$\tilde{S}_1 = \tilde{S}_1' + \Delta\tilde{S}_{y1} = (P_1' + jQ_1') + (\Delta P_{y1} - j\Delta Q_{y1})$$
$$= (P_1' + \Delta P_{y1}) + j(Q_1' - \Delta Q_{y1}) = P_1 + jQ_1 \tag{3-5-29}$$

由输电线路导纳支路的功率损耗 $\Delta\tilde{S}_{y1}$、$\Delta\tilde{S}_{y2}$ 的计算式可见，无功功率损耗为

负值，即线路损耗容性的无功功率可以视为向电网供给感性的无功功率。

3) 变压器能量损失

变压器功率损耗的计算方法与电力线路相似。图 3-5-18 是简化的变压器 Γ 型等值电路，其中，$Z_T = R_T + jX_T$ 和 $Y_T = G_T - jB_T$ 分别为变压器的阻抗和导纳。

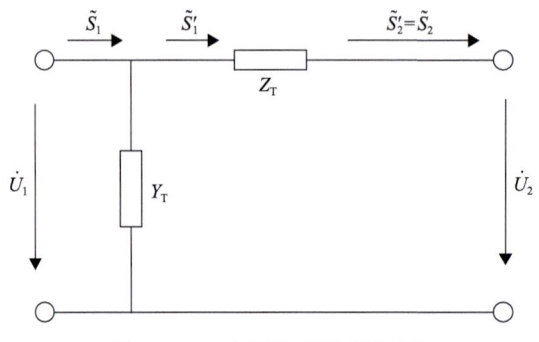

图 3-5-18　变压器 Γ 型等值电路

变压器阻抗支路中的功率损耗 $\Delta \tilde{S}_{zT}$ 为

$$\Delta \tilde{S}_{zT} = \left(\frac{\tilde{S}_2'}{U_2}\right)^2 Z_T = \frac{P_2'^2 + Q_2'^2}{U_2^2}(R_T + jX_T)$$

$$= \frac{P_2'^2 + Q_2'^2}{U_2^2} R_T + j\frac{P_2'^2 + Q_2'^2}{U_2^2} X_T = \Delta P_{zT} + j\Delta Q_{zT} \quad (3\text{-}5\text{-}30)$$

变压器励磁支路的功率损耗 $\Delta \tilde{S}_{yT}$ 为

$$\Delta \tilde{S}_{yT} = \dot{U}_1 \left(Y_T \dot{U}_1\right)^* = Y_T^* \dot{U}_1^* \dot{U}_1 = (G_T + jB_T)U_1^2$$

$$= G_T U_1^2 + jB_T U_1^2 = \Delta P_{yT} + j\Delta Q_{yT} \quad (3\text{-}5\text{-}31)$$

设变压器阻抗支路末端功率 $S_2' = P_2' + jQ_2' = S_2 = P_2 + jQ_2$，则阻抗支路始端功率为

$$\tilde{S}_1' = \tilde{S}_2' + \Delta \tilde{S}_{zT} = (P_2' + jQ_2') + (\Delta P_{zT} + j\Delta Q_{zT})$$

$$= (P_2' + \Delta P_{zT}) + j(Q_2' + \Delta Q_{zT}) = P_1' + jQ_1' \quad (3\text{-}5\text{-}32)$$

根据以上分析，可以得出变压器始端功率 $\tilde{S}_1$ 为

$$\tilde{S}_1 = \tilde{S}_1' + \Delta \tilde{S}_{yT} = (P_1' + jQ_1') + (\Delta P_{yT} + j\Delta Q_{yT})$$

$$= (P_1' + \Delta P_{yT}) + j(Q_1' + \Delta Q_{yT}) = P_1 + jQ_1 \quad (3\text{-}5\text{-}33)$$

从变压器励磁支路功率损耗 $\Delta \tilde{S}_{yT}$ 的计算式可以看出，变压器励磁支路的无功功率损耗和线路导纳支路的无功功率损耗符号相反，即变压器励磁支路是消耗感性的无功功率。

第4章　压缩空气储能的设计

压缩空气储能系统的设计是一个复杂过程,涉及多个工程领域的知识和技术。在系统总体层面,应针对实际工程需要对系统的性能指标进行初步设计和计算,充分考虑系统变工况特性和非稳态特性对系统的设计参数进行合理设置,并与系统中各部件设计一起进行迭代优化设计。在各部件层面,需要对系统各组成部分进行详细的参数设计和计算。本章以技术成熟度较高的两种压缩空气储能系统(传统压缩空气储能系统和蓄热式压缩空气储能系统)为例,主要介绍压缩机、燃烧室、膨胀机、蓄热(冷)器、换热器、储气装置、控制系统的设计技术。

4.1　系统总体设计技术

4.1.1　系统设计原则

系统设计是指在系统分析的基础上,设计出能够满足预定目标的系统。压缩空气储能系统设计的内容主要包括:确定系统设计方针和方法,将压缩空气储能系统分解为若干子系统,确定各子系统的设计目标、功能及其相互关系;对各子系统进行总体设计、评价并对全系统进行设计、评价,从而确定部件、子系统和全系统的主要参数指标。在所有设计中,遵循总体(系统)先行的原则。

1. 设计指标

1)系统效率

传统压缩空气储能系统的效率也称为循环效率(round-trip efficiency,RTE),可按式(4-1-1)计算,即

$$\eta = \frac{E_{\text{out}}}{E_{\text{in}} + Q\eta_{\text{eff}}} \quad (4\text{-}1\text{-}1)$$

式中,E_{out} 为周期内系统输出的电能;E_{in} 为周期内系统输入的电能;Q 为周期内系统输入天然气或其他燃料的热值;η_{eff} 为考虑天然气或其他燃料燃烧时等效电能折算效率。

对于没有燃烧室的压缩空气储能系统，$Q=0$，从而有

$$\eta = \frac{E_{\text{out}}}{E_{\text{in}}} \quad (4\text{-}1\text{-}2)$$

$$E_{\text{in}} = W_c = P_c t_{\text{cha}} \quad (4\text{-}1\text{-}3)$$

$$E_{\text{out}} = W_t = P_t t_{\text{dis}} \quad (4\text{-}1\text{-}4)$$

式中，W_c 为压缩机耗功；W_t 为膨胀机输出功；P_c、P_t 分别为对应压缩机和膨胀机的功率；t_{cha} 为充电时间；t_{dis} 为放电时间。

当释能压力和储能压力满足一定约束条件时（如为确保储能密度，两者差值一定），系统效率可进一步描述为

$$\eta = \frac{W_t}{W_c} = \frac{P_t t_{\text{dis}}}{P_c t_{\text{cha}}} = \frac{\sum_{i=1}^{N} c_{\text{p,air}} \dot{m}_{\text{t,air}} t_{\text{dis}} T_{i,\text{tin}} \left(1 - 1/\beta_{i,t}^{\frac{n-1}{n}}\right)}{\sum_{i=1}^{N} c_{\text{p,air}} \dot{m}_{\text{c,air}} t_{\text{cha}} T_{i,\text{cin}} \left(\beta_{i,c}^{\frac{n-1}{n}} - 1\right)}$$

$$= f(\beta_{i,c}, N) \quad (4\text{-}1\text{-}5)$$

式中，$c_{\text{p,air}}$ 为空气比定压热容；$\dot{m}_{\text{c,air}}$、$\dot{m}_{\text{t,air}}$ 分别为压缩机、膨胀机内的空气质量流量；$T_{i,\text{cin}}$ 为第 i 级压缩机进口温度；$T_{i,\text{tin}}$ 为第 i 级膨胀机进口温度；$\beta_{i,c}$ 为压缩机第 i 级压比；n 为多变指数。

由上述对系统的热力学特性分析可知，系统效率主要由压缩机和膨胀机的级数、压缩机每级压比（或总压比与压比分配）、膨胀机每级膨胀比（或总膨胀比与膨胀比分配）共同决定。在进行系统总体设计时，先根据系统运行的总需求，再结合部件经验参数，确定各部件和系统参数，最后根据总体参数开展部件具体设计，并与总体设计不断迭代，形成最终方案。

2）能量密度

能量密度是压缩空气在膨胀过程中对外做功与储存空气体积的比值。其表达式为

$$\rho_{\text{sys}} = \frac{W_{\text{out}}}{V_{\text{rese}}} \quad (4\text{-}1\text{-}6)$$

式中，ρ_{sys} 为系统的能量密度；V_{rese} 为储存空气的体积，可近似为储气装置的体积；W_{out} 为膨胀过程中对外做功。

储存空气体积的计算公式为

$$V_{\text{rese}} = \frac{M_{\text{storage}}}{\rho_{\text{air}}} = \frac{\dot{m}_{0,\text{work}} t_{\text{dis}}}{\rho_{\text{air}}} \tag{4-1-7}$$

式中，M_{storage} 为储存空气的总质量；ρ_{air} 为压缩后的空气密度；$\dot{m}_{0,\text{work}}$ 为释能时工作空气的质量流量。

2. 设计内容

设计应保证系统具有较高的系统效率和能量密度，同时系统还应具有较低的建设和运行成本。另外，各设备的热力学参数应在保证系统运行安全的前提下，考虑部件的制造能力，此外还需要不断与部件设计进行迭代。

系统设计包括对系统热力学参数的确定和系统关键设备的结构设计，具体包括储能和释能功率、储能和释能时间、压缩机/膨胀机空气质量流量、各级压缩机/膨胀机进出口的热力学参数和等熵效率及机械效率、各级间冷器/再热器效率和空气压力损失、各级间冷器/再热器循环水流量和泵功、储气装置压力的变化范围、各关键设备选型和尺寸及发电机和电动机的功率和效率等。上述参数均需考虑系统的变工况运行特性及非稳态特性，最后综合各种工况选取设计点参数。

4.1.2 设计工况的热力学分析

1. 部件与系统模型

压缩空气储能系统的工作过程涉及空气的压缩、换热、储存、膨胀及蓄热工质储热等多个环节，热力过程较为复杂。为了掌握压缩空气储能系统总体的热力性能，需要分别建立压缩机、膨胀机、换热器、储气室等部件的热力学模型，从而建立系统的总体效率、能量密度等与各关键部件的关系。

1) 压缩机

压缩机是压缩空气储能系统的关键部件，其级数、压比和效率等参数对整个系统的性能具有决定性影响。大型系统通常选用轴流式、离心式压缩机或轴流和离心组合式压缩机。轴流或离心压缩机的多变效率可由式(4-1-8)计算(根据工程经验所得)：

$$\eta_{n,c} = 0.91 - \frac{\beta_c - 1}{300} \tag{4-1-8}$$

式中，$\eta_{n,c}$ 为压缩机多变效率；β_c 为压缩机压比。

第 i 级压缩机出口温度为

$$T_{i,\text{cout}} = T_{i,\text{cin}} \beta_{i,\text{c}}^{\frac{n-1}{n}} \tag{4-1-9}$$

式中，$T_{i,\text{cout}}$ 为第 i 级出口温度；$T_{i,\text{cin}}$ 为第 i 级进口温度；$\beta_{i,\text{c}}$ 为第 i 级压比；n 为多变指数。其中，多变指数满足

$$\frac{n-1}{n} = \frac{r-1}{r\eta_{n,\text{c}}} \tag{4-1-10}$$

式中，r 为比热容比。

第 i 级压缩机的耗功功率为

$$\begin{aligned}P_{i,\text{c}} &= c_{\text{p,air}}\dot{m}_{\text{c,air}}(T_{i,\text{cout}} - T_{i,\text{cin}}) \\ &= c_{\text{p,air}}\dot{m}_{\text{c,air}}T_{i,\text{cin}}\left(\beta_{i,\text{c}}^{\frac{n-1}{n}} - 1\right)\end{aligned} \tag{4-1-11}$$

式中，$c_{\text{p,air}}$ 为空气比定压热容；$\dot{m}_{\text{c,air}}$ 为空气质量流量。

第 i−1 级压缩机出口到第 i 级压缩机进口的高压空气经过压缩机间冷器后有压降 $\Delta p_{i-1,\text{cool}}$，即

$$p_{i,\text{cin}} = p_{i-1,\text{cout}} - \Delta p_{i-1,\text{cool}} \tag{4-1-12}$$

式中，$p_{i,\text{cin}}$ 为第 i 级压缩机进口压力；$p_{i-1,\text{cout}}$ 为第 i−1 级压缩机出口压力。

定义第 i−1 级压缩机压比 $\beta_{i-1,\text{c}}^*$ 为

$$\beta_{i-1,\text{c}}^* = \frac{p_{i,\text{cin}}}{p_{i-1,\text{cin}}} \tag{4-1-13}$$

因此，总压比为

$$\beta_{\text{tol,c}} = \prod_{i=2}^{N+1} \beta_{i-1,\text{c}}^* \tag{4-1-14}$$

压缩机侧第 i 级单位时间的蓄热量为

$$q_{i,\text{cool}} = c_{\text{p,air}} m_{\text{c,air}} (T_{i,\text{cout}} - T_{i+1,\text{cin}}) \tag{4-1-15}$$

2）膨胀机

膨胀机是压缩空气储能系统的关键部件，其级数、膨胀比和效率等参数对整

个系统的性能也具有决定性影响，大型压缩空气储能系统通常选用轴流式、向心式膨胀机或轴流式和向心式组合膨胀机。轴流式或向心式膨胀机的多变效率随膨胀比而变化，多变效率可由式(4-1-16)计算(根据工程经验所得)，即

$$\eta_{n,t} = 0.90 - \frac{\beta_t - 1}{250} \tag{4-1-16}$$

式中，$\eta_{n,t}$为膨胀机多变效率；β_t为膨胀机膨胀比。

第i级膨胀机出口温度，即

$$T_{i,\text{tout}} = T_{i,\text{tin}} / \beta_{i,t}^{\frac{n-1}{n}} \tag{4-1-17}$$

式中，$T_{i,\text{tout}}$为第i级膨胀机出口温度；$T_{i,\text{tin}}$为第i级膨胀机进口温度；$\beta_{i,t}$为第i级膨胀机膨胀比；n为多变指数。其中，多变指数满足

$$\frac{n-1}{n} = \frac{\eta_{n,t}(r-1)}{r} \tag{4-1-18}$$

第i级膨胀机做功功率为

$$\begin{aligned} P_{i,t} &= c_{p,\text{air}} \dot{m}_{t,\text{air}} (T_{i,\text{tin}} - T_{i,\text{tout}}) \\ &= c_{p,\text{air}} \dot{m}_{t,\text{air}} T_{i,\text{tin}} \left(1 - 1 \Big/ \beta_{i,t}^{\frac{n-1}{n}}\right) \end{aligned} \tag{4-1-19}$$

第$i-1$级膨胀机出口到第i级膨胀机进口的高压空气经过膨胀机再热器有压降$\Delta p_{i,\text{heat}}$，即

$$p_{i,\text{tin}} = p_{i-1,\text{tout}} - \Delta p_{i,\text{heat}} \tag{4-1-20}$$

式中，$p_{i,\text{tin}}$为第i级膨胀机进口压力；$p_{i-1,\text{tout}}$为第$i-1$级膨胀机出口压力。

定义第i级膨胀机膨胀比$\beta_{i,t}^*$为

$$\beta_{i,t}^* = \frac{p_{i-1,\text{tout}}}{p_{i,\text{tout}}} \tag{4-1-21}$$

则总膨胀比为

$$\beta_{\text{tol},t} = \prod_{i=1}^{N} \beta_{i,t}^* = \beta_{\text{tol},c} \tag{4-1-22}$$

压缩机侧第 i 级单位时间的蓄热量为

$$q_{N+1-i,\text{heat}} = c_{\text{p,air}}\, m_{\text{c,air}}(T_{N+1-i,\text{tin}} - T_{N-i,\text{tout}}) \tag{4-1-23}$$

3) 蓄热(冷)/换热器

换热器效能为

$$\varepsilon = \frac{c_{\text{p,air}} \dot{m}_{\text{air}} \left| T_{\text{out,air}} - T_{\text{in,air}} \right|}{(c_p \dot{m})_{\min} \left| T_{\text{in,air}} - T_{\text{in,w}} \right|} = \frac{c_{\text{p,w}} \dot{m}_{\text{w}} \left| T_{\text{out,w}} - T_{\text{in,w}} \right|}{(c_p \dot{m})_{\min} \left| T_{\text{in,air}} - T_{\text{in,w}} \right|} \tag{4-1-24}$$

式中，$T_{\text{out,air}}$ 为出口空气温度；$T_{\text{in,air}}$ 为进口空气温度；$T_{\text{out,w}}$ 为出口水温；$T_{\text{in,w}}$ 为进口水温；$c_{\text{p,w}}$ 为水的定压比热；$c_{\text{p,air}}$ 为空气的定压比热。

根据效能的定义，可计算各换热器的出口温度。压缩机侧第 i 级压缩机间冷器空气进口温度为

$$T_{i+1,\text{cin}} = T_{i,\text{cout}} - \varepsilon(T_{i,\text{cout}} - T_{i,\text{win,cool}}) \tag{4-1-25}$$

式中，$T_{i+1,\text{cin}}$ 为第 $i+1$ 级压缩机间冷器空气进口温度；$T_{i,\text{cout}}$ 为第 i 级压缩机间冷器空气出口温度；$T_{i,\text{win,cool}}$ 为第 i 级压缩机间冷器冷水温度。

因为各级冷水温度均为 T_0，所以上式变为

$$T_{i+1,\text{cin}} = (1-\varepsilon)T_{i,\text{cout}} + \varepsilon T_0 \tag{4-1-26}$$

压缩机侧第 i 级压缩机间冷器中的冷水经加热后的温度为

$$T_{i,\text{wout,cool}} = \varepsilon T_{i,\text{cout}} + (1-\varepsilon)T_0 \tag{4-1-27}$$

膨胀机侧第 i 级膨胀机再热器空气进口温度为

$$T_{i,\text{tin}} = \varepsilon T_{N+1-i,\text{wout,cool}} + (1-\varepsilon)T_{i-1,\text{tout}} \tag{4-1-28}$$

式中，$T_{i,\text{tin}}$ 为第 i 级膨胀机再热器空气进口温度；$T_{N+1-i,\text{wout,cool}}$ 为第 $N+1-i$ 级再热器中冷水经加热后的温度；$T_{i-1,\text{tout}}$ 为第 $i-1$ 级膨胀机再热器空气出口温度。

蓄热/换热单元中散热器的散热损失为

$$\Delta Q = \sum_{i=1}^{N}(q_{i,\text{cool}}t_{\text{cha}} - q_{N+1-i,\text{heat}}t_{\text{dis}}) \tag{4-1-29}$$

4) 燃烧室

表征燃烧室热力特性的主要指标包括燃烧室效率、燃烧室压力损失等。燃烧

室效率 η_b 表征了燃料实际用于加热工质的热量与燃料完全燃烧时放出的热量之比，表达式为

$$\eta_b = \frac{(1+\alpha L_0)(h_g^{t_3} - h_g^{t_0}) - [(h_f^{t_2} - h_f^{t_0}) + \alpha L_0(h_a^{t_2} - h_a^{t_0})]}{H_u} \tag{4-1-30}$$

式中，α 为过量空气系数；L_0 为理论空气量；$h_g^{t_3}$、$h_g^{t_0}$ 分别为膨胀机进口(t_3)单位量燃气的焓值和标准状态(t_0=25℃)下单位量燃气的焓值；$h_f^{t_2}$、$h_f^{t_0}$ 分别为燃烧室进口(t_2)单位量燃料的焓值和标准状态下单位量燃料的焓值；$h_a^{t_2}$、$h_a^{t_0}$ 为燃烧室进口单位量空气的焓值和标准状态下单位量空气的焓值；H_u 为单位量燃料的净比能。

燃烧室中气体的流动阻力和燃气加热时的热阻使燃烧室中的气体压力稍有下降。压力损失会导致单位输出功率减小，燃料消耗率上升。在进行系统热力学计算和特性计算时，多采用总压保持系数 ϕ_b 来表征燃烧室的压力损失，即

$$\phi_b = 1 - \frac{\Delta p_b}{p_2} \tag{4-1-31}$$

式中，Δp_b 为燃烧室压力损失；p_2 为燃烧室进口压力。

质量守恒方程为

$$\dot{m}_2 - \dot{m}_3 + \dot{m}_f = 0 \tag{4-1-32}$$

能量守恒方程为

$$\dot{m}_2 h_2 + \dot{m}_f (h_f + H_u \eta_b) - \dot{m}_3 h_3 = 0 \tag{4-1-33}$$

式中，$\dot{m}_2$ 为燃烧室进口空气流量；$\dot{m}_3$ 为燃烧室出口燃气流量；$\dot{m}_f$ 为燃料流量；h_2 为燃烧室进口空气比焓；h_f 为燃料比焓；h_3 为燃烧室出口燃气比焓。

5) 储气装置

储气装置的热力学特性对系统效率、能量密度等性能参数有重要影响。储气装置多为地下储气室或人工储气钢瓶。一般情况下，储气装置为恒容且非绝热，其内部空气的热力状态变化过程可以分为 3 个阶段：储能阶段、储释能间隔阶段和释能阶段。在不同阶段，由于空气流入、流出及空气与储气装置壁面的换热，空气的状态参数会发生变化。为了分析系统在运行过程中储气装置的热力学特性，取储气装置空间为控制体 CV（图 4-1-1）。

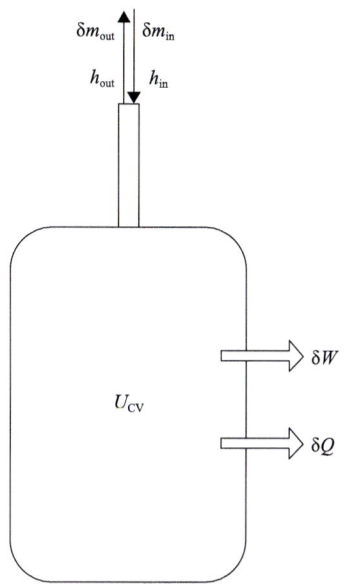

图 4-1-1 储气装置模型示意图

在系统运行过程中，由热力学第一定律可得

$$\delta Q = \mathrm{d}U_{cv} + h_{out}\delta m_{out} - h_{in}\delta m_{in} + \delta W \tag{4-1-34}$$

式中，δQ 为储气装置内空气与壁面的换热量；$\mathrm{d}U_{cv}$ 为储气装置中空气的热力学能变化；h_{in}、h_{out} 分别为进、出储气装置中的空气焓值；δm_{in}、δm_{out} 分别为进、出储气装置中的空气质量；δW 为储气装置内空气与环境交换的功量。

储气室前散热器的散热量为

$$Q_{\text{aftercool}} = c_{p,\text{air}} m_{c,\text{air}} t_{\text{cha}} (T_{\text{in,aftercool}} - T_0) \tag{4-1-35}$$

虽然在整个储能和释能过程中储气装置的压力和温度不断变化，但在系统设计点建模时，可暂不考虑储气装置内部的参数变化，仅需将储气装置的最高压力作为压缩机设计的背压处理，将储气装置最低压力至最高压力中的某一压力作为膨胀机的设计入口压力处理(这取决于膨胀机的变工况能力，将在下节讨论)。

6) 系统建模

储能系统的总体参数包括效率、储/释能空气流量、热能利用率、节流损失率等。用于衡量储能系统性能的效率是指膨胀过程释能做功 w_T 与压缩过程中用于能量储存耗功 w_C 之比，计算公式为

$$\eta_z = w_T / w_C \tag{4-1-36}$$

根据储能系统释能功率 P_T 可推导出其释能空气流量为

$$\dot{m}_T = \frac{P_T}{w_T} \tag{4-1-37}$$

因此，系统释能时间为 t_{dis} 所需要的空气质量为

$$m = \dot{m}_T t_{dis} \tag{4-1-38}$$

储能过程中，空气流量 $\dot{m}_C$ 为

$$\dot{m}_C = \frac{m}{t_{cha}} \tag{4-1-39}$$

蓄热式压缩空气储能系统的热能利用率 r 为释能过程膨胀吸热量 Q_T 与储能过程压缩放热量 Q_C 的比值，用于衡量蓄热式压缩空气储能系统的热能利用效率，其公式如下：

$$r = \frac{Q_T}{Q_C} \tag{4-1-40}$$

对于先进压缩空气储能系统，为了保障释能做功过程中的压力稳定，储气装置中的储气压力一般高于膨胀机进口压力，释能过程中储气装置内的气体处于恒容变压状态，气体从储气装置储罐到膨胀机进口需经历节流稳压过程，因而存在节流损失，通过计算变容恒压储气条件即膨胀机进口为储气压力时的做功量与恒容变压时的做功量之差，可得节流损失率 l_{wy} 为

$$l_{wy} = \frac{w'_T - w_T}{w'_T} = 1 - \frac{w_T}{w'_T} \tag{4-1-41}$$

式中，w'_T 为恒压储存无节流过程膨胀机做功。

设计工况的计算逻辑如图 4-1-2 所示，首先确定研究系统的自变量，这些自变量应为系统的核心参数，然后基于物理背景建立各部件的数学方程。按照相邻部件界面处流量、温度和压力等热力学参数相同的原则，建立系统整体计算模型。对于以隐式形式出现在系统模型中的系统自变量（如储能压力），需要根据系统整体的计算模型求解。当获得各部件详细参数后，系统的性能指标便可根据系统整体的计算模型得出。

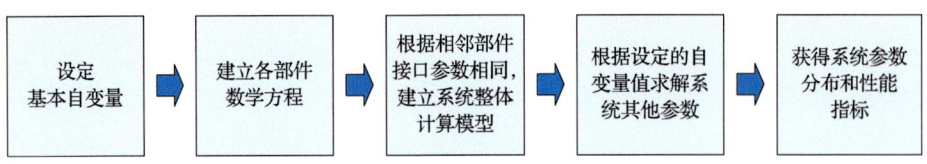

图 4-1-2　系统设计工况计算逻辑

2. 典型系统的热力学特性

本节以蓄热式压缩空气储能系统(表 4-1-1)为例，系统的膨胀机采用四级再热设计，第一级膨胀机进口压力为 4MPa，在储能和释能时间相等、输出功率为 100MW 时，详细分析了系统压缩机总压比(70～100)、压缩机级数(3～7)对系统性能的影响规律。

表 4-1-1 蓄热式压缩空气储能系统基本参数

参数名称		数值
储能过程	入口空气温度/K	293
	入口空气压力/MPa	0.1
	出口空气压力/MPa	10
	压缩机效率	0.86
	运行时间/h	8
释能过程	入口空气压力/MPa	7
	出口空气压力/MPa	0.1
	膨胀机效率	0.88
	运行时间/h	8
	冷却水入口温度/K	283
	储能系统功率/MW	100

当保持膨胀机入口压力与级数不变时，不同总压比和在不同级数压缩过程下储能系统的效率、蓄热温度、热能利用率、空气流量及节流损失等系统参数的变化规律如图 4-1-3～图 4-1-9 所示。

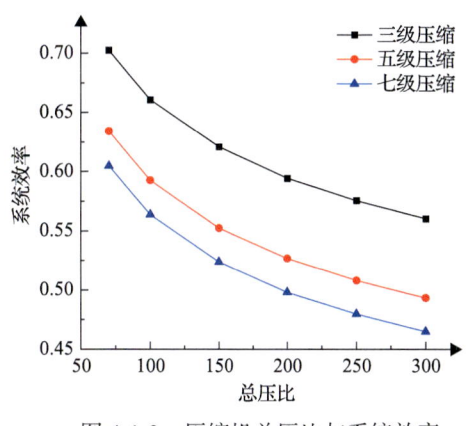

图 4-1-3 压缩机总压比与系统效率

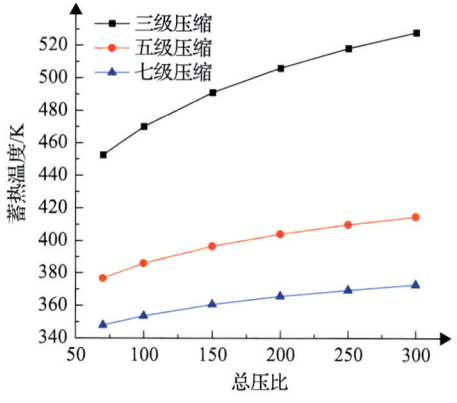

图 4-1-4 压缩机总压比与蓄热温度

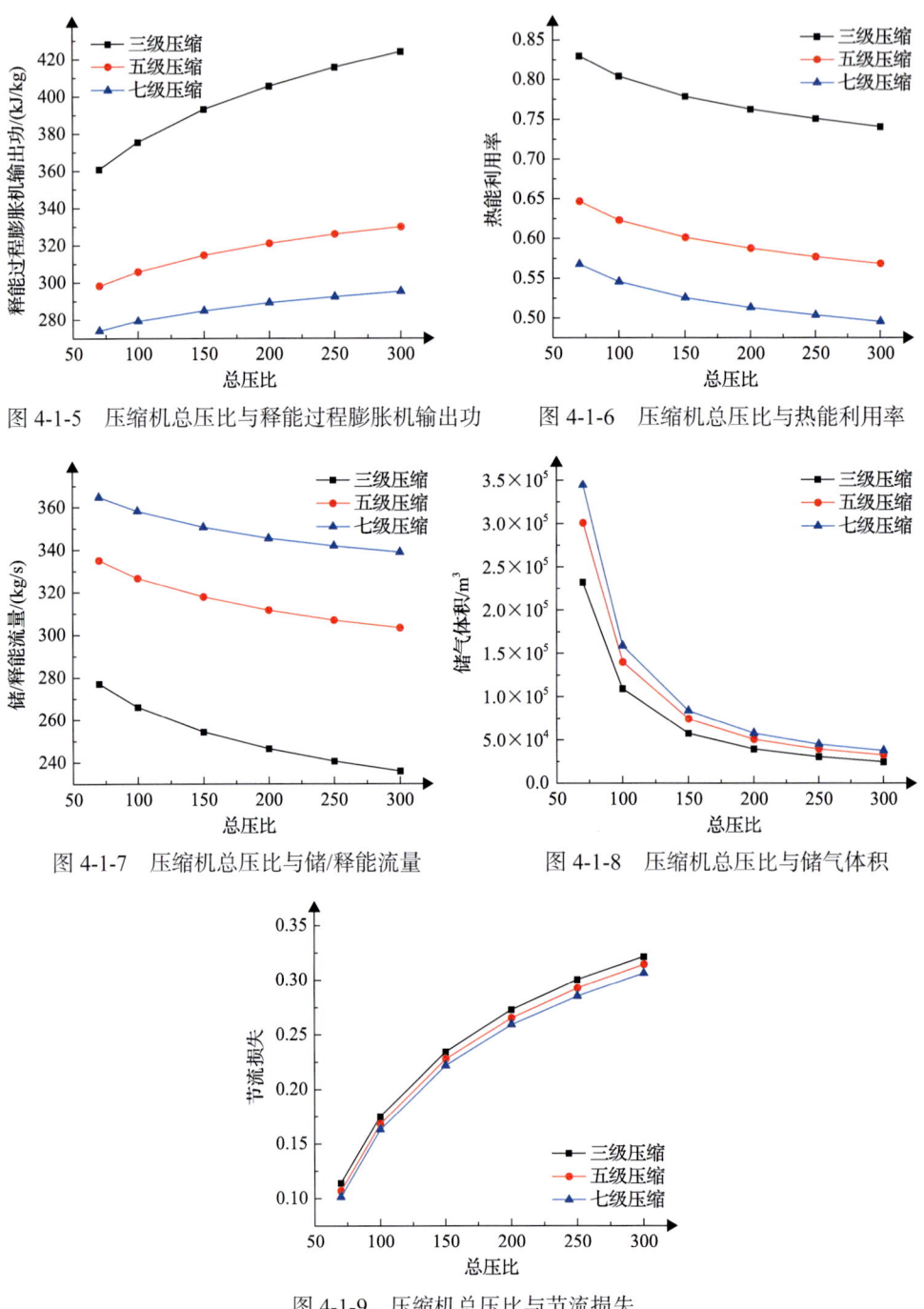

图 4-1-5 压缩机总压比与释能过程膨胀机输出功

图 4-1-6 压缩机总压比与热能利用率

图 4-1-7 压缩机总压比与储/释能流量

图 4-1-8 压缩机总压比与储气体积

图 4-1-9 压缩机总压比与节流损失

图 4-1-3 表明对于蓄热式压缩空气储能系统，在同样的压缩级数下，系统效率随压缩机总压比的升高而降低，在同样的总压比下，系统效率随压缩机级数

的增加而降低。这是由于随着总压比升高和级数减少,压缩机出口温度提高(图 4-1-4),蓄热温度和膨胀机进口温度也随之相应提高;而膨胀机进口温度提高会显著提高相同压比下膨胀机的输出功(图 4-1-5),根据式(4-1-36)可知系统效率受压缩机耗功与膨胀机做功的影响,从而导致系统效率提高。在同样的总压比下,压缩机级数越多,越接近等温压缩过程,压缩机耗功越低,但储能过程的蓄热温度相应降低,对应膨胀机进口温度也降低,导致做功能力下降。图 4-1-3～图 4-1-5 表明膨胀机进口温度对系统效率起主导作用。

在恒容储气的蓄热式压缩空气储能系统中,由于存在从储气罐到膨胀机进口的节流稳压损失、压缩机的不可逆损失和换热温差,所以压缩间冷储存的热量并不能完全被膨胀过程吸收。由图 4-1-6 可知,对于同一级数压缩系统,出口压力越高,绝热系统的热能利用率越低,由于总压比提升,压缩过程间冷放热量也随之增加,而且由于压缩机效率低于膨胀机效率,所以放热量增幅大于膨胀机吸热量增幅。对于同一压缩机总压比,级数越多,系统热能利用率越低,甚至在一些级数与压力的匹配下,热能利用率低于 50%。这是由于随压缩机级数增加,虽然间冷热量随之减少,但单级间冷放热温度降低,膨胀机吸热量明显减少,这不仅减少了膨胀机出功,而且造成大量热量浪费,系统效率降低。在图 4-1-3 与图 4-1-6 中,系统效率与系统热能利用率呈现出相同的变化规律,这说明对于多级间冷压缩和多级再热膨胀过程,压缩系统出口压力或级数改变,二者耗/做功量与放/吸热量的变化规律相似。

根据式(4-1-38)与式(4-1-40)可知,100MW 储能系统储能与释能的空气流量由 w_T 即工质做功能力决定(本节中,储能过程时间与释能过程时间相同)。因此,在图 4-1-7 中,提高压缩机总压比或降低压缩机级数都可以提高膨胀机工质的做功能力,从而减小系统中储释能过程的空气流量。同时,压缩机总压比升高,气体密度随之增大,储存压缩气体的体积大幅度降低,如图 4-1-8 所示。

在图 4-1-9 中,对于恒容储能系统中具有相同级数的压缩机,当膨胀机进口压力一定时,系统的节流损失随压缩机总压比的增加而增加。据前所述,压缩机总压比增加,膨胀机做功量 w_T 提高(图 4-1-5);而对于恒压储能系统,压缩机总压比的增加不但会提高膨胀机进口温度,还会提高膨胀机入口压力。因此,受两种因素影响的恒压释能输出功 w_T 随压缩机总压比增加的增加量高于具有对应参数恒容系统的释能输出功 w_T,根据式(4-1-41)可得系统节流损失随压缩机总压比的增加而增大。

对于同一压缩机总压比,不同级数对储能系统节流损失的影响基本一致,但存在级数高而节流损失相应减小的规律。在上述分析中,级数增加,对应膨胀机进口温度降低,但温降对于恒容和恒压系统来说相同,所有入口温度的变化对二者做功能力的损失抵消,不影响节流损失。对于恒压储能系统来说,压缩机级数越多，间冷换热单元总压降累计得越多，储气和恒压系统膨胀机进口压力随之降低，做功能力降低；而对于恒容储能系统，由于存在节流稳压过程，其入口压力恒定为4MPa，做功能力不变，由式(4-1-41)可知节流损失减少，换热压损是形成这一规律的主要原因。由此可得，对于恒压储能系统，需要考虑级数带来换热压损的变化对膨胀机做功的影响。

以上特性研究可为压缩空气储能系统设计选取合适的总压比、级数等提供参考，本节的研究方法同样可用于研究其他的系统参数设计。

4.1.3 变工况分析

在实际运行时，压缩空气储能系统通常不能仅在一个工况点运行，其原因主要包括：当储存风电、光电等可再生能源电力时，可再生能源的波动性和不稳定性使储能时压缩机的输入功率不断变化；当压缩空气储能系统用于微网、分布式能源系统等时，为满足整体系统负荷平衡的要求，压缩机/膨胀机负荷需进行经常调节；另外，由于在储能过程中储气装置压力不断升高，所以压缩机将在变背压条件下运行等。因此，需要对压缩空气储能系统进行变工况分析，了解各个部件的变工况特性，然后根据能量守恒和质量守恒方程联立求解，进而得到系统整体的变工况特性。

1. 部件与系统模型

1) 压缩机

空气经过压缩机消耗的功率 P_c 和等熵效率 η_c 为

$$P_c = \dot{m}_c(h_{\text{out,c}} - h_{\text{in,c}}) \tag{4-1-42}$$

式中，$\dot{m}_c$ 为压缩机的质量流量；$h_{\text{out,c}}$ 和 $h_{\text{in,c}}$ 分别为压缩机出口比焓和进口比焓。

$$\eta_c = \frac{h_{\text{out,s,c}} - h_{\text{in,c}}}{h_{\text{out,c}} - h_{\text{in,c}}} \tag{4-1-43}$$

式中，$h_{\text{out,s,c}}$ 为以等熵过程压缩到相同背压时的出口比焓。

压缩空气储能系统的压缩机变工况运行时，压比和效率随转速、流量、进气导叶开度等参数而变化，因此压缩机的变工况性能主要是指压比和效率随其他参数的变化关系。有学者曾根据大量的试验数据和一定的物理背景拟合得到压缩机的通用特性曲线计算公式，即

$$\varepsilon_c' = c_1(N_c)M_c^2 + c_2(N_c)M_c + c_3(N_c) \tag{4-1-44}$$

$$\eta'_c = [1 - c_4(1-N_c)^2](N_c/M_c)(2 - N_c/M_c) \quad (4\text{-}1\text{-}45)$$

$$\begin{aligned}
c_1 &= N_c / [p(1-\dot{m}_c/N_c) + N_c(N_c - \dot{m}_c)^2] \\
c_2 &= (p - 2\dot{m}_c N_c^2) / [p(1-\dot{m}_c/N_c) + N_c(N_c - \dot{m}_c)^2] \\
c_3 &= -(p\dot{m}_c N_c - \dot{m}_c^2 N_c^3) / [p(1-\dot{m}_c/N_c) + N_c(N_c - \dot{m}_c)^2] \\
c_4 &= 0.3
\end{aligned} \quad (4\text{-}1\text{-}46)$$

其中，相对折合量及折合量为

$$M_c = \bar{m}_c / \bar{m}_{c0}; \quad \bar{m}_c = \frac{\dot{m}_c \sqrt{T_1}}{p_1} \quad (4\text{-}1\text{-}47)$$

$$N_c = \bar{n}_c / \bar{n}_{c0}; \quad \bar{n}_c = \frac{n_c}{\sqrt{T_1}} \quad (4\text{-}1\text{-}48)$$

$$\varepsilon'_c = \varepsilon_c / \varepsilon_{c0}; \quad \eta'_c = \eta_c / \eta_{c0} \quad (4\text{-}1\text{-}49)$$

式中，$\dot{m}_c$ 为质量流量；n_c 为转速；ε_c 为压比；η_c 为等熵效率；M_c、N_c、ε'_c、η'_c 分别为其相对折合量；下标 0 和 1 分别为设计值和进口参数。图 4-1-10 是根据以上公式计算的压缩机通用特性曲线。

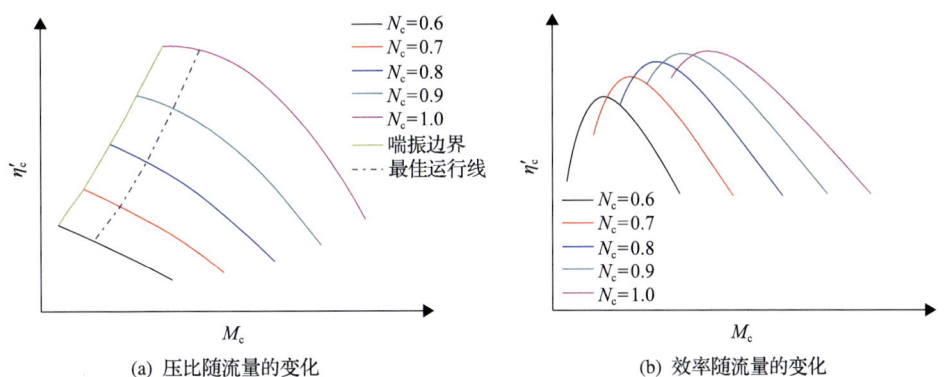

图 4-1-10 压缩机通用特性曲线

2) 膨胀机

膨胀机的输出功率 P_t 和等熵效率 η_t 为

$$P_t = \dot{m}_t(h_{in,t} - h_{out,t}) \quad (4\text{-}1\text{-}50)$$

式中，$\dot{m}_t$ 为经过膨胀机的空气质量流量；$h_{out,t}$ 和 $h_{in,t}$ 分别为膨胀机出口比焓和进口比焓。

$$\eta_t = \frac{h_{in,t} - h_{out,t}}{h_{in,t} - h_{out,s,t}} \tag{4-1-51}$$

式中，$h_{out,s,t}$为膨胀机以等熵过程膨胀到相同出口压力时的出口比焓。

假设为叶轮式膨胀机，膨胀机以变工况运行时，膨胀比和效率随转速、流量、可调静叶转角等参数而变化，因此膨胀机的变工况特性主要指膨胀比和效率随转速、流量、可调静叶转角等参数的变化关系。

膨胀机的通流特性类似于喷管，可根据计算喷管通流特性的弗留格尔公式得到修正的膨胀机通流特性公式，即

$$M_t = \sqrt{1.4 - 0.4N_t}\sqrt{(1/\pi_t^2 - 1)/(1/\pi_{t0}^2 - 1)} \tag{4-1-52}$$

式中

$$M_t = \bar{m}_t / \bar{m}_{t0}; \quad \bar{m}_t = \frac{\dot{m}_t \sqrt{T_3}}{p_3} \tag{4-1-53}$$

$$N_t = \bar{n}_t / \bar{n}_{t0}; \quad \bar{n}_t = \frac{n_t}{\sqrt{T_3}} \tag{4-1-54}$$

$$\pi_t' = \frac{\pi_t}{\pi_{t0}} \tag{4-1-55}$$

式中，下标3为膨胀机进口参数；下标0为设计值；π_t为膨胀机膨胀比。

等熵效率根据大量试验数据和物理背景拟合得到，即

$$\eta_t' = [1 - t_4(1 - N_t)^2](N_t / M_t)(2 - N_t / M_t) \tag{4-1-56}$$

式中

$$\eta_t' = \frac{\eta_t}{\eta_{t0}}, \quad t_4 = 0.3 \tag{4-1-57}$$

膨胀机的通用特性曲线，如图4-1-11所示。

3) 蓄热(冷)/换热器

蓄热/换热装置包括间冷器、再热器、热罐和冷罐。假设蓄热/换热设备采用双罐间接蓄热形式，选取循环水作为蓄热和传热工质。

Ⅰ. 间冷器/再热器

在间冷器中，空气释放的热量和循环水吸收的热量相等，即

$$\dot{m}_{a,c}(h_{a,in,inte} - h_{a,out,inte}) = \dot{m}_{w,c}(h_{w,out,inte} - h_{w,in,inte}) \tag{4-1-58}$$

式中，$\dot{m}$ 为质量流量；h 为比焓；下标 a 为空气；c 为压缩机；w 为循环水；in 和 out 分别为进口和出口；inte 为间冷器。

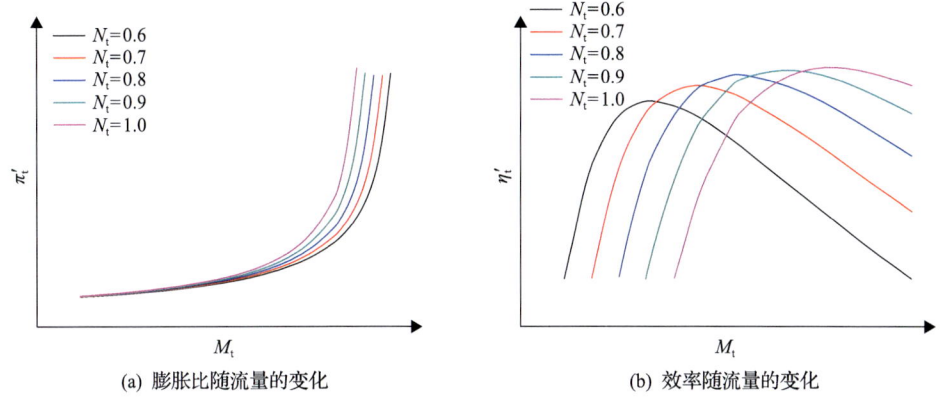

(a) 膨胀比随流量的变化　　　　　(b) 效率随流量的变化

图 4-1-11　膨胀机通用特性曲线

同时，热量传递满足传热方程，即

$$\dot{m}_{a,c}(h_{a,in,inte} - h_{a,out,inte}) = k_{inte} A_{inte} \Delta T_{inte} \tag{4-1-59}$$

式中，k_{inte} 为间冷器传热系数；A_{inte} 为换热面积；ΔT_{inte} 为空气和水的平均换热温差，采用对数平均温差的形式，换热器中的对数平均温差表示为

$$\Delta T_{inte} = \frac{\Delta T_{max} - \Delta T_{min}}{\ln \dfrac{\Delta T_{max}}{\Delta T_{min}}} \tag{4-1-60}$$

式中，ΔT_{max}、ΔT_{min} 分别为换热器两侧温差的较大者和较小者。

间冷器为气液换热，该传热系数计算可以采用余热锅炉省煤器过程的经验模型，即

$$k / k_d = \left(\frac{\dot{m}}{\dot{m}_d}\right)^{\alpha} \left(\frac{\overline{T}}{\overline{T}_d}\right)^{\beta} \tag{4-1-61}$$

式中，k 为传热系数；$\dot{m}$ 为质量流量；$\overline{T}$ 为进出口的平均温度；下标 d 为设计工况。本书取指数 $\alpha = 0.52$，$\beta = 0.31$。

空气经间冷器会产生一定的压损，该压损的计算可采用管道压损模型，即

$$\frac{\Delta p / p_{in}}{(\Delta p / p_{in})_d} = \frac{(\dot{m}\sqrt{T} / p)_{in}^2}{(\dot{m}\sqrt{T} / p)_{in,d}^2} \tag{4-1-62}$$

式中，Δp 为空气经间冷器/再热器的压力损失；下标 in 和 d 分别为进口参数和设计值。

再热器中的能量平衡方程和传热方程与间冷器中的方程类似。与间冷器一样，再热器也为气液换热，传热系数和压损计算同样采用式(4-1-62)和式(4-1-63)。各级再热器出口水的混合满足能量守恒。

Ⅱ. 热水罐/冷水罐

实际工程中，热水罐外面一般布置较厚的保温层，散热系数很小；经散热器进入冷水罐的水温与环境温度相差很小，与外界换热量很小，因此不考虑热水罐和冷水罐的散热损失。

从各级间冷器出来的热水混合满足能量守恒方程，即

$$\sum_{i=1}^{N}\dot{m}_i h_{i,\text{in}} = h_{\text{in,tank}}\sum_{i=1}^{N}\dot{m}_i \tag{4-1-63}$$

式中，$\dot{m}_i$ 为各级间冷器循环水的流量；$h_{i,\text{in}}$ 为各级间冷器出口循环水的比焓；$h_{\text{in,tank}}$ 为热水罐中热水的比焓。通过上式可知热水罐内热水的焓值和水温，进而得到释能时进入各级再热器的热水温度。

在储能/释能过程中，各级间冷器/再热器出口的混合水温随时间而变化，因此为了计算整个储能/释能过程中的水温，需要对整个过程中热水罐/再热器出口混合水的焓值进行积分，即

$$h_{\text{storage}}(t) = \frac{\int_0^t \left(\sum_{i=1}^{N}\dot{m}_i(s)\right) h_{\text{in,tank}}(s)\mathrm{d}s}{\int_0^t \left(\sum_{i=1}^{N}\dot{m}_i(s)\right)\mathrm{d}s} \tag{4-1-64}$$

由此可求得储能结束后热水的温度（即蓄热温度）和释能过程中排水的平均温度。

4) 储气装置

假设储气装置采用高压储罐，高压空气通过罐壁与环境换热。充气时，根据能量守恒方程和质量守恒方程，可得

$$\begin{cases} u\dot{m} + M\dfrac{\mathrm{d}u}{\mathrm{d}t} = \dot{m}h_{\text{in}} + k_{\text{cham}}A_{\text{cham}}(T_0 - T) \\ M = M_0 + \displaystyle\int_0^t \dot{m}\mathrm{d}t \end{cases} \tag{4-1-65}$$

式中，$\dot{m}$ 为充气时的空气质量流量；u 为单位质量空气的热力学能；M 为储气装置内的空气质量；M_0 为储气装置内空气的初始质量；T_0 为储气装置内空气的初始温度；h_{in} 为进口空气比焓；k_{cham} 为储气装置内空气与环境的总传热系数；A_{cham} 为储气装置的表面积；t 为时间。

根据储气装置内气体的状态方程 $T=g(p,V,M)$、物性方程 $u=f(T,p)$ 和初始条件及边界条件，可求出充气时任意时刻储气装置内的压力和温度等热力学参数。

特别地，当工质为理想气体时，将上式进行整理可得 T、p，即

$$\begin{cases} \dfrac{c_p \dot{m}}{V_0}T - \dfrac{k_{cham}A_{cham}}{V_0}(T-T_0) = \dfrac{p_0}{R_g T_0}c_v\dfrac{dT}{dt} + \dfrac{\dot{m}tc_v}{V_0}\dfrac{dT}{dt} + \dfrac{\dot{m}c_v}{V_0}T \\ p = \dfrac{\left(\dfrac{p_0 V_0}{R_g T_0} + \dot{m}t\right)R_g T}{V_0} \end{cases} \quad (4\text{-}1\text{-}66)$$

式中，V_0 为储气装置的初始体积；p_0 为储气装置内的初始压力。

释气时，根据能量守恒和质量守恒，考虑到释气时空气的焓即储气装置中空气的焓，可得

$$\begin{cases} -u\dot{m} + M\dfrac{du}{dt} = -\dot{m}h_{out} + k_{cham}A_{cham}(T_0 - T) \\ M = M_0 - \int_0^t \dot{m}dt \end{cases} \quad (4\text{-}1\text{-}67)$$

式中，h_{out} 为出口空气比焓。

根据储气装置内气体的状态方程 $T=g(p,V,M)$、物性方程 $u=f(T,p)$ 和初始条件及边界条件，便可求出释气时任意时刻储气装置内的压力和温度等热力学参数。

特别地，当作为理想气体处理时，对上式进行整理可得 T、p，即

$$\begin{cases} \dfrac{c_v p_0}{R_g T_0}\dfrac{dT}{dt} - \dfrac{c_v \dot{m}t}{V_0}\dfrac{dT}{dt} = -\dfrac{R_g \dot{m}}{V_0}T + \dfrac{k_{cham}A_{cham}}{V_0}(T_0 - T) \\ p = \dfrac{\left(\dfrac{p_0 V_0}{R_g T_0} - \dot{m}t\right)R_g T}{V_0} \end{cases} \quad (4\text{-}1\text{-}68)$$

储气装置的体积可以根据式(4-1-69)和式(4-1-70)进行预估，其中式(4-1-69)为绝热过程储气装置体积的计算式，式(4-1-70)为等温过程储气装置体积的计算式。对于总传热系数在 $0\sim\infty$ 的储气装置体积的计算，其值应在由两式计算的储气

装置体积之间。

$$V_{\mathrm{ad}} = \frac{\dot{m}_{\mathrm{c}} t_1 R \gamma T}{p_{\mathrm{max}} - p_{\mathrm{min}}} \tag{4-1-69}$$

$$V_{\mathrm{iso}} = \frac{\dot{m}_{\mathrm{c}} t_1 R T_0}{p_{\mathrm{max}} - p_{\mathrm{min}}} \tag{4-1-70}$$

式中，V_{ad} 为绝热储气装置的体积；V_{iso} 为等温储气装置的体积；$\dot{m}_{\mathrm{c}}$ 为储气流量；t_1 为储气时间；γ 为比热容比。

5) 燃烧室

传统压缩空气储能系统中有燃烧室。燃烧室的变工况特性主要体现在燃烧室效率和压力损失系数随运行参数的变化。燃烧室效率的变化通常由试验确定，或者根据效率与功率的曲线进行计算。燃烧室在变工况运行下的压力损失可根据下式计算，即

$$\frac{\Delta p_{\mathrm{b}}}{p_2} = f_{13}\left(\frac{\dot{m}_2 \sqrt{T_2}}{p_2}\right) \tag{4-1-71}$$

式中，Δp_{b} 为燃烧室压力损失；p_2 为燃烧室进口压力；$\dot{m}_2$ 为燃烧室进口空气流量；T_2 为燃烧室进口空气温度。

燃烧室的质量平衡和能量平衡仍需根据 4.1.2 节燃烧室的热力计算公式进行计算。

6) 系统模型

不同的压缩空气储能对应不同的系统变工况计算模型，本节以蓄热式压缩空气储能系统为例对系统变工况建模进行说明。图 4-1-12 和图 4-1-13 分别为蓄热式压缩空气储能系统在储能过程和释能过程的变工况计算逻辑图。首先给定系统的初始条件，包括储气装置压力、温度等，进而计算系统各参数随时间的变化规律。储能终止的条件是储气装置压力达到预定值，最后通过对时间的积分得到系统的总耗功、蓄热温度、总储气量（即进入压缩机空气的总质量）、储能时间等参数。计算释能过程时，初始条件为储能过程的计算结果，包括蓄热温度、储气装置压力/温度和储能过程结束时的总储气量，然后给定系统的运行策略，再计算系统各参数随时间的变化规律。释能终止的条件为储能过程中的总储气量得到全部释放。最后通过对时间的积分得到系统的总出功、排水/排气温度、释能时间等参数。

计算释能过程时，初始条件为储能过程的计算结果，包括蓄热温度、储气装

置压力/温度和储能过程结束时的总储气量，然后给定系统的运行策略，在一定的环境因素和负荷要求下，计算系统各参数随时间的变化规律。释能终止的条件为储能过程中的总储气量得到全部释放，储能和释能过程满足质量守恒。最后，通过对时间的积分得到系统的总出功、排水/排气温度、释能时间等参数。其中，M_r 为储能过程中存储的空气在释能过程中的剩余质量值，$t_{release}$ 为释能时间。

2. 典型系统的变工况特性

关于本节典型系统的形式，以蓄热式压缩空气储能系统为例，系统包括四级压缩和四级膨胀机，每个压缩机后均有一个间冷器，每个膨胀机前均有一个再热器（图 4-1-12 和图 4-1-13）。该系统的设计点参数如表 4-1-2 所示。根据前面介绍的变工况部件模型，可以计算蓄热式压缩空气储能系统的变工况特性。假设在储能和释能过程中，通常以最高储气压力作为压缩机的设计背压处理，将储气装置最低压力至最高压力中的某一压力作为膨胀机的设计入口压力处理。

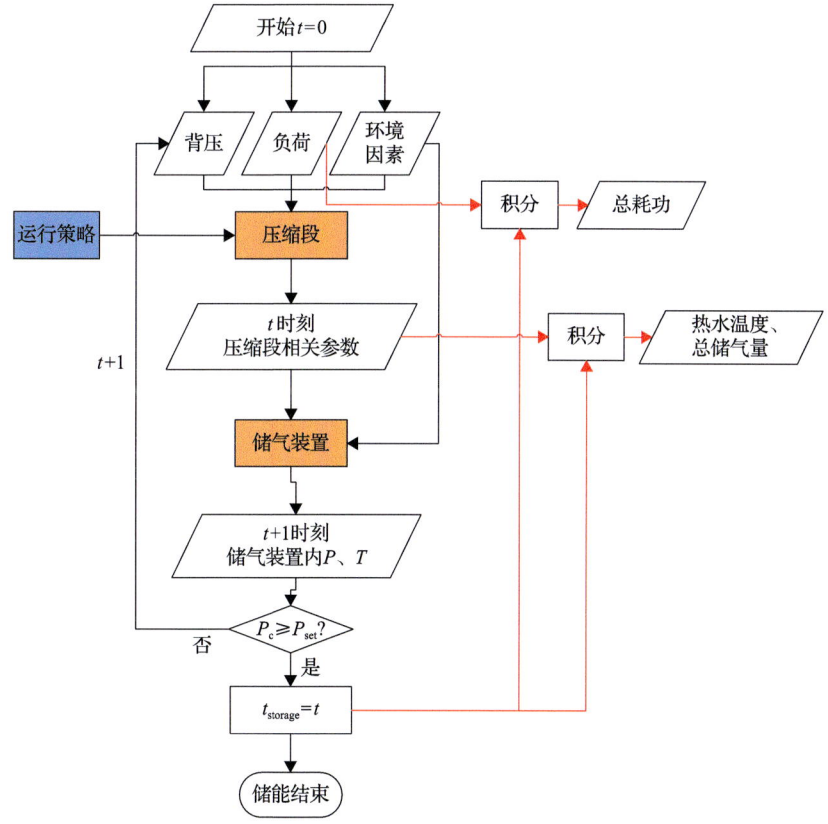

图 4-1-12　蓄热式压缩空气储能系统储能过程计算逻辑图

P_c 为储气室压力；P_{set} 为储气室压力的预定值；$t_{storage}$ 为储能时间

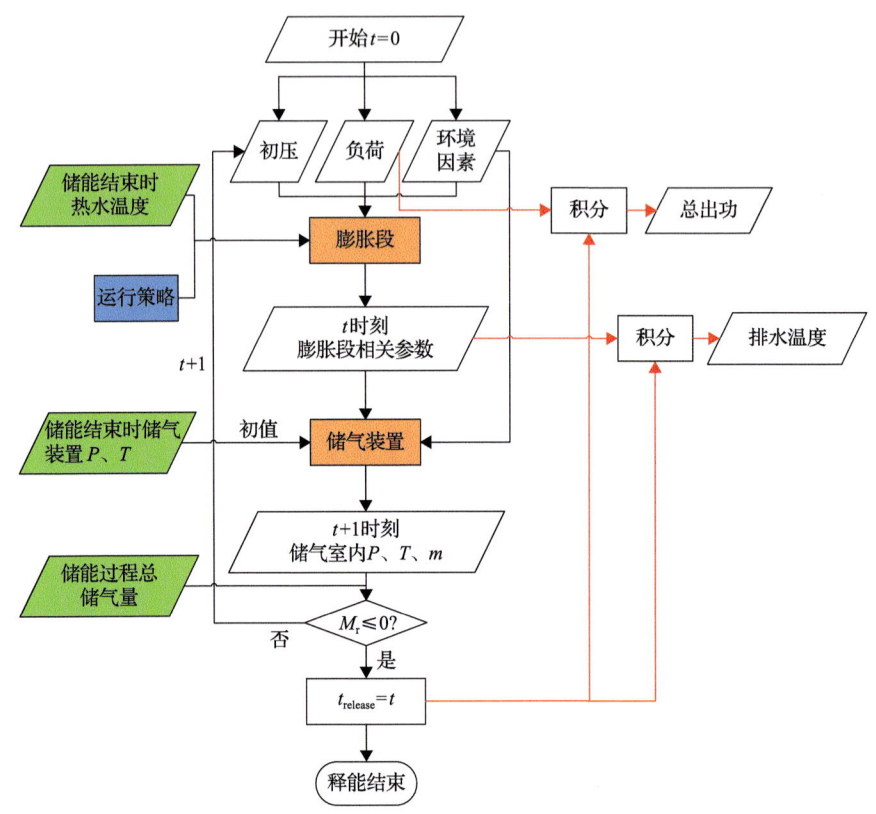

图 4-1-13 蓄热式压缩空气储能系统释能过程计算逻辑图

表 4-1-2 典型系统设计点基本参数

参数	值
释能功率/MW	10
释能压力/bar	70
储能最高压力/bar	100
储能时间/s	14400
释能时间/s	6000
环境温度/K	298
环境压力/bar	1
压缩段背压/bar	100
每级间冷器两端换热温差/K	5
每级间冷器压损/bar	0.2

续表

参数	值
热水罐热水温度/K	440.42
压缩机流量/(kg/s)	10.14
各级压缩机压比	3.2365
压缩机等熵效率	0.84
压缩机总功率/kW	5863.74
膨胀段入口压力/bar	70
每级再热器热端换热温差/K	5
每级再热器压损/bar	0.2
膨胀机流量/(kg/s)	25.34
各级膨胀机膨胀比	2.8192
膨胀机等熵效率	0.88

关于系统运行策略，本节以工程中常用的定压运行策略和滑压运行策略为例。定压运行即采用节流阀节流的方式稳定压缩机出口压力（压缩机背压）和膨胀机入口压力。该方式使压缩机和膨胀机在设计条件下运行，但节流阀会产生节流损失，系统效率较低。滑压运行即压缩机出口压力和膨胀机入口压力随系统运行而发生变化。为了叙述方便，压缩机一级到四级为低压到高压的顺序；透平膨胀机一级到四级为高压到低压的顺序；间冷器和再热器序号与压缩机和透平膨胀机排序方式相同。

1) 压缩段特性

图 4-1-14 是压缩机在定压运行和滑压运行过程中压缩机功率的对比情况。从图中可以看出，压缩机定压运行时，压缩机功率在整个压缩过程中维持恒定，始终为压缩机设计点的额定功率。压缩机滑压运行时，压缩机功率先增大后减小，在压缩终点达到设计点额定功率。压缩机功率对时间的积分即压缩机耗功情况，从图中可以看出，压缩机滑压运行的耗功明显低于定压运行的耗功。由于压缩机定压运行的节流损失较大，压缩机耗功较大，所以在压缩空气储能实际工程应用中，压缩机很少采用定压运行策略，因此本节重点关注压缩机在滑压运行策略下的变工况特性。

图 4-1-15 为压缩机各级压比随背压的变化规律。从图中可以看出，压缩机各级压比随背压的升高而增大，并逐渐趋向于设计点压比。原因是当压缩机背压较低时，并不需要各级压缩机有较大的压比，因此压比低于压缩机的设计点压比。

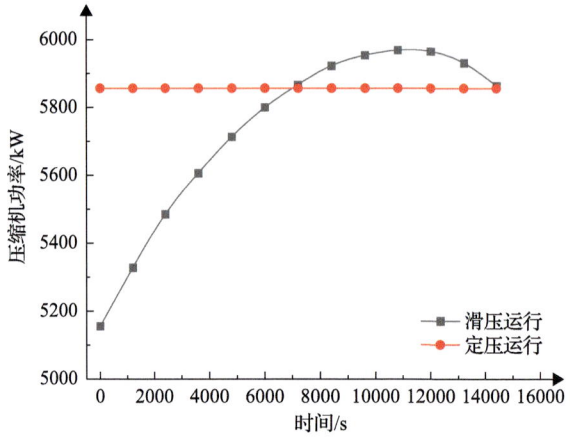

图 4-1-14　压缩机定压运行和滑压运行的对比

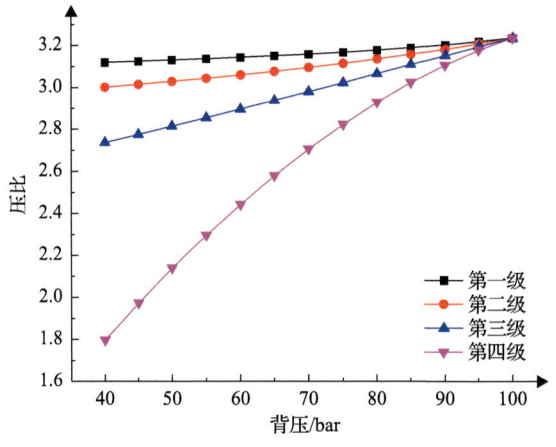

图 4-1-15　各级压比随背压的变化规律

图 4-1-16 为各级压缩机等熵效率随背压的变化规律。从图中可以看出，各级压缩机的等熵效率随背压的升高而增大，逐渐趋于压缩机设计点的等熵效率。这是因为当背压较低时，与设计点的工况偏离较大，所以等熵效率较低。当背压增加时，逐渐靠近设计点工况，各级压缩机的等熵效率增加。

图 4-1-17 为质量流量比（实际质量流量与设计质量流量的比值）和总耗功率比（实际总耗功率与设计总耗功率的比值）随背压的变化规律。从图中可以看出，质量流量与背压呈负相关。原因如下：根据压缩机特性曲线中质量流量和压比的关系，质量流量随压比的增大而减小，而由图 4-1-15 可知，压缩机的压比随背压的增大而增大，因此质量流量比随背压的增大逐渐减小。

总耗功率比随背压的增大先增大后减小，原因是：压缩机总耗功率比与压比、质量流量和压缩机等熵效率有关，当背压较小时，虽然流量较大、等熵效率较低，

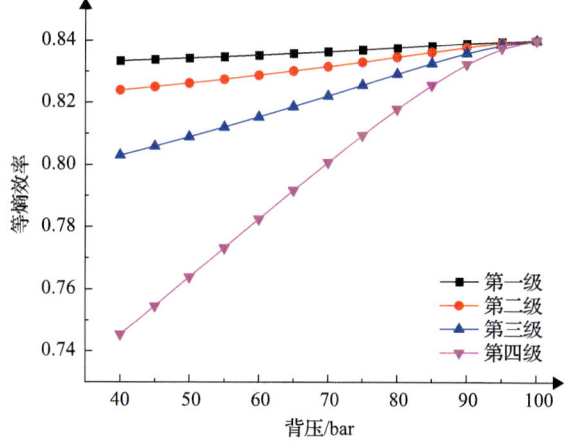

图 4-1-16　各级压缩机等熵效率随背压的变化规律

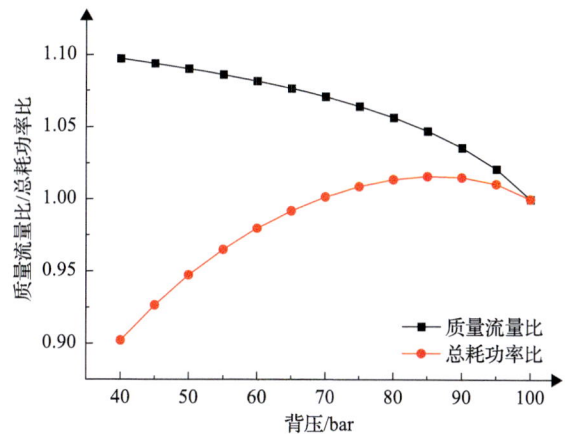

图 4-1-17　质量流量比和总耗功率比随背压的变化规律

但压比较小，综合来看总耗功率比较小。当背压趋于设计点背压时，压比较大，但流量较小、等熵效率较高，所以总耗功率比并非最大值。因此，当背压为小于设计值的某一值时，存在一个工况点可使总耗功率最大。

图 4-1-18 为各级间冷器排出热水温度及混合后热水温度随背压的变化规律。从图中可以发现，各级热水温度随背压的变化规律与各级压比和等熵效率随背压的变化规律相同，原因是压比越低，压缩机出口温度越低，并且各级间冷器的换热温差随背压的变化较小，同时相对于压比的影响，效率对压缩机出口温度的影响较小，因此各级热水温度主要受各级压比的影响，与压比随背压的变化规律相同。第一级热水温度在设计点时较低的原因是设计点下第一级压缩机入口温度较低，故压缩机出口温度较低。

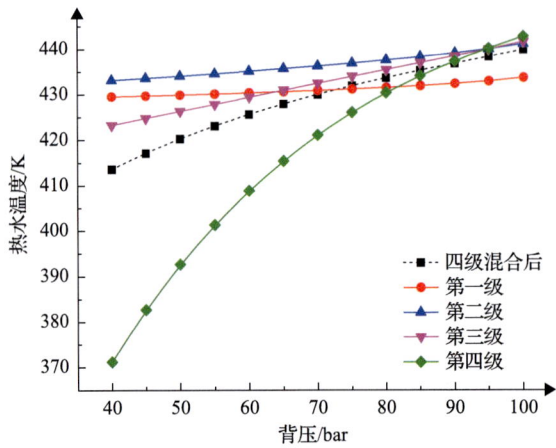

图 4-1-18 排出热水温度随背压的变化规律

2) 膨胀段特性

图 4-1-19 是膨胀机在定压运行和滑压运行过程中压缩机功率的对比情况。从图中可以看出，膨胀机定压运行时，膨胀机功率在整个压缩过程维持恒定，始终为膨胀机设计点的额定功率。膨胀机滑压运行时，膨胀机功率逐渐减小。膨胀机功率对时间的积分即膨胀机的做功情况，可见膨胀机滑压运行时的对外输出功明显高于定压运行时的对外输出功。因此，本节重点关注膨胀机在滑压运行策略下的变工况特性。

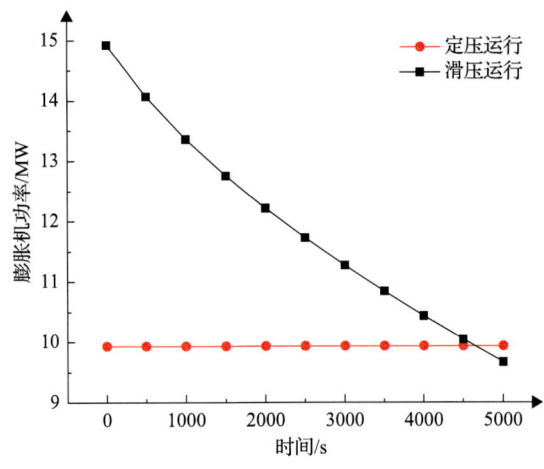

图 4-1-19 膨胀机定压运行和滑压运行对比

图 4-1-20 为各级膨胀比随膨胀段入口压力的变化规律。从图中可以看出，前三级膨胀比随膨胀段入口压力的变化较小，相比前三级，第四级膨胀比随入口压力的变化明显，原因是越靠近大气压侧的透平膨胀机级的折合流量相对变化较大，

由膨胀机通用曲线可知,膨胀比随折合流量的变化明显。

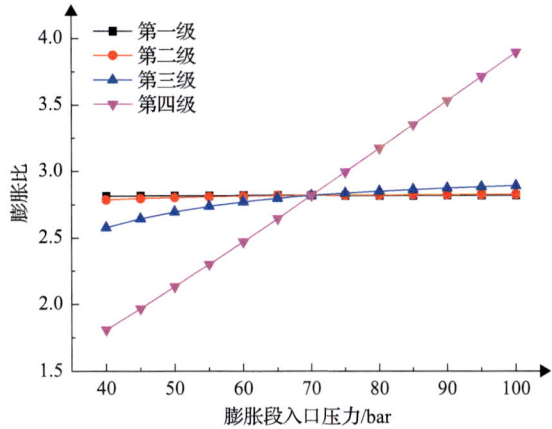

图 4-1-20　各级膨胀比随膨胀段入口压力的变化规律

图 4-1-21 为各级等熵效率随膨胀段入口压力的变化规律,由于前三级透平膨胀机膨胀比的变化较小,根据透平膨胀机特性曲线,可知其效率变化较小。因第四级膨胀比变化较大,故其等熵效率的变化也较大。

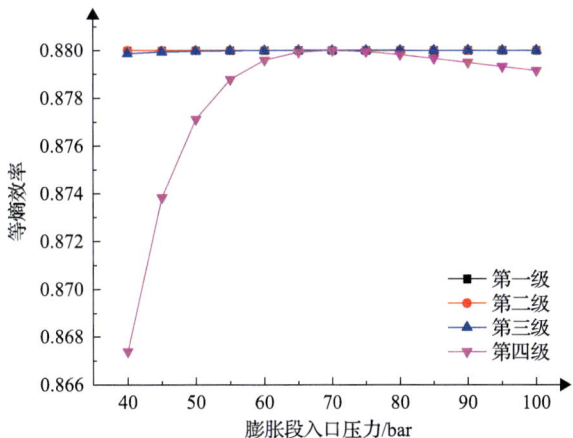

图 4-1-21　各级等熵效率随膨胀段入口压力的变化规律

图 4-1-22 为质量流量比(质量流量与设计质量流量的比值)和总出功率比(总出功率与设计总出功率的比值)随膨胀机入口压力的变化规律。从图中可以看出,质量流量比和总出功率比随膨胀机入口压力的增大近似呈线性增大。在设计入口压力点两侧,质量流量比和总出功率比的相对大小发生变化,当高于设计点入口压力时,总出功率比大于质量流量比;当低于设计点入口压力时,总出功率比小于质量流量比,原因是总出功率受膨胀比和质量流量的共同作用,当高于设计点

入口压力时，膨胀比大于设计膨胀比，可使出功率增大，反之亦然。

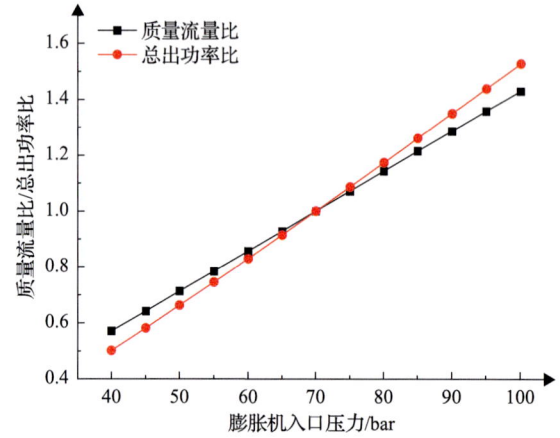

图 4-1-22　质量流量比和总出功率比随入口压力的变化规律

3）系统的整体特性

如前所述，在储能过程中，由于定压运行策略下压缩机出口的节流损失较大，所以在工程应用中优选压缩机滑压运行策略。因此，本节将在储能过程选择滑压运行策略的前提下，对比释能过程中定压运行和滑压运行这两种运行策略对系统整体性能的影响。

系统整体性能如表 4-1-3 所示。从表中可以看出，由于更大程度地利用了压力能，所以滑压运行较定压运行系统效率提高了 2.08%。由于输出功增大，滑压运行的能量密度较定压运行的能量密度也有一定提升。由于定压运行时，在较长时间内的入口压力比滑压运行下的入口压力低，所以定压运行的质量流量总体较低，因此其释能时间较长。

表 4-1-3　系统整体性能参数

参数	释能过程滑压运行	释能过程定压运行
系统效率	0.7183	0.6975
能量密度/(MJ/m^3)	13.5126	13.1207
储能时间/s	14400	14400
释能时间/s	5155	5971

4.1.4　非稳态分析

压缩空气储能系统的非稳态特性十分复杂，需考虑时间效应，包括热惯性、转动惯量等。为了充分了解和认识压缩空气储能系统的非稳态性能，需分别建立压缩机、膨胀机、蓄热/换热器、管道和储气室等设备的动态模型，并进一步对整个系统的非稳态特性进行分析。

1. 部件与系统模型

1）压缩机

在非稳态计算时，压缩机模型可以分解为稳态变工况模型与体积惯性模型的叠加，其中稳态变工况模型采用 4.1.3 节变工况模型，体积惯性模型将在本节第 6 部分"管道及容腔"进行详细介绍。另外，压缩空气储能系统压缩机在变转速运行时，需要考虑压缩机转子的动态响应，如下所示，即

$$1000(\eta_{\mathrm{mot}}L_{\mathrm{mot}} - L_{\mathrm{c}}) = (\pi/30)^2 \cdot J_{\mathrm{c}} \cdot n_{\mathrm{c}} \cdot (\mathrm{d}n_{\mathrm{c}}/\mathrm{d}t) \qquad (4\text{-}1\text{-}72)$$

式中，η_{mot} 为电动机的机械效率；L_{mot} 为电动机功率；L_{c} 为压缩机消耗功率；J_{c} 为压缩机转子的转动惯量；n_{c} 为压缩机转速。

2）膨胀机

与压缩机类似，膨胀机模型也可以分解为稳态变工况模型与体积惯性模型的叠加，其中稳态变工况模型采用 4.1.3 节的变工况模型。体积惯性模型也将在本节第 6 部分"管道及容腔"进行详细介绍。同样地，膨胀机在变转速运行时，需要考虑膨胀机转子的动态响应，如下所示，即

$$1000(L_{\mathrm{t}} - \eta_{\mathrm{gen}}L_{\mathrm{gen}}) = (\pi/30)^2 \cdot J_{\mathrm{t}} \cdot n_{\mathrm{t}} \cdot (\mathrm{d}n_{\mathrm{t}}/\mathrm{d}t) \qquad (4\text{-}1\text{-}73)$$

式中，η_{gen} 为发电机的机械效率；L_{gen} 为发电机输出功率；L_{t} 为膨胀机输出功率；J_{t} 为膨胀机转子的转动惯量；n_{t} 为膨胀机转速。

3）换热器

换热器的热惯性是影响压缩空气储能系统非稳态特性的重要因素，准确掌握换热器热惯性的特征，对压缩空气储能系统非稳态特性的研究具有重要意义。热惯性是指物体由于具有热容，当其所处环境温度发生瞬间变化时，物体自身的温度变化具有滞后性。热惯性可以通过实际传热速率与最大传热速率的比值表示，在计算时，可将换热器热容分成两部分，分别与冷、热流体换热（逆流式换热器如图 4-1-23 所示）。在这个模型中，热流体和冷流体除相互交换热量外，还与热交换器中的金属材料交换热量并向环境散热。由于考虑了冷热流体与金属材料的换热量，所以模型可以反映换热器的热惯性，从而更准确地描述系统的动态特性。

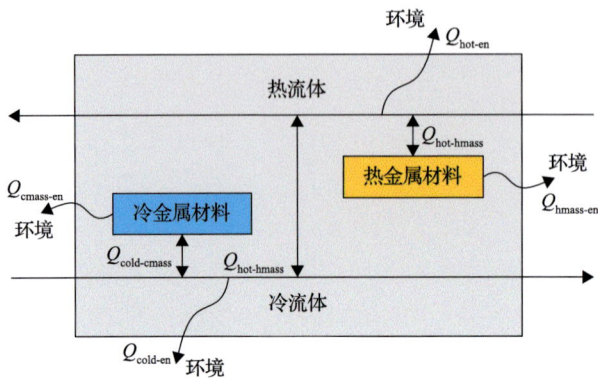

图 4-1-23　换热器非稳态模型

以热流体换热为例，具体计算式如下。

对于热流体，热流体换热量 Q_{hot} 由三个部分组成，分别是热流体和冷流体之间的换热 $Q_{hot\text{-}cold}$、热流体与换热器中热金属材料之间的换热 $Q_{hot\text{-}hmass}$、热流体与环境之间的换热 $Q_{hot\text{-}en}$。

对于冷流体，同理冷流体换热量 Q_{cold} 由三个部分组成，分别是热流体和冷流体之间的换热 $Q_{hot\text{-}cold}$、冷流体与换热器中冷金属材料之间的换热 $Q_{cold\text{-}cmass}$、冷流体与环境之间的换热 $Q_{cold\text{-}en}$。

$$Q_{hot} = Q_{hot\text{-}cold} + Q_{hot\text{-}hmass} + Q_{hot\text{-}en} \tag{4-1-74}$$

$$Q_{cold} = Q_{hot\text{-}cold} + Q_{cold\text{-}cmass} + Q_{cold\text{-}en} \tag{4-1-75}$$

热流体出口温度为

$$Q_{hmass} = -Q_{hot\text{-}hmass} + Q_{hmass\text{-}en}$$

dt 过程中热金属材料的温度增量为

$$\delta T_{hmass} = -Q_{hmass} dt / (M_{hmass} c_{p,hmass}) \tag{4-1-76}$$

式中，M_{hmass} 为热流体的质量；$c_{p,hmass}$ 为热流体比定压热容。

冷流体/冷金属材料的传热与热流体/热金属材料的传热相似，此处不再赘述。

4）蓄热器和蓄冷器

在储能过程中，来自所有换热器出口混合蓄热介质的温度随时间而变化，所以蓄热器和蓄冷器的温度不断变化。为了计算特定时间蓄热器和蓄冷器的温度，需要对该特定时间之前整个过程蓄热/蓄冷介质的焓进行积分。

$$h_{\text{storage}}(t) = \frac{\int_0^t \left(\sum_{i=1}^N \dot{m}_i(s)\right) h_{\text{in,tank}}(s) \mathrm{d}s}{\int_0^t \left(\sum_{i=1}^N \dot{m}_i(s)\right) \mathrm{d}s} \tag{4-1-77}$$

式中，h 为焓；m 为蓄热介质质量流速；t 为时间；N 为换热器个数；s 为积分变量。

由于在这个过程中没有考虑散热，所以蓄热器的温度可视为一个恒定值。同时，换热器出口温度接近环境温度。考虑到蓄冷器的静置过程和散热，这里假设蓄冷器蓄冷介质的温度为环境温度。

5) 储气装置

压缩空气储能系统储气装置可采用变工况建模时的模型，其包含时间项，事实上变工况计算时采用的模型就是动态模型，可见 4.1.3 节。

6) 管道及容腔

系统中的管道在动态运行过程中会发生能量/质量的积累/减少，造成其入口和出口的能量/质量不相等，从而影响系统功率。同理，在压缩机/膨胀机和换热器内部也会出现该现象。为了描述这个问题，每个压缩机/膨胀机和换热器部件的容腔体积被平均分配到该部件两侧，与相连管道共同构成容腔模型。

在容腔模型中，质量守恒式和能量守恒式如下，即

$$\frac{\mathrm{d}M_{\text{vol}}}{\mathrm{d}t} = \dot{m}_{\text{in,vol}} - \dot{m}_{\text{out,vol}} \tag{4-1-78}$$

$$\frac{\mathrm{d}(Mu)_{\text{vol}}}{\mathrm{d}t} = \dot{m}_{\text{in,vol}} h_{\text{in,vol}} - \dot{m}_{\text{out,vol}} h_{\text{out,vol}} \tag{4-1-79}$$

式中，M 为空气质量；u 为空气单位质量的内能；下标 vol 为容腔。

7) 系统模型

图 4-1-24 为蓄热式压缩空气系统的动态和控制模型，该模型分为储能过程和释能过程两部分。在每个压缩机/膨胀机部件和中冷器/再热器两侧均设置容腔模型，用于模拟相邻模型和管道的体积惯性。容腔内的压力是相邻部件的边界压力。利用两侧压力，通过其流量方程直接求解各部件的流量，然后基于能量方程和动力学方程获得各部件其他性能的参数。

当系统在控制模式下进行计算时，系统模型还包括控制单元。在充电过程中，控制单元包括水温控制、负载控制和压缩机喘振裕度控制。在放电过程中，控制单元包括水温控制、压力控制、负载控制和膨胀比控制。通过控制器模糊控制，实现了系统对运行参数的作用。在充电过程中，负荷控制主要通过调节进气导叶开度来实现，储热温度由循环水流量泵控制，裕度控制可确保压缩机始终

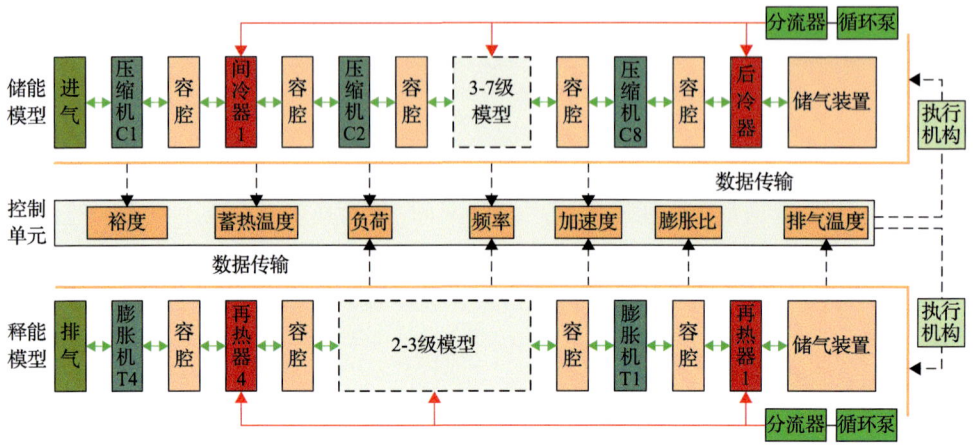

图 4-1-24 蓄热式压缩空气系统的动态及控制模型

处于喘振边界内。在放电过程中,负载和释能压力主要通过调节阀的开度控制。此外,在释能过程中调节循环水流量的目的是确保所有再热器水侧出口温度保持在凝固点以上。

为了对系统的非稳态特性进行评价,压缩过程和膨胀过程的㶲效率如下所示。

压缩过程:

$$\eta_{\text{ex,c}} = \frac{\Delta E_{\text{air,c}} + \Delta E_{\text{TSM,c}}}{P_{\text{c}}} \qquad (4\text{-}1\text{-}80)$$

膨胀过程:

$$\eta_{\text{ex,e}} = \frac{P_{\text{e}}}{E_{\text{air,e}} + E_{\text{TSM,e}}} \qquad (4\text{-}1\text{-}81)$$

式中,η_{ex} 为㶲效率;$\Delta E_{\text{air,c}}$ 为压缩过程中单位时间内空气的㶲变化量;$\Delta E_{\text{TSM,c}}$ 为压缩过程中蓄热器进口蓄热介质的㶲;P 为功率;$E_{\text{air,e}}$ 为储气装置出口空气的㶲;$E_{\text{TSM,e}}$ 为膨胀过程蓄热器出口蓄热介质的㶲;下标 c 和 e 分别为压缩过程和膨胀过程。

由于容腔效应会影响膨胀过程系统的输出功率,所以在计算膨胀过程的㶲效率时应考虑这种影响,如下所示,即

$$\bar{\eta}_{\text{ex,e}} = \frac{\int_0^{t_{\text{dis}}} P_{\text{e}}(t) \eta_{\text{ex,e}}(t) \mathrm{d}t}{\int_0^{t_{\text{dis}}} P_{\text{e}}(t) \mathrm{d}t} \qquad (4\text{-}1\text{-}82)$$

容腔的㶲损为

$$\Delta E_{\text{vol}} = \sum_j (E_{\text{ini,vol}}(j) - E_{\text{end,vol}}(j)) \quad (4\text{-}1\text{-}83)$$

式中，$E_{\text{ini,vol}}(j)$ 为第 j 个容腔的初始㶲；$E_{\text{end,vol}}(j)$ 为第 j 个容腔在经过一个储能和释能循环后的㶲。

考虑容腔效应后，整个系统的能量效率和能量密度如下。

能量效率

$$\eta_{\text{sys}} = \frac{\int_0^{t_{\text{dis}}} P_{\text{e}}(t)\mathrm{d}t - \Delta E_{\text{vol}} \overline{\eta}_{\text{ex,e}}}{\int_0^{t_{\text{dis}}} P_{\text{c}}(t)\mathrm{d}t} \quad (4\text{-}1\text{-}84)$$

能量密度

$$D_{\text{sys}} = \frac{\int_0^{t_{\text{dis}}} P_{\text{e}}(t)\mathrm{d}t - \Delta E_{\text{vol}} \overline{\eta}_{\text{ex,e}}}{V_{\text{rese}}} \quad (4\text{-}1\text{-}85)$$

式中，V_{rese} 为储气装置体积。

2. 典型系统的非稳态特性

关于本节典型系统的形式，以蓄热式压缩空气储能系统为例，系统包括八级压缩和四级膨胀机，每个压缩机后均有一个间冷器，每个膨胀机前均有一个再热器。蓄热介质为水。该系统的设计点参数如表 4-1-4 所示。压缩机级数多于膨胀机级数的原因是为了保持压缩机各级之间相对较低的压比，从而达到高效率。蓄热温度接近水的饱和温度，可以避免热水加压和较大的换热损失。选择小体积的储气装置是为了避免计算量大，而储气装置的体积对所得规律并没有影响。本节以典型非稳态因素(体积惯性、热惯性、储气装置体积)为例，研究其对蓄热式压缩空气储能非稳态特性的影响，包括压缩段的质量流量、各级压缩机间冷器出水混合温度(以下简称蓄热温度)、㶲效率；膨胀段的质量流量、各级膨胀机前回热器出口的混合水温、㶲效率；系统整体的循环效率和能量密度。为了定量研究上述三个典型的非稳态因素，定义了三个参数：体积惯性参数(VR)是容腔与其基本值的比值。热惯性参数(TR)为换热器金属质量与其基本值的比值。储气装置体积参数 VC 为储气装置体积与其基本值的比值。

表 4-1-4　系统基本参数

参数	值	参数	值
储能压力/MPa	10	压缩机级数	8
释能压力/MPa	7	膨胀机级数	4
释能功率/MW	110.46	环境压力/MPa	0.1
储热温度/K	363.98	环境温度/K	298
储气装置体积/m³	5860		

1）压缩段特性

图 4-1-25 显示了体积惯性（VR）和热惯性（TR）对储能过程非稳态特性的影响，以压缩机组最后一级压缩机（即高压压缩机）为例。图 4-1-25(a) 是不同体积惯性在不同背压条件下对无量纲质量流量的影响，可以看出体积惯性越大（VR 越大），无量纲质量流量与稳态值的偏差就越大。图 4-1-25(b) 是不同热惯性在不同背压条件下对无量纲质量流量的影响，可以看出热惯性对压缩机非稳态无量纲质量流量

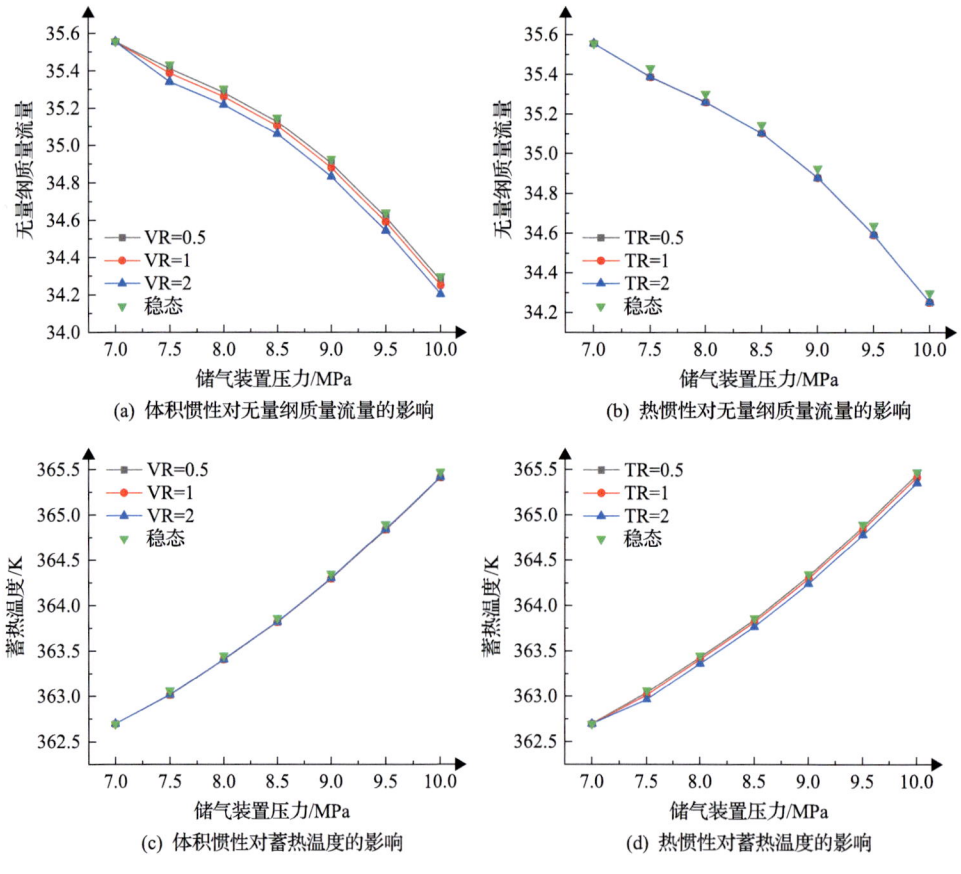

(a) 体积惯性对无量纲质量流量的影响　　(b) 热惯性对无量纲质量流量的影响

(c) 体积惯性对蓄热温度的影响　　(d) 热惯性对蓄热温度的影响

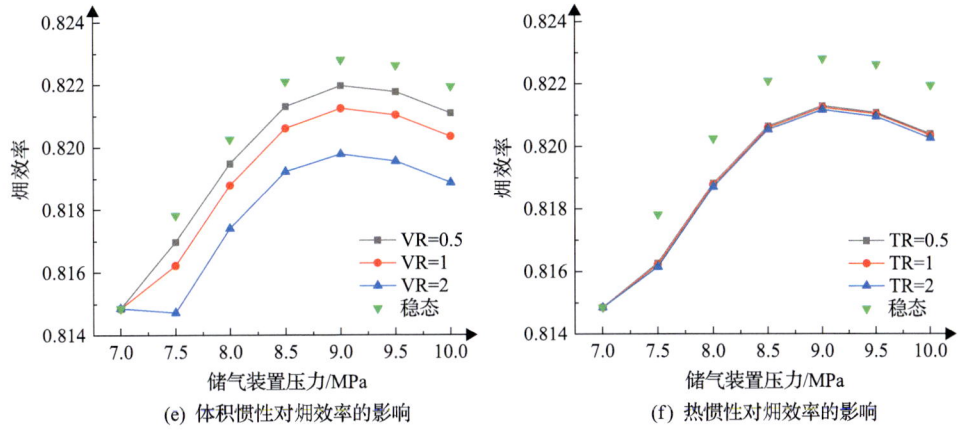

(e) 体积惯性对㶲效率的影响　　(f) 热惯性对㶲效率的影响

图 4-1-25　体积惯性和热惯性对储能过程非稳态特性的影响

的影响不大。图 4-1-25(c)和(d)分别是不同体积惯性和热惯性在不同背压条件下对蓄热温度的影响，从图 4-1-25(c)中可以看出体积惯性对蓄热温度非稳态计算的影响不大，非稳态计算结果与稳态计算结果相近。从图 4-1-25(d)中可以看出，相较于体积惯性，热惯性对蓄热温度非稳态计算的影响略大，热惯性越大，非稳态计算结果与稳态计算结果的偏差越大。图 4-1-25(e)和(f)分别是不同体积惯性和热惯性在不同背压条件下对㶲效率的影响。从图 4-1-25(e)中可以看出，受体积惯性的影响，非稳态计算值与稳态计算值的偏差较大，并且体积惯性越大，非稳态的㶲效率越低。从图 4-1-25(f)可以看出，受热惯性的影响，非稳态计算值与稳态计算值的偏差较大，热惯性对非稳态㶲效率的影响不大。

图 4-1-26 显示了储气装置容积(VC)对储能过程非稳态特性的影响。从图中可以看出，储气装置容积对高压压缩机部件的无量纲质量流量、蓄热温度和㶲效率有显著影响，非稳态计算值与稳态计算值的差别较大。储气装置体积越小(即 VC 越小)，非稳态效应越大，非稳态计算数值与稳态计算数值的偏差就越大。

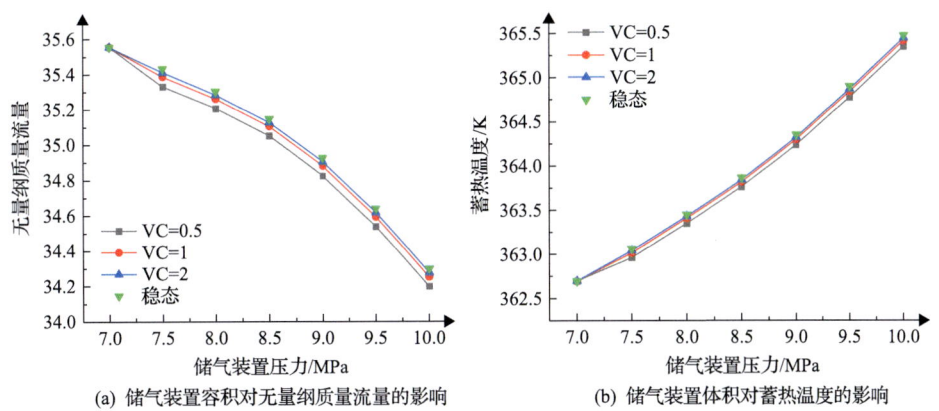

(a) 储气装置容积对无量纲质量流量的影响　　(b) 储气装置体积对蓄热温度的影响

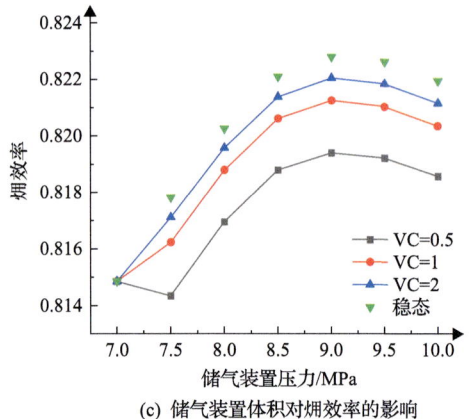

(c) 储气装置体积对㶲效率的影响

图 4-1-26 储气装置体积对储能过程非稳态特性的影响

2) 膨胀段特性

图 4-1-27 显示了体积惯性（VR）和热惯性（TR）对释能过程非稳态特性的影响，以膨胀机组第一级膨胀机（即高压膨胀机）为例。图 4-1-27(a) 是不同体积惯性在不同膨胀机入口压力条件下对无量纲质量流量的影响，可以看出体积惯性越大（VR 越大），无量纲质量流量与稳态值的偏差就越大。图 4-1-27(b) 是不同热惯性在不同膨胀机入口压力条件下对无量纲质量流量的影响，可以看出热惯性对膨胀机非稳态无量纲质量流量的影响不大。图 4-1-27(c) 和 (d) 分别是具有不同体积惯性和热惯性在不同膨胀机入口压力条件下的影响，从图 4-1-27(c) 中可以看出体积惯性对各级膨胀机再热器出口的混合水温有明显影响。体积惯性越大，再热器出口水温越低；体积惯性越大，非稳态计算结果与稳态计算结果的偏差越大。从图 4-1-27(d) 中可以看出热惯性对各级膨胀机再热器出口的混合水温有明显影响，热惯性越大，各级膨胀机再热器出口混合水温的非稳态值与稳态值之间的偏差越小。图 4-1-27(e) 和 (f) 分别是不同体积惯性和热惯性在不同膨胀机入口压力条件

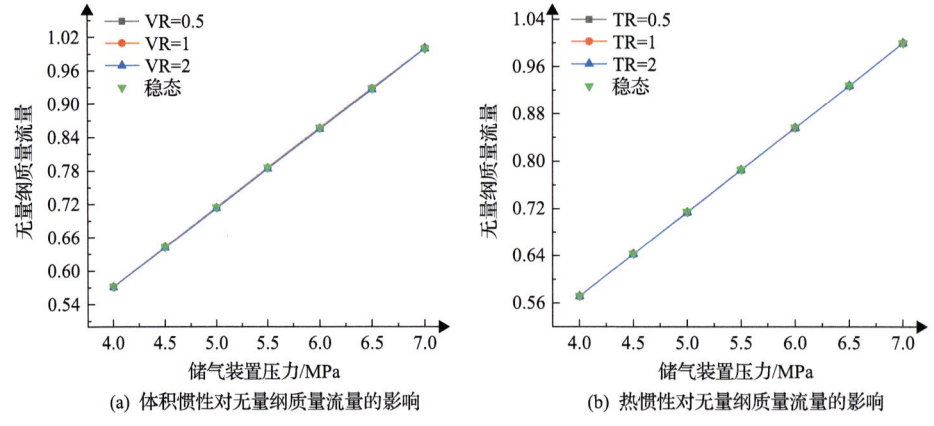

(a) 体积惯性对无量纲质量流量的影响　　(b) 热惯性对无量纲质量流量的影响

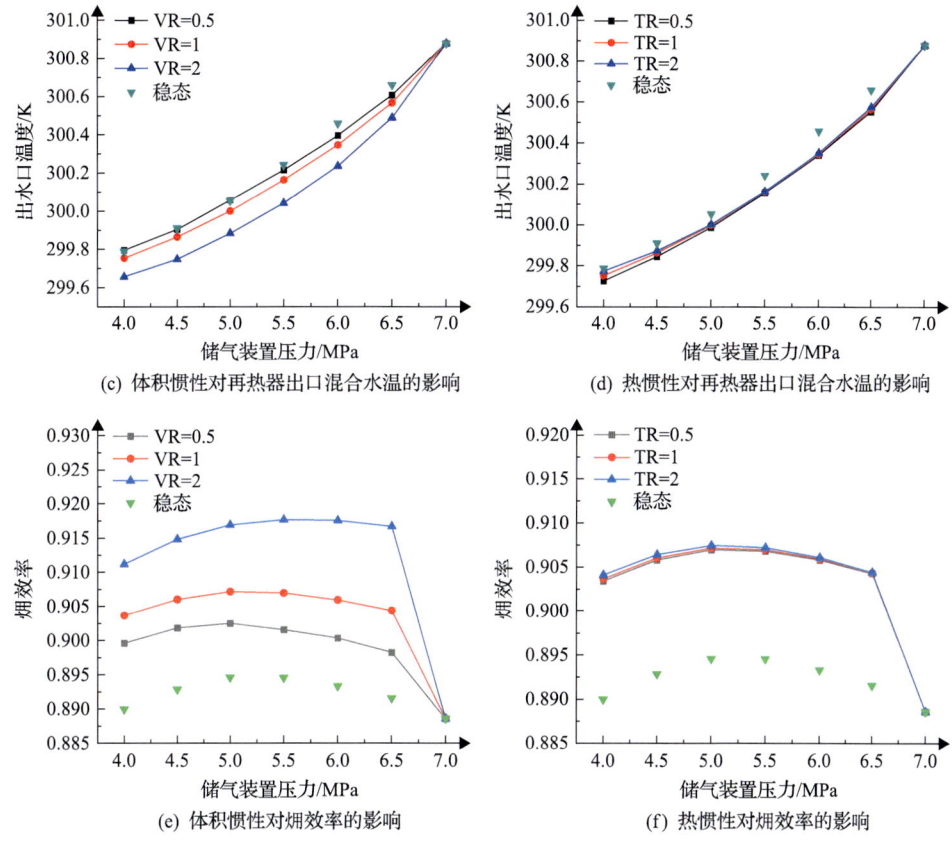

图 4-1-27 体积惯性和热惯性对释能过程非稳态特性的影响

下对㶲效率的影响。从图 4-1-27(e) 中可以看出，受体积惯性的影响，非稳态计算值与稳态计算值的偏差较大，并且体积惯性越大，非稳态的㶲效率越高。从图 4-1-27(f) 可以看出，受热惯性的影响，非稳态计算值与稳态计算值偏差较大，热惯性对非稳态㶲效率的影响不大。

图 4-1-28 显示了储气装置体积对释能过程非稳态特性的影响。从图中可以看出，由储气装置体积引起的非稳态效应较大，尤其是对各级膨胀机再热器出口混合水温和㶲效率的影响十分明显。储气装置体积越大（VC 越大），压力变化越慢，所以对于膨胀机组来说，非稳态效应减弱，各参数的非稳态值更接近稳态值。

3) 系统整体特性

图 4-1-29(a) 和 (b) 显示了体积惯性和热惯性对整个系统循环效率和能量密度的影响。从图中可以看出，随着体积惯性的增大，系统效率和能量密度近似呈线性下降，这是由非稳态运行造成的空气压力浪费和部件不可逆损失增加引起的。同时，可以看出热惯性对系统效率和能量密度的影响不大，热惯性增大时系统效

率略有下降，原因是热惯性造成了不可逆的换热损失。图 4-1-29(c) 显示了储气装置的体积对整个系统循环效率和能量密度的影响。从图中可以看出，系统效率和能量密度随储气装置体积的增大而增加，原因是储气装置的体积增大，由非稳态因素引起的不可逆损失减小。

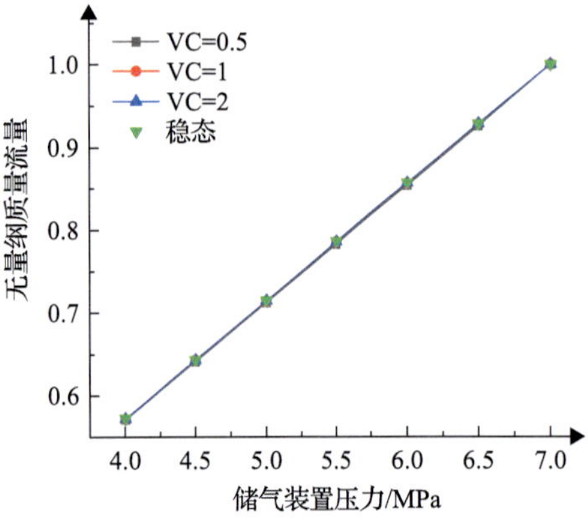

(a) 储气装置体积对无量纲质量流量的影响

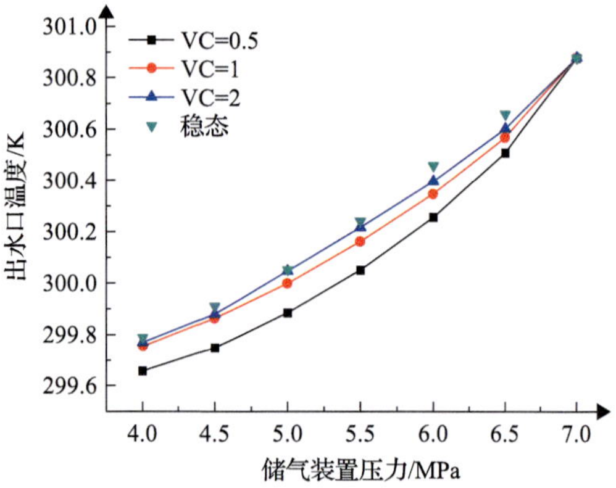

(b) 储气装置体积对再热器出口混合水温的影响

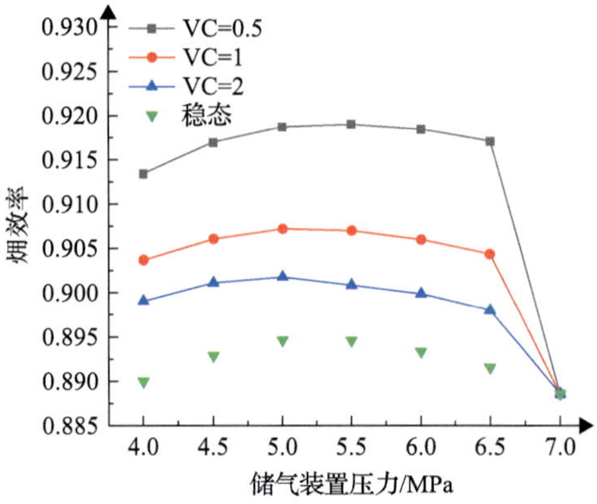

(c) 储气装置体积对㶲效率的影响

图 4-1-28　储气装置体积对释能过程非稳态特性的影响

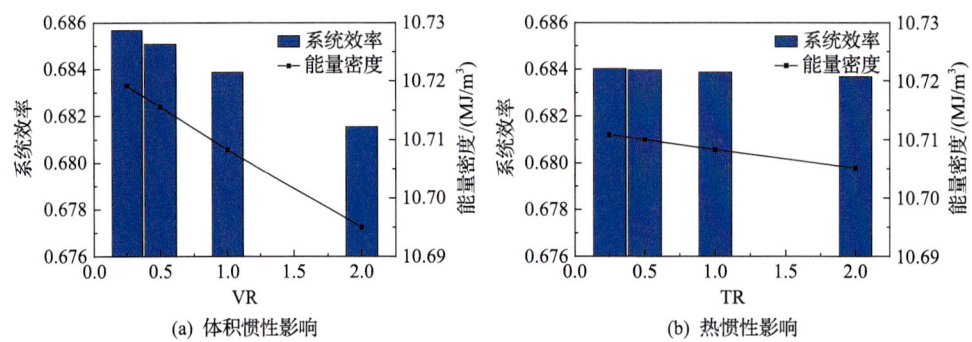

(a) 体积惯性影响

(b) 热惯性影响

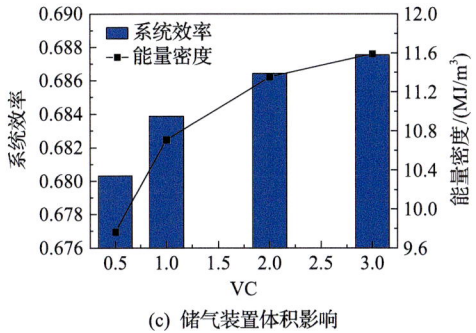

(c) 储气装置体积影响

图 4-1-29　体积惯性和热惯性对系统循环效率和能量密度的影响

4.1.5　系统优化设计

1. 优化方法

在压缩空气储能系统优化设计方面，主要通过热力特性分析进行优化设计，以获得性能优越的压缩空气储能系统。本节根据压缩空气储能系统对应的特点，以超临界压缩空气储能为例，介绍一种压缩空气储能系统的优化方法——对应点分析方法，该方法能够更加简捷地对系统单个过程和过程间的能量损失和传递特性进行分析，从而为压缩空气储能系统提出优化改进方向。

图 4-1-30 为超临界压缩空气储能系统工作过程示意图。储能时，空气被压缩机压缩到超临界状态，回收压缩热后利用存储的冷能将其冷却液化，并存储于低温储罐中；释能时，液态空气加压吸热至超临界状态，进一步吸收压缩热并通过膨胀机驱动发电机发电。由流程可见，储能过程和释能过程在系统流程上存在一定的对称性，如储能过程空气在压缩机中的压缩过程和释能过程空气在膨胀机中的膨胀过程。此外，系统流程点也存在一定的对应性，如压缩机出口和膨胀机进

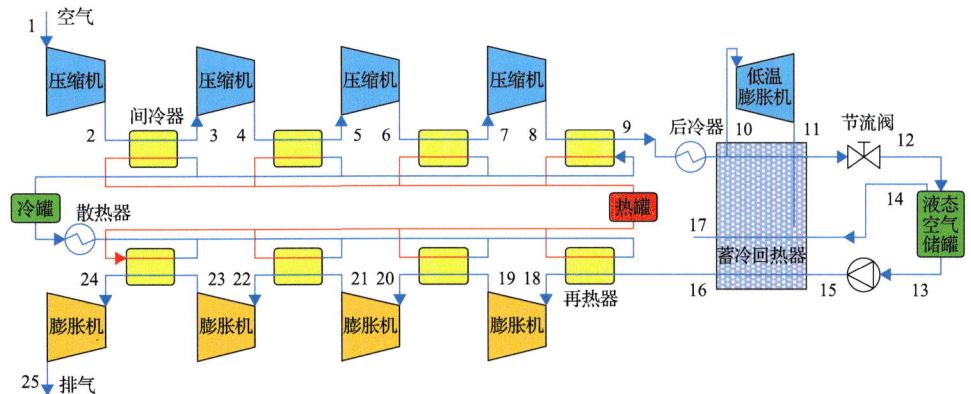

图 4-1-30　超临界压缩空气储能系统工作过程示意图

口、压缩机进口和膨胀机出口等、蓄冷换热器高温端进口和出口、蓄冷换热器低温端进口和出口、液态空气储罐出口和进口等。

将流程上对应的两个点称为对应点，各对应点为：1-25、2-24、3-23、4-22、5-21、6-20、7-19、8-18、9/10-(16+17)、11-(15+14)、12-13。其中，将储能终点和释能起点称为储存点(当考虑储气室损失时，需规定时刻)。压缩空气储能系统储能时，工质通过各热力过程，其状态参数不断改变，最终到达储存点状态；释能时，工质通过一系列对应过程不断恢复其状态参数。由于过程中存在能量损失，释能过程中各流程点参数无法完全恢复到其对应点的参数(无外部能源介入或排除外部能源介入的影响)，因此本节通过释能过程各对应点参数的恢复情况，以及对应设备与外界㶲交换的情况等进行系统分析，从而得到系统性能及优化改进方向。

图 4-1-31 为压缩空气储能系统对应点和对应设备模型图，将储能过程和释能过程各分为 N 个设备，一一对应，从而形成 N 个对应设备和 $N+1$ 个对应点。储存点为连接储能过程和释能过程的纽带，其㶲值为储气装置中空气的㶲值。

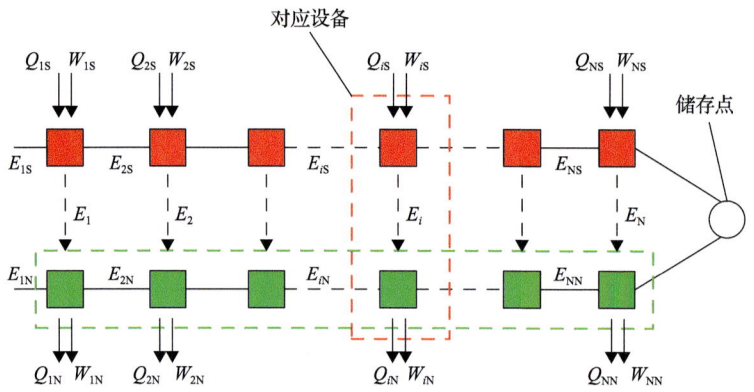

图 4-1-31 压缩空气储能系统对应点和对应设备的模型图

图中 E_{iS}、E_{iN} 分别为第 i 个对应点在储能过程和释能过程的㶲值；Q_{iS}、W_{iS} 分别为储能时外界输入第 i 个对应设备的热量和功；Q_{iN}、W_{iN} 分别为释能时第 i 个对应设备向外界输出的热量和功；E_i 为第 i 个对应设备在储能时向系统输入的㶲值。

1) 对应点效率

储能时，输入第 $i \sim N$ 个对应设备的总㶲为

$$E_{i\text{-}N\text{input}} = E_{iS} + \sum_{i}^{N}(E_{QiS} + W_{iS}) \qquad (4\text{-}1\text{-}86)$$

式中，E_{iS} 为储能过程中第 i 个对应点的㶲值；E_{QiS} 和 W_{iS} 分别为储能过程中环境第 i 个对应设备的输入热量㶲和功量。

释能时，第 $i\sim N$ 个对应设备向外输出的总㶲为

$$E_{i\text{-}N\text{output}} = E_{iN} + \sum_{i}^{N}(E_{QiN} + W_{iN}) \tag{4-1-87}$$

式中，E_{iN} 为释能过程中第 i 个对应点的㶲值；E_{QiN} 和 W_{iN} 分别为释能过程中第 i 个对应设备向环境输出的热量㶲和功量。

如果将第 $i\sim N$ 个对应设备看作一个整体，则可用 $\eta_{i\text{-dot}}$ 描述储能系统第 i 个对应点设备的性能，即

$$\eta_{i\text{-dot}} = \frac{E_{i\text{-}N\text{output}}}{E_{i\text{-}N\text{input}}} \tag{4-1-88}$$

定义 $\eta_{i\text{-dot}}$ 为第 i 个对应点的对应点效率，当 i 为 1 时，对应点效率为系统的㶲效率。

2）恢复系数与设备因子

定义对应设备 i 的恢复系数 ξ_i 为

$$\xi_i = \frac{E_{iN} - E_{(i+1)N} + (E_{QiN} + W_{iN})}{E_{iS} - E_{(i+1)S} + (E_{QiS} + W_{iS})} \tag{4-1-89}$$

因此，有

$$\eta_{i\text{-dot}} = \frac{\sum_{i}^{m}\xi_k L_k + \eta_{(m+1)\text{-dot}}\left(\sum_{k=m+1}^{N} L_k + L_{\text{storage}}\right)}{\sum_{k=i}^{N} L_k + L_{\text{storage}}} \tag{4-1-90}$$

式中，L_{storage} 为储存点的㶲值；L_i 为设备因子，表达式

$$L_i = E_{iS} - E_{(i+1)S} + (E_{QiS} + W_{iS}) \tag{4-1-91}$$

令

$$L_{iN} = L_i \xi_i = E_{iN} - E_{(i+1)N} + (E_{QiN} + W_{iN}) \tag{4-1-92}$$

当 $m=i$ 时，由式(4-1-90)可得

$$\eta_{i\text{-dot}} = \frac{\xi_i L_i + \eta_{(i+1)\text{-dot}}\left(\sum_{k=i+1}^{N} L_k + L_{\text{storage}}\right)}{L_i + \left(\sum_{k=i+1}^{N} L_k + L_{\text{storage}}\right)} \tag{4-1-93}$$

在压缩空气储能系统中，一般有

$$\sum_{k=i+1}^{N} L_k + L_{\text{storage}} > 0 \tag{4-1-94}$$

可知

$$\begin{cases} \xi_i < \eta_{(i+1)\text{-dot}}, & L_i > 0 \\ \xi_i > \eta_{(i+1)\text{-dot}}, & L_i < 0 \end{cases} \tag{4-1-95}$$

综上所述，$\eta_{i\text{-dot}} < \eta_{(i+1)\text{-dot}}$，即对应点效率沿储存点到起始点（$i=1$ 处）的方向减小。同时，由式(4-1-93)可得对应点效率的下降值，即

$$\begin{aligned}
\Delta\eta_i &= \eta_{(i+1)\text{-dot}} - \eta_{i\text{-dot}} \\
&= \frac{L_i}{L_i + \left(\sum_{k=i+1}^{N} L_k + L_{\text{storage}}\right)}\left(\eta_{(i+1)\text{-dot}} - \xi_i\right) \\
&= \frac{L_i \eta_{(i+1)\text{-dot}} - L_{iN}}{L_i + \left(\sum_{k=i+1}^{N} L_k + L_{\text{storage}}\right)}
\end{aligned} \tag{4-1-96}$$

由上式可知，对应点效率的减小值与设备因子所占后段（靠近储存点侧）输入㶲的比值、后一点对应点效率和该设备的恢复系数差值有关。设备因子所占后段输入㶲越小，该设备的恢复系数和后一点对应点效率的差值越小，则对应点效率下降得越小，更能使系统效率达到较大值。由于

$$\eta_{\text{system}} = \eta_{1\text{-dot}} = 1 - \sum_{i=N-1}^{1} \Delta\eta_i \tag{4-1-97}$$

若采用从后段向前段优化的方式（保持 i 点以后的系统参数为定值），则根据式 (4-1-96)，可通过优化 L_i 和 L_{iN} 得到较小的 $\Delta\eta_i$。$\Delta\eta_i$ 对 L_i 求导（将 L_i 和 L_{iN} 作为独立变量）可得

$$\frac{\partial \Delta \eta_i}{\partial L_i} = \frac{\eta_{(i+1)\text{-dot}}\left[L_i + \left(\sum_{k=i+1}^{N} L_k + L_{\text{storage}}\right)\right] - (L_i \eta_{(i+1)\text{-dot}} - L_{iN})}{\left[L_i + \left(\sum_{k=i+1}^{N} L_k + L_{\text{storage}}\right)^2\right]} \quad (4\text{-}1\text{-}98)$$

如果

$$L_i \ll \left[L_i + \left(\sum_{k=i+1}^{N} L_k + L_{\text{storage}}\right)\right] \quad (4\text{-}1\text{-}99)$$

则可忽略式(4-1-98)分子的第二项，可得

$$\frac{\partial \Delta \eta_i}{\partial L_i} = \frac{1}{L_i + \left(\sum_{k=i+1}^{N} L_k + L_{\text{storage}}\right)} \eta_{(i+1)\text{-dot}} \quad (4\text{-}1\text{-}100)$$

实际中，式(4-1-99)通常是成立的，因此以下分析将基于这个假设。

$\Delta \eta_i$ 对 L_{iN} 求导，可得

$$\frac{\partial \Delta \eta_i}{\partial L_{iN}} = -\frac{1}{L_i + \left(\sum_{k=i+1}^{N} L_k + L_{\text{storage}}\right)} \quad (4\text{-}1\text{-}101)$$

由式(4-1-100)和式(4-1-101)可知：$\Delta \eta_i$ 对 L_{iN} 更敏感；离储存点越远，$\Delta \eta_i$ 对 L_i 和 L_{iN} 的敏感程度差别越大，这是因为 $\eta_{i\text{-dot}}$ 越小，后段输入㶲越大，$\Delta \eta_i$ 对 L_i 和 L_{iN} 的敏感程度均变小。

当 $m=N$ 时，可得

$$\eta_{i\text{-dot}} = \frac{\sum_{i}^{N} \xi_k L_k + L_{\text{storage}}}{\sum_{k=i}^{N} L_k + L_{\text{storage}}} \quad (4\text{-}1\text{-}102)$$

由式(4-1-102)可知，当 L_i 不变、ξ_i 之间的相互影响较小时，对应点效率对设备因子较大的对应设备较敏感，因此为了提高系统效率，应特别关注设备因子较大的对应设备。

3) 各对应设备㶲损失和㶲效率

第 $i \sim N$ 个对应设备产生的总㶲损 $\sum_{k=i}^{N} I_{k\text{-loss}}$ 为

$$\sum_{k=i}^{N} I_{k\text{-loss}} = E_{iS} + \sum_{k=i}^{N}(E_{QkS} + W_{kS}) - \left[E_{iN} + \sum_{k=i}^{N}(E_{QiN} + W_{iN})\right] \quad (4\text{-}1\text{-}103)$$

将式(4-1-88)代入式(4-1-103)，可得

$$\sum_{k=i}^{N} I_{k\text{-loss}} = \left[E_{iS} + \sum_{k=i}^{N}(E_{QkS} + W_{kS})\right](1 - \eta_{i\text{-dot}}) \quad (4\text{-}1\text{-}104)$$

第 i 个对应设备产生的㶲损失为

$$I_{i\text{-loss}} = \sum_{k=i}^{N} I_{k\text{-loss}} - \sum_{k=i+1}^{N} I_{k\text{-loss}} \quad (4\text{-}1\text{-}105)$$

各对应设备的㶲效率定义如下，有

$$\eta_E = \frac{E_{\text{earn}}}{E_{\text{cost}}} \quad (4\text{-}1\text{-}106)$$

式中，E_{earn} 为收益㶲；E_{cost} 为代价㶲。

由式(4-1-106)对㶲效率的定义可知㶲效率定义的合理性与"收益㶲"和"代价㶲"的选取有关，因此对于不同的设备，应该慎重选取"收益㶲"和"代价㶲"。综上可知，对应点分析方法通过计算对应点效率、对应设备㶲效率、设备因子、恢复系数等参数为压缩空气储能系统提供了优化改进的方向。

2. 优化目标

为了使系统性能最优，各对应过程应尽可能重合，即对应线段比值应尽可能接近 1，这样用于功量传递的对应设备在储能过程中输入的功量将尽可能多地在释能过程中释放；用于热量传递的对应设备将热㶲尽可能多地从储能过程传递到释能过程。若每个对应设备均可如此，则损失最小，系统效率最高。最优化的目标函数可表示为

$$M_g = \sum_{i=1}^{N} |R_{Z,i} - 1|^2 \quad (4\text{-}1\text{-}107)$$

式中，$M_g = 0$ 为理想情况，它代表对应过程完全重合，系统效率为 1。

式(4-1-107)中，$R_{Z,i}$ 为各对应过程对应线段的比值。在对等号右侧求和的过程中，当 i 为 N 时的项可作变换，有

$$\left|\frac{Z'_N - Z_{\text{storage}}}{Z_N - Z_{\text{storage}}} - 1\right|^2 = \left|\frac{Z_N - Z'_N}{Z'_N - Z_{\text{storage}}}\right|^2 \quad (4\text{-}1\text{-}108)$$

在最优点附近，求和的各项均接近0，由于式(4-1-108)等号右侧分母不为0，故 $Z_N - Z'_N$ 的模接近0；再考虑 $N-1$ 项，可得 $Z_{N-1} - Z'_{N-1}$ 的模接近0，以此类推。可知各对应过程无限重合也可使各对应点无限接近，所以将式(4-1-107)为零作为优化目标符合压缩空气储能系统设计中对应点应尽可能重合的原则。

4.2　压缩机设计技术

压缩机在压缩空气储能系统中的功能是提高工质气体的压力，将电能转化为工质的热力学能并储存于储气装置。轴流压缩机的结构如图4-2-1所示。与常规工业用压缩机和燃气轮机的压缩机相比，压缩空气储能系统的压缩机具有连续变工况、高压湿空气、频繁启停等特点。设计过程一般应包括总体设计、气动设计、结构和强度设计及变工况设计等四部分，此外还需开展试验和测量以完善压缩机设计。

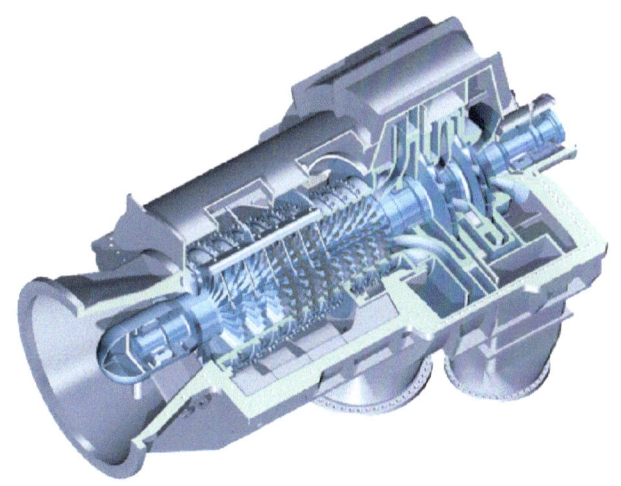

图 4-2-1　轴流压缩机

4.2.1　总体设计

石油、化工等行业中压缩机的排气压力通常固定在某一工况点，并且要求在该工况点能够长期稳定运行。而在压缩空气储能系统中，储能子系统和释能子系统是分时工作的。通常在压缩空气储能系统中储气装置的容积基本固定不变，所以储气装置内部的压力随气体总质量的增加而升高。这就需要压缩机的排气压力也必须随之升高，这样才能持续不断地向储气装置输送气体。在这个过程中，压缩机和下游管网构成的系统处于一种动态平衡过程，随储气装置内压力升高需要不停地提高压缩机的排气压力,这时压缩机在工作过程中处于连续变工况状态,而非在某一固定排气压力下长时间运行。

由于压缩空气储能系统直接利用大气中的空气作为工作介质,所以由空气中所含的水蒸汽和其他杂质造成的负面影响是储能系统不可回避的问题。此外,压缩空气储能系统压缩机的排气压力通常大于 10MPa,在这一压力等级下,可用的湿空气物性计算软件非常有限。不仅如此,在相同温度下,随着压力的升高,饱和空气中携带的水蒸汽量(即含湿量)不断下降。而压缩机输送的气体经过多次级间冷却和末级冷却后,其所含水蒸汽大部分均已在换热器中变成冷凝水被排掉,故最终进入储气装置中的高压空气仅含微量的水蒸汽。因此,水蒸汽虽被压缩到高压,但其大部分能量最终并未被存储起来,这降低了压缩机的有效流量,而压缩水蒸汽的耗功也认为是系统的损失。

与常规工业应用不同,压缩空气储能系统的盈利模式决定了它的运行特点,即压缩空气储能系统每天需要完成一个储能、释能循环。对于压缩机而言,也需要随之启动、停车一次。压缩机可以运行的最长时间主要取决于储气装置容量。此外,根据电网低谷用电的特性,压缩机运行时间一般不超过 8h。因此,每一次启动、停车对压缩机的安全运行都存在潜在风险。在储能压缩机的设计过程中,必须考虑其频繁启停的运行特点,因此在结构设计中应增加额外的安全余量并增设适当的保护措施。

效率虽然是压缩机设计的目标,但并不是需要考虑的唯一因素。为了优化压缩机性能,提高设计水平,一般其设计流程需要按如图 4-2-2 所示的方法与步骤开展。总体设计对整个设计过程非常重要,主要包括结构型式的选取、热力计算、性能评价方法和整体参数优化等四部分。总体设计通过分析并优化总加功量在各级的分配关系,并选择各级合理的转速匹配,可以保证压缩机在宽工况下高效运行。气动设计一般受限于结构设计,良好的结构设计方案为气动设计和降低零部件成本提供了更多选择。在气动设计方案经过结构与强度计算后还需开展变工况设计,评估压缩机在不同工况下的性能。

1. 结构型式

目前,压缩空气储能系统的压缩子系统需要根据压比、流量和功率等条件来确定合适的压缩部件型式。目前常用的压缩机有活塞式、离心式和轴流式三种。图 4-2-3 给出了这三种类型压缩机常用的工况范围,可以看出活塞式压缩机的工况范围最大,适用于中低流量条件(折合流量不超过 1.5×10^4N·m^3/h)下各种排气压力工况,而在大流量工况时,设备比较庞大,会超过常规材料的承受极限。

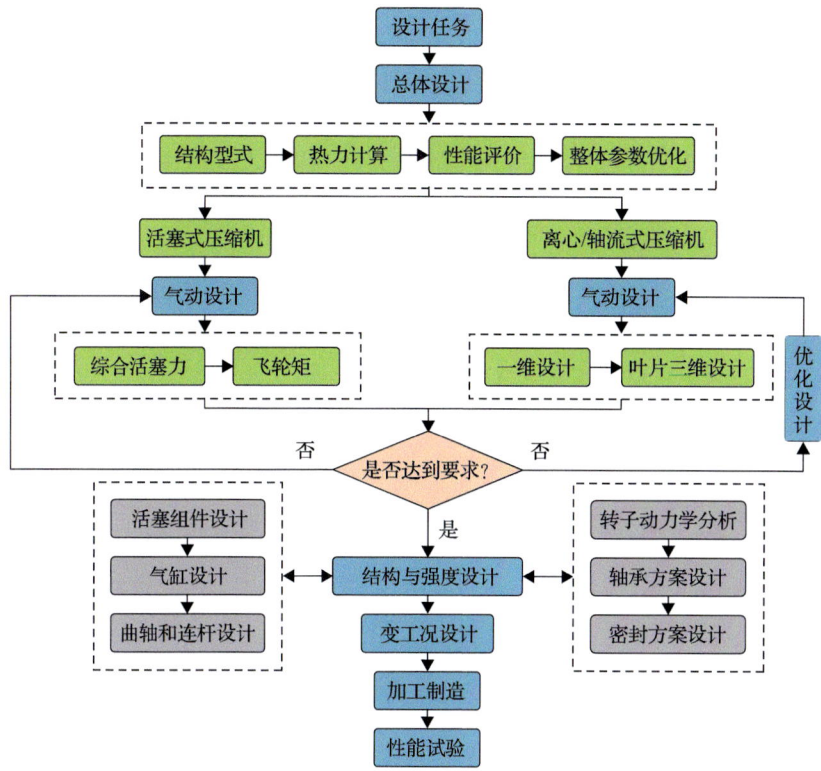

图 4-2-2 压缩机设计流程

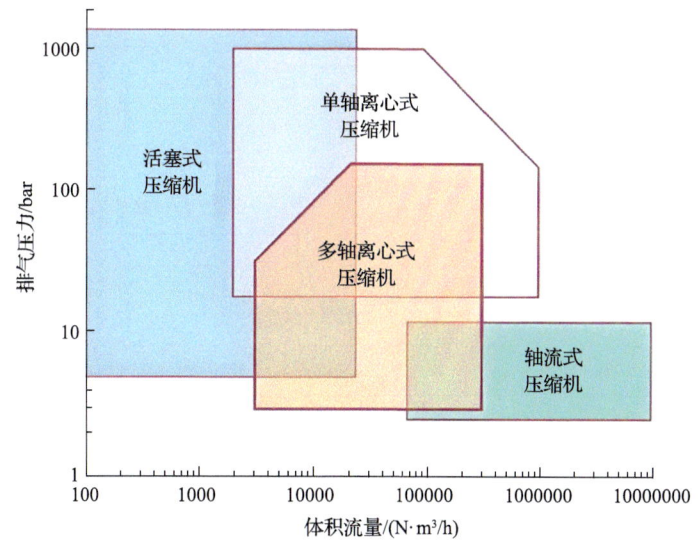

图 4-2-3 不同类型压缩机适用工况范围

离心式压缩机分为单轴和多轴两种，具有单级压比大、结构紧凑、运行平稳等特点，适用于中等流量(折合流量为 $10^3 \sim 10^6 \text{N·m}^3/\text{h}$ 时)工况。其中单轴式适用于较高排气压力(20~900bar)的工况，但整机效率较低；多轴式适用于较低排气压力(不超过110bar)的工况，但整机效率较高。轴流式压缩机具有功率大、单级压比小等特点，其设计流量过小会使叶片高度过低，从而产生严重的叶顶泄漏，降低压缩效率，所以其适于大流量(折合流量为 $7 \times 10^4 \sim 10^7 \text{N·m}^3/\text{h}$)、低排气压力(不超过10bar)工况。

在压缩空气储能系统中，气体的工作压力通常较高，而单级压缩机能提高的压力范围十分有限。此外，为了提高系统效率，通常有热回收的需求，这在单级压缩机结构中无法实现，因此必须采用多级压缩。多级压缩是将气体的总压力分为若干级，按先后级次将气体进行逐级压缩，并在级间对气体进行冷却，从而满足储能系统对热回收的需求。压缩机结构型式的选择需要根据压缩空气储能系统变工况、宽负荷的特性，并综合考虑压缩机的排气流量、压比特性、排气温度、排气压力及机械振动等问题。

多级活塞式压缩机的结构型式一般可分为立式、卧式、对置型、角度型和对称平衡型等，各种结构型式的优缺点如图 4-2-4 所示。根据压缩空气储能系统的特点，通常选用较大流量的压缩机来减少储能时间。对称平衡型结构型式具有惯性力完全平衡、可采用较多列数和活塞力相互抵消等特点，在大型活塞式压缩机设计中得到普遍应用。中国科学院工程热物理研究所研发的 1.5MW 超临界压缩空气储能系统的压缩机型式即 M 型对称平衡式双作用型。

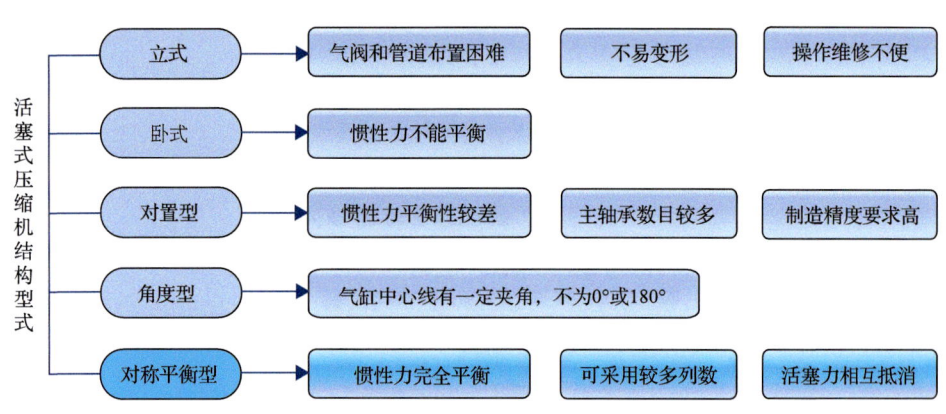

图 4-2-4　活塞式压缩机各种结构型式对比

多级轴流式压缩机中的通流部分由一级动叶与一级静叶首尾相接串联而成的多个工作级组成，如图 4-2-1 所示。气体连续流经压缩机各级，并逐级压缩升压。按照静叶是否可调，可分为静叶不可调轴流式压缩机和全静叶可调轴流式压缩机。

其中，全静叶可调轴流式压缩机具有效率高、适用于大中流量和工况调节范围宽等特点，因此更适合应用于压缩空气储能系统。

多级离心式压缩机根据轴系结构可分为单轴和多轴，图 4-2-5 为整体齿轮式多轴离心压缩机。相对于单轴离心式压缩机，多轴离心式压缩机更符合压缩空气储能系统的需求，因此采用多轴离心式压缩机的压缩空气储能系统将成为行业应用的主流形式。多轴离心式压缩机具有以下特点：①可以根据高效三元叶轮的流量系数对转速进行优化；②每一级均可选用结构强度较好的半开式叶轮提高单级压比；③各级均为轴向进气，损失小、气流均匀；④各级蜗壳相对独立，能够安装可调进口导叶和可调叶片扩压器，从而有效提高机组变工况性能和运行效率。

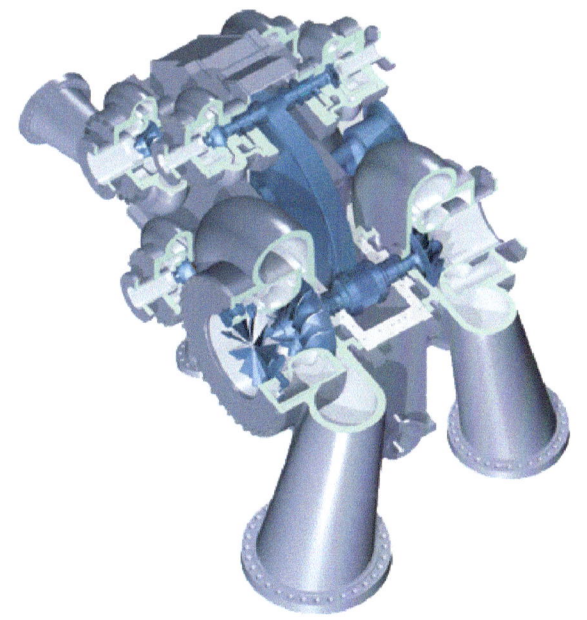

图 4-2-5　整体齿轮式多轴离心压缩机

此外，压缩机的动力传动系统包括动力机和传动装置，需要满足具有安全、经济、可靠、灵活、优良的转速和扭矩操控、使用方便、对环境友好等需求。动力传动形式与压缩机的结构方案和主要参数的选择有着密切关系，在选择压缩机结构方案和主要参数时，应该同时考虑动力传动方式的选择。按照动力来源和变速方式的不同，主要分为电机增速箱动力传动、电机变速行星齿轮动力传动和燃气轮机动力传动。三种动力传动形式的特点如表 4-2-1 所示，对于压缩空气储能系统，电机增速箱传动形式比较符合系统需求。

表 4-2-1　压缩机动力传动形式特性

	动力传动形式	电机增速箱	电机变速行星齿轮	燃气轮机
	费用	高	一般	很高
	尺寸	中等	中等	中等
	可靠性	较高	十分高	一般
特性	安全性	高	高	低
	适用范围	中等流量	小流量	大流量
	环境友好性	好	好	差
	灵活性	较好	好	差

2. 热力计算

确定压缩机的结构型式后,需要通过热力计算获得各级的设计参数,主要包括各级压比分配、设计参数选取和换热器耦合分析等。

1) 压比分配

由于压缩空气储能系统的压缩机采用多级压缩,所以需要对每一级的压比进行合理分配,使排气温度在使用条件的许可范围,并综合考虑结构和造价,尽可能减少整机压缩功。而各级最佳压比的分配遵循省功原则,即满足压缩机对气体总加功量 W 最小。多级压缩机对 1kg 气体总加功量 W 可表示为

$$W = \sum_{i=1}^{N} W_i = W_1 + W_2 + \cdots + W_N$$

$$= \frac{\kappa}{\kappa-1} R_g \left[\frac{T_{\text{in}1}}{\eta_{s1}} \left(\pi_1^{\frac{\kappa-1}{\kappa}} - 1 \right) + \frac{T_{\text{in}2}}{\eta_{s2}} \left(\pi_2^{\frac{\kappa-1}{\kappa}} - 1 \right) + \cdots + \frac{T_{\text{in}N}}{\eta_{sN}} \left(\pi_N^{\frac{\kappa-1}{\kappa}} - 1 \right) \right]$$

$$= \frac{\kappa}{\kappa-1} R_g \left[\frac{\eta_1}{\eta_{s1}} \cdot \frac{T_{\text{in}1}}{\eta_1} \left(\pi_1^{\frac{\kappa-1}{\kappa}} - 1 \right) + \frac{\eta_2}{\eta_{s2}} \cdot \frac{T_{\text{in}2}}{\eta_2} \left(\pi_2^{\frac{\kappa-1}{\kappa}} - 1 \right) + \cdots + \frac{\eta_N}{\eta_{sN}} \cdot \frac{T_{\text{in}N}}{\eta_N} \left(\pi_N^{\frac{\kappa-1}{\kappa}} - 1 \right) \right]$$

(4-2-1)

式中, η_1、η_2、$\cdots$、η_N 为各级多变效率(离心式和轴流式)或等温效率(活塞式); $T_{\text{in}1}$、$T_{\text{in}2}$、$\cdots$、$T_{\text{in}N}$ 为各级进气温度; π_1、π_2、$\cdots$、π_N 为各级增压比; κ 为绝热指数。

假定各级的效率比 K_η 相同,即

$$K_\eta = \frac{\eta_1}{\eta_{s1}} = \frac{\eta_2}{\eta_{s2}} = \cdots = \frac{\eta_N}{\eta_{sN}} \tag{4-2-2}$$

则总加功量 W 可写为

$$W = \frac{\kappa}{\kappa-1} R_g K_\eta \left[\frac{T_{\text{in}1}}{\eta_1}\left(\pi_1^{\frac{\kappa-1}{\kappa}}-1\right) + \frac{T_{\text{in}2}}{\eta_2}\left(\pi_2^{\frac{\kappa-1}{\kappa}}-1\right) + \cdots + \frac{T_{\text{in}N}}{\eta_N}\left(\pi_N^{\frac{\kappa-1}{\kappa}}-1\right)\right] \quad (4\text{-}2\text{-}3)$$

令系数

$$Y_i = \frac{T_{\text{in}(i+1)}\eta_1}{T_{\text{in}1}\eta_{(i+1)}} \quad (4\text{-}2\text{-}4)$$

则式(4-2-3)可写为

$$W = \frac{\kappa}{\kappa-1} R_g K_\eta \frac{T_{\text{in}1}}{\eta_1}\left[\left(\pi_1^{\frac{\kappa-1}{\kappa}}-1\right) + Y_1\left(\pi_2^{\frac{\kappa-1}{\kappa}}-1\right) + \cdots + Y_{N-1}\left(\pi_N^{\frac{\kappa-1}{\kappa}}-1\right)\right] \quad (4\text{-}2\text{-}5)$$

多级压缩机整机压力比 $\pi = \pi_1\pi_2\cdots\pi_N$，则各级对气体加功量 W 可表示为 π_1、π_2、$\cdots$、π_{N-1} 的函数。令 π_1 为变量，由 $\frac{\partial W}{\partial \pi_1}=0$ 可得 W 为最小值的第一级计算压比 π_1 的关系式。采用类似方法，可求得各级最佳压比为

$$\begin{aligned}\pi_1 &= \sqrt[n]{\frac{\pi}{\lambda_1\lambda_2\cdots\lambda_{N-1}}(Y_1Y_2\cdots Y_{N-1})^{\frac{\kappa}{\kappa-1}}} \\ \pi_2 &= \frac{\pi_1}{Y_1^{\frac{\kappa}{\kappa-1}}} \\ &\cdots \\ \pi_N &= \frac{\pi_1}{Y_{N-1}^{\frac{\kappa}{\kappa-1}}}\end{aligned} \quad (4\text{-}2\text{-}6)$$

式中，λ_1、λ_2、$\cdots$、λ_{N-1} 为各级冷却器的压力损失比，其值为

$$\lambda_1 = \frac{p_{\text{in}2}}{p_{\text{out}1}};\quad \lambda_2 = \frac{p_{\text{in}3}}{p_{\text{out}2}};\quad \cdots;\quad \lambda_{N-1} = \frac{p_{\text{in}N}}{p_{\text{out}N-1}} \quad (4\text{-}2\text{-}7)$$

为了简化计算，在压比分配的过程中取空气的物性参数为恒值，即绝热指数 $\kappa=1.4$，气体常数 $R_g = 287\text{J}/(\text{kg}\cdot\text{K})$。此外，为了保证各级在设计和结构上的合理性，需要对各级的计算压比进行调整，主要遵循以下原则：

(1) 随着压比升高，空气体积流量逐渐减小，若工作转速相同，则需适当减小

后面级的压比，并适当增加前面级的压比。

(2) 若各级压比与最佳压比之间的差异不超过±15%，则压缩机的总耗功增大不超过 1%。

(3) 若同轴需考虑轴功的分配，则轴两侧压缩机的耗功相差不大。

2) 设计参数选取

对于活塞式压缩机，主要通过热力计算确定各级转速、行程及进、排气系数(容积系数、压力系数、温度系数和泄漏系数等)。其中，各个进、排气系数的产生原因和影响因素各不相同。容积系数是由于气缸存在余隙容积，故气缸工作容积的部分容积被膨胀气体占据，从而对气缸容积利用率产生影响。压力系数是因进气阻力和阀腔中的压力脉动，使吸气结束时气缸内的压力低于名义进气压力，从而对气缸利用率产生影响。温度系数取决于进气过程中加给气体的热量，其值与气体冷却和该级的压力比有关。泄漏系数是因气阀、活塞环、填料及管道、附属设备等密封不严而产生的气体泄漏对气缸容积利用率的影响。活塞平均速度 C_m 的关系式如下，其中转速 n 和行程 S 的选取对机器的尺寸、重量、制造难易程度和成本有重大影响，并且还直接影响机器的效率、寿命和动力性能等。

$$C_m = \frac{nS}{30} \tag{4-2-8}$$

对于离心式压缩机，主要通过热力计算确定各级的比转速 N_s、流量系数 φ 等。其中，比转速与压缩机叶轮流道的子午面形状、出口形状有直接关系。随着比转速的增加，叶轮出口直径减小，叶轮进口马赫数提高，损失增加，故进口叶顶气流更易超过音速。流量系数与叶轮型式、内部损失等有关，流量系数的增加有助于提高叶轮流道的平均速度，对防止出口分离、提高叶轮效率有益。虽然多轴离心式压缩机所用模型的流量系数相对集中于高效的中等流量系数区间，但由于结构、材料等方面的因素，依然呈现出各级流量系数随压力升高而下降的趋势。

对于轴流式压缩机而言，主要通过热力计算确定各级的流量系数、反力度、转速等。其中，流量系数和压缩机级的通流面积和外径有关，一般平均半径处基元级的流量系数取 0.5~0.75，叶顶处取 0.3~0.5(大者可达 0.7)。反力度是动叶中增加的理论静压能量头与动叶传给气体的能量头之比。高压比轴流压缩机级的反力度多为 0.5，动叶的进口和出口速度三角形对称，级压升在动、静叶中平均分配，损失较小，效率较高。转速与压缩机外径尺寸、轮毂比和叶高有关，需要考虑几何参数的限制范围，此外还需与临界转速错开，以免引起共振。

3) 换热器耦合分析

理想的压缩机级间冷却器可将气体温度降至合理水平，并具有尽可能小的压力损失。而实际应用中，水量不稳、污垢等会导致热阻增加，换热器性能也会发生改变。设计中，在换热器成本、体积可控的情况下，应尽量增加气路的通流面积，降低流速，以减小压力损失，同时排气温度也应通过对冷水流量的调节来保证其时刻稳定在设计值附近。值得一提的是，过低的排气温度也可能对离心式和轴流式压缩机造成不利影响，这是因低温会导致进入下一级工作介质的体积流量降低，从而使该级偏离设计点并工作在小流量工况。严重情况下，体积流量过低甚至会引起压缩机喘振，发生事故停车。为此，应严格控制中冷器的排气温度。

3. 性能评价方法

压缩空气储能系统通过电动机将电能转化为压缩机的机械能，输入压缩机的机械功一部分转变为工作介质的热力学能，另一部分以热量等形式耗散。一般工程上通常使用压缩过程中的能量转化率作为压缩机性能的评判标准。针对某一确定的压缩机运行工况，可通过流量、压比和轴功率数据计算得到压缩效率。常用于衡量压缩机性能的压缩机效率包含多变效率和等熵效率，其中多变效率是指在气体压缩过程中所需的多变压缩功与实际压缩过程的总耗功之比。压缩机的等熵效率是指绝热压缩功与实际压缩过程的总耗功之比，其中绝热压缩功是指气体实际流动过程所对应的理想绝热压缩过程（即等熵过程）。需要注意的是，这时用于计算等熵效率的分子和分母分别来自不同的热力学过程。实际工程中常根据压力、温度等易通过测量得到的参数计算压缩机整机效率，多变效率和等熵效率的计算可分别参考式(4-2-9)和式(4-2-10)。

$$\eta_\mathrm{p} = \frac{\kappa-1}{\kappa} \frac{\ln\left(\dfrac{p_2}{p_1}\right)}{\ln\left(\dfrac{T_2}{T_1}\right)} \tag{4-2-9}$$

$$\eta_\mathrm{s} = \frac{\left(\dfrac{p_2}{p_1}\right)^{\frac{\kappa-1}{\kappa}}-1}{\dfrac{T_2}{T_1}-1} \tag{4-2-10}$$

式中，κ 为气体的等熵指数；p_1、p_2 分别为压缩机进口和出口压力；T_1、T_2 分别为压缩机进口和出口温度。

由于在计算多变效率的过程中考虑了压缩过程的损失，所以采用多变效率衡量压缩机性能可以定量反映损失的程度。虽然等熵过程未能定量反映压缩过程的损失，但等熵效率在本质上反映了实际压缩过程接近理想过程极限的程度。特别是对于两台设计参数具有显著差异的压缩机,采用多变效率进行性能不够合理,此时可采用绝热效率进行性能比较与评价。等熵效率和多变效率的关系如下,即

$$\eta_\mathrm{s} = \frac{(p_2/p_1)^{(\kappa-1)/\kappa} - 1}{(p_2/p_1)^{(\kappa-1)/(\eta_\mathrm{p}\kappa)} - 1} \tag{4-2-11}$$

而对于压缩空气储能系统所用的压缩机,其运行工况在连续不断地变化,需要对比不同工况点的效率特性曲线。此外,针对压缩空气储能系统压缩机组,还可选取储气装置完成一次完整升压过程中压缩机组的总耗电量作为性能评价标准。该方法需要给定压缩机排气压力与流量、功率的变化关系(变工况调节曲线等),通过设定末级冷却器、管道、阀门、电机等损失参数,并给定储气装置的关键参数,建立相应的多级压缩机性能计算数学模型,定量模拟压缩机组和储气装置的联合运行,从而获得整个运行过程的耗电量、运行时间、储气量、单位储气量功耗等相关数据。该方法操作方便,但电机效率、管网阻力等因素也会影响最终的耗电量,因此需要尽可能考虑各种附加因素。

4. 整体参数优化

在压缩空气储能系统实现电力存储的过程中,压缩机作为实现其充电过程的核心部件需要消耗电能作为压缩功,这一部分能量可视为压缩机耗功。为了提升储能系统的发电效率、降低用电量,需寻得压缩机耗功的最小值。在多级压缩机总体方案设计中,进气条件按实际工况给定,流量根据下游管网需求设计,而各级压比和转速是人为给定的,设置参数不同,最终得到的压缩机耗功也不尽相同。由于压缩空气储能系统运行过程中处于连续变工况状态,压缩机实际运行工况复杂,这也无疑会对最佳的参数设置方案造成影响。如何在众多参数中选出最佳的参数组合,使其能够平衡变工况运行对耗功的影响并最终得到最低功耗,这一问题对设计者的工程经验提出了较高要求。若想寻得压缩机耗功的最小值,需要反复修改众多参数并进行试算,这必然会耗费大量的时间和精力。工程上一般首先建立多级压缩机性能计算数学模型,然后通过优化算法找到最佳压比和转速的组合,从而获得压缩机总体设计的最优方案。

研究表明,可以采用随机搜索全局优化算法进行求解。该算法根据多级压缩机的具体需求,在优化过程中以各级压比为优化变量,约束条件为各级压比小于平均压比的平方,以各级耗功之和最小为优化目标,通过在各优化变量的取值空间进行随机采样,筛选出符合约束条件的参数组合。然后,计算压缩机总耗功,选出耗功较小的多个备选参数组合。最后,在各组合参数附近的小范围内再次进行随机采样并计算压缩机耗功,选出压缩机耗功最小的参数组合,完成随机搜索过程。局部极值点的获得可以通过传统的梯度寻优算法实现。

4.2.2 气动设计

1. 活塞式压缩机

活塞式压缩机气动设计即动力计算的目的在于计算压缩机中的作用力,从而确定压缩机所需要的飞轮矩及惯性力、惯性力矩的平衡情况,并根据平衡情况判断设计计算结果的合理性。

1)作用力

正常运行时,压缩机产生的作用力主要有三类:气体力、惯性力、摩擦力,该三力合力即综合活塞力。

气体力是由气体压力引起的作用力。气缸内的气体压力随活塞运动,即随曲轴转角变化,变化规律可由压力指示图或过程方程得到,即

$$F_g = p_i \cdot A_p \quad (4\text{-}2\text{-}12)$$

式中,p_i 为气缸内的气体压力;A_p 为活塞承压面积。

惯性力是活塞及曲柄连杆系统在运行过程中产生的。惯性力等于质量与加速度的乘积,惯性力的方向恒与加速度方向相反。往复惯性力即

$$I = m_s r \omega^2 (\cos\alpha + \lambda \cos 2\alpha) \quad (4\text{-}2\text{-}13)$$

式中,m_s 为系统质量;r 为曲柄半径;ω 为曲柄的旋转角速度,其值为 $\pi n/30$;λ 为曲柄半径与连杆长度之比;α 为曲柄转角,这里采用角度制。

摩擦力因接触表面的相对运动产生。与惯性力、气体力等相比,摩擦力较小且计算复杂,在动力学计算中一般不计入。

2)飞轮矩

压缩机总切向力在平均切向力周围浮动,表征曲柄在旋转一周的过程中驱动力矩和阻力矩之间变化的相对关系。当总切向力曲线在平均切向力之上时,驱动力矩较阻力矩小,也就是驱动力的能量不足,此时曲柄的旋转速度降低。当总切向力曲线在平均切向力之下时,驱动能量较大,表现为曲柄的旋转速度增加。采用飞轮来储存过程中的多余能量并补充能量的不足,能使曲柄的旋转速度趋于均匀。

工程上,飞轮矩常采用下式确定,即

$$MD^2 = 3600 \frac{m_l m_t \Delta f_{max}}{\pi^2 n^2 \delta} \quad (4\text{-}2\text{-}14)$$

式中,M 为飞轮质量;D 为飞轮直径;Δf_{max} 为幅度面积;m_t 为力比例尺;m_l 为

长度比例尺，$m_l=\pi s/l$；n 为转速；δ 为旋转不均匀度。为了保证电动机的安全运行，必须把压缩机的 δ 控制在某一范围。

2. 离心和轴流式压缩机

离心和轴流式压缩机设计和制造技术在 20 世纪得到迅速发展，产生了许多划时代的理论和方法，逐步积累了丰富的设计经验。其设计方法由早期的几何设计、二维气动设计逐渐发展到现在的准三维及全三维气动设计。压缩机气动设计流程如图 4-2-6 所示，主要包括一维设计和三维叶片优化设计两部分。

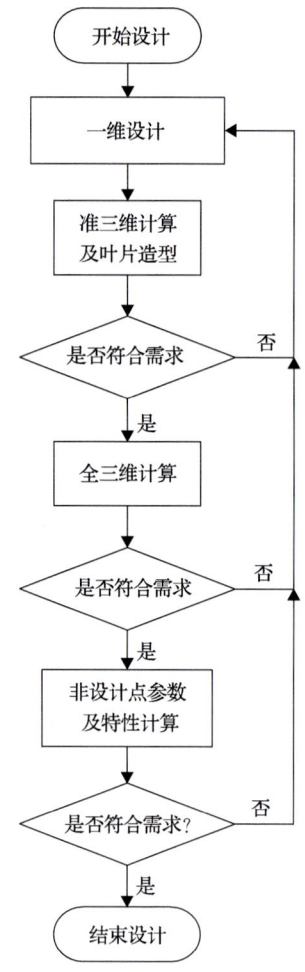

图 4-2-6　压缩机气动设计流程图

1）一维设计

一维设计是以理论计算和大量的经验数据及经验公式为基础，借助一维性能计算程序，在给定的限制条件下以效率最大化为目标对压缩机各个截面的主要几何参数进行筛选，并初步确定几何参数。一维设计是压缩机气动设计的基础，作为压缩机气动设计中的第一步，其重要性是不言而喻的。

在一维设计阶段，一维性能计算程序可以初步获取压缩机设计和非设计工况下的性能，判断性能参数是否满足设计指标的要求，从而进行参数优化。准确的性能计算方法可以减少几何参数选取次数，降低设计成本，缩短设计周期，提高设计效率。目前，压缩机性能计算方法仍处于半理论、半经验阶段，其准确性依赖于各种损失模型。由于内部流场是复杂的三维黏性流动，性能计算结果在准确性方面还存在一定差距。如何提高性能计算结果的准确度，是一个值得思考的问题。

2) 三维叶片优化设计

针对叶型设计，刘高联院士提出四种设计命题：正问题、反问题、混合问题与优化问题。正问题设计主要采用试验-修改的方法确定最终的几何参数，其设计过程是首先对一个初始叶型进行数值模拟，分析其流场并修改几何参数，然后对新叶型再进行数值模拟，经过反复修改，直到获得满意的气动参数为止。反问题设计通过给定叶型表面的速度、压力分布等参数，进行逆向求解确定叶型几何参数，再根据数值计算结果对叶型几何参数进行反复修改，直至叶型表面压力或速度分布与给定参数之间的差异满足一定精度要求为止，也可以看作是一种手动优化过程。

目前，随着计算性能的不断提高，优化设计已成为重要的发展方向。优化设计中，首先选择合适的设计参数，如转速、压力、流量等，并将其作为初始参数得到原始叶型；然后再选择优化参数，再确定约束条件、优化目标和目标函数等，利用优化算法进行处理。压缩机的气动优化设计具有以下特点。

（1）多设计变量。由于叶片叶型的复杂性，设计参数非常多，设计变量对目标函数的影响也各有特点。应用优化算法对叶片进行气动优化，就是找出一组使叶片气动性能最佳的设计变量的最优组合。

（2）多目标、多约束。叶轮机械气动优化的目标和约束相当多，如压力、流量、损失效率、几何关系等，如何选择能够正确、合适、高效地反映叶片气动特性的评价指标并处理好多目标与多约束之间的合理关系，这是设计者需要仔细考虑的问题。

（3）高度非线性。由于叶轮机械流场通常为湍流，存在严重的流动分离现象和激波/边界层干扰现象，再加上数值模拟的准确性又难以把握，所有这些都使叶片的气动优化设计问题表现出高度的非线性，这也对优化算法、优化策略提出了更高的要求。

（4）多峰值。在设定好的设计变量变化区域，要求解的目标函数有可能存在多个极值点，优化问题很容易陷进局部最优解的误区，这在基于梯度的优化算法中最容易出现。这就对优化算法的优化策略和全局搜索能力提出了更高的要求，需通过合理设计迭代机制突破局部极值限制，从而求得全局最优解。

随着优化技术的不断发展，从最初的单一目标优化发展到现在的多目标优化，传统优化算法也不断被先进的多目标优化算法所取代。因此，不断革新的优化技术在压缩机设计流程中的应用与研究是压缩机设计优化发展的必然趋势。

4.2.3 结构与强度设计

1. 活塞式压缩机

活塞式压缩机的主机包括曲柄-连杆机构和实现压缩工作循环的气缸、活塞及密封等组件，其中曲柄-连杆机构的作用是传递动力并将电动机的回转运动转化为活塞的往复直线运动。活塞式压缩机的结构设计可分为活塞组件、气缸、曲轴和连杆设计。

1) 活塞组件设计

活塞组件包括活塞环、刮油环、活塞和活塞销，它们在气缸中做往复运动，与气缸一起构成了行程容积。活塞组件必须具有良好的密封性，此外，还有以下要求。

(1) 有足够的强度和刚度。

(2) 活塞与活塞杆(或活塞销)的连接和定位可靠。

(3) 重量轻，在两列以上的压缩机中，应根据惯性力平衡的要求配置各列活塞的重量。

(4) 制造工艺性好。

2) 气缸设计

气缸是活塞式压缩机中组成压缩容积的主要部分。设计气缸的要点如下。

(1) 具有足够的强度和刚度，工作表面具有良好的耐磨性。

(2) 具有良好的冷却能力。

(3) 在有润滑油的气缸中，工作表面应有良好的润滑状态。

(4) 尽可能减小气缸内的余隙容积和气体阻力。

(5) 结合部分的连接和密封可靠。

(6) 具有良好的制造工艺性，装拆方便。

(7) 气缸直径和阀座安装孔等尺寸应符合"三化"要求。

为了保证工作的可靠性，压缩机中的所有气缸都要有较高的同心性，为此气缸上一般都设有定位凸肩。定位凸肩导向面应与气缸工作表面同心，而且结合平面应与中心线垂直。

由于活塞和活塞环在气缸工作表面上滑行，气缸工作表面会受到磨损，而且当活塞在止点位置时，速度等于零，靠近压缩容积一侧的第一道活塞环的比压很大，故有可能咬在工作面上，所以此处的磨损最大。因此，应恰当选择活塞环和气缸工作面之间的硬度和配合。

气缸因工作压力不同而选用不同强度的材料，工作压力低于 6MPa 的气缸用铸铁制造，工作压力高于 6MPa 低于 20MPa 的气缸用铸铁或稀土球墨铸铁制造，工作压力更高的气缸则用碳钢或合金钢制造。此外，还需要考虑气缸与气缸盖之间及气阀与气缸之间的密封形式，包括软垫片、金属垫片、研磨等。

3) 曲轴设计

曲轴是压缩机中传递动力的重要零件。曲轴主要包括主轴颈、曲柄和曲柄销等部分。由于它承受了很大的交变载荷和磨损，所以对其疲劳强度和耐磨性的要求较高。压缩机中的曲轴有两种：曲柄轴和曲拐轴。

曲拐轴的特点是曲柄销的两端均有曲柄，一般用 40 号或 45 号优质碳钢锻造或用稀土球墨铸铁铸造而成。采用稀土球墨铸铁铸造可以直接铸出所需的结构形状，经济性好，并且对应力集中、敏感性小、耐磨损，加工要求也比碳钢低。为了使曲轴不产生过大的挠度，两相邻轴颈之间只设一个曲拐。对称平衡型压缩机的曲轴，因两曲拐很近，可设一对曲拐。

曲柄轴的结构特点是仅在曲柄销的一端有曲柄，曲柄销的另一端为开式，连杆的大头可从此端套入。因此，曲柄轴采用悬臂式支撑。曲柄轴的曲柄销是外伸梁，这样可以使连杆结构简单，便于安装。

4) 连杆设计

连杆是将作用在活塞上的推力传递给曲轴、再将曲轴的旋转运动转换为活塞的往复运动的机构。连杆包括杆体、大头、小头三部分。杆体截面有圆形、环形、矩形、工字形等。圆形截面杆体的机械加工最方便，但在强度相同时，其具有最大的运动质量，适用于低速、大型及小批生产的压缩机。工字形截面的杆体在强度相同时，具有最小的运动质量，但其毛坯必须用模锻或铸造，适用于高速及大批量生产的压缩机。连杆材料一般采用 35 号、40 号、45 号优质碳钢或稀土球墨铸铁，高转速压缩机可采用 40Cr、30CrMo 等优质合金钢。

2. 离心和轴流式压缩机

离心和轴流式压缩机属于叶片旋转式设备，其结构设计主要包括轴端密封设计、轴承设计和转子动力学分析三部分。结构设计的动力可靠性对压缩机转子系统的安全可靠、长周期稳定运转具有十分重要的理论和实际意义。

1) 轴端密封设计

为了避免压缩机内的气体工质在高压下沿旋转轴轴向泄漏至大气中，所以在伸出压缩机外的轴端部位设有密封，称为轴端密封，简称轴封。轴端密封装置的总体性能不仅会影响压缩机的气动效率，对保证机组稳定和安全运行也有影响，主要包括迷宫密封、浮环密封、机械密封和干气密封四部分。

(1) 迷宫密封。迷宫密封(图 4-2-7)主要是利用节流与动能耗散来实现密封，主要用于低压介质密封，具有结构简单、安装便捷、操作可靠与辅助设备小等优点。迷宫密封利用节流能够有效控制泄漏，但对压缩机的效率有所影响。因此，迷宫密封的研究重点是控制压缩机的效率，降低能源的消耗，进而减小气体泄漏量。迷宫密封虽然有显著优势，但在实际运行过程中，需要高额的维护费用，同时对环境的污染也较严重。

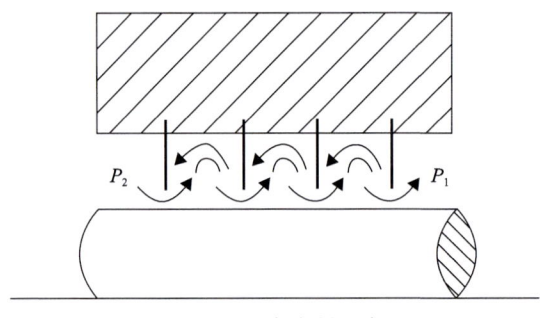

图 4-2-7　迷宫密封示意图

(2) 浮环密封。浮环密封属于液体密封，浮环位于转轴之上，在浮环密封腔内，浮环通常有两个，并与转轴保持一定间隙。当浮环密封腔被注入封油时，在转轴的影响下，浮环间隙将形成油膜。此时，油膜的作用是减少浮环和转轴的摩擦，使二者的磨损降到最低，同时避免气体外漏，进而实现密封。浮环密封属于传统密封方式，为接触式密封，在高速条件下和不同的压力等级中均可应用。但浮环密封存在较大的内泄漏，并对控制系统有着较高要求，而这也会增加设备的复杂度。

(3) 机械密封。机械密封在泄漏率方面得到了明显改进，可以实现对密封油消耗与污染的控制，同时在润滑与控制系统方面具有简单便捷的操作，并且其技术性与安全性较高。但与上述两种密封技术相比，该技术的成本偏高。在压缩机中运用机械密封，主要是该密封技术拥有诸多优点，同时解决了浮环密封中存在的问题，使其内泄漏与控制系统问题均得到了一定程度的改善；同时，机械密封在先进技术的支持下，其可靠性、安全性与寿命等均有所提升，维修与运用费用有所减少。

(4) 干气密封。干气密封技术(图4-2-8)是一种新型技术,在实际应用过程中,该技术具有一系列优势。干气密封的公用面结构有四种形式,其组件包括动部分组件与静部分组件,工作原理主要利用流体静力与流体动力。干气密封作为先进的非接触式密封技术,其优点主要表现在具有较小的功率消耗、较小的泄漏量;同时,其辅助系统的操作简单、便捷,可靠性与安全性较高。在实际运用过程中,干气密封无须维护,因此实现了对成本的合理控制。

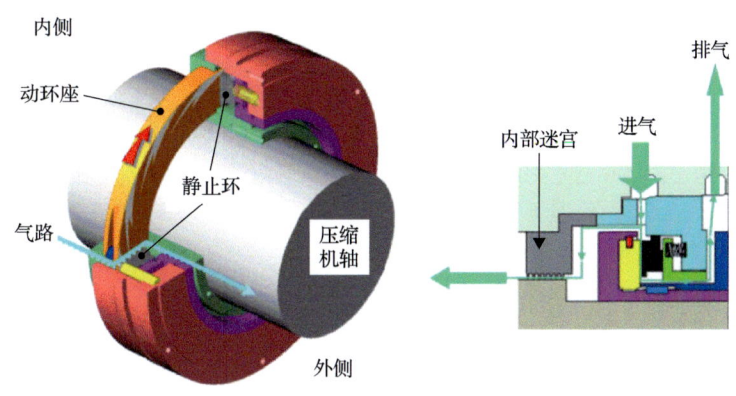

图 4-2-8　干气密封示意图

2) 轴承设计

压缩机上常用的轴承有径向轴承和止推轴承两种。径向轴承的作用是承受转子重量和其他附加径向力,保持转子转动中心与压缩机缸体中心一致,并在一定转速下正常运行。止推轴承的作用是承受转子的轴向力,限制转子的轴向窜动,保持转子在压缩机缸体中的轴向位置不变。两种轴承的常见形式如下所述。

(1) 径向轴承。压缩机上常用的径向轴承有圆瓦轴承、椭圆瓦轴承、多油楔固定轴承和可倾瓦轴承。圆瓦轴承的结构简单,但高速稳定性差,现在已经很少使用;椭圆瓦轴承的稳定性和散热性较好,但承载能力低,功率消耗较大;多油楔固定轴承在各方向的抗振性均较好、轴承温升低、不易发生油膜振荡,在旧式的压缩机中经常使用;可倾瓦轴承(图 4-2-9)的各个瓦块可以绕其支点产生相应摆角,更有利于形成流体动压润滑的楔形条件,因而具有更良好的承载性能和稳定性,故应用更广泛。可倾瓦轴承主要由轴承体、两侧油封和瓦块构成,瓦块与轴颈之间有正常的轴承间隙量,一般取间隙值为直径的 1.5%～2%。

(2) 止推轴承。压缩机常采用的止推轴承主要有米楔尔止推轴承和金斯伯雷止推轴承,它们的共同特点是有多个活动的止推瓦块,在瓦块后面有承力点,止推瓦块可以绕支点摆动,以形成最佳状态的润滑油膜。米楔尔止推轴承的优点是结构简单,轴向尺寸小;缺点是当瓦块厚度稍有差别或轴承基环与止推盘平行度

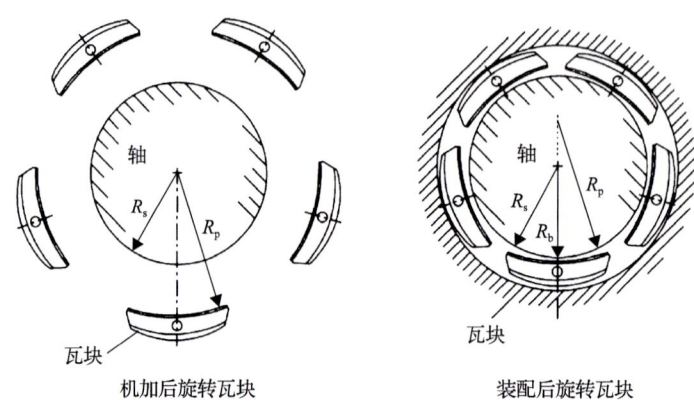

图 4-2-9 可倾瓦轴承示意图

有误差时,无法调节每个瓦块间的负荷,从而造成部分瓦块过载。金斯伯雷止推轴承的优点是瓦块间载荷分布均匀,调节灵活,能自动补偿转子不对中、偏斜;缺点是结构复杂,需要轴向安装尺寸较长。

离心和轴流式压缩机的转速都很高,其径向轴承线速度一般在 50m/s 以上,止推轴承的线速度一般在 80m/s 以上,均属于高速滑动轴承。除了以上两种轴承,压缩机中常用的还有一种采用流体润滑的动压轴承。动压轴承是依靠本身轴颈(或止推盘)的回转把润滑油带入轴(或止推盘)与轴承之间,建立油压从而把轴支撑起来(或承受转子的轴向推力)的轴承,这种轴承能够保证压缩机运行的高度可靠。

3)转子动力学分析

转子动力学是固体力学的分支,主要研究转子-支承系统在旋转状态下的振动、平衡和稳定性问题,尤其是研究接近或超过临界转速运转状态下转子的横向振动问题,主要分为以下 5 个方面。

(1)临界转速。由于制造中的误差,转子各微段的质心一般对回转轴线有微小偏离。转子旋转时,由上述偏离造成的离心力使转子产生横向振动。这种振动在某些转速上显得异常强烈,这些转速称为临界转速。一个转子有几个临界转速,临界转速与轴的结构、粗细、叶轮质量及位置、轴的支承方式等因素有关。为了确保压缩机在工作转速范围内不发生共振,临界转速应适当偏离工作转速(如 10%以上)。对于具有有限个集中质量的离散转动系统,临界转速的数量等于集中质量的个数;对于质量连续分布的弹性转动系统,临界转速有无穷多个,分别称为一阶临界转速、二阶临界转速等。进行临界转速分析的主要目的在于确定转子支承系统的各阶临界转速,并对这些临界转速进行调整,使其适当远离转子的工作转速,以保证转子可靠工作。

(2) 通过临界转速的状态。一般转子都是变速通过临界转速的，故通过临界转速的状态是不平稳状态。它主要在两个方面不同于固定在临界转速上旋转时的平稳状态：一是振幅的极大值比平稳状态的小，并且转速越快，振幅的极大值越小；二是振幅的极大值不像平稳状态那样发生在临界转速上。在不平稳状态下，转子上作用着变频干扰力，这会给分析带来困难。

(3) 不平衡响应。由于设计方面的因素，材质不均匀及加工、安装误差，所有实际转子的中心惯性、主轴都不同程度地偏离其旋转轴线。因此，当转子转动时，由各微元质量的离心力组成的力系并不是平衡力系，这种情况称为转子不平衡或失衡。当转子做旋转运动时，转子在不平衡力或不平衡力矩的激励下产生的振动，称为不平衡响应。在转子的设计和运行中，需要知道在工作转速范围由不平衡和其他因素引起的振动幅度，并把它作为评价转子工作状态的一种度量。

(4) 动平衡。确定转子转动时质心、中心主惯性轴对旋转轴线偏离值产生的离心力和离心力偶的位置和大小并加以消除的操作。

(5) 转子稳定性。转子稳定性是指转子保持无横向振动的正常运转状态的性能。若转子在运动状态下受微扰后能恢复原态，则这一运转状态是稳定的，否则就是不稳定的。转子的不稳定通常是指不存在或不考虑周期性干扰的情况，或者转子受微扰后产生强烈横向振动的情况。

总体上，转子动力学的研究就是对转子系统进行动力学分析和研究。转子系统包含转动轴、轴承、支座等部件，而转子就是其旋转部件。动力学分析主要就是针对转子临界转速的计算及挠性转子系统不平衡质量的动力响应和动平衡技术的研究。

4) 支承系统

轴流压缩机的转动部件由主轴、各级动叶、隔叶块、叶片紧锁组和密封片等零部件组成。主轴由高合金钢锻造而成，其材料的化学成分需要经过严格的化验分析。各级动叶片沿圆周方向装在叶根槽内，两个叶片之间用隔叶块定位，每级最后安装的两个动叶片之间用锁紧隔叶块定位并锁紧。

叶片承缸是压缩机可调静叶片的支承缸，与转子组成一个通道，该通道的几何尺寸由气动设计确定，是压缩机结构设计的核心内容。和叶片承缸进气端匹配的是进口圈，和其排气端匹配的扩压器，它们分别与机壳、密封套组成进气端的收敛通道和排气端的扩张通道，这两个通道和转子与叶片承缸组成的通道合在一起，组成一个完整的轴流式压缩机气流通道。叶片承缸上装有各级可调导叶和各自的动静叶轴承、曲柄、滑块等。滑块通过曲柄带动静叶转动，从而实现调节静叶角度的目的。静叶叶柄上装有硅树脂密封环，用来防止气体泄漏和灰尘进入。

4.2.4 变工况设计

1. 压缩机变工况运行特性

压缩机在运行时，通过管网系统与储气装置耦合来升高气体压力，从而实现了为储气装置充气，压缩机和管网间的关系可以看作气体的供求关系。随着充气过程的不断进行，压缩机出口的排气压力需要随储气装置内气压不断升高，压缩机工作在连续变工况状态。压缩机运行于何种工况不仅取决于压缩机自身性能，还取决于管网系统的特性。

工业用压缩机生产的高压气体主要供下游管网设备在某些工艺流程中使用，并且气体不断地被消耗。当压缩机供应的气体流量与下游消耗的流量相同时，压缩机和管网构成的系统就可以稳定运行在某一工况点。储能系统的管网则完全不同，其功能是储存压缩机产出的高压空气。由于压缩空气储能系统的储气子系统和释能子系统是分时工作的，所以在储气装置完好无漏气的情况下，压缩机的排气无处消耗，只能不断地输入储气装置。一般来说，储气装置的容积是固定不变的，在其内部气体总质量增加的情况下，内部压力也按一定规律升高，这就要求压缩机的排气压力也必须随之升高，这样才能持续不断地向储气装置输送气体。当储气装置的压力达到压缩机的最高排气压力后，压缩机无法提供压力更高的气流，这时只好停机结束储气子系统的运行，即储气装置的终压为一固定值。在整个压缩过程中，压缩机和下游管网构成的系统处于一种动态平衡过程，压缩机无法在某一固定的排气压力下长时间运行，只能随储气装置压力的升高不停地提高排气压力，即处于连续变工况状态，这就是压缩空气储能系统压缩机的特点所在。因此，在离心压缩机设计阶段，在提高压缩机设计点效率的同时，还需考虑其变工况性能，从而满足整个系统的经济性和适用性。

2. 变工况调节方法

活塞式压缩机作为一种容积式压缩机，其特点是排气压力随背压自动变化且流量无显著变化，因此比较适合变工况运行，无需外界人为控制。本节主要介绍针对离心式和轴流式压缩机的变工况设计。

离心式和轴流式压缩机在实际运行中，由于储气装置对气体流量、压力的需求时刻发生改变，所以需要相应改变压缩机的运行特性，移动工作点以适应储气装置对流量、压力的要求，即进行变工况调节。根据调节的需求和目的，可以将变工况调节分为三类：①等流量调节，即流量保持恒定，改变压缩机排气或吸气压力；②定压调节，改变压缩机流量来维持排气或吸气压力不变；③压力和流量均按一定规律变化。压缩空气储能系统中的压缩机一般采用第三类变工况调节。

压缩机的自身特性使其可以在没有外界附加控制手段的情况下，实现最基本的变工况运行,即压缩机排气压力和流量满足唯一的函数关系,压缩机的压力、流量性能曲线是一条确定的曲线。在喘振和阻塞流量之间,若给定压缩机流量的要求,则其排气压力也可以确定。但单独依靠压缩机自身的变工况调节能力,显然不能满足第三类变工况需求,因此需要通过其他方式来实现高效变工况调节,使压缩机性能曲线由单一曲线拓展为二维曲面。

目前压缩机常用的调节方法一般可以分为四类:节流调节、旁路调节、变转速调节、变压缩机进口导叶角度调节。其中,节流调节和旁路调节是通过改变管网系统特性实现的,变转速调节和变压缩机进口导叶角度调节则改变了压缩机自身的特性,使其性能曲线发生变化。

节流调节通过在压缩机进气或排气端安装节流阀来实现,在排气节流时改变阀的开度,就可以改变管网的阻力特性,从而改变压缩机和管网联合运行的工况。这种方法操作简单,但引起了额外的节流损失,经济性差,一般只在小型鼓风机和通风机中使用,高性能压缩机很少采用这种方法。进气节流调节则是将节流阀安装在压缩机进气管道上,通过调节阀门的开度来改变压缩机进气的压力参数。进气压力的降低使压缩机的实际特性线向小流量区移动,所以压缩机可以在更小的流量下工作。由于进口气体密度的下降,所以在相同体积流量下的压缩机功率也降低,因此进口节流比出口节流更省功,经济性更好且结构更简单,可靠性较高。

旁路调节是一种比较特殊的方式,可适用于等压调节模式。这种调节方式通过将压缩机出口的气流引出一部分,放空或节流降压后再送入压缩机进口端,实现了对压缩机输入流量的大幅调控,可以做到最小零流量输出。但由于旁路调节需要对一部分气体循环做功,故非常浪费能量,因此仅在特殊场合有所应用。值得一提的是,压缩机的防喘振系统一般都是通过旁路调节方式实现对压缩机的安全保护。

变转速调节最开始被广泛应用于由汽轮机、燃气轮机驱动的压缩机,近年来许多电机驱动的压缩机也通过配备变频器来实现转速调节。这种调节方式的好处是无附加的能量损失,最为节能,因此它是大型压缩机经常采用的调节方法。

变压缩机进口导叶角度调节是一种通过改变进口导叶安装角以适应变工况特性的调节方式。在实际应用中,进口导叶只适用于气流角度与叶片安装角度匹配的工况,压缩机适用的工况较为单一,无法满足变工况运行的需求。如果安装调节机构,就能够实现进口导叶角度按需求变化,从而满足压缩机的变工况需求,并且由于气流与叶片间的冲角始终保持在合理范围,流动损失也相对较小。进口导叶一般安装在压缩机转子上游轴向或径向管道中,通过改变进口气流的角度,可实现对做功能力的调节,但变进口导叶的调节方式需要复杂的机械控制机构,占用空间大,适应性相对较差。

综上所述,对于追求高效变工况特性的压缩空气储能系统的压缩机,从性能角度分析，变转速调节是最理想的方式，其次是变进口导叶调节，进口节流调节因损失大，仅可作为应急的调节手段。在工程实践中，还必须结合实际情况，考虑机组结构、空间、可靠性等诸多方面的因素，选用最适合的变工况调节方式。

3. 最优调节规律

压缩机虽然具有在二维性能曲面上变工况点运行的能力，但当它与储气装置组成一个系统后，其实际运行工况仍需沿某一特定压力、流量关系曲线变化。此时，可以通过对某些变量的调节，使压缩机的总体运行效果达到最优。

忽略管道、阀门的阻力损失，则压缩机排气端和储气装置可以通过压力来建立联系。设压缩机排气压力为 p_c，储气装置内压力为 p_s，则只有当 $p_c = p_s$ 时才能实现压缩机对储气装置的充气运行。

对于带级间冷却的多级离心压缩机整机，性能一般用等温效率来评价。假设压缩机变工况运行时，流量 Q、轴功率 P 和等温效率 η_T 满足以下关系式，即

$$\begin{cases} Q(p_c) = Q(p_c(t)) \\ P(p_c) = P(p_c(t)) \\ \eta_T(p_c) = \eta_T(p_c(t)) \end{cases} \tag{4-2-15}$$

式中，t 为机组运行的时间参数，初始时刻 $t = 0$，压缩机停机时 $t = t_{end}$。

对于储气装置，实际工程中的散热条件比较复杂，在理论研究中通常按最理想的等温压缩过程处理，即储气装置内的热量可立即散发到环境中，装置内的气体压力仅与其内部气体质量有关。设压缩机运行后，储气装置内气体质量的增加量为 Δm，故储气装置的压力是 Δm 的函数，即

$$p_s(\Delta m) = p_s\left(\int_0^t Q(t)dt\right) \tag{4-2-16}$$

式中，Δm 为压缩机排气流量对时间 t 的积分。将上式对时间求微分，可得

$$dp_s(\Delta m) = p_s'(\Delta m)Q(t)dt \tag{4-2-17}$$

即

$$dt = \frac{dp_s}{p_s'(\Delta m)Q(t)} \tag{4-2-18}$$

压缩机在整个工作过程中消耗的电能可用轴功率 P 对时间的积分来表示，即

$$E = \int_0^{t_{end}} P(p_c(t))dt \tag{4-2-19}$$

式中，P 为轴功率。由于 $p_c = p_s$，将式(4-2-18)代入上式，可得

$$E = \int_{p_0}^{p_\text{end}} \frac{P(p_s)}{p_s'(\Delta m)Q(p_s)} \mathrm{d}p_s \tag{4-2-20}$$

压缩机等温效率与功率和流量间的关系为

$$\eta_\text{T} = \frac{h_\text{T}}{P/Q} \tag{4-2-21}$$

式中，h_T 为等温能量头。将上式代入式(4-2-20)，可得

$$E = \int_{p_0}^{p_\text{end}} \frac{h_\text{T}(p_s)}{p_s'(\Delta m)} \frac{1}{\eta_\text{T}(p_s)} \mathrm{d}p_s \tag{4-2-22}$$

由上式可以看出，若要使储能过程中压缩机的耗电量最小，则在每一个压缩机变工况升压的微元过程中，均应使压缩机的效率取最大值，即

$$E_\text{min} = \int_{p_0}^{p_\text{end}} \frac{h_\text{T}(p_s)}{p_s'(\Delta m)} \frac{1}{\eta_{\text{T,max}}(p_s)} \mathrm{d}p_s \tag{4-2-23}$$

通过上述过程，可在每个排气压力下获得压缩机效率的最大值，然后将各个压力下的最大值点连接为一条曲线，即可得到能够使总耗功最小的压缩机最佳变工况运行曲线。

4.2.5 试验与测量技术

压缩机作为压缩空气储能系统的关键部件之一，与蓄热、膨胀等子系统耦合，其气动部件的性能保证和高效连续变工况特性等问题不仅会影响压缩子系统的工作效率，还对系统的性能具有重要影响。为了解决压缩空气储能系统中压缩机设计的关键问题，并同时开展高压力、大流量压缩机关键技术的研发与检测，需要搭建相应的压缩机试验平台，进行详细的试验研究。通过压缩机试验可获得压缩机的总性能、测定压缩机稳定工作边界、确定压缩机喘振裕度、验证压缩机设计性能，可获得压缩机转速、流量、压比、效率、喘振边界等参数，为压缩机改进及优化设计提供试验依据。

开展压缩机相关试验和测量具有十分重要的意义，主要体现在以下几个方面：实现压缩机新产品的性能鉴定，得到样机的性能曲线，为其质量检测提供手段；进行压缩机的科学研究试验工作，为一维设计提供经验参数和损失模型，并为三维 CFD 计算提供校核；监测压缩机在运行过程中的安全参数，保证其正常运转。

1. 试验平台概述

压缩机试验平台的建设与应用极大地推动了压缩机的发展，提升了人们对其内部流动的认识。压缩机试验平台由进气系统、动力系统、液压系统、滑油系统、排气系统、测试系统、电气控制系统、冷却水系统、辅助系统及操作间等组成。其中，进气系统由安装在进气塔中的进气过滤器、进气消音器、进气导流装置和位于进气室的流量管(含喇叭口)、扩张段、进气节气阀、稳压箱等部件组成。动力系统以电动机为动力，通过齿轮箱增速驱动压缩机试验件高速旋转。滑油系统主要为压缩机试验件供应滑油，由滑油站和配套管路组成。排气系统主要由排气蜗壳、外涵排气调节阀、内涵排气调节阀、外涵排气流量计、管道、排气消音器、钢平台和支架等组成。测试系统主要由传感器、计算机、压力/温度变送器、采集系统和数据采集软件等组成。电气控制系统由总控系统、PLC控制系统、应急安保系统、CCTV监控系统、低压电气系统、操作台、计算机、控制附件和控制软件等组成。冷却水系统由冷却水过滤器、供水阀、回水阀、支路供水阀等组成。衡量试验平台能力的指标主要包括最高转速、设计流量、设计压力和功率。

压缩机试验平台按照转速可以分为低转速(<30000r/min)和高转速(>30000r/min)。低转速压缩机内部主要为亚音速流动，可利用几何相似设计在低速环境下模拟高速流动环境，不仅试验消耗低、风险小，而且其性能测试较为简单，在流动机制研究和关键技术验证等方面具有重要的应用价值，是现阶段用于开展压缩机内基础流动问题研究和工程设计不可缺少的试验分析和验证手段。高转速压缩机内部主要为跨音速流动，主要用于测试和评估高转速压缩机的性能。相比于低转速压缩机试验平台，高转速试验台对压缩机试验中关键参数的高精度测量较为困难，在轴承和润滑、密封、轴平衡、热管理、振动和噪声控制等问题上仍存在技术挑战。

按照试验工质循环回路的不同，压缩机试验平台可以分为开式和闭式两种，如图4-2-10所示。开式平台的主体结构包括进排气系统、驱动系统、增速系统、试验本体和润滑装置等，可以实现以空气为介质或其他介质(选用空气为替代气体)的压缩机性能试验，具有投资少、占地面积小、转速和流量控制好等优点。闭式平台与开式平台相比增加了一套带充气和回收装置的封闭回路及换热器和减压装置，可实现任意介质的压缩机性能试验，可任意选择并控制进气压力和温度，但初期投资和占地面积较大，系统控制较为复杂。

压缩机试验平台的投资较大，需要满足通用性、数据采集自动化、对环境友好等基本要求，建设过程可分为规划、设计、搭建、调试和运行五个阶段，如图4-2-11所示。其中，规划和设计阶段非常重要，需要投入大量精力，以获得最合适的技术方案。在规划阶段，需要根据试验对象和试验平台的预实现功能进行

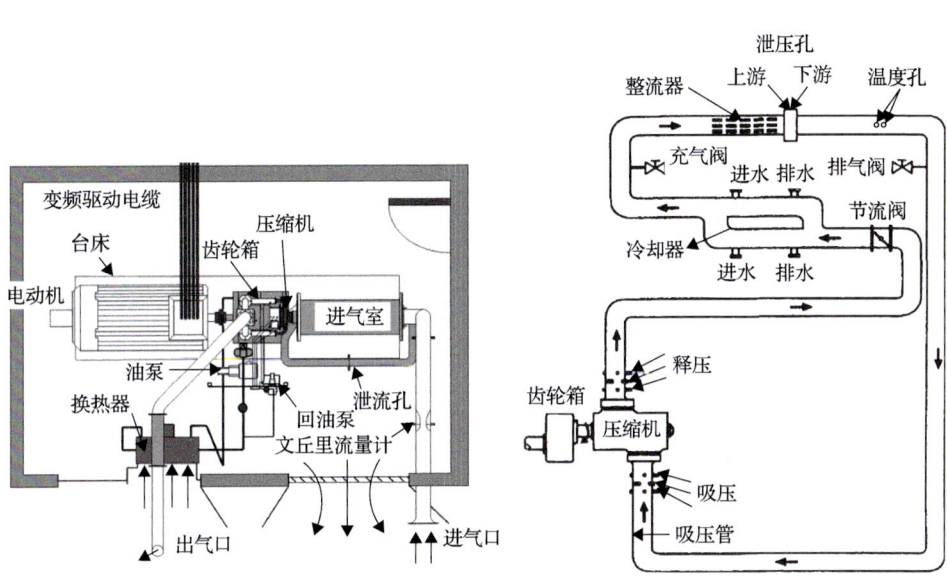

(a) 开式试验平台　　　　(b) 闭式试验平台

图 4-2-10　压缩机试验平台

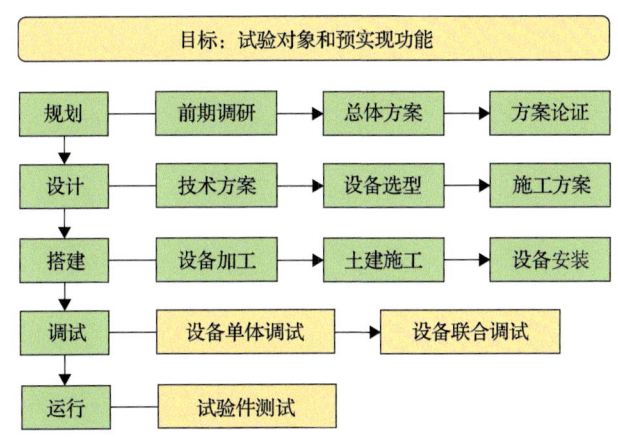

图 4-2-11　试验平台建设流程

前期调研，选择合适的试验平台类型。在此基础上详细评估不同参数和配置下的压缩机运行状态(输入功率、扭矩、质量流量、转速、总压比和总温比等)，完成总体方案设计，确定相应的驱动系统、技术指标等，最后编写项目论证报告。在设计阶段，根据试验平台技术指标，通过参照相应标准(表 4-2-2)及已有试验平台的设计经验，选择合适的测试设备以减小最终结果的不确定度。

表 4-2-2　压缩机试验平台相关标准

序号	标准名称	标准号
1	Displacement compressors, vacuum pumps, and blowers	ASME PTC-9
2	Performance Test Code on Compressors and Exhausters	ASME PTC-10
3	Turbocompressors-performance test code	ISO-5389
4	离心和轴流式鼓风机和压缩机热力性能试验	JB/T 3165-1999
5	膨胀机压缩机性能试验规程	GB/T 25630-2010
6	压缩机气动性能试验	HB 7115-1994
7	容积式压缩机验收试验	GB/T 3853-1998

2. 试验数据处理方法

准确计算效率对压缩机的性能评估具有重要意义，活塞式压缩机常用等温效率来评价。等温效率是表示实际过程接近等温过程的程度，实际过程越接近等温过程，则压缩机的等温效率越高，其计算公式如下，即

$$\eta_{\mathrm{T}} = \frac{R_{\mathrm{g}} \ln\left(\dfrac{P_2}{P_1}\right)}{\dfrac{T_2}{T_1} - 1} \quad (4\text{-}2\text{-}24)$$

离心和轴流式压缩机的效率有等熵效率和多变效率之分，在试验中常用到的效率多指等熵效率。等熵效率又称为绝热效率，工程上常用温升法和扭矩法进行测量(习惯称为温升效率和扭矩效率)。目前，这两种方法在压缩机试验中均普遍采用。为了提高效率的测量精度，有时还同时安排温升效率和扭矩效率的测量。效率的精确测量还应考虑压缩机盘的鼓风效应及轴的热效应。在低转速时，这些因素的影响很小，所以选用扭矩效率更准确；而在高转速时，以上效应较为明显且不容易测量，故选用温升效率更可靠，温升效率和扭矩效率的计算分别参考式(4-2-25)和式(4-2-26)，即

$$\eta_{\mathrm{is}} = \frac{\left(\dfrac{P_{t2}}{P_{t1}}\right)^{\frac{k-1}{k}} - 1}{\dfrac{T_{t2}}{T_{t1}} - 1} \quad (4\text{-}2\text{-}25)$$

$$\eta_{\text{is}} = \frac{\dfrac{k}{k-1} R_g T_{t1} \left[\left(\dfrac{P_{t2}}{P_{t1}} \right)^{\frac{k-1}{k}} - 1 \right] Q}{\dfrac{2\pi}{60} NM} \tag{4-2-26}$$

式中,下标 $t1$、$t2$ 分别为压缩机试验进出口参数的测量值;N 为转速;M 为扭矩。

3. 测量技术

1) 温度测量

温度是压缩机测量中最常见、最基本的工艺参数之一。在压缩机及其系统中,温度测量的对象主要包括被压缩气体温度、润滑油油温、冷却水水温、填料函温度、主轴承温度、主电机轴承温度及定子线圈温度等。测量温度的方法按照感受温度途径的不同可分为两类:一类是接触式,即通过测温元件与被测物体的接触来感知物体的温度;另一类是非接触式,即通过接收被测物体发出的辐射热来判断温度。

2) 压力测量

压力是压缩机设计中的重要工艺参数。它不仅是表征流体流动过程的重要参数,而且流速、流量等参数的测量也可以转换为压力测量问题。在压缩机及其系统中,压力测量的对象主要包括被压缩气体压力、润滑油油压、冷却水水压、填料函及中体充氮压力、仪表风压力等。根据工作原理的不同,目前采用的压力指示仪器可分为液柱式、弹性式、活塞式、电气式或电子式等。

3) 流量测量

流量是压缩机的主要性能参数之一,它表征机组在单位时间生产的压缩气体量。工程上常用折合流量(单位为 $N \cdot m^3/s$)表示往复压缩机容积流量的单位,而对于离心或轴流式压缩机,流量既可以用质量流量(单位为 kg/s)表示,也可以用折合的标准状况下的体积流量表示。流量测量方法分为直接测量和间接测量两种。直接测量就是同时测出流体质量(或体积)和所用时间,间接测量主要是先测出与流量有关的物理量(如压差),再换算成流量。工程上除小流量有时用直接测量外,大多数情况用间接测量方法。间接测量常用的工具包括差压式流量计、转子流量计和涡轮流量计。

4) 转速和转矩测量

转速是指单位时间被测轴旋转的圈数,以每分钟的转数(r/min)表示。转速是压缩机的一个重要特性参数,不仅对压比、效率等性能指标具有显著影响,还会影响压缩机的寿命和使用安全。活塞式压缩机在运行过程中,转速直接影响机组的机械强度、振动及零部件的磨损情况。按照测量的工作原理,转速测量仪表大致可分为模拟式、计数式和闪频式等。测定活塞式压缩机的排气量时,若实际转速与设计转速不同,应按照转速比进行修正。

转矩是压缩机转子转动的力矩,可以通过扭力架测功法或扭力测功法来测量。转矩测量仪由转矩传感器和数字显示仪表组成,其中转矩传感器利用转轴受扭后产生的弹性变形来测量转矩。

5) 功率测量

压缩机功率表征的是其在压缩过程中所消耗或传递能量的速率。通过测量输入功率和输出功率,可以计算压缩机的效率,这对于评估其性能及优化压缩机设计至关重要。测量压缩机的功率一般采用以下方法:①用测得的指示功乘以转速再除以机械效率;②用测量转矩和转速的方法直接测定压缩机的轴功率;③用热平衡方法间接确定其功率;④当试验平台采用电动机驱动压缩机时,测量电动机的输入功率(用两瓦计法得到)再乘以电动机效率、传动效率等,便可得到压缩机的轴功率,对于大型活塞式压缩机,一般通过在高电压回路中测量电压和电流来测量压缩机的轴功率;⑤当试验平台采用内燃机驱动压缩机时,可通过测量内燃机油耗来获得其功率。

6) 振动测量

振动测量的目的在于测试压缩机装置的运转是否平稳、分析和解决与振动有关的故障等。各类型压缩机在出厂前的机械试运转及现场安装后的试车阶段,都必须对机械的振动量进行检验。描述振动的三个主要参量是振幅、频率和相位。振动测量按照振动形式的不同可分为两种:一种是测量随时间变化的位移、速度和加速度的直线振动值及频率;另一种是测量随时间变化的角度、角速度和角加速度的扭转振动值及频率。

在实际的压缩空气储能系统中,具体采用哪些测量技术应根据试验目的和实际需求进行选择。正确使用以上测量技术能够为压缩机的试验工作提供有力支撑,准确掌握和监测压缩机在运行过程中的主要参数,保证其正常运转。

4.3 燃烧室设计技术

传统压缩空气储能系统是基于燃气轮机技术发展起来的一种能量存储系统,燃烧室是其主要部件之一。在高压空气释能阶段,为了获得更多的焓降,储气装置中的高压空气首先进入燃烧室与燃料混合燃烧,形成高温高压燃气,再进入膨胀机发电。燃烧室按照结构划分可分为圆管型、分管型、环型和环管型。其中，环管型燃烧室具有迎风面积小、供燃料与供气匹配良好等优点，广泛应用于工业型燃机，本节主要以环管型燃烧室为例介绍燃烧室的设计技术，环管型燃烧室结构如图4-3-1所示。

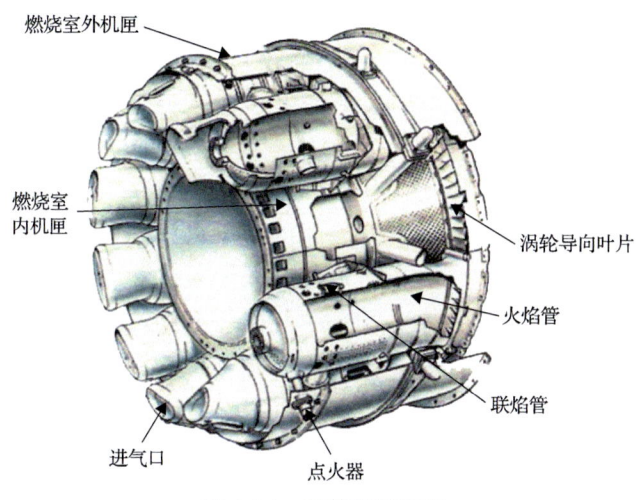

图 4-3-1　环管型燃烧室

4.3.1　总体设计

燃烧室设计是燃烧设备开发中的核心环节，以下是一个典型燃烧室的设计流程概述，图4-3-2为燃烧室设计流程图。

(1) 需求分析：明确燃烧室的性能要求，如燃烧效率、排放标准、热负荷、尺寸限制、重量、成本等。明确燃烧室的操作条件，包括工作压力、温度、燃料类型、空气流量等。

(2) 初步设计：根据需求分析的结果进行概念设计，确定燃烧室的基本类型和布局。选择燃烧室的冷却方式，如空气冷却、薄膜冷却、水冷等。设计燃烧室的热防护系统，如绝热层、冷却通道等。选择合适的材料，考虑材料的耐热性、抗腐蚀性、机械强度等。

(3) 尺寸和结构设计：初步确定燃烧室的几何形状和尺寸，包括燃烧室的长度、直径、体积等。确定燃烧室内部结构，如燃料喷嘴位置和数量、进气孔尺寸、燃料喷嘴喷雾锥角等。

(4) 燃烧技术设计：根据燃烧需求选择合适的燃烧技术，在保证燃烧室内稳定、高效燃烧的前提下获得良好的排放特性。

(5) 强度和结构设计：进行应力分析和强度计算，确保燃烧室结构的安全性和可靠性。

(6)计算流体动力学(CFD)模拟：使用 CFD 软件模拟燃烧室内的流场和燃烧过程，验证设计是否满足性能目标。评估燃烧室的热分布、压力损失、燃烧效率、排放水平等关键参数。

(7)优化设计：基于 CFD 模拟结果，对燃烧室设计进行迭代优化，从而提高性能和可靠性。判断模拟及优化结果是否满足需求，如不满足则需要多次修改设计参数，如喷嘴角度、燃烧室形状、燃料与空气的混合方式等。

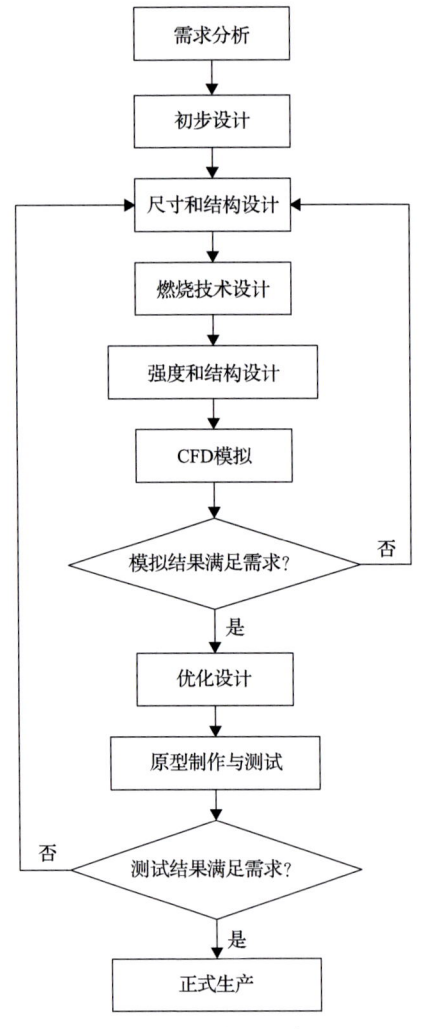

图 4-3-2　燃烧室设计流程

(8)原型制作与测试：当模拟及优化结果满足需求后，将制作好的燃烧室原型进行地面测试或试验室测试，验证设计的实际性能。测试过程中收集数据，包括燃烧效率、排放物浓度、温度分布等，与设计目标进行对比。然后，根据测试结果进行必要的设计修正，这也可能需要回到设计阶段进行调整。重复优化设计和测试过程，直到燃烧室性能满足所有设计要求。

(9) 正式生产：当测试的燃烧室原型满足所有设计要求后，即可准备详细的制造图纸和规范进行正式生产。

1. 燃烧室基本参数的确定

热力计算部分主要确定理论燃烧空气量、燃料消耗量和总过量空气系数。

假设 $C_p\%$、$H_p\%$、$S_p\%$ 和 $O_p\%$ 分别为 1kg 固体或液体燃料中所含的碳、氢、硫和氧元素的质量分数。那么，1kg 固体或液体燃料完全燃烧所需的理论空气量 L_0 应为

$$L_0 = 1.293[8.99C_p\% + 26.6H_p\% + 3.3(S_p\% - O_p\%)] \tag{4-3-1}$$

气体燃料的组成成分一般用容积百分数表示，而其可燃物质是 H_2、SO、CO、H_2S 和 C_mH_n 等。因此，气体燃料的理论燃烧空气量与固体或液体燃料有所不同，一般由下式计算，即

$$L_0 = 6.157\left[0.5H_2\% + 0.5CO\% + 0.5SO\% + \left(m + \frac{n}{4}\right)C_mH_n\% + 1.5H_2S\% - O_2\%\right] \tag{4-3-2}$$

式中，$H_2\%$、$CO\%$、$SO\%$、$C_mH_n\%$、$H_2S\%$、$O_2\%$ 分别为 1 标准立方气体燃料所含的氢气、一氧化碳、一氧化硫、碳氢化合物、硫化氢及氧气的容积百分数。

燃料消耗量 $\dot{M}_f$ 通常由燃烧室的热平衡关系式计算得到，热平衡关系式如下，即

$$\begin{aligned}\dot{M}_a(i_a^{T_2^*} - i_a^{T_1}) + \dot{M}_f(i_f^{T_3^*} - i_f^{T_1}) + \dot{M}_f H_u^{T_1}\eta_e &= (\dot{M}_a + \dot{M}_f)(i_g^{T_3^*} - i_g^{T_1}) \\ &= (\dot{M}_a - \dot{M}_f L_0)(i_a^{T_3^*} - i_a^{T_1}) + \dot{M}_f(1 + L_0)(i_{pg}^{T_3^*} - i_{pg}^{T_1})\end{aligned}$$
(4-3-3)

式中，η_e 为燃烧效率；$\dot{M}_a$ 为流进燃烧室的空气质量流率；$\dot{M}_f$ 为供入燃烧室的燃料质量流率；$i_a^{T_2^*}$、$i_a^{T_1}$、$i_a^{T_3^*}$ 分别为空气在温度为 T_2^*、T_1、T_3^* 时的焓值；$i_{pg}^{T_3^*}$、$i_{pg}^{T_1}$ 分别为纯燃气在温度为 T_3^*、T_1 时的焓值；$i_g^{T_3^*}$、$i_g^{T_1}$ 分别为燃烧产物在温度为 T_3^*、T_1 时的焓值；$H_u^{T_1}$ 为温度为 T_1 时测定的燃料的低热值；$i_f^{T_3^*}$、$i_f^{T_1}$ 分别为燃料在温度为 T_3^*、T_1 时的物理焓值。

总过量空气系数 α_Σ 由下式计算，即

$$\alpha_\Sigma = \frac{\dot{M}_a}{\dot{M}_f L_0} \tag{4-3-4}$$

2. 燃烧室基本尺寸的确定

燃烧室的基本尺寸与其工作性能有密切关系，理论上应根据燃烧理论进行设计，但目前还无法做到这一点。下面介绍的计算方法以目前现有的、工作性能良好的燃烧室的统计数据为基础，这在一定程度上为设计的雏形燃烧室提供了科学依据。

1) 燃烧室的最大横截面积

燃烧室的最大横截面积常被选作设计计算用的参考横截面积 F_{ref}，其与燃烧室的流阻损失直接相关。由统计数据可知，燃烧室最大横截面上的速度系数 λ_{ref} 与火焰管段的总压保持系数 σ_{ft}^* 之间有如下经验关系，即

当 $\sigma_{\text{ft}}^* > 0.94$ 时，

$$\lambda_{\text{ref}} = 0.822 - \frac{\sigma_{\text{ft}}^*}{0.2} \tag{4-3-5}$$

当 $\sigma_{\text{ft}}^* \leqslant 0.94$ 时，

$$\lambda_{\text{ref}} = 1.243 - \frac{\sigma_{\text{ft}}^*}{0.8} \tag{4-3-6}$$

式中

$$\lambda_{\text{ref}} = \frac{v_{\text{ref}}^{*2}}{\alpha_2^*}, \quad v_{\text{ref}}^* = \frac{\dot{M}_a}{\rho_2^* F_{\text{ref}}}, \quad \alpha_2^* = \sqrt{\frac{2\kappa}{\kappa+1} R T_2^*} = 18.3\sqrt{T_2^*} \tag{4-3-7}$$

$$\sigma_{\text{ft}}^* = \frac{p_3^*}{p_d^*} \tag{4-3-8}$$

式中，p_d^* 为燃烧室进口扩压器的出口总压；ρ_2^* 为燃烧室进口空气密度；v_{ref}^* 为燃烧室最大横截面处的速度；下标 2 为燃烧室进口截面参数；下标 3 为燃烧室出口截面参数。由此可以得到燃烧室最大横截面积 F_{ref} 的计算式为

$$F_{\text{ref}} = \frac{\dot{M}_a}{\rho_2^* v_{\text{ref}}^*} \tag{4-3-9}$$

2) 燃烧室内径和外径

根据 F_{ref} 的几何定义可知,

$$F_{\text{ref}} = \frac{\pi}{4}(D_w^2 - D_n^2) \tag{4-3-10}$$

即

$$D_n = \sqrt{\frac{4}{\pi}\left(\frac{\pi}{4}D_w^2 - F_{\text{ref}}\right)} \tag{4-3-11}$$

因此,可以根据设计时允许的最大迎风面积来确定燃烧室最大横截面处的外径 D_w,或者根据整台机组的结构要求确定燃烧室最大横截面处的内径 D_n,进而按照公式(4-3-11)求得 D_w。

3) 燃烧室平均中径

燃烧室最大横截面处上、下两部分通流面积之比为 m,如式(4-3-12)。可以根据经验公式来选取燃烧室平均中径 D_p,见式(4-3-13)。

$$m = \frac{D_w^2 - D_p^2}{D_p^2 - D_n^2} \tag{4-3-12}$$

$$D_p^2 = \sqrt{\frac{D_w^2 + mD_n^2}{1+m}} \tag{4-3-13}$$

通常,对于环管型燃烧室来说,$m = 1.05 \sim 1.15$。

此外,还需验算燃烧室平均中径 D_p 与燃烧室进口处中径 D_{p2} 和燃烧室出口处中径 D_{p3} 的差值关系,即

$$\Delta_1 = D_p - D_{p2} \tag{4-3-14}$$

$$\Delta_2 = D_p - D_{p3} \tag{4-3-15}$$

式中,D_{p2} 和 D_{p3} 为整机设计时已经确定的参数。

一般要求 Δ_1 和 Δ_2 的数值尽可能地小。否则,气流在燃烧室内会发生较大的转折,引起不必要的流阻损失。通常,$\Delta_1 = 5 \sim 10\text{mm}$,$\Delta_2 = 10 \sim 20\text{mm}$。如果计算所得 Δ_1 和 Δ_2 的值过大,应调整 m 值,重新计算 D_p,直到 Δ_1 和 Δ_2 的值合理为止。

4)燃烧室总长度

燃烧室的总长度 L_{cc} 通常由以下经验公式计算,即

$$L_{cc} = \frac{(0.226 V_{a2}^* - 0.65) \times 10^{-2}}{F_{ref} \lambda_{ref}} \tag{4-3-16}$$

式中,V_{a2}^* 为以滞止参数计算的燃烧室进口横截面上的空气容积流量,计算式如下,即

$$V_{a2}^* = \frac{\dot{M}_a}{\rho_2^*} = \frac{\dot{M}_a R T_2^*}{p_2^*} \tag{4-3-17}$$

5)火焰管横截面

一般通过合理选择 F_{ft}/F_{ref} 的比值来确定火焰管的横截面积 F_{ft}。F_{ft}/F_{ref} 的比值会影响燃烧室的流阻损失、火焰管内空气流量的分配关系及燃气出口温度场的分布特性。

在设计环管型燃烧室的火焰管时,通常建议 F_{ft}/F_{ref} 的比值在 0.46~0.56,进而确定 F_{ft} 的值。当然,对于掺混空气流量比较少的燃烧室来说,为了获得良好的混合特性,可以将 F_{ft}/F_{ref} 的比值增大到 0.6~0.75。

此外,火焰管的横截面积 F_{ft} 还应从比面积热强度的角度进行验算,即设计值与相应燃烧室的试验数据相符才行。

6)火焰管直径和个数

选定火焰管的横截面积 F_{ft} 后,就可以综合确定火焰管直径 d_f 和火焰管个数 i 的值。在环管型燃烧室中,有

$$F_{ft} = \frac{\pi}{4} d_f^2 i \tag{4-3-18}$$

为了保证两个火焰管之间的流道通畅,并能安装联焰管,应使两个火焰管之间留有 $0.1d_f$ 或 $0.04D_w$ 的间隙,即

$$\pi D_p = i(d_f + 0.1 d_f) = 1.1 d_f i \tag{4-3-19}$$

$$\pi D_p = i(d_f + 0.04 D_w) \tag{4-3-20}$$

根据平均中径 D_p 就可以求得 d_f 和 i 的值。i 一般为偶数,为 8~12 个。在大功率机组中,i 可能多达 18 个。

7) 火焰管长度

统计数据表明，火焰管的长度 l_{ft} 与其直径 d_f 之比有如下经验关系，即

$$\frac{l_{ft}}{d_f} = \frac{10 \times \lambda_{ref} + 0.19}{0.27} \tag{4-3-21}$$

由前述方法确定 d_f 和 λ_{ref}，即可确定火焰管长度 l_{ft} 的值。

8) 火焰管过渡锥顶扩张角

火焰管过渡锥顶扩张角 β 应与旋流器的安装角 α_s 相配合，以防发生气流脱落现象，一般要求

$$\tan\beta \leqslant 2\sin\alpha_s \tag{4-3-22}$$

或

$$\alpha_s \geqslant \beta + 5° \tag{4-3-23}$$

因此，设计时可预先选定旋流器的结构型式与 α_s，进而确定 β。

9) 燃气导管的主要尺寸

在环管型燃烧室中，燃气导管使火焰管的圆形截面逐渐过渡并转变为膨胀机导叶前的扇形截面。显然，每个燃气导管出口扇形截面的尺寸可以根据膨胀机导叶的尺寸来确定。当燃气导管直接焊在火焰管上时，其进气截面直径就是火焰管的直径 d_f。当火焰管与燃气导管分成两体时，火焰管将插入燃气导管进口截面上，因而其内径尺寸与火焰管的外径尺寸相当。在固定式机组中，燃气导管的长度可以达到 $3d_f$，这与整台机组的布局情况有关。

10) 火焰管壁进气孔尺寸

为了确定这部分尺寸，首先必须合理选择火焰管上各组进气孔的排数、轴向布设位置及空气流量的分配关系。目前，这方面只能参考统计资料加以选择。对于非航空用燃气轮机的环管型燃烧室来说，开孔排数和空气流量的分配关系大致有如下规律。

(1) 在满负荷工况下，燃烧区内不包括冷却空气量在内的一次过量空气系数 α_1 一般控制在 1.0~1.3。其中，由旋流器流入 α_{s1} 的一般控制在 0.25~0.35，其余皆由圆柱段上的一次主燃孔供入。

(2) 通常情况下，主燃孔约有两排，第一排孔离旋流器出口横截面的距离控制在 $(0.5~0.7)d_f$ 处；第二排孔的开孔位置为 $(0.7~1.0)d_f$ 处。

(3) 对于负荷变化范围较广的燃烧室来说，可以在主燃孔后再开 1~2 排补燃

孔，使不包括冷却空气量在内的过量空气系数达到 2.0～2.2；最后一排补燃孔与旋流器出口横截面的距离为 $(1.3\sim1.8)\,d_f$。

(4) 掺混孔一般取 1～2 排。其中，第一排孔与旋流器出口的距离为 $(2.0\sim2.2)\,d_f$，排间距离为 $(2.0\sim2.5)\,d_{mix}$，其中 d_{mix} 为掺混孔直径；最后一排掺混孔与火焰管出口截面的距离 l_{mix} 为 $(1.5\sim2.0)\,d_f$ 或使 l_{mix} 大于 $(7.0\sim8.0)\,d_{mix}$。此外，掺混孔应开在二次通道内通流面积最大的部位，这样可以保证掺混空气流动通畅，并具有较大的穿透深度。

(5) 通常情况下，用于冷却火焰壁管的冷却空气量占总空气量的 20%～40%。也可以按下式来估算需要的冷却空气量 $\dot{M}_C$，即

$$\dot{M}_C = (5.14 - 0.86\alpha_\Sigma) F_{ft}^S T_2^* \times 10^{-8} \tag{4-3-24}$$

式中，α_Σ 为燃烧室的总过量空气系数；F_{ft}^S 为火焰管壁的表面积；T_2^* 为燃烧室的进气温度。

每段冷却环套的长度为 $(0.4\sim0.5)\,d_f$，由此来选取冷却气膜的分段数，并确定每段冷却气流的流量。至此，火焰管的基本形状、主要尺寸和进气孔的布局关系即可基本确定。

11) 燃料喷嘴喷雾锥角

喷雾锥角 α_p 的选择与旋流器叶片的安装角 α_s、火焰管头部过渡锥顶的扩张角 2β、旋流器的外轮毂直径 d_{s2} 及火焰管直径 d_f 等参数有密切关系。通常，可以根据燃烧空间中回流的锥角 α_{rz} 来选定 α_p，即应使

$$\alpha_p \approx \alpha_{rz} = 2\tan^{-1}\frac{0.5 b_{max}}{l_{max}} \tag{4-3-25}$$

式中，b_{max} 为回流区的最大直径；l_{max} 为回流区的最大直径横截面与旋流器出口横截面之间的距离。

对于 $\alpha_s \leqslant 55°$ 的平面旋流器而言，有

$$b_{max} = d_f \sin\alpha_s \tag{4-3-26}$$

$$l_{max} = \frac{d_f - d_{s2}}{2\tan\beta} + (10\sim30)\text{mm} \tag{4-3-27}$$

当 $\alpha_s > 55°$ 时，有

$$b_{max} = d_f\sqrt{0.75 - (1.35 - \sin\alpha_s)^2} \tag{4-3-28}$$

$$l_{\max}=0.45d_{\mathrm{f}} \tag{4-3-29}$$

12)点火器的轴向安装位置

点火器的轴向安装位置与火焰管的气流结构和燃料的分布情况有关。一般可以取

$$l_{\mathrm{ig}}=0.68l_{\max}+20\mathrm{mm} \tag{4-3-30}$$

对于间接点火方案来说，也可以按以下关系式来定，即

$$l_{\mathrm{ig}}=\left(0.96-1.3\frac{d_{\mathrm{s2}}}{d_{\mathrm{f}}}\right)d_{\mathrm{f}} \tag{4-3-31}$$

试验表明，当增大由火焰管头部供入燃烧区的空气流量时，点火器的安装位置应向旋流器方向移近一些，这样才能保证点火的可靠性。

13)联焰管直径与联焰管轴向安装位置

通常情况下，联焰管的直径应取为

$$d_{\mathrm{cf}}\geqslant 0.25d_{\mathrm{f}} \tag{4-3-32}$$

联焰管的轴向安装位置 l_{cf} 约为

$$l_{\mathrm{cf}}\approx l_{\max} \tag{4-3-33}$$

综上所述，燃烧室的总体设计确定了燃烧室的基本参数与尺寸，为后续的试验改进提供了初步的设计参考。

4.3.2 燃烧技术

为了保证燃烧室内的燃烧高效稳定且具有良好的排放特性，可根据具体工况需要选择不同的燃烧技术，下面概述几种典型燃烧技术的设计思路。

1. 湿式降 NO_x 燃烧技术

无论是气体燃料还是液体燃料的扩散燃烧，其最大特点就是在火焰锋面上总有过量空气系数等于1的区域（即燃料与空气按化学当量配比），此时燃烧温度可以达到很高的理论燃烧温度，高于 NO_x 的起始生成温度（常定义为1650℃）。因而，按照这种方式组织的燃烧过程必然会产生数量较多的"热 NO_x"污染物。

为了解决燃烧过程中 NO_x 排放量超过环保要求的问题，可在高负荷条件下向扩散燃烧的燃烧室中喷射一定数量的水或水蒸气。这时虽然火焰区的过量空气系数仍等于1，但掺入的水蒸气能够从整体上降低燃烧区的温度，从而在一定程度

上起到抑制 NO_x 生成的作用。这就是"湿式"降 NO_x 的燃烧技术。

湿式降 NO_x 燃烧技术设计原理与控制方法简便,自 1980 年以后,已在燃气轮机中得到普遍使用。但这种技术也有明显缺点:过程中需要的喷水量大约是燃料消耗量的 50%~70%,并且水质必须经过预先处理,严防钠、钾盐的混入(防止燃气膨胀机叶片的腐蚀),这不仅增加了水处理设备的投资和运行费用,还使机组的热效率下降了 1.8%~2.0%,同时燃烧室的检修间隔和使用寿命也会相应缩短。鉴于此,替代这种燃烧技术的新型低排放燃烧技术不断涌现。

2. 干式低排放燃烧技术

"干式低排放"(dry low emission,DLE)燃烧技术是一种不需要喷水(或蒸汽)的低污染燃烧技术,其基本思想是放弃传统燃烧室中的扩散燃烧方式,改用均相贫预混的湍流火焰传播燃烧。

均相贫预混的湍流火焰传播燃烧是指把燃料蒸气(或天然气)与氧化剂(空气)预先混合成均相的、稀释(贫燃料)的可燃混合物,然后使之连续通过湍流气流向上游传播的火焰面而进行燃烧,火焰面相对于燃烧室空间的位置则是固定的。通过对燃料与空气掺混比例的控制,火焰面的温度始终低于 1650K 就能够控制"热 NO_x"的生成低于 $50mg/m^3$。

这种均相预混燃烧的概念和燃气轮机燃烧室中应用的扩散燃烧有根本区别,扩散燃烧中利用的许多促进燃烧强化、稳定、完全的因素在均相预混燃烧中都受到了抑制,从而带来一系列新的技术问题。①均相预混可燃混合物的可燃极限范围比较狭窄,而且在低温条件下火焰传播速度比较低,火焰稳定困难,容易熄火。②出现"回火"问题。一般气体燃料和燃烧室空气要先在预混室中完全掺混,再到火焰筒燃烧区中燃烧,但有时火焰会退入预混室中,结果是在空气进口(一般在一个旋流器的出口)转化成扩散火焰,破坏了原本建立的预混燃烧的设想。③具有一定流量和速度的预混气体在一定形状空间中的输运会引发气流振荡,特别是几个相邻的喷嘴以同样状态工作时会发生共振,进而产生振荡燃烧现象,使燃烧室压力发生较大幅度的脉动并伴随噪声,这种现象是必须避免的。④负荷调节困难。当负荷在大范围内变动时,空气流量并不与所需的燃料流量成比例,所以总体上不能始终满足低排放所需要的贫预混配比。而当采取燃料分级供应措施时,又为控制系统的设计提出了更复杂的要求。⑤CO 排放量的变化与 NO_x 不一致,必须加以兼顾。

为了解决这些问题,特别是为了适应压缩空气储能系统负荷变化范围广的特点,在应用干式低排放技术设计燃烧室时通常还要采取以下措施。①合理选择均相预混可燃混合物的掺混比例和火焰温度。部分研究建议,对于天然气来说,按火焰温度为 1700~1800K 的标准来选择燃料/空气的混合比是比较合适的,这样才

有可能使燃烧室 NO_x 和 CO 的排放量比较低。②适当增大燃烧室的直径和长度，以适应火焰温度较低时火焰传播速度比较慢的特点。③合理控制均相预混可燃混合物从调节阀门喷口到燃烧区的输运时间（即可燃混合物的喷射比），避免与燃烧室火焰筒的共振周期重合，以防发生振荡燃烧现象。④采用分级式燃烧方式扩大负荷的变化范围。分级燃烧又有串联式分级燃烧和并联式分级燃烧两大类。在串联式分级燃烧室中设置 2～3 个彼此串联的燃烧区，每个燃烧区中都分别供给一定数量的空气和燃料。通常，在机组的启动和低负荷工况下，只向第 1 级燃烧区供给燃料，一般该区的燃烧方式为扩散燃烧，但也能保证低负荷工况下的火焰稳定性。随着负荷的增加，逐渐向第 2 级和第 3 级燃烧区供应燃料，此时第 1 级燃烧区将维持恒温运行状态，第 2 级和第 3 级燃烧区将维持变温度的均相预混可燃混合物的火焰传播方式。在并联式的分级燃烧室中，可以设置许多个彼此并联的燃烧区，每个燃烧区也都分别供给一定数量的空气和燃料，但每个燃烧区都是按均相预混可燃气体的火焰传播方式进行组织的，燃烧温度也限定在 1800K 以下。⑤无论是串联还是并联方案，均可在中心区设置一个值班燃烧器（或称为"引导燃烧器"），它始终维持一小股高温的扩散燃烧火焰，既可在低负荷工况（包括启动点火工况）下防止燃烧室熄火，又可在很宽的燃烧室负荷变化范围内作为一个稳定的点火源来保证各级贫预混火焰的稳定。⑥为了进一步扩大燃烧室负荷的可调范围，还可以利用压缩机进口的可调导叶或在燃烧室的旋流器前设置配气阀门来调节进入分级燃烧区的空气流量，但这种变几何结构的燃烧室是比较复杂的。

3. 贫油预混预蒸发燃烧技术

贫油预混预蒸发（lean premixed prevaporized，LPP）燃烧技术是把燃油预先蒸发并与空气混合，然后在主燃烧室内形成均匀贫油混合气进行燃烧的技术。该技术的燃烧温度低，温度分布均匀，NO_x 排放明显降低。从过程上看，贫油预混预蒸发燃烧技术分为三个阶段：第一阶段是燃料喷射阶段，通过将燃料喷射出来，形成较小的雾化颗粒并在空间散布均匀，理论上讲，喷射点越多，空间分布越均匀；第二阶段是喷射出来的燃油进入一个预混蒸发阶段，此时喷出的燃料与预混蒸发段的空气混合，由于压缩机出口温度在大功率时远高于燃油沸点，故燃料边混合边蒸发；第三阶段是燃烧阶段，预混预蒸发的油气混合物进入燃烧区进行燃烧。

贫油预混预蒸发燃烧技术的主要优点包含以下几方面。①可以全面兼顾低 NO_x、CO 和未燃烧的碳氢化合物的排放。②可以消除碳的形成，特别是在燃用气体燃料的情况下这一点尤为重要。消除碳的形成不仅消除了发烟，也降低了对火焰筒的辐射传热，因此有更多的空气用来降低主燃区的温度和改善出口温度场的品质。③由于任意部位的火焰温度均低于 1900K，因而 NO_x 并不会随停留时间的增加而增多。这意味着贫油预混预蒸发燃烧系统可以设计较长的停留时间，从而实现低 CO 和未燃烧的碳氢化合物排放。

但是，贫油预混预蒸发燃烧技术也存在一些不足之处。①因为燃烧区上游的燃料蒸发和油气混合需要较长时间，所以较高的进口温度很有可能造成可燃混合气的自动着火和回火。②在高功率状态下贫态燃烧需要的空气量将导致在低功率工况下熄火，此时可能需要某种形式的点火装置来协助点火和维持燃烧。为了解决此问题，也由于贫油预混预蒸发燃烧系统工作在接近贫油的熄火极限，所以有必要结合采用燃料分级或变几何技术。③与混合良好的燃烧系统一样，它易产生声共振，并在燃烧过程中伴随燃烧噪声。严重时还会引起机械振动，甚至造成部件损坏。上述问题是贫油预混预蒸发燃烧技术发展中的一个严重问题，设计时需要谨慎对待。

4. 富油/快速淬熄/贫油燃烧技术

美国 Allison 公司在 20 世纪 80 年代初参与先进转换技术计划时，将富油/快速淬熄/贫油(rich-burn/quick-quench/lean-burn，RQL)燃烧技术作为实现低 NO_x 排放的燃烧候选方案。该燃烧技术的最初设想是在工业燃气轮机上为燃用重质燃料及中低热值气体燃料而开发的。

为了适应馏分放宽的烃油，降低因燃油馏分放宽带来的燃料 NO_x 的生成量，将富油/快速淬熄/贫油燃烧系统设计成富燃区、淬熄混合区和贫燃区三部分。首先，在富油燃烧区以高燃料浓度、低氧条件抑制高温反应，减少 NO_x 生成；随后通过淬熄区快速注入空气,使高温燃气骤冷并与空气均匀混合;最后进入贫油燃烧区，在低燃料浓度下完成充分燃烧，进一步降低污染物排放。富油/快速淬熄/贫油技术有两个关键技术问题：火焰筒壁面不能用气膜冷却；富油燃气与空气要进行快速、充分、均匀的混合。

5. 双环预混旋流燃烧技术

为了进一步降低 NO_x 的排放量且不影响其他设计要求，20 世纪 90 年代中期，通用公司开发了一种新型燃烧技术——双环预混旋流(twin annular premixing swirler，TAPS)燃烧技术。其特点是：两个同轴的环形旋流射流（主旋流和值班旋流）分别由其头部的一个主混合器和值班旋流器产生，主混合器由 1 个轴向或径向旋流器、1 个空腔构成，值班旋流器由 1 个高流量数压力雾化喷嘴和 2 个围绕在其周围的同向双级旋流器构成。同向双级旋流器可以改善起动和低功率工况下的雾化效果，以满足点火、起动、贫油燃烧稳定性和燃烧效率等设计要求。

起动时，值班旋流主要受燃油喷嘴几何形状的控制，与主旋流相互作用形成一个满足燃烧室设计要求的燃烧区。除冷却燃烧室头部和火焰筒所需的空气外，其他空气都流经值班旋流器和主旋流器。燃油在值班级和主燃级之间的分级是由燃油喷嘴完成的,通过"可控压力燃油喷嘴"的控制规律,按预先确定的流量分配,值班供油量可从低功率时的100%调整到最大功率下的5%~10%。为了使双环预混旋流燃烧室内的空气和燃油在燃烧之前进行预先混合,高压压缩机的空气可通过两个围绕在燃油喷嘴的同轴旋流器直接进入燃烧室。该燃烧系统已经完成了大量的试验验证,并将应用于GENX发动机上。与以前的喷气发动机设计相比,其燃烧温度更低,产生的NO_x也大幅度降低。

4.3.3 结构与强度设计

1. 结构设计

1) 燃烧室结构选型

目前,燃烧室的结构型式虽然有很多,但从总体上看,大致可以分为以下四大类,即圆筒型燃烧室、分管型燃烧室、环型燃烧室和环管型燃烧室,这四类燃烧室具有各自的设计特点。

圆筒型燃烧室在固定式燃气轮机中的应用很广泛。全部空气流过一个或两个位于压缩机-膨胀机轴系之外的燃烧室,能适应固定式机组的结构特点,便于与压缩机和膨胀机配合,装拆方便。由于在固定式机组中对空间尺寸的限制并不是很严,允许燃烧室尺寸略大,因而在流阻损失较小的前提下,比较容易取得燃烧效率高、燃烧稳定性好的效果。在设计时需要充分考虑或解决的问题是圆筒型燃烧室的燃烧热强度低,材料使用不经济,而且开展全尺寸燃烧室的全参数试验较为困难,设计和调整难度大。

分管型燃烧室是在轻型燃气轮机中应用较多的结构。分管型燃烧室呈环形均匀地布置在压缩机-膨胀机连接轴周围,使整个机组有良好的整体性。单个分管燃烧室尺寸小,便于做全尺寸试验,调整方便,燃烧过程容易组织。固定式机组多采用逆流式结构,即各燃烧室仅以外壳出口端连接在膨胀机机匣周围的端面上,大部分悬挂在外面,虽然整个机组外廓尺寸较大,但便于拆装,维修和升级改型都很方便。逆流式结构也适宜与离心式压缩机配合工作,缺点是其空间利用程度差,流阻损失较大,需要全联焰点火,对制造工艺的要求也较高。

环型燃烧室只有一个火焰筒,由压缩机-膨胀机轴外围的环形空间构成,仅头部仍须沿圆周配置若干个喷嘴,以保证燃料能够沿圆周分布。环形燃烧室的优点是体积小、重量轻、流阻损失小、联焰方便、排气冒烟少、结构上特别适宜与轴流式压缩机相配。环形燃烧室的缺点是燃烧空间完全连通,不容易组织各喷嘴形成的燃料炬与气流的配合,燃烧性能难以控制,出口温度场不易保持均匀稳定;全尺寸试验也需要具有很大功率的气源;分扇段(沿圆周截取包含1个或2个喷嘴的一段加侧壁构成)试验不能完全反映整个燃烧情况。

环管型燃烧室是介于环型和分管型燃烧室之间的结构型式，燃烧室外套是环形连通的，而火焰筒是分开的单管。它兼具环型与分管型燃烧室的优点，但也延续了质量大、火焰筒结构复杂、需要联焰管传焰点火、制造工艺要求高等缺点。它适宜与轴流式压缩机配合工作，可充分利用来自压缩机气流的动能。目前在重型燃气轮机上得到了非常广泛的应用。

2) 一次空气配气机构设计

目前在一次空气的供应方式上有两种不同的典型方案，因而相应地在配气机构的工作特点和结构方面也有所差异。

方案一：一次空气全部由装在火焰管头部的旋流器供入燃烧区，流入燃烧区的一次空气量主要通过控制旋流叶片的出口面积来实现，旋流器一般选择包角旋流器和锥形旋流器两种。

对于包角旋流器，实践表明其几何特征尺寸控制在以下经验范围能够获得比较良好的燃烧特性，即 $\frac{d_0}{d_f} > 0.46$，$\frac{D}{d_f} = 0.5 \sim 0.6$，$\frac{d}{D} = 0.33 \sim 0.36$，$n = 12$ 左右，$\beta = 25° \sim 30°$，$\varphi_1 = 26°$，$\Psi = 50° \sim 60°$，$v_s = 40 \sim 60 \text{m/s}$。其中，$d_0$ 为旋流叶片出气侧的包角直径；d_f 为火焰管圆柱段的直径；D 为旋流器的外轮毂直径；d 为旋流器的内轮毂直径；n 为旋流叶片的数目；β 为旋流叶片的出气角；φ_1 为旋流叶片进气边与辐射线的夹角；Ψ 为旋流叶片出气边与辐射线的夹角；v_s 为旋流叶片出口处气流的平均流速。此外，试验表明：$\frac{d_0}{d_f}$ 值取得过小，新鲜空气就会在火焰管的中心部位过于集中，从而影响燃料浓度场的合理分布，燃烧效率和燃烧稳定性都有严重恶化的趋势；与包角旋流器配合工作的喷油嘴的喷雾锥角一般应该选得稍大些为好，如 80°～120°左右，否则容易发生排气冒黑烟的现象；在采用包角旋流器的燃烧室中，燃烧区一般按贫油配气原则组织，燃烧火焰比较远离火焰管壁，火焰管过渡锥顶的壁温相对来说是比较低的。

对于锥形旋流器，实践表明：在锥形旋流器中安装火焰稳定罩，应保证罩外的环形间隙高度为 $\delta = 2 \sim 3 \text{mm}$，它是确保燃烧稳定性的必要措施，否则这种旋流器的燃烧稳定范围比较窄；为了防止燃料喷到旋流器的束腰环上而引起积碳，需要控制喷油嘴的喷雾锥角在 50°～70°；在采用锥形旋流器的燃烧室中，由于燃烧火焰比较贴近火焰管壁，因而火焰管过渡到锥顶的壁温总是相当高的。为此，必须采用强烈的气膜冷却方案，否则锥顶容易烧坏或发生翘曲变形。

方案二：一次空气分别由旋流器和火焰管的一次空气射流孔供入燃烧区。这是一种按富油配气原则组织燃烧过程的方案，由于"一次空气量具有自调特性"的作用，这种方案可将燃烧室的负荷变化范围做得相当宽，在低负荷工况下，燃烧效率和燃烧稳定性都比较好。这种供气方案的配气机构一般为径向旋流器。

对于径向旋流器，实践表明其几何特征尺寸控制在以下范围是合适的，即 $\dfrac{d_1}{D}=0.7$，$\dfrac{d_s}{d_f}=0.36\sim0.40$，$\dfrac{d_1}{d_f}=0.40\sim0.425$，$\varphi\approx90°$，$n=8$，$v_s=40\sim60\text{m/s}$。其中，$d_1$ 为旋流叶片出口边的内切圆直径；D 为旋流器的外圆直径；d_s 为旋流器进入火焰管进口的直径；d_f 为火焰管圆柱段的直径；φ 为旋流叶片的安装角；n 为旋流叶片的数目；v_s 为旋流叶片出口处气流的平均流速。

试验表明，在径向旋流器中旋流叶片的安装方向对燃烧火焰的长度有密切影响。只有当一次空气经旋流叶片的作用而在火焰管内产生的旋转方向与由压缩机输送来的空气在火焰管外侧二次空气流道中的旋转方向彼此相反时，燃烧火焰才能最短，否则燃烧火焰将增加60%~80%。

对于一次空气射流孔，试验表明：开在火焰管段上的第一排一次空气射流孔离旋流器出口的距离 L_1 不能太近，否则回流区的尺寸将减小得过多，对燃烧效率和燃烧稳定性都会产生不利影响。一般应使 $\dfrac{L_1}{d_f}\geqslant 0.45\sim0.50$，而 $\dfrac{L_2}{d_f}\approx0.75\sim1.0$。一次射流孔之间既可以"顺列"布置，也可以"错列"布置。射流孔径应按射流深度不大于 $0.35d_f$ 的原则来选取，射流孔数取决于一次射流空气量，射流速度一般取 40~90m/s。由于一次射流能够达到的深度有限，所以配气方案二适用于直径并不是很大的燃烧室。

当然，对于富油配气方案来说，还可以采用其他类型的旋流器结构型式，如直叶片式旋流器和扭曲叶片式旋流器。此外，在实际应用的旋流器中，还可以在其进出口处设置增旋、增紊、除碳和预混等结构措施。增旋措施是在旋流器出口处加装一个收缩锥；增紊措施是在旋流器进口处加装一个直径较小的限流环；除碳措施是在旋流器出口端、靠近喷油嘴的地方焊上一圈焊片；预混措施是在旋流器出口处装一段预混室。

3) 燃气混合机构设计

燃气混合机构在保证燃烧稳定性、提高燃烧效率、减少污染物排放及适应不同工况等方面具有重要作用。目前，燃烧室中常用的燃气混合机构有如下几种。

径向楔斗型或喷管型混合机构由一定数量的插入燃烧室中心部位的楔斗型、椭圆型或圆型喷管组成。二次掺混空气由此导入高温燃气并进行掺冷混合。这种机构的优点是流阻损失小、导入深度大、混合效果好。但是，迎着高温燃气方向一侧的喷管容易烧坏，为此常在喷管中加装拆流片，强迫二次掺混空气沿受热最强的一侧流动。这种混合机构在直径较大的燃烧室中常被采用，每个喷管的插入深度是火焰管半径的25%~40%，由喷管流出的气流速度约为50m/s。

射流孔式的混合机构将二次掺混空气通过分布在火焰管尾部的一排或多排射流孔喷射到高温燃气中。这种混合机构的优点是结构简单轻巧，缺点是流阻损失较大、射流深度有限。采用长边与燃气流动方向平行的长圆形射流孔或使射流孔彼此顺列布置，均能达到增加射流深度的目的。

4) 火焰管壁冷却方案设计

火焰管壁的冷却方案通常分为两大类，即空气冷却和闭式蒸汽冷却。

第一大类是空气冷却。早期，燃烧室的火焰管壁面是靠二次空气在进入火焰管之前，先以一定流速流过火焰管与外壳之间的夹套，通过对流传热从外侧对火焰管进行冷却。后来，燃烧室中几乎毫无例外地采用效果更好的"气膜冷却"方案，就是除二次空气仍在火焰管外层流动外，还特别分配一定量的冷却空气，使其以适当方式进入火焰管而紧贴内壁流动，形成一层将金属壁与火焰隔离的冷却气膜。常用的气膜冷却结构有如下几种：

斑孔形气膜冷却方案是在连接的各段火焰管的凸肩上开一系列的冷却气流孔。其优点是结构简单、工艺性好、开孔面积容易保证；缺点是开孔过多时易削弱材料强度，而开孔过少时火焰管圆周方向的冷却不均匀。为此，进一步发展了二次膨胀式的气膜冷却方案，即由斑孔流来的多股射流经圆环狭缝的节流形成一个环形的气膜薄层，由此可以消除其冷却不均匀的缺点。

波纹形冷却环套方案是指波纹形冷却环套被点焊在前后两段火焰管的内外壁面之间，冷却空气经波纹形环套与相邻火焰管段之间的间隙流向后一段火焰管内壁，沿管壁流动并形成气膜。其优点为可以全部利用冷却空气的动压头，气膜流量大、有效长度长（一般在 80～160mm）、冷却效果好；允许火焰管自由热膨胀；火焰管之间不采取搭接焊，不易引起裂纹的应力集中现象。其缺点为波纹形环套不均匀和准确，焊接时又会引起变形，不易保证波纹形通道的面积；气膜通道间隙的稍微不均匀就会引起火焰管内外压差的显著变化，从而改变冷却空气流量，使冷却效果发生变化，从而直接影响出口温度场及壁温分布特性的变化；制造工艺比较复杂，点焊工作量很大。

鱼鳞孔式方案是指冷却气流由鱼鳞孔流入火焰管（如同小百叶窗），气流紧贴内壁流动形成冷却气膜。这种大量的呈圆形或凸肩形的鱼鳞孔以错列布置为宜，以便使所有壁面都能均匀受到气膜保护。其优点是结构简单、质量轻。但不易加工，孔槽的高度不易精确控制，在孔槽两边的尖角处容易因应力集中而发生热疲劳损伤，因此近年来这种结构已很少应用。

双层壁多孔式气膜冷却方案，该方案中的火焰管是双层的，内外层之间保持一定间距，形成环形腔道。在内外层壁面上则分别钻有许多彼此错列的冷却小孔。在设计中，内层小孔数目较多，从而使气膜分布均匀，而总的冷却空气量则由外层孔的数量控制，一般来说，内外层壁面上冷却孔数的比例可取为 3.0～7.0。冷却空气通过外层壁面上的冷却小孔进入环形腔道，再由内层壁面上的冷却小孔渗入火焰管，这样就可以在火焰管内层壁的表面形成一股密布的冷却空气保护膜。

经验表明：该方案的冷却效果良好，制造简单，调整方便，它在火焰管直径较大的燃烧室中得到了较多应用。

第二大类是闭式蒸汽冷却。近年来，燃气轮机的涡轮前温度已经提高至1700K，而低排放的贫预混燃烧技术需消耗几乎进气参与燃烧，导致传统空气冷却系统可用空气量严重不足（当涡轮前温度为1500K时，燃烧室和火焰管过渡段的冷却空气量占比已经达到压缩机进气量的10%～20%）。与此同时，高温燃气工况非常适用于采用余热锅炉型的燃气-蒸汽联合循环，促使闭式蒸汽冷却技术成为兼具冷却效能与能量回收优势的冷却方案。

2. 强度设计

燃烧室的部件强度与材料密切相关，应该根据所受的负荷、零件的工作温度及制造工艺特点来设计。

对于燃烧室壳体，其强度设计需要根据工作温度来确定。对于工作温度小于300℃且不承力的燃烧室壳体，可以采用10号碳钢来制造。当燃烧室壳体作为发动机的承力构件时，应采用30CrMnSiA等合金钢来制造。对于壁温较高的燃烧室壳体，需采用1Cr18Ni9Ti不锈钢制造，这种钢在高温下具有良好的机械性能、较高的耐蚀性及良好的可塑性和可焊性。通常，燃烧室壳体的各段是用冲压方法制成的，并用氩弧焊或滚焊互相连接在一起。

对于火焰管，一般情况下，火焰管并非承力元件，它所受的应力是由内外压差造成的，量级不大。但它是整台机组暴露于最高温度中的部件，其壁温高达950℃，甚至有可能达到1150℃。由于壁面温度场的不均匀性，容易出现内应力，所以零件易发生翘曲变形。当机组启动、停车或变工况运行时，火焰管将反复受热和冷却，致使热应力反复交变，此时容易产生疲劳裂纹。此外，火焰管的各部分零件都是用冲压方法制成的，并用气焊、滚焊、点焊、电弧焊或氩弧焊连接在一起。因而，根据上述火焰管的工作条件和损坏原因，应对制作火焰管的材料提出如下要求：在火焰管壁的工作温度下，材料应具有较高的持久强度极限、屈服点和蠕变极限；具有优良的抗氧化性能和对燃气的耐蚀性；具有良好的抗冷热疲劳性能，以抵抗热冲击的影响；具有较高的抗高温蠕变性能；在室温和高温条件下，都具有较好的可塑性，以便于加工成型；具有良好的可焊性；具有较高的熔点，防止元件被烧坏；在高温条件下具有长时间稳定的使用性能；具有较小的线膨胀系数、高的导热性和低的吸热性。

目前，用来制作火焰管的材料主要是1.2～2.2mm厚的板材。根据合金基体的成分，火焰管材料可以分为以下几类。①铁基合金，它是从不锈钢发展起来的，成本较低，又具有较高的熔点和较低的比重，应用广泛。②镍基合金，早期的镍基合金基本上只加入 15%以上的铬，以使合金获得良好的抗氧化性能。由于没有加入其他的固溶强化元素，所以其高温强度较低，使用温度限制在 750℃以下。为了进一步提高合金的高温强度，还需要加入钼、钨和铌等固溶强化元素。③钴基合金，其成本比镍基合金高，但在美国仍获得广泛应用，这是由于其基体的高温强度和抗热腐蚀性能都优于镍基合金，而且使用温度可以提高约 55℃。但钴基合金也有一定缺点，如温度高于 980℃时的抗氧化性能较差，低温(200~700℃)时的屈服强度较低。④弥散强化合金，TD 镍是一种用二氧化钍弥散强化的镍基合金，其熔点比一般镍基合金高，大约是 1454℃。在 980~1260℃的高温条件下，它不仅具有较高的持久强度，而且还具有良好的冷热疲劳性能。其缺点是抗氧化性能差，需要涂覆保护涂层。

此外，为了减少火焰管接收热辐射和燃气的浸蚀速度，可以在其内壁采用保护涂层。保护涂层应具有低的吸热能力、高的抵抗周期性加热和冷却性能，还能很好地与基体材料黏合，并具有弹性，以防当火焰管壁膨胀和振动时，保护涂层因撕裂而脱落。目前，常用的保护涂料是铝、镁等金属的氧化物和某些陶瓷金属材料。

在燃烧室的强度与疲劳寿命分析方法研究方面，1945 年 Miner 在对疲劳累计损伤问题进行大量试验研究的基础上，将 Palmgren 于 1923 年提出的线性累计损伤理论公式化，形成了 Palmgren-Miner 线性累计损伤法则，并沿用至今。1952 年，Manson-Coffin 公式奠定了低循环疲劳基础。1961 年，Neuber 开始用局部应力应变研究疲劳寿命，并提出了 Neuber 法则。1963 年，Paris 在断裂力学方法的基础上提出了表达裂纹扩展规律的 Paris 公式，此后又发展了损伤容限设计。1971 年，Wetzel 在 Manson-Coffin 研究的基础上提出了根据应力-应变分析估算疲劳寿命的设计方法——局部应力应变法。该方法运用材料循环应力应变曲线对结构进行弹塑性分析，得到了构件危险部位的局部应力和局部应变，并对危险部件的局部应力应变进行了修正。根据相同应变条件下损伤相等的原则，用光滑试件的应变寿命曲线估算了危险部位的损伤，再由损伤累计计算构件的疲劳寿命。

4.3.4　变工况设计

压缩空气储能系统在运行时，燃烧室在宽工况范围工作。燃烧室进口的空气流量、温度、压力、速度和燃料消耗量都会发生变化，而这些变化又必然会影响燃烧室的工作性能。衡量燃烧室工作性能的指标包括燃烧效率 η_e、总压保持系数 σ^*、燃烧稳定性、出口温度场、壁面温度等。在这些指标中，对性能产生主要影响的指标有 η_e 和 σ^*。前者直接关系燃料消耗量，而且还影响流经膨胀机的燃气流量，而后者直接影响膨胀机的膨胀比。但到目前为止，由于燃烧室内部燃烧过程的复杂性，人们还不能全部用理论计算的方法预先确定 η_e 和 σ^* 随工况的变化关系，只有根据燃烧室的实际调整试验才能求得这些参数。下面概述燃烧室的燃烧效率与总压保持系数变工况特性的确定方法。

1. 燃烧效率

为了充分了解压缩空气储能系统在变工况条件下各参数变化对燃烧效率 η_e 的综合影响，就必须在一定参数范围内进行众多试验。根据现有燃烧室的大量试验数据，已经总结出下列函数关系式，即

$$\eta_e = f\left(\frac{p_2^{1.75} A_m D_m e^{T_2/300}}{\dot{m}_a}\right) = f(\theta) \tag{4-3-34}$$

式中，θ 为效率相似准则；A_m 为燃烧室最大截面积；D_m 为燃烧室最大截面直径；p_2、T_2、$\dot{m}_a$ 分别为燃烧室进口压力、温度、空气流量。

引入的 θ 参数能够很好地综合不同工作状态下燃烧效率的试验数据。对于已知尺寸的燃烧室，可以将式(4-3-34)简化为

$$\eta_e = f\left(\frac{p_2^{1.75} e^{T_2/300}}{\dot{m}_a}\right) = f(\theta) \tag{4-3-35}$$

只需要在不同的空气流量或进口压力下测定几个燃烧效率 η_e 的值就可以画出一条 $\eta_e = f(\theta)$ 的曲线，然后就可以将其推广应用到在任意 p_2、T_2 和 $\dot{m}_a$ 的情况下来求取响应的 η_e 值，所以 $\eta_e = f(\theta)$ 也常称为燃烧室的通用特性曲线。

当进行压缩空气储能系统变工况计算时，若没有相关燃烧室的试验数据，则可暂且假定 η_e 不随工况变化，然后待燃烧室进行实际试验后，再进行必要的修正。

2. 总压保持系数

总压保持系数 σ^* 的定义如式(4-3-36)所示，通常也可以用阻力系数 ξ^* 来表示，即

$$\sigma^* = 1 - \xi^* \frac{\kappa}{2} M_2^2 \tag{4-3-36}$$

式中，M_2 为燃烧室进口截面的气流马赫数；阻力系数 ξ^* 一般可以认为

$$\xi^* = \xi_L^* + \xi_H^* \tag{4-3-37}$$

式中，ξ_L^* 与 ξ_H^* 分别为燃烧室的流体阻力系数和热阻系数。ξ_L^* 一般取决于燃烧室结构和进口马赫数 M_2。但目前一般燃烧室内的流动都是出于湍流自模化范围，因此可以将 ξ_L^* 当作不随流速变化的参数，ξ_L^* 的数值可以根据对燃烧室的冷吹风试验或气动计算求得。对于 ξ_H^*，根据大量的试验总结出以下关系式，即

$$\xi_H^* = b\left(\frac{T_3^*}{T_2^*} - 1\right)\left(\frac{A_m}{A_f}\right)^2 \tag{4-3-38}$$

式中，A_f 为火焰管截面积；b 为与燃烧室结构有关的经验修正系数，其值在 0.4~0.6，一般取 0.52；T_2^*、T_3^* 分别为燃烧室进口和出口总温。

因此，在确定不同工况下燃烧室的总压损失时，只要对燃烧室进行冷吹风试验以确定 ξ_L^*，并按式(4-3-38)确定 ξ_H^*，进而得到总的阻力系数，再根据式(4-3-36)计算得到燃烧室的总压保持系数 σ^*。

当进行压缩空气储能系统变工况计算时，若没有燃烧室阻力损失的试验数据，则可以暂且假定 σ^* 不随工况变化，然后待燃烧室进行实际试验后，再对此进行必要的修正。

4.3.5 试验与测量技术

目前，由于燃烧理论还不能有效指导燃烧室的设计，因而科研人员与工程师通常用试验方法来调整燃烧室的结构，使其逐渐达到设计指标的要求。下面将概述相关试验与测量技术。

1. 燃烧室试验方案

1) 部件试验与整体试验

部件试验是指对燃烧室中的某一部件，如旋流器和喷油嘴等，进行单独的性能试验，以期获得性能良好的单个部件。整体试验是指对燃烧室整体进行试验，进一步按设计标准对整个燃烧室进行结构调整，以达到设计性能。

由于燃烧现象的复杂性，燃烧室中各部件的孤立特性与其装配成为燃烧室整体时集中表现出来的燃烧性能通常有一定差距，因而在一般生产设计中，除必须做喷油嘴部件的试验外，总是直接对燃烧室进行整体试验。可以说，整体试验是完成燃烧室设计任务的必由之路。

2) 实物试验与模化试验

实物试验是指以设计工况下工质的真实参数在燃烧室实物中所做的试验；模

化试验是指以燃烧现象的模化法则获得的工质参数在燃烧室实物中或按模化尺寸制造的模型燃烧室中进行的试验。

虽然在实物试验中空气能源的消耗费用很大，但试验所得结果与机组上燃烧室的实际性能非常接近，因而能够比较迅速地定型和使用。反之，在模化试验中由于试验参数比设计工况下的真实参数小很多，虽然能够节省空气能源的消耗，但模化试验的结果与燃烧室的实际性能之间总有一定差距，因而必须在整台机组的试运行阶段进行某些局部调整和核准，然后才能正式定型和使用。需要指出的是，模化试验方法是工业上设计大功率燃烧室的重要手段。

3) 冷态试验与热态试验

冷态试验是指在不进行燃烧的燃烧室中所做的试验，可以测量燃烧室中某些部件的空气动力性能，例如，燃烧区中一次气流的流动结构、混合区内二次掺混空气的射流深度和混合效果及冷态工况下燃烧空间中燃料浓度场的分布特性等。这种试验无法直接反映燃烧室在燃烧燃料时的总特性，但却是深入研究燃烧室内工作过程的一种辅助手段，它能为燃烧室的设计提供必要的参考数据。

热态试验是燃烧室试验的关键，任何燃烧室最终都必须通过带燃烧的热态试验才能正式定型。调试经验表明，燃烧室热态试验的内容和步骤如下：①喷油嘴的调整试验，其目的主要是使设计的喷油嘴流量特性和喷雾锥角等参数符合设计指标，必要时还应对燃料的分布特性和雾化颗粒细度进行适当调整；②燃烧室整体特性的调整试验，其目的是定型燃烧室的结构和尺寸，以保证所调整燃烧室的工作性能能够全面满足设计指标，在这一组试验中，根据矛盾的特殊性，至少要对最高负荷工况下的特性、最低负荷工况下的特性、熄火特性进行试验；③燃烧室的启动点火特性试验，其目的是确定燃烧室在启动点火时的极限风量、极限喷油压降、联焰时间及排气的超温程度等参数，以便为整台机组选择最佳的启动工况参数提供必要数据。

当以上各项试验的性能基本都能满足设计指标后，就可以对燃烧室的总体特性做全面的鉴定试验。对于按模化方法调整的燃烧室来说，还需要在整台机组的试运行过程中观察和考核燃烧性能的变化情况，并进行适当调整。

2. 燃烧室技术指标测量

目前，先进的燃烧室试验测试系统可以获得较全面的指标参数信息，整套试验工作也可以在计算机的控制下自动进行。下面将概述主要性能指标参数的测量与整理问题。

1) 燃烧效率测定

目前，有两种常用的测定燃烧效率的方法，即燃气分析法和热平衡法。燃气分析法是通过连续测量燃烧室出口燃气的成分，直接获得污染物排放量，间接计算出油气比、燃烧效率和燃气温度等性能参数的一种方法。热平衡法需测出流经燃烧室的空气流量、燃料消耗量、燃料发热量、燃料温度、燃烧室进口空气的平均温度及燃烧室出口燃气的平均温度，从而确定燃烧效率。

测试要点为：空气流量一般可以采用孔板流量计或文托里管测量，空气流量测量的相对标准误差必须控制在 0.8%～2%；燃料消耗量可以用涡轮流量计、容积量瓶等测量，相对标准误差应控制 0.3%以下；燃烧室出口的平均温度可采用多点镍铬-镍硅热电偶测量，精度需达到三级，测温二次仪表的精度应不低于 0.5 级，测点应按等环面分布方案布设；燃料发热量的极限绝对测量误差应小于±209340J/kg。

2）流阻损失系数测定

为了确定流阻损失系数或总压保持系数，在试验中必须测出燃烧室进口空气平均总压、燃烧室出口燃气平均总压及燃烧室进口空气平均流速和密度。为了测出最后两项参数，应测量燃烧室进口空气静压和进口截面积。气体的总压和静压均可用测压管进行测量。

3）燃烧稳定性测定

贫油熄火极限（lean blow-out，LBO）是评价燃烧稳定性的一个重要参数，贫油熄火极限是指在燃烧过程中，当燃料与空气的混合比变得过于稀薄（即燃料相对于氧气的比例过低），以至于无法维持稳定的火焰传播和燃烧过程的临界点。在这一极限下，燃烧效率急剧下降，最终火焰熄灭。对贫油熄火极限的测定过程如下：首先，应使燃烧室在满负荷工况下进行正常燃烧。然后，突然把燃料减少到怠速工况下的供给量，观察燃烧室是否熄火。假如燃烧火焰仍能维持，则继续减少燃料供给量，直至火焰突然熄灭时为止。记录熄火瞬间的空气流量 M_a 及与之相对应的燃料供给量 M_f。贫油熄火极限可用燃料空气比（fuel to air ratio，FAR）表征，即 $FAR = M_f/M_a$。

4）火焰管壁面温度的测定

火焰管的壁面温度通常可以用镍铬-镍硅热电偶测量。测量时，应在火焰管的过渡锥顶上及沿火焰管长度反向选择若干个截面来布设测点。每个截面上同时监测 4～6 个点，这样既能监测火焰管的壁面温度，又能反映壁面温度分布的均匀程度。壁面温度也可以用示温漆等其他手段来测量。

5）点火特性的测定

将燃烧室进口空气的参数调整到机组启动工况规定的点火瞬间的数值，随后，接通点火装置，测得能把主燃料炬可靠而又迅速点燃成功的喷油压降和喷油量。

与此同时，观察并记录燃烧火焰是否过长，排气是否超温。对于分管型或环管型燃烧室来说，还要进行燃烧室之间的联焰试验，记录联焰成功所需耗费的时间及排气温度的增升情况。

6）排放测量

将从排气截面上抽取的气样分别使用烟度计、非色散红外分析仪、火焰电离检测器及 NO_x 分析仪等装置进行测试，逐次测出发烟度、CO 和 CO_2、C_xH_y 和 NO_x 的含量。

3. 燃烧室调整试验

目前，燃烧室的最终定型都是通过大量调整试验来完成的，下面将概述在调整试验中主要采取的原则与措施。

燃烧室的调整试验就是通过合理改变燃烧室和喷油嘴的结构形状与尺寸，从而有效组织燃烧区内的气流流动过程、可燃混合物形成/着火/燃烧过程、混合区中二次掺冷空气与高温燃气的掺混过程和火焰管壁的冷却过程，进而使燃烧室的各项技术特性指标达到设计要求。主要的调整措施如下所述。

（1）喷油质量调整。应单独调整喷油嘴，保证喷雾质量在任何负荷工况下均处于良好状态。通过提高喷油压降、采用空气雾化措施、适当扩大喷雾锥角的方式均可吸收更多的外界空气来参加雾化过程，以提升喷雾质量。改善雾化颗粒细度可以通过合理选择喷油嘴的结构型式来实现。扩大喷雾锥角、改善喷油嘴相对流量分布可通过增大喷油嘴的几何特性系数、减少涡流室中油流的局部流阻损失来实现。

（2）流阻损失调整。燃烧室的流阻损失由扩压器的流阻损失与火焰管段的流阻损失两部分组成。应通过冷吹风试验修正扩压器的流道型线，将扩压器段的流阻损失降为最小，并使出口速度场均匀。火焰管段的流阻损失主要取决于各股空气流道的通流面积。因而，改变旋流器、射流孔、混合孔及冷却流道的通流面积是调整火焰管段流阻损失的主要手段。由于火焰管段流阻损失对燃烧特性有密切影响，因而这部分流阻损失不易调整得过小。

（3）燃烧稳定性调整。在非航空型燃烧室中，除燃烧低热值的煤气外，燃烧稳定性一般较好。但是，对于锥形旋流器，必须加装火焰稳定罩；对于在火焰管段开设一次射流孔的燃烧室来说，第一排射流孔不能离旋流器太近，射流深度也不能过大，特别是在二次环形流道气流的速度场必须比较均匀，以防射流极不对称地射入燃烧区，使贫油熄火极限恶化。对于燃烧低热值煤气的燃烧室来说，可以用适当减小燃烧区的气流速度和煤气的喷射速度或通过加装值班喷嘴来改善燃烧稳定性。

(4)火焰长度调整。调整燃烧火焰的长度是一般燃烧室试验中经常遇到的问题。造成火焰外延的原因通常是燃烧区富油。在火焰管内因气流流动特性的影响，可能存在一条由喷油嘴到燃烧室出口的富油涡索。为此，解决火焰外延的措施有：增加供向燃烧区的一次空气量；增大旋流叶片的安装角，强化气流的紊流扰动；提高一次射流孔的射流深度，以消除位于火焰管中心部位的涡索；改善喷雾颗粒细度，适当增大喷雾锥角等。

(5)燃烧室的出口温度除与掺混区的设计有关外，还与燃烧区、二次环形流道及燃烧室进口的流场有密切关系。为了改善出口温度场，燃烧区的过量空气系数应尽可能大些，这样才能使极大部分燃料在燃烧区内燃尽，从而保证掺混区进口的温度场比较均匀。

(6)冷却方案调整。调整冷却空气量和合理选择冷却方案是控制火焰管壁面温度的关键。为了防止冷却气膜因脱离火焰管壁面而失去保护作用，应合理选择每段火焰管的长度。此外，燃烧室的供气方式对壁温也有影响，应采用贫油供气方案来降低燃烧区的温度水平。同时，采用能使燃烧火焰远离火焰管壁或过渡锥顶的旋流器方案也能达到降低壁温的目的。

(7)排放质量调整。在低负荷工况下，燃烧区的温度和喷雾质量是控制 CO 和 C_xH_y 排放的关键。为了解决排气冒烟的现象，可采用贫油供气方案并消除在燃烧区头部可能出现的局部富油区。

(8)点火特性调整。为了改善点火特性，应采用高质量的点火设备，还应合理选择点火器的安装位置、联焰管的尺寸与安装位置，使其不经受冷却空气的冲刷和掺冷。此外，点火时的喷雾颗粒应较细，喷雾锥角不宜过大。

4.4　膨胀机设计技术

膨胀机在压缩空气储能系统中的功能是将储存压缩空气的热力学能转化为机械能或电能，实现动力驱动或发电，并在需要时进行能量回收和储存。当压缩空气通过膨胀机时，高压气体对膨胀机做功，膨胀机旋转，通过轴传递动力，输出机械能并驱动发电机转子旋转，再通过电磁感应原理将机械能转化为电能，实现发电，其结构如图4-4-1所示。膨胀机组一般包括主机、变速箱、换热器、进气调节阀组、润滑油站、密封系统、发电/并网系统、测控系统等。

4.4.1　总体设计

膨胀机组的设计流程如图4-4-2所示。首先进行膨胀机组总体设计，通过系统热力学参数计算初步给出膨胀段数及各段流量、进排气压力、温度等参数。在此基础上开展各段膨胀机的一维、准三维、全三维气动方案设计,再进一步确定各段采用的具体型式(向心式、混流式、单级或多级轴流式)。其中,在气动一维和准三维设计过程中,要结合初步结构设计确定方案是否合理,考察叶轮的反力度和流场相对马赫数水平、强度、模态、转子动力学特性、轴向推力、整机结构布置等重要内容,最终方案的确定还涉及密封、材料、工艺、装配、测试、成本、可靠性等多个因素。膨胀机组的辅机/附件设计、机组集成对主机方案的影响较小,可以按顺序进行。

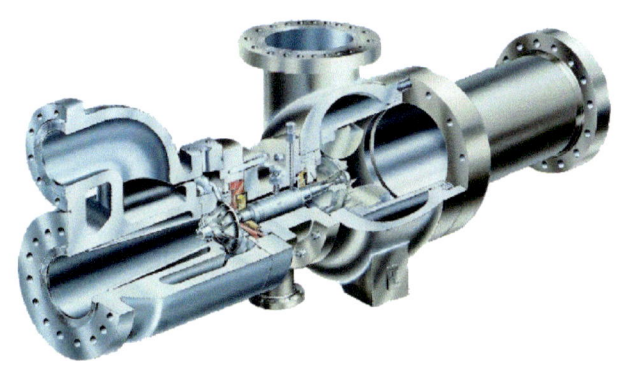

图 4-4-1　膨胀机示意图

由于压缩空气储能系统释能过程的膨胀比较大,为了兼顾系统效率和功率需要对膨胀机采用分段设计。根据储能系统的热力学参数设计结果可知,释能过程接近等温膨胀过程所得的系统输出功率和效率是最高的,当综合考虑膨胀机组的结构复杂度和成本时,单个膨胀段的膨胀比一般设计为 2.5～4.0。在初步确定的输出功率、换热量、管路压损、各级效率等设计值的基础上,逐步优化并确定最终的膨胀段数及各段的进排气压力、温度、流量等参数。

膨胀机组的发电功率 P 由下式确定,即

$$P = (\sum P_T - \sum P_b - P_g) \times (1-\delta) \times (1-\varepsilon) \times \eta_c \times \eta_g - P_a \tag{4-4-1}$$

式中,$\sum P_T$ 为各个膨胀段的气动输出功率之和;$\sum P_b$ 为所有轴承的机械损耗,包含支撑轴承、止推轴承;P_g 为齿轮箱的机械损耗,包含齿轮副啮合损失、齿轮鼓风损失、斜推盘摩擦损失等,齿轮箱的轴承损失也可以计入 $\sum P_b$ 中;δ 为漏气损失,分为内漏(膨胀段间、叶轮级间)和外漏(泄漏至大气环境),漏气损失要结合具体结构及气动设计是否已经计入该值来确定,一般为 2% 左右;ε 为机壳、管路的散热损失,根据机组的实际结构布置确定,当气缸/蜗壳表面积不大、管路也做保温时,散热损失不大;η_c 为联轴器的机械效率,根据联轴器结构及运行时的

对中良好程度来确定，一般高于 99%；η_g 为发电机效率，其能量损失一般为铁损、铜损、冷却风扇和轴承的功率损耗，根据发电功率等级的不同，发电机的能量转换效率一般为 96%～99%；P_a 为辅机消耗功率，主要包含润滑油站油泵、冷却/换热水泵、冷却/排烟风扇、密封系统、PLC/DCS 控制柜电耗、线路损耗等。

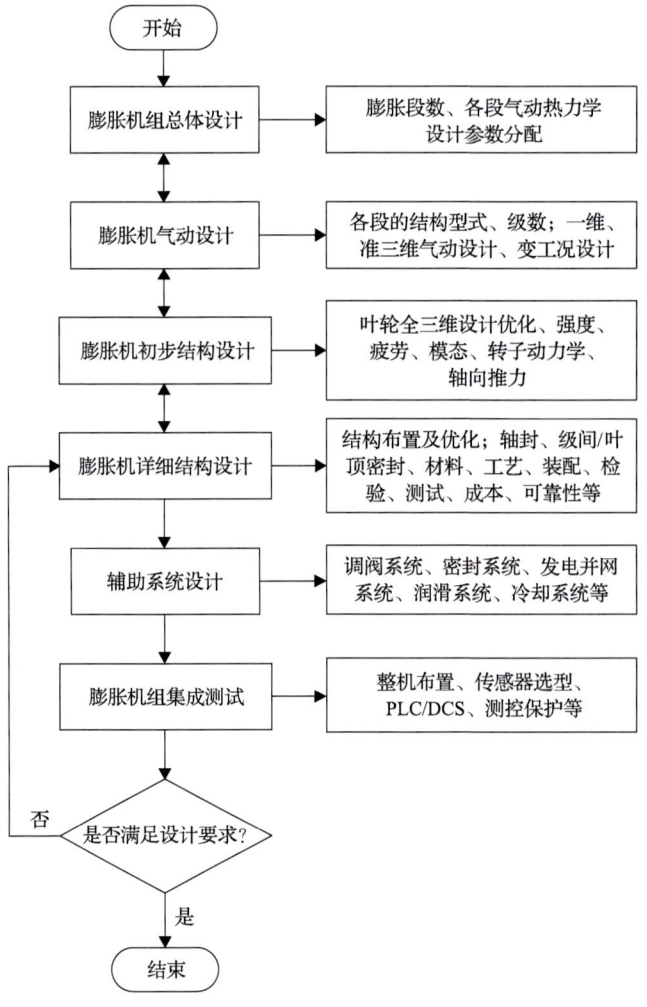

图 4-4-2　膨胀机组设计流程

4.4.2　气动设计

机组气动设计确定的各膨胀段的转速、输出功率、叶轮尺寸/重量/线速度、轴向推力等参数是机组结构设计的核心参数，因此气动设计与结构设计是一个多次迭代、逐步优化的过程。膨胀机组的气动设计首先应根据各个膨胀段的流量、进口总压、总温、膨胀比(单级膨胀比 1.5～4.0)确定膨胀机的结构型式(向心式、混流式、轴流式、组合式)、级数(单级或者多级,主要针对轴流式结构)、转速等参数。初步结构设计通过后,再开展详细的全三维叶片及流场设计。

一般根据比转速来确定选用哪种结构型式,比转速 N_s 的定义如下所示,即

$$N_s = \frac{2\pi \times N \times \sqrt{Q_6}}{60 \times (\Delta h_{0s})^{3/4}} \tag{4-4-2}$$

式中,N 为叶轮的物理转速;Q_6 为动叶出口的体积流量;Δh_{0s} 为动叶轮的等熵总-静焓降。

在压缩空气储能系统的膨胀机中,叶轮结构与比转速的对应关系如图 4-4-3 所示。当叶轮比转速较小时,向心膨胀机内流道一般呈细长型,进出口叶高较小,而轴流膨胀机的轮毂比较大,叶高很小,边界层占叶高的比例较大,效率比向心膨胀机低。当比转速较大时,向心膨胀机进出口叶高较大,内部二次流相对明显,随着比转速的增大,轴流式叶轮的轮毂比减小,叶高增加,逐渐趋近高效设计方案,叶轮的气动效率、结构尺寸都比向心式更具有优势。因此,向心膨胀机适用于比转速较小(0.3～0.8)的情况,而轴流式膨胀机适用于比转速较大(0.8 以上)的情况。

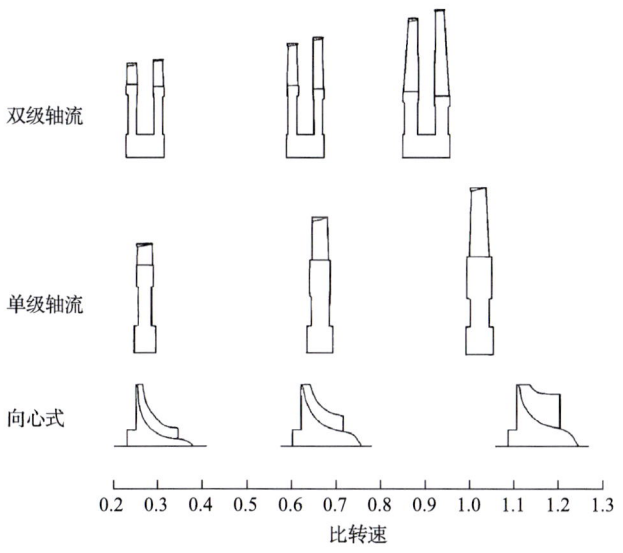

图 4-4-3 叶轮结构与比转速对应示意图

向心膨胀机的优势有叶轮出口流速低,余速损失小,平均流速低,流动损失小,动叶对叶型不敏感,加工精度要求低,叶片数少、结构简单、成本低,小流量时的效率比轴流式高,若叶片表面的粗糙度较差或结垢对气动效率的影响不大。

因此，在制造叶轮时，有可能采用比较简单、高效率的工艺。轴流膨胀机的优势是大比转速时的气动效率高，同时轴向长度短、轴向推力小，多级设计结构紧凑，故需要综合考虑机组的气动、结构、成本等因素选取合适的叶轮型式。本书重点介绍向心式和轴流式膨胀机的相关设计内容，而混流式的特点介于两者之间。

表 4-4-1 为向心式膨胀机主要设计参数的推荐值，图 4-4-4 为对应的向心膨胀机结构示意图，图 4-4-5 为向心膨胀机流量系数、负荷系数与叶轮总-静效率的关系。为了保证储能系统具有较高的能量转换效率，向心膨胀机相关参数的推荐值范围较窄。当流量系数较大时，尽量采用轴流式膨胀机结构。向心膨胀机的前几个膨胀段具有压力高、体积流量小的特点，适合采用闭式叶轮，并在出口处设置轮盖密封，用以减小叶顶间隙的泄漏损失及叶轮所受的轴向推力。但闭式叶轮比开式、半开式叶轮的加工成本高。

表 4-4-1 高效向心膨胀机主要设计参数推荐值

设计参数	表达式	推荐值	备注
流量系数 ϕ	$\phi = c_{m4}/U_3$	0.2~0.3	
负荷系数 φ	$\varphi = \Delta h_0/U_3^2$	0.8~1.0	
速比 υ	$\upsilon = U_4/\sqrt{2\Delta h_{0s}}$	0.63~0.75	与负荷系数关联，在 0.62~0.75 效率随速比增大而升高
叶轮出口落后角	δ_4	约 5°	
动叶出口轮毂半径/动叶进口半径	R_{4h}/R_3	约 0.3	
喷嘴半径比	R_1/R_2	1.05~1.25	
扩压器面积比	A_5/A_4	约 1.5	
扩压器单边扩张角		≤10°	
叶片相对厚度	与叶轮半径比值	约 2%	
叶轮长径比		0.25~0.4	
叶轮进气攻角		−30°~−10°	当负冲角的绝对值较大时，科氏力可以抑制叶片表面的边界层发展

向心叶轮参数：Δh_{0s} 为动叶轮的等熵总-静焓降，Δh_0 为实际焓降，U_3、U_4 分别为向心叶轮进、出口的线速度，c_{m4} 为动叶出口子午流速。

表 4-4-2 为高效轴流膨胀机主要设计参数的推荐值，其参数选取范围相比向心膨胀机要大得多，轴流叶片的几何建模参数相对较多，因此确定较优设计方案的耗时也更长。根据比转速选取叶轮的初步结构后，参考流量系数、负荷系数与等熵效率的关系（图 4-4-6）进行叶轮的一维设计和准三维设计，该过程的计算、选

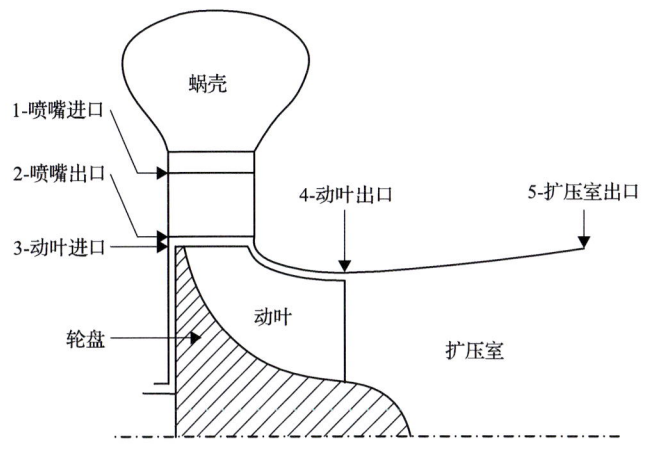

图 4-4-4 向心膨胀机结构示意图

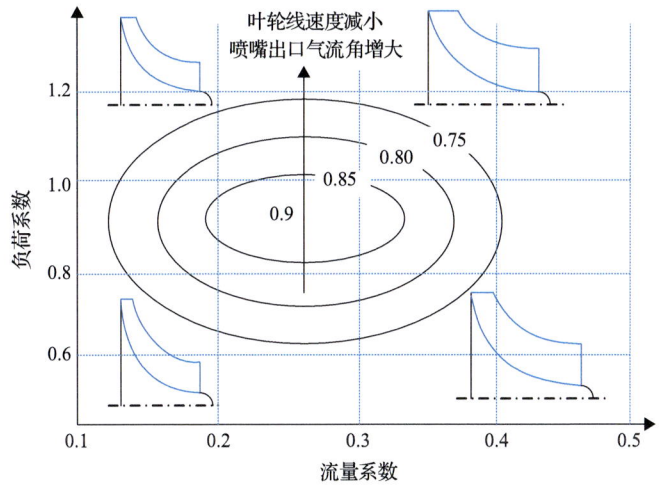

图 4-4-5 向心膨胀机流量系数、负荷系数与叶轮总-静效率的关系图

表 4-4-2 储能高效轴流膨胀机主要设计参数推荐值

设计参数	表达式	推荐值	备注
流量系数 ϕ	V_z/U_m	0.4~0.9	当流量系数越大时,出口速度越大,出口环面积越小
负荷系数 φ	$\Delta H/U_m^2$	0.5~2.0	当体积流量较小时,增大负荷系数,以减小平均半径获得合适的叶片高度
反力度	$(P_2-P_3)/(P_{01}-P_3)$	平均 0.35~0.45;叶根部大于 0.05	当根部反力度较低时,因逆压梯度会使吸力面附近的边界层分离;当顶部反力度较高时会引起明显的叶顶泄漏流动
动静叶的轴向速比	V_{rz}/V_{sz}	0.75~0.85	

续表

设计参数	表达式	推荐值	备注
轮毂比	R_{hub}/R_{tip}	0.5～0.9	当轮毂比较小或叶高较大时,叶根与叶顶的速度三角形差别大,径向流动明显
叶片稠度	弦长/节距	0.9～1.6	当稠度大时,变工况性能好,但摩擦损失大;动叶稠度比静叶大
展弦比	叶高/轴向弦长	1.0～5.0	展弦比越小,二次流占通流区域越大
进气攻角		$-6°$～$-2°$	少量负攻角可以改善变工况特性
喷嘴出口气流角		60°～75°	当较高时叶片中后部较平直
动叶折转角		≤120°	
出口绝对马赫数		≤0.3	减小出口绝对马赫数可减小余速损失
叶片尾缘厚度		0.4mm～3%弦长	在保证叶片强度、加工成本的前提下,减小尾缘厚度,尽量减小尾迹损失

单级轴流叶轮参数：1. 进口；2. 喷嘴与动叶的交界面；3. 出口；m. 平均半径。

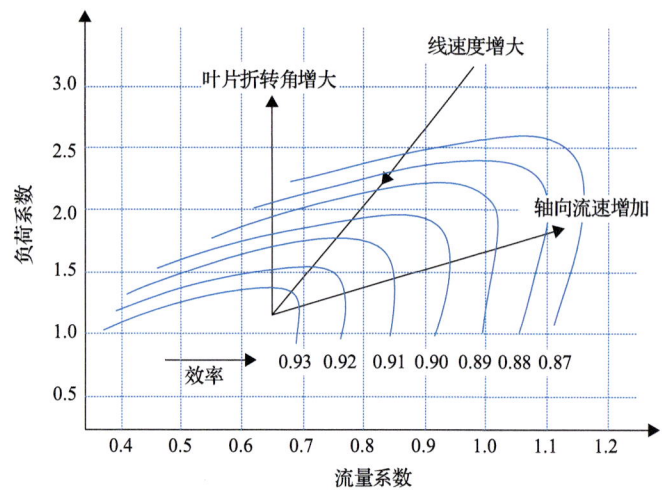

图 4-4-6　轴流膨胀机流量系数、负荷系数与等熵效率关系图

代速度较快,可以得到较为准确的叶轮转速、尺寸、等熵效率、输出功率、轴向推力等参数。再通过全三维气动方案设计来协调并确定多个膨胀段的转速、反力度、轮毂比、气动效率、功率分配、轴向推力等重要设计值。轴流式叶轮的平均半径、转速、叶高、轴向长度的合理选取很关键,这直接决定了效率水平、结构合理性、机械损失、泄漏量等,这比叶型设计更重要。

随着负荷系数的增大,喷嘴及动叶的折转角均增大；随着流量系数的增加,膨胀机的轴向流速和排气速度随之增大,叶轮线速度的选取一般受材料强度的制约。当膨胀比较大时，单级轴流叶片设计容易出现超音速、效率低、转速高、轴向流速大的情况，这些都无法满足高性能的设计方案，故应当采用多级。在协调转速、负荷系数、流量系数时，喷嘴高度应不小于30mm，否则实测等熵效率一般小于0.9。

压缩空气储能系统运行追求尽可能高的能量转换效率，那么膨胀机组的气动方案设计应遵循以下原则。

(1) 降低单级膨胀比。压缩空气储能系统的膨胀机进气温度一般较低，与中高温膨胀机相比，当达到同样的设计膨胀比时，喷嘴出口更容易达到音速。超音速流动产生的激波是气动损失的一大来源，因此膨胀机的单级膨胀比不宜设计过高，应尽量保证喷嘴根部、动叶顶部出口的相对马赫数不大于1.2，同时还应减小后排叶片气流的激振。我们通过增加级数来降低每一级的膨胀比，从而提高效率。由于工质温度不高，一般无须采用加调节级的设计方案。

(2) 选择合适的轴向流速。为了保证较高的等熵效率，一般选取较低的流量系数(低通流速度)、负荷系数。在同样的体积流量下，降低轴向流速，可以增大通流面积，减小边界层占整个流道的比例，从而提高气动效率。由于轴向流速很低，从流量系数的定义和图 4-4-7 中的速度三角形可以看出，叶轮线速度也较低，故叶片折转角可能较大，流道内的二次流动明显。当流量系数变化时，基元级通流能力和叶片形状也有相应变化，当线速度一定时，增大轴向分速可以减小叶片高度和叶型折转角；当流量系数较小时，叶片较高，这时可以减少二次流损失和余速损失。较低的转速、叶轮线速度使机组的强度、疲劳、转子的动力学特性及机械损耗水平较好，保证了机组的可靠性。但当轴向流速较低时，叶片的轮毂比一般较小，榫头/榫槽结构应力较大，需要选取较好的叶盘材料和复杂的榫头/榫槽结构来权衡机组能量转换效率与结构成本的关系。

(3) 降低余速损失。最后一个膨胀段的工质直接排入大气或缓冲罐(闭式循环)，如果不利用出口速度，那么它就会以动能的形式损失，并且膨胀比越大，这一损失占膨胀机总焓降的比例也越大。为了降低余速损失，需要降低出口流速，这对应着较低的流量系数和线速度。当膨胀机前压力及排气口压力不变时，设计性能较好的排气扩压器可以降低膨胀机动叶出口处静压，增加膨胀机的膨胀比，提高膨胀机效率和输出功率。

(4) 选取合适的叶片尾缘、前缘厚度。当高压气体工质的洁净度较高时，尾缘厚度在加工条件允许的情况下可以尽量薄，从而减弱尾迹影响区域及动叶表面所受周期性尾迹的干扰，提高效率。叶片前缘厚度主要影响膨胀机的变工况性能，较大的前缘厚度能改善攻角特性，适应较宽的变工况范围。对于多级膨胀机的设计，一般第一级的进气条件比较恶劣，适合采用大前缘厚度，后面的叶片排进气相对均匀，攻角变化范围稍小，前缘厚度可适当减小。

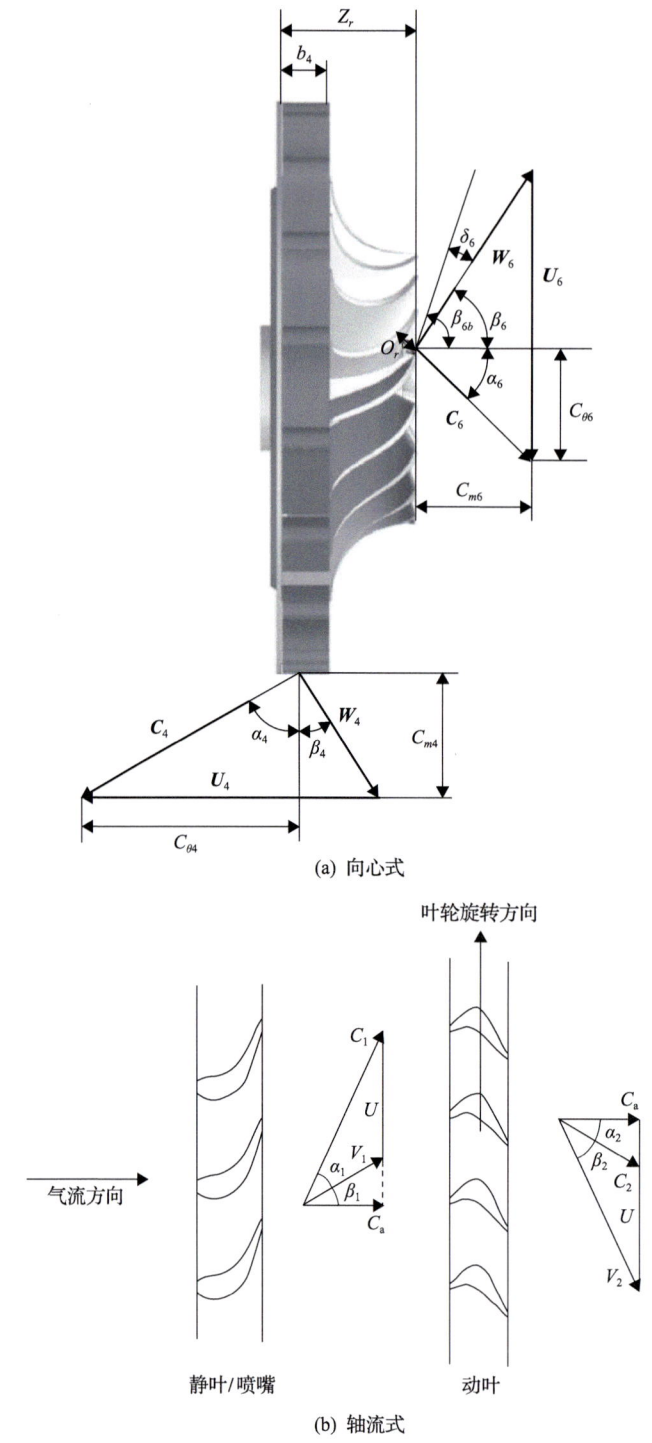

图 4-4-7 向心和轴流叶轮的速度分解示意图

(5)减小叶顶间隙的泄漏损失。动叶顶部相对间隙增加1%会使等熵效率下降2%~3%,因此向心叶轮尽量采用闭式结构配合轮盖密封,以提高等熵效率,同时减小叶轮所受的轴向推力。轴流膨胀机也应采用带冠结构,减小叶顶的漏气损失。在进行详细的气动设计时,降低叶顶附近的反力度可以减小叶型压力面与吸力面之间、动叶排前后的压差,从而减小通过叶顶间隙的泄漏量。

(6)调整气动参数沿叶展的分配。降低沿叶展的反力度梯度可以减弱叶片表面边界层的潜移现象。提高根部反力度有利于降低根部壁面的横向压力梯度,削弱边界层的增厚和分离,减小二次流损失,喷嘴出口的马赫数下降,可避免出现激波;降低叶片顶部的反力度可以减小动叶出口的相对气流马赫数、顶部吸力面和压力面的压差,减少激波损失和泄漏损失。具有小展弦比叶片的二次流损失、间隙泄漏损失一般比大展弦比叶片大,通过叶片弯曲可以调整反力度沿径向的分配,这在一定程度上改善了叶栅的二次流损失和间隙泄漏损失。此外,还可以充分利用叶片的弯/掠/倾斜等三维造型方法、基元叶型沿流向的加载特性、动静叶片排的间隙、时钟效应、非轴对称端壁等措施来改善内部流场,减少流动损失,提高叶片排出口气动参数的均匀度。

(7)综合考虑进气方案,采用多级膨胀机。根据压缩空气储能系统膨胀机高效率的设计要求,应采用全周进气方案,并从系统设计层面减少进气调节阀的节流损失。各个膨胀段的进气都需要进行再热,因此整体齿式膨胀机、单轴膨胀机结构都面临需要径向进气蜗壳的问题。对于轴流式膨胀机(图4-4-8),气体需要在蜗壳中由径向转为轴向再进入喷嘴。考虑到转子动力学设计,其第一级喷嘴前的进气段比较短,而气流在弯管中的流动必然会使管道横截面上的速度场和压力场不均匀,造成能量损失,所以喷嘴进气截面的流动一般会呈现出周向非均匀、非轴对称、非定常的特点。不同周向和径向位置流场的进气角、总压、总温可能偏离设计点较远,故应尽量采用多级轴流膨胀机,并且分配给每个膨胀段的是第一级相对较小的膨胀比(或焓降),这样可以明显减弱蜗壳出口/喷嘴进口截面气动参数分布不均对后续叶片排的负面影响。此外,蜗壳中心的导流盆类似圆柱绕流模型中的圆柱,气体绕过导流盆后会出现流动参数的波动,这时可能表现出周期性涡街。蜗壳产生的流场波动与动静叶干涉的波动叠加会影响流场的均匀度、叶片所受的激振力、转子的气动交叉刚度等。综上所述,蜗壳应当设计为均压腔室,不要在折转时加减速,并尽量以低流速折转,从而减小蜗壳进口至第一级喷嘴进口的总压损失,提高喷嘴进口气流的周向均匀度。双级轴流设计方案可以尽量抵消进气不均匀度的影响,具有重热效应,同时也可以形成较低的排气速度。

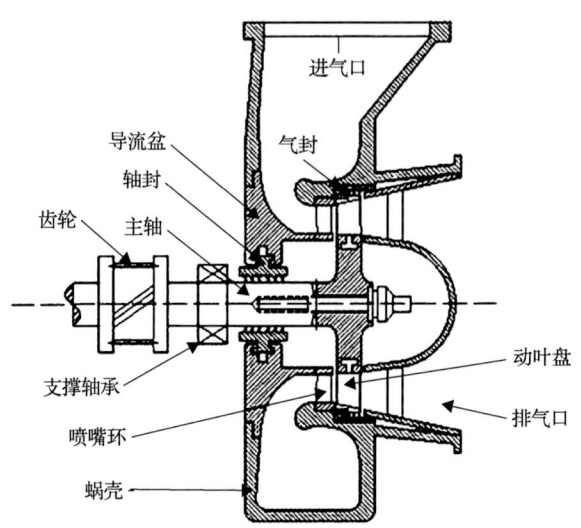

图 4-4-8 轴流式膨胀机的蜗壳进气结构示意图

4.4.3 结构与强度设计

在膨胀机组的设计流程中,各个膨胀段叶轮的一维、准三维气动设计与机组的初步结构设计同时进行,全三维设计与机组的详细结构设计同时进行。根据比转速、流量系数、负荷系数确定大致的叶轮设计参数后,还需确定机组的结构布置型式。一般小功率机组的体积流量小,合理的叶轮设计转速较高,而发电机的额定转速多为 1500r/min 或 3000r/min,所以需要一台减速齿轮箱汇总由多个高速叶轮产生的机械功并减速输出给发电机。根据功率等级的不同,压缩空气储能系统的膨胀机组一般有三种结构。①各个膨胀段的叶轮与减速齿轮箱的轴连接,组成整体齿轮箱式膨胀机组(integrally geared turbines,IGTs),其布置示意如图 4-4-9 所示。在这种结构中,各个膨胀段的叶轮与减速齿轮箱的齿轮轴连接,齿轮输出轴与发电机主轴连接,结构紧凑。各级叶轮气动设计的转速和尺寸都有较大的取值范围,接近最优设计方案,后面将详细介绍其设计特点。②各个膨胀段的转速与发电机转速相同,膨胀主机与发电机通过联轴器直连,组成单轴整体膨胀机组(图 4-4-10)。压缩机和膨胀机可以使用同一台电动发电机,通过液力耦合器或其他型式的离合器进行工况切换,这不仅降低了单位功率成本,也避免了减速齿轮箱的机械损耗。③各个膨胀段转速相同,但比发电机转速高,故仍需要一台单独的减速齿轮箱用于连接膨胀主机和发电机,结构与②类似。由于②、③结构与常规的燃气轮机、汽轮机基本相同,因此本书重点讨论整体齿轮箱式膨胀机组。

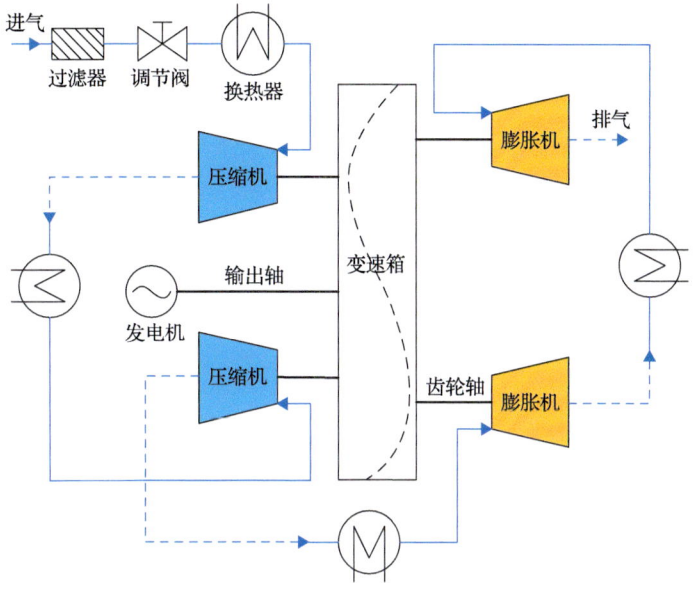

图 4-4-9 整体齿轮箱式膨胀机组布置示意图

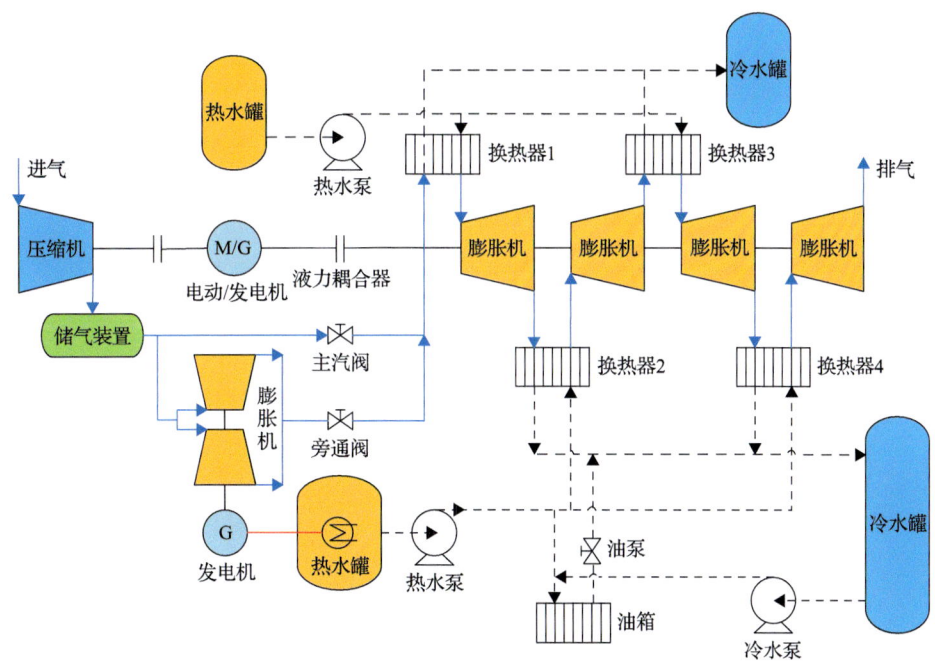

图 4-4-10 单轴整体膨胀机组构成示意图

整体齿轮箱式膨胀机的结构如图 4-4-11 和图 4-4-12 所示，主要由齿轮箱体、齿轮轴、轴承、叶轮、喷嘴、密封、进排气蜗壳等零部件组成。叶轮与齿轮轴连接，主轴密封用于隔开工质气体与润滑油，整机结构紧凑，多个齿轮轴转速可以更好地适应各个叶轮的气动优化设计。两个膨胀段共用一根齿轮轴，相比于各膨胀段采用单轴设计，共用齿轮轴可以减少 2 个支撑轴承、1 根齿轮轴、1 个啮合副，轴向推力也可以相互抵消，减小了啮合、齿轮的风阻损失和支撑/推力轴承的机械损耗，同时也降低了成本。当气动设计的转速匹配合理时，可以保证气动性能不发生明显下降。

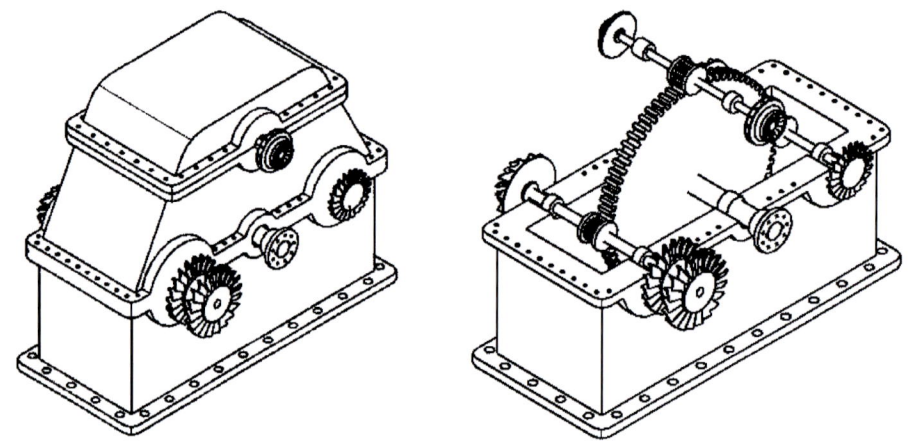

图 4-4-11　整体齿轮箱式膨胀机的结构示意图

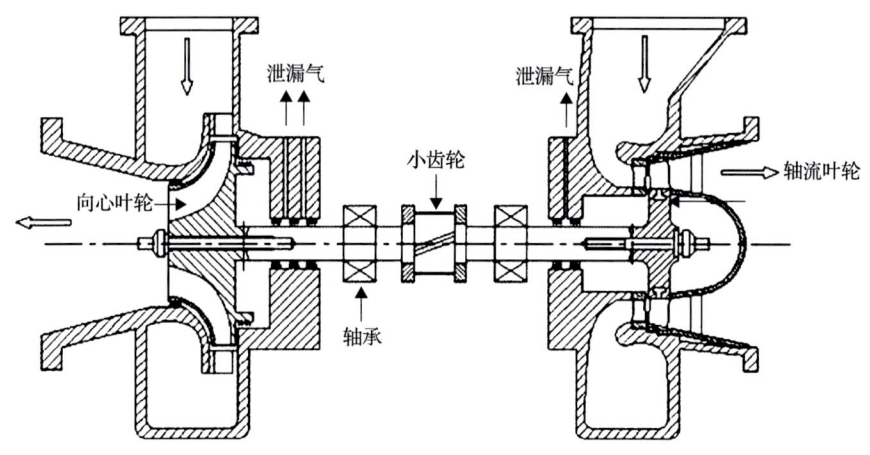

图 4-4-12　两个膨胀段共用一根齿轮轴的结构图

膨胀机组的结构设计流程如图 4-4-13 所示，整机定型需要进行多次迭代、优化确定。机组结构和叶轮气动设计紧密结合，其相互影响主要包括以下几方面。

（1）膨胀机组的单级输出功率比压缩机大得多，各个膨胀段的输出功率不能超过轴承所能承受的最大载荷。叶轮线速度、材料、结构要满足所受离心力、气动载荷、热应力的要求。齿轮轴的两端可以悬挂向心、混流、单级/多级轴流叶轮，

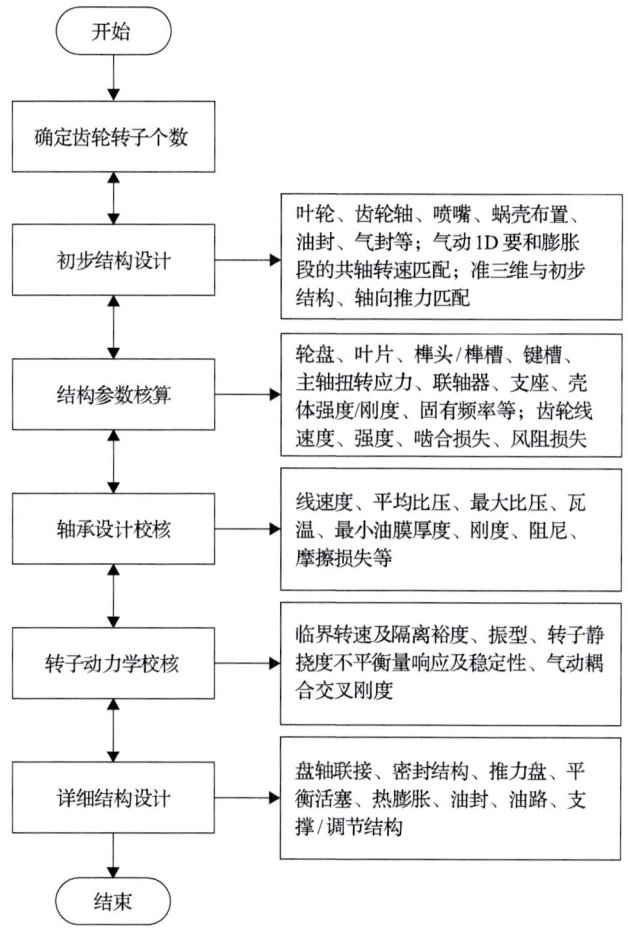

图 4-4-13 膨胀机组的结构设计流程

常用的加工方式有数控机床整体铣制、叶轮/轮盖焊接、精密铸造、粉末冶金、3D 打印等。选取合理的叶轮与齿轮轴的连接方式可使传扭能力强、可靠性好、易于检修维护，常用的有过盈配合、键槽、端面齿、异型轴、花键等型式。

（2）安装在齿轮箱体上蜗壳的外径尺寸对各齿轮轴的中心距取值有一定影响。当蜗壳较大时，为了避免结构干涉，必须选用较高的齿轮线速度，这会引发齿轮箱的机械损耗增大、加工难度增大（尺寸外径大）等问题。输出轴上大齿轮的线速度一般不超过 150m/s，大于该值时齿轮的风阻损失占比较大，从而影响整机的能量转换效率。

（3）悬挂安装在齿轮轴上的叶轮重量、悬臂长度对齿轮轴的转子动力学特性、气封/油封密封段设计有很大影响，该迭代过程是整个设计流程中耗时最长的。对于向心膨胀机，当叶轮直径在 300mm 以内时，叶轮重量随叶轮外径增加得不明显，当叶轮直径超过 300mm 后，叶轮重量随叶轮直径的增加呈指数增加的趋势。随着叶轮直径增加，叶轮质量和转动惯量将超过轴流膨胀机，转子动力学设计难度增大，并且大尺寸向心叶轮、闭式向心叶轮工艺和造价明显增加。叶轮材质可以选择锻造铝合金、不锈钢、钛合金、镍基高温合金等来满足不同强度、比转速、工作温度方案的需求。具体选用单级向心、单级轴流还是双级轴流式叶轮，还需要综合考虑气动效率、转子动力学特性、加工成本、装配/检修难度等因素。此外，气流激振对转子振动的影响即气动耦合交叉刚度也要进行仔细核算，需要合理设计叶顶、级间气封，选择合适的密封结构，以避免出现由气体流动激发的转子振动。

(4) 储能膨胀机组具有频繁启停的特点，每天至少启停一次，因此在叶轮/主轴的疲劳寿命(交变载荷次数多、变化范围大)、转子支撑结构、轴承、密封设计上有其特殊性。轴承尽量采用滑动轴承，其理论工作寿命远大于滚动轴承。为了避免因反复启停造成滑动轴承瓦面巴氏合金接触面的磨损，较重的转子应当设计高压顶轴油路，使之在工作过程中始终保证油膜能够将转子轴径与瓦面隔开，从而延长轴承的寿命。设置盘车，定期盘转，以避免因长时间放置导致的膨胀机和发电机转子热/永久弯曲、不平衡量增大影响其振动特性、密封间隙等。

(5) 密封分为主轴密封、叶顶密封、油封等方式，密封方式会影响机组能量转换效率、轴向推力、气动交叉刚度、转子稳定性等，合理的密封可以尽量减少工质泄漏到低压区域，使其尽可能多地做功。储能膨胀机的工质为空气，工作温度不高，所以密封结构的可选范围大，可以采用篦齿、蜂窝、碳环、刷式密封、干气密封等。篦齿密封需要的膨胀腔室多、密封段轴向长度长、动静间隙小(一般大于 0.15mm)。碳环密封的间隙一般为 0.01~0.04mm，轴套表面需要进行硬化处理，密封压力一般小于 75bar。干气密封具有压力高但密封体尺寸小的特点，其控制复杂程度和造价高，适用于压力高、要求零泄漏的场合。结构设计时需要根据密封压力、转子转速、泄漏量要求、密封体长度、动静间隙、转子动力学特性(挠度、振型、临界转速等)、成本等条件来选取合适的密封型式。

下面简要分析叶轮气动方案的对比，如图 4-4-14 所示。对于小比转速膨胀段[图 4-4-14(a)]，如果采用单级或双级轴流式叶轮，则会因喷嘴叶高太小而造成气动效率低，故适合采用单个向心式叶轮或向心/轴流组合式叶轮。向心式叶轮的线速度高、闭式结构加工难度大，向心/轴流组合式叶轮的结构相对复杂、零件数多、向心叶轮轮背密封气压大，向心叶轮之后不加过渡段时(受转子动力学特性中悬臂长度限制)并不能为轴流叶轮保留足够的线速度，故适合采用单个向心式叶轮方案。对于大比转速膨胀段[图 4-4-14(b)]，向心式叶轮的悬挂叶轮重量比轴流式叶轮的大，叶轮的气动效率比双级轴流方案低，大尺寸锻件及叶片的加工成本高，故适合采用轴流式叶轮。为了提高机组的气动效率，叶片/叶轮应尽量设计为带冠、闭式结构。轴流叶轮需要一个进气折转段，虽然增加了悬臂长度，但悬挂重量一般比相同设计参数下的向心叶轮小。向心膨胀机的径向尺寸一般更大(喷嘴沿径向安装),故所需蜗壳比轴流的大,占据了齿轮箱各轴的中心距,影响了齿轮设计,增大了机械损耗和风阻损失等。

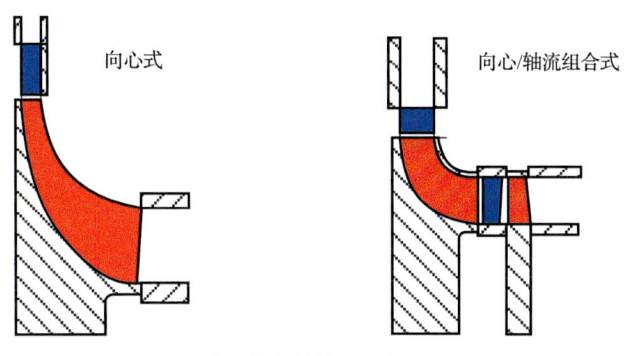

(a) 小比转速叶轮气动方案对比

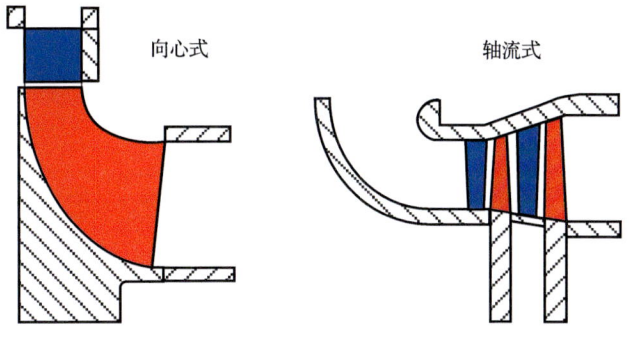

(b) 大比转速叶轮气动方案对比

图 4-4-14　向心、轴流方案对比图

4.4.4　变工况设计

储能系统膨胀机组除应具有较高的能量转换效率和可靠性外,还应有良好的变工况特性,确保膨胀机组在较大的膨胀比变化范围都能保持高效运行,滑压运行效果良好。单个膨胀机的变工况性能曲线如图 4-4-15 所示,在每一个折合转速下,随着膨胀比的增大,膨胀机都会出现堵塞工况。转速越高,堵塞点对应的膨胀比越大。为了避免出现明显的激波损失,储能系统膨胀机设计为亚音速或低跨音速流动,设计点一般选取为接近堵塞点,输出功率的裕度不多。图 4-4-16 为机组中多个膨胀段性能曲线的示意图,膨胀机效率随膨胀比在较大范围变化比较平缓,一般高压膨胀段随启动或加载过程迅速达到设计膨胀比,中压级、低压级依次达到设计膨胀比。低负荷运行时中压级、高压级可能处于鼓风工况,消耗高压级的输出功率。因此,为了保证机组在较大工况范围都保持高效运行,需要高压级在设计工况附近的效率较高，中压级在较大膨胀比变化范围的效率较高，低压级除保证设计工况的高效外，还应保持低负荷工况下较低的风阻损失。

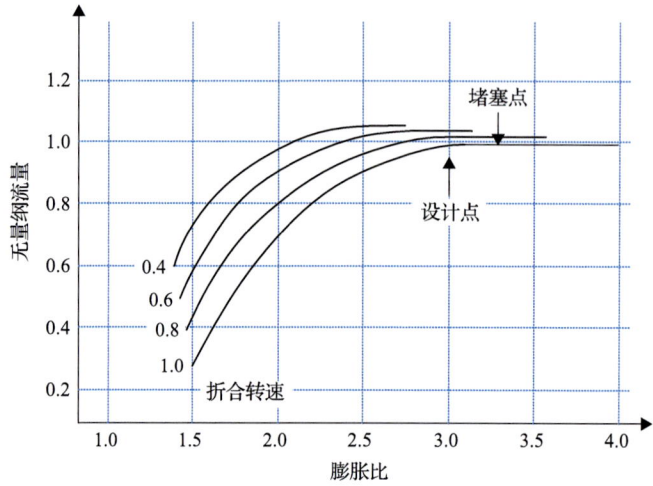

图 4-4-15　单个膨胀机的变工况性能曲线

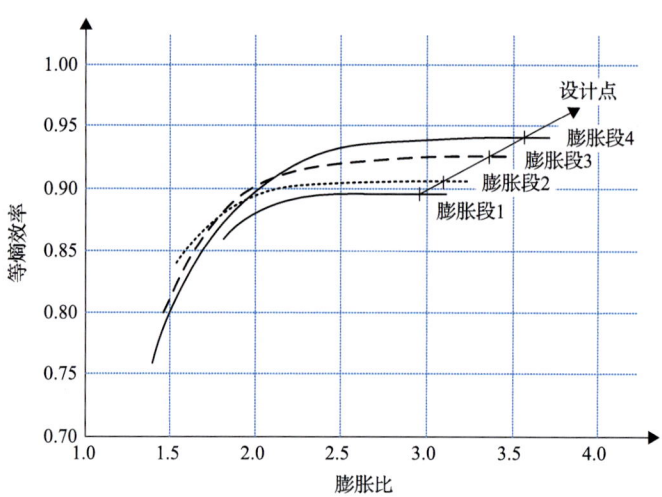

图 4-4-16　膨胀机组多个膨胀段的性能曲线

与燃气或蒸汽膨胀机不同的是，为了追求高效释能，储能系统膨胀机组的载荷分配要保证各级均有较高的气动效率。随着负荷的降低，进气攻角逐渐变为正攻角，故设计时选取少量的叶片负攻角对变工况更有利。各个膨胀段设计点应尽量选取低马赫数，高效区应尽量宽广，具体为高压级低马赫数，低压级分配较大的膨胀比，设计点接近最高效率点。考虑到再热器有一定压损，并对低压段的影响较大，因此膨胀段数及其膨胀比的分配要合理，低压段的膨胀比应比前面级的大。

4.4.5 试验与测量技术

为了解决压缩空气储能系统中膨胀机设计的关键问题，实现高膨胀比、高效率、大功率膨胀机关键技术研发与检测，需要搭建相应的膨胀机试验平台，进行详细的试验研究。试验平台可具备的功能包括但不限于：①性能测试，包括膨胀机转速、流量、膨胀比、效率、变工况特性等参数，校核设计方案；②旋转环境下流场测试及损失特征提取；③动态调节性能试验。

开展膨胀机相关试验和测量可以实现膨胀机的性能测试，得到其性能曲线，明确设计方案的合理性并为质量检测提供手段。进行膨胀机的科学研究试验工作可以获得膨胀机内部流场的结构与损失特征，为膨胀机的优化设计提供方向。开展与膨胀机相关的调节试验可以获得高效、高可靠性控制策略，提高膨胀机变工况运行的性能。

1. 试验平台概述

膨胀机试验平台的基本形式如图 4-4-17 所示，其工作流程主要包括：高压空气在流经进气温度控制系统后，当其温度满足试验条件的要求后流入待测膨胀机降压、降温并做功，然后排出至大气环境。功率测量控制系统吸收膨胀机的机械功以保证稳定运行，同时测量待测膨胀机的输出功率，其具体结构型式可根据试验台参数指标进行选型。

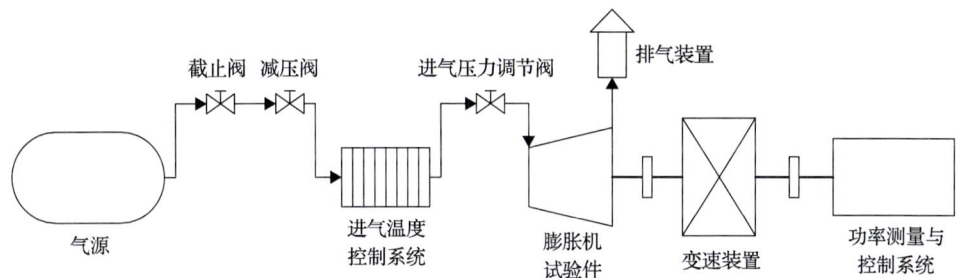

图 4-4-17 膨胀机试验平台基本形式

如图 4-4-18 所示，膨胀机试验平台的主要组成包括：进气温度控制系统、进气阀门系统、变速装置、功率测量控制系统、DCS 系统、DEH 系统、润滑/冷却系统、各类传感器、其他阀门、管道、排气系统等主要部件。进气温度控制系统用于控制与调节膨胀机试验件的进气温度，满足试验工况要求。DEH 系统用于控制膨胀机组的运行转速及输出功率；DCS 系统用于实现采集机械、气动信号、接收辅机反馈、输出控制指令等功能。根据膨胀机运行特点，整个测试过程主要包含启机、并网、加载、稳定运行测量等环节，膨胀机的效率测量须在稳定运行工况下进行。

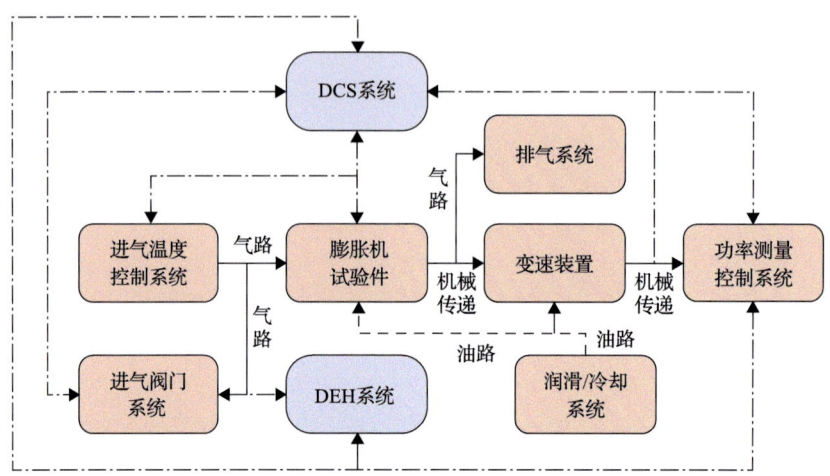

图 4-4-18 膨胀机试验平台主要部件及耦合拓扑结构

膨胀机试验平台也需要较大投资,并满足通用性、数据采集自动化、对环境友好等基本要求。整体建设过程同样分为规划、设计、搭建、调试和运行五个阶段,各个过程的注意事项可参考压缩机部分,此处不再赘述。由于目前针对压缩空气储能系统的膨胀机相关标准仍未成熟,因此在建设中通常需要采用同类或更高的技术标准,可参考的相关技术标准如表 4-4-3 所示。

表 4-4-3 膨胀机试验平台相关标准

序号	标准名称	标准号
1	高炉煤气能量回收透平涡轮热力性能试验	GB/T 26137-2010
2	轴流涡轮气动性能试验	HB 7081-94
3	石油、化工和气体工业用专用齿轮箱	API 613
4	石油、化工和气体工业用润滑、轴密封和控制油系统	API 614
5	石油、化工和气体工业用机械设备噪声控制	API 615
6	振动、轴向位置和轴承温度监测系统	API 670
7	石油、化工和气体工业用特殊用途联轴器	API 671
8	转子高速动平衡试验标准	ISO1940、API617
9	旋转电机定额和性能	GB755
10	钢制压力容器	GB150
11	固定式压力容器安全技术监察规程	TSG R0004

2. 试验数据处理方法

准确计算效率对于膨胀机性能评估具有重要意义。膨胀机的等熵效率是评价性能的重要指标之一，是表示实际过程接近等熵膨胀过程的程度，可根据下式计算。

$$\eta = \frac{H(P_{in}, T_{in}) - H(P_{out}, T_{out})}{H(P_{in}, T_{in}) - H(P_{in}, S_{in})} \tag{4-4-3}$$

应用于压缩空气储能系统的膨胀机通常采用多级结构型式，多级膨胀机的效率并不是简单地将各级膨胀机的效率进行求和平均，而是需要根据以下公式进行计算，即

$$\eta = \frac{\sum_{i=1}^{4}(H_i(P_{in,i}, T_{in,i}) - H_i(P_{out,i}, T_{out,i}))}{\sum_{i=1}^{4}(H_i(P_{in,i}, T_{in,i}) - H_{S,i}(P_{out,i}, S_{in,i}))} \tag{4-4-4}$$

式中，i 为膨胀机级数；P_{in}、P_{out} 分别为单个/各级膨胀机的进气、排气总压；T_{in}、T_{out} 分别为单个/各级膨胀机的进气、排气总温；H 为单个/各级膨胀机的比焓值；H_S 为单个/各级膨胀机等熵膨胀比焓值；S_{in} 为等熵膨胀过程下膨胀机进口的熵值。

3. 测量技术

膨胀机试验平台同样需要对温度、压力、流量、转速、转矩、振动等参数进行测量，其测量方法和技术与压缩机试验平台类似，这里不再赘述。需要注意的是，膨胀机试验平台的功率测量通常伴随着膨胀机试验件的功率消耗和传输，这是由膨胀机做功特性决定的。因此本节只对该部分进行详述。

测功机主要分为功率传递型和功率吸收型测功机，如图 4-4-19 所示。对于兆瓦级压缩空气储能系统的膨胀机功率测量，水力测功机、电涡流测功机、电阻式测功机和电力测功机得到主要应用。水力测功机主要利用转子在水环境下的阻力，将原动机输出的能量全部转化为水的动能和热能进行功率测量，具有单位转动惯量下扭矩吸收能力强的特点。电涡流测功机利用涡电流效应吸收原动机输出的转矩和功率，具有低惯量、高精度、高稳定性、结构简单的特点。电阻式测功机主要结合发电装置将电能通过电阻消耗，并在这一过程中基于电能参数实现对原动机的功率测量，具有调节方式多样，可模拟用户侧电能消耗特征等优点。电力测功机主要利用四象限变频器馈能制动效应，成为原动机负载并实现功率测量，

具有测试精度高、自动化程度高，可实现瞬态变工况、变工作模式运行、实现能量回馈节能的特点。

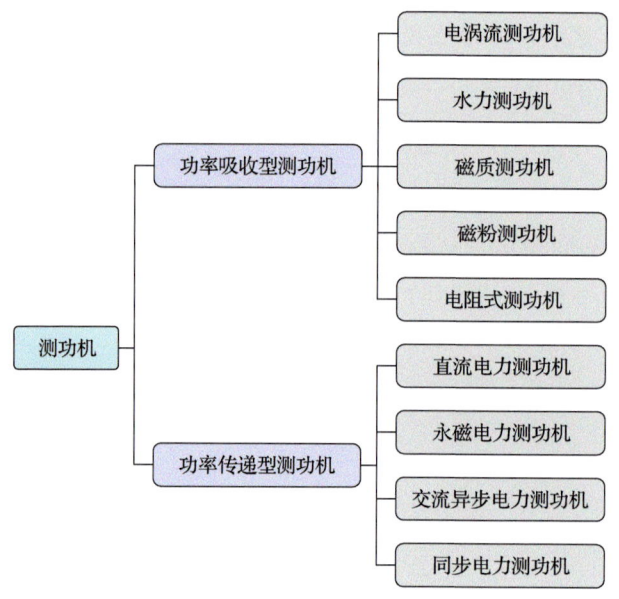

图 4-4-19　测功机主要类型

在开展膨胀机试验时，应根据被试膨胀机的功率、扭矩、转速、变工况运行范围对测功机进行合理选择，以保证其功率测量范围和测量精度，最终实现测量目标。

4.5　蓄热(冷)器设计技术

蓄热(冷)器是新型压缩空气储能系统的关键部件，具有大容量、变工况运行等特点，对于压缩空气储能系统的整体性能具有决定性影响。压缩空气储能中的蓄热(冷)器运行工况具有较强的特殊性，要求其具有较高的蓄热(冷)效率和㶲效率。根据目前国内外的研发进展来看，比较成熟的两种显热蓄热技术分别是颗粒堆积的填充床蓄热(冷)技术和双罐式蓄热(冷)技术，如图 4-5-1 所示。上述两种显热蓄热技术各有特点：填充床蓄热(冷)技术具有结构简单、适用温度范围广、成本低、换热面积大、储热效率高、安全可靠等优点；双罐式蓄热(冷)技术的优势是能够以接近稳态的工况运行。本节主要介绍填充床蓄热(冷)器和双罐式蓄热(冷)器。

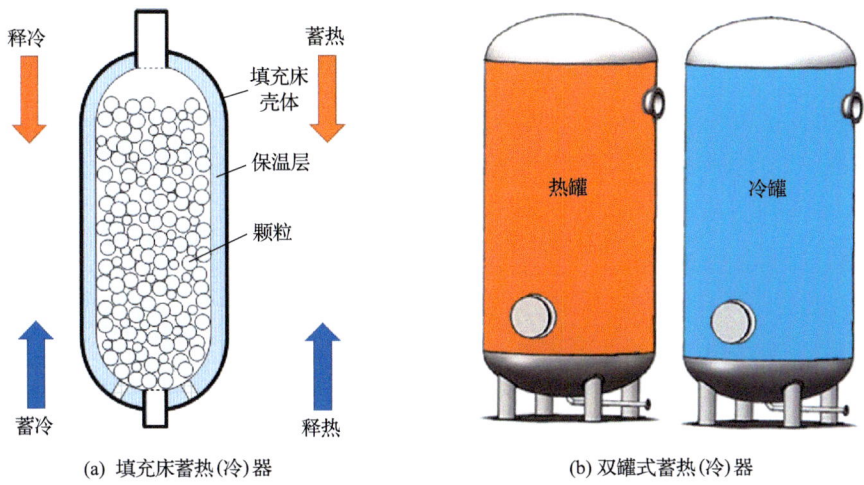

图 4-5-1 两种典型的显热蓄热技术

4.5.1 总体设计

1. 填充床蓄热(冷)器的总体设计

填充床蓄热(冷)器通常为竖直放置的圆柱体填充床,主要由填充床壳体、保温层和内部蓄热(冷)岩石颗粒等组成,通常采取高温区在顶部、低温区在底部的设计方案。填充床壳体通常为钢制压力容器,由圆柱形筒体、上下封头组成,其中在上下封头设置空气进、出管口和蓄热(冷)材料的进、排料口。蓄热(冷)装置保温层可采用在填充床壳体外部、内部或内外兼有的保温方案,在蓄热(冷)器壳体内外侧都设置保温层会取得更好的保温效果。蓄热(冷)颗粒优选成本低、比热容高、强度大、不易破裂等性能优良的岩石,如花岗岩、玄武岩等,岩石的平均颗粒直径范围在 5~20mm,颗粒过大会引起换热面积过小、换热不充分等问题,颗粒过小则会引起流动阻力太大等问题。

为了获得更高的蓄热(冷)器效率,需要填充床蓄热(冷)器内部能够较好地保持斜温层。在蓄热(冷)和释热(冷)过程中,利用在填充床内部推移的斜温层可以获得稳定的出口温度,效率达到90%以上。填充床整体由近等温区和斜温层区组成,其质量平衡式为

$$m_{填充床} = m_{近等温} + m_{斜温层} \tag{4-5-1}$$

填充床蓄热(冷)器存储的冷能 Q 可按下式计算,即

$$Q = m_{近等温} \overline{c_{p,s}} \cdot (T_{in} - T_{out}) \tag{4-5-2}$$

$$\overline{c_{p,s}} = \frac{\int_{T_{in}}^{T_{out}} c_{p,s} dT}{T_{out} - T_{in}} \quad (4\text{-}5\text{-}3)$$

式中，$m_{近等温}$ 为近等温区填充颗粒质量；$\overline{c_{p,s}}$ 为在该温度区间颗粒的平均比定压热容；T_{in} 和 T_{out} 分别为蓄热（冷）器进、出口温度。

填充床蓄热（冷）器的设计流程如图 4-5-2 所示。

(1) 根据压缩空气储能系统的工况参数计算近等温区的质量和体积，其中体积计算需要考虑 36%~40% 的空隙率。

(2) 将获得的近等温区的体积和预估的斜温层体积的总和作为填充床蓄热（冷）器的总体积，进而暂定填充床蓄热（冷）器的直径和高度。

(3) 针对设计工况及暂定的蓄热（冷）器尺寸参数进行一维传热和流动过程的计算模拟，通过计算结果考核换热效率、出口温度稳定性和阻力特性是否满足设计要求。根据计算结果重新修正斜温层体积、蓄热（冷）器尺寸比例。

(4) 在一维传热和流动过程的计算结果满足设计要求后，进一步确定填充床保温材料、结构和厚度及耐压壳体材料、结构和厚度等参数。

(5) 针对设计工况进行保温层和耐压壳体三维传热和流动过程的计算机模拟，通过计算结果判断流场和温度场是否满足设计要求。根据计算结果优化(2)和(4)

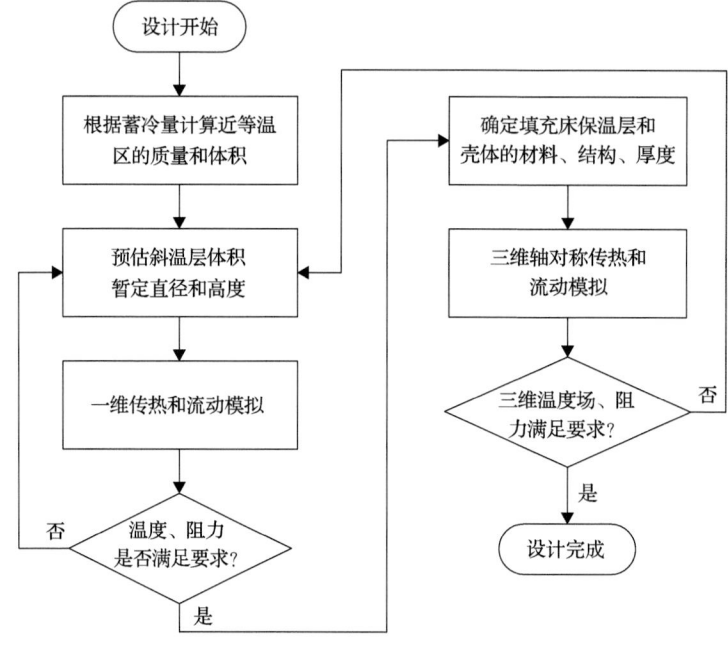

图 4-5-2 填充床蓄热（冷）器设计流程

过程的各项参数。

(6)若优化结构的三维模拟结果获得的换热效率、出口温度稳定性和阻力特性等满足设计要求,则完成设计过程。

2. 双罐式蓄热(冷)器的总体设计

双罐式蓄热(冷)方法即将高温流体和低温(常温)流体分别储存在热罐和冷罐中。若蓄热工质为水,并且要求高温水温高于100℃,则需要在加压条件下运行,因此热罐常按压力容器设计。由于工作过程中热罐和冷罐连通,故冷罐与热罐的工作压力理论上应一致,所以冷罐和热罐在容量和结构型式上是一致的。当蓄热工质流量已知时,冷、热储罐容积按下式计算,即

$$V=\frac{\int_0^T \dot{q}_v \mathrm{d}t}{\rho} \tag{4-5-4}$$

当蓄热量已知时,冷、热储罐容积按下式计算,即

$$V=\frac{Q}{\rho c_p (T_h - T_{env})} \tag{4-5-5}$$

式中,V 为单个储罐容积;$\dot{q}_v$ 为蓄热工质体积流量;T 为蓄热时间;ρ 为蓄热工质密度;Q 为蓄热量;c_p 为蓄热工质的定压比热;T_h 为蓄热工质温度;T_{env} 为环境温度。

双罐式蓄热(冷)器的设计流程如图4-5-3所示。

(1)明确冷热储罐的设计条件,包括工作压力、工作温度范围、储罐容积等。工作温度范围一般为蓄热(冷)流体流出换热器的最大温区。工作压力应大于蓄热(冷)流体温度对应的饱和压力。储罐容量根据蓄热(冷)流体流量及储能过程工作时间确定,储量为蓄热(冷)流体流量对工作时间的积分。确定储罐容量需考虑储罐的有效容积系数。

(2)材料选择。根据设计条件且考虑防腐性能,选择合适的材料。若冷热储罐所用工质为水(经过除盐处理的水),罐体材料可选择Q345R并根据需要进行内防腐处理。接管及法兰可选择16Mn锻件,与水接触的地方宜选择不锈钢材料。

(3)结构设计。冷热储罐的常见形式有立式筒形储罐和球形储罐,设计可参照GB/T 150-2024《压力容器》、GB/T 20663-2017《蓄能用压力容器》和GB/T 12337-2014《钢制球形储罐》。进行冷热储罐结构设计时,必须考虑便于人员操作、安装和检查,设置梯子、平台及外保温等措施。作为冷热储罐附件的液位计、压力表、安全阀和温度传感器等部件,在选用时应注意其安全性和可靠性,同时冷热储罐

之间应设置压力平衡管路，压力平衡管路上应设置自动开关阀门、热稳压气体冷却器和冷稳压气体加热器。

(4) 强度及热力性能计算：设计依据 GB/T 150-2024《压力容器》，计算及校核项目包括筒体/罐体厚度计算、接管的开孔补强计算、支座的选用及校核、安全泄放量及安全阀排放能力计算等。热力学性能计算包括冷热储罐的传热特性、蓄热(冷)量和保温性能是否满足设计要求。如果强度计算结果或热力学性能计算结果不满足设计要求，则需要对结构进行重新设计。如果满足设计要求，则进行强度计算。

(5) 制造和检验，制造冷热储罐的原型，并对其进行压力测试、泄漏测试及保温性能测试等。

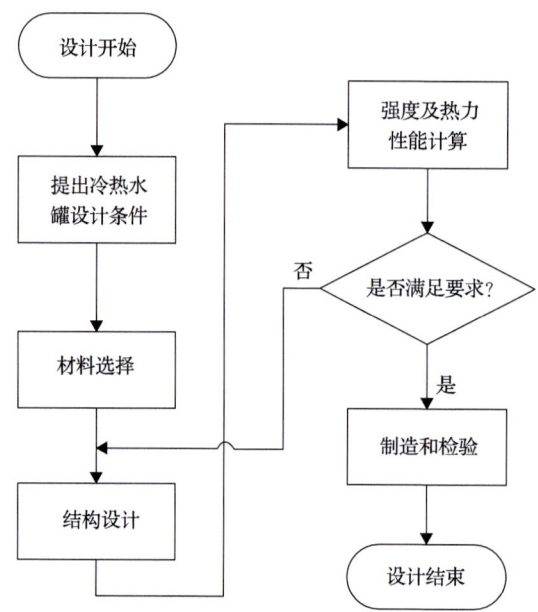

图 4-5-3　双罐式蓄热(冷)器设计流程

4.5.2　流动与传热设计

1. 填充床蓄热(冷)器流动和传热设计

根据实际应用的需要，从 20 世纪 30 年代开始各国学者针对填充床内部的传热与流动规律就开展了大量理论与试验研究。Schumann 最早对流动流体在填充床内的换热进行了研究，通过数学推导得到了理想填充床内流体及固体温度与时间和距离的函数关系，即式(4-5-6)和式(4-5-7)。Schumann 首先对填充床进行了一系列假设，并分别建立流动方向上固体与流体的一维、非稳态和常物性能量微分方程，Schumann 的模型假设如下。

(1) 忽略固体颗粒内部的温度梯度。
(2) 相比于流体与颗粒之间的换热，固体及流体的轴向导热忽略不计。
(3) 流体与颗粒之间的换热速率与温差成正比。
(4) 忽略流体与固体因温度变化导致的体积变化。
(5) 热物性参数不随温度变化。

$$\varepsilon \rho_f c_f \frac{\partial T_f}{\partial t} = -\dot{m}_f c_f \frac{\partial T_f}{\partial x} + ha(T_s - T_f) \tag{4-5-6}$$

$$(1-\varepsilon)\rho_s c_s \frac{\partial T_s}{\partial t} = ha(T_f - T_s) \tag{4-5-7}$$

式中，T_s 和 T_f 分别为固体和流体的温度；ρ_s 和 ρ_f 分别为固体和流体的密度；x 为沿流体流动方向距离；t 为时间；c_s 和 c_f 分别为固体和流体的比热；ε 为孔隙率；$\dot{m}_f$ 为单位截面流体质量流量；a 为单位体积填充床内固体颗粒的总面积；h 为平均温度下的传热系数。

代入边界条件并经过数学处理，Schumann 最终得到如下基于贝塞尔函数的温度分布解析解，即

$$\frac{T_s}{T_0} = e^{-y-z} \sum_{n=1}^{\infty} z^n M_n(yz) \tag{4-5-8}$$

$$\frac{T_f}{T_0} = e^{-y-z} \sum_{n=0}^{\infty} z^n M_n(yz) \tag{4-5-9}$$

$$y = \frac{kx}{v c_f \varepsilon} \tag{4-5-10}$$

$$z = \frac{k}{c_s(1-\varepsilon)}\left(t - \frac{x}{v}\right) \tag{4-5-11}$$

$$M_n(yz) = J_n(2i\sqrt{yz}) = 1 + yz + \frac{(yz)^2}{(2!)^2} + \frac{(yz)^3}{(3!)^2} + \cdots \tag{4-5-12}$$

式中，T_0 为流体进口温度；v 为填充床内流体间隙速度；k 为平均温度下的导热系数；$J_n(2i\sqrt{yz})$ 为第一类 n 阶贝塞尔函数。Schumann 的填充床两相模型经过试验验证具有较高的正确性，而后学者不断发展出精度更高的 C-S 模型和 D-C 模型，见表 4-5-1。

表 4-5-1 填充床传热数学模型

模型名称	假设条件	表达式
Schumann 模型	塞状流；颗粒内部温度均匀	$\dfrac{\partial T_\mathrm{f}}{\partial t} = -U\dfrac{\partial T_\mathrm{f}}{\partial x} + \dfrac{ha}{\varepsilon\rho_\mathrm{f} c_\mathrm{f}}(T_\mathrm{s}-T_\mathrm{f})$ $(1-\varepsilon)\dfrac{\partial T_\mathrm{s}}{\partial t} = \dfrac{ha}{\rho_\mathrm{s} c_\mathrm{s}}(T_\mathrm{f}-T_\mathrm{s})$
C-S 模型	扩散塞状流；考虑固相轴向导热	$\dfrac{\partial T_\mathrm{f}}{\partial t} = \dfrac{k_\mathrm{e}}{\varepsilon c_\mathrm{f} \rho_\mathrm{f}}\dfrac{\partial^2 T_\mathrm{f}}{\partial^2 x} - U\dfrac{\partial T_\mathrm{f}}{\partial x} + \dfrac{ha}{\varepsilon\rho_\mathrm{f} c_\mathrm{f}}(T_\mathrm{s}-T_\mathrm{f})$ $(1-\varepsilon)\dfrac{\partial T_\mathrm{s}}{\partial t} = \dfrac{k_\mathrm{e}}{\rho_\mathrm{s} c_\mathrm{s}}\dfrac{\partial^2 T}{\partial x^2} + \dfrac{ha}{\rho_\mathrm{s} c_\mathrm{s}}(T_\mathrm{f}-T_\mathrm{s})$
D-C 模型	扩散塞状流；颗粒内部温度呈中心对称分布	$\dfrac{\partial T_\mathrm{f}}{\partial t} = \alpha_{ax}\dfrac{\partial^2 T_\mathrm{f}}{\partial^2 x} - U\dfrac{\partial T_\mathrm{f}}{\partial x} - \dfrac{ha}{\varepsilon\rho_\mathrm{f} c_\mathrm{f}}|T_\mathrm{f}-(T_\mathrm{s})_R|$ $\dfrac{\partial T_\mathrm{s}}{\partial t} = \alpha_\mathrm{s}\dfrac{1}{r^2}\dfrac{\partial}{\partial r}\left(r^2\dfrac{\partial T_\mathrm{s}}{\partial r}\right)$ $k_\mathrm{s}\left(\dfrac{\partial T_\mathrm{s}}{\partial r}\right) = h(T_\mathrm{f}-T_\mathrm{s}),\quad r=R$

填充床内流体与固体颗粒之间的传热系数是描述表中两相换热最重要的参数之一，也是该领域学者研究的重要课题。Wakao 考虑低雷诺数下流体的轴向扩散并对已公布的试验数据进行校正，根据校正后的试验数据给出流体与固体颗粒之间传热系数的拟合关系式，即

$$Nu = 2 + 1.1 Pr^{1/3} Re^{0.6},\ Pr = 0.7,\ 15 < Re < 8500 \quad (4\text{-}5\text{-}13)$$

上述 Wakao 模型广泛应用于填充床两相换热，而后 Galloway 和 Sage、Achenbach、Nakayama 等针对不同工况发展了多个传热系数模型，如表 4-5-2 所示。

表 4-5-2 流体与颗粒传热系数关系式

学者	流体与颗粒传热系数	适用条件
Handley	$Nu = \dfrac{0.255}{\varepsilon} Pr^{1/3} Re^{2/3}$	$Re > 100$，$D/d_\mathrm{p} > 8$
Wakao	$Nu = 2 + 1.1 Pr^{1/3} Re^{0.6}$	$Pr = 0.7$，$15 < Re < 8500$
Galloway 和 Sage	$Nu = 2.0 + C_1 Re^{1/2} Pr^{1/3} + C_2 Re Pr^{1/2}$	$Re < 5000$
Achenbach	$Nu = \left\{(1.18 Re^{0.58})^4 + \left[0.23\left(\dfrac{Re}{1-\varepsilon}\right)^{0.75}\right]^4\right\}^{1/4}$	$Pr = 0.71$，$Re/\varepsilon < 7.7\times 10^5$

续表

学者	流体与颗粒传热系数	适用条件
Nakayama	$Nu = 2.33 Re^{1/2} Pr^{1/3}$	松散多孔介质，$\varepsilon = 0.4$
	$Nu_v = \dfrac{h_v d_m^2}{k_g} = 0.07 \left(\dfrac{\varepsilon}{1-\varepsilon}\right)^{2/3} Re_m Pr$	整体多孔介质，$0.7 < \varepsilon < 0.95$，$3 < Re_m < 1000$

填充床内的换热受各种因素的影响，包括雷诺数、普朗特数、孔隙率、填充床直径与填充颗粒直径之比、填充床长度与填充颗粒直径之比、流体当地流动状况、热辐射、接触导热、自然对流和填充颗粒表面粗糙度等。填充床内存在多种传热现象并相互耦合，无法完全解耦进行单独研究。因此，研究者们将这些传热过程进行综合后等效为导热，并开展了大量填充床内等效导热系数的理论与试验研究，获得的等效导热系数关系式见表 4-5-3。

表 4-5-3 等效导热系数关系式

学者	轴向等效导热系数	径向等效导热系数	适用条件
Kunii 和 Smith		$\dfrac{k_e}{k_e{}^\delta} = \dfrac{1}{2}\left[1 + \left(1 + \dfrac{2}{3\times(1-\varepsilon)} \times \dfrac{Pr^2 \times Re^2}{(k_e{}^\delta/k_g)\times Nu}\right)^{1/2}\right]$	空气介质
Yagi	$\dfrac{k_{e,a}}{k_g} = \dfrac{k_{e,a}^0}{k_g} + \delta Pr Re$	$\dfrac{k_{e,r}}{k_g} = \dfrac{k_{e,r}^0}{k_g} + (\alpha\beta)Pr Re$	$0.1 < \alpha\beta < 0.3$ $0.7 < \delta < 0.8$
Wakao 和 Kato		$\dfrac{k_{e,r}}{k_g} = \dfrac{k_{e,r}^0}{k_g} + 0.707 Nu^{0.96}\left(\dfrac{k_s}{k_g}\right)^{1.11}$	
Wasch		$k_e = k_e^0 + \dfrac{0.0025}{1+46(d_p/d_t)^2} Re$	
Wen	$\dfrac{k_{e,a}}{k_g} = \dfrac{k_{e,a}^0}{k_g} + 0.5 Re Pr$		

填充床的流动压力损失对于系统工艺参数和性能具有重要影响，针对填充床内的流动损失，学者们很早就开始进行理论与试验研究，并提出各种假设模型及拟合公式。Ergun 总结前人的相关成果，通过理论分析与推导并基于已有试验结果，得到以下填充床内的压力损失计算公式，即

$$\frac{\Delta P}{L} g = 150 \frac{(1-\varepsilon)^2}{\varepsilon^3} \frac{\mu U}{D_p^2} + 1.75 \frac{1-\varepsilon}{\varepsilon^3} \frac{\dot{m} U}{D_p} \tag{4-5-14}$$

$$D_p = \frac{6AL(1-\varepsilon)}{S_t} \tag{4-5-15}$$

式中，ΔP 为压力损失；g 为重力常数；ε 为孔隙率；μ 为流体黏度；U 为平均压力下的流体流速；D_p 为固体颗粒等效粒径；A 与 L 分别为填充床截面积与长度；S_t 为填充床内总的颗粒表面积；$\dot{m}$ 为流体质量流量。

Ergun 认为填充床内的压力损失主要来自黏性损失和动量损失。上式第一项为单位长度的黏性损失，而动量损失则通过第二项来表示。根据上式，Ergun 还同时推导出填充床内分别基于黏性损失项和动力损失项的摩擦系数 f_v 与 f_k 的表达式，即

$$f_v = 150 + 1.75 \frac{Re}{1-\varepsilon} \tag{4-5-16}$$

$$f_k = 1.75 + 150 \frac{1-\varepsilon}{Re} \tag{4-5-17}$$

通过与大量已有试验数据的对比表明，该填充床内压力损失计算公式具有普适性，在填充床理论及应用研究中得到了广泛采用。

2. 双罐式蓄热(冷)器的传热设计

1) 保温材料选择原则

选择保温材料时，应考虑以下因素。

(1) 使用温度：保温材料使用温度不能超出其许用范围。

(2) 热导率：热导率是保温材料最重要的性能指标，选材时应尽量选择热导率小的保温材料。

(3) 强度：保温材料应具有一定的机械强度，以满足使用、施工、运输和保管等方面的要求。

(4) 价格：保温材料的价格是决定保温工作费用的重要因素，应选择价格尽可能低的保温材料。

(5) 绝燃性：保温材料应尽量选用绝燃性材料。

(6) 容量密度：在满足强度要求的基础上，应尽量选择体积密度小的保温材料。

此外，还应考虑保温材料的吸水率、寿命、材料来源、施工方便、耐腐蚀性等因素。

2) 常用保温材料

常用保温材料包括硅酸铝纤维制品、超细玻璃棉制品、硅酸钙制品、岩棉及矿渣棉制品、泡沫塑料类制品和泡沫玻璃等。每种保温材料的适用温度范围和保温特性各不相同，需要根据具体的应用条件进行选择。在压缩空气储能系统中，一般采用岩棉制品。

3) 保温厚度的计算方法

保温层厚度应按照经济厚度的方法进行计算。通常情况下,包括平壁容器和圆形容器两类。

(1) 平壁容器的保温经济厚度计算。

用 $f_1(x)$ 表示 m 年内的保温工程总费用,则有

$$f_1(x) = xFa(1+n)^m \tag{4-5-18}$$

式中,x 为保温层厚度;F 为保温层面积;a 为保温材料及施工价格;m 为保温材料使用寿命(年);n 为年利率。

用 $f_2(x)$ 表示 m 年内保温工程热损总费用,则有

$$f_2(x) = qhb[1+(1+n)+(1+n)^2+\cdots+(1+n)^{m-1}] = qhb\frac{(1+n)^m - 1}{n} \tag{4-5-19}$$

式中,q 为热流量;h 为每年使用时长;b 为热能价格。热流量 q 由下式计算,即

$$q = \frac{T_0 - T_\alpha}{\dfrac{x}{\lambda F} + \dfrac{1}{\alpha F}} \tag{4-5-20}$$

式中,T_0 为容器内温度;T_α 为保温层外环境温度;λ 为保温材料热导率;α 为保温层外表面散热系数。

用 $f(x)$ 表示 m 年内保温工程总费用和保温工程热损总费用之和,即

$$f(x) = f_1(x) + f_2(x) = xFa(1+n)^m + \frac{T_0 - T_\alpha}{\dfrac{x}{\lambda} + \dfrac{1}{\alpha}} Fhb \frac{(1+n)^m - 1}{n} \tag{4-5-21}$$

令 $f'(x) = 0$,可得

$$\left(x + \frac{\lambda}{\alpha}\right)^2 = \frac{\lambda F(T_0 - T_\alpha)hb\dfrac{(1+n)^m - 1}{n}}{Fa(1+n)^m} \tag{4-5-22}$$

由上式计算出经济厚度。

(2) 圆形容器的保温经济厚度计算。

用 $f_1(d_1)$ 表示 m 年内保温工程总费用,则有

$$f_1(d_1) = \frac{\pi}{4}(d_1^2 - d_0^2)La(1+n)^m \tag{4-5-23}$$

用 $f_2(d_1)$ 表示 m 年内保温工程热损总费用，则有

$$f_2(d_1) = qhb[1+(1+n)+(1+n)^2+\cdots+(1+n)^{m-1}] = qhb\frac{(1+n)^m-1}{n} \quad (4\text{-}5\text{-}24)$$

热流量 q 由下式计算，即

$$q = \frac{(T_0-T_\alpha)\pi L}{\frac{1}{2\lambda}\ln\frac{d_1}{d_0}+\frac{1}{\alpha d_1}} \quad (4\text{-}5\text{-}25)$$

式中，T_0 为保温层内壁温度；T_α 为保温层外壁温度；d_0 为保温层内壁直径；d_1 为保温层外壁直径；L 为圆筒长度。

用 $f(x)$ 表示 m 年内保温工程总费用和保温工程热损总费用之和，即

$$\begin{aligned}f(x) &= f_1(x)+f_2(x)\\ &= \frac{\pi}{4}(d_1^2-d_0^2)\ln(1+n)^m + \frac{(T_0-T_\alpha)\pi L}{\frac{1}{2\lambda}\ln\frac{d_1}{d_0}+\frac{1}{\alpha d_1}}hb\frac{(1+n)^m-1}{n}\end{aligned} \quad (4\text{-}5\text{-}26)$$

令 $f'(x)=0$，可得

$$\left(\frac{d_1}{2}\ln\frac{d_1}{d_0}+\frac{\lambda}{\alpha}\right)^2 = \frac{b}{\alpha}\frac{(1+n)^m-1}{n(1+n)^m}h\lambda(T_0-T_\alpha)\frac{\alpha d_1-2\lambda}{\alpha d_1} \quad (4\text{-}5\text{-}27)$$

由上式计算出 d_1，则 $(d_1-d_0)/2$ 即为经济厚度。

保温层表面散热系数 α 按下式确定，即

$$\alpha = 1.163\times(10+6\sqrt{v}) \quad (4\text{-}5\text{-}28)$$

式中，v 为年平均风速。当无风速值时，$\alpha = 11.63\text{W}/(\text{m}^2\cdot\text{K})$。

4）保温结构

保温结构分为三大部分：紧固装置、防潮层、保温层及防水结构。紧固装置用来支撑保温材料并将其紧固到容器壁面。通常由保温钉、支撑环和捆扎构件组成。保温钉固定保温材料，支撑环支撑保温材料，捆扎结构抱在保温材料外部用于紧固。防潮层也称为阻汽层，位于保温层外部，用于防止保温材料因受潮而造成的保温效果降低。常用的防潮材料有玻璃涂塑窗纱、防水冷胶料卷防潮层。保护层位于保温结构的最外层，对保温层材料和防潮层起到保护作用，使其免受风雨直接侵蚀和碰伤，并使设备外部整齐美观。保护层材料分为金属保护层和非金

属保护层两类。一般情况下，多使用金属保护层。通常保温结构中还会设置防水结构专门用来预防雨水侵蚀，如室外防水罩等。

4.5.3 结构与强度设计

1. 填充床蓄热(冷)器的结构与强度设计

根据压缩空气储能系统的运行特点和循环参数，填充床蓄热(冷)器的设计和工作压力一般可分为低压、中压和高压，其设计必须符合 GB/T 150-2024《压力容器》的相关要求。由于填充床蓄热(冷)器的使用温度最低达-192℃，所以所用钢材需要选择 S304 或 S316 等高合金钢。

填充床蓄热(冷)器通常为竖直安装的圆柱状容器，其筒体和椭圆封头等承压部件的设计如下所述。

1) 筒体

填充床蓄热(冷)器筒体为受内压筒体，当 $p_c \leqslant 0.4[\sigma]^t \phi$ 时，在设计温度下圆筒的计算厚度按下式计算，即

$$\delta = \frac{p_c D_i}{2[\sigma]^t \phi - p_c} \quad (4\text{-}5\text{-}29)$$

$$\delta = \frac{p_c D_o}{2[\sigma]^t \phi + p_c} \quad (4\text{-}5\text{-}30)$$

$$p_c = p_1 + (\varepsilon p_1 + \rho_s - \varepsilon \rho_s)gH \quad (4\text{-}5\text{-}31)$$

式中，δ 为圆筒的计算厚度；p_c 为考虑填充床内固液介质重力的压强；D_i 为圆筒的内直径；D_o 为圆筒的外直径；$[\sigma]^t$ 为设计温度下圆筒材料的许用应力；ϕ 为焊接接头系数；ρ_l 为流体密度；ρ_s 为颗粒密度；ε 为填充床孔隙率；g 为重力加速度；H 为填充床高度。

2) 封头

填充床蓄热(冷)的封头一般采用凸形封头，主要包括椭圆形封头和蝶形封头。

(1) 椭圆形封头一般采用长短轴比值为 2 的标准型，封头计算厚度按下式计算，即

$$\delta_h = \frac{K p_c D_i}{2[\sigma]^t \phi - 0.5 p_c} \quad (4\text{-}5\text{-}32)$$

$$\delta_h = \frac{K p_c D_o}{2[\sigma]^t \phi + (2K - 0.5) p_c} \quad (4\text{-}5\text{-}33)$$

$$p_c = \begin{cases} p_l, & \text{上封头} \\ p_l + (\varepsilon p_l + \rho_s - \varepsilon \rho_s)gH, & \text{下封头} \end{cases} \quad (4\text{-}5\text{-}34)$$

式中，δ_h 为凸形封头计算厚度；p_c 为考虑填充床内固液介质重力的压强；D_i 为封头内径或其连接的圆筒内直径；$[\sigma]^t$ 为设计温度下圆筒材料的许用应力；ϕ 为焊接接头系数；D_o 为封头外径或其连接的圆筒外直径；ρ_l 为流体密度；ρ_s 为岩石密度；ε 为填充床孔隙率；H 为填充床高度；K 为椭圆形封头形状系数，可由式(4-5-35)计算，其中 h_i 为凸形封头内曲面深度。

$$K = \frac{1}{6}\left[2 + \left(\frac{D_i}{2h_i}\right)^2\right] \quad (4\text{-}5\text{-}35)$$

(2) 蝶形封头球面部分的内半径应不大于封头的内直径，通常取 0.9 倍的封头内直径。封头转角内半径应不小于封头内直径的 10% 且不得小于 3 倍名义厚度 δ_{nh}。受内压蝶形封头的封头计算厚度按下式计算，即

$$\delta_h = \frac{Mp_c R_i}{2[\sigma]^t\phi - 0.5p_c} \quad (4\text{-}5\text{-}36)$$

$$\delta_h = \frac{Mp_c R_o}{2[\sigma]^t\phi + (M - 0.5)p_c} \quad (4\text{-}5\text{-}37)$$

$$p_c = \begin{cases} p_g, & \text{上封头} \\ p_g + (\varepsilon p_g + \rho_s - \varepsilon \rho_s)gH, & \text{下封头} \end{cases} \quad (4\text{-}5\text{-}38)$$

式中，R_i 为蝶形封头球面部分的内半径；R_o 为蝶形封头球面部分的外半径，$R_o = R_i + \delta_{nh}$；M 为蝶形封头的形状系数，可由式(4-5-39)计算，其中 r 为蝶形封头过渡段转角的内半径；其余参数定义与上文相同。填充床蓄热（冷）器的其他结构，如支座、孔等需要按照 GB/T 150-2024《压力容器》的规定进行设计。

$$M = \frac{1}{4}\left(3 + \sqrt{\frac{R_i}{r}}\right) \quad (4\text{-}5\text{-}39)$$

2. 双罐式蓄热（冷）器的结构与强度设计

根据压缩空气储能系统的运行特点和循环参数，储罐需要在高压条件下运行，所以同样需要按照 GB/T 150-2024《压力容器》的相关要求进行设计。储罐通常采

用碳钢材料,如 Q345R。一般采用立式或卧式圆柱形储罐,储罐包括筒体、封头、支座等主要部件。下面对主要部件的设计方法进行介绍。

1) 筒体

储罐筒体同样为内压筒体,设计温度下圆筒的厚度计算方法与填充床蓄热(冷)器筒体相同,可按式(4-5-29)和式(4-5-30)计算。

计算压力 p_c 为蓄热(冷)储罐内部的最大压力,为工作压力和蓄热(冷)流体自重产生的压力之和,按照下式确定,即

$$p_c = p_{op} + \rho g h \tag{4-5-40}$$

式中,p_{op} 为工作压力;ρ 为蓄热(冷)流体密度;g 为重力加速度;h 为储罐内储存流体的最大高度。

为了防止介质对容器的腐蚀,储罐壁厚需要在计算壁厚的基础上增加腐蚀裕量。腐蚀裕量根据预期压力容器的使用年限和介质对材料的腐蚀速率确定。

圆筒的计算应力按下式计算,σ^t 值应小于或等于$[\sigma]^t \phi$,即

$$\sigma^t = \frac{p_c(D_i + \delta_e)}{2\delta_e} \tag{4-5-41}$$

$$\sigma^t = \frac{p_c(D_o - \delta_e)}{2\delta_e} \tag{4-5-42}$$

式中,δ 为圆筒允许的最大工作压力;p_c 为计算压力;D_i 为圆筒的内直径;D_o 为圆筒的外直径;δ_e 为圆筒的有效厚度;σ^t 为设计温度下圆筒的计算应力。

2) 封头

蓄热(冷)罐的封头一般采用凸形封头,主要包括椭圆形封头和蝶形封头。

(1) 椭圆形封头一般采用长短轴比值为 2 的标准型。封头计算厚度可由式(4-5-32)和式(4-5-33)计算。

对于 $D_i/2h_i \leq 2$ 的椭圆形封头,其有效厚度不应小于封头内直径的 0.15%,对于 $D_i/2h_i > 2$ 的椭圆形封头的有效厚度不应小于封头内直径的 0.3%。但当确定封头厚度时已考虑内压下的弹性失稳问题时,可不受此限制。

椭圆形封头允许的最大工作压力按下式计算,即

$$[p_w] = \frac{2[\sigma]^t \phi \delta_{eh}}{KD_i + 0.5\delta_{eh}} \tag{4-5-43}$$

式中，$[p_w]$ 为封头允许的最大工作压力；δ_{eh} 为凸形封头的有效厚度。

(2) 蝶形封头球面部分的内半径应不大于封头的内直径，通常取 0.9 倍的封头内直径。封头转角内半径应不小于封头内直径的 10% 且不得小于 3 倍名义厚度 δ_{nh}。受内压蝶形封头，封头计算厚度可用式(4-5-36)～式(4-5-37)计算。

对于 $R_i/r \leqslant 5.5$ 的蝶形封头，其有效厚度应不小于封头内直径的 0.15%，而其他蝶形封头的有效厚度应不小于封头内直径的 0.3%。但当确定封头厚度时已考虑内压下的弹性失稳问题时，可不受此限制。

蝶形封头的最大运行工作压力按下式计算，即

$$[p_w] = \frac{2[\sigma]^t \phi \delta_{eh}}{KR_i + 0.5\delta_{eh}} \qquad (4\text{-}5\text{-}44)$$

3) 支座

储罐需要通过支座进行固定。支座形式主要分为三类：立式容器支座、卧式容器支座和球形容器支座。立式容器支座又可分为耳式、支承式、腿式和裙式。卧式容器支座一般可分为鞍座式、圈座式和支腿式。球形容器支座有柱式、裙式、半埋式和高架式等四种。支座形式是根据设备的重量、结构、承受的载荷及操作和维修等要求来选定的。耳式支座是立式容器中常用的支座形式，本节以耳式支座为例介绍支座的设计方法。

耳式支座通常由底板和肋板组成。底板用于与支承件接触并连接，而肋板则用于增加支座的刚性，使作用在容器上的外力通过底板传递到支承件上。每台设备的支座数目一般为 2～4 个，每个支座的肋板数目一般为 2 个。

设计支座时，首先计算出每个支座需要承担的载荷，然后对照标准按照允许载荷等于或大于计算载荷的原则选出合适的支座。

单个支座的最大总压缩载荷为

$$Q = \frac{m_0 g + G_e}{kn} + \frac{4(Ph + G_e S_e)}{nD} \qquad (4\text{-}5\text{-}45)$$

单个支座的最大拉伸载荷为

$$Q' = -\frac{m'g + G_e}{kn} + \frac{4(Ph + G_e S_e)}{nD} \qquad (4\text{-}5\text{-}46)$$

式中，Q 为最大总压缩载荷；Q' 为最大拉伸载荷；D 为支座安装尺寸；g 为重力加速度；G_e 为偏心载荷；h 为水平力作用点至底板的高度；k 为不均匀系数，安装 3 个支座时，取 $k=1$，安装 3 个以上支座时，取 $k=0.83$；m_0 为设备总质量；m'

为设备空重；n 为支座数量；S_e 为偏心距；P 为水平力。

肋板厚度的计算公式为

$$\delta = \frac{Q}{mb\sin^2\alpha c[\sigma]_c} \quad (4\text{-}5\text{-}47)$$

式中，δ 为肋板计算厚度；m 为每个支座的肋板数；$[\sigma]_c$ 为肋板材料的许用压应力；b 为支座底板宽度；c 为考虑肋板稳定性的许用应力降低系数。

底板厚度计算公式为

$$\delta_1 = \sqrt{\frac{3Qb_1}{b[\sigma]_c}} \quad (4\text{-}5\text{-}48)$$

式中，δ_1 为底板厚度；b_1 为底板伸出长度。

基座面的承压能力校核公式为

$$\frac{Q}{A} \leqslant [\sigma]_f \quad (4\text{-}5\text{-}49)$$

式中，A 为每个耳座底板的面积；$[\sigma]_f$ 为基座材料抗压强度设计值。

用于紧固支座的螺栓根径按下式计算，即

$$d_0 = \sqrt{\frac{4F_a}{\pi n_1 [\sigma]_b}} \quad (4\text{-}5\text{-}50)$$

式中，d_0 为螺栓根径；F_a 为一个支座承受的轴向拉力；n_1 为一个支座上螺栓的数量；$[\sigma]_b$ 为螺栓材料的许用拉应力。

4) 安全附件

安全附件主要包括安全阀、爆破片、压力表、紧急切断装置、安全链锁装置、液位计、测温仪表等。

安全阀、爆破片的排放能力应大于或等于压力容器的安全泄放量。安全阀的整定压力不大于压力容器的设计压力。爆破片的设计爆破压力不得大于该容器的设计压力，并且爆破片的最小设计爆破压力不得小于该容器的工作压力。

安全阀应铅直安装在压力容器以上的气相空间部分，或者装设在与压力容器气相空间相连的管道上。压力容器与安全阀之间的连接管和管件的通孔，其截面积不得小于安全阀的进口截面积，其接管应尽量短而直。安全阀与压力容器之间一般不宜安装截止阀门。新安全阀应当校检合格后再安装使用。

4.5.4 试验与测量技术

填充床蓄热(冷)器和双罐式蓄热(冷)的作用都是蓄热和蓄冷,其结构的强度设计均应参照压力容器设计标准,因此以下将对这两种蓄热(冷)器常用的试验和测量技术进行说明。常用的试验和测量技术包括保温测试、耐压试验、泄漏测试,分别如下所述。

1) 保温测试

在蓄热(冷)器内均匀布置 m 个温度测点,以获取蓄/冷器内部介质的平均温度。在蓄热(冷)过程结束时,测量蓄热(冷)器内部压力和各测点的平均温度。通过压力、温度计算此时蓄热(冷)器内部工质的平均比焓 h。此时,蓄热(冷)器的蓄热/冷量按下式计算,即

$$Q_{cl} = m_{cl}(h_{cl} - h_0) \qquad (4\text{-}5\text{-}51)$$

蓄热(冷)过程结束后开始保温过程,静置 16h,记录保温过程结束后蓄热(冷)器内部的压力和各测点的平均温度。通过压力、温度计算此时蓄热(冷)器内部工质的平均比焓 h。

保温结束后的蓄热/冷量用下式计算,即

$$Q_{rl} = m_{rl}(h_{rl} - h_0) \qquad (4\text{-}5\text{-}52)$$

式中,Q 为蓄热(冷)过程结束时的蓄热(冷)量;m 为蓄热(冷)过程结束时工质质量;h 为工质比焓;下标 cl 为蓄热(冷)过程结束;rl 为保温过程结束;0 为 0℃时蓄热(冷)工质的标准状态。

蓄热(冷)器的保温效率测试结果按下式计算:

$$\eta = \frac{Q_{rl}}{Q_{cl}} \qquad (4\text{-}5\text{-}53)$$

2) 耐压试验

进行耐压试验时,必须在蓄热器(冷)器的顶部和底部各设置一个量程相同且经检定合格的压力表。压力表的量程为 1.5~3 倍的试验压力,宜为试验压力的 2 倍。压力表的精度不得低于 1.6 级,压力表的表盘直径不得小于 100mm。若采用液压试验,试验液体一般采用水,试验合格后应立即将水排净吹干。当无法完全排净吹干时,对奥氏体不锈钢制罐来说,应控制水的氯离子含量不超过 25mg/L。

试验过程中,要求蓄热(冷)器无渗漏、无可见的变形和异常声响。蓄热(冷)器耐压试验程序和步骤如下。①试验蓄热器或蓄热(冷)器内的气体应当排净并充满液体,试验过程中,应保持蓄热器或蓄热(冷)器外表面的干燥。②当试验蓄热器或蓄热(冷)器罐壁的金属温度与液体温度接近时,方可缓慢升压。③试验时,压力应缓慢上升,当升至试验压力的50%时,保压10min,然后对蓄热器或蓄热(冷)器的所有焊接接头和连接部位进行渗漏检查,确认无渗漏后继续升压。④当压力升至设计压力时,保压10min,然后再次进行渗漏检查,确认无渗漏后再升压。当压力升至试验压力时,保压时间不少于30min,然后将压力降至设计压力进行检查,检查期间压力应保持不变,以无渗漏为合格。⑤液压试验完毕后,应将液体排尽,用压缩空气将蓄热(冷)器内部吹干。排液时,严禁就地排放。

3) 泄漏测试

蓄热(冷)器耐压试验合格后方可进行泄漏试验。试验时,压力应缓慢上升,当升至规定试验压力的50%时,保压5min,然后对蓄热(冷)器的所有焊缝和连接部位进行泄漏检查,确认无泄漏后继续升压。当压力升至试验压力时,保压10min,然后进行泄漏检查,以无泄漏为合格。试验后应缓慢卸压。试验过程中,以无泄漏为合格;如有泄漏,应在修补后重新进行试验。

4.6 换热器设计技术

换热器是压缩空气储能系统蓄冷/蓄热子系统的关键部件,用于实现蓄热(冷)介质与做功工质之间高效的热量传递,对系统效率具有决定性影响。在传统压缩空气储能系统中没有换热器和蓄热器,无法对压缩热进行很好的回收和利用,系统效率低。本节主要介绍蓄热式压缩空气储能系统中的换热器。蓄热式压缩空气储能系统中的换热器根据用途不同可分为压缩机级间回热换热器和膨胀机级间再热换热器。

根据压缩空气储能系统的工作特点,为了提高系统整体效率,压缩机级间回热换热器和膨胀机级间再热换热器需要满足如下特点:①水-空气传热的平均传热温差不高于5℃,减小传热㶲损失;②单位体积传热面积大,结构紧凑、占地面积小、换热器重量小。板翅式换热器(图4-6-1)是一种高效紧凑式换热器,非常适用于压缩空气储能系统级间回热和级间再热,本节以板翅式换热器为例对换热器设计技术进行介绍。

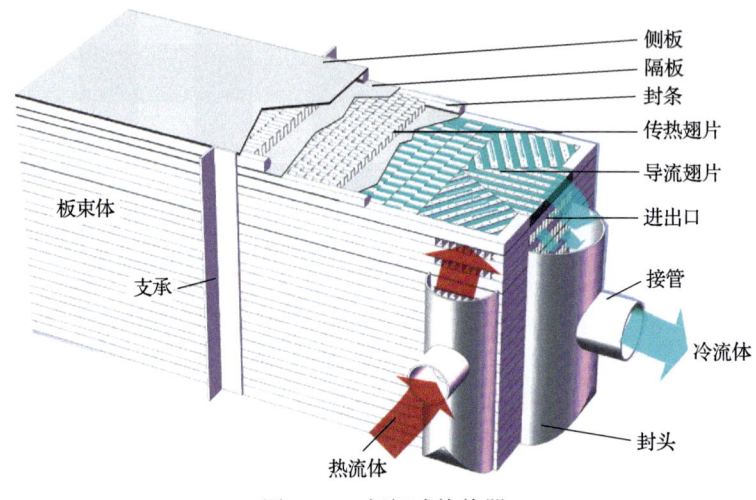

图 4-6-1 板翅式换热器

4.6.1 总体设计

1. 换热器设计选型

图 4-6-2 为压缩空气储能系统级间换热器的设计流程。在设计初期，必须对压缩空气储能系统进行总体优化设计，确定压缩机级间回热换热器和膨胀机级间再热换热器的设计运行参数、变工况特性和结构布置。运行参数包括传热流体材料、流体流量、进口压力、进出口温度和最大允许压降等，变工况特性主要为不同季节的环境变化对换热器设计运行参数的影响规律，结构布置包括接口朝向、接口尺寸、满足装配需求的尺寸范围、立式/卧式、串/并联方式等。

基于换热器的设计要求，获取流体和材料的热物性，同时结合翅片表面的流动传热性能选取合适的翅片结构，开展换热器的热力和水力计算分析。在满足传热性能、允许流动阻力及结构尺寸限制的条件下，基于不同翅片结构特征以结构最紧凑和成本最优为目标开展优化设计。然后，必须对额定工况下得到的优化设计结果开展变工况设计校核，校核在环境变化和运行波动情况下换热器的适应性。如果校核结果不理想，需要对总体设计或额定工况下的设计结果进行调整。最后，对确定的换热器设计方案开展结构和强度设计校核，完成换热器芯体、封头接管、导流装置和支撑/固定装置的强度设计校核，并基于运行和维护方便的需求设计各部件的位置结构，最终形成换热器优化设计方案。

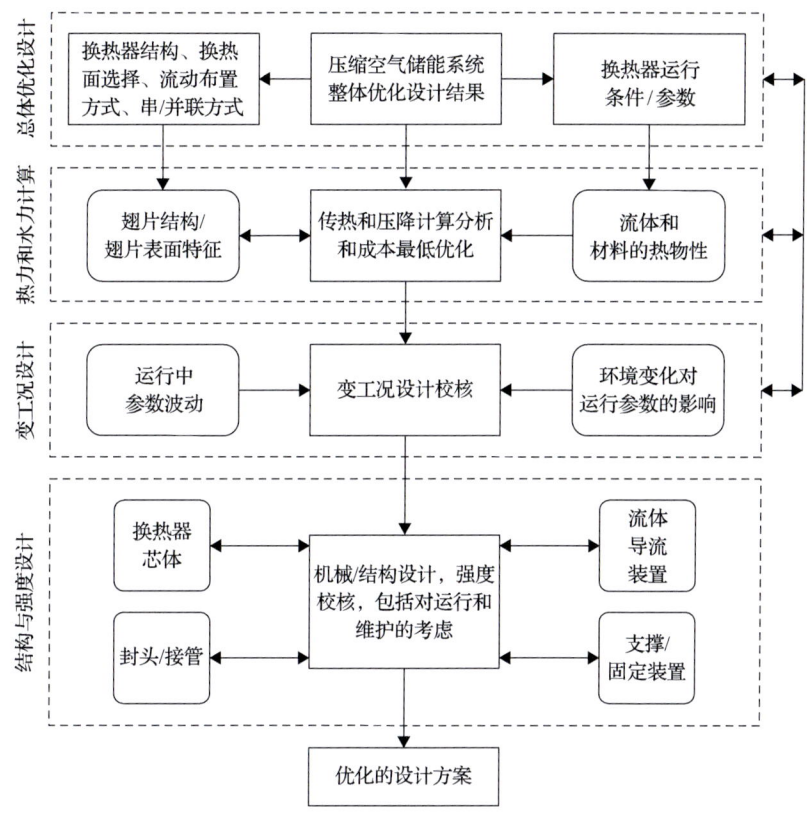

图 4-6-2 蓄热式压缩空气储能系统级间换热器设计流程

2. 翅片选择

翅片是板翅式换热器的基本元件,板翅式换热器中的传热过程包括翅片的导热及翅片与流体之间的对流传热。翅片的作用是:①增大单位体积的对流传热面积,提高换热器的紧凑性;②提高传热效率,翅片的特殊结构可对流道内的流体产生强烈扰动,使流动边界层和传热边界层周期性地破裂和再生,从而有效降低热阻,提高传热效率;③由于翅片起着加强肋的作用,可以提高换热器的强度和承压能力。根据不同工质与传热工况可采用不同结构型式的翅片,常用的四种翅片结构型式见图 4-6-3。

平直翅片具有长光滑壁面,流动和传热特性与方管内的相似,流动阻力和传热系数均较小,适用于对阻力要求非常严格的场合。波纹翅片是在平直翅片上压成一定波形,形成弯曲流道,通过不断改变流体流向促进湍动、分离和破坏边界层的形成,从而强化传热。波纹越密,波幅越大,传热性能越好,传热效果介于平直翅片和锯齿翅片之间。锯齿翅片和多孔翅片是常用的两种翅片,锯齿翅片可

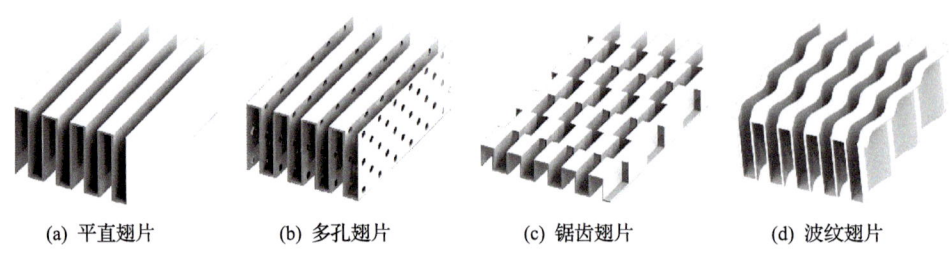

(a) 平直翅片　　　(b) 多孔翅片　　　(c) 锯齿翅片　　　(d) 波纹翅片

图 4-6-3　常用四种翅片型式

以看作将平直翅片切成许多短小片段并互相错开一定间隔而形成的间断式翅片，对促进流体扰动和破坏边界层十分高效，但流体通过翅片时的流动阻力也相应增大，普遍用在需要强化传热(尤其是气侧)的场合，是目前应用最广泛的高性能翅片。其传热与流动特性随切开长度而改变，切开长度越短，传热性能越好，但流动阻力也相应增大。多孔翅片上密布的小孔使流动边界层不断破裂、再生，从而提高了传热性能，也有利于流体均布，但在冲孔的同时也使翅片的传热面积减小，翅片强度降低，多孔翅片主要用于导流片及流体中夹杂着颗粒或相变传热的场合。

3. 流道布置

板翅式换热器可通过流道的不同组合，布置成逆流、错流、多股流、多程流形式。其中，逆流是最普遍也是最基本的流道布置型式，具有平均温差小、热利用率高等优点；错流一般用在有效温差并不明显或一侧有相变的场合；多股流用于多种流体同时传热的场合，能够合理分配各种流体的传热面积，提高紧凑性并减小冷量损失。对于压缩空气储能系统级间换热器，传热流体为压缩空气与蓄热流体两种流体，要求两种流体的平均传热温差非常小，为了实现热量的高效传递，两种流体流道应布置为逆流型式。

在压缩机级间换热器的设计中，由于含湿压缩空气在冷却过程中水蒸汽的冷凝会释放大量潜热，所以在换热器热力学计算中会出现温度夹点，如图 4-6-4(a) 所示，无法满足冷热端同时进行低温差的高效传热。为此，在湿空气冷凝问题严重的板翅式换热器低温段增加一路冷却水来带走多余的冷凝热。换热器流道布置采用多股流布置，如图 4-6-4(b) 所示，在保证蓄热流体高回收温度的同时，还应具备较低的下一级压缩机进口温度，以提高多级压缩系统效率并确保设备强度。

4. 通道排列

通道的排列方式可以分为单叠排列、复叠排列和混叠排列，如图 4-6-5 所示。单叠排列时每一热通道都与一冷通道相邻排列；复叠排列的每一个热通道都与两个冷通道相间或每一个冷通道和两个热通道相间；混叠排列在同一板束中除有热通道和冷通道相邻排列外，还同时存在一个热通道和两个冷通道相间或一个冷通道和两个热通道相间。

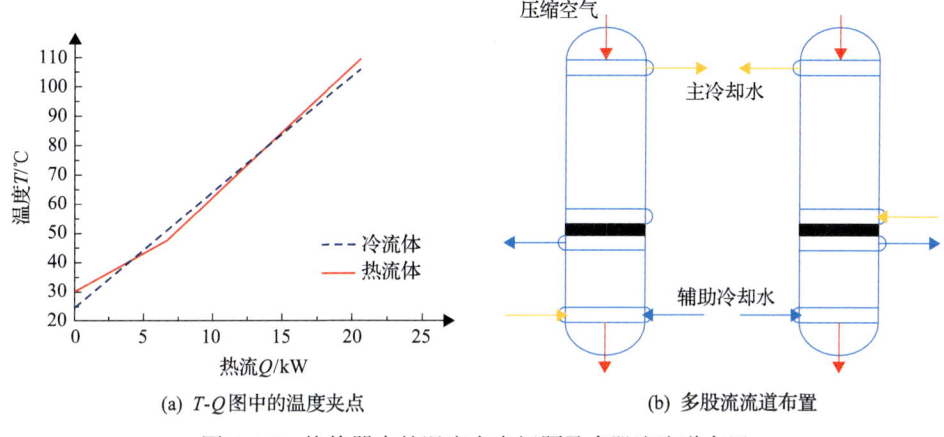

(a) T-Q 图中的温度夹点　　　(b) 多股流流道布置

图 4-6-4　换热器内的温度夹点问题及多股流流道布置

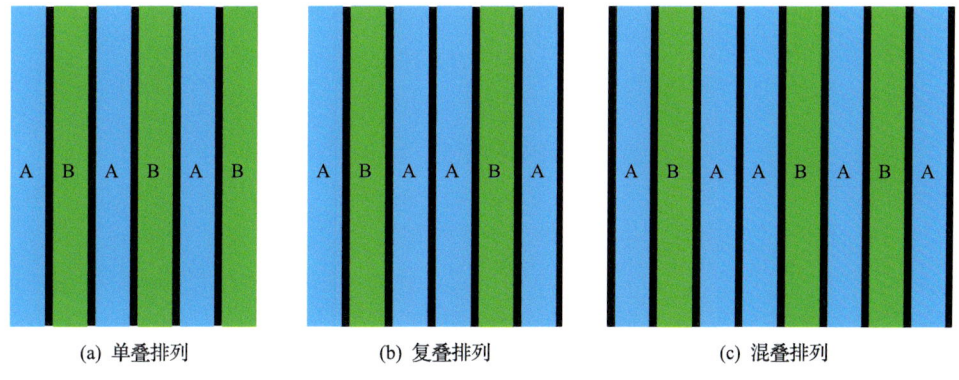

(a) 单叠排列　　　(b) 复叠排列　　　(c) 混叠排列

图 4-6-5　通道排列示意图

A. 冷通道；B. 热通道

对于两股流体换热的压缩空气级间换热器，常采用单叠排列或复叠排列。特别是当蓄热流体为液体时，由于蓄热流体侧的对流传热系数远高于压缩空气侧，为了增大空气侧的传热面积并降低流动阻力，通道优选复叠排列型式，此时每个蓄热流体通道与两个压缩空气通道相间。多股流换热的级间换热器则根据多股流体流量和传热负荷比例，采用复叠排列或相应通道比例的混叠排列型式。

4.6.2　传热设计

1. 翅片表面特性

翅片的流动传热特性通常用传热因子 j 与雷诺数 Re 的关系式来表示。j 定义为努赛尔数 Nu、雷诺数 Re、普朗特数 Pr 三者关系的表达式，即

$$j = \frac{Nu}{RePr^{1/3}} \quad (4\text{-}6\text{-}1)$$

努赛尔数

$$Nu = \frac{h_t d_e}{\lambda} \quad (4\text{-}6\text{-}2)$$

雷诺数

$$Re = \frac{G_f \cdot d_e}{\mu} \quad (4\text{-}6\text{-}3)$$

式中，G_f 为自由流通截面的质量流速；h_t 为传热系数；λ 为流体导热系数；d_e 为水力直径；μ 为动力黏度。

翅片的流动阻力特性通常用摩擦传热因子 f 与雷诺数 Re 的关系式来表示。翅片表面流动阻力压降为

$$\Delta p = 4f \cdot \frac{G_f^{\,2}}{2\rho_m} \cdot \frac{L}{d_e} \quad (4\text{-}6\text{-}4)$$

式中，f 为摩擦传热因子；ρ_m 为流体的平均密度；L 为翅片长度。

国内各专业厂、设计院多沿用日本神钢的"ALEX"性能曲线数据(图 4-6-6)，该曲线只区分了翅片型式，但不区分每种翅型的结构尺寸，精确性较差但其裕量满足一般设计制造的要求。使用结果表明，在常用 Re 范围该曲线约有 15% 裕量。

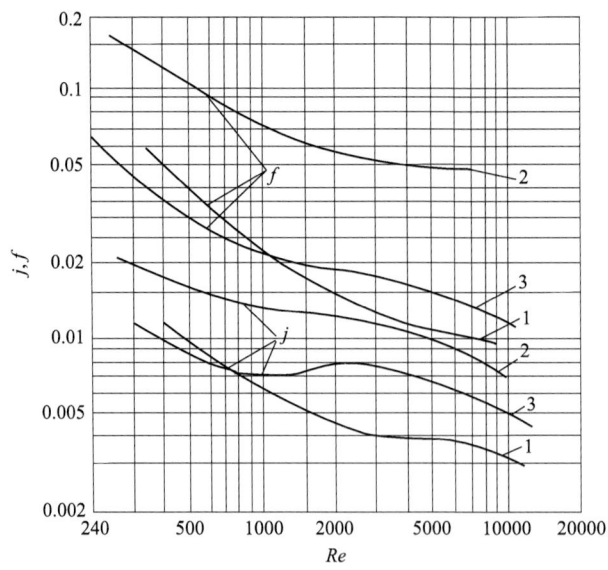

图 4-6-6　日本神钢 "ALEX" 的翅片性能曲线
1. 平直翅片；2. 锯齿翅片；3. 多孔翅片

钱颂文将 ALEX 曲线拟合得到了如下关联式。

对于平直翅片(Re=400～10000)，有

$$\ln j = 0.103109(\ln Re)^2 - 1.91091(\ln Re) + 3.211$$
$$\ln f = 0.106566(\ln Re)^2 - 2.12158(\ln Re) + 5.82505$$

(4-6-5)

对于多孔翅片(Re=400～10000)，有

$$\ln j = -9.544151\times10^{-2}(\ln Re)^3 + 2.137607(\ln Re)^2 - 15.92678\ln Re + 34.57583$$
$$\ln f = -6.736098\times10^{-2}(\ln Re)^3 + 1.565191(\ln Re)^2 - 12.31399\ln Re + 28.79806$$

(4-6-6)

对于锯齿翅片(Re=300～7500)，有

$$\ln j = -2.64136\times10^{-2}(\ln Re)^3 + 0.555843(\ln Re)^2 - 4.0924\ln Re + 6.21681$$
$$\ln f = 0.132856(\ln Re)^2 - 2.28042\ln Re + 6.79634$$
$$D = 2sh/(s+h)$$

(4-6-7)

锯齿翅片是最常用的高效翅片，许多学者对其表面的传热特性进行了更为深入的研究，提出了多种不同的关联式，表 4-6-1 列出了几种典型的关联式，这些关联式都是基于空气介质试验的拟合，其适用条件和精度各有不同，综合比较推荐使用 Manglik 和 Berles 给出的 j 和 f 因子关联式。

表 4-6-1 典型的关联式

学者	关联式和水力直径
Wieting	$Re \leqslant 1000$ $j = 0.483(l_s/d_e)^{-0.162}\alpha^{-0.184}Re^{-0.536}$ $f = 7.661(l_s/d_e)^{-0.384}\alpha^{-0.092}Re^{-0.712}$ $Re \geqslant 2000$ $j = 0.242(l_s/d_e)^{-0.322}(t/d_e)^{-0.089}Re^{-0.368}$ $f = 1.136(l_s/d_e)^{-0.781}(t/d_e)^{0.534}Re^{-0.198}$ $d_e = 2sh/(s+h)$
Mochizuki 和 Yagi	$Re < 2000$ $j = 1.37(l_s/d_e)^{-0.25}\alpha^{-0.184}Re^{-0.67}$ $f = 5.55(l_s/d_e)^{-0.32}\alpha^{-0.092}Re^{-0.67}$ $Re \geqslant 2000$ $j = 1.17(l_s/d_e + 3.75)^{-1}(t/d_e)^{-0.089}Re^{-0.36}$ $f = 0.83(l_s/d_e + 0.33)^{-0.5}(t/d_e)^{0.534}Re^{-0.20}$ $d_e = 2sh/(s+h)$

续表

学者	关联式和水力直径
Manglik 和 Berles	$j = 0.6522 Re^{-0.5403} \left(\dfrac{s}{h}\right)^{-0.1541} \left(\dfrac{\delta}{l_s}\right)^{0.1499} \left(\dfrac{\delta}{s}\right)^{-0.0678}$ $\times \left[1 + 5.269 \times 10^{-5} Re^{1.340} \left(\dfrac{s}{h}\right)^{0.504} \left(\dfrac{\delta}{l_s}\right)^{0.456} \left(\dfrac{\delta}{s}\right)^{-1.055}\right]^{0.1}$ $f = 9.6243 Re^{-0.7422} \left(\dfrac{s}{h}\right)^{-0.1856} \left(\dfrac{\delta}{l_s}\right)^{0.3053} \left(\dfrac{\delta}{s}\right)^{-0.2659}$ $\times \left[1 + 7.669 \times 10^{-8} Re^{4.429} \left(\dfrac{s}{h}\right)^{0.920} \left(\dfrac{\delta}{l_s}\right)^{3.767} \left(\dfrac{\delta}{s}\right)^{0.236}\right]^{0.1}$ $d_e = \dfrac{4 s h l_s}{2(s l_s + h l_s + h \delta) + s \delta}$

2. 传热计算

根据几何尺寸的关系，翅片的结构参数计算公式如下。
当量直径 d_e：

$$d_e = \frac{2sh}{s+h} \tag{4-6-8}$$

每层通道自由流通面积 A_i：

$$A_i = \frac{shW}{P} \tag{4-6-9}$$

每层通道传热表面积 F_i：

$$F_i = \frac{2(s+h)WL}{P} \tag{4-6-10}$$

板束 n 层通道自由流通面积 A_t：

$$A_t = \frac{shWn}{P} \tag{4-6-11}$$

板束 n 层通道传热表面积 F_t：

$$F_t = \frac{2(s+h)WLn}{P} \tag{4-6-12}$$

一次表面面积 F_b：

$$F_b = \frac{s}{s+h} F_t \tag{4-6-13}$$

二次表面面积 F_f：

$$F_f = \frac{h}{s+h} F_t \tag{4-6-14}$$

式中，h 为翅片高度；s 为流道间距；P 为翅片节距；L 为翅片长度；W 为封条宽度。

板翅式换热器的热传递由一次表面传热量 Q_b 和二次表面传热量 Q_f 组成，即

$$Q = Q_b + Q_f = h_t \cdot (F_b + F_f \eta_f) \theta_0 \tag{4-6-15}$$

式中，θ_0 为一次表面与平均流体温度的温差；η_f 为翅片效率，可由下式计算，即

$$\eta_f = \frac{thml}{ml} \tag{4-6-16}$$

$$m = \left(\frac{2h_t}{\lambda \delta_f} \right)^{\frac{1}{2}} \tag{4-6-17}$$

式中，t 为翅片厚度；l 为传导距离，是指由翅片根部截面至翅片表面温度梯度为零界面的距离。根据传热流体的布置方式可分为下列两种情况（图 4-6-7）：单叠布置，此时热流体通道 $l_1 = h_1/2$，冷流体通道 $l_2 = h_2/2$；复叠布置，此时热流体通道 $l_1 = h_1/2$，冷流体通道 $l_2 = h_2$。

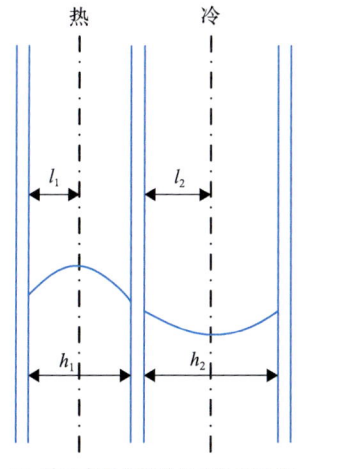

(a) 单叠布置的翅片温度分布曲线

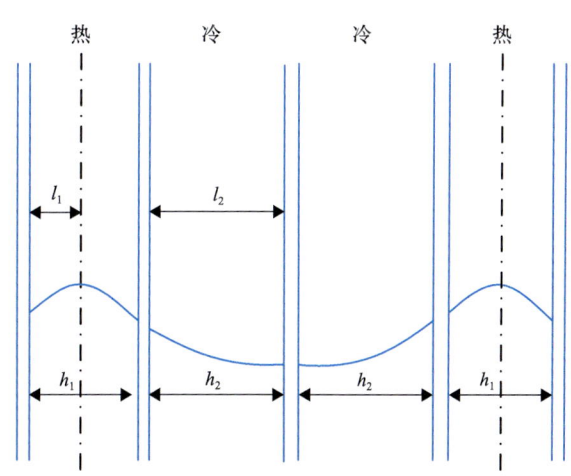

(b) 复叠布置的翅片温度分布曲线

图 4-6-7　单叠和复叠布置下翅片温度分布曲线

3. 流动压降计算

流体在流经通道时的阻力损失有很多，如流体从进口管道进入封头的阻力、从封头到进口导流片的阻力、从导流片经过转弯和流道收缩后流入板束体的阻力、从出口导流片进入封头的阻力、从封头到出口管道的阻力等。为了简化问题，把换热器分为三部分，即进口段、出口段和换热器板束芯体中心部分。

进口段阻力是由试验段进口界面到翅片进口的流通截面积变化而造成的，即

$$\Delta p_1 = \frac{G_f^2}{2\rho_i}(\zeta_i + 1 - \sigma^2) \tag{4-6-18}$$

出口段阻力是由翅片出口到试验段出口的流通截面积变化而造成的，即

$$\Delta p_2 = \frac{G_f^2}{2\rho_o}(\zeta_o + 1 - \sigma^2) \tag{4-6-19}$$

板束芯体中心部分的阻力主要是由传热面形状改变产生的阻力和摩擦阻力组成的，即

$$\Delta p_3 = \frac{G_f^2}{2\rho_i}\left[2\left(\frac{\rho_i}{\rho_o} - 1\right) + \left(\frac{4fL}{d_e}\right)\frac{\rho_i}{\rho_m}\right] \tag{4-6-20}$$

板翅式换热器的流动总阻力为三部分之和，即

$$\begin{aligned}\Delta p_0 &= \Delta p_1 + \Delta p_2 + \Delta p_3 \\ &= \frac{G_f^2}{2\rho_i}\left[(\zeta_i + 1 - \sigma^2) + 2\left(\frac{\rho_i}{\rho_o} - 1\right) + \left(\frac{4fL}{d_e}\right)\frac{\rho_i}{\rho_m} + \frac{\rho_i}{\rho_o}(\zeta_o + 1 - \sigma^2)\right]\end{aligned} \tag{4-6-21}$$

式中，ρ_i 为进口处流体密度；ρ_o 为出口处流体密度；σ 为板束中该流体通道截面积与流体迎面面积之比；ζ_i 为收缩阻力系数；ζ_o 为扩大阻力系数。其中，ζ_i 和 ζ_o 可通过查询得到。

4.6.3 结构与强度设计

板翅式换热器因其结构的特殊性，故芯体的承压能力很难由精确的计算方法来确定，一般只能按照规范要求进行试验，即用试验来确定某种规格翅片的许用应力，经多次验证并达到成熟后得到一个经验公式，该公式可粗略计算某种翅片的许用应力。除芯体外，其余零部件，如封头、接管、集气管、支架(座)及吊耳等均可按常规压力容器或强度构件进行强度计算。

1. 翅片

翅片包含传热翅片和导流翅片,翅片高度 $h=2.5\sim20.0\text{mm}$;翅片材料厚度 $t=0.1\sim0.6\text{mm}$;翅片节距 $P=0.8\sim4.2\text{mm}$。翅片的承压能力与节距 P 和翅片材料厚度 t 有关,t 和 P 应在生产厂商现有型号规格下选取,并满足下式,即

$$\frac{t}{P}=\frac{p_\text{D}}{(\sigma_\text{b}/\kappa)\varphi} \tag{4-6-22}$$

式中,p_D 为设计压力;σ_b 为翅片材料的最低抗拉强度;κ 为安全系数,在 $4\sim6$ 取值,目前通常取 5;系数 φ 是各种因素的综合值,包括翅片材料的公差、冲翅时材料的拉伸变薄及翅片不垂直引起拉力变大等因素的影响。对于平直翅片及锯齿翅片,建议取 $\varphi=0.85\sim0.90$。对于多孔翅片,考虑到减少了翅片的断面积并造成应力集中等因素,故要再考虑一个开孔系数 θ,其中 θ 为孔的面积与总面积之比,φ 值建议取 $\varphi=0.85\theta$。

理论分析和试验数据均表明,在翅片高度为 $2\sim12\text{mm}$ 范围内,翅片高度与翅片的承压能力无关。

常用铝合金材料的最低抗拉强度和许用应力值见表 4-6-2,中间温度的许用应力可用内插法求取,其中翅片材料主要选用 3003 和 3004,其余材料则用于封头和接管等。

表 4-6-2 常用铝合金材料力学性能

材料牌号	σ_b /MPa	在下列温度下的需用应力 $[\sigma]$ /MPa					
		−269~20℃	65℃	100℃	125℃	150℃	200℃
3003	95	23	23	23	20	16	10
3004	150	37	37	37	37	34	18
5052	170	42	42	42	42	38	19
5454	215	54	54	54	50	37	22
5083	275	67	67	—	—	—	—
6061	260	65	65	64	62	54	33

2. 隔板与侧板

隔板是两层翅片之间的金属复合平板,用于分隔流道,美国 S-W 公司的一种隔板厚度的计算公式为

$$t=\frac{[p_\text{a}\times0.5h_\text{a}]+[p_\text{b}\times0.5h_\text{b}]}{[\sigma]} \tag{4-6-23}$$

式中，p_a 和 p_b 为隔板两侧流体的设计压力；h_a 和 h_b 分别为隔板两侧流体所用翅片的高度；$[\sigma]$ 为材料的许用应力。

在实际工业生产中，隔板厚度不仅取决于强度计算，还取决于钎焊工艺的要求。若设计压力提高，则要求增厚翅片材料并增加角焊缝高度，所以只有具有足够的钎焊金属才能满足角焊缝的需要。而钎焊金属来自隔板包覆层，故又要求适当增加包覆层厚度，包覆层厚度一般为隔板总厚度的 7.5%～10%。隔板厚度按工作压力选取，国内常用厚度有 0.8mm、1.0mm、1.2mm、1.6mm、2.0mm、3.0mm 等几种。

侧板是板翅式换热器最外侧的 2 块厚板，除承受压力外还起到了保护作用，侧板应与所配用的封头厚度相适应，厚度一般取 5～6mm。若封头厚度超过侧板最大厚度，可以在侧板外再加一块贴板进行封头焊接。

3. 封条

封条宽度并不是根据强度计算得到的，而是由结构设计决定的。封头厚度由强度计算确定后，在结构上要求封条宽度一定要大于封头厚度才是合理的。若封头很薄或没有封头，则封条的最小宽度 W 由下式确定，有

$$W = 10h(3p_D/4[\sigma])^{0.5} \tag{4-6-24}$$

式中，h 为封条高度即翅片高度；p_D 为设计压力。用该公式计算的结果偏于保守，实际使用中的封条宽度一般在 15mm、25mm 和 35mm 三个值之间进行取值。

4. 封头/接管

板翅式换热器封头/接管的作用是分布和集聚介质、连接板束与工艺管道。封头/接管的典型配置形式见图 4-6-8，根据配管需求合理取封头/接管形式可以使整个系统更紧凑，降低管道的复杂度和流动的阻力损失。

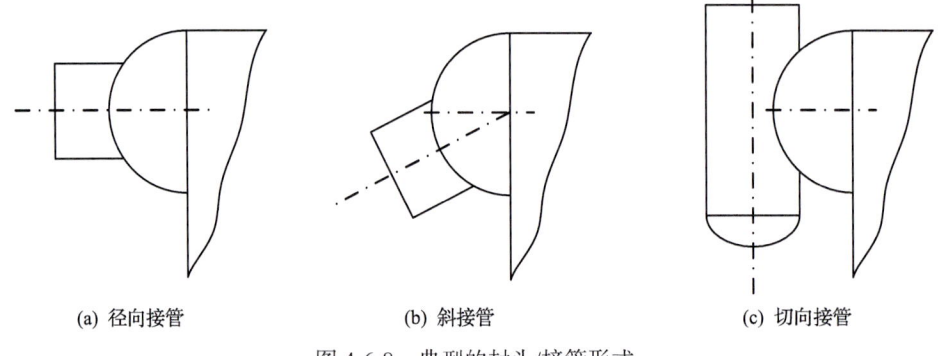

(a) 径向接管　　　(b) 斜接管　　　(c) 切向接管

图 4-6-8　典型的封头/接管形式

封头是主要的受压元件之一，其强度计算必须符合压力容器规范的有关规定。由于封头形状的特殊性和多样性，计算时无法按整体受压元件来考虑，目前国内外通常的做法是按零部件的受力情况来进行强度计算。

封头主体是一个内径为 D_i，壁厚为 b 的半圆形柱体。当 $b<0.5D_i$ 且 $p_D<0.385[\sigma]\varphi$，有

$$b = p_D R_i / ([\sigma]\varphi - 0.6 p_D) + C \tag{4-6-25}$$

式中，R_i 为封头半径；φ 为焊缝系数，一般取 0.6 左右；C 为材料附加值。

接管内径 d_i 由前述阻力计算确定后，应在该值附近选取标准接管尺寸并将其作为接管的初定尺寸。当 $t<0.5d_i$ 且 $p_D<0.385[\sigma]\varphi$ 时，接管壁厚 t 可按下式计算，即

$$t = p_D d_i / (2[\sigma]\varphi - 1.2 p_D) + C \tag{4-6-26}$$

当接管为无缝标准管时，焊缝系数 $\varphi=1$；当接管为有缝焊接管时，其 φ 值要按加工及检验方法来定，大致范围可参考表 4-6-3 选用。

表 4-6-3　焊缝系数 φ 值

射线检查	单面焊	双面焊
100%	0.9	1.00
25%	0.8	0.85
不检验	0.6	0.70

受位置和外形尺寸的限制，板翅式换热器封头直径 D_i 与接管直径 d_i 的比值 d_i/D_i 超出了压力容器规范规定的范围，因此必须对封头和接管开孔后的补强进行计算。

5. 导流片型式

导流片位于流道两端，其作用是引导经封头流入板束的流体，使之均匀分布于流道之中，或者是汇集从流道流出的流体使之经过封头由出口管排出。导流片结构的设计原则为：①保证流道中流体的均匀分布，流体由进出口管到流道之间可顺利过渡；②导流片的流动阻力应保持在最小的恒定值；③导流片的耐压强度应与整个板束体的承压能力匹配；④便于制造。

6. 板束体并联

板翅式换热器因工艺条件的限制，单元尺寸不能过大。大型板翅式换热器需

要通过许多单元板束体的串联、并联、串并联进行组合。在单元板束体组合时，很重要的一个问题就是如何使流体在这些单元板束体中均匀分配。单元板束体的组合形式有如图 4-6-9 所示的三种方式。从流体均匀分配的角度应尽量采用对称式，避免并流式。由于各单元的流体阻力可能不等，所以组合时应注意匹配得当，工艺管道的布置也要注意这一点。

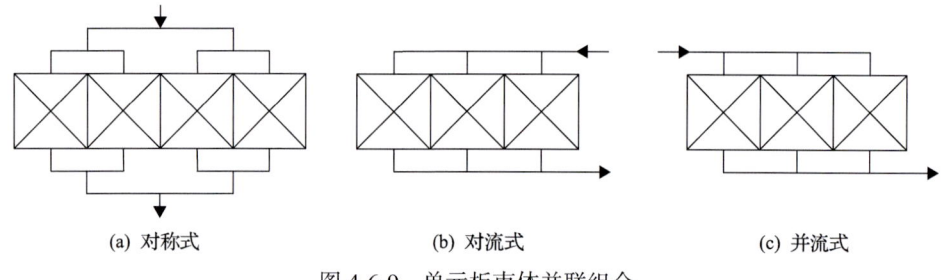

图 4-6-9　单元板束体并联组合

多板束体并联的换热器结构如图 4-6-10 所示，在较低的设计压力下可以将多板束体焊接，共用封头和接管，从而降低局部阻力损失，提高流体分布的均匀性。在压力较高或封头加工受限的条件下，一般采用通过集气汇管并联的形式将多个换热器的进出口接管分别汇集到集气汇管后再与其他设备连接。

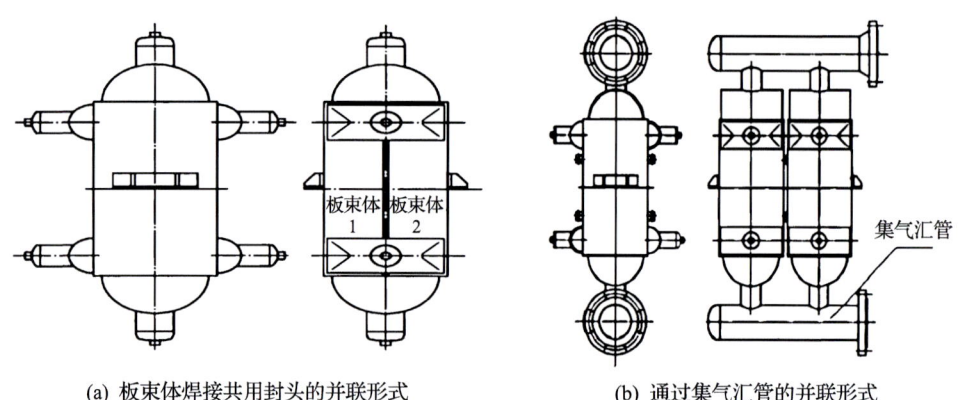

图 4-6-10　多板束体并联的换热器结构图

4.6.4　变工况设计

实际换热器在运行过程中，并不能一直维持在设计工况，即存在变工况运行状态。在换热器的设计过程中，必须从流动传热计算和结构设计上对换热器偏离设计点较大的工况进行校核，从而确保压缩空气储能系统的稳定高效运行。换热器工况变化主要存在以下几个方面。

(1)流动变化。流体参数在任一时刻总是在一定范围波动的,这种波动是绝对存在的。但一般在总体参数平衡时,流体参数的微小波动对换热器和系统工作性能的影响有限,只需通过自动控制系统控制波动幅度即可。

(2)环境变化。换热器通常要进行大的工况迁移,例如,换热器在工作中随着季节的变化,环境温度和湿度会有很大变化,各级压缩机进出口温度、蓄热水温度、蓄热水流量、换热器热负荷、换热器内流动压降也会相应地发生较大变化,特别是各级压缩机换热器(干燥前)进口的含湿量变化使压缩机级间换热器具有非常明显的季节性特征,所以在换热器设计中必须重点校核。

(3)工艺要求。不同的工艺要求使传热量或负荷在不同时期具有不同的分配方案,工艺上的差别会使换热器在变工况条件下运行,这就要求换热器不能仅在一个工况点下正常运行,而是要适应多个完全不同的工况点。

换热器的变工况运行与系统的变工况运行特性有强烈的耦合作用,换热器的变工况运行参数需要根据系统变工况运行的计算结果确定,因此在换热器设计过程中需要与总体设计匹配,获取在不同典型工况下换热器的进出口温度、流量和湿度等参数,对典型工况进行计算校核,确保换热器在全工况下的高效稳定运行。

4.6.5 试验与测量技术

为了获得换热器的流动传热性能,需要对换热器气、液两侧的流量、温度、湿度、压力和压差进行精确测量。湿度测量量程为 0~100%RH,温度测量量程为 -20~200℃,其余流量、压力和压差参数量程应按所测参数的 1.5~2.0 倍选取,各参数测量仪表的准确度等级应不低于表 4-6-4 的规定。测试用的流量、温度、湿度、压力(差)测量仪表应在计量检定/校准有效期内使用,测试用的工业 PC 机数据采集卡 A/D 转换的分辨率应不低于 12 位,采样速率应不低于每秒 100K。

表 4-6-4 测量仪表准确度等级或精度规定

项目	流量	温度	湿度	压力	压差
准确度等级或精度	0.5	0.5	±3%RH	0.5	0.5

1. 测量方法

流量测量:测试体积流量的传感器宜采用接触式流量传感器,并且应安装在直管段上,其上游直管长度应不小于 20 倍管径,下游直管长度应不小于 15 倍管径。

温度测量:测试流体温度宜选用接触式测温元件,测温元件的测温点应位于管道中心,其插入深度 L 应符合测温元件使用说明书的规定。测温元件的安装应符合图 4-6-11 的规定,当管道公称直径大于 80mm 时,按图 4-6-11(a)安装;当管径公称直径小于或等于 80mm 时,按图 4-6-11(b)和图 4-6-11(c)安装,在配对钢法兰强度校核允许的条件下,也可以按图 4-6-11(d)进行安装。测温点的安装位置与被测换热器进出口法兰密封面或螺纹连接接头的距离应不大于 150mm。

压力(差)测量:测试压力(差)宜选用压力(差)变送器测量,静压测孔应与管壁面垂直。测量时需排尽压力(差)变送器引压管内的气体。

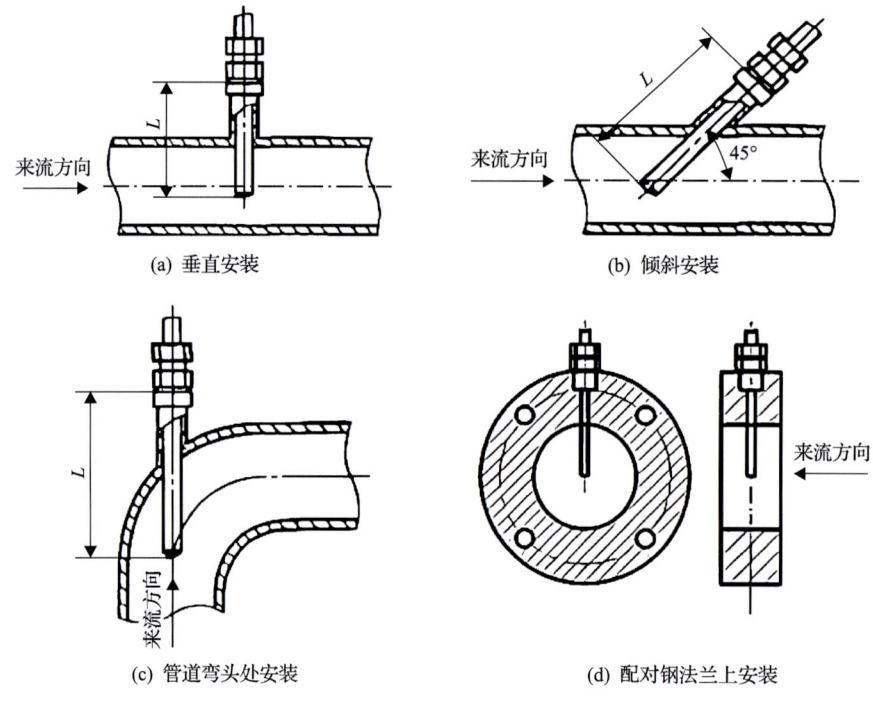

图 4-6-11　测温点安装示意图

2. 试验方法

1)压力试验

热交换器制造完成后应经过压力试验,压力试验一般采用液压试验,对于不允许有微量残留液体或因结构原因不能充满液体进行液压试验的热交换器,可采用气压试验。

液压试验压力:

$$p_{\mathrm{T}} = 1.3 p_{\mathrm{D}} \times \frac{[\sigma]}{[\sigma]^{\mathrm{t}}} \quad (4\text{-}6\text{-}27)$$

气压试验压力：

$$p_T = 1.25 p_D \times \frac{[\sigma]}{[\sigma]^t} \quad (4\text{-}6\text{-}28)$$

式中，p_T 为试验压力；p_D 为设计压力；$[\sigma]$ 为热交换器用材料在试验温度时的许用应力；$[\sigma]^t$ 为热交换器用材料在设计温度时的许用应力。

试验应使用两个量程相同、经过校验合格且在有效使用期内的压力表，压力表的量程应在试压压力的 1.5 倍为宜。压力表分别装在试压流道两端，当一个流道试压时，其余流道全部放空通大气，一组封头完成后转入第二组封头，直至全部完成。当压力达到试验压力后，停压至少 20min，检查无渗漏、无形变、升压时无响声即合格。

当设计压力大于 2.0MPa 时，在升压过程中，必须按规定分段进行。由一个压力段升至另一个压力段时升压要稳、缓。达到新的压力段后要停几分钟，进行初步检查，确定一切正常后再继续升压直至全部完成。

2) 气密性试验

压力试验完成后进行气密性检查，热交换器的气密性试验应采用干燥无油洁净的空气、氮气或惰性气体作为试验介质，气密性试验压力为设计压力，即 $p_T = p_D$。

试验时，对所有通道同时充压到各自规定的压力值，并对通道进行逐个检查。检查有无外漏时，把换热器沉入水下，观察外表面及有压封头的焊缝区有无鼓泡，无鼓泡时则为合格。检查有无内漏时，可以通过检查试验流道及其余流道中的压力有无变化来判别。

3) 性能试验

在换热器压力试验和气密性试验均达到安全标准后，进行换热器性能试验。换热器在标准试验测试工况下至少稳定运行 30min 后，并且冷热流体的热平衡相对误差不大于 5%时，方可进行同步数据采集，每个测试点至少采集 3 组数据。

根据试验测得的压缩空气体积流量 $\dot{V}_c$ 及流量计位置测得的空气温度 T_{air} 和压力 p_{air} 计算得到空气质量流量 $\dot{m}_c$，即

$$\dot{m}_c = \rho_{air}(T_{air}, p_{air}) \cdot \dot{V}_c \quad (4\text{-}6\text{-}29)$$

根据试验测得的蓄热流体体积流量 $\dot{V}_h$ 计算得到蓄热流体质量流量 $\dot{m}_h$，即

$$\dot{m}_h = \rho_h \cdot \dot{V}_h \quad (4\text{-}6\text{-}30)$$

对于膨胀机级间换热器(压缩空气被加热)或空气经过干燥的压缩机级间换热器，换热器内空气侧的交换热量 Φ_c 为

$$\varPhi_{\mathrm{c}} = \left| \dot{m}_{\mathrm{c}} \cdot c_{\mathrm{p,c}}(T_{\mathrm{c,o}} - T_{\mathrm{c,i}}) \right| \tag{4-6-31}$$

式中，$c_{\mathrm{p,c}}$ 为测试压力下压缩空气定压比热；$T_{\mathrm{c,i}}$ 为压缩空气进口温度；$T_{\mathrm{c,o}}$ 为压缩空气出口温度。

对于干燥机前压缩机级间换热器而言，由于可能存在湿空气冷凝放热，所以换热器内空气侧的交换热量 $\varPhi_{\mathrm{c}}$ 为

$$\varPhi_{\mathrm{c}} = \left| \dot{m}_{\mathrm{c}}[c_{\mathrm{p,c}}(T_{\mathrm{c,o}} - T_{\mathrm{c,i}}) + (d_0 - d_{\mathrm{i}}) \cdot r] \right| \tag{4-6-32}$$

式中，r 为水蒸气的相变潜热；d_0 为换热器出口湿空气中的含湿量；d_{i} 为换热器进口湿空气的含湿量，换热器进口湿空气含湿量为上一级压缩机级间换热器出口的饱和含湿量，随空气压力的上升和温度的降低而降低。当换热器进口含湿量低于环境含湿量时，换热器进口含湿量等于环境含湿量。

根据试验测得的蓄热流体流量、进出口温度可以确定蓄热流体侧交换的热量 $\varPhi_{\mathrm{h}}$：

$$\varPhi_{\mathrm{h}} = \left| \dot{m}_{\mathrm{h}} \cdot c_{p,\mathrm{h}}(T_{\mathrm{h,o}} - T_{\mathrm{h,i}}) \right| \tag{4-6-33}$$

式中，$c_{p,\mathrm{h}}$ 为测试压力下蓄热流体定压比热；$T_{\mathrm{h,i}}$ 为换热器中蓄热流体进口温度；$T_{\mathrm{h,o}}$ 为换热器中蓄热流体出口温度。

空气侧和蓄热流体侧的热平衡相对误差要求小于 5% 为有效，即

$$\Delta \varPhi = \left| (\varPhi_{\mathrm{h}} - \varPhi_{\mathrm{c}})/\varPhi_{\mathrm{c}} \right| < 5\% \tag{4-6-34}$$

平均传热量为

$$\bar{\varPhi} = \frac{\varPhi_{\mathrm{h}} + \varPhi_{\mathrm{c}}}{2} \tag{4-6-35}$$

对数平均温差为

$$\Delta t_{\mathrm{m}} = \frac{(T_{\mathrm{c,i}} - T_{\mathrm{h,o}}) - (T_{\mathrm{c,o}} - T_{\mathrm{h,i}})}{\ln \dfrac{T_{\mathrm{c,i}} - T_{\mathrm{h,o}}}{T_{\mathrm{c,o}} - T_{\mathrm{h,i}}}} \tag{4-6-36}$$

换热器总传热系数 K 为

$$K = \frac{\bar{\varPhi}}{\Delta t_{\mathrm{m}}} \tag{4-6-37}$$

空气侧的压差计测量得到的 Δp 即换热器进出口空气流动阻力损失，由此计算得到的换热器板束体流动阻力压降为

$$\Delta p_3 = \Delta p - \frac{G_f^2}{2\rho_i}\left[(\zeta_i + 1 - \sigma^2) + 2\left(\frac{\rho_i}{\rho_o} - 1\right) + \frac{\rho_i}{\rho_o}(\zeta_o + 1 - \sigma^2)\right] \quad (4\text{-}6\text{-}38)$$

式中，σ、ζ_i 和 ζ_o 可以根据换热器结构计算或查表得到；$G_f = \dfrac{\dot{m}_c}{A}$ 为空气质量流速；A 为板翅换热器芯体内空气侧流通截面积。

4.7 储气装置设计技术

在压缩空气储能系统中，储气装置在储能阶段收集并储存压缩机出口的高压气体，然后在释能阶段将高压气体释放给膨胀机，对压缩空气储能系统的容量具有决定性影响。储气装置在整个过程中起收集、储存与释放气体的作用，然而在不同的储能技术中其结构型式不尽相同。在压缩空气储能系统中，储气装置的类型包括高压储气罐、液态空气储罐和高压储气洞穴。地下储气洞穴因具有经济性好、储气容量大、使用寿命长等优点，已经广泛应用于大规模压缩空气储能技术中的储气装置(图 4-7-1)。此外，水下柔性储气装置作为一种非承压储气装置，还可以应用于水下压缩空气储能系统。本节主要针对压缩空气储能系统中的储气装置进行介绍，包括不同类型储气装置的结构型式、设计方法及试验测量技术等。

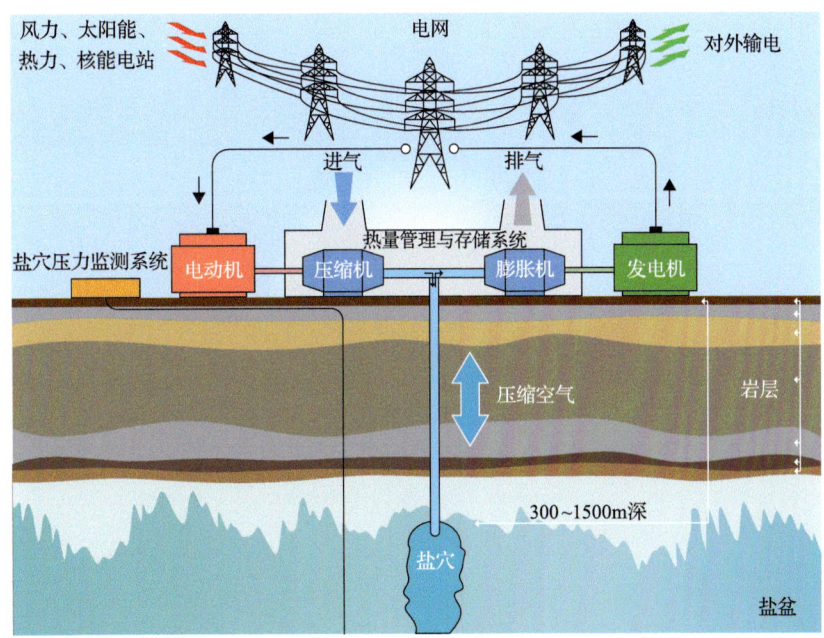

图 4-7-1　压缩空气储能系统的地下储气装置

4.7.1 总体设计

在进行储气装置的设计过程中，一般需要分析储气需求与用途，综合选址评估结果进一步开展总体设计。在依次开展方案结构设计与变工况设计后，若设计满足需求则可继续开展试验，最终得到压缩空气储能系统的储气装置设计，设计流程如图 4-7-2 所示。在总体设计过程中，一般需要根据储气装置的评价指标确定基本设计参数，并选择合适的储气装置类型。

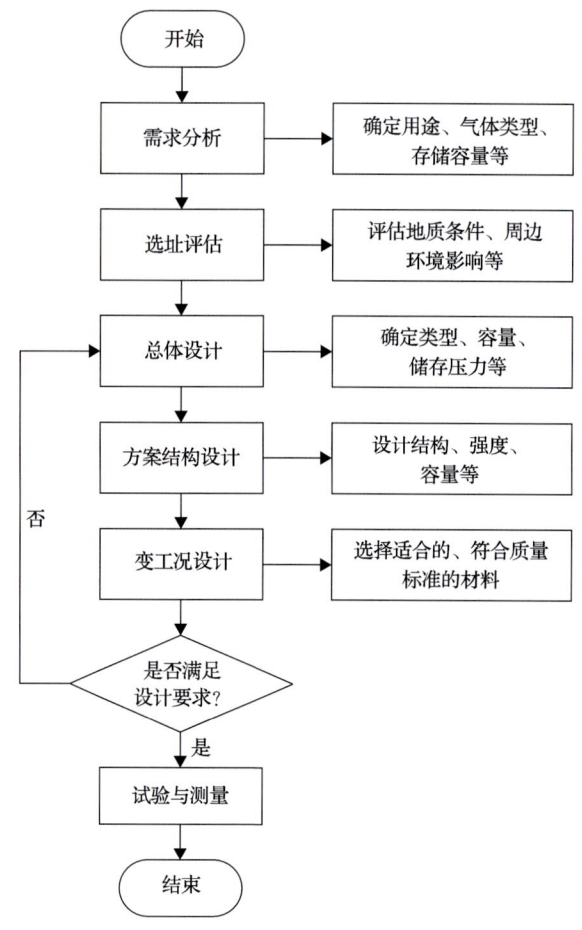

图 4-7-2 储气装置的设计流程

1. 常规评价指标

传统压缩空气储能系统的工作过程是指压缩空气从储气装置中释放，经减压阀降压后补热进入膨胀机做功。在这个过程中，储气装置内部压力从初始时刻开始逐渐降低至终止时刻膨胀机进口的额定压力。当储气压力低于膨胀机进口的额定压力时,储气装置停止输出气体,此时释能过程结束。因此,实际参与膨胀机做功的压缩空气只是释能阶段初始时刻与终止时刻储气装置内压缩空气总量的差值。衡量储气装置的指标包括储气装置容积、储气量和储能密度。

1) 储气装置容积 V_c

根据理想气体状态方程,释能阶段储气装置初始时刻和终止时刻的状态参数关系为

$$p_{s0}V_c = m_{s0}R_gT_{s0} \tag{4-7-1}$$

$$p_{s1}V_c = m_{s1}R_gT_{s1} \tag{4-7-2}$$

式中,V_c 为储气装置容积;p、T、m 分别为压力、温度和质量;下标 s0、s1 分别为释能初始时刻与终止时刻,将释能过程视为等温膨胀过程,则有 $T_{s0}=T_{s1}$。

将上式不同时刻的方程相减可得如下形式,即

$$V_c(p_{s0} - p_{s1}) = \Delta m R_g T_{s0} \tag{4-7-3}$$

$$\Delta m = \dot{m}_a t \tag{4-7-4}$$

式中,Δm 为参与膨胀机做功的压缩空气质量;$\dot{m}_a$ 为压缩空气质量流量;t 为膨胀机工作时间。因此,储气装置容积可表示为

$$V_c = \frac{\dot{m}_a t R_g T_{s0}}{p_{s0} - p_{s1}} \tag{4-7-5}$$

2) 储气量 V_0

储气量是指储气装置在标准状况下的实际储气体积,单位为 N·m³。根据质量守恒定律,可以将储气装置中的压缩空气总量折算成标准状况下的储气量。

$$V_0 = \frac{V_c \rho_{s0}}{\rho_0} \tag{4-7-6}$$

式中,ρ_0 为标准状况下的空气密度。

3) 储能密度 γ

储能密度是衡量储气装置储能能力的重要指标,按照如下公式计算,即

$$\gamma = \frac{E}{V_c} \tag{4-7-7}$$

$$E = \dot{m}_a t R_g T_{s0} \ln \frac{p_{s0}}{p_{s1}} \tag{4-7-8}$$

式中，γ 为储能密度；E 为储气装置中压缩空气的可用能。

综上所述，衡量压缩空气储气装置储能特性的主要指标包括储气装置容积、储气量和储能密度，这三个指标的主要影响因素是储气压力和储气温度。对于系统参数确定的压缩空气储能系统，在进行储气装置设计选型时，需要综合考虑储气压力、储气温度对储能特性的影响及储气压力与膨胀机进气压力的压差对系统效率的影响。提高储气压力，可以提升储气装置性能，但储气压力与膨胀机进气压力的压差过大将显著降低压缩空气储能系统的性能。因此，合理选择储气压力非常重要。

2. 基本设计参数

在压缩空气储能系统中，储气装置的基本设计参数主要包括储气压力 p、储气温度 T、储气装置容积 V_c。一般而言，储气装置的性能指标随不同设计参数的变化表现出一定的规律性，这就为压缩空气储能系统中储气装置设计参数的选取提供了有价值的参考。分析表明，储气压力和储气温度对储气装置性能指标具有较大影响，相比之下，储气压力的影响更大。对于系统参数一定的压缩空气储能系统，提高储气压力并降低储气温度，能够显著减小储气装置的容积并增大储能密度，从而解决储气装置占地面积大、单位存储能量低的问题。

然而，储气压力的选择并不是越高越好。由于膨胀机进气压力受膨胀机设备设计、加工等因素的影响较大，故通常不会很高，若储气压力和膨胀机进气压力之间的压差过大，将对压缩空气储能系统的总体性能产生较大影响。研究表明，两者的压差越大，释能过程中损失的压力能越多，系统的热效率和㶲效率越低。因此，在进行储气装置的设计计算时，不仅需要综合考虑储气压力和储气温度的影响，还要考虑储气压力与膨胀机进气压力之间的压差对系统效率的影响。

3. 储气装置选型

随着能源形势的紧迫发展，压缩空气储能系统也出现多种改进模型，如先进绝热压缩空气储能系统、超临界压缩空气储能系统、压缩空气储能-燃气蒸汽联合循环耦合系统、压缩空气储能-内燃机耦合系统、冷热电联供的新型压缩空气储能系统等。因此，大规模压缩空气储气装置也具有如下不同的结构型式和分类方式。

(1) 根据储气装置设计压力 (p) 的等级可以分为以下四种级别。①低压储气装置：$0.1\text{MPa} \leqslant p < 1.6\text{MPa}$；②中压储气装置：$1.6\text{MPa} \leqslant p < 10\text{MPa}$；③高压储气装置：$10\text{MPa} \leqslant p < 100\text{MPa}$；④超高压储气装置：$p \geqslant 100\text{MPa}$。大规模压缩空气储能系统中比较常见的选择是中压储气装置与高压储气装置，而低压和超高压储气

装置的应用较少。

(2) 根据储气装置是否可移动，可以分为固定式储气装置和可移动式储气装置。固定式储气装置的容量和重量一般比较大，建设时需要特别考虑地基性能，充分兼顾地理条件和气候条件来保证系统的安全性。可移动式储气装置主要应用于车载或瓶装结构，不适合大规模储气装置的场合。

(3) 根据储气装置内的压力变化形式，可以分为变压储气装置与恒压储气装置。变压储气装置的容积一般固定不变，在没有外界因素影响的条件下，储气装置内的气体压力随储气系统释能过程的进行而不断下降，是一个持续变压的过程。通常，在膨胀机进口前安装恒压阀门或稳压阀门来控制其进口压力，但恒压阀门会产生额外的总压损失。恒压储气装置则是利用外界条件对储气装置内的压力进行主动控制来保持压力稳定不变的装置。研究表明，相同条件下恒压储气装置的热效率与㶲效率均高于变压储气装置，并且储能密度较大。

(4) 根据存放位置不同，可以分为地下储气装置与地面储气装置。地下储气装置通常选择地下的天然洞穴或废弃矿洞，建设成本较低且不占空间，但需要满足特定的地质条件。目前地下储气装置主要有天然的盐岩洞、硬岩层结构的矿井或洞穴、地下含水层、废弃的天然气储气室或石油储气室等。尽管地下储气装置的成本优势明显，但面临选址困难、建设工程量大、建设周期长甚至会引起生态移民等问题，这些问题限制了它的广泛应用。地面储气装置是近年来发展较快的大规模储气形式，装置应用比较灵活，基本不受地质条件的限制。根据结构型式的不同，地面储气装置可以分为储气罐、钢瓶组和管道等三种类型的压力容器。

4.7.2 压力容器设计

目前，压力容器已经广泛应用在我国的石油化工、能源及军工等行业中。而在压缩空气储能领域中压力容器的引入与应用使压缩空气储能系统摆脱了对天然岩洞、盐穴等的依赖，地面储气装置应用更加灵活，能够适用于无法建设地下储气装置或规模较小的压缩空气储能系统。在对压力容器进行设计时，除要严格遵循行业规范和国家的法律法规外，还应注重从技术方面改进设计水平，具体包括压力容器的设计参数及容器的失效性设计、疲劳设计、抗腐抗压设计和概率性设计等。正确选择压力容器的设计参数及结构型式，有利于降低压力容器的材料成本、优化压力容器的工艺流程，还可以提高压力容器运行的安全性。

1. 压力容器的常规结构

根据压力容器结构型式的不同，地面储气装置可以分为储气罐、钢瓶组和管道三种类型。

储气罐是应用最广泛的地面储气装置，常用的结构型式有圆筒形和球形（图4-7-3）。圆筒形储气罐可以实现高压储气和长时间储气，通常单台储气罐的设计直径小于 3m，设计长度小于 20m。相比于圆筒形储气罐，球形储气罐具有单个罐体存储容量大和投资成本低的优点，缺点是承压较低。由于单个罐体容积较大，球形储气罐通常在用户现场进行组装。

图 4-7-3　球形储气罐

钢瓶组由数量较多的单个钢瓶以串联或并联的方式组成（图 4-7-4）。钢瓶也称为气瓶，有焊接、无缝两种结构型式，常规钢瓶的额定工作压力在 8～30MPa，额定容积为 0.4～80L，在运输和储气领域的应用较多。市场上常用的钢瓶组分为立式和卧式两种，通过专用钢瓶支架固定。钢瓶组的主要优点是使用灵活，可以根据用户需要进行布置；缺点是进行大容量存储时所需数量较多，由此会带来操作复杂和可靠性降低的问题。

图 4-7-4　钢瓶组储气装置

管道储气是使用若干根大口径、高强度的结构钢管按照一定间距布置来储存气体(图4-7-5)。这种储气方式的优点是能够存储高压、大容量的空气,布置灵活、施工方便,采用通用规格的钢管具有更好的经济性,若进行埋地放置可以节省大量的地面空间;缺点是目前在储能领域的应用较少。管道储气方式应用得较早,20世纪60年代,美国建设了一条长度约5.28km的储气管道,储气压力为6.26MPa,管道材料为X60系列钒钢管。目前,随着大口径管线钢技术的快速发展,钢管材料的屈服强度得到了较大提升,管材壁厚和单位用钢量减少,工程建设成本不断降低,这些都为管道储气的大规模应用奠定了基础。

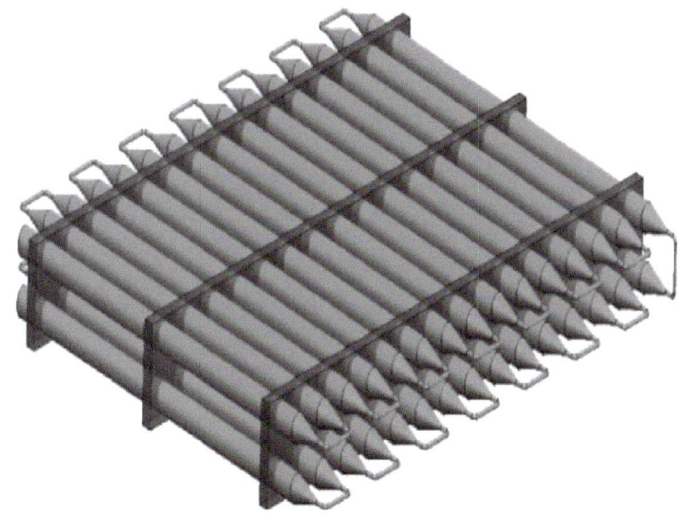

图4-7-5 管道储气装置

2. 重要参数设计

压力容器的设计涉及诸多复杂细节,其中设计参数、材料选用及设计工艺是核心重点。设计参数是进行压力容器强度计算和结构设计的主要依据。只有准确确定设计参数,才能根据计算结果准确设计出符合标准的压力容器。压力容器的主要设计参数有压力、温度和直径等。

压力容器的压力是指介质的压力,是压力容器工作时承受的主要外力。经常使用的是最高工作压力、设计压力与计算压力等概念。①最高工作压力是在正常工作的情况下,容器顶部可能达到的最高工作压力,是容器设计的基础参数。②设计压力是设定的容器顶部的最高压力,与设计温度一起作为设计载荷条件,其值不低于工作压力。③计算压力是在相应的设计温度下,用以确定元件厚度的压力。

压力容器的设计温度通常是指容器在正常工作情况下设定的元件的金属温度，是材料选择和许用应力确定过程中不可或缺的基本参数，和内部介质可能达到的温度不同。需要注意的是，设计温度是用以确定金属元件的许用应力，而金属温度则是用以计算元件热膨胀的数值。

压力容器的直径一般指其内径。出于标准化的需要，把容器的直径按照从小到大排列成系列，该系列中的各尺寸称为公称直径。在确定容器直径时应选取与之相近的公称直径，从而有利于封头、法兰等零部件的标准化。

除合理确定设计参数外，压力容器的设计还应考虑其他工艺要求，如腐蚀裕量、焊接结构、膨胀结构等。

腐蚀裕量设计与压力容器的安全性有直接关系，但目前国内对各种材料抗腐蚀性的了解程度不足，无法对材料的抗腐蚀程度进行量化。因此，设计人员必须严格按照国家及企业制定的标准及规范，尽量准确地计算出容器的腐蚀裕量。

焊接技术对压力容器的设计十分重要。焊前应按照国家的相关标准和行业规范，根据设计要求和容器用途，从强度、韧性等方面考虑容器材料的选取。焊后必须对焊缝进行认真检查，尤其是筒节与封头及夹套与夹套封头的焊接。检查时要观察其是否焊接完整无缝隙，确定焊接质量达到相关标准。

在压力容器中设置膨胀结构可缩小圆筒结构中的热膨胀量，使容器在轴向自由伸缩。对于大规模压缩空气储能系统而言，是否考虑膨胀量的设计需根据实际储气装置的结构型式及设计要求来确定。判定方式是对圆筒轴向应力进行计算并与相应的技术规范对照，若超出规定范围，则进行膨胀量的调节设置。

3. 常见失效形式与设计准则

压力容器失效是在指定的使用寿命内结构型式和尺寸发生变化，材料性能发生改变，从而使容器失去使用功能或出现突发事件对其造成破坏。常见的压力容器失效形式大致可以分为强度失效、刚度失效、失稳失效和泄漏失效四大类。在压缩空气储能系统中，压力容器型储气装置会进行周期性地充气、放气，其面临的失效形式主要以强度失效为主，因此本书主要介绍常用的强度失效设计准则。

1)压力容器的强度失效形式

压力容器在压力载荷的作用下，因材料屈服或断裂而引起的失效形式称为强度失效。通常包括以下几种。

(1)韧性断裂。这是指在压力载荷的作用下，产生的应力值达到或接近器壁材料的强度极限而发生的断裂。一般压力容器发生韧性断裂的主要原因是壁厚过薄、内压过高或选材不当等。

(2) 脆性断裂。这是指当容器没有明显的塑性变形且器壁中的应力值远小于材料的强度极限甚至低于材料的屈服极限时而发生的断裂。脆性断裂的主要原因在于材料的脆化，通常由材料选择不当、材料加工工艺不当、运行环境恶劣和材料本身的缺陷等因素引起。

(3) 疲劳断裂。这是指压力容器长期受交变载荷的作用，材料本身含有裂纹或经一定循环次数后产生裂纹，裂纹扩展使容器没有经过明显的塑性变形而突然发生的断裂。

(4) 腐蚀断裂。这是指压力容器材料在腐蚀介质的作用下，因均匀腐蚀导致壁厚减薄及材料组织结构改变或局部腐蚀造成的凹坑，使材料力学性能降低，容器承载能力不足而发生的断裂。

2) 压力容器的设计准则

压力容器的各种设计准则是对应其失效形式建立的，在一定程度上是考虑外加载荷作用下压力容器和元件的设计要求。根据材料的失效机制、失效形式和失效现象建立的表征材料对载荷作用抵抗能力的各种设计准则，使材料强度能够满足结构要求，从而避免失效现象的发生。常用于压缩空气储能系统中储气装置的压力容器强度失效设计准则可以分为以下 6 类。

(1) 弹性失效设计准则，它是将压力容器总体结构的最大设计应力限定在材料弹性极限或屈服极限强度以下，从而保证整体结构处于弹性稳定状态的强度失效设计准则。

(2) 塑性失效设计准则，它是指以内外壁整体屈服作为容器达到极限承载能力（极限载荷）的一种强度设计准则。可通过极限载荷试验方法或塑性力学方法计算得到结构极限载荷。

(3) 弹塑性失效设计准则，它是将压力容器局部结构在组合载荷作用下产生的名义应力变化范围限制在容许的极限应力以内的强度设计准则。这种设计方式适用于载荷作用非比例递增、载荷变化不定的场合。

(4) 疲劳设计准则，它是指容器在交变载荷作用下，最大交变应力（当循环次数一定时）或循环次数（当最大交变应力一定时）达到容器承载极限状态的一种强度设计准则。

(5) 断裂失效设计准则，它是防止压力容器结构或承压元件中的缺陷或裂纹在载荷作用下产生低应力脆断的设计准则。断裂失效设计准则是用断裂力学方法限定裂纹尺寸或用材料性能指标予以控制，以防止产生低应力脆断破坏。

(6) 刚度失稳设计准则，它是通过结构力学方法对压力容器及结构进行变形分析和计算，将需要考虑的危险部位特定点的线性位移及角度变化值限定在稳定性标准容许范围之内的设计准则，从而保证足够的刚度。

4. 设计方法及重点

压力容器设计方法是根据工程力学的基本原理，用解析法、数值法、实测法及对比经验法建立起来的系统而完整的设计方法。压力容器采用的设计方法有两大类：一类是按规则进行设计，也称为常规设计法；另一类是分析设计法。

常规设计法是指将载荷作用在压力容器总体结构及主要元件和部位，使其产生的最大应力限制在结构材料屈服强度（弹性失效设计准则）以内的基本设计方法。它的基本思想是结合简单力学理论和经验公式对压力容器部件的设计进行规定。我国压力容器的国家标准 GB/T 150-2024《压力容器》、美国的 ASME 锅炉与压力容器规范第Ⅷ卷第一册和日本标准 JISB 8270 等都采用该方法进行一般压力容器的设计。常规设计主要依据材料力学中的公式进行设计，计算容器简单部件的基本壁厚，再对计算结果取以一定的安全系数并作为最终的设计结果。经过长期工程检验确定的经验系数虽然足以保证设计容器的安全性，但设计结果较为保守。该设计方法的最大优点是简单方便，主要不足是没有考虑容器在交变载荷作用下的疲劳问题；对容器局部不连续处的应力集中不能进行详细的应力分析，无法做出准确的定量计算；无法对压力容器在运行中可能出现的裂纹进行评定等。

分析设计方法是以极限载荷、安定性原则和疲劳寿命评定为基准，主要目的是防止因结构塑性垮塌、局部失效、壳体失稳或褶皱引起的垮塌和循环载荷作用而产生的失效。分析设计方法主要包括直接法和应力分类法。直接法采用极限分析、塑性分析和安定性分析的方法直接对载荷加以限制。应力分类法是对承压容器中存在的各种应力进行优先排序，考虑每种应力的影响程度，并对不同应力分别施加强度限制条件。直接法在压力容器设计领域得到了广泛关注和应用，但目前在工程上采用直接法设计的实例很少，基于弹性力学的应力分类法仍是当今压力容器分析设计的主流方法。

压力容器设计的工作重点是对压力容器的设计压力、介质特性、运行温度等相关参数进行计算，并根据设计参数选择合适的制造材料，对此进行准确的受力分析和详细计算，确定压力容器的直径和壁厚。对于压力容器的受力分析和计算都需要精准进行，才能够确保压力容器的安全运行。与此同时，还需要注意压力容器罐体各部分的受力情况，确保罐体各部分受力的均匀性。压力容器设计应遵循的主要标准及规范有《压力管道规范 工业管道》（GB/T 20801—2020）、《压缩空气储能系统集气装置工程设计规范》（T/CERS 0004—2018）、《输气管道工程设计规范》（GB 50251—2015）。

对于内压压力容器而言，其薄壁圆筒及封头的强度设计主要建立在壳体无力矩理论的基础上。推导过程大致为：①根据薄膜理论进行应力分析，确定薄膜在应力状态下的主应力；②根据弹性失效设计准则，并应用强度理论确定应力强度判据；③对于封头，考虑薄膜应力的变化和边缘应力的影响，按壳体中的应力状态引入应力增强系数；④根据应力强度判据，考虑制造、腐蚀等具体因素并导出具体计算公式。

(1) 储气罐的圆筒压力容器为受压内筒，其厚度计算方法与 4.5.3 节中筒体厚度的计算方法相同。应用该计算方法计算圆筒厚度时，仅考虑筒内固液介质重力，若还存在其他应力载荷如温度应力等作用于压力容器，则应对由这些载荷引起的应力进行强度和稳定性校核计算。

(2) 大型储气装置多采用球形容器，球形压力容器厚度的计算公式为

$$\delta = \frac{p_c D_i}{4[\sigma]^t \phi - p_c} \quad (4\text{-}7\text{-}9)$$

球形压力容器是最理想的承压壳体，在压力和半径相同的情况下，球形壳体承受的应力只是圆筒形壳体的一半，在两者容积相同的情况下球壳的表面积最小。

(3) 管道储气装置厚度计算。管道储气装置的强度计算是参考《输气管道工程设计规范》或《压力管道规范工业管道》进行的，其厚度计算公式为

$$\delta = \frac{p_c D_i}{2\sigma_s F \phi t_0} + C \quad (4\text{-}7\text{-}10)$$

式中，σ_s 为材料最低屈服强度；F 为设计系数（一级一类地区取 0.8）；t_0 为温度折减系数；C 为管道腐蚀裕量。

5. 低温容器设计

在超临界压缩空气储能系统和液态压缩空气储能系统中，储能装置由储气装置转变为低温储罐，即低温容器。低温容器属于压力容器的一种，其中存储的主要工质为超临界空气和液态空气等，它们具有较高的密度，相同条件下的能量密度比常规的压缩空气储能系统高 1 个数量级以上。此外，随着低温技术的发展，低温容器的应用日趋普遍。在实际应用中发现，低温容器面临的主要问题是易产生脆性破坏。而工程经验表明，从低温压力容器的选材、结构设计、制造检验等环节进行控制可以有效防止低温容器的脆性破坏。

1) 脆性断裂

在低温容器的设计中，各国规范的低温温度不尽相同。美国 ASME 压力容器规范以经验为基础并将 –30℃作为划分常温和低温的界限。我国规范除在低温容器的界定温度值及冲击功合格值上略有不同外（GB/T 150 和 JB/T 4732 中的界定温

度值分别为-20℃和0℃），总体上和 ASME VIII-1 一致。日本 JIS B8243 规范和德国 AD 规范对低温界限的划分标准为-10℃，法国 CODAP 标准对低温界限的划分标准为-20℃，英国 BS 5500 规范对低温界限的划分标准为0℃。

低温压力容器失效的主要形式是脆性断裂。对于碳钢或低合金钢，其体心立方晶格结构决定了材料的韧性随温度降低而急剧下降，具有冷脆的特点。当温度高于脆性转变温度时，材料处于韧性状态；当温度等于或低于脆性转变温度时，材料由韧性状态转为脆性状态。在低于脆性转变温度且材料中存在缺陷时，材料就会发生脆性断裂。因此，低温压力容器用钢必须具有足够的低温韧性和较低的脆性转变温度。

低温脆性断裂具有明显的基本特征：脆断的发生与材料的使用温度密切相关；脆断发生时材料处于脆性状态；材料中的缺陷一般是材料自身缺陷、几何形状突变及难以观察的塑性变形；脆断发生时的裂纹扩展速度极快；断口光亮平滑并呈晶粒状；破坏后的容器无明显变形；安全附件不动作。

大量的脆断失效案例分析认为，低温压力容器发生低温脆断需具备以下必要条件。①低温条件。当钢材的使用温度低于脆变温度且材料存在内部缺陷时，就会发生低应力脆性破坏。②缺陷条件。由结构、材料和制造引起的缺陷，尤其以裂纹较为严重。材料的低温韧性是决定压力容器抗低应力脆性破坏能力的主要因素。由于裂纹尖端十分尖锐，会在应力作用下产生严重的缺口效应，形成很高的应力集中，使裂纹加速扩展，在低应力下即发生脆性破坏。③厚度条件。钢板厚度越厚，加载时在厚度方向因收缩变形所受的约束作用越大，越容易在整个温度范围内形成平面应变状态，冲击韧性值越低。④外载荷及残余应力引起的一定应力水平。不合理的结构设计产生的应力集中及容器在加工、制造和安装过程中产生的残余应力可能成为脆性断裂的起源。

2）防脆性断裂设计

低温容器设计最关键的问题是结构部件在操作状态下和规定的工作时间不得发生脆断破坏。因此，低温容器设计的主要任务是根据操作条件选择适当材料，保证容器在低温下具有足够的韧性，预防其在低温下发生脆断行为。另外，还需要考虑低温容器的结构设计和制造方式。目前低温容器的设计方法主要有：①裂纹阻止法，它是指在无法保证结构中缺陷尺寸和变化规律的情况下，用材料的裂纹截止温度(CAT)定性控制脆断的方法；②临界裂纹控制法，它是指在已知裂纹存在和外部作用载荷变化规律的情况下，通过控制裂纹尺寸来防止断裂的定量分析计算方法。

美国 ASME VIII-1 规范中关于压力容器的设计理念和欧盟 EN 13445 规范中关于压力容器的设计理念均遵循断裂力学相关原理及方法，即通过分析材料组别、材料厚度、应力水平、元件最低操作温度等来对冲击试验的可行性进行评估。欧盟 EN 13445 规范中还对基于断裂力学原理的分析方法进行了详细描述,当常规方法不适用时,可用后续方法补充。我国的 GB/T 150-2024《压力容器》中虽然也建议遵循断裂力学相关原理和方法对冲击试验的可行性进行评估,但总体设计思想相对滞后。我国 GB/T 150-2024《压力容器》中划分的低温界限标准并未充分考虑材料厚度和在此厚度下的实际缺陷尺寸等对材料冲击韧性的影响。这意味着若以我国的 GB/T 150-2024《压力容器》进行设计,如果材料厚度较大,则不仅要考虑标准条款,还需要分析材料的实际韧性要求。

我国压力容器标准 GB/T 150 和 GB/T 4732 均从防止低温容器脆断方面提出一些指令性规定。标准 GB/T 150 的要求主要有:①凡设计温度低于或等于-20℃的压力容器均为低温容器;②低温容器用钢材(除奥氏体不锈钢或满足相关条件外),若使用温度低于或等于-20℃时,必须进行夏比 V 形缺口冲击韧性试验;③低温容器用钢的冲击韧性试验温度应低于或等于容器壳体或承压元件的最低设计温度;④引入低温低应力工况概念;⑤奥氏体不锈钢免除冲击韧性试验的使用温度为-196℃;⑥标准对焊接接头要求进行了非常详细的规定。GB/T 4732 标准对低温容器材料冲击韧性试验做出如下规定:①免除冲击韧性试验的条件;②需要做冲击韧性试验但工作温度低于设计温度的钢材,应以实际工作温度作为试验温度进行夏比 V 形缺口冲击韧性试验。

低温压力容器的防脆断设计建立在断裂力学理论基础上,得出裂纹体在受载条件下裂纹尖端附近应力场的特征量,并与材料的某种特征变量相关联,建立材料的防脆断判据。常见的脆断判据有如下两种。

Ⅰ. 线弹性脆断判据

研究表明所有的断裂形式总体可分为三种基本断裂类型,其中最常见、最危险的是Ⅰ型张开型断裂。在Ⅰ型断裂中衡量裂纹尖端附近应力场强度的物理量称为应力强度因子 K_I :

$$K_\mathrm{I} = Y\sigma\sqrt{\pi a} \tag{4-7-11}$$

式中,a 为裂纹半长;σ 为当地应力;Y 为因子系数,当无限板穿透裂纹单向及双向均匀受拉伸时,$Y=1$。

试验证明每一种材料均有其发生裂纹失稳断裂的最低值,称为临界应力强度因子 K_Ic,是材料抗裂纹断裂的韧性反映,K_Ic 值越高说明抗断裂的韧性越好,越难发生脆断。由此可知,K_I 是裂纹尖端附近的应力强度参量,与材料无关;而 K_Ic 是材料属性,如果裂纹体的 K_I 达到材料的临界值 K_Ic,则裂纹结构达到脆断的临界状态,由此可得线弹性脆断判据为

$$K_\mathrm{I} \leqslant K_\mathrm{Ic} \tag{4-7-12}$$

材料的断裂韧性 K_{Ic} 越高，发生脆断的应力也越高。一般而言材料的强度级别越高则 K_{Ic} 越低，发生脆断的可能性就越大。

Ⅱ. COD 脆断判据

COD 即裂纹张开位移理论，是建立在经验基础上的方法。在外载荷作用下金属裂纹部分应力高度集中，材料发生塑性滑移，裂纹尖端的裂纹表面张开位移量即 COD 位移量 δ。试验证明，当 COD 达到某一临界值 δ_c 时裂纹开始扩展，因此基于 COD 理论的断裂判据为

$$\delta \leqslant \delta_c \tag{4-7-13}$$

根据 D-M 弹性模型，可得 COD 的 BCS 模型为

$$\delta = \frac{8R_{eL}a}{\pi E}\ln\left(\sec\frac{\pi\sigma}{2R_{eL}}\right) \tag{4-7-14}$$

式中，R_{eL} 等于屈服应力。有文献表明 δ_c 与 K_{Ic} 存在如下近似关系，即

$$\delta_c = \frac{K_{Ic}^2}{ER_{eL}} \tag{4-7-15}$$

3) 关键问题研究

本节从低温容器设计温度、材料选择和结构设计等方面进行分析，对低温容器设计中需要关注的关键问题进行了较为全面的阐述。

(1) 设计温度：不同温度下材质具有迥异的物理性能，所以在低温压力容器设计中设计温度至关重要。众多规范都明确指出设计温度的确定必须在综合考虑介质温度和环境温度的基础上进行，做到具体问题具体分析。

(2) 材料选择：在工程实践中低温压力容器的使用条件千差万别，特别是工作介质的热力学性能、腐蚀性能、易燃易爆和毒性程度可能导致的各种危险。为了保证低温压力容器的安全使用，必须根据具体用途、使用条件和特定的安全重要性对材料的选用提出特殊且高于标准规范的要求。

(3) 结构设计：结构设计时应尽量消除应力集中的尖角部位。此外，还应注意：①低温压力容器结构要尽量简单，以此减少焊接的复杂性；②尽量减少局部出现高应力，控制结构形状突变的可能性；③考虑温度梯度对结构的影响，避免截面应力出现剧烈变化；④避免焊接过程中将容器支座的焊点设计在壳体上；⑤进行补强处理时，应尽量选用整体补强方案，厚壁管补强次选。

(4) 焊接工艺：焊有接管及载荷复杂附件的容器，不宜进行整体热处理，应考虑焊接部位进行单独热处理的可能性。附件的连接焊缝不能采用不连续焊或点焊，

而且不应与 A、B 类焊接接头重合。容器的支腿、鞍座和耳座(球罐除外)宜设置垫板或连接板,尽量避免直接与容器壳体直接相焊,垫板或连接板应与本体材料相同。

(5)检验:低温压力容器因使用条件苛刻,对材质强度和整体稳定性的要求较高,需要进行严格检验。根据设计要求装载易燃易爆和有毒物质的压力容器,必须全部进行射线或超声检测。在对接头进行局部射线检测时,要求检测长度长于接头长度的 50%。在进行低温压力容器液压试验时,要求测试液体温度接近容器设计的最低温度。在进行低温压力容器抗冲击试验中,抗冲击材料的吸收功需要对照设计标准按批逐件进行,有条件的还要进行复验。

4.7.3 储气洞穴设计

1. 结构型式

洞穴储气是指利用天然成型的盐穴、废井或人工制造洞穴形成的密闭空间来储存高压气体。洞穴储气常选用地下储气库方式(图 4-7-6),根据地质条件或地层条件,洞穴储气大致可分为两类。①空隙型储气库:指利用天然形成的空隙结构进行储气的储气库,主要有含水层储气库、枯竭气井、枯竭油田等。②洞穴型储气库:指利用人工挖掘或溶淋方式制造形成的储气库,主要有盐穴储气库、岩洞储气库、废弃矿井等。

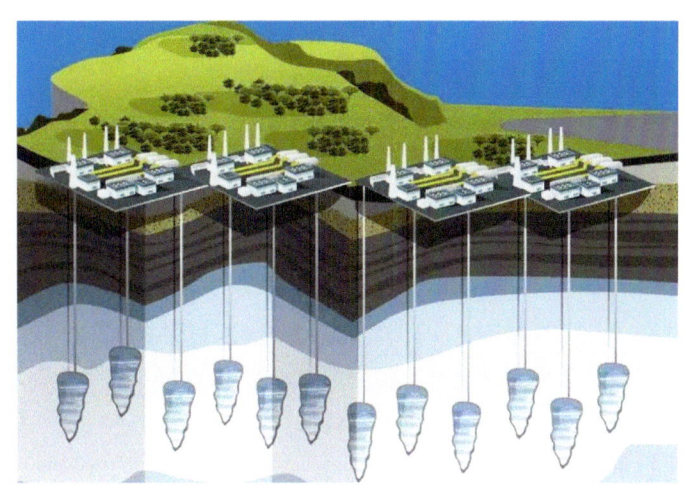

图 4-7-6 地下储气库

盐岩洞具有可靠性高、造价低、弹塑性好、密封性好等优点。盐岩洞储气系统被认为是比较经济的储气方式,例如,德国的 Huntorf 电站使用地下 600m 深处容量为 $3.1\times10^5 m^3$ 的盐岩洞作为储气装置,美国的 McIntosh 电站使用地下 450m

深处的容量 $5.6\times10^5\mathrm{m}^3$ 的盐岩洞作为储气装置。

硬岩层结构的矿井或洞穴抗压强度较高、耐压能力强和安全性高是其突出优点，缺点是岩石坚硬、施工难度大和施工费用高。美国俄亥俄州的 Norton 在建压缩空气储能项目使用位于地下 670m 深处的废弃石灰岩矿井储存压缩空气，洞穴容量为 $9.6\times10^6\mathrm{m}^3$。

地下含水层是除盐岩洞外另一种比较经济的储气方式，甚至在地质结构特性好的地区，其预期建设成本接近或低于盐岩洞。它的主要缺点是选址困难和垫气层耗气较大。示范项目如意大利 Sesta 的 25MW 多孔岩层压缩空气储能系统、美国爱荷华州的 IMAU 项目。其中，IMAU 在建项目使用位于地下 279m 深度的多孔砂岩结构的斜背层储存压缩空气，建成后将为风电资源丰富的达拉斯地区的风力发电厂服务。

废弃的天然气储气室或石油储气室是对现有储气室进行改造，改造费用需进行预先评估，通常投资成本不高。但存在一定的安全隐患，原有储气室的保护层气体或残余气体可能会引起燃烧甚至爆炸。

2. 方案设计

实际工况下储气洞穴需要承受地热和地层压力的双重作用，并且在压缩空气储能系统运行过程中需要面对由上下游用气不均衡带来的压力变化而产生的冲击。因此，为了保持储气洞穴的稳定运行，需要合理选择岩层结构、腔体形态、尺寸及运行压力等。

在储气洞穴的设计与布置中，选址的总原则是经济性原则，综合考虑的因素有合理的地理位置、储层深度、密封性、储气量和工作压力等。例如，盐穴储气库应具有如下特征：①储气洞穴体积大且有一定厚度，具有较好的力学特性；②盐层品位高，所含夹层少，便于水溶造腔；③埋深大，顶、底板强度大，密封性能好，可保证储气能力；④附近有丰富的淡水资源和盐卤处理设施，便于造腔和排卤处理。

储气洞穴设计是一项复杂的系统工程，包括储气量的确定、地质构造的优选及配套的检测设施等。储气洞穴的基本参数包括储气量和规模。储气量决定了储气洞穴的规模，是储气洞穴设计的主要依据。根据岩石力学，具有较好稳定性的储气洞穴应为圆球形、鸭梨形、圆柱形。储气洞穴的腔体形状一般设计为近似鸭梨形。

储气洞穴的设计需要遵循以下原则。①储气洞穴注气后不能破坏现有密封条件，因此储气洞穴的地层压力原则上不能超过原始地层压力。对于气顶储气库，在储气过程中必须保持油气区域的压力平衡和油气界面的相对稳定。②储气洞穴的利用率应达到 30% 以上，并逐步提高。储气洞穴的利用率是指有效工作气量与整个储气洞穴容量之比,库容利用率高才能保证较好的经济性。③储气洞穴需保持一定的垫气量。拥有一定的垫气量可使储气洞穴在释能结束时具有一定压力,有利于减缓底部油水的入侵。④利用较少的投资获得较高的经济回报。

4.7.4 变工况设计

1. 散热性能的影响

储气装置作为压缩空气储能系统中主要的储能设备,其运行特性对整个系统有重要影响。因此,研究储气装置在不同工况下的热力学性能有助于了解整个压缩空气储能系统的性能。影响储气装置性能的主要因素是压力和温度,充放气过程中其热力学性能将发生较明显的变化。

由于储气装置在充放气过程中与环境发生热量交换,所以可将装置内气体的升压看作一种多变压缩过程,装置向外部环境空间散发热量的能力对充气过程中的参数变化具有非常显著的影响。一般来说,储气装置内的压力达到压缩机最高排气压力后,压缩机需结束运行,即储气装置的终压为一固定值。这样充入的气体质量就与储气装置的终温有关,温度越低,可以充入的气体质量就越多,对后续的释能过程就越有利。最理想的情况是储气装置能够与环境充分传热,其内部温度始终与环境温度相同,整个充气过程可看作是等温压缩过程,在等流量充气条件下,压力与时间成近似线性关系。但如果储气装置绝热,与外界无任何热量交换,则温升最高,储存的气体质量最少,此时整个充气过程为绝热压缩过程。

因此,散热特性对储气装置的运行有明显影响,压力变化曲线实际上是非线性的。实际工程中,应采取适当措施提高压缩机运行时储气装置的散热性能,这样对提高储气容量有较大益处。

充气过程结束后,自然对流传热降低了装置内气体的温度和压力,气体所含能量也随之下降,相当于损失了部分的气体能量,同时也减少了后续释能过程的发电量。因此,在压缩机结束运行后,应该采取措施减少储气装置的热损失,进行保温处理。释能过程中也存在类似现象。总之,为了最大限度地利用外界环境中的热量,应当适时地对储气装置进行增强传热或保温处理,以提高储能系统的循环效率。

2. 不同热力学模型的影响

储气装置散热的差异对储气装置的运行特性带来了不同影响。因此,应针对储气装置不同的散热特性建立相应的热力学模型,探究其对整个压缩空气储能系统性能的影响。热力学模型主要包括实际储气模型、绝热模型和恒温模型等。

在不同的热力学模型中储气装置在绝热模型下的储能效率最高,恒温模型次之,实际储气模型的系统储能效率最低。就系统储能密度而言,在恒温储气模型下，系统储能密度达到最大值，绝热模型对应的储能密度最低，实际储气模型的储能密度比绝热模型稍有改善。

在恒温模型中，储气装置内的空气温度始终与环境保持一致，当环境温度变化时，储能系统的温度也发生相应变化。随着环境温度升高，储气装置内的空气向外界放出的热量逐渐减少，储能效率增大，但由于储气装置内空气温度的升高会造成存储的空气质量减少，故储能密度逐渐降低。

3. 变工况设计措施

由于不同热力学模型对储能系统效率与储能密度有较大影响，所以可以综合不同热力学模型对储气系统的有益影响加以利用。当储气装置为实际模型时，系统的储能效率和储能密度均较低；在恒温模型下系统具有最高的储能密度，但储能效率较低；在绝热模型下的储能效率最高，但储能密度较低。因此，可以结合储气装置在充气、放气过程中升温及降温的特点，使储气装置在充气过程中尽量接近恒温模型，并将热量加以存储。同时，在放气过程中尽量利用已存储的热量来防止空气温度降低。因此，在储气阶段可以通过增加蓄热换热管束使其具有较高温度的压缩空气并与金属筒体进行对流传热，将热量传递给蓄热材料及金属筒体，防止空气热量散失；在释能阶段，随着空气的流出，储气装置内的空气温度迅速下降，此时蓄热换热管束及金属筒体将存储的热量进行补偿，从而增加单位质量空气对外所做的功。同时，对储气装置筒体外部进行保温处理，如包裹保温绝热材料等。

上述储气装置在运行过程中的压力随储能、释能的进行表现出非线性变化。因此，为了使压缩机更高效地工作，还可以采用恒压储气装置。如图 4-7-7 所示为一种增加了蓄水系统的恒压储气装置。当储气压力降低时，通过水泵将蓄水池中的水抽送至储气装置的储水容器，以此来维持储气压力的基本稳定。此外，还可以通过蓄水池与储气装置的高度差或在外部增加调节气泵等方式调节储气压力。

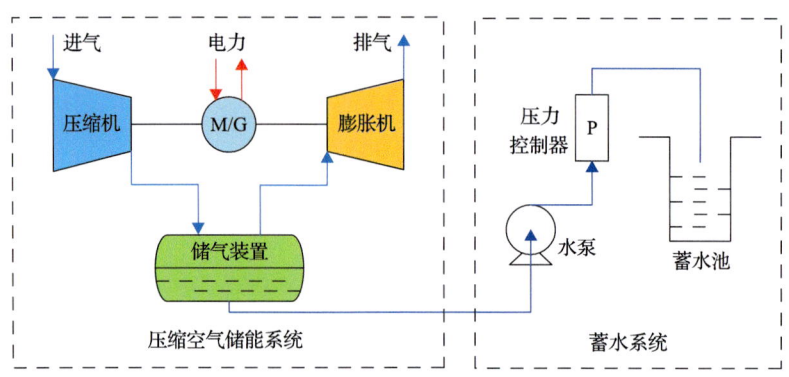

图 4-7-7 恒压储气装置示意图

此外，为了综合利用储气装置的性能，针对不同的系统性能需求可对储气装置进行适当的分段处理，如将储气装置的压力容器或压力管道进行串联或并联连接、利用调节阀进行不同储气装置水容积的灵活切换等。

4.7.5 试验与测量技术

储气装置的试验与测量有助于全面了解储气装置的关键特性，并且对其正常工作状态的监控是安全运行的重要保证。对于不同类型储气装置的压力等级及应用类别，在进行试验测量时使用的技术方案也有所不同。

为了保障储气装置的安全运行，通常采用的试验方案有压力试验与致密性试验。在正式投入使用前，压力容器需要完成一定形式的压力试验来确保产品在设计与制造完成后无泄漏。压力试验指用高于设计压力的试验介质如空气对压力容器充压，以全面检验压力容器的强度。为了保证压力容器的安全性能，压力试验既是对设备整体加工工艺、焊接接头强度、各连接位置密封性等的全面检查，也是对设计、制造、材料等指标的综合考核。同时，压力试验还具有消除机械应力、矫正形状及改变应力分布等作用，进一步保证了设备设计制造的正确性。压力试验通常包含水压试验与气压试验。一般对于不允许有微量泄漏的压力容器或介质存在高度危险时应在压力试验后进行致密性试验。

(1)水压试验：试验中，压缩空气储能系统中的储气装置一般采用水作为介质，只有在特殊要求下才使用其他液体，试验时液体温度应低于其沸点。对于碳钢、Q345R 及正火的 15CrMoR 钢制容器，液体温度应高于 5℃，而对于其他合金钢制容器其液体温度不得低于 15℃。对于奥氏体不锈钢容器，用水进行水压试验应保证水中氯离子含量不超过 25mg/L。水压试验的试验方法为：进行水压试验时首先将容器内部的空气排净，过程中保持容器观察面干燥；将试验压力缓慢提高至设计压力，若无泄漏，继续提高压力至规定的试验压力，保持 30min 以上；之后将压力降低至试验压力的 80%并保持足够长的时间，检查所有焊接接头和连接部位；如有泄漏，进行修补并重新试验直至合格。水压试验完毕后应将液体排净并进行内部吹干。水压试验的试验压力 p_e 为

$$p_e = 1.25 p \frac{[\sigma]}{[\sigma]^t} \tag{4-7-16}$$

(2)气压试验：对于某些特殊结构型式的装置如无法进行水压试验，可采用气压试验，但由于气体相对于液体具有更好的压缩性，所以气压试验的危险性较高，应采取必要的安全措施。气体可选择干燥洁净的空气、氮气或其他惰性气体。对于碳钢或低合金钢制容器，气压试验的介质温度应高于 15℃。气压试验的试验方法：试验开始时逐渐升高压力，当达到试验压力的 10%时保持压力 5~10min，并

对所有焊接接头和连接部位进行初次检漏；初次检查合格后继续升高压力至试验压力的 50%，随后以每次 10%的升压持续提高至试验压力，保持 30min 后，将压力降低至试验压力的 87%，持续足够长时间后再次检漏；如有泄漏，应进行补救并重复上述试验。在进行气压试验的过程中，应对所有焊接结构进行肥皂溶液检查。如果焊接结构已进行过真空箱试验，则肥皂溶液试验可用目测检测代替。压力容器在承压状态下不应对其进行修复，修复后可单独进行真空箱试验。气压试验的试验压力 p_e 为

$$p_e = 1.1 p \frac{[\sigma]}{[\sigma]^t} \tag{4-7-17}$$

(3) 致密性试验：致密性试验是为了检测容器的严密性而进行的。对于储气装置而言，由于储能介质是空气，安全可靠，原则上无需进行致密性试验。然而，高压空气的泄漏势必会造成能量损失而降低储能系统效率，因此需要保证储气装置的致密性。这对于储气洞穴的设计也十分重要。致密性试验通常用空气作为介质，要求空气洁净干燥。一般根据致密性试验介质的不同，试验的压力等级也略有不同，试验压力取设计压力的 1.05 倍即可，试验操作中需要缓慢升高压力并保持压力 10min。常用的检漏方法是在待检测部位涂抹肥皂水或鼓泡剂，但该方法难以准确测量泄漏量。对于储气装置，致密性试验并不是必做项目，应根据储气装置的特性及泄漏量对人身及环境的影响来综合确定。

在压缩空气储能系统运行过程中储气装置的状态参数主要包括压力、温度等，为了监控储气装置的运行状态需要对其状态参数进行实时监测。因此，储气装置需要安装压力传感器和温度传感器，用于记录储气装置运行过程中其内气体压力和温度的变化。特别地，为了方便监控，压力传感器和温度传感器应具有就地与远端传输功能。

4.8 控制系统设计

控制系统设计是压缩空气储能系统设计中除关键部件设计外的另一个重要环节。控制系统的主要作用是监测和调节各部件的运行工况，保障整个储能系统安全高效地工作，提高储能系统自动化运行水平，降低运行成本，其基本组成如图 4-8-1 所示。控制系统设计的一般思路是：首先根据压缩空气储能系统的工艺流程，分析储能系统在控制方面的技术需求，明确控制系统设计的主要任务和目标；其次再以控制任务和目标为出发点，考虑控制系统总体设计；最后在实现层面，对控制系统进行硬件设计和软件设计，并进行控制设计评价。

第 4 章 压缩空气储能的设计

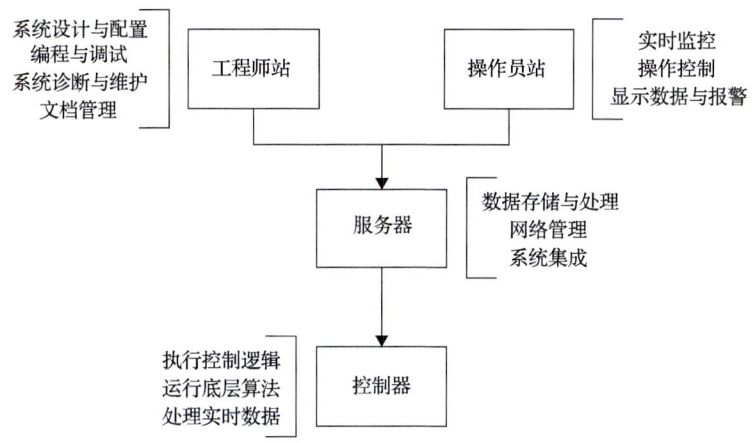

图 4-8-1 压缩空气储能控制系统基本组成

4.8.1 总体设计

压缩空气储能系统的工艺流程环节主要包括压缩、储/换热、蓄冷、储气、膨胀等，不同类型的压缩空气储能系统在工艺上有一些区别，但从控制角度来讲，压缩空气储能控制系统应该包括运行参数调节、程序逻辑控制、自动监测保护三个方面的基本功能(图 4-8-2)，从而确保储能系统各工艺流程环节的安全稳定运行。

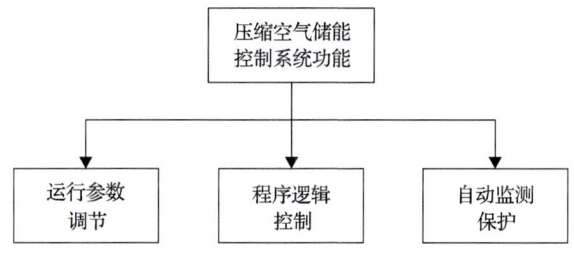

图 4-8-2 压缩空气储能控制系统的基本功能

运行参数调节是操作人员给出操作目标指令，控制系统调节系统的温度、压力、流量等模拟量参数，使之按照操作指令的要求变化且变化过程要稳定、快速、准确。

程序逻辑控制是通过在控制系统中植入软件命令行实现对运行工序的控制，如压缩机的启机条件、泵阀的启动顺序、膨胀机的启机逻辑等。程序逻辑控制与生产工艺、工序密切相关，涉及产品性能质量和运行安全，应尽量采用成熟的程序逻辑方案。对于新设计的生产工序，要对程序逻辑的制定进行仔细推敲，反复验证方可确定。

自动监测保护包括监测和保护两个方面。自动监测是指系统运行数据的采集、显示。自动保护是指当被控对象出现故障或故障预兆时，控制系统自行判断并按照预置程序实施保护动作。自动监测获取系统运行数据，实时掌握被控对象的运行状态；自动保护则能预防故障扩大，避免被控对象出现严重事故。

1. 参数调节系统设计

压缩空气储能系统的运行参数调节是控制系统设计的主要内容之一。原则上为了提高储能系统的自动化运行水平，系统参数能实现自动调节的尽量选择自动调节。压缩空气储能运行参数众多，需要调节的参数主要有压缩机间冷温度、膨胀机再热温度、膨胀机压力、膨胀机转速、膨胀机功率、蓄冷器压力等。

1）压缩机间冷器温度调节

压缩机各级排气通过级间换热器进行冷却，换热器的冷流体为冷却水，热流体为高温压缩空气，通过控制冷却水的流量使冷却后的气体温度保持在设定值。每一级的排气温度控制均由一个独立的单回路控制系统来完成。单回路控制系统能够很好地克服外界扰动，使排气温度稳定在设定温度附近而不会发生很大偏离。在小型储能系统中，压缩机间冷换热器所需的冷水量不大，可以采用工频泵、调节阀组合作为控制回路的执行机构，如图 4-8-3 所示。

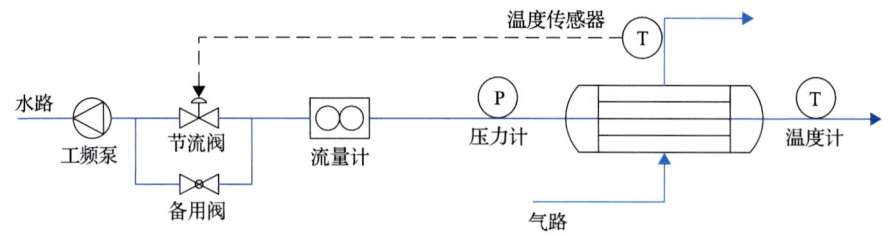

图 4-8-3　采用节流阀的压缩机间冷器温度调节

对于大型储能系统，压缩功率较大，换热器的冷却水流动采用变频泵驱动。这是，由换热器出口气温调节水泵频率，变频泵作为控制回路执行机构，如图 4-8-4 所示。

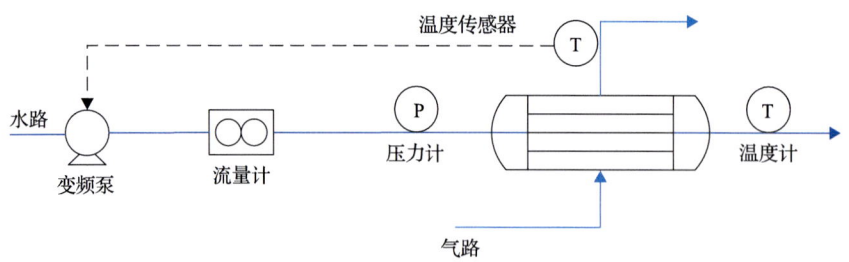

图 4-8-4　采用变频泵的压缩机间冷温度调节

在压缩机排气的含水量比较大的情况下，压缩机间冷器采用三股流换热器，即一股气流、两股水流,如图 4-8-5 所示。压缩机间冷三股流换热器的控制系统共有两个控制回路,控制回路 1 以出口水温为被控变量,通过改变该股水流量,得到出口的目标水温;控制回路 2 以出口气温为被控变量,通过改变该股水流量,得到出口的目标气温。

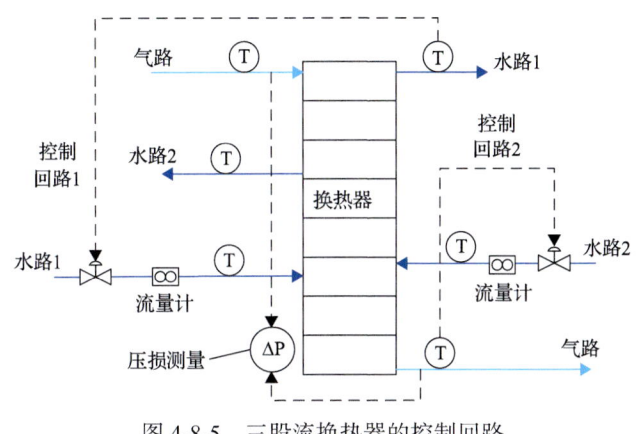

图 4-8-5　三股流换热器的控制回路

2) 膨胀机再热器温度调节

膨胀机各级进气通过级间再热器升温,换热器的冷流体为低温空气,热流体为热水,通过控制热水流量使加热后的气体温度保持在设定值。同压缩机类似,膨胀机每一级进气温度的控制均由一个独立的单回路控制系统来完成。对于控制系统执行机构的选择与压缩机的情况类似,小功率膨胀机级间预热所需的水量不大,采用工频水泵加节流阀的方式调节水量,大功率膨胀机则宜采用变频泵调节水量以减少能耗(图 4-8-6)。

3) 减压控制

在储能系统高压空气的释能过程中,如果储气压力远高于膨胀机的工作压力,则需要进行高压空气的减压控制,由减压控制系统完成。减压控制回路将高压储气罐内的空气稳定减压到设计范围的任一压力值,减压后的压缩空气驱动膨胀机对外做功。随着高压空气不断流出并驱动膨胀机运转,储气罐内的压力逐渐下降,减压控制回路必须在一定的储气压力范围保持阀后压力稳定。

减压控制回路包括减压阀门、阀门电液执行机构、压力控制器和压力传感器(图 4-8-7)。减压阀门安装在储能系统高压储气罐的出口管道,是减压控制系统的压力调节机构。阀门电液执行机构是减压阀门的动力驱动机构,接收压力控制器发出的阀位信号并实现对减压阀阀位的快速精准定位。减压控制回路的内置算法能够保持减压阀阀后压力稳定在设计范围的任一压力值。压力传感器安装在

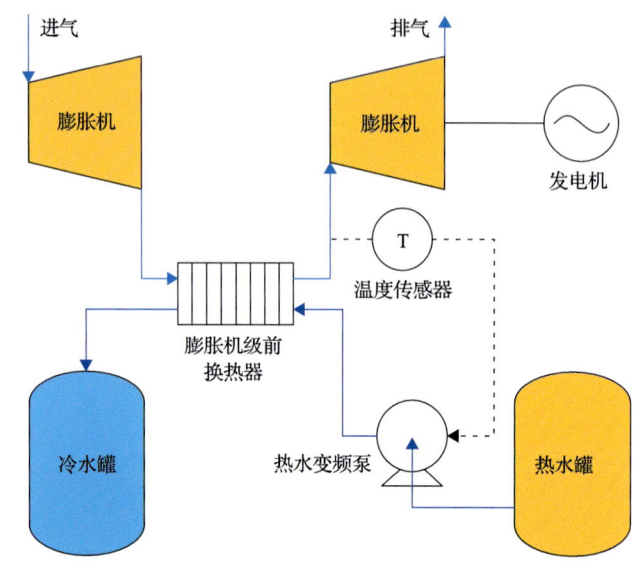

图 4-8-6 采用变频泵的膨胀机再热温度调节系统

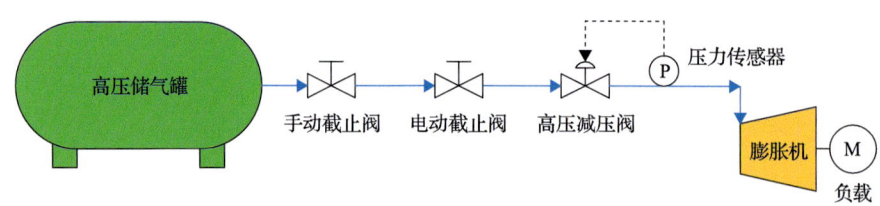

图 4-8-7 减压控制示意图

减压阀的阀后管道上,实时监测减压阀的阀后压力值,并将压力值反馈给压力控制回路。

4) 蓄冷器压力控制

在液态空气储能系统中,液态空气释能发电过程需要对高压蓄冷器的压力进行自动控制。图 4-8-8 是液态空气储能中蓄冷器压力控制系统,低温泵将液态空气泵入高压蓄冷器,液态空气在蓄冷器内吸热蒸发,产生常温高压的空气,经蓄冷器顶部管道流至膨胀机膨胀发电。受膨胀机启动、调节、停止等运行状态扰动的影响,高压蓄冷器内的压力会出现波动。这种波动可以通过由高压蓄冷器压力传感器、压力控制器和低温泵构成的压力控制系统得到抑制和削弱,从而为液态空气的吸热蒸发创造一个恒压环境。

5) 膨胀机控制

膨胀机控制系统能够自动完成对膨胀机从启动、并网、满负荷运行到安全停车整个过程的控制。膨胀机控制系统有转速控制、输出功率控制和进口压力控制三种模式,控制系统根据膨胀机运行工况和膨胀机测试的需要,有针对性地决策

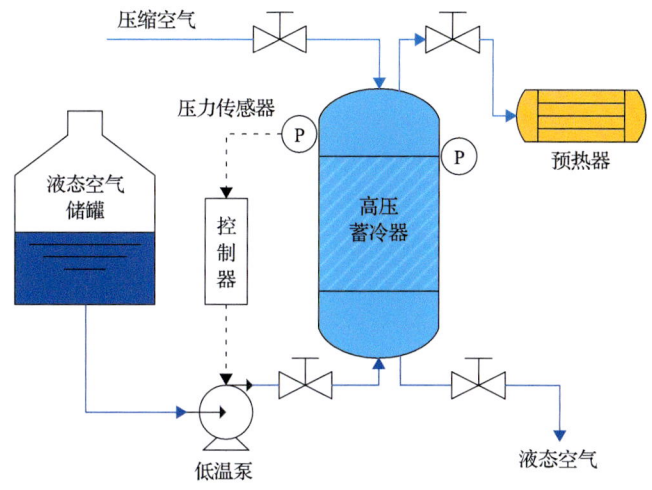

图 4-8-8 液态空气储能中蓄冷器压力控制系统

具体采用哪种模式控制膨胀机运转。

在转速控制模式下,通过膨胀机转速控制系统进行控制。膨胀机转速控制系统包括转速测试仪、转速卡、控制器和转速调门等若干部件。转速测试仪检测膨胀机转速,并将转速信号输出到转速卡。为了保证膨胀机转速测试的准确性和可靠性,布置三个转速测试仪同时测速,控制器采用"三取二"的表决方式获取膨胀机的实际转速。转速测试仪采用磁阻式测速传感器布置在膨胀机输出轴上,控制器根据转速偏差调节膨胀机转速来达到预期值。转速调门采用安装在膨胀机进气管道上的膨胀机调门,改变调门开度,膨胀机转速也将随之改变。转速自动控制是膨胀机控制系统的基本任务之一。转速控制包括转速跟随控制和转速定值控制两个方面内容:①膨胀机升速运行时,转速控制系统能够精确控制膨胀机转速,跟踪升速曲线,按照升速曲线轨迹将膨胀机转速拉到某一预定转速;②膨胀机稳定运行时,转速控制系统要能克服膨胀机输入端变量、内部变量、输出端变量的扰动,保持膨胀机转速稳定在一定精度范围。

在功率控制模式下,通过膨胀机输出功率控制系统(简称膨胀机出功控制系统)进行控制。膨胀机出功控制系统包括功率检测装置、功率控制器、功率调门。功率检测装置为水力测功机,与膨胀机同轴连接,实时检测膨胀机的输出功率。功率控制器根据功率偏差调整膨胀机出功并达到预期值。功率调门与转速调门相同,均采用安装在进气管道上的膨胀机调门改变调门开度,膨胀机输出功率也将随之改变。功率自动控制同样是膨胀机控制系统的基本任务。功率控制包括功率跟随控制和功率定值控制两个方面内容:①在膨胀机功率升高过程中,功率控制系统能够精确控制膨胀机输出功率,跟踪功率上升曲线,按照功率曲线轨迹将膨胀机输出功率拉到某一预定功率值;②在膨胀机恒功率运行时,功率控制系统要能克服膨胀机输入端变量、内部变量、输出端变量的扰动,使膨胀机输出功率在一定精度范围保持稳定。

在压力控制模式下,通过膨胀机进口压力控制系统(简称膨胀机定压控制系统)进行控制。膨胀机定压控制系统包括膨胀机进口压力传感器、压力控制器、压力调门。压力传感器布置在膨胀机的进口管路上,实时检测膨胀机的实际进口压力。压力控制器根据压力偏差调节膨胀机进口压力并达到预期值。压力调门与转速、功率调门相同,采用安装在进气管道上的调门,改变调门开度,膨胀机进口压力也将随之改变。在膨胀机性能测试阶段,需要在膨胀机进口压力保持恒定的条件下测试膨胀机的工作特性,因此膨胀机进口压力自动控制(简称膨胀机压力控制)同样是膨胀机控制系统的基本任务。膨胀机压力控制包括压力跟随控制和恒压控制两方面内容:①在膨胀机压力升高过程中,压力控制系统能够控制膨胀机的进口压力,精确跟踪升压曲线,按照升压曲线的轨迹将膨胀机进口压力拉到某一预定压力值;②在膨胀机恒压运行时,压力控制系统要能克服膨胀机输入端变量、内部变量、输出端变量的扰动,使膨胀机进口压力在一定精度范围保持稳定。

6)减压阀/膨胀机协调控制

在高压空气释能发电过程中,减压控制系统与膨胀机控制系统之间存在耦合(图4-8-9):如果将一个扰动施加到减压控制系统,则会引起减压控制系统的波动,该波动传递给膨胀机控制系统,膨胀机控制系统受此波动影响也会产生波动。

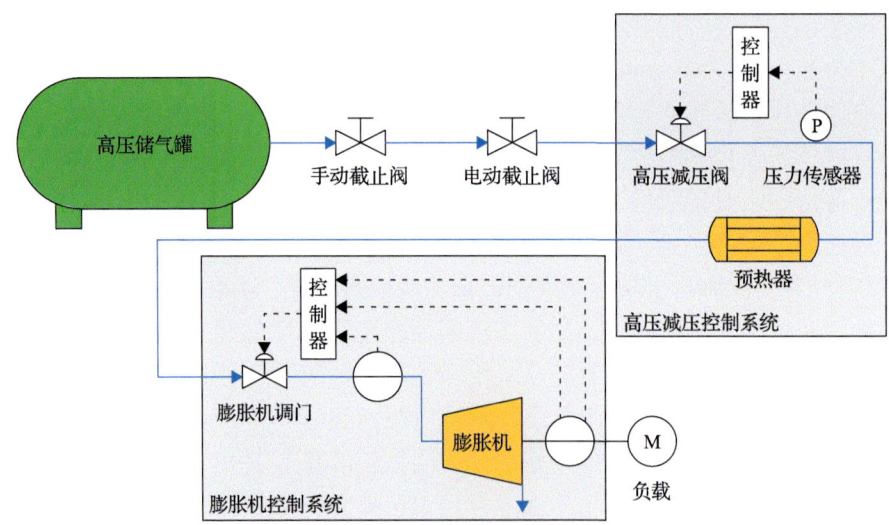

图4-8-9 高压减压控制/膨胀机控制耦合

若扰动施加到膨胀机控制系统时也会具有同样后果,膨胀机控制系统产生的波动反过来也会传递给减压控制系统。如果两个控制系统之间不引入协调控制机制,很可能会导致减压控制和膨胀机控制均出现大幅波动,引起减压阀和膨胀机失稳。

考虑到减压控制系统的目的是保证膨胀机的安全高效运行,所以减压阀/膨胀机协调控制采用"阀跟机"的方式,膨胀机控制系统作为主控系统,减压控制系统作为辅控系统。当主控系统出现抖动不稳的情况时,辅控系统应迅速采取有效措施,抑制并避免主控系统出现大幅度振荡发散的情况。

7) 蓄冷器/膨胀机协调控制

在液态空气释能发电过程中,蓄冷器压力控制系统与膨胀机控制系统之间也存在耦合关系(图4-8-10),这时同样需要建立两个控制系统之间的协调控制机制,以避免高压蓄冷器、膨胀机两个重要的储能系统部件出现大幅波动运行的情况。

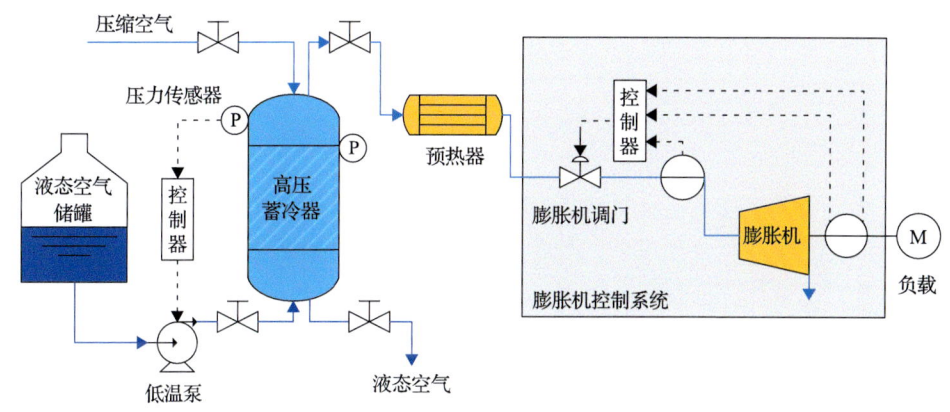

图4-8-10 高压蓄冷器/膨胀机协调控制

8) 参数调节系统指标

考虑动态和稳态的指标,储能参数调节系统的性能指标主要有以下几方面。

(1) 定值控制精度:当参数调节系统的设定值为某一定值时,调节系统稳定后设定值和实际值的偏差为绝对定值控制精度,单位与被控量单位一致。绝对定值控制精度占设定值的百分比为相对定值控制精度。

(2) 跟踪控制精度:当参数调节系统的设定值是一条随时间变化的曲线而非某一固定值时,调节系统稳定跟踪给定曲线后设定值和实际值的偏差为绝对跟踪精度,单位与被控量单位一致。绝对跟踪控制精度占当前时刻设定值的百分比为相对跟踪控制精度。

(3)超调量：在参数调节系统稳定的情况下，给予设定值一个单位阶跃输入，被控参数实际值的最大峰值偏差占阶跃给定值的百分比称为超调量。

(4)上升时间：在参数调节系统稳定的情况下，给予设定值一个单位阶跃输入，被控参数实际值从阶跃给定值的 10% 上升到阶跃给定值的 90% 所需要的时间为上升时间。上升时间是参数调节系统响应速度的一种度量，上升时间越短，响应速度越快。

(5)稳定时间：稳定时间也称为调节时间。在参数调节系统稳定的情况下，给予设定值一个单位阶跃输入，被控参数实际值到达并保持在阶跃给定值±2%内所需的时间为稳定时间。

从储能系统的实际情况出发，考虑安全因素、工艺因素和技术发展水平，储能控制系统经调试后，一般能够得到满意指标。中国科学院工程热物理研究所的 1.5MW 压缩空气储能系统调试完成后，其压缩机间冷温度、膨胀机再热温度、高压减压阀后压力、高压蓄冷器压力及膨胀机进口压力、转速、功率等系统控制指标的超调量均不超过 10%，其中压缩机间冷温度和膨胀机再热温度的稳定时间不超过 3min，其他控制指标的稳定时间不超过 10s。

2. 程序逻辑系统设计

压缩空气储能系统一般包含两个过程，即高压空气储能过程和高压空气释能过程。液态空气储能系统包括液态空气储能过程和液态空气释能过程。储能系统应设计有安全可靠、合理完善的程序逻辑系统，从而保证储能系统各个过程的启停、切换平稳进行。值得提出的是，由于膨胀机是压缩空气储能系统中牵涉因素比较多的一个关键部件，其作为系统出口端，由它输出的机械功转化为电能并接入电网，故必须对其设计单独的程序逻辑系统。

1) 高压空气储能过程

高压空气储能过程的程序逻辑控制比较简单，储能控制系统只需要控制储气罐进气截止阀的状态即可(图 4-8-11)。高压空气储能过程开始，控制系统首先打开储气罐进气截止阀，然后判断压缩机开机条件是否满足，包括压缩机电气条件、压缩机润滑条件、冷却条件、机械条件等，条件满足压缩机开机运行，进行空气压缩储能过程；高压空气储能过程结束时，压缩机停机，控制系统关闭储气罐进气截止阀。

2) 高压空气释能过程

如果储气压力较高，则在释能过程中需要进行两级减压。高压空气释能过程需要用到高压减压控制和膨胀机控制，程序逻辑控制相对复杂(图 4-8-12)。控制系统必须具备合理的程序控制逻辑，从而确保高压减压阀和膨胀机安全平稳地启动、运行、停止。一般原则是先投入高压减压控制回路，再投入膨胀机控制回路。为了保证膨胀机零速启动过程平稳，高压减压控制回路可以先设置较低的目标压力值，待膨胀机进口压力提高后，再逐步提升高压减压回路的压力设定值。高压空气释能过程开始，控制系统首先确认膨胀机的开机条件，包括膨胀机的机械条件、润滑和冷却条件、加热系统条件、发电机条件，如满足开机条件则打开释能截止阀，先投入高压减压回路，再投入膨胀机控制回路。释能过程开始，随着膨胀机出力增加，逐渐提升高压减压回路目标压力值直到额定值。高压空气释能过程结束时，膨胀机停机，控制系统关闭释能截止阀。如果储气压力不高，那么高压空气释能过程无需进行两级减压，这时可以省略高压减压回路环节，其他部分程序逻辑不变。

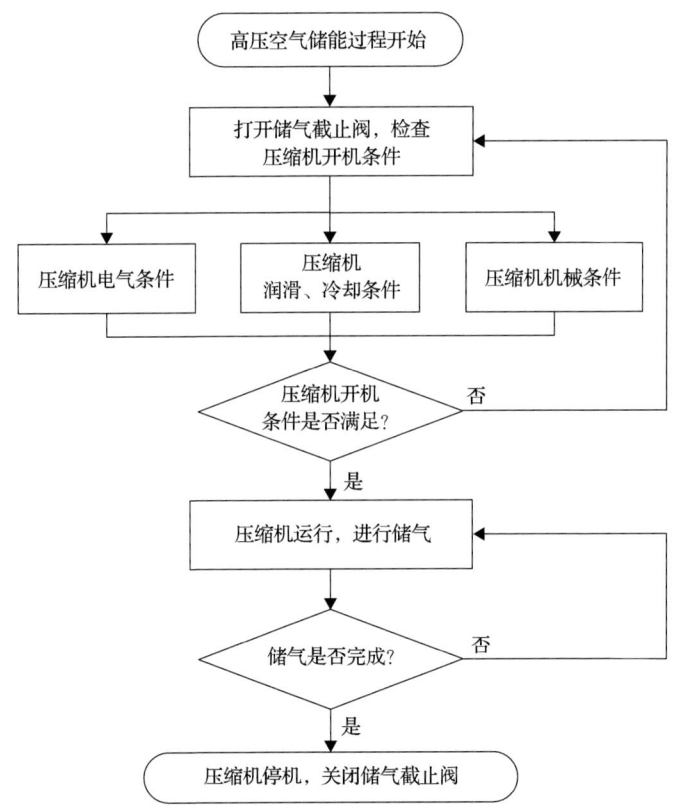

图 4-8-11　高压空气储能过程程序逻辑

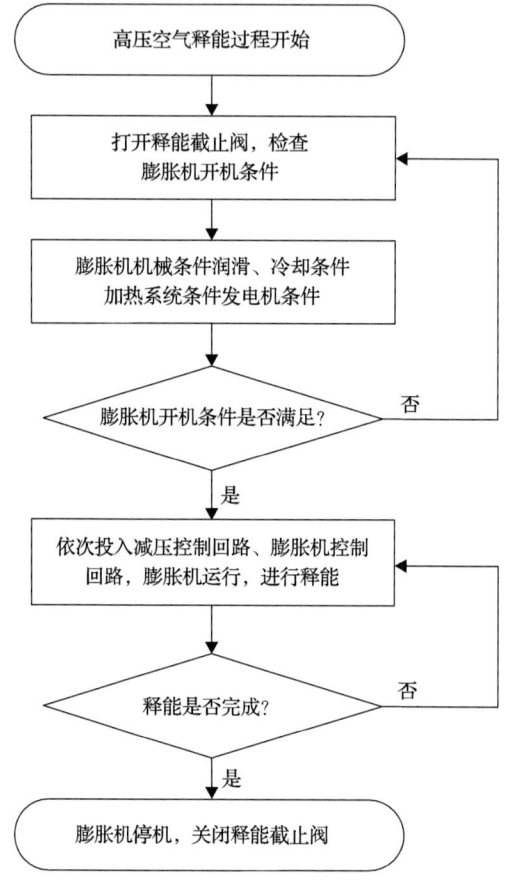

图 4-8-12　高压空气释能过程程序逻辑

3) 液态空气储能

液态空气储能过程需要对压缩机和高压蓄冷器之间的蓄冷器截止阀进行控制，控制程序逻辑如图 4-8-13 所示。当储能过程开始时，蓄冷器截止阀打开，检查压缩机开机条件，若满足条件则压缩机开机运行。储能过程结束时，压缩机停机，关闭蓄冷器截止阀。

4) 液态空气释能

液态空气释能过程需要同时进行高压蓄冷器压力控制和膨胀机控制，控制系统同样要具备合理的程序控制逻辑（图 4-8-14），从而确保高压蓄冷器和膨胀机安全平稳地启动、运行、停止。一般原则是先投入蓄冷器压力控制回路，再投入膨胀机控制回路。为了保证膨胀机零速启动过程平稳，蓄冷器压力控制回路先设置较低的目标压力值，待膨胀机进口压力提高后，再逐步提升蓄冷器压力回路的设定值。

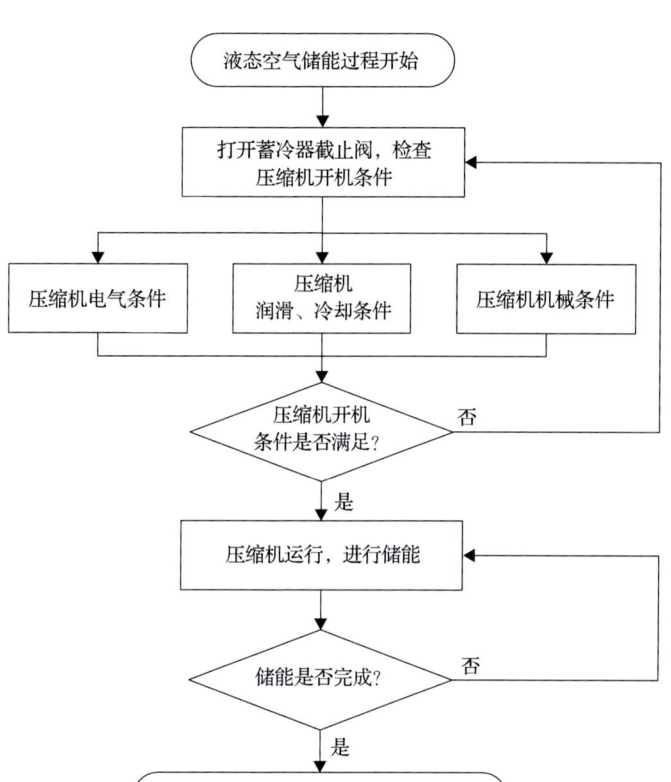

图 4-8-13 液态空气储能过程程序逻辑

5) 膨胀机

储能系统中的膨胀机是一个相对复杂的部件,为了保证其安全稳定运行,需要从以下几方面对其设置合理的程序逻辑。

(1) 启机条件设计:膨胀机的启动需要满足多个条件。膨胀机本体方面包括机械条件、润滑条件、电气条件、冷却系统条件等;膨胀机附属系统方面包括管线阀门、密封气系统等。此外,膨胀机如配备手动急停装置,则必须解除急停指令。

(2) 转速测量:转速的测量需要保证可靠性和精确性,在硬件方面,一般应选用高精度、高可靠性的转速传感器。在程序逻辑方面,应采取多点测量加逻辑判断措施,这样当某个转速传感器出现故障时,转速值仍不会丢失。

(3) 控制参数:膨胀机作为典型的非线性复杂被控对象,从启动到额定工况的工作特性变化很大,采取一组控制参数难以得到满意的控制效果。一般考虑采用多组控制参数加分段调用的程序逻辑,以提高膨胀机在全工况范围的控制精度。

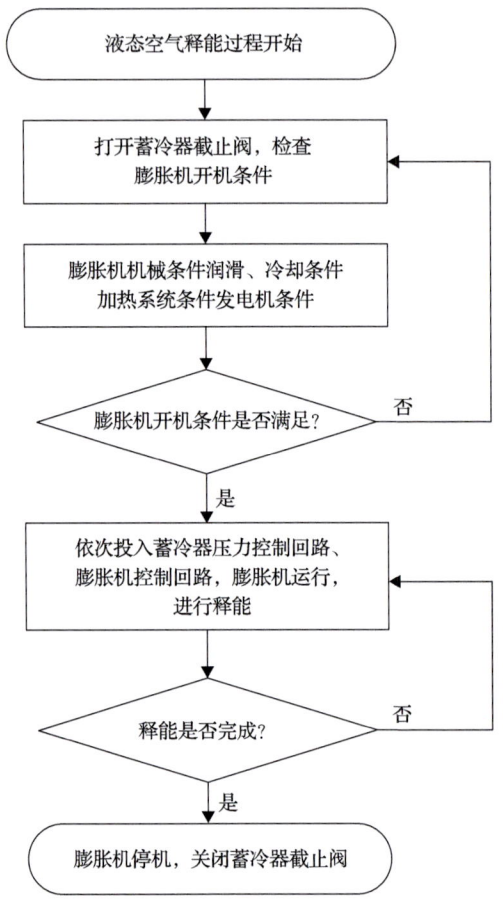

图 4-8-14　液态空气释能过程程序逻辑

3. 自动监测保护设计

储能控制系统必须具备完善的自动监测保护功能，保护储能系统的设备安全和试验人员安全。储能控制系统的自动监测保护系统主要包括压缩机自动监测保护和膨胀机自动监测保护，在储气压力较高的系统中还包括减压自动监测保护，在液态空气储能系统中还有蓄冷器自动监测保护。

1) 压缩机自动监测保护系统

压缩机自动监测保护系统涵盖了压缩机的润滑油路保护、水路保护、气路保护三个部分。润滑油路保护的目的是防止压缩机在油路异常情况下运转，当出现油温过低或过高、油压不足等油路故障时压缩机是不允许启动的。水路保护系统规定了在冷却水路异常情况下压缩机的动作机制，例如，当冷却水过滤器发生堵塞导致冷却水压不足时，水路保护系统会发出声光报警信号，并对外输出压缩停机的指令。实际压力过高或过低都可能意味着压缩机存在故障，压缩机气路保护系统的主要作用是监测压缩机各级排气压力是否偏离设计压力。气路保护系统在实际压力值发生异常时，会输出报警信号并发出停机指令，操作人员现场排除故障后方可重新启动压缩机。

2) 膨胀机自动监测保护系统

膨胀机自动监测保护系统涉及的参数较多，在储能控制系统中需要包含以下几项膨胀机保护功能。

(1) 超速保护：当膨胀机转速达到设定上限时，储能控制系统必须能够可靠地操纵膨胀机调门和高压减压阀门快速动作，避免膨胀机超速危险。膨胀机超速保护必须设计合理的程序逻辑，程序逻辑的设计要兼顾安全性和运行可靠性。所谓安全性，就是在发生危险超速后，程序逻辑要快速动作，避免膨胀机进入危险工况运行。所谓可靠性，就是在发生一般超速后膨胀机不应直接停机，而是采取措施使转速降低到安全区后保持稳定运行，以减少停机次数，提高膨胀机运行的可靠性。

(2) 突然甩负荷保护：当控制系统检测到膨胀机突然甩负荷时，储能控制系统必须能够可靠地操纵膨胀机调门和高压减压阀门快速动作，避免膨胀机发生危险超速。

(3) 超压保护：膨胀机运行过程中，当控制系统检测到膨胀机进口压力达到压力上限后，储能控制系统必须能够可靠地操纵膨胀机调门和高压减压阀门快速动作，避免膨胀机超压。超压保护逻辑的设计需要兼顾安全性和可靠性。发生超压危险后，超压程序逻辑要快速动作，在切断压力源的同时，迅速卸放超压气体，使膨胀机内的压力降低，脱离超压范围，从而避免损坏设备和发生危险。当发生一般超压时，则根据超压程度采取动作迅速释放危险压力，这种情况下膨胀机不宜直接停机，以提高其运行的可靠性。

(4) 外部保护信号：储能控制系统应能够接收外部保护信号，并可靠地操纵膨胀机调门和高压减压阀门快速动作，保护膨胀机设备安全和试验人员人身安全。

(5) 膨胀机本体保护：膨胀机本体是高速旋转设备，在电、气、机械等方面均有特定的监测保护要求。膨胀机本体保护设计主要围绕机械振动、轴承温度、润滑油压、油温等关键参数进行。本体保护逻辑的设计应区分报警逻辑和跳机逻辑，在监测到膨胀机本体参数进入危险区后，应迅速跳机，避免膨胀机进入危险区运行。在监测到膨胀机本体参数发生一般超标，此时膨胀机不宜直接跳机，而是进行报警提示，提醒操作人员采取措施，使膨胀机回到安全区域运行。

中国科学院工程热物理研究所10MW空气膨胀机自动监测保护的具体内容包

括：厂内停电时不间断电源只供给交流油泵、高压油泵、排烟风机、齿轮箱及膨胀机的 PLC 控制柜，机组减至零负荷后，执行紧急停车程序；水泵故障时执行紧急停车程序；输出功率或供油温度高出联锁值时降负荷或降转速；进气压力超过联锁值时迅速调整主汽阀等。

3) 减压自动监测保护系统

减压过程自动监测保护系统的主要作用是对减压阀后的压力进行超压保护，当阀后压力超过上限值后，减压阀门要自动快速关闭，避免超压危险。同时，减压阀门还要接手动切断信号，在试验人员手动给出快速切断信号后，减压阀门要可靠地快速关闭。

4) 蓄冷器自动监测保护系统

蓄冷器自动监测保护系统主要对蓄冷器的压力和液位进行自动保护，当蓄冷器的压力或液位超限时，保护系统要自动操纵低温泵或放空阀进行相应动作，防止压力或液位进一步升高。

4.8.2 硬件设计

控制系统的硬件是实现控制功能的物理载体，硬件结构如图 4-8-15 所示。控制系统的硬件设计采用数字式分散控制思想，以数字式处理器为平台，以高速数据网络为架构，以工程师站/操作员站为人机接口，使用冗余配置保证高可靠性，最终形成一整套先进的控制系统硬件体系结构。

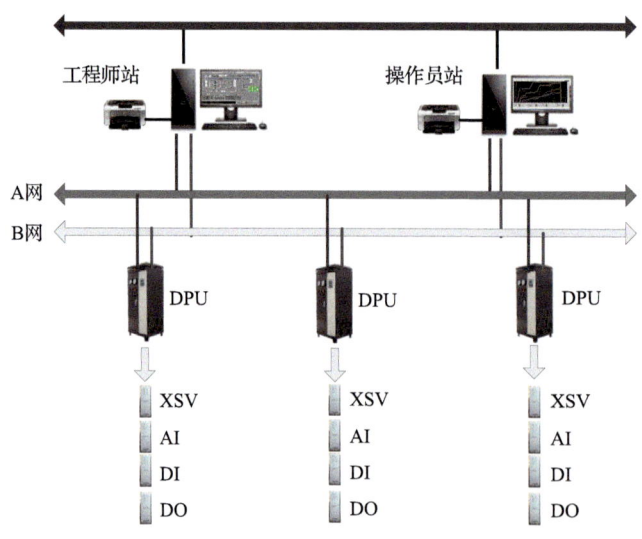

图 4-8-15　储能控制系统硬件结构

1. 工程师站

工程师站是系统日常维护的中心,负责系统设计、配置和调试,主要面向工程师和技术人员,具有以下主要功能。

(1)系统设计与配置:需使用专门软件(如 SCADA 系统配置工具、PLC 编程工具)进行系统设计和配置,可创建和修改控制逻辑、HMI 图形界面、网络配置等。

(2)编程与调试:编写和调试控制程序、DCS(分布式控制系统)逻辑,通过仿真工具进行系统测试,确保逻辑正确性和可靠性。

(3)系统诊断与维护:进行系统故障诊断,查看日志和错误信息。更新和维护系统软件版本,进行补丁管理。

(4)文档管理:保存和管理系统配置文件、编程代码、设计文档等。

2. 操作员站

与工程师站侧重设计、配置、编程、调试不同的是,操作员站侧重监控、控制、报警管理,主要面向操作员和生产管理人员。现场运行人员通过对鼠标等电子设备的操作完成对储能系统的监视和控制。在操作员站上,只能利用已经组态好的图形软件,对储能系统进行监视和控制操作,而不能修改应用软件。

3. 数字处理器

数字处理器是组成分散控制系统的主要核心部件。数字处理器装有低功耗CPU,运行嵌入式操作系统,具有强大的过程控制和处理能力,集多种控制类型于一体。数字处理器接收 I/O 模块采集的数据,向 HMI 站广播数据,接收 HMI 的操作指令,执行控制策略,完成数据采集、模拟调节、逻辑运算、顺序控制、批量处理、高级控制等任务,同时支持用户自定义算法。数字处理器功能独立,通过通信网络传递信息,实现信息共享。数字处理器一般要求有冗余配置,采用冗余技术可以提高系统的可靠性和无故障运行时间。

4. I/O 卡件

I/O 卡件是控制系统接收和发送信号的硬件端口,控制系统一般应配置 AI、AO、DI、DO 卡件。对于温度测量,需要配置热电阻 RTD 卡件或热电偶 TC 卡件;对于转速测量,需要配置处理数字脉冲信号的转速卡件。如果有其他特殊信号处理需要,则控制系统要配置特定功能的 I/O 卡件,I/O 卡件的数量可以根据储能系统信号点数进行配置。

4.8.3 软件设计

储能控制系统软件设计的主要内容是在应用软件平台上进行二次开发，实现参数调节、程序逻辑、自动监测保护等方面的控制功能。虽然各种应用软件具有不同的开发方法，但开发完后的控制软件应满足以下基本要求：①满足参数调节、程序逻辑、自动监测保护的功能要求；②具备数据库功能，可存储储能系统运行数据；③可显示实时和历史曲线，方便试验人员监视和调查储能系统运行状况；④具备故障报警和记录功能；⑤具有良好的人机操作界面；⑥软件程序具有高可靠性，运行稳定。

储能控制软件设计的一般方法和步骤如下所述。

(1) 统计 I/O 数据点数，在应用软件中建立 I/O 变量数据库。在 I/O 变量建立过程中，注意定义变量类型、信号范围、量程、报警值等属性。

(2) 组态储能系统画面，建立人机交互界面。在画面组态过程中应注意考虑人机交互，要求操作界面简洁直观，层次逻辑清晰。

(3) 组态参数调节系统，建立各个被控变量的控制回路，组态程序逻辑、自动监测保护系统。

(4) 开发存储数据库，建立实时曲线和历史曲线显示界面。

(5) 调试控制系统软件，完善控制软件功能。

图 4-8-16 是中国科学院工程热物理研究所 1.5MW 级压缩空气储能系统的控制软件界面，图 4-8-17 是软件记录的储能系统运行数据曲线。

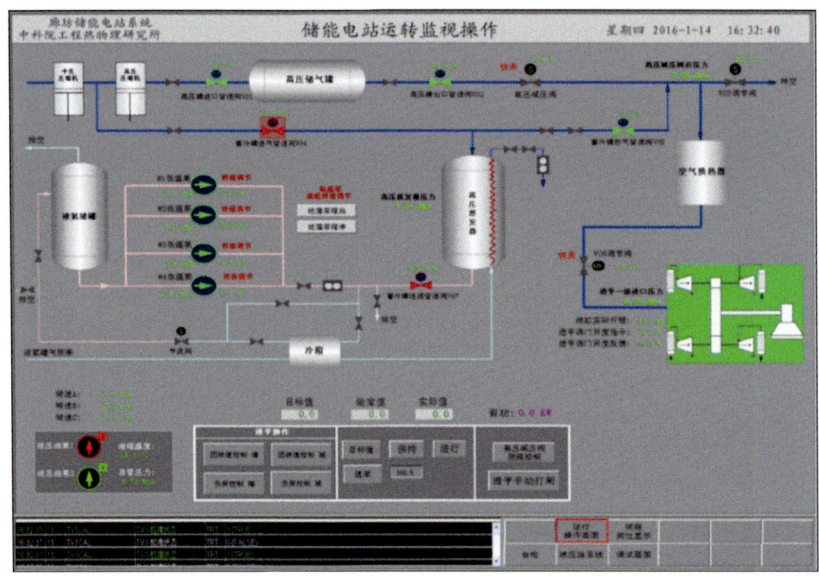

图 4-8-16 储能控制软件界面

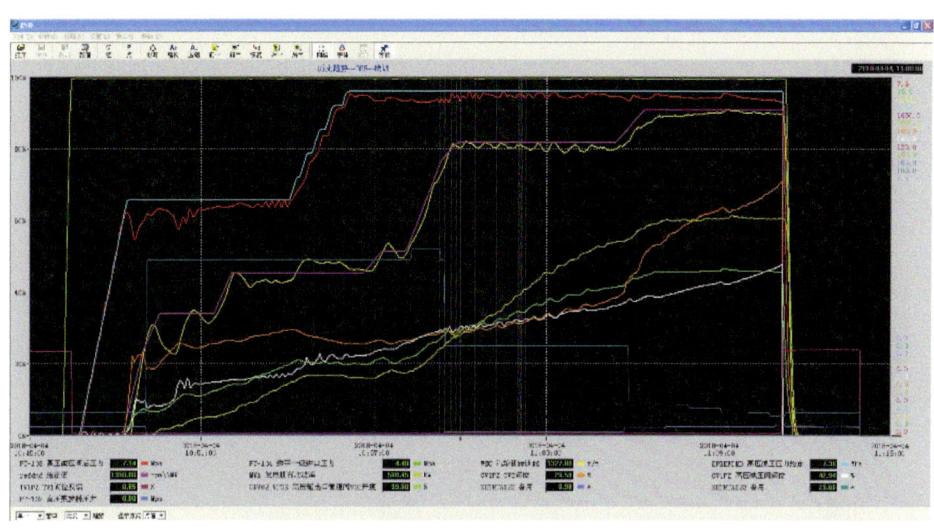

图 4-8-17　储能控制软件的运行数据曲线

4.8.4　试验与测试

只有控制系统设计符合工艺和设备要求，并正确实现设计功能，才能保证压缩空气储能系统安全、稳定、高效地运行。为了检测控制系统的完整性和可靠性，需对控制系统的硬件和软件进行试验和测试，发现并消除可能存在的缺陷。

1. 硬件试验与测试

控制系统的硬件试验和测试包括控制系统的受电前测试、受电测试及受电后测试。

1) 受电前测试

受电前测试应包括环境测试、接地测试、机柜及柜内元件检查和配电测试等环节。

环境测试是由于控制系统硬件对环境温度、湿度有严格要求，需确保控制系统的硬件工作在适宜环境。环境温度应保持在计算机系统规范要求的范围(10～45℃)，建议保持在(21±2)℃。环境相对湿度应保持在计算机系统规范要求的范围(20%～80%)，建议保持在 30%～50%。

接地测试是按照系统设计，确保测试控制系统信号接地和机柜接地符合要求。接地线规格应符合设计要求，接地电阻小于 0.5Ω，信号应在机柜单端接地。

机柜及柜内元件检查需检查控制系统机柜外观完好无损，安装合理、牢靠。根据控制系统硬件设计图纸，检查并确认机柜安装控制器、卡件、交换机等元件正确安装，确认元件外观的完好性及插装牢靠。

配电测试需确保控制系统采用可靠的电源。一般要求有两路交流供电，保证至少一路市电及一路或两路不间断电源供电。两路交流电源电压应为 220V±10%，50Hz±2.5%。同时，应保证测试控制系统电源配线的正确性。另外，控制系统配电装置、用电装置周围应留有足够的散热空间，保持通风流畅。

2）受电测试

受电前测试合格后，应对控制系统进行受电测试，步骤包括以下几方面。①合上电气侧至控制系统电源柜电源开关，送 220V AC 电源至电源柜。测试控制系统电源柜内 220V AC 电源电压，应合格。②合上电源柜至控制系统机柜开关，测试 DCS 各控制柜内 220V AC 电源电压，应合格。③送电至交换机、工程师站、操作员站等，系统应自检正常，测试合格。

受电测试合格后合上各 DCS 控制机柜电源开关，开始送电。电源指示灯指示正常。机柜散热风扇应运行正常。用万用表测量机柜内各等级直流电源电压，应符合要求(误差小于±10%)，并做好记录。检查各端子柜内无接地现场后，依次装入 I/O 卡件。插拔卡件时，人员应佩戴防静电手环。带负载后，电源柜各电压仍应符合要求(误差小于±10%)。送电至打印机，DCS 系统受电完毕，系统自检正常。

3）受电后试验与测试

电源切换及冗余试验测试是在控制系统完成全部受电以后，对带切换装置的电源进行的电源切换试验及对冗余电源进行的电源冗余测试。任意中断两路电源中的一路，系统应正常工作，控制器及卡件连续工作不断电重启，I/O 点保持连续不发生状态变化或扰动，电源无报警。对冗余的控制器进行控制器的主、从切换试验，测试其性能。将一个控制器关掉或切为备用，另一个控制器应无扰地切换主控，控制器及卡件连续工作不断电重启，I/O 点保持连续不发生状态变化或扰动。对于网络，要进行冗余试验测试。切断主运行总线模块的电源或拔出主运行总线的插头及模拟其他条件试验两条冗余总线的切换，总线应自动切换至另一条运行，并且指示灯指示正常；检查系统数据不得丢失、通信不得中断、系统工作应正常。同样进行一次反向切换试验，系统状况应相同。

通道试验与测试是在断开外部信号电缆的前提下，将高精度信号发生器发出的所需信号连接到控制系统对应类型的 IO 通道上，同时在工程师站或其他编程器上检查显示值(一般为工程单位值)，记录每一个通道的输入信号值和输出显示值，完成控制系统通道完好性测试。测试内容包括电压、电流型模拟量输入通道测试、热电偶、热电阻模拟量输入通道测试、模拟量输出通道测试、开关量输入通道检查、开关量输出通道检查、振动监测通道检查、转速监测通道检查等。控制系统通道测试一般根据系统实际包含测点类型，选取总通道数的 5%且具有代表性的通道进行检查。

2. 软件测试

控制系统软件的测试是对控制参数的显示、报警、存储、追忆、打印等设计功能的测试。因此，应保证逻辑组态和参数设置符合压缩空气储能系统工艺和设备设计，画面组态符合现场生产要求，并且是完整、清晰的。控制系统软件组态需满足压缩空气储能系统安全经济运行的要求。

(1) 数据采集系统(DAS)测试：对控制参数的显示、报警、存储、追忆、打印等设计功能的测试。测试范围包括与控制系统相关的逻辑组态、画面组态、参数设置。

(2) 模拟量控制系统(MCS)测试：测试其控制回路的完整性、控制策略选取的正确性及PID调节参数设置的合理性，使被控对象满足生产工艺运行的技术要求，保证工艺参数调节的品质。

(3) 顺序控制系统(SCS)测试：检查工艺及设备的启停控制、顺序控制、连锁保护等程序逻辑的组态，确保顺序控制系统组态是正确的、功能是可实现且有效的，保障压缩空气储能系统设备和人身的安全性。

第 5 章　压缩空气储能的应用

储能是发展可再生能源、智能电网和能源互联网的必要手段和重要支撑技术，是新型电力系统的关键技术。压缩空气储能作为一种大规模物理储能技术，具有单机功率高、容量大、储能时间长、安全性高、响应速度快的特点，能够布置在发电侧、电网侧和用户侧，可以实现冷启动、黑启动和无功补偿，在常规电力系统、可再生能源和分布式能源中均有重要应用。

5.1　常规电力系统

我国电力资源和负荷分布不均匀，在用电高峰时易出现输配电线路阻塞、供电紧张等情况，而用电低谷时在有些电源密集但电网结构薄弱的地区则存在较严重的"窝电"现象，影响了电力系统的安全、稳定、经济运行。电力储能技术突破了传统电能即发即用的限制，将发电和用电在空间和时间上解耦，使发出的电力无须即时传输，发电和用电也无须实时平衡，从而将传统电力系统由"刚性"转向变为"柔性"。作为典型的容量型储能，一方面，压缩空气储能可为常规电力系统提供大容量的能量型服务，大幅提升电网供电能力；另一方面，压缩空气储能电站还可以为输电基础设施、配电基础设施、用户能源管理等提供诸多辅助服务，增加电力系统的灵活性。

压缩空气储能可以提高常规电力系统的运行效率和供电质量。常规电力系统主要有五个核心环节组成：燃料供应环节、发电环节、输电环节、配电环节和用户侧供电环节，压缩空气储能技术对各个环节都起到了有效的支持作用。将压缩空气储能技术应用于常规电力系统中，可以实现电网级削峰填谷，提高电能质量，提供备用容量，辅助传统发电机组运行。压缩空气储能作为一种新型长时储能技术，有效提高了电力系统的灵活性，增强了电网稳定性，使电力供应更高效、环保、经济、可靠。

5.1.1　削峰填谷

电力调峰是电网辅助服务的重要内容。随着经济的快速发展，电力负荷的波动性愈发频繁,用户对常规电力系统的调峰能力提出了更高的要求。压缩空气储能因储能容量大、功率调节范围广、无地理建设条件限制、功率可实现双向调节等优势,成为参与电力调峰、实现削峰填谷的重要技术措施之一。

在常见的电网侧削峰填谷应用场景中,压缩空气储能系统主要根据用户侧负荷情况制定运行计划:在电力负荷较高时,压缩空气储能系统作为电源向电网供电;在电力负荷较低时,压缩空气储能作为一种特殊"负荷",将电网中的过剩电能予以存储,最终实现对用电负荷低谷值的提升和对用电负荷尖峰值的削减。理论上,当电网中的储能容量充足时,电网只需配备满足平均负荷的发电机组,电网中的过剩发电机组容量大幅减少,负荷峰谷差也明显减少。

与电网侧削峰填谷应用相比,安装于分布式微电网侧的中小型压缩空气储能系统能够在需求侧实现削峰填谷,这主要是通过用户主动、灵活地对价格信号和经济激励进行响应来实现。需求侧电力响应为电力系统的稳定运行带来诸多益处:一方面,用户可在价格激励措施的作用下,根据电价变化主动进行电力负荷管理;另一方面,电力系统可以在用户自愿投标的情况下通过对发电成本与供电效用的平衡应用,实现对供应侧和需求侧资源的协调利用。

压缩空气储能的高功率特性和快速响应特性同样适用于位置较集中的分布式微电网的需求侧电力管理,其运行的主要目的是通过用户历史能源的使用情况、天气预报及电网收费费率等相关信息,利用智能算法对压缩空气储能系统进行调度,从而达到满足用户侧用电负荷峰值的需求,在保证用户用电习惯不受干扰的前提下,降低用户侧的用电成本。当压缩空气储能技术应用于需求侧电力管理时,可极大地简化传统用户侧电力响应中的数据回归分析和预测过程,将原本分散的可响应用电负荷控制等效为压缩空气储能压缩段输出功率控制,从而更加精确地实现需求响应目标,提升需求响应的经济效益,实现削峰填谷的经济性目标。

5.1.2 提高电能质量

1. 抑制电网振荡

随着我国电力系统超大规模跨区交流同步电网的建立,长距离、重负荷的输电线或地区电网之间的联络线上发生功率振荡的可能性大幅增加。当电力系统发生功率振荡时,机组转子发生相对摆动,使输电线路功率来回传输。特别是当振荡较严重时,系统不能维持同步运行,从而发生振荡失步,该现象将严重威胁电网的安全运行。

压缩空气储能的大容量与快启动特性可以对电网的不平衡功率进行快速补偿,是抑制功率振荡、增强电力系统稳定性的有效办法,尤其适用于长距离、高负荷的输电线路,可平衡输电线路上的功率来回传输,从而满足平衡电力系统、提高电能质量的需求。

2. 系统电压调节

在电力系统中，由于变压器分接头调整和电容器/电抗器投入或切除等，负荷所需无功功率与配电系统提供的无功功率不平衡，从而造成供电电压出现持续性偏离标称电压，这种情况称为电压偏差。通常以电压量值与系统标称电压相对差值的百分数来计算电压偏差。

根据电压测量值相对系统标称值的电压正偏差与负偏差分为过电压和欠电压。当系统发生短路故障或因大容量设备启动等，可能造成供电母线电压迅速下降，并且跌幅较大，随后即恢复至标称电压的允许范围，这种现象称为电压暂降或短时欠电压。反之，由于其他相发生短路故障或甩负荷等，该相电压骤然升高，后随即下降并恢复到标称电压的允许范围，称为电压暂升或暂时过电压。在诸多电压类电能质量问题中，经常出现并造成用户经济损失最大的是电压暂降。

压缩空气储能无法单独解决电压暂降问题，需要配合动态电压恢复器和静止无功补偿装置。虽然，压缩空气储能的响应速率和无功补偿性能低于超级电容器、飞轮储能装置和超导储能装置，但考虑到其在投资成本和容量上的显著优势，压缩空气储能也是解决电压暂降现象的有效方法之一。

3. 系统频率调节

电力系统负荷变化是引起电力系统频率波动的主要原因。根据负荷规律性变动的时间周期，可将电力系统的频率调节分为一次调频、二次调频和三次调频。一次调频是指当电力系统频率偏离目标频率时，发电机组通过调速系统自动反应。二次调频也称为自动发电控制（automatic generation control，AGC），是指发电机组提供足够的可调整容量和一定的调节速率，在允许的调节偏差下实时跟踪频率，以满足系统频率稳定的要求。三次调频是协调各发电厂之间负荷的经济分配，从而达到电网的经济、稳定运行。

目前，我国电源结构以火电机组为主，火电机组也是调频电源的主力军，缺点是响应时滞长、机组爬坡速率低，不能准确跟踪自动发电控制指令，有时甚至会造成对区域控制误差的反向调节。传统火电在调频方面的不足对构建新的电网级调频电源结构提出了更高要求。储能系统参与电网调频是其可以提供的重要电网辅助服务之一。与传统调频电源相比，储能参与调频具有较明显的技术优势。储能系统调频效果的平均水平是水电机组的 1.7 倍，是燃气机组的 2.5 倍，是燃煤机组的 20 倍以上。因此，我国储能参与电网调频的政策体系也在不断完善。2016 年 6 月，国家能源局下发了鼓励在"三北"地区投资建设电储能设施试点的通知，探索电储能在电力系统调频调峰的作用。与美国 755 法案类似，该通知提出了按效果补偿原则提高储能辅助服务补偿力度，为储能参与电网调频在我国的合理收益指明了方向。2017年，国家发改委等五部委联合印发了《关于促进储能技术与产业发展的指导意见》，提出结合电力体制改革，建立健全储能参与的市场机制，并且在"两个细则"颁布后，多数省区均已允许储能参与调频辅助服务市场。2021年5月，国家发改委发布了《进一步完善抽水蓄能价格形成机制的意见》，提出储能可从输配电价中回收部分成本，体现出其调频、调压、系统备用和黑启动服务的价值。目前，山西、广东、甘肃、宁夏等地尝试性地开展了调峰、调频、需求侧响应机制。

压缩空气储能系统利用膨胀机组发电，与火电机组和燃气轮机机组的同源性使其既可以作为独立的储能电站参与电网频率调节，也可以联合常规机组进行电网频率调节，从而减小了常规机组的调频压力，提高了电能质量和系统稳定性。图 5-1-1 是压缩空气储能与火力发电厂联合调频接入电力系统的示意图。在传统火电机组中增加储能设备，以火电机组为响应自动发电控制调频指令的基础单元，以储能系统为补充的快速响应单元。利用储能系统快速调节输出功率的能力，达到改善火电机组自动发电控制响应速度和精度、缓解机组设备磨损并降低运行风险、提升电能质量的目的。

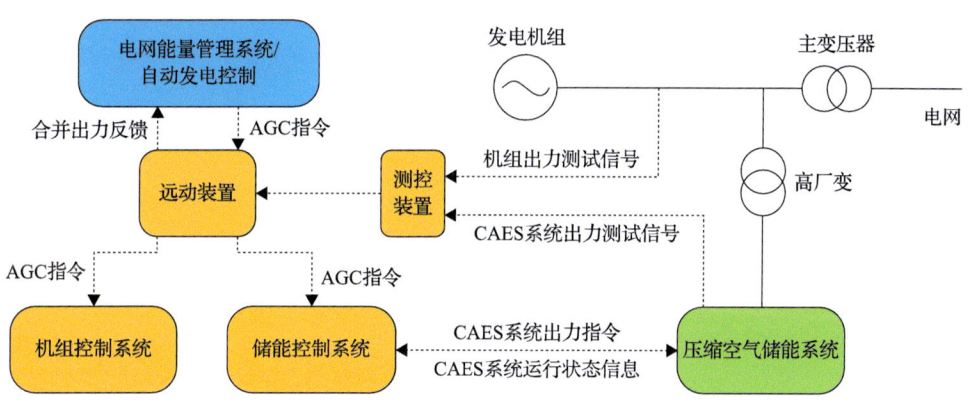

图 5-1-1　储能系统接入电厂联合调频

5.1.3　提供备用容量

备用容量是为保障电能质量和系统安全稳定运行而预留的有功功率储备，是电网的重要辅助服务之一。备用容量一般可以分为负荷备用容量和事故备用容量。负荷备用容量主要用于应对负荷突变或风能、光能等可再生能源出力偏离预测时需紧急投入；事故备用容量主要用于电力系统发生机组强迫停运时紧急投入的容量。按备用形式分类，系统备用容量还可以分为热备用（又称为旋转备用，指系统中运行机组具有的备用容量）和冷备用（系统中没有运行的机组具有的可发容量）。为电网提供备用容量辅助服务是储能技术的重要功能之一，通过对储能设备进行充放电操作，可以实现调节电网有功功率平衡的目的。

压缩空气储能的响应速度快、运行工况切换迅速、容量大，适合为电力系统提供备用容量辅助服务。压缩空气储能电站在膨胀发电、压缩储能及停机状态下都可以提供备用容量。储能电站工作在膨胀发电模式时，只要机组出力未到达最大出力即可提供旋转备用容量；储能电站工作在压缩储能模式时，可以改变压缩机功率，降低用电负荷，也可以由压缩储能模式快速切换到膨胀发电模式以提供旋转备用容量；储能电站运行在停机工况时，可以快速启动，向电网输出电能，提供负荷和事故备用容量。

压缩空气储能在提供备用容量服务时，常用的是提供旋转备用容量。当压缩空气储能系统提供旋转备用服务时，膨胀发电系统处于正常运行状态，发电机转速维持在额定转速，机组一般处于非并网状态。当电网需要时，机组可以快速同期并网，同时机组控制系统的功率调节单元改变膨胀机进气调节阀以满足电力系统的功率需求。通过压缩空气储能系统提供旋转备用服务，可以减少火电机组冷备用容量，降低火电机组的损耗，提高电网的经济性、可靠性与安全性。

将压缩空气储能用于备用容量市场，可减少常规机组承担的备用容量，淘汰部分经济性较差的常规机组，提高机组整体的经济性，降低常规机组的发电成本；也可以及时应对由负荷突变和事故导致的电网功率不平衡问题，保障电力系统安全可靠稳定运行。因此，受备用市场和电量市场双重效益的影响，压缩空气储能的总体经济效益大于其承担备用容量需付出的代价。随着技术的发展，压缩空气储能在备用容量市场将带来更多效益，具有良好的应用前景和发展潜力。

5.1.4 辅助传统发电机组运行

1. 提升供电可靠性

压缩空气储能系统与传统火力发电机组配合运行，一方面可以实现电网调频能力的提升，另一方面也能够提升火电单机或全厂运行的可靠性。在提升传统发电机组运行可靠性方面，其系统运行逻辑图如图 5-1-2 所示：储能系统接入电厂变压器低压侧，电网能量管理系统（EMS/AGC）的电力调度机构经电网远程终端控制系统（remote terminal unit，RTU）向火电机组分散控制系统（distributed control system，DCS）发出发电量调度指令，火电机组 DCS 依据发电量调度指令及火电机组运行状况等信号向发电机组和储能系统发送机炉动作指令及储能系统出力信号，储能系统依据出力信号及火电机组运行状态确定充放电功率。

压缩空气储能系统的建设灵活，能够减少全厂或单机的失效概率，提升运行可靠性。当火电机组出现运行事故或强迫停运时，储能系统进行释能，维持全厂发电量；当火电机组恢复正常工作，并且用电负荷处于低谷时，储能系统进行储能，提升火电机组的运行效率。

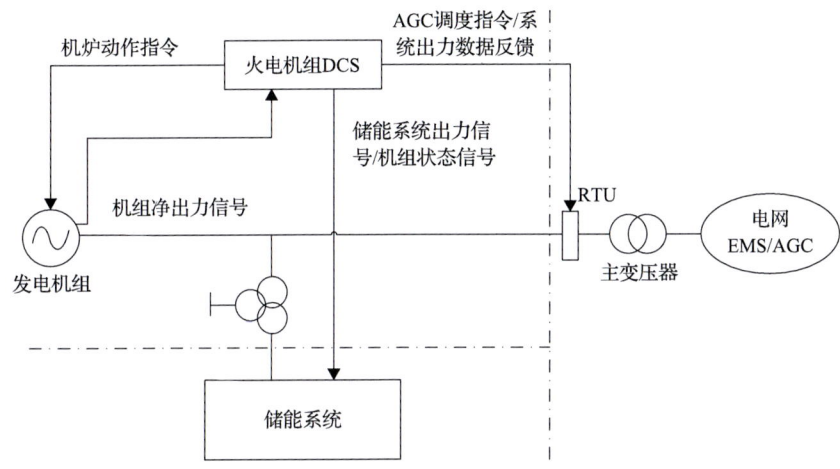

图 5-1-2　压缩空气储能辅助火电机组动态运行

2. 减少尖峰机组容量

　　我国以煤炭为主的能源结构决定了在我国的电力结构中，火电机组占超过一半的装机容量。因此，在我国的电力系统中，火电机组也不可避免地需要承担一定的调峰容量，这使得火电机组在多数时间无法达到满发状态，从而影响了机组运行的经济性。储能技术可以在用电负荷低谷时充电，在用电尖峰时放电以降低火电机组发电负荷。利用储能系统的调峰能力可以将火电机组的容量解放出来，从而提高火电机组的利用率，减少尖峰机组的建设量，提升全电网的经济性。

　　减少尖峰机组容量属于储能技术中典型的容量型应用，压缩空气储能系统储能容量较大、充放电功率范围较高，可应对突发的尖峰负荷事件，减少尖峰机组建设量。用电负荷及可再生能源的发电特征使储能的能量时空转移应用频率相对较高（每年 200 次左右），而压缩空气储能系统在这一方面具备天然优势。

5.2　可再生能源

　　为了应对气候变化，许多国家提出了碳中和方案，中国也宣布了"2030 年碳达峰，2060 年碳中和"的目标。构建以新能源为主体的新型电力系统是推动能源绿色低碳发展、助力实现"双碳"目标的迫切需要。大力发展可再生能源是实现社会可持续发展的重大需求，高比例可再生能源并网将成为未来电力系统的重要特征。2050年，可再生能源在能源消费中的占比将达到60%以上。近年来，以风电、光伏为主要代表的可再生能源技术在政府补贴政策的推动下取得了长足发展。2022年，我国清洁能源发电量达2.54万亿kW·h，同比增长5.3%。2023年，全国可再生能源装机突破15.2亿kW，历史性地超过了煤电装机。不同于火电等常规电源，风电、光伏是随机性、波动性电源，随着其并网规模不断扩大，给电力系统的安全稳定运行也带来了诸多挑战。同时，新能源消纳问题也日益突出，亟需加强系统的灵活性建设。

储能是建设可再生能源高占比能源系统、推动能源绿色转型发展的重要装备基础和关键核心技术。储能的双向功率特性和灵活调节能力可以解决波动性可再生能源并网带来的系列问题，将电力生产和消费在时间上进行解耦，提高可再生能源系统的灵活性、稳定性和电网友好性，从而显著提升可再生能源的消纳水平。

储能技术与可再生能源发电的结合应用主要有三种模式。第一种是输出管理，体现在平滑可再生能源输出功率，提升可再生能源系统发电的可靠性。第二种是负荷管理，体现在可再生能源并网调峰，当电网负荷低时，利用可再生能源发电对储能装置进行充电；当电网负荷高时，由储能装置向电网供电。采用这种应用模式可以实现削峰填谷，减少在电力传输环节的投资支出。第三种是电源质量管理，体现在平衡可再生能源出力，为终端用户持续提供高质量供电服务，以应对因突发情况而引起的电力中断问题，确保在可再生能源无法发电期间仍然可以向用户提供电力。

5.2.1 平滑输出

可再生能源的功率波动大、并网难是制约其发电经济效益和行业发展的主要难题。可再生能源功率波动大的问题在风力发电领域尤为突出，下面以风力发电为例进行分析。目前，并网型风力发电机大多采用变桨距功率调节方式，通过控制系统来调节转速和功率，从而抑制风电波动。但该方法不能充分利用低风速的风能，发电效率处于较低水平，并且其无功调节方式无法抑制有功功率波动，调节能力有限。

压缩空气储能系统的运行涉及冷、热、电等多种能量形式的存储和转化，具有良好的环境适应性和兼容性，便于与多种可再生能源系统耦合集成，如与风电、太阳能光伏、生物质能耦合等。同时，压缩空气储能系统作为一种能实现能量存储及功率双向流动的装置，既能调节无功功率，也能调节有功功率，其较高的调节能力能够有效平抑可再生能源的波动，取得较优的功率平滑效果。利用压缩空气储能系统动态吸收和释放能量的特性，能够为可再生能源系统提供更快速的有功和无功支撑，平滑可再生能源功率输出，有效解决了可再生能源出力间歇性和波动性大的难题，提升了大电网吸纳可再生能源发电的能力并优化了能源结构。

在可再生能源与压缩空气储能联合系统设计方面，整体设计思想是根据短期可再生能源功率预测方法及压缩空气储能与可再生能源联合系统中的稳定运行和平滑调节策略，设计考虑联合系统的功率平滑调节系统。现在设计的系统应具有实现自动数据处理、短期和超短期可再生能源出力预测、储能平滑出力、功率监测和分析统计等功能。以风电-储能联合系统为例，该系统功能主要包括(图5-2-1)：数据采集、数据处理、数据存储、功率预测、储能控制、功率监测、分析考核和系统管理。

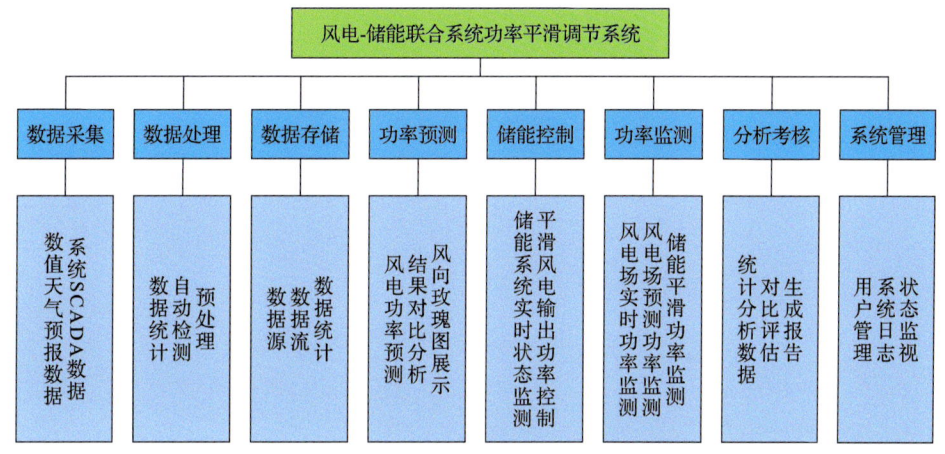

图 5-2-1　压缩空气储能与风电耦合管理系统构成

5.2.2　并网调峰

可再生能源并网难主要是由于可再生能源发电对电网的冲击性大。可再生能源发电对电网的冲击主要来自两方面：一方面是可再生能源发电预报偏差带来的系统备用需求；另一方面是可再生能源与用电高峰不匹配引起的调峰机组容量需求。电力系统是一个实时平衡系统，可再生能源大规模并网后，为确保系统功率实时平衡，需要传统发电机组降低出力以消纳更多的可再生能源电量，尤其是在负荷低谷时段系统的调峰压力较大。储能作为能量元件，可以发挥能量转移作用，在负荷低谷时段将可再生能源的弃电电量存储起来，在负荷高峰时段释放，在保障调峰消纳的同时实现系统高峰负荷削减。目前通常依靠抽水蓄能、灵活性煤电、调峰气电满足系统调峰需求，考虑到新建抽水蓄能电站受站址资源限制、调峰气电受气源限制、煤电灵活性改造后对机组运行经济性有影响等因素，电网通过常规手段进行系统调峰的压力不断增大。

在应对以上问题时,压缩空气储能作为容量型储能的主要代表之一,能够在系统调峰中发挥重要作用。随着技术的进步和成本的下降,压缩空气储能预计未来在调峰方面有更大规模的应用。与传统发电机组相比,压缩空气储能在可再生能源并网调峰方面的优势主要体现在以下方面。

(1)具有充释能时间较长(4~10h)、不受环境条件影响(无丰水期和枯水期)、不受地理位置约束、布局灵活等优异特性,尤其适用于可再生能源并网的系统调峰。

(2)无补燃型压缩空气储能的快速调节特性使其能够应对可再生能源的实时波动,与我国现有火电机组的出力调整速率 3%~5%/min 相比,压缩空气储能的调节速率可达 10%~15%/min,在实时调度时可替代 2~5 台火电机组的调峰出力。

(3)利用储能系统进行调峰具有较好的经济性,可以减少低负荷/热备用时火电机组的燃料消耗,能够避免部分火电机组停机,向最优效率工况接近,提升运行效率。

5.2.3 平衡出力

基于可再生能源的微电网是大电网的有力补充,是智能电网领域的重要组成部分,有助于充分利用可再生能源,提高当地电力系统的供电可靠性,实现绿色电力和节能减排的目标。光伏、风机等分布式能源具有较强的间歇性和随机性,可再生能源难以依靠自身的调节能力来满足功率平衡的要求。因此,微电网需要利用储能系统和控制装置进行调节来满足负荷需求。微电网储能系统是微电网不可或缺的重要组成部分,可显著提高微电网的稳定性、可靠性和可持续性。若无储能系统,则必须超额配置微电网中的火力发电机组容量,极端时需按照最大负荷量规划发电机组容量,经济性较差。

压缩空气储能在可再生能源微电网中的应用优势较其他类型的储能更明显。压缩空气储能系统的储释能模式转换灵活,可以快速实现电力系统的能量平衡,保障电能质量,从而提高系统的安全性和灵活性,可为微网中的用户侧用电提供可靠保障。此外,压缩空气储能系统作为一种能够实现大容量和长时间电能存储的电力储能系统,可以提供备用电源并作为黑启动电源。因此,针对压缩空气储能系统在可再生能源微网中功率调节的作用,可以归纳如下两点。

(1)平衡电力供需。压缩空气储能系统可以将可再生能源系统多余的电能存储下来,在负荷较大时为微电网提供备用电能,实现中央调度与分散化管理相结合的微电网智能调度管理。

(2) 支持负荷需求。压缩空气储能系统可以在微电网能源供应不足的情况下，为负载提供备用电力支持，满足负载需求，避免供电中断或其他安全隐患。

压缩空气储能与可再生能源的结合对基于可再生能源的微电网及能源互联网的发展发挥了重要作用。

5.3 分布式能源

分布式能源是一种建立在用户端的新型能源系统，可独立运行或并网运行，它将用户的多种能源需求及资源配置状况进行整合优化，采用需求应对式设计和模块化配置，是相对于传统集中供能的分散式供能方式。分布式能源作为一种重要的能源利用方式迅速发展，带有分布式能源的电力系统已逐步成为一种新型的电力系统网络结构。相比于传统集中式发电，分布式能源具有因地制宜的特点，可将相对分散的资源最大程度地利用起来，对于提高能源利用率、降低环境污染具有重要意义。分布式能源系统虽然优势明显，但同时因其输出功率不稳定，所以并网时会出现电压波动、线路传输功率超限等一系列问题。未来随着分布式能源接入配电网容量的不断增加，将给传统电网带来较大挑战。

为了促进分布式能源的发展，必须对其利用形式进行改善优化。其中分布式储能作为分布式能源的重要环节，很好地解决了分布式电源存在的不稳定性问题，为分布式电源并网提供了保障，对于分布式能源的推广应用具有重要意义。

分布式储能即在分布式发电过程中将多余电能以其他能量形式储存起来，在用户或电网需要时再将储存的能量释放出来。储能装置不仅要实现能量的大规模存储与释放，同时还应根据需求灵活切换工作模式。压缩空气储能作为目前最有发展前景的大规模物理储能方式，在分布式能源领域逐渐崭露头角。

5.3.1 不间断电源

不间断电源（uninterruptible power supply，UPS）是一种含有储能装置、主要用于给部分对电源稳定性要求较高的设备提供不间断电力的电源。分布式储能系统因具有快速响应能力，可以用作不间断电源，在停电时确保为重要负荷供电，提高供电可靠性，这一模式已经获得了广泛应用。为了高效利用可再生能源以提高电力系统的经济性，在配网中通常会接入可再生能源进行发电。但外界条件的变化会导致系统电力输出的间歇性变化，表现为不均匀和不可控，而这时分布式储能系统向用户侧提供电力，可以提高可再生能源系统的供电可靠性，从而实现昼夜无间歇发电。

压缩空气储能系统因结构简单、布局灵活等优点能够在微小型发电系统中用作不间断电源或备用电源。采用压缩空气储能系统提供备用电源，比使用传统发电机更容易获得较好的经济效益，以图 5-3-1 用作不间断电源的某微型压缩空气储能系统为例，该系统的储存压力为 30MPa，该系统的功率为 2kW，工作寿命约为 20 年。该系统的储气装置由 55 个 80L 的标准压缩空气储气罐组成，每年只需要进行 4 次检查补气，除此之外，几乎没有任何维护成本。

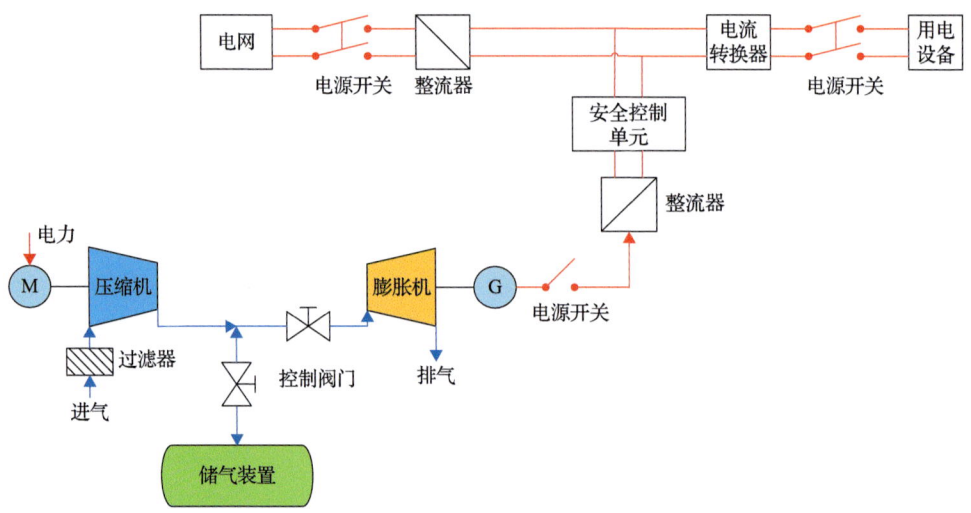

图 5-3-1 用作不间断电源的某微型压缩空气储能系统

压缩空气储能系统结合可再生能源也可以形成不间断电源。图 5-3-2 为接入可再生能源的压缩空气储能系统，该系统是储能和可再生能源发电的混合系统，其

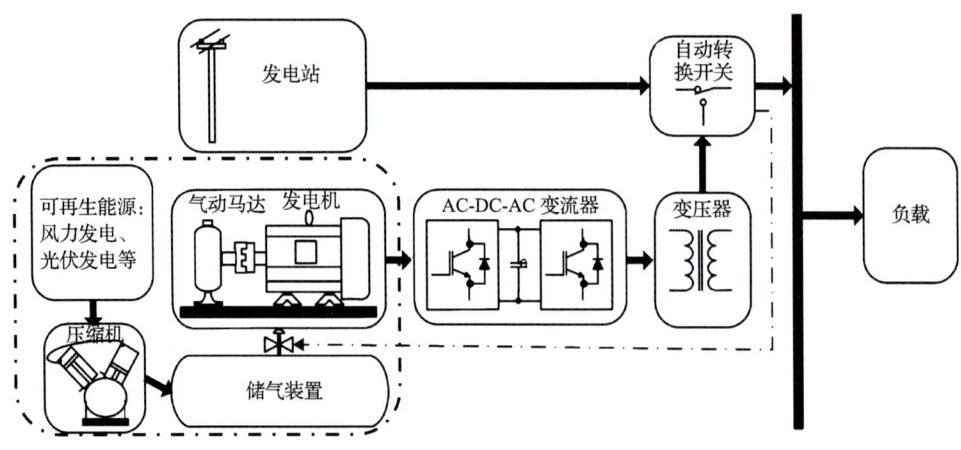

图 5-3-2 基于压缩空气储能的可再生能源系统示意图

优点是应用灵活、电力输出均匀可控，可充分利用可再生能源的电力。空气压缩机在可再生能源电力的驱动下产生高压压缩空气，并将其储存在地面储气装置中，当公用设施停电或处于用电高峰状态时，该系统中的气动马达在压缩空气的驱动下发电，提供不间断电力。

5.3.2 无功及电压支持

电压变化对电网的稳定性存在显著影响，在分布式能源系统中尤为突出。为了保持分布式能源系统的稳定性，电压必须保持在其允许范围。电压和无功功率相互依赖，一方面，需要保持无功功率以支持系统中的电压；另一方面，远距离传输无功功率也需要电压支持。随着越来越多的分布式能源接入电网，电力系统的运行和控制也愈加复杂。高渗透率的分布式能源使配电网功率实现了双向流动，而分布式能源出力的不确定性和间歇性也会影响电力系统的运行，以上两方面将严重影响电力系统的安全。而储能系统可以很好地解决由分布式能源系统故障带来的电压骤降和骤升等电能质量问题。此时，储能系统主要用于向电网快速提供功率缓冲，通过消耗或输入电能实现电网功率平衡，使电网获得稳定、平滑的输出电压。

分布式能源系统存在并网运行和独立运行两种典型的运行模式。其中，在正常运行的情况下，分布式能源系统与大电网并网运行；当检测到大电网出现运行故障或电能质量异常时，与大电网迅速隔离并独立运行。当分布式能源系统处于独立运行模式时，压缩空气储能系统能够充分发挥其快速响应的技术特点，作为微电网的主电源提供电压和频率支持，实时平衡微电网中的功率波动，保证电压和频率在允许的运行范围。

在上述两种模式的切换中一般存在一定的功率缺口，利用压缩空气储能系统有功功率的调节能力，可以有效缓解分布式能源接入后节点电压升高的问题，是提高配电网接纳分布式能源供电非常有效的手段。另外，压缩空气储能系统可以在其充电、放电的同时吸收或发出无功功率，实现系统无功功率的调节，这有助于提高系统电压的稳定性，改善电网的电压质量，同时减少电网中无功补偿设备的投资。

图 5-3-3 为某风电耦合的混合储能系统，由风电场、光伏电站、电网、压缩空气储能系统等组成，具有系统效率高和能量密度高等优点。在分布式能源系统中使用集成压缩空气储能的混合能源系统减少了可再生能源波动的影响，并提高了系统的电压安全性。另外，通过在风电厂侧建造压缩空气储能系统，在改善电网电压质量的同时还可以提升系统的经济性。根据风电厂的发电功率调节储/释能，基于风电厂的容量因子调整输电线路的载荷，不必以最大发电功率配置输电线路，从而大幅提高了输电线路的有效载荷。

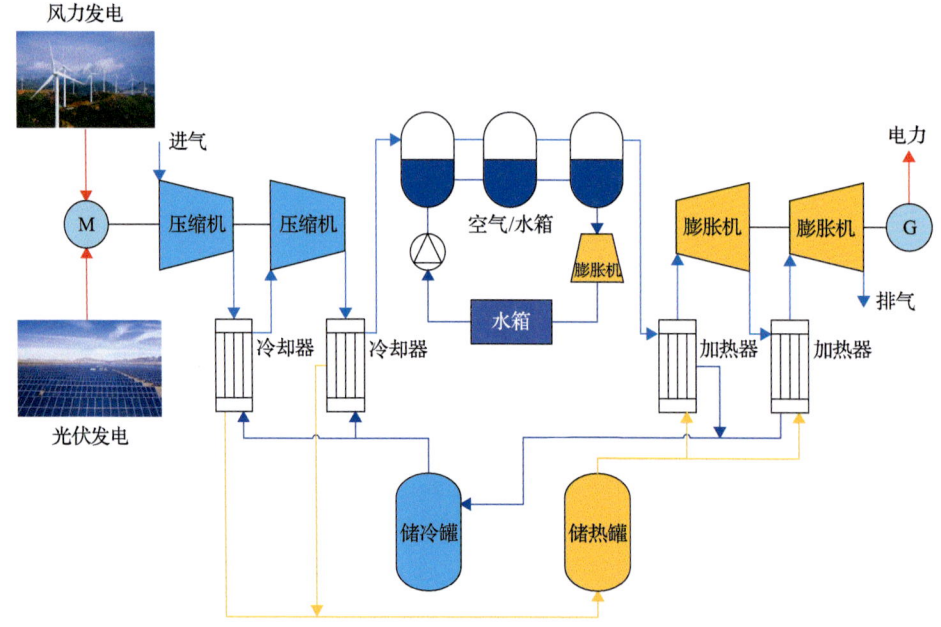

图 5-3-3 集成压缩空气储能系统的混合能源系统

5.3.3 容量及分时电价管理

考虑到可再生能源的间歇性和波动性等特性,可以配置适当容量的储能系统,从而达到配网中的风光互补、削峰填谷等优化目标。设计容量通常难以选择,并且冷、热、电负荷需求不同步,这些均严重限制了分布式能源系统的推广应用。因此,需要对分布式能源系统的储能容量进行优化。针对多种分布式电源系统,通常以总成本最小化为优化目标和评价标准,确定各分布式能源系统的最优储能容量。

研究表明,在系统中安装压缩空气储能使风力输出增加 2.02×10^5 MW·h,煤炭消耗量减少 2.16×10^5 t,二氧化碳排放量减少 2.62×10^5 t。此外,基于典型小时负荷、风力机发电功率和光伏发电功率,可以利用算法优化压缩空气储能系统的容量配置。针对不同场景,以系统最大收益为目标函数,分析压缩空气储能系统的额定容量与额定功率对系统最大收益的影响。例如,针对风力机与光伏系统的装机功率分别为 20MW 和 3.42MW 的场景,压缩空气储能系统功率和容量分别配置为 4MW 和 46.5MW·h 时的经济性最佳,可满足用户小时负荷 8.82MW 的电力需求。

在分时电价管理方面,将分布式储能系统安装在社区、家庭及工商业用户侧,可用于参与需求侧响应。通过在电价低时充电,电价高时放电,帮助用户在不改变用电习惯的情况下错峰用电,从而降低购电费用。当压缩空气储能系统与风力发电系统耦合时,如图 5-3-4 所示,在电力销售侧建造压缩空气储能系统,可以根据电能消耗的需求来调节储/释能，存储低谷低价电，并在高峰高价时段出售，从而产生优越的经济效益。

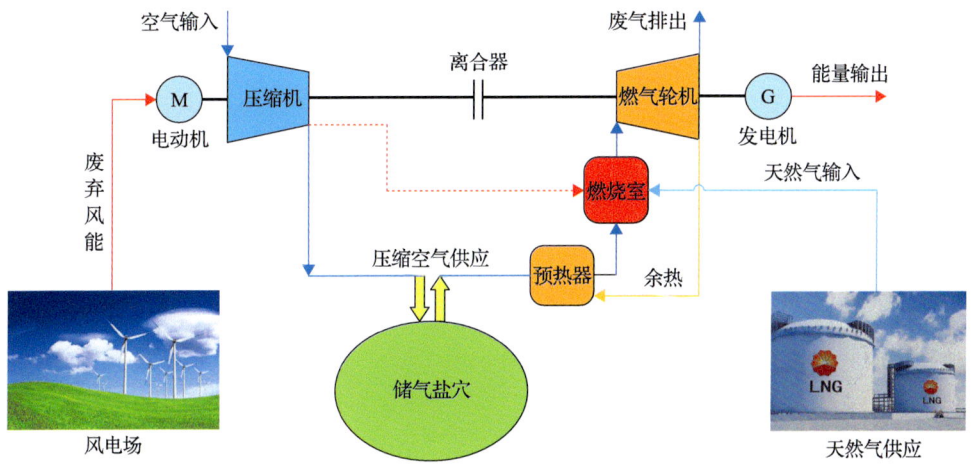

图 5-3-4　风电与压缩空气储能耦合系统

在基于分时电价的储能套利研究中，一般根据每天的电价曲线，综合考虑储能系统的容量、成本、效率、工作年限等，获得储能系统的优化运行模式(图 5-3-5)。以 1MW 的储/释能功率为例，压缩空气储能系统以 70%的系统效率运行，在其运行 20 年的条件下，通过对压缩空气储能系统成本与收益的比较，得到优化的储能装机容量为 3.5MW·h，并且在相应电价曲线已知的条件下，得到其容量成本应不大于 123 美元/(kW·h)。

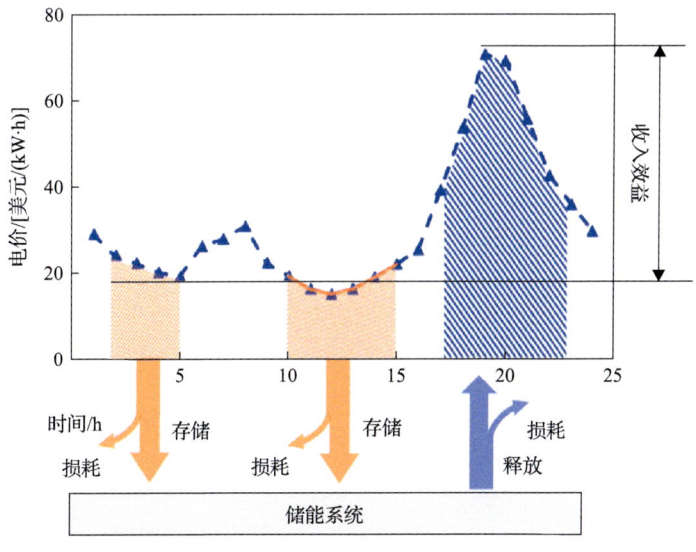

图 5-3-5　基于分时电价的储能与释能示意图

5.4 压缩空气储能经济性分析

压缩空气储能系统具有规模大、寿命长等诸多优点，其大规模推广应用主要取决于技术经济性和热经济性。技术经济性是寻求工程技术与经济效果的内在联系，揭示二者协调发展的内在规律，促进工程技术的先进性与经济性的合理统一。热经济学是一种把热力学分析与经济因素相结合的交叉学科，既考虑了技术层面又考虑了经济因素，可以综合反映系统热经济性的特点。本节将从技术经济性分析和热经济性分析两个方面开展压缩空气储能系统的经济性分析，通过对具体的技术经济和热经济可行性的计算，量化压缩空气储能技术在能源领域的经济贡献与项目实施的风险，为压缩空气储能技术的产业化提供经济层面的指导。

5.4.1 技术经济性分析

1. 技术经济学方法概述

技术经济学是一门研究技术领域的经济问题和经济规律，研究技术进步与经济增长之间相互关系的科学，是研究技术领域内资源的最佳配置，寻找技术与经济的最佳结合以求可持续发展的科学。技术经济分析法是指对不同的技术政策、技术规划和技术方案进行计算、比较、论证，评价其先进性，以达到技术与经济的最佳结合，取得最佳技术经济效果的一种分析方法。

在压缩空气储能的技术经济分析中，技术经济模型以总投资收益率、内部收益率和投资回收期等作为经济评价指标，模型主要考虑政策影响因素（如储能电价激励政策、储能装机容量补贴、税收优惠政策等）。本节对压缩空气储能电站在不同应用场景下进行了技术经济性计算和比较，为储能技术的选择、储能技术应用风险预测和规避提供了参考。

2. 技术经济性评价方法

技术经济性评价指标包括时间型指标、价值型指标和效率型指标。时间型指标以时间单位计量，如借款偿还期、投资回收期等。价值型指标以货币单位计量，如现值、净年值、费用现值、费用年值等。效率型指标反映了资金利用效率，如投资收益率、内部收益率、净现值率等。技术经济性评价方法可分为许多种，根据是否考虑资金的时间因素分为静态经济评价和动态经济评价。静态经济评价在进行效益和费用计算时，不考虑资金的时间价值，不进行复利计算，计算简便，适用于对项目方案的初步评价或对短期投资项目进行评价。动态经济评价在进行效益和费用计算时，考虑资金的时间价值，采用复利计算，把不同时间点的效益流入和费用流出折算为同一时间的等值价值，为技术经济比较确立了相同的时间基准，能反映未来时期的变化趋势。

1) 静态经济评价方法

(1) 静态投资回收期法，又称为投资返本期法或投资偿还期法。投资回收期指以项目的净收益抵偿全部投资所需的时间。

$$\sum_{t=0}^{P_t}(CI-CO)_t = 0 \quad (5\text{-}4\text{-}1)$$

式中，CI 为现金流入量；CO 为现金流出量；$(CI-CO)_t$ 为第 t 年的净现金流量；P_t 为静态投资回收期(年)。

(2) 投资收益率法，又称为投资利润率法。它是指项目达到设计生产能力后一个正常年份的净收益额与项目总投资的比值。

$$ROI = \frac{R}{I} \quad (5\text{-}4\text{-}2)$$

式中，I 为投资总额，包括固定资产投资和流动资金等；R 为项目达到正常年份的净收益或平均净收益；ROI 为投资收益率。

设基准收益率为 R_c：若 $ROI \geq R_c$，则可以考虑接受项目；若 $ROI < R_c$，则项目应予以拒绝。

2) 动态经济评价方法

(1) 净现值法。按一定折现率(基准收益率)将方案寿命期内各年的净现金流量折现到基准年(通常是期初)的现值累加值。

$$NPV = \sum_{t=0}^{n}(CI-CO)_t (P/F, i_c, t) \quad (5\text{-}4\text{-}3)$$

式中，i_c 为基准收益率(也称为基准折现率)；NPV 为方案净现值；n 为计算期。

单方案：若 NPV>0，方案予以接受；若 NPV=0，临界状态；若 NPV<0，方案予以拒绝。在进行多方案比较时，以净现值大的方案为优。

(2) 费用现值法。该方法适用于对多个方案进行比较优选时，各方案产出价值相同或各方案产出效益难以用价值形态计量的情况，计算方法为

$$PC = \sum_{t=0}^{n} CO_t (P/F, i_c, t) \quad (5\text{-}4\text{-}4)$$

式中，PC 为费用现值。

在其他指标基本相同的情况下，费用现值越小，方案的经济性越好。该方法只能判断方案优劣，不能判断方案的可行性。

(3) 净年值法。这是一种将各方案现金流量按基准收益率折算成与其等值的整个寿命期内的等额支付序列年值后再进行评价、比较和选择的方法，计算方法为

$$\mathrm{NAV} = \mathrm{NPV}(A/P, i_c, n) = \left[\sum_{t=0}^{n}(\mathrm{CI}-\mathrm{CO})_t(P/F, i_c, t)\right](A/P, i_c, n) \quad (5\text{-}4\text{-}5)$$

式中，NAV 为净年值。

单方案：$\mathrm{NAV} \geqslant 0$，方案可行；$\mathrm{NAV} < 0$，方案予以拒绝。在进行多方案比较时，以净年值大的方案为优。

(4) 费用年值法。费用年值与费用现值是等效评价指标，费用年值是将方案计算期内不同时间点发生的所有费用支出按基准折现率折算成与其等值的等额支付序列年费用。

$$\mathrm{AC} = \mathrm{PC}(A/P, i_c, n) = \left[\sum_{t=0}^{n}\mathrm{CO}_t(P/F, i_c, t)\right](A/P, i_c, n) \quad (5\text{-}4\text{-}6)$$

式中，AC 为费用年值或年值成本；PC 为费用现值。

在其他指标基本相同的情况下，费用年值越小，方案的经济性越好。该方法只能判断方案优劣，不能判断方案的可行性。

(5) 动态投资回收期法。按基准收益率将各年净收益和投资折现，使净现值刚好等于 0 的计算期期数。

$$\sum_{t=0}^{P_t}\frac{(\mathrm{CI}-\mathrm{CO})_t}{(1+i_c)^t} = 0 \quad (5\text{-}4\text{-}7)$$

式中，P_t 为动态投资回收期。

(6) 内部收益率法，又称为内部报酬率。净现值是求所得与所费的绝对值，内部收益率是求所得与所费的相对值。

$$\sum_{t=0}^{n}(\mathrm{CI}-\mathrm{CO})_t(P/F, \mathrm{IRR}, t) = 0 \quad (5\text{-}4\text{-}8)$$

式中，IRR 为内部收益率。

若 $\mathrm{IRR} \geqslant i_c$，项目可行；若 $\mathrm{IRR} < i_c$，项目不可行。

3. 不确定性分析

方案的评价数据均通过预测或估计得到，但在实际过程中，因生产、经营过

程中各种事前无法控制的外部因素的变化与影响，预估数据与实际数据可能存在一定偏差，由此产生了不确定性，故需要进一步开展不确定性分析。不确定性分析主要从盈亏平衡分析、敏感性分析、概率分析三个方面进行。

1) 盈亏平衡分析

盈亏平衡分析是通过计算项目达产年主要经济指标的盈亏平衡点分析项目成本与收入的平衡关系，进而判断项目对参数变化的适应能力和抗风险能力。单方案盈亏平衡分析，又称为损益平衡分析或量-本-利分析。通常根据项目正常生产年份的销售量、成本(固定成本、变动成本)、产品价格和销售收入、产品组合和盈利之间的关系进行分析。通过上述评价指标的分析可以确定盈亏平衡点(即零利润点)，盈亏平衡点是盈利与亏损的分界点，该点的收入等于成本，它是收入的下限和成本的上限。盈亏平衡点越低，表明项目适应市场变化的能力越强，抗风险能力越大。

2) 敏感性分析

敏感性分析又称为灵敏度分析，是通过分析和预测工程项目的不确定因素(投资、成本、价格、寿命期等)对经济效果评价指标(如净现值、内部收益率等)的影响，从中找出敏感因素，并确定其影响程度，以降低风险，使项目达到预测目标或选择最佳方案。

敏感性分析的常用方法有(因素)逐项替换法、最有利-最不利法、图解法等。其中最常见的是逐项替换法，计算时只变动某个因素而其他因素固定不变，观察其发生变动时对方案经济效果的影响程度，从而确定其是否为敏感因素，然后逐项替换其他因素，计算其他因素的敏感性，直至得出全部影响因素的敏感性为止。

3) 概率分析

概率分析是研究各种不确定因素按一定概率值变动时对项目方案经济评价指标影响的一种定量分析方法，其目的是在不确定情况下为决策项目或方案提供科学依据。概率分析的基本原理是在对参数值进行概率估计的基础上，通过投资效果指标的期望值、累计概率、标准差和离散系数来反映方案的风险程度。

概率分析的内容应根据经济评价的要求和项目方案的特点确定。一般是计算项目方案某个确定分析指标的期望值、计算使方案可行时指标取值的累计概率、通过模拟法测算分析指标的概率分布等。概率分析时选定的分析指标应与确定分析的评价指标一致。

4. 典型压缩空气储能系统技术经济性分析

以 10MW 先进压缩空气储能系统为案例进行技术经济性分析。图 5-4-1 为技术经济性计算流程图。

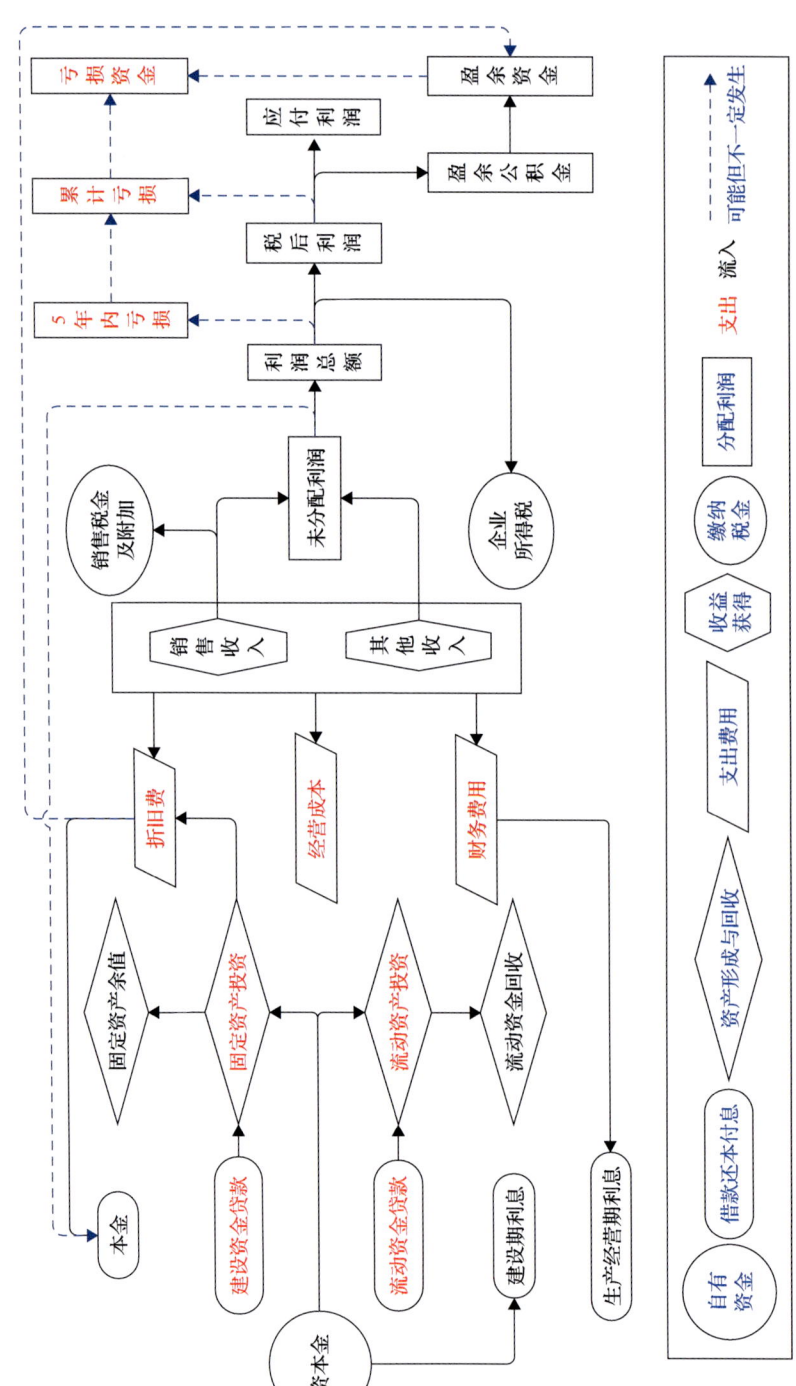

图 5-4-1 技术经济性计算流程图

首先，对 10MW 先进压缩空气储能系统的成本和收益进行计算，以获取技术经济计算的基础数据。在计算过程中，可以参考《建设项目评价方法与参数》和《投资项目可行性研究指南》、当地近期建筑材料价格信息、主要工程内容和工程数量、近期完成的类似工程造价指标及相关技术资料等。

项目的建设投资估算明细详见表 5-4-1。建设投资估算包括固定资产费用、无形资产费用和递延资产费用。其中，固定资产费用中的工程费用占建设总投资的 95.88%，主要包括设备购置费、安装工程费和建筑工程费。主要设备价格通过询价计列，其他设备参照近期类似工程的价格计列；安装费用按照设备购置费的比例计取；建筑工程费根据建筑安装工程量和当地类似建筑造价指标估算。

表 5-4-1 建设投资估算表

序号	工程或费用名称	建筑工程费/万元	设备购置费/万元	安装工程费/万元	其他费用/万元	合计/万元	比例/%
1	固定资产费用	0.00	11326.00	226.52	487.38	12039.90	99.92
1.1	工程费用	0.00	11326.00	226.52		11552.52	95.88
1.1.1	土建投资	0.00				0.00	0.00
1.1.2	设备投资		11326.00	226.52		11552.52	95.88
1.2	其他费用				251.31	251.31	2.09
1.2.1	土地费用				0.00	0.00	
1.2.2	项目前期费用				10.00	10.00	
1.2.3	环评费				5.00	5.00	
1.2.4	建设单位管理费				125.42	125.42	
1.2.5	设计费				40.00	40.00	
1.2.6	招标服务费				31.33	31.33	
1.2.7	工程建设监理费				7.48	7.48	
1.2.8	劳动安全评价费				5.78	5.78	
1.2.9	工程保险费				11.55	11.55	
1.2.10	联合试运转费				11.55	11.55	
1.2.11	施工图预算编制费				1.60	1.60	
1.2.12	竣工图编制费				1.60	1.60	
1.2.13	工器具及生产用具购置费				0.64	0.64	
1.2.14	工程质量监督费				1.13	1.13	
1.2.15	安全生产费				1.13	1.13	

续表

序号	工程或费用名称	建筑工程费/万元	设备购置费/万元	安装工程费/万元	其他费用/万元	合计/万元	比例/%
1.3	预备费				236.08	236.08	1.96
1.3.1	基本预备费				236.08	236.08	
1.3.2	涨价预备费				0.00	0.00	
2	无形资产费用				0.00	0.00	0.00
3	递延资产费用				9.20	9.20	0.08
3.1	生产人员准备费				7.20	7.20	
3.2	办公及生活家具购置费				2.00	2.00	
4	建设投资合计	0.00	11326.00	226.52	496.58	12049.10	100.00

该项目消耗与产出的产品价格在项目运营期内不考虑价格相对变动和通货膨胀的影响，按固定价格计算。电价采用现行的北京市工业用电价格，低谷电价为381.80元/(MW·h)，高峰电价为1322.20元/(MW·h)，尖峰电价为1440.90元/(MW·h)，具体时段划分见表5-4-2。

表5-4-2　北京市工业用电时段划分

用电时段	7～9月	1～6月，10～12月
00:00～07:00	低谷电	低谷电
07:00～10:00	平价电	平价电
10:00～11:00	高峰电	高峰电
11:00～13:00	尖峰电	高峰电
13:00～15:00	高峰电	高峰电
15:00～18:00	平价电	平价电
18:00～20:00	高峰电	高峰电
20:00～21:00	尖峰电	高峰电
21:00～23:00	平价电	平价电
23:00～24:00	低谷电	低谷电

由于该项目与抽水蓄能电站类似，均为大规模物理储能技术，故该项目可以参考抽水蓄能电站的电价补贴政策进行储能电价计算。根据《国家发展改革委关于进一步完善抽水蓄能价格形成机制的意见》（发改价格〔2021〕633号），"在电力现货市场尚未运行的地方，抽水蓄能电站的抽水电量可由电网企业提供，抽水

电价按燃煤发电基准价的 75%执行"。最终,该项目的储能电价是低谷电价的 75%,为 286.35 元/(MW·h),储能时间为 8h/天;释能电价根据尖峰电价与高峰电价的折算值计算,为 1333.33 元/(MW·h),释能时间为 8h/天。电站的年运行时间为 340 天/年。依据上述获得的 10MW 先进压缩空气储能系统成本和收益的基础数据,分别采用静态经济评价方法和动态经济评价方法计算压缩空气储能系统的技术经济效益指标。主要技术经济指标数据和计算结果详见表 5-4-3。根据静态经济评价方法,税前利润率为 13.08%,税后利润率为 9.81%,税前静态投资回收期为 5.14 年,税后静态投资回收期为 7.18 年。根据动态经济评价方法,税前净现值为 10152.16 万元,税后净现值为 4801.00 万元,税前内部收益率为 18.27%,税后内部收益率为 12.96%,税前动态投资回收期为 7.05 年,税后动态投资回收期为 11.39 年。

表 5-4-3 主要技术经济指标

序号	项目	单位	数值	备注
1	总投资	万元	12290.09	
1.1	建设投资	万元	12049.10	
1.2	流动资金	万元	240.98	
1.3	建设期利息	万元	0.00	
2	总收入	万元	102416.31	计算期总和
	年均收入	万元/年	4096.65	生产运营期均值
3	总成本	万元	47808.39	计算期总和
	年均总成本费用	万元/年	1912.34	生产运营期均值
4	总经营成本	万元	35859.66	计算期总和
	年均经营成本	万元/年	1434.39	生产运营期均值
5	总销售税金及附加	万元	14404.79	计算期总和
	年均销售税金及附加	万元/年	576.19	生产运营期均值
6	总利润	万元	40203.13	计算期总和
	年均利润	万元/年	1608.13	生产运营期均值
7	企业所得税总额	万元	10050.78	计算期总和
	年均企业所得税	万元/年	402.03	生产运营期均值
8	税后利润总额	万元	30152.35	计算期总和
	年均税后利润	万元/年	1206.09	生产运营期均值
9	利税总额	万元	54607.92	计算期总和
	年均利税总额	万元/年	2184.32	生产运营期均值

续表

序号	项目	单位	数值	备注
10	投资利税率		17.77%	年均利税总额/总投资
11	税后利润率		9.81%	年均税后利润/总投资
	税后内部收益率		12.96%	
	税后净现值	万元	4801.00	
	税后静态投资回收期	年	7.18	不含建设期
	税后动态投资回收期	年	11.39	不含建设期
12	税前利润率		13.08%	年均利润/总投资
	税前内部收益率		18.27%	
	税前净现值	万元	10152.16	
	税前静态投资回收期	年	5.14	不含建设期
	税前动态投资回收期	年	7.05	不含建设期

在开展静态经济评价和动态经济评价之后，进一步对压缩空气储能系统开展不确定性分析，选用工程中最能体现技术经济性指标的盈亏平衡展开分析。将产量、销售收入、生产能力利用率和销售价格 4 个指标的盈亏平衡点作为盈亏平衡分析的主要指标，对比收益模式下的盈亏平衡能力并进行分析。表 5-4-4 为计算所得压缩空气储能系统的盈亏平衡分析指标，图 5-4-2 为盈亏平衡时生产能力利用率。

采用单因素盈亏平衡分析方法，即在其他计算参数不变的条件下，压缩空气储能电站的发电量若低于 6509.66MW·h/年，或者销售收入低于 867.95 万元/年，或者发电的销售价格低于 703.06 元/(kW·h)，则项目无法获得收益。当上述盈亏平衡指标等于平衡点数值时，项目收益与成本持平。当上述盈亏平衡指标高于平衡点数值时，项目可获得收益。项目的盈亏平衡生产能力利用率为 23.93%，即当项目的实际生产水平达到设计生产能力的 23.93%时，项目可保本运营，若高于该数值则项目盈利。

表 5-4-4 压缩空气储能系统的盈亏平衡分析指标

指标	值
盈亏平衡产量/[(MW·h)/年]	6509.66
盈亏平衡销售收入/(万元/年)	867.95
盈亏平衡销售价格/[元/(MW·h)]	703.06
盈亏平衡生产能力利用率/%	23.93

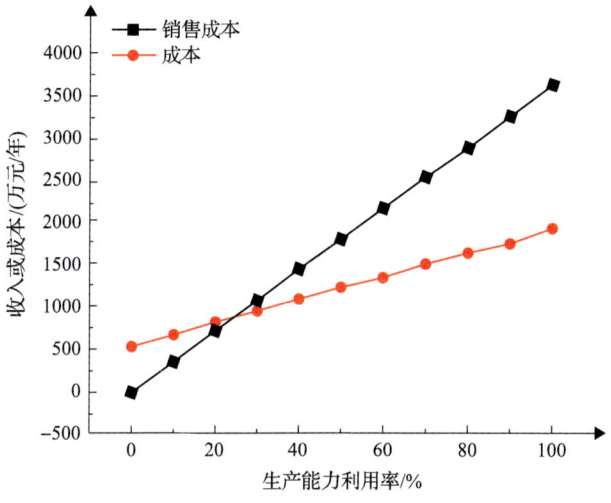

图 5-4-2 盈亏平衡生产能力利用率

本案例利用财务分析的数学模型，分别采用静态经济评价方法和动态经济评价方法对压缩空气储能系统进行了技术经济性分析，所得结果较为合理，案例中压缩空气储能系统具有较好的经济效益。此外，通过进一步利用盈亏分析的数学模型，为压缩空气储能系统的盈亏平衡分析找到了盈亏平衡点。在执行优惠上网标杆电价政策的条件下，电站的各项经济指标均表现出更好的收益效果，项目的盈亏平衡指标均向具有更低风险的方向变化，并且项目对预期风险表现出更好的抵抗应对水平，表明政策扶持对提高压缩空气储能电站的财务收益水平和抗风险能力具有重要作用。

5.4.2 热经济性分析

1. 热经济学方法概述

热经济学又叫作㶲经济学。热经济学的基本思路是把要分析的系统放到两个环境中进行考察：一个是物理环境，描述这个环境的参量为热力学的物理量；另一个是经济环境，描述这个环境的参量是一系列经济信息。物理环境受能量守恒等一系列自然定律的约束，经济环境应遵循一切经济规律，从这个基本思路出发，就可以建立热经济学的基本概念，并加以运用。

目前对于压缩空气储能系统尚未开展热经济学分析，类似研究主要集中在燃气轮机系统。热经济学理论是将热力学分析与经济学分析相结合的有力工具，是针对不同储能技术开展技术发展路线研究的关键。它既可以用于系统内各组元间热经济性的分析与优化，又可以用于多元系统间的相互优化与协同。随着我国可再生能源的快速发展和储能系统建设的不断推进，充分借助热经济学的手段，研究减少压缩空气储能系统自身不可逆损失的经济手段及压缩空气储能系统与可再生能源间熵增最小化的优化运行技术是目前亟需开展的工作。

本节构建适用于压缩空气储能的热经济学计算分析模型,选取先进压缩空气储能系统,开展热经济性计算,为压缩空气储能技术发展路线研究提供技术经济层面的指导。

2. 压缩空气储能热经济性模型

先进压缩空气储能系统包括压缩子系统、储气子系统和膨胀子系统,如图 5-4-3 所示。其中,E_{in}、c_{in} 分别为驱动压缩子系统电能所含的㶲和㶲单价;$E_{m\text{-}in}$、c_m 分别为压缩子系统进口空气所含的㶲和㶲单价;E_1、c_1 分别为压缩子系统出口空气所含的㶲和㶲单价;E_2、c_2 分别为储气子系统释放的空气所含的㶲和㶲单价;E_{out}、c_{out} 分别为膨胀子系统输出的电能所含的㶲和㶲单价;$E_{m\text{-}out}$ 为膨胀子系统出口空气的㶲;E_h、c_h 分别为回热㶲和热水㶲单价;C_{nc}、C_{ns} 和 C_{nt} 分别为压缩、储气和膨胀三个子系统消耗的非能量费用。

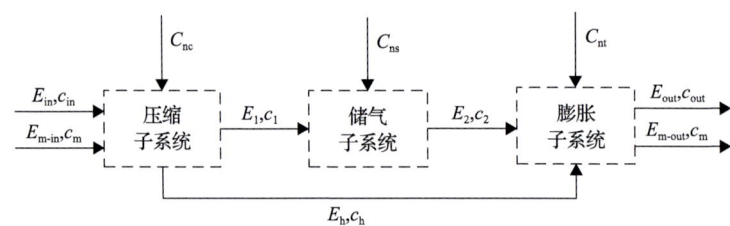

图 5-4-3　先进压缩空气储能系统子系统划分框图

在热经济学分析中,使用㶲定价对能量本身的特性进行能量定价。对于能量成本,根据获得能量所付出的代价可分为能量费用和非能量费用。结合子系统划分框图,各子系统盈亏平衡方程表示如下。

对压缩子系统,热经济平衡方程式为

$$c_{in}E_{in}+c_mE_{m\text{-}in}+C_{nc}-c_1E_1-c_hE_h=0 \quad (5\text{-}4\text{-}9)$$

对储气子系统,热经济平衡方程式为

$$c_1E_1+C_{ns}-c_2E_2=0 \quad (5\text{-}4\text{-}10)$$

对膨胀子系统,热经济平衡方程式为

$$c_hE_h+c_2E_2+C_{nt}-c_{out}E_{out}-c_mE_{m\text{-}out}=0 \quad (5\text{-}4\text{-}11)$$

对压缩子系统,可增加一个成本分摊方程式,即

$$\frac{c_1}{E_1} - \frac{c_h}{E_h} = 0 \qquad (5\text{-}4\text{-}12)$$

压缩子系统㶲损率 $\eta_{\text{ex,c}}$、储气子系统㶲损率 $\eta_{\text{ex,s}}$ 和膨胀子系统㶲损率 $\eta_{\text{ex,t}}$ 分别为

$$\eta_{\text{ex,c}} = \frac{E_{\text{in}} + E_{\text{m-in}} - E_1 - E_h}{E_{\text{in}} - E_{\text{out}}} \qquad (5\text{-}4\text{-}13)$$

$$\eta_{\text{ex,s}} = \frac{E_1 - E_2}{E_{\text{in}} - E_{\text{out}}} \qquad (5\text{-}4\text{-}14)$$

$$\eta_{\text{ex,t}} = \frac{E_2 + E_h - E_{\text{out}} - E_{\text{m-out}}}{E_{\text{in}} - E_{\text{out}}} \qquad (5\text{-}4\text{-}15)$$

各子系统非能量费用表示如下。

对于多级压缩机,其成本估计方程为

$$C_c = (1 + a_c) \frac{19200 G_c}{\eta_{\text{ex,c}} - \eta_c} \sum_{i=1}^{n_c} (\varepsilon_{ci} \ln \varepsilon_{ci}) \qquad (5\text{-}4\text{-}16)$$

式中,C_c 为压缩机成本;a_c 为根据当前价格对成本的修正系数;G_c 为压缩机流量;ε_c 为压比;$\eta_{\text{ex,c}}$ 为压缩机的极限效率;η_c 为压缩机设计效率;n_c 为压缩机的总级数,$i = 1 \sim n_c$。

对于多级膨胀机,其成本估价的半经验公式为

$$C_t = (1 + a_t) \frac{5873 G_t}{\eta_{\text{ex,t}} - \eta_t} \sum_{j=1}^{n_t} \ln \pi_{tj} \qquad (5\text{-}4\text{-}17)$$

式中,C_t 为膨胀机成本;a_t 为根据当前价格对成本的修正系数;G_t 为膨胀机流量;π_{tj} 为膨胀比;$\eta_{\text{ex,t}}$ 为膨胀机的极限效率;η_t 为膨胀机效率;n_t 为膨胀机的总级数,$j = 1 \sim n_t$。

储气室成本取为

$$C_s = 1.15 \times 10^7 H_s + 3844 \qquad (5\text{-}4\text{-}18)$$

年度非能量总费用为

$$C_n = (1 + b) \frac{1 - r}{y} (C_c + C_s + C_t) \qquad (5\text{-}4\text{-}19)$$

式中，H_s 为储气时间；y 为系统固定设备折旧年限；r 为系统固定设备净残值；b 为系统年运行费用占折旧费的比例。

通过盈亏平衡方程与质量平衡、能量平衡及㶲平衡方程的联立，对整个储能系统的热力学量与经济学量建立关系，使热力学量价格化，从而实现了系统中物质流、能量流、㶲流和现金流的有机统一。通过进行热经济学分析，可以得到各子系统间㶲流的价格差异及差异来源，通过交叉比较，可以得到整个系统应改进部分的经济优先顺序，实现投资决策的定向量化支持。

考虑热经济学方法，提出"㶲经济收益率"（exergy economy benefit ratio, EEBR）的概念来评价系统的热经济性，其定义式为

$$\text{EEBR} = \frac{b_{\text{ex}} - c_{\text{ex}}}{c_{\text{ex}}} \tag{5-4-20}$$

式中，b_{ex} 为系统输出㶲所获得的收益；c_{ex} 为系统获得输出㶲所需要的最小成本。

3. 典型压缩空气储能系统的热经济性分析

以 10MW 先进压缩空气储能系统为案例，进行热经济性分析。该系统关键设备包括多级间冷压缩机、多级再热透平膨胀机、压缩机冷却器、膨胀机再热器、蓄热器、储气室等。表 5-4-5 为 10MW 先进压缩空气储能系统设计方案的关键性能参数。

系统固定设备净残值 r 取 0.05，系统年运行费用占折旧费比例 b 取 0.25，系统固定设备折旧年限 y 取 15 年，根据式(5-4-16)～式(5-4-19)计算可得如下关系，即

表 5-4-5 10MW 先进压缩空气储能系统性能参数

性能参数	数值
系统输出功率/MW	10
储电时间/放电时间比/(h/h)	4/4
系统效率/%	65
储气室容积/m³	20813
储气压力/放气压力/(bar/bar)	100/70

压缩子系统全年非能量成本为

$$C_{\text{nc}} = 206 \text{ 万元/年}$$

储气子系统全年非能量成本为

C_{ns}=357 万元/年(储气时间取 4h)

膨胀子系统全年非能量成本为

C_{nt}=127 万元/年

用于驱动压缩子系统消耗电能的㶲单价为买入电价，在不考虑政策补贴的情况下为谷时电价，取自江苏省企业峰谷分时销售电价表。压缩子系统的㶲单价为 0.2821 元/(kW·h)，峰时电价为 1.0307 元/(kW·h)。

图 5-4-4 和图 5-4-5 分别为 10MW 先进压缩空气储能系统㶲流图和单位㶲成本变化图。计算结果表明，在不考虑空气㶲成本的条件下，膨胀子系统输出的电能㶲单价 c_{out}=0.502 元/(kW·h)，为了保证收支平衡，电能的最低卖出价格远小于峰时电价。根据前述㶲经济收益率计算公式，本案例 10MW 先进压缩空气储能系统的㶲经济收益率为 111.55%，案例计算的系统热经济性是可行的。此外，压缩、储气、膨胀子系统分别因其非等熵压缩、非等熵储/放气、非等熵膨胀，所以系统㶲流单调降低，而子系统单位㶲成本增加。根据成本分摊原则，回热㶲价格较低，故在膨胀子系统处的㶲成本因回热㶲成本较低而有所下降。

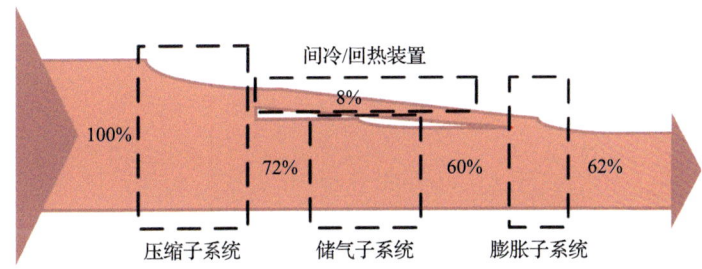

图 5-4-4 10MW 先进压缩空气储能系统㶲流图

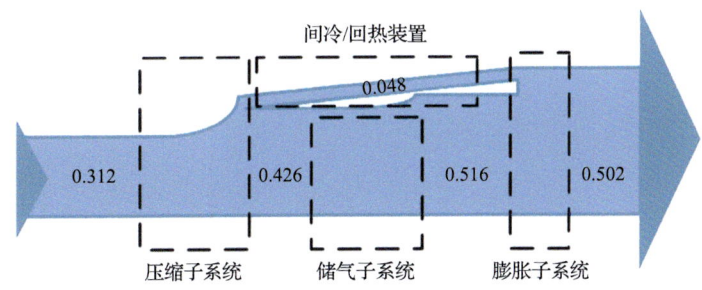

图 5-4-5 10MW 先进压缩空气储能系统单位㶲成本变化图

根据上述计算，全年能量成本为 5260561 万元，全年非能量成本为 690 万元，能量成本在总成本中占绝大多数。图 5-4-6 为系统非能量成本的构成，储气子系统占比最大，其次为压缩子系统，最后为膨胀子系统。图 5-4-7 为系统㶲损率构成，本案例压缩空气储能系统的㶲损主要来自压缩子系统和储气子系统，其㶲损分别占总㶲损的 51.8%和 33.3%，其余为膨胀子系统㶲损。结合非能量成本构成，从热经济学角度分析，压缩子系统的㶲损率最高，但非能量成本并不是最高的；膨胀子系统的㶲损率最低，非能量成本也最低。从热经济学角度进行系统优化，应首先关注压缩子系统。

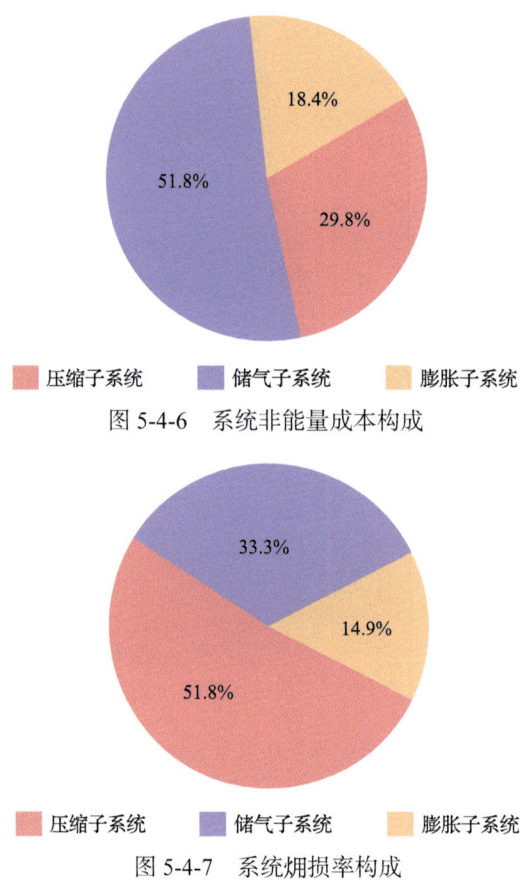

图 5-4-6　系统非能量成本构成

图 5-4-7　系统㶲损率构成

第6章　压缩空气储能技术展望

压缩空气储能作为一种物理储能技术，从登上能源发展历史舞台的那一刻起，就具有大规模、高安全、长寿命等技术优势，也是目前唯一可与抽水蓄能媲美的新型储能技术，具有广阔的发展潜力。随着全球能源结构的转型和低碳技术的发展，先进压缩空气储能技术获得了广泛关注。预计到2030年左右，先进压缩空气储能行业将实现全面产业化，规模效应完全呈现，为构建以新能源为主体的新型电力系统提供强有力的支撑。

6.1　技术展望

为了满足大规模商业推广的需求，先进压缩空气储能系统需要根据多种应用场景发展新型压缩空气储能系统，攻克相关技术瓶颈，本节将从新型系统的发展和关键技术难点两个角度出发对压缩空气储能技术进行展望。

6.1.1　新型系统

1. 大规模压缩空气储能系统

在"双碳"目标下，2030年后，我国新型电力系统中的可再生能源比例将大幅提高，火力发电的比例大幅降低，储能在电网中的作用更加凸显，为了保证电力系统的安全、稳定、高效运行，大功率、长时储能系统成为必然发展趋势。从技术本身看，压缩空气储能系统集成了旋转动力装备和换热装备，具有明显的宏观尺度效应，机组规模（包括功率和容量）与系统效率和单位成本休戚相关，未来压缩空气储能技术必将继续向大型化方向发展，单机组功率将达到600MW甚至更高。大规模长时压缩空气储能既是建设以可再生能源为主体的新型电力系统的紧迫需求，也是压缩空气储能技术科学发展的必然方向。

从全球储能技术发展的态势看，各主要国家正在加速布局长时储能，谋划未来。早在2011年9月，美国能源部率先启动"长时储能攻关"计划，将电化学储能、压缩空气储能、储热等纳入考虑，积极发展满足电网灵活性所需的持续时间和成本目标的储能技术组合。特别是德州大停电事故以后，全球更加重视大规模长时储能在能源结构转型和保障电网安全方面的战略支撑作用。2021年，在苏格兰格拉斯哥举行的联合国气候变化峰会上，英国石油公司、西门子能源公司、Highview Power公司、Form Energy公司等25家能源和科技公司共同发起并成立了长时储能理事会。该理事会宣示其使命是"零碳取代化石燃料，解决能源不平衡"，并将长时储能视为通往无碳未来之路的关键支柱。在各国继续扩大可再生能源部署的情况下，长时储能系统的部署可能在未来几年加快进行。

在加快长时储能部署的过程中，压缩空气储能因其储能容量大、使用寿命长、响应速度快、建设无地理条件限制等技术优势，获得了广泛关注。2020年美国能源部发布《储能大挑战》，将压缩空气储能系统作为一种典型的大规模长时储能系统，认为它是全生命周期成本最低、最具潜力的大规模长时储能系统，并预计到2030年的平均安装总成本为118美元/(kW·h)，运行成本低于0.05美元/(kW·h)。根据我国国情，综合考虑可再生能源间歇性、电网波动特征和储能经济性，一般将单台释能功率大于100MW、释能时间大于4h的储能系统归为大规模长时压缩空气储能系统。未来大规模长时压缩空气储能系统依托先进的大功率压缩机和膨胀机设计技术，系统功率可达300MW级以上，通过大型天然洞穴、人造洞穴、改造巷道等方式实现长时大容量储气。

2. 微小型压缩空气储能系统

微小型压缩空气储能的规模一般为千瓦～兆瓦级，具有应用灵活、适应性强、成本低、易维护等优势，广泛应用于多个领域，包括分布式储能/分布式可再生能源、偏远地区能源系统、应急电源、微小型动力等。因此，微小型压缩空气储能技术得到了广泛关注。

微小型压缩空气储能技术与大规模压缩空气储能技术的原理类似。微小型压缩空气储能技术可将低谷电和可再生能源出力存储起来，并将其作为分布式供能系统的电力补充、应急电源及微小型动力等。1～100kW级微小型压缩空气储能系统一般采用涡旋式、螺杆式、活塞式等压缩机和膨胀机，100kW～1MW级微小型压缩空气储能系统一般采用离心式压缩机和向心式膨胀机。

综合国内外的研究现状，微小型压缩空气储能技术的研发趋势如下：微小型压缩空气储能系统的研究主要集中在总体系统方案设计、关键部件与集成应用三个层面。不同的应用领域对系统功率、效率、响应时间、能量密度等方面的要求不同，需要采用不同的系统方案，如在分布式储能领域要求优先考虑功率与效率，在应急电源领域需要优先考虑响应时间。在关键部件层面，微小型压缩空气储能系统的主要关键部件为压缩机与膨胀机，其结构型式包括容积式与叶轮式。系统工作压力一般为4～10MPa，需要针对其压力等级开展高效压缩机、膨胀机的设计，从而优化结构，提升部件效率。在集成应用层面，亟需建设系统示范平台，开展应用测试,掌握系统运行与控制规律。例如,在应急电源应用领域,通过控制系统、阀门与膨胀机的快速响应,实现及时电力输出,维护用电设备安全,在不同应用场景进行试验测试,为该技术的推广应用提供基础。

3. 等温压缩空气储能系统

等温压缩空气储能系统能够实现更高的压力、效率与能量密度,是当前新型压缩空气储能研究的热点之一。通过直接接触换热与间接换热等特殊的换热方式实现等温压缩与等温膨胀是等温压缩空气储能系统的关键技术。在储能过程,向空气喷入大比热容的介质或通过非接触的方式与压缩空气进行快速换热,控制压缩过程的温升,然后通过分离器等设备获得压缩空气并存储;在释能过程,通过向压缩空气喷入高比热容介质或通过非接触方式与压缩空气进行快速换热,从而控制空气的温降,再通过分离器获得换热介质。等温压缩空气系统能够实现单级高压比,比绝热压缩空气储能系统的结构简单,不需要级间换热器,这在一定程度上降低了流动损失,具有较高的系统效率。在理想等温压缩过程中,压缩过程中的温度保持不变,故等温压缩机消耗的比功低于具有相同压力比的绝热压缩机所需的比功;在膨胀过程中,通过持续提供热能,以保证压缩空气在恒温下膨胀。因此,在充电过程中用于运行压缩机的电力可以在放电过程中完全恢复,等温压缩空气储能系统的理想循环效率可以超过90%,系统能量密度为$5\sim30kW\cdot h/m^3$。

综合国内外的研究现状,等温压缩空气储能技术的发展趋势如下。①等温压缩空气储能与风能等可再生能源耦合方面,可以应用于陆上、海上风电或其他可再生能源。该系统需要具有较宽的工况范围,需综合考虑容量规模、经济性、环境等因素对储能容量进行优化匹配。②等温压缩空气储能关键部件优化设计与试验研究方面,需要进行结构型式创新与参数优化设计,并开展相应的试验研究,验证等温过程的总体性能及其流动与换热机理,进一步开展高压、实际动态过程的试验研究。③储能系统等温压缩/膨胀过程两相流流动及其强化传热机制研究方面,直接接触换热(气液两相流)具有较高的传热效率,针对不同工作压力、不同工作温度及不同压缩/膨胀机械结构条件下两相流的流动特点及传热机制需要开展基础理论与试验研究,特别是在高压比下液相中的液滴、喷射方式等的作用机制及其对性能的影响还需要开展系统、深入的研究探索,并结合相关试验,完善理论方法。

4. 水下压缩空气储能系统

水下压缩空气储能技术可以极大地拓宽压缩空气储能系统的应用场景,减少对陆地面积的需求,发挥内陆和海洋水资源的优势。目前,海上风能、海洋波浪能及水面浮动式光伏等可再生能源技术已得到快速发展,但却面临波动性、间歇性、不稳定性和低可靠性等问题。水下压缩空气储能系统是加快海上可再生能源利用、实现高品质电能供应、推进海洋经济高质量发展的重要技术手段。该技术通过将高压空气存储在水下（海底或湖底），利用水的静压特性来维持空气压力恒定，从而有效降低储能和释能过程中变工况性能损耗，同时避免占用大量的陆地资源，具有广阔的发展前景。

水下压缩空气储能与常规压缩空气储能相比具有以下独特的技术特点：①存储容器必须能够长期适应水下或海洋环境，具有较高的强度、水密性、气密性和耐腐蚀性等，同时需要考虑生物附着及对水环境的影响；②需要结合水下环境考虑存储容器的固定及回收方式；③水下管道方面需要考虑管道的材料、尺寸、固定及管口位置选取等；④系统选址方面需要合理选择存储容器的安放位置；⑤系统部件性能需要考虑水环境的影响。

综合国内外的研究现状，水下压缩空气储能技术的发展趋势如下：①水下压缩空气储能与水上可再生能源耦合系统可以解决可再生能源的间歇性和不稳定性问题，是大规模利用水上特别是海上可再生能源的迫切需要；②柔性容器储气与刚性容器储气相比成本更低、便于维修、可行性更高，是未来水下压缩空气储能系统的主要发展方向，需要开发长寿命、高可靠性、低成本的柔性容器；③需要针对深水环境开展相关研究工作，包括深水高压环境下的气囊试验、管道布置、水下施工等，以有效提高系统能量密度。水下压缩空气储能项目必须靠近水源地，其应用场景包括近海区、海上平台、岛礁及内陆近湖区等，可用于配合水上/海上可再生能源发电、备用电源及提供电力调峰等。

5. 压缩空气储能耦合系统

压缩空气储能系统的运行涉及冷、热、电等多种能量形式的存储和转化，具有良好的环境适应性和兼容性，便于与多种能源系统耦合集成。为了提升系统工作方式的灵活性、提高系统效率和适应特殊用途等，先后出现了多种与压缩空气储能耦合的系统，主要包括两类：压缩空气储能系统与其他储能系统的耦合（混合储能系统）、压缩空气储能与其他能源动力系统的耦合。

混合储能系统为两种或多种不同类型储能技术的耦合形成。正如前文所述，储能技术可以分为容量型与功率型，压缩空气储能系统属于容量型的储能装置，将其与其他类型的储能装置进行耦合利用能够同时发挥各自优势，同时满足诸多要求。例如，基于最大效率点跟踪的超级电容与压缩空气储能混合系统，超级电容具有瞬时功率大、响应速度快和循环寿命长等优点，将其作为辅助储能设备与压缩空气储能耦合利用能够最大限度地跟踪突变功率，维持电网电压稳定。由压缩空气储能、蓄电池与超级电容组成的新型多元复合储能系统适合用于风电平抑，在满足同样平抑效果的前提下，混合储能系统在成本上的优势更明显。

压缩空气储能与其他能源动力系统耦合。例如，与燃气轮机耦合能够大幅提升系统的功率范围，回收利用尾气余热，提升系统效率。研究表明，以 GE7FA 燃气轮机为基础的压缩空气储能-燃气轮机混合动力系统，耦合系统输出功率增加约 26.7%，热消耗率下降约 59%。压缩空气储能系统与火电机组耦合能够实现火电机组的灵活调峰，对于热电机组能够实现热电机组热电解耦，灵活高效的火电机组能更好地适应未来电力系统的需求。压缩空气储能与内燃机耦合同样可以提升耦合系统的功率范围与能源利用效率。与可再生能源(风、光、生物质等)耦合可以将间歇式可再生能源"拼接"起来，并稳定输出，为可再生能源大规模利用提供有效的解决方案。

综合国内外的研究现状，压缩空气储能耦合系统的发展趋势如下。①基于压缩空气储能的混合储能系统，通常为容量型与功率型储能技术相结合，充分发挥各自优势，拓展储能技术的应用场景。混合储能系统的应用需要对其功率与容量进行优化匹配，通过优化控制策略，提升应用的灵活性与经济性。②压缩空气储能系统与燃气轮机等传统能源动力系统耦合，可提升系统应用的灵活性与适用性，通过回收利用其他热力循环的热能，提高能源利用率。该系统能够为用户提供多种类型的能源供应，实现冷、热、电三联供，具有较好的应用前景。③压缩空气储能与可再生能源相结合，能够提升可再生能源并网率，所以需要深入研究压缩空气储能系统的宽工况工作性能及其与可再生能源的匹配特性，进而掌握耦合系统的并网特性，推进耦合系统的大规模应用。

6.1.2 关键技术

1. 系统集成技术

1) 全工况设计

压缩空气储能系统的设计目前多基于设计点的定工况热力学分析进一步提出改进方案，也有少部分只针对系统个别参数开展变工况分析，但范围较窄。随着可再生能源大规模接入、电网负荷平衡要求的提升，压缩空气储能系统的实际运行工况更加复杂，设计点的定工况和个别参数范围较窄的变工况设计方案已经无法满足系统安全运行的需求。因此，需要开展更加全面的全工况设计，主要包括三个方面：①参数更加全面，不仅包括总压比、蓄热温度和级数等基本参数，还包括换热面积、换热器流动布置、管路损失等细节参数；②工况更加全面，尤其关注临界工况，获取每个工况点的热力学参数及性能；③系统设计和变工况分析的交互更强，通过变工况特性对设计点的参数进行直接修正。

2) 非稳态设计

压缩空气储能系统的全工况设计以稳态工况为设计基础，然而系统实际运行为变工况运行，存在过渡态。为了保证系统设计更准确、高效并符合实际运行工况，需要进一步开展系统非稳态设计，主要涉及两方面内容。①系统热力学非稳态特性分析。建立系统整体非稳态模型，在典型过渡工况及应用场景下进行系统的过渡态分析，并对影响过渡态特性的参数加以改进，如管道尺寸、换热器尺寸、压缩机和膨胀机轴系结构等。②耦合控制策略的系统非稳态建模及分析。分析系统非稳态运行工况的特性，确定最佳的系统运行策略，实现系统最优的非稳态特性。

3) 测试与调控技术

随着压缩空气储能技术的快速发展，不断有大规模甚至超大规模压缩空气储能机组接入电力系统运行，以增强大电网系统的调控能力。为了提高机组的运行控制水平，充分发挥其在调峰调频、应急备用、无功调节等方面的巨大作用，需进一步发展压缩空气储能测试与调控技术，主要包括三方面内容。①系统运行调控机制、能量管理。分析研究多场景模式下储能系统的运行准则，建立储能与电力系统耦合调控模型和优化目标，给出模型变量的约束条件，利用最优化控制理论和方法对系统运行调控问题进行求解，建立能量管理系统，突破压缩空气储能运行调控的一般性控制策略问题。②储能系统关键部件控制。针对电动机-压缩机组、膨胀机-发电机组、蓄(换)热器、储气装置等复杂非线性控制对象，基于相应物理机制建立状态空间模型，运用现代控制理论、非线性控制方法，对控制系统结构、控制算法开展系统研究，在控制系统稳定性分析、控制品质量化计算、系统稳态及非稳态控制问题上取得进展。③储能系统测试与并网。建立储能系统测试模型，运用滤波、估计、传感数据融合等测试方法，对储能系统及关键部件进行动静态测试、多维度测试，获取大量具有高可信度的测试数据；建立储能系统电力模型，开展机组并网特性分析与测试，在储能系统并网运行方面取得进展。

2. 压缩机技术

1) 大功率压缩机技术

目前中小型压缩空气储能系统的效率还较难与抽水蓄能、电化学电池等储能技术相媲美，因此需要发展更大规模的压缩空气储能系统以实现效率的较大提升和单位成本下降，充分发挥压缩空气储能系统的优势。每一代压缩空气储能技术的发展都是以高效稳定的能量转化为目标。任何一种压缩空气储能系统，在能量存储过程中都离不开压缩机这一核心设备。不同容量的压缩空气储能系统适用的压缩机类型也有所不同，从满足小流量工况的容积式压缩机，到适用于中等流量的离心压缩机，再到由更大流量的离心压缩机和轴流压缩机构成的组合机组，甚至由超大流量的全轴流压缩机构成的大型机组。在压缩空气储能系统压缩机的研发中，需将压缩机行业最先进的空气压缩技术与大规模压缩空气储能系统的特殊需求有机结合在一起，从而实现更高效稳定的能量转化以提升储能系统整体性能。

2) 变几何调节技术

压缩空气储能系统因储气流量、压力会随需求时刻发生改变，所以压缩空气储能系统中的压缩机存在连续变工况和频繁启停等情况。为了提高储能系统整体的效率，保证离心压缩机在变转速运行过程中始终在最高效率点运行，可以通过在压缩机组中加入可变几何调节机构来实现，即可变进口导叶和可变静叶。但单一机构的调节能力有限，随着压缩机变工况的范围扩大，使用多个可调进口导叶和可变静叶，甚至压缩机每级均安装调节机构已成为一种必然选择，因此多导叶优化调节方法更适合以高效变工况为目标的大规模压缩空气储能系统。多个调节机构联合调节要兼顾压缩机各级自身性能和级与级之间的优化匹配，这必然会极大地增大压缩机变工况的控制难度。在压缩空气储能系统压缩机的调节过程中，需结合先进的控制算法与压缩机特性最优匹配模型来开展，以实现在拓宽系统变工况范围的同时提高系统效率。

3) 增材制造技术

为了实现压缩空气储能系统的特殊需求与高效率的目标，作为其核心部件之一的压缩机在设计中需要综合考虑流动、机械、热力等特性，故压缩机的结构变得更加复杂。对于这类部件的加工，采用传统制作方法的难度大，生产时间和成本很高。增材制造与传统的减材制造技术不同，它是根据数字定义并通过逐层制造产生最终几何形状，能实现任意复杂结构的制造。将增材制造用于压缩空气储能系统压缩机部件的优势在于可以利用流动、机械、热力和其他优化方法来设计以前无法制造的复杂零件，并能优化零件中的材料分布并减轻重量，同时满足对部件机械和其他性能的要求，缩短加工时间和相关成本；并且更易针对特定储能系统的要求进行部件定制，易于对破损组件的快速修复加工，节省维护成本。在压缩空气储能系统压缩机的制造中，可以结合拓扑优化和混合分析热优化等现代优化技术，获得更高效且更易于维护的压缩机组。

3. 蓄热换热技术

1) 紧凑式换热器

在换热器中，由于气侧传热系数较低、换热器自身热容量严重影响了系统启动特性，并且换热器需要与压缩机和膨胀机高度集成，因此需要换热器具有较大的传热面积、较小的体积和重量。紧凑式换热器是传热面积与体积之比很大的换热器的总称，拥有高的比表面积（$>700 m^2/m^3$）和较小的水力直径。紧凑式换热器的体积小、重量轻，能够降低成本并提高性能，非常适合压缩空气储能系统。随着强化传热理论的不断完善和机械制造工艺水平的不断提高，现有的钎焊板式换热器、板翅式换热器、印刷电路板式换热器的单位传热面积和传热能力将继续提高，耐高压、高温和耐腐蚀新材料的应用将扩大其适用工况范围和传热介质范围。

2) 表面式换热器

压缩空气储能技术追求的目标是更高的储释能压力以提高系统性能、更高的储热换热温度以提高膨胀机做功能力、更高的设备可靠性以提高系统商业运行稳定性、更高的耐蚀能力以扩大系统环境适用范围。因此，亟需发展高效、紧凑、承压能力高、工作温度高、安全可靠的换热技术。印刷电路板式换热器作为表面式换热器的典型代表之一，具有上述优点，可应用于压缩空气储能系统。印刷电路板式换热器采用"化学刻蚀"方法，在传热板表面加工多个直径为 0.5～2mm 的微小流道，然后利用"真空扩散"技术将传热板焊接在一起。印刷电路板式换热器可在温度高于 900℃和压力高于 60MPa 的极端环境下运行，比表面积大于 2500m^2/m^3，由于无垫片、钎焊和管板，故具有更高的设备完整性和可靠性。印刷电路板式换热器已经越来越广泛地应用在油气、化工、电能、制冷等领域，但因其加工工艺的特点，成本仍非常高。未来生产规模的扩大和加工制造水平的提高将使制造成本持续下降，所以印刷电路板式换热器在高压、高温和耐腐蚀等极端苛刻工况下的压缩空气储能系统的应用中具有非常大的潜力。

3) 阵列式换热器

压缩空气储能是一种大规模长时储能技术，超大储能功率和容量既能提高电网的可再生能源渗透率，也是提高系统效率和降低成本的关键。由于换热器传热面积随系统功率的提高而增加，蓄冷蓄热体积随储能容量的增加而增加，所以单体换热装置和蓄冷蓄热设备无法满足超大功率和容量的需求，需要采用阵列式设计方法。阵列式是指将多个相同的蓄冷蓄热或换热装置以一定顺序排列，通过流体通道的汇集和分流使其串联和并联为具有综合功能和作用的整体，进而实现传热功率和蓄冷蓄热容量的增加，以及在不同功率和容量需求下对系统的灵活调节。首先，蓄冷蓄热和换热单元的阵列式设计中需要通过对排布形式、汇集管与单体间尺寸的优化来确保各单体间流量分配均匀；其次，在结构设计上要考虑紧凑阵列式布置下的温度应力对结构强度的影响；最后，规模相对庞大的换热阵列与动力设备间管路的集成难度成倍增加，需要有针对性地开展对整体流场的特性分析。

4. 膨胀机技术

1) 大功率膨胀机技术

为了进一步发挥压缩空气储能系统容量大、工作时间长、经济性好等优势，大功率膨胀机将成为发展方向之一。与中小功率膨胀机不同，大功率膨胀机存在长轴系转子动力学问题、释能发电过程高效运行与协调控制技术问题等。今后可从以下方面进行突破：①紧凑、高效的通流结构，包括局部低粗糙度表面进气室、非对称分布导叶等，该结构可以减少轴系长度、改善转子动力学问题并保证气动效率；②喷嘴配气调节技术，包括配气阀组无扰切换控制、顺序进气喷嘴分配等，可在降低膨胀机进气阀节流损失的同时，提高变工况调节范围与能力；③膨胀机耦合电网动态调节方法，包括释能过程阀门-减压容器耦合动态调控、双馈发电型变速释能系统等。

2) 变几何调节技术

为了进一步提高大功率膨胀机对变工况的适应性，变几何调节技术将成为重要方法之一。该技术主要通过转轴改变叶片安装角，调整膨胀机通流能力，实现其级间的有效匹配，提高变工况性能。需要指出的是，大功率膨胀机存在高压工况（>6.5MPa）下动静间隙泄漏损失问题、非均匀来流下高展弦比变几何长导叶旋转机构变形与强度问题、变负荷滑压释能过程的高效调节问题等。未来可从以下方面进行突破：①高压工况变几何导叶间隙泄漏流多元控制技术，包括现有台阶型球面端壁、叶端凹槽、叶端小翼、蜂窝密封等技术的耦合及对新型密封结构的设计；②可调长导叶流固耦合分析与设计方法；③变几何导叶过渡态调节特性及单级、多级调节策略等。

5. 储气技术

作为压缩空气储能系统的关键技术之一，储气技术也在实践中探索着自身的发展路径，从刚性储气到柔性储气、从自然结构储气到人造空间储气，储气技术一直秉承安全的核心理念，为压缩空气储能系统提供经济、稳定、高效的装置。随着储能规模的不断增大，储气子系统的容积不断扩充，随之而来的不仅是量的增长，相应的技术难度也在进一步提升，需要匹配发展相应的储气技术。

1) 盐穴储气

盐穴储气是将地下溶盐采卤后形成的腔体用于储存压缩空气的一种设施，因其具备密封性好、渗透率低及自动愈合能力强的特点，近年来应用于储气技术。盐穴储气作为一种自然结构的储气形式，在我国发展得相对较晚。由于自身地质结构的复杂性，而且我国盐穴资源具有盐层薄、夹层多、品位低及不溶物含量高等特点，盐穴储气的建库差异性较大，对盐穴储气库安全性、稳定性的评价难度也较高。随着能源发展需求及实践的深入，盐穴储气技术必将进一步完善，形成较完备的选址评价技术、老腔改造与评价技术、高效造腔技术及注采运行监测技术等。其中，选址评价技术是以沉积学、构造学为基础，采用先进的地震勘探与测井方式，对盐层的整体构造、沉积特征、空间分布、夹层特性、顶板底板密封等进行研究，形成专业的盐穴选址、定层及布井框架体系，为盐穴储气技术提供有效指导。

2）人造洞穴储气

相比于盐穴储气，人造洞穴储气更具灵活性，不同于盐穴储气，它对盐岩资源的地质条件有着严格的要求。由于硬岩岩层具有更高的抗压强度且地层分布广泛，岩石可选择类型较多，可满足一般人造洞穴储气库的地质要求，因此更适合压缩空气储能系统的开发利用。人造洞穴储气通过人工挖掘，在合适的岩盐地层中形成一定规模的空间，用于储存压缩空气。区别于天然地下洞穴，人造洞穴主要以浅埋地下的人工内衬洞穴储气室为主。人造洞穴储气对衬砌密封及稳定性的要求较高，尤其是在储能与释能阶段，在压力与温度的交变作用下需要具有足够的安全裕度。积极探索并引入新的衬砌材料及结构型式，使其具备较高的抗疲劳性能，保持较好的运行稳定性是人造洞穴储气发展的趋势。

3）柔性储气

柔性储气是一种新兴的储气技术，该技术引入了新的复合材料，可在不降低耐压等级的前提下降低设备自重且保持一定柔性，具备耐腐蚀、抗疲劳等特点，进一步节省了材料并降低了加工难度。柔性储气从外形上看一般没有固定的结构型式，其结构可随储能系统需求及外界环境发生变化，在水下压缩空气储能系统中具有较理想的应用前景。由于柔性储气室选用增强热塑性的复合材料，在内外表面布置耐腐蚀、耐磨损的聚烯烃，并且运行工况下其内外压差较小，对材料本身承压能力的要求不严格，所以柔性储气室具有更好的水下环境适应性和更长的寿命。柔性储气的发展应以研发新材料为主线，并结合长时间的充放气试验完善数据库，不断迭代，为更大规模的储气装置提供基础支撑。

4）巷道储气

无论是煤炭矿洞还是金属矿洞，我国作为资源大国已在地下形成数以亿计的开采空间。合理开发利用矿洞资源，不仅能变废为宝，还能缩短建造周期，提高储气的经济性。巷道储气主要以废弃矿洞的地下巷道为主要空间，通过对其进行改造再利用来储存压缩空气。与人工洞穴储气不同的是，巷道在形成阶段缺乏对岩盐层的密封保护。岩体质量差、抗压强度低等可能导致岩体结构破坏，并且巷道分布范围大，存在较多副巷，这也增加了密封的难度。因此，在巷道储气技术中需重点筛选矿井资源，进行密封性、稳定性评价及储气量、储气压力核算等，形成专业的巷道筛选原则和评价体系。

6.2 应用展望

随着可再生能源的规模化发展,与可再生能源配套发展的储能技术应用迎来最好的发展机遇。国家《"十四五"现代能源体系规划》和《"十四五"能源领域科技创新规划》,明确了加快新型储能技术规模化应用,探索储能聚合利用、共享利用等新模式新业态,并且规划了储能技术与应用路线图。在市场需求和政策鼓励下,近年来储能装机迅速增长。根据国际可再生能源署数据,中国、美国、欧洲位于全球可再生能源装机增速前列,其中国内储能市场连续两年实现了超200%的高速增长。本节将从经济性和产业发展两个角度对压缩空气储能的应用进行展望。

6.2.1 经济性

压缩空气储能技术的经济性与其成本直接相关。压缩空气储能技术的成本主要包括资本性支出(如设计成本、设备采购成本、系统集成与安装成本、土建施工成本、并网成本等)和运营支出(如运维成本、人员成本、质保成本及保险等)。目前,压缩空气储能系统的成本仍偏高,主要原因在于尚未得到大规模商业化应用、系统单机功率较小及压缩空气过程产生的热能、膨胀做功过程释放的冷能尚未得到有效回收利用。根据已有项目数据,已投运的 10MW 压缩空气储能初装成本在 1700 元/(kW·h) 左右,100MW 压缩空气储能系统初装成本为 1000~1200 元/(kW·h)。当前,压缩空气储能项目正在向大容量、高参数、规模化方向发展,加之对压缩热量和膨胀冷量的高效利用,未来压缩空气储能系统的成本可大幅下降,如图 6-2-1 所示,到 2060 年,压缩空气储能系统的成本将达到较低水平。

随着系统规模的不断增加,压缩空气储能的单位投资成本也持续下降。系统规模每提高一个数量级,单位成本下降可达 30% 左右。据国外知名机构预测,到 2028 年压缩空气储能电站的投资成本将低于 191 美元/(kW·h)(图 6-2-2)。美国能源部发布《储能大挑战》系列报告指出,当储能规模超过 100MW/400MW·h,压缩空气储能比抽水蓄能具有更好的经济性,远低于电化学储能技术的投资成本,如图 6-2-3 所示。

压缩空气储能技术的经济性不仅与成本有直接关系,还与应用领域和商业模式息息相关。①在发电侧,压缩空气储能主要促进可再生能源的消纳,不仅可以通过可再生能源消纳再发电获取收益,部分地区还会获得发售电量补贴,提升经济性。②在电网侧,压缩空气储能能够以独立身份参与电力辅助服务市场,通过提供调峰调频、应急功率响应等多种辅助服务获得收益;也可以应用合同能源管

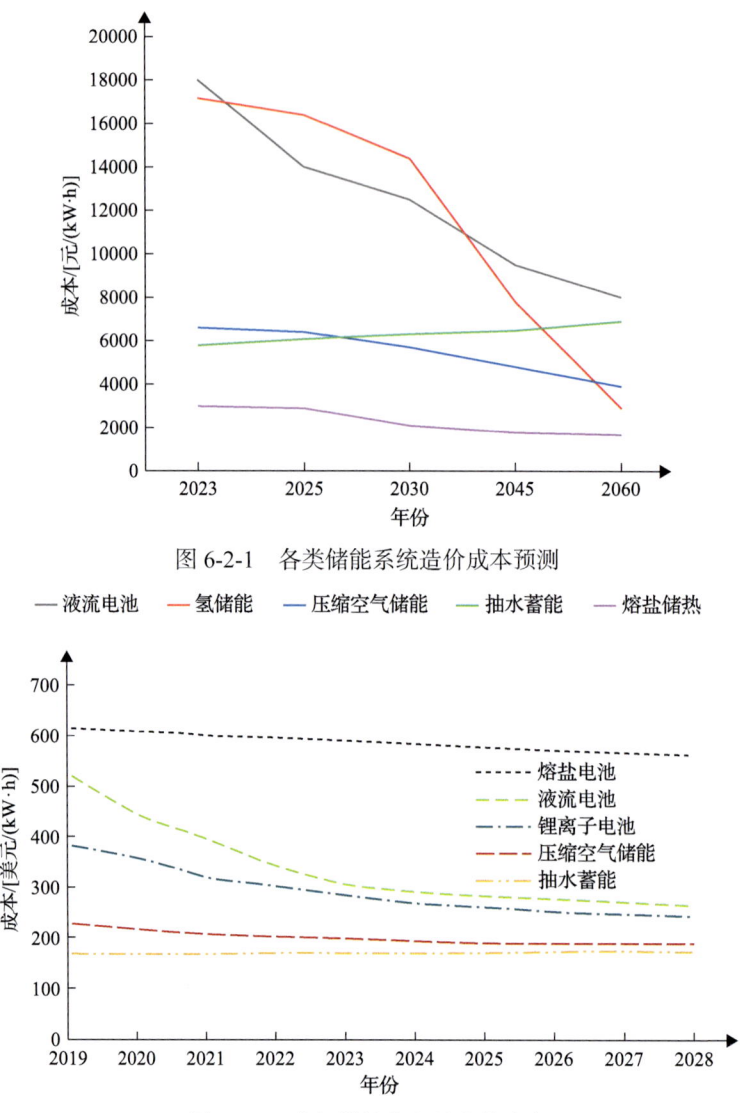

图 6-2-1　各类储能系统造价成本预测

图 6-2-2　大规模储能电站安装成本

理模式，在削峰填谷过程中同时优化无功调节、降低输配电损耗、提高供电可靠性等，进而产生节能效益，获得电网企业、园区运营者等节能受益方的让渡收益；也可以参与电力现货市场交易，通过购、售电交易获取价差收益。③在用户侧，压缩空气储能可以利用两部制分时电价，获得基于峰谷电价用电成本管理的稳定收益；可以作为提供辅助服务的第三方参与调频，获得调频里程补偿及调频容量补偿收益；可以进行用户侧管理，提高用户用电品质，同时在电网发生短暂停电故障时持续为用户侧供电，提升电能质量及安全可靠性，进而获得收益。

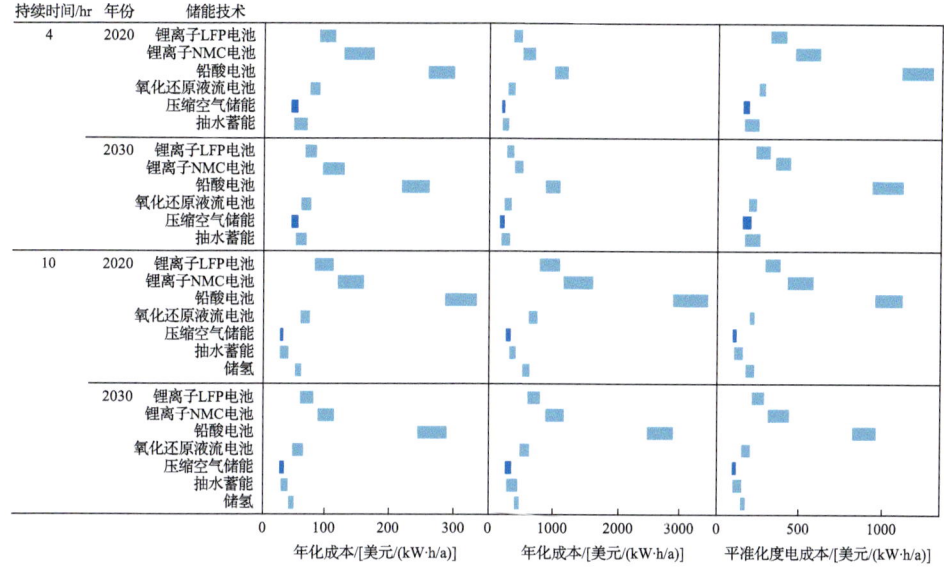

图 6-2-3　不同储能技术经济性预测（美国能源部预测）

因此，结合以上分析，压缩空气储能将是未来长时储能的主流路线之一，其规模和经济性可媲美抽水蓄能。相较于储氢、抽水蓄能、液流电池等长时储能路线，压缩空气储能从经济性和技术成熟度等方面来看，是更接近大范围推广的储能形式。在政府的大力支持下，一系列针对性的政策陆续出台，加之市场环境不断优化、资金投入持续增加，更有利于压缩空气储能产业的快速发展。

6.2.2　产业发展

1. 产业政策

在全球气候变暖和低碳能源备受关注的大背景下，储能产业的重要性日益凸显，世界各国纷纷发布储能激励措施，为大规模商业应用扫除障碍，包括支持储能技术的发展、开展储能应用示范、制定相关规范标准及建立和完善涉及储能的法律法规等。目前，西方发达国家的储能产业发展较快，相应的政策配套比较完善。同时，长时储能被多次提起，并纳入国家储能发展规划。英国政府就启动长时储能投资的提案进行了咨询，包括抽水蓄能、压缩空气储能、液态空气储能和液流电池。美国能源部于 2023 年 3 月发布了题为《长时储能商业起飞之路》的报告，旨在加速下一代长时储能技术的开发和商业化部署。2023 年 11 月，韩国推出重振储能措施，政府将重点支持用于中期储能解决方案的抽水蓄能、液流电池和钠硫（NaS）电池及用于长期储能解决方案的压缩空气储能和卡诺电池。另外，澳大利亚也将 10h 以上的长时储能作为主要规划对象，预计 2025 年将部署 46GW/640GW·h 的长时储能系统。

近年来，我国政府也高度重视长时储能技术和产业的发展，先后出台了一系列储能产业发展规划、储能电价激励政策、储能设备投资激励政策、储能示范项目激励政策等及可再生能源发展政策、分布式能源发展政策和智能电网发展政策等。尤其是在"双碳"背景下，发展储能已上升为国家战略。国家层面从2017年起，陆续出台了一系列纲领性文件，从顶层设计、市场机制、价格机制、调度机制等方面为新型储能建设的高速发展保驾护航。新型储能政策体系初步形成。压缩空气储能作为一种新型长时储能方式，得到了国家发展的重视。本节重点关注"双碳"目标提出以来国家和地方政府发布的具有里程碑意义和典型的政策措施且以新型储能支持政策为主。

2017年10月，国家发展改革委等五部门联合印发《关于促进储能技术与产业发展的指导意见》（发改能源〔2017〕1701号），其发展目标提到在"十四五"期间，储能项目得到广泛应用，形成较为完整的产业体系，全面掌握具有国际领先水平的储能关键技术和核心装备，其中包括大规模压缩空气储能技术。《指导意见》指出，第一阶段实现储能由研发示范向商业化初期过渡，第二阶段实现商业化初期向规模化发展转变。

2019年7月，国家发展改革委等联合印发《贯彻落实〈关于促进储能技术与产业发展的指导意见〉2019—2020年行动计划》（发改办能源〔2019〕725号），提出未来两年推动我国储能产业发展和技术应用的工作任务，明确六大项十六小项具体工作任务。从加强先进储能技术研发和智能制造升级、完善落实促进储能技术与产业发展的政策、推进长时储能项目示范和应用、加快推进储能标准化等角度落实储能技术与产业发展工作任务。在加强先进储能技术研发和智能制造升级任务中，明确加大储能项目研发试验验证力度，重点推进大规模压缩空气储能等重大先进技术项目建设，推动百兆瓦压缩空气储能项目试验验证示范。

2021年7月，国家发改委等部门发布了《关于加快推动新型储能发展的指导意见》（发改能源规〔2021〕1051号）。意见给出了加快推动新型储能发展的重点任务和实施路径。开展储能专项规划、坚持储能多元化技术创新与示范、明确新型储能独立市场主体地位、健全新型储能价格机制。意见明确提出要实现压缩空气、液流电池等长时储能技术进入商业化发展初期。

2022年3月，国家发展改革委等部门正式印发《"十四五"新型储能发展实施方案》（发改能源〔2022〕209号）。《实施方案》指出新型储能发展目标，到2025年，新型储能由商业化初期步入规模化发展阶段，具备大规模商业化应用条件。预计到2030年，新型储能进入全面市场化发展。方案将百兆瓦级压缩空气储能关键技术作为"十四五"新型储能核心技术装备攻关的重点方向之一。

2023年6月，国家能源局组织发布《新型电力系统发展蓝皮书》。《蓝皮书》全面阐述了新型电力系统的发展理念和内涵特征，以2030年、2045年、2060年为构建新型电力系统的重要时间节点，制定新型电力系统"三步走"发展路径，并提出构建新型电力系统的总体架构和重点任务，其中包括大力推动压缩空气储能、飞轮储能、重力储能等技术向大规模、高效率、灵活运行方向发展。2030～2045年，规模化长时储能技术取得重大突破。

2024年伊始，国家能源局组织开展了新型储能试点示范项目申报和评选工作，将"山东省肥城市300MW/1800MWh压缩空气储能示范项目"等56个项目列为新型储能试点示范项目。此外，2024年2月，国家能源局综合司发布了关于印发《2024年能源行业标准计划立项指南》的通知。《指南》将新型储能作为重点方向，包含电化学储能、压缩空气储能、飞轮储能及其他。同年，国家能源局在答《政府工作报告》中指出，坚持储能技术多元化，目前多项长时储能技术进入商业化，4小时以上项目装机占比12.5%。

"十四五"以来，国家能源局大力完善新型储能发展政策体系，针对压缩空气储能等长时储能技术的支持政策不断出台，政策支持持续向好，为新型储能产业发展注入新动力。各地方也出台了新型储能专项规划、实施方案或指导意见，不断加速布局。但总体来看，目前我国储能产业政策在顶层设计和规划方面还存在缺失，政策系统性和针对性仍需加强。此外，压缩空气储能的技术、研发和系统应用方面同样需要可持续性的整体规划。应当搭建储能管理组织架构，完善压缩空气储能技术与产业发展的管理体制。制定并完善与压缩空气储能技术和其产业发展相关的法律法规，使压缩空气储能产业健康、规范地稳步发展。同时，亟需出台相关的激励政策促进储能产业发展，如建立电网侧压缩空气储能电站容量电价机制，研究探索将电网替代性储能设施成本收益纳入输配电价回收等。随着压缩空气储能技术进步和产业政策的落地实施，系统效率提升叠加成本下降，压缩空气储能的产业化将迎来爆发式发展。

2. 装机规模

在过去十年中，我国能源结构发生了重大变革，新型能源体系逐步形成，能源结构主体从化石能源转变为可再生能源，可再生能源得到迅速发展，图6-2-4为2009年以来可再生能源装机规模的增长情况。

可再生能源的迅速发展为储能产业发展带来了巨大机遇，全球储能市场装机规模增长迅猛。根据国际可再生能源署数据，过去十年，全球新型储能装机量增长13倍，中国、美国、欧洲三者新型储能合计装机达到全球的80%。我国新型储能市场高速发展，截至2023年底，我国已经提前两年达成"十四五"规划的新型储能装机目标。2022～2023年，国内储能市场连续两年实现了超200%的高速增长。2023年，我国储能新增并网项目规模达22.8GW/49.1GW·h，是2022年7.8GW/16.3GW·h的近3倍，也超过去十年中国储能市场累计装机规模的总和。未来储系统的装机规模仍将保持高速增长，根据国际能源署预测(图 6-2-5)，到 2030 年，全球电网规模的储能电站容量(不含抽水蓄能)将达到 106GW，到 2040 年，容量将达到 218GW，增长 10 倍以上。

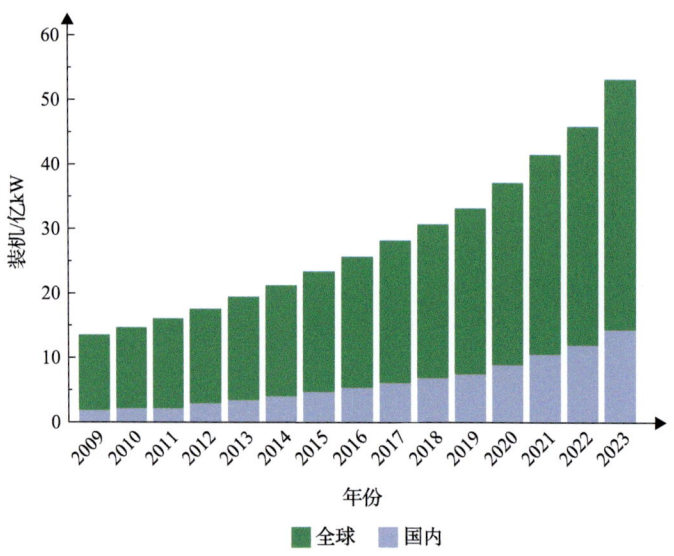

图 6-2-4　过去十五年可再生能源装机规模

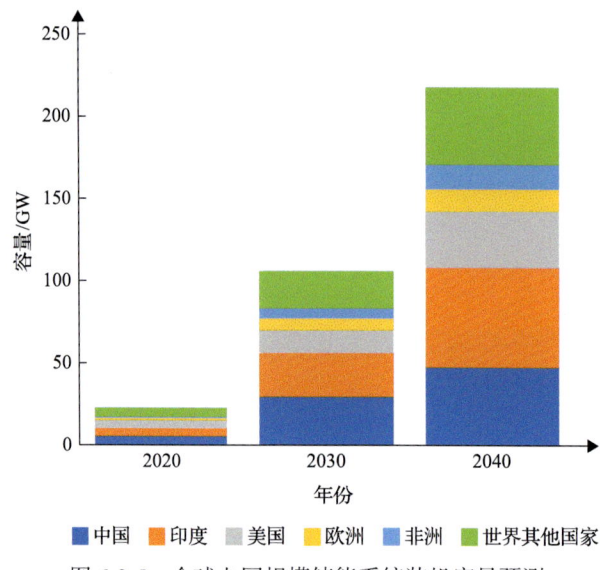

图 6-2-5　全球电网规模储能系统装机容量预测

随着可再生能源占比增加，电力系统中的总储能时长增加，长时储能占比提高，中长时电网规模储能对保证全天候供电安全至关重要。目前在长时电力储能中，抽水蓄能仍是较为传统且主流的储能方式，而压缩空气储能是一种在规模、安全、寿命和效率方面可与抽水蓄能相媲美的新型长时储能技术。近两年，我国在压缩空气储能集成示范方面取得了多项突破性进展。由清华大学、中国盐业集团有限公司和中国华能集团有限公司共同研发建设的金坛60MW盐穴压缩空气储能项目已并网发电。山东肥城10MW先进压缩空气储能示范项目积极参与电力现货市场交易，全年接受电网调度300余次。河北张家口100MW先进压缩空气储能示范项目全年累计调度运行190余次，有效参与了2023年电网迎峰度夏。山东肥城300MW先进压缩空气储能国家示范电站已于2023年12月建成，并于2024年4月并网发电。在建项目中，宁夏中宁100MW项目于2023年10月全面开工，预计2024年底完成主体工程建设，2025年投入使用。新疆阜康100MW项目、河南信阳300MW项目等也在抓紧建设中。压缩空气储能技术与产业发展已进入快车道，产业化及应用推广将进一步加速。根据预测，到2025年，我国新增储能装机中，先进压缩空气储能渗透率或将达10%，新增装机6.59GW；到2030年，新增的新型储能装机中，先进压缩空气储能的渗透率有望超过20%，新增装机量超过30GW，拥有巨大的市场前景。

总结过去的发展历程可以看到，先进压缩空气储能在大规模、长时间的应用场景中具有一定优势，应用前景可观。随着压缩空气储能技术的不断迭代升级，压缩空气储能产业的制造和运行成本有望进一步降低，这一积极变化将极大增强产业的吸引力，吸引越来越多的投资，从而全面促进压缩空气储能产业的产业化发展，形成更加成熟和完善的产业链，实现从初步发展到成熟壮大的跨越。

3. 未来挑战

先进压缩空气储能要实现大规模应用仍面临不少挑战，主要包括如下5个方面。

(1)进一步提高系统性能。

虽然先进压缩空气储能技术的发展速度较快，但各项技术性能仍有待进一步提升。目前，新型压缩空气储能的最高效率为70%左右，系统效率还有提升的空间；系统最大规模为百兆瓦级，尚未达到抽水蓄能的规模；系统单位成本为1000～1200元/(kW·h)，仍有下降空间。因此，研发更大规模的压缩空气储能系统是压缩空气储能技术的发展方向，也是系统降低成本、提高效率的有效途径。

(2)加强示范和应用。

相比于电化学储能，目前先进压缩空气储能技术的示范系统数量依然不足，不能满足多个规模、多种场景、多条技术路线发展的示范需求。因此，迫切需要政府、企业加强政策引导和资金支持，进一步推进百兆瓦级以上的大规模压缩空气储能的示范和应用。通过压缩空气储能大规模示范应用，可以积累大量工程建设和运行的实践经验，进一步优化系统及部件的工程设计，积累系统调控经验，提高压缩空气储能电站的整体性能及市场份额，有效推动技术与产业发展。

(3) 发展完整成熟的产业链。

压缩空气储能技术与产业发展已经进入快车道，产业化及应用推广将进一步加速，但压缩空气储能尚处于示范向产业化发展的阶段，未建立起成熟的产业链。压缩空气储能市场仍处于培育期，相关领域对压缩空气储能技术的接纳程度相对有限，压缩空气储能技术标准体系正逐步形成。下一步将通过工程项目推进，带动压缩空气储能系统上下游产业的发展，逐步形成成熟、稳定的压缩空气储能产业链，在示范应用的基础上进一步完善压缩空气储能技术的相关标准体系，并指导和规范压缩空气储能项目建设及大规模商业应用。

(4) 建立稳定的价格机制和商业模式。

压缩空气储能系统可实现包括调峰、调频、备用、黑启动等一系列功能，广泛应用于发电侧、电网侧及用户侧。目前压缩空气储能虽然能够实现多种功能，但只按照其某一种功能进行结算，则无法完全体现储能的多重价值，还没有形成合理稳定的电价机制及可复制推广的成熟商业模式。

(5) 加快 AI 赋能技术创新与应用。

人工智能(AI)技术正深度重塑储能技术与产业的发展范式，也必将在推动先进压缩空气储能系统开发、降低制造成本、提升系统运行可靠性等环节发挥关键作用。近年来，生成式大模型突破式发展，将推动 AI 从辅助工具演变为储能技术创新的核心驱动力。通过 AI 赋能压缩空气储能系统研发应用，有望加快技术迭代，全方面推动产业发展：显著提升系统效率、助力示范应用部署、加强产业链薄弱环节、创新动态电价机制，为构建"低成本、高安全、长寿命"的新型储能体系提供新路径。

"十四五"以来，我国压缩空气储能技术取得了里程碑式的发展，在总体设计、压缩机和膨胀机、蓄热换热等关键技术上取得了重要突破，在规模上从单机 100MW 级向 300MW 级推进，在系统集成、工程示范及商业应用等方面走在了世界前列，各项技术指标引领全球。展望未来，随着压缩空气储能技术的进步和产业政策的落地实施，系统效率提升叠加成本下降，压缩空气储能的产业化将迎来爆发式发展。特别是多个百兆瓦级储能电站的开工建设和并网运行，将形成大规模压缩空气储能商业应用新模式和战略新兴产业集群，助推新质生产力加快形成，有效支撑能源革命和新型电力系统的建设，服务国家重大需求，构建绿色低碳能源体系，助力"双碳"目标的实现，将绿色发展之路走得更远更好。

主要参考文献

Achenbach E. 1995. Heat and flow characteristics of packed beds[J]. Experimental Thermal and Fluid Science, 10(1): 17-27.

Andrew T R. 2011. Heat transfer enhancement in a cylindrical compression chamber by way of porous inserts and the optimization of compression and expansion trajectories for varying heat transfer capabilities[D]. Minneapolis: University of Minnesota.

Arnulfi G L, Marini M. 2008. Performance of a water compensated compressed air energy storage system[C]//ASME Turbo Expo: Power for Land, Sea, & Air. Berlin: 577-587.

Battke B, Schmidt T S. 2015. Cost-efficient demand-pull policies for multi-purpose technologies—the case of stationary electricity storage[J]. Applied Energy, 155: 334-348.

Bazdar E, Sameti M, Nasiri F, et al. 2022. Compressed air energy storage in integrated energy systems: A review[J]. Renewable and Sustainable Energy Reviews, 167: 112701.

Becattini V, Geissbühler L, Zanganeh G, et al. 2018. Pilot-scale demonstration of advanced adiabatic compressed air energy storage, Part 2: Tests with combined sensible/latent thermal-energy storage[J]. Journal of Energy Storage, 17: 140-152.

Bejan A. 1988. Advanced Engineering Thermodynamics[M]. Hoboken: John Wiley and Sons.

Bergman T L, Lavine A S, Incropera F P, et al. 2011. Fundamentals of Heat and Mass Transfer[M]. 7th ed. Hoboken: John Wiley & Sons.

Berrada A, Loudiyi K, Zorkani I. 2017. Toward an improvement of gravity energy storage using compressed Air[J]. Energy Procedia, 134: 855-864.

Beukes J, Jacobs T, Derby J, et al. 2008. Suitability of compressed air energy storage technology for electricity utility standby power applications[C]//INTELEC 2008-2008 IEEE 30th International Telecommunications Energy Conference. San Diego: 1-4.

Bogdan Ž, Kopjar D. 2006. Improvement of the cogeneration plant Economy by using heat accumulator[J]. Energy, 31(13): 2285-2292.

Bollinger B R. 2010-09-28. System and method for rapid isothermal gas expansion and compression for energy storage: United States Patent 7802426[P].

Bonn. 2004. Robonic pneumatic UaV launchers for EADS dornier[J]. Military Technology, 28(2): 72.

BP. 2020. Statistical review of world energy 2020[R]. London (UK): BP Plc.

Budt M, Wolf D, Span R, et al. 2016. A review on compressed air energy storage: Basic principles, Past milestones and recent developments[J]. Applied Energy, 170: 250-268.

Bullough C, Gatzen C, Jakiel C, et al. 2004. Advanced adiabatic compressed air energy storage for the integration of wind energy[C]//European Wind Energy Conference and Exhibition. London: 22-25.

Cavallo A. 2007. Controllable and affordable utility-scale electricity from intermittent wind resources and compressed air energy storage (CAES)[J]. Energy, 32(2): 120-127.

Chen C, Duan S, Cai T, et al. 2011. Optimal allocation and economic analysis of energy storage system in microgrids[J]. IEEE Transactions on Power Electronics, 26(10): 2762-2773.

Chen H S, Ding Y L, Peters T, et al. 2016-06-23. Method of storing energy and a cryogenic energy storage system:

US201615053840[P].

Chen H S, Ding Y L. 2006-02-27. A cryogenic energy system using liquid/slush air as the energy carrier and waste heat and waste cold to maximise efficiency, specifically it does not use combustion in the expansion process. UK Patent G042226PT[P].

Chen H, Cong TN, Yang W, et al. 2009. Progress in electrical energy storage system: A critical review[J]. Progress in Natural Science, 19(3): 291-312.

Chen H, Peng Y H, Wang Y L, et al. 2020. Thermodynamic analysis of an open type isothermal compressed air energy storage system based on hydraulic pump/turbine and spray cooling[J]. Energy Conversion and Management, 204: 112293.

Cheung B C, Carriveau R, Ting D S K. Parameters affecting scalable underwater compressed air Energy storage[J]. Applied Energy, 2014, 134: 239-247.

Cheung B, Cao N, Carriveau R, et al. Distensible air accumulators as a means of adiabatic underwater compressed air energy storage[J]. International Journal of Environmental Studies, 2012, 69(4): 566-577.

Cohen H, Rogers G F C, Saravanamuttoo H I H. 1996. Gas Turbine Theory[M]. 4th ed. London: Longman.

Creutzig F, Papson A, Schipper L, et al. 2009. Economic and environmental evaluation of compressed-air cars[J]. Environmental Research Letters, 4(4): 044011.

Denholm P, Mai T. 2019. Timescales of energy storage needed for reducing renewable energy curtailment[J]. Renewable Energy, 130: 388-399.

Denholm P, Sioshansi R. 2009. The value of compressed air energy storage with wind in transmission-constrained electric power systems[J]. Energy Policy, 37(8): 3149-3158.

Dincer I, Rosen M A. 2011. Thermal Energy Storage Systems and Applications[M]. 2nd edition. Hoboken: John Wiley & Sons.

Dostál Z, Ladányi L. 2018. Demands on energy storage for renewable power sources[J]. Journal of Energy Storage, 18: 250-255.

Ergun S. 1952. Fluid flow through packed columns[J]. Chemical Engineering Progress, 48(2): 89-94.

Eyer J, Corey G. 2010. Energy storage for the electricity grid: Benefits and market potential assessment guide: A study for DOE energy storage systems program[R]. Albuquerque, NM, and Livermore, CA (USA): Sandia National Laboratories.

Facci A L, Sánchez D, Jannelli E, et al. 2015. Trigenerative micro compressed air energy storage: Concept and thermodynamic assessment[J]. Applied Energy, 158: 243-254.

Fiaschi D, Manfrida G, Secchi R, et al. A versatile system for offshore energy conversion including diversified storage[J]. Energy, 2012, 48(1): 566-576.

Fleming R, Lou F, Key N L. 2011. The development of a high speed centrifugal compressor research facility[C]//49th AIAA aerospace Sciences Meeting Including the New Horizons Forum and Aerospace Exposition. Orlando: 227-233.

Fone D A, Crane S E, Berlin E P. 2011-11-29. Compressed air energy storage system utilizing two-phase flow to facilitate heat exchange: United States Patent 8065873[P].

Fragaki A, Andersen A N, Toke D. 2008. Exploration of economical sizing of gas engine and thermal store for combined heat and power plants in the UK[J]. Energy, 33(11): 1659-1670.

Galloway T R, Sage B H. 1970. A model of the mechanism of transport in packed, Distended and fluidized beds[J]. Chemical Engineering Science, 25(3): 495-516.

Geissbühler L, Becattini V, Zanganeh G, et al. 2018. Pilot-scale demonstration of advanced adiabatic compressed air energy storage, Part 1: Plant description and tests with sensible thermal-energy storage[J]. Journal of Energy Storage,

17: 129-139.

Ghadi M J, Azizivahed A, Mishra D K, et al. 2021. Application of small-scale compressed air energy storage in the daily operation of an active distribution system[J]. Energy, 231: 120961.

Gil A, Medrano M, Martorell I, et al. 2010. State of the art on high temperature thermal energy storage for power generation. Part 1: Concepts, materials and modulization[J]. Renewable and Sustainable Energy Reviews, 14(1): 31-55.

Grazzini G, Milazzo A. 2008. Thermodynamic analysis of CAES/TES systems for renewable energy plants[J]. Renewable Energy, 33(9): 1998-2006.

Grazzini G, Milazzo A. 2012. A Thermodynamic analysis of multistage adiabatic CAES[J]. Proceedings of the IEEE, 100(2): 461-472.

Günther S, Bensmann A, Hanke-Rauschenbach R. 2018. Theoretical dimensioning and sizing limits of hybrid energy storage systems[J]. Applied Energy, 210: 127-137.

Guo C, Xu Y, Guo H, et al. 2019. Comprehensive exergy analysis of the dynamic process of compressed air energy storage system with low-temperature thermal energy storage[J]. Applied Thermal Engineering, 147: 684-693.

Guo H, Xu Y J, Chen H S, et al. 2018. Corresponding-point methodology for physical energy storage system analysis and application to compressed air energy storage system[J]. Energy, 143(15): 772-784.

Guo H, Xu Y, Guo C, et al. 2019. Off-design performance of CAES systems with low-temperature thermal storage under optimized operation strategy[J]. Journal of Energy Storage, 24: 100787.

Guo H, Xu Y, Zhang X, et al. 2021. Finite-time thermodynamics modeling and analysis on compressed air energy storage systems with thermal storage[J]. Renewable and Sustainable Energy Reviews, 138: 110656.

Guo H, Xu Y, Zhu Y, et al. 2022. Unsteady characteristics of compressed air energy storage systems with thermal storage from thermodynamic perspective[J]. Energy, 244: 122969.

Haghifam S, Najafi-Ghalelou A, Zare K, et al. 2021. Stochastic bi-level coordination of active distribution network and renewable-based microgrid considering eco-friendly compressed air energy storage system and intelligent parking lot[J]. Journal of Cleaner Production, 278: 122808.

Haglind F. 2010. Variable geometry gas turbines for improving the part-Load performance of marine combined cycles-gas turbine performance[J]. Energy, 35(2): 562-570.

Handley D, Heggs P J. 1968. Momentum and heat transfer mechanisms in regular shaped packings[J]. Transactions of The Institution of Chemical Engineers, 46: 251-264.

He F, Xu Y, Zhang X, et al. 2015. Hybrid CCHP system combined with compressed air energy storage[J]. International Journal of Energy Research, 39(13): 1807-1818.

He Y, Guo S, Zhou J, et al. 2022. Multi-objective planning-operation co-optimization of renewable energy system with hybrid energy storages[J]. Renewable Energy, 184: 776-790.

Huang K D, Quang K V, Tseng K T. 2009. Study of recycling exhaust gas energy of hybrid pneumatic power system with CFD[J]. Energy Conversion and Management, 50(5): 1271-1278.

Huang K D, Tzeng S C. 2005. Development of a hybrid pneumatic-power vehicle[J]. Applied Energy, 80: 47-59.

Ibrahim H, Younès R, Ilinca A, et al. 2010. Study and design of a hybrid wind-diesel-compressed air energy storage system for remote areas[J]. Applied Energy, 87(5): 1749-1762.

IEA P. 2023. World energy outlook 2023[R]. Paris: International Energy Agency.

Jacob As, Banerjee R, Ghosh P C. 2018. Sizing of hybrid energy storage system for a PV based microgrid through design space approach[J]. Applied Energy, 212: 640-653.

Jafarizadeh H, Soltani M, Nathwani J. 2020. Assessment of the huntorf compressed air energy storage plant performance under enhanced modifications[J]. Energy Conversion and Management, 209: 112662.

Jannelli E, Minutillo M, Lavadera A L, et al. 2014. A small-scale CAES (compressed air energy storage) system for stand-alone renewable energy power plant for a radio base station: A sizing-design methodology[J]. Energy,78: 313-322.

Jiang R, Yin H, Peng K, et al. 2019. Multi-objective optimization, Design and performance analysis of an advanced trigenerative micro compressed air energy storage system[J]. Energy Conversion & Management, 186: 323-333.

Jubeh N M, Najjar Y S H. 2012. Green solution for power generation by adoption of adiabatic CAES system[J]. Applied Thermal Engineering, 44: 85-89.

Kassaee S, Abu-Heiba A, Ally M R, et al. 2019. Part 1-techno-economic analysis of a grid scale ground-level integrated diverse energy storage (GLIDES) technology[J]. Journal of Energy Storage, 25: 100792.

Kim T S, Ro S T. 1997. The effect of gas turbine coolant modulation on the part load performance of combined cycle plants. Part 1: Gas turbines[J]. Proceedings of the Institution of Mechanical Engineers Part A Journal of Power & Energy, 211(6): 443-451.

Kim Y, Shin D, Favrat D. 2011. Operating characteristics of constant-pressure compressed air energy storage (CAES) system combined with pumped hydro storage based on energy and exergy analysis[J]. Energy, 36(10): 6220-6233.

Kunii D, Smith J M. 1960. Heat transfer characteristics of porous rocks[J]. American Institute of Chemical Engineers Journal, 6(1): 71-78.

Kushnir R, Dayan A, Ullmann A. 2012. Temperature and pressure variations within compressed air energy storage caverns[J]. International Journal of Heat and Mass Transfer, 55(21): 5616-5630.

Kushnir R, Ullmann A, Dayan A. 2012. Thermodynamic and hydrodynamic response of compressed air energy storage reservoirs: A review[J]. Reviews in Chemical Engineering, 28(2-3): 123-148.

Lazarewicz M, Arseneaux J. 2005. Flywheel-based frequency regulation demonstration projects status[C]//Proceedings of Electrical Energy Storage Application and Technologies Conference. San Francisco..

Lefebvre A H, Ballal D R. 2010. Gas Turbine Combustion[M]. Boca Raton: CRC Press.

Lemofouet S, Rufer A. 2006. Hybrid energy storage system based on compressed air and super-capacitors with maximum efficiency point tracking (MEPT)[J]. IEEJ Transactions on Industry Applications, 126(7): 911-920.

Lerch E. 2007. Storage of fluctuating wind energy[C]//2007 European Conference on Power Electronics and Applications, Aalborg:1-8.

Li R, Chen L, Yuan T, et al. 2016. Optimal dispatch of zero-carbon-emission micro energy internet integrated with non-supplementary fired compressed air energy storage system[J]. Journal of Modern Power Systems and Clean Energy, 4(4): 566-580.

Li R, Chen L, Zhao B, et al. 2017. Economic dispatch of an integrated heat-power energy distribution system with a concentrating solar power energy hub[J]. Journal of Energy Engineering, 143(5): 04017046.

Li R, Zhang H, Chen H, et al. 2021. Hybrid techno-economic and environmental assessment of adiabatic compressed air energy storage system in china-situation[J]. Applied Thermal Engineering, 186: 116443.

Li Y, Miao S, Zhang S, et al. 2019. A reserve capacity model of AA-CAES for power system optimal joint energy and reserve scheduling[J]. International Journal of Electrical Power & Energy Systems, 104: 279-290.

Li Y, Wang X, Li D, et al. 2012. A trigeneration system based on compressed air and thermal energy storage[J]. Applied Energy, 99: 316-323.

Lin X, Zamora R. 2022. Controls of hybrid energy storage systems in microgrids: critical review, Case study and future trends[J]. Journal of Energy Storage, 47: 103884.

Lund H, Salgi G. The role of compressed air energy storage(CAES)in future sustainable energy systems[J]. Energy Conversion and Management, 2009, 50(5): 1172-1179.

Manglik K M, Bergles A E. 1995. Heat transfer and pressure drop correlations for the rectangular offset strip fin compact heat exchanger[J]. Experimental Thermal and Fluid Science, 10: 171-180.

Marano V, Rizzo G, Tiano F A. 2012. Application of dynamic programming to the optimal management of a hybrid power plant with wind turbines, photovoltaic panels and compressed air energy storage[J]. Applied Energy, 97: 849-859.

Mei S W, Wang J J, Tian F, et al. 2015. Design and engineering implementation of non-supplementary fired compressed air energy storage system: TICC-500[J]. Science China Technological Sciences, 58: 600-611.

Mitali J, Dhinakaran S, Mohamad A A. 2022. Energy storage systems: A review[J]. Energy Storage and Saving, 1(3): 166-216.

Mochizuki S, Yagi Y, Yang W J. 2007.Transport phenomena in stacks of interrupted parallel-plate surface[J]. Experimental Heat Transfer, 1(2): 127-140.

Mohd A, Ortjohann E, Schmelter A, et al. 2008. Challenges in integrating distributed energy storage systems into future smart grid[C]//2008 IEEE International Symposium on Industrial Electronics. Cambridge: 1627-1632.

Moore T, Douglas J. 2006. Energy storage, Big opportunities on a smaller scale[J]. EPRI Journal, 2006: 16-23.

Mucci S, Bischi A, Briola S, Baccioli A. 2021. Small-scale adiabatic compressed air energy storage: control strategy analysis via dynamic modelling[J]. Energy Conversion and Management, 243: 114358.

Nakayama A, Ando K, Yang C, et al. 2009. A study on interstitial heat transfer in consolidated and unconsolidated porous media[J]. Heat and Mass Transfer, 45(11): 1365-1372.

Nakhamkin M, Andersson L, Swensen E, et al. 1990. AEC 110 MW CAES plant: Status of project[J]. Journal of Engineering for Gas Turbines and Power, 114(4): 695-700.

Nakhamkin M, Wolk R H, Van Der Linden S, et al.2004. New compressed air energy storage concept improves the profitability of existing simple cycle, combined cycle, wind energy, and landfill gas power plants[C]//Turbo Expo 2004: Power for Land, Sea and Air. Vienna: 103-110.

Odukomaiya A, Abu-Heiba A, Gluesenkamp K R, et al. 2016. Thermal analysis of near-isothermal compressed gas energy storage system[J]. Applied Energy, 179: 948-960.

Odukomaiya A, Abu-Heiba A, Graham S, et al. 2018. Experimental and analytical evaluation of a hydro-pneumatic compressed-air ground-level integrated diverse energy storage (GLIDES) system[J]. Applied Energy, 221: 75-85.

Odukomaiya A, Kokou E, Hussein Z, et al. 2017. Near-isothermal-isobaric compressed gas energy storage[J]. Journal of Energy Storage, 12: 276-287.

Panda A, Mishra U, Aviso K B. 2020. Optimizing hybrid power systems with compressed air energy storage[J]. Energy, 205: 117962.

Peng X, She X, Nie B, et al. 2019. Liquid air energy storage with LNG cold recovery for air liquefaction improvement[J]. Energy Procedia, 158: 4759-4764.

Pimm A J, Garvey S D, Drew R J. Shape and cost analysis of pressurized fabric structures for subsea compressed air energy storage[J]. Proceedings of the Institution of Mechanical Engineers, Part C: Journal of Mechanical Engineering Science, 2011, 225(5): 1027-1043.

Pimm A J, Garvey S D, Jong M D. Design and testing of energy bags for underwater compressed air energy storage[J]. Energy, 2014, 66(2): 496-508.

Poonum A, Ali N, Larry M, et al. 2011. Characterization and assessment of novel bulk storage technologies[R]. Albuquerque: Sandia National Laboratories.

Qin C, Loth E, Li P, et al. 2014. Spray-cooling concept for wind-based compressed air energy storage[J]. Journal of Renewable and Sustainable Energy, 6: 043125.

Qin C, Loth E. 2014. Liquid piston compression efficiency with droplet heat transfer[J]. Applied Energy, 114: 539-550.

Qin C, Saunders G, Loth E. 2017. Offshore wind energy storage concept for cost-of-rated-power savings[J]. Applied Energy, 201: 148-157.

Rukh G, Khattak A. 2020. Development of a prototype uninterrupted electrical power supply system using compressed air storage from renewable energy resources[J]. Mehran University Research Journal of Engineering & Technology, 39(2): 237-246.

Saadat M, Li P Y, Simon T W. 2012. Optimal trajectories for a liquid piston compressor/expander in a compressed air energy storage system with consideration of heat transfer and friction[C]//Proceedings of the American Control Conference. Montreal.

Sadraey M H. 2017. Launch and Recovery Systems[M]. Cham: Springer International Publishing.

Salgi G, Lund H. 2008. System behaviour of compressed-air energy-storage in denmark with a high penetration of renewable energy sources[J]. Applied Energy, 85(4): 182-189.

Scheer H. 2006. Energy Autonomy: The Economic, Social and Technological Case for Renewable Energy [M]. London: Earthscan Publications Ltd.

Sciacovelli A, Li Y, Chen H, et al. 2017. Dynamic simulation of adiabatic compressed air energy storage(A-CAES) plant with integrated thermal storage-link between components performance and plant performance[J]. Applied Energy, 185: 16-28.

Sciacovelli A, Vecchi A, Ding Y. 2017. Liquid air energy storage(LAES)with packed bed cold thermal storage–from component to system level performance through dynamic modelling[J]. Applied Energy, 190: 84-98.

Shamshirgaran Sr, Ameri M, Morteza K, et al. 2011. Design of a compressed air energy storage(CAES)power plant using the genetic algorithm[C]//4th International Conference on Sustainable Energy and Environment, Bangkok: 401-408.

Sorokes J, Kuzdzal M. 2010. Centrifugal compressor evolution[C]//Proceedings of the 39th Turbomachinery Symposium. Texas: 59-70.

Succar S, Denkenberger D C, Williams R H. Optimization of specific rating for wind turbine arrays coupled to compressed air energy storage[J]. Applied Energy, 2012, 96: 222-234.

Succar S, Williams R H. 2008. Compressed air energy storage: theory, resources, and applications for wind power[R]. Princeton (USA): Princeton Environmental Institute.

Sun H, Luo X, Wang J. 2015. Feasibility study of a hybrid wind turbine system – Integration with compressed air energy storage[J]. Applied Energy, 137: 617-628.

Tang Z, Liu J, Zeng P. 2022. A multi-timescale operation model for hybrid energy storage system in electricity markets[J]. International Journal of Electrical Power and Energy Systems, 138: 107907.

U.S. Department of Energy. [2020-12-21]. Energy storage grand challenge roadmap[R/OL]. https://www.energy.gov/energy-storage-grand-challenge/articles/energy-storage-grand-challenge-roadmap.

U.S. Department of Energy. 2023. Pathways to commercial liftoff: Long duration energy storage[R]. Washington, D.C.: Department of Energy.

Vadasz, P. 2010. Compressed air energy storage: Optimal performance and techno-economical indices[J]. International Journal of Thermodynamics, 2(2): 69-80.

Van der Linden S. 2006. Bulk energy storage potential in the USA, Current developments and future prospects[J]. Energy, 31(15): 3446-3457.

Van der Linden S. 2007. Integrating wind turbine generators(WTG's)with GT-CAES(compressed air energy storage) stabilizes power delivery with the inherent benefits of bulk energy storage[C]//International mechanical engineering congress and exposition, Seattle:.379-386.

Venkataramani G, Ramalingam V, Viswanathan K. 2018. Harnessing free energy from nature for efficient operation of compressed air energy storage system and unlocking the potential of renewable power generation[J]. Scientific Reports, 8(1): 9981.

Vongmanee V. 2009. The renewable energy applications for uninterruptible power supply based on compressed air energy storage system[C]//2009 IEEE Symposium on Industrial Electronics & Applications. Kuala Lumpur, Malaysia: 827-830.

Wakao N, Kaguei S, Funazkri T. 1979. Effect of fluid dispersion coefficients on particle to fluid heat transfer coefficients in packed beds: Correlation of nusselt numbers[J]. Chemical Engineering Science, 34(3): 325-336.

Wakao N, Kato K. 1969. Effective thermal conductivity of packed beds[J]. Journal of Chemical Engineering of Japan, 2: 24-33.

Wang H, Wang L, Wang X, et al. 2013. A novel pumped hydro combined with compressed air energy storage system[J]. Energy, 6(3): 1554-1567.

Wang S Y, Yu J L. 2012. Optimal sizing of the CAES system in a power system with high wind power penetration[J]. International Journal of Electrical Power & Energy Systems, 37(1): 117-125.

Wasch A P De, Froment G F. 1972. Heat transfer in packed beds[J]. Chemical Engineering Science, 27(3): 567-576.

Wen D S, Chen H S, Ding Y L, et al. 2006. Liquid nitrogen injection into water: Pressure build-up and heat transfer[J]. Cryogenics, 46(10): 740-748.

Wen D, Ding Y. 2006. Heat transfer of gas flow through a packed bed[J]. Chemical Engineering Science, 61(11): 3532-3542.

Wieting A R. 1975. Empirical correlations for heat transfer and flow friction characteristics of rectangular offset-fin plate-fin heat exchangers[J]. Journal of Heat Transfer, 97(3): 480-490.

Wolf D. 2011. Methods for design and application of adiabatic compressed air energy: Storage based on dynamic modeling[D]. Bochum: Bochum university.

Yagi S, Kunii D. 1957. Studies on effective thermal conductivities in packed beds[J]. American Institute of Chemical Engineers Journal, 3(3): 373-381.

Yan X, Zhang X, Chen H, et al. 2014. Techno-economic and social analysis of energy storage for commercial buildings[J]. Energy Conversion & Management, 78: 125-136.

Yang C, Wang X, Huang M, et al. 2017. Design and simulation of gas turbine-based CCHP combined with solar and compressed air energy storage in a hotel building[J]. Energy and Buildings, 153: 412-420.

Yin J L, Wang D Z, Kim Y T, et al. 2014. A hybrid energy storage system using pump compressed air and micro-hydro turbine[J]. Renewable Energy, 65: 117-122.

Yoshimoto K, Nanahara T. 2005. Optimal daily operation of electric power systems with an ACC-CAES generating system[J]. Electrical Engineering in Japan, 152(1): 15-23.

Yu X, Zhang Z, Qian G, et al. 2024. Evaluation of PCM thermophysical properties on a compressed air energy storage system integrated with packed-bed latent thermal energy storage[J]. Journal of Energy Storage, 81: 110519.

Zafirakis D, Kaldellis J K. 2009. Economic evaluation of the dual mode CAES solution for increased wind energy contribution in autonomous island networks[J]. Energy Policy, 37(5): 1958-1969.

Zhang L, Cui J, Zhang Y, et al. Performance analysis of a compressed air energy storage system integrated into a coal-fired power plant[J]. Energy Conversion and Management, 2020, 225: 113446.

Zhang X, Qin C C, Loth E, et al. 2021. Arbitrage analysis for different energy storage technologies and strategies[J]. Energy Reports, 7: 8198-8206.

Zhang X, Xu Y, Zhou X, et al. 2018. A near-isothermal expander for isothermal compressed air energy storage system[J]. Applied Energy, 225: 955-964.

Zhang X, Xue H, Xu Y, et al. 2014. An investigation of an uninterruptible power supply (UPS) based on supercapacitor and liquid nitrogen hybridization system[J]. Energy Conversion & Management, 85: 784-792.

Zhao P, Zhang S, Gou F, et al. 2021. The feasibility survey of an autonomous renewable seawater reverse osmosis system with underwater compressed air energy storage[J]. Desalination, 505: 114981.

Zhou Q, He Q, Lu C, et al. 2020. Techno-economic analysis of advanced adiabatic compressed air energy storage system based on life cycle cost[J]. Journal of Cleaner Production, 265: 121768.

Zunft S, Dreissigacker V, Bieber M, et al. 2017. Electricity storage with adiabatic compressed air energy storage: Results of the BMWi-project ADELE-ING[C]//International ETG Congress. Bonn: 1-5.

蔡睿贤, 胡自勤. 1990. 余热锅炉变工况计算[J]. 工程热物理学报, (1): 17-20.

曹祎珊. 2023. 超级电容器的挑战对策及发展[J]. 水利技术监督, 6: 210-2.

岑可法, 姚强, 骆仲泱, 等. 2002. 高等燃烧学[M]. 杭州: 浙江大学出版社.

陈浮, 宋彦萍, 陈焕龙, 等. 2013. 气体动力学基础[M]. 哈尔滨: 哈尔滨工业大学出版社.

陈海生, 李泓, 徐玉杰, 等. 2023. 2022年中国储能技术研究进展[J]. 储能科学与技术, 12(5): 1516-1552.

陈海生, 李泓, 徐玉杰, 等. 2024. 2023年中国储能技术研究进展[J]. 储能科学与技术, 13(5): 1359-1397.

陈海生, 凌浩恕, 徐玉杰. 2019. 能源革命中的物理储能技术[J]. 中国科学院院刊, 34(4): 450-459.

陈浩, 贾燕冰, 郑晋, 等. 2019. 规模化储能调频辅助服务市场机制及调度策略研究[J]. 电网技术, 43(10): 3606-3617.

陈珩. 2015. 电力系统稳态分析[M]. 北京: 中国电力出版社.

陈启鑫, 房曦晨, 郭鸿业, 等. 2021. 储能参与电力市场机制:现状与展望[J]. 电力系统自动化, 45(16): 14-28.

陈泉. [2024-04-30]. 山东肥城300兆瓦先进压缩空气储能国家示范电站并网发电[EB/OL]. http://www.news.cn/science/20240430/9c670480c5fd4d3184ce360272858887/c.html

陈仕卿, 许剑, 张新敬, 等. 2017. 储能过程设计参数对压缩空气储能系统性能影响研究[J]. 热能动力工程, 32(3): 40-46.

邓明. 2008. 航空燃气涡轮发动机原理与构造[M]. 北京: 国防工业出版社.

方亮. 2003. 地下储气库储采技术研究[D]. 大庆: 大庆石油学院.

冯小珊. 2017. 混合储能多目标组合优化配置研究[D]. 上海: 上海交通大学.

傅秦生. 2005. 能量系统的热力学分析方法[M]. 西安: 西安交通大学出版社.

高锡五. 1986. 压力容器的检验与修理[M]. 太原: 山西人民出版社.

桂乐乐, 寿比南. 2017. 基于断裂力学的低温容器防脆断设计[J]. 中国特种设备安全, 33(3): 12-16.

国家发展和改革委员会, 2022. 国家能源局. "十四五"新型储能发展实施方案[R]. 北京: 国家发展和改革委员会.

国家发展和改革委员会. 2021. 中华人民共和国国民经济和社会发展第十四个五年规划和2035年远景目标纲要[R]. 北京: 国家发展和改革委员会.

国家发展计划委员会. 2002. 投资项目可行性研究指南[M]. 北京: 中国电力出版社.

国家计划委员会. 1993. 建设项目经济评价方法与参数[M]. 2版. 北京: 中国计划出版社.

国家科技部. 2022. "十四五" 国家科学技术普及发展规划[R]. 北京: 国家科技部.
国家能源局. 2019. 铝制板翅式热交换器: NB/T 47006-2019[S]. 北京: 中国标准出版社.
国家能源局. 2024. 2024 年能源行业标准计划立项指南[R]. 北京: 国家能源局.
国家能源局等. 2023. 新型电力系统发展蓝皮书[R]. 北京: 国家能源局.
国网江苏省电力公司. [2021-10-15]. 江苏省企业峰谷分时销售电价表[EB/OL]. http://www.js.sgcc.com.cn/html/tzgdgs/col2808/2022-07/27/20220727205125174374377272_1.html
何禹. 2012. 低温压力容器设计常见问题分析[J]. 油气田地面工程, 31(4): 32-33.
侯卓生, 陈芳. 2011. 电力系统基础[M]. 北京: 中国电力出版社.
黄威博. 2015. 压缩空气超级电容混合储能系统中辅助储电系统特性研究[D]. 北京: 北京交通大学.
黄先进, 郝瑞祥, 张立伟, 等. 2014. 压缩空气与超级电容混合储能系统能量控制策略[J]. 北京交通大学学报, 38(4): 56-62.
黄先进, 张立伟, 郑琼林, 等. 2013. 压缩空气超级电容混合储能系统中储电装置容量优化设计[J]. 电源学报, 6: 72-78.
焦树建. 1990. 燃气轮机燃烧室[M]. 北京: 机械工业出版社.
康重庆, 姚良忠. 2017. 高比例可再生能源电力系统的关键科学问题与理论研究框架[J]. 电力系统自动化, 41(9): 2-11.
兰州石油机械研究所. 2013. 换热器[M]. 北京: 中国石化出版社.
乐全明, 费铭薇, 郁惟铺, 等. 2006. 电网振荡与故障识别新方案研究[J]. 中国电机工程学报, 26(16): 33-37.
李发海, 朱东起. 2013. 电机学[M]. 5 版. 北京: 科学出版社.
李国跃. 2020. 超临界压缩空气储能填充床分级蓄冷方法研究[D]. 北京: 中国科学院大学.
李建林, 田立亭, 来小康. 2015. 能源互联网背景下的电力储能技术展望[J]. 电力系统自动化, 39(23): 15-25.
李连生, 杨启超, 赵远扬. 2014. 微小型压缩空气储能系统研究[J]. 流体机械, 2(3): 24-27.
李瑞雄, 王飞, 时文刚, 等. 2015. 带有抽水压缩气体储能装置的制冷系统[J]. 流体机械, 43(6): 69-75.
李晓鹏. 2016. 盐穴储气库建腔技术[J]. 当代化工, 45(7): 1460-1463.
梁贵书, 董华英. 2009. 电路理论基础[M]. 3 版. 北京: 中国电力出版社.
林公舒, 杨道刚. 2007. 现代大功率发电用燃气轮机[M]. 北京: 机械工业出版社.
林玉娟. 2016. 压力容器设计基础[M]. 北京: 中国石化出版社.
刘畅, 徐玉杰, 胡珊, 等. 2015. 压缩空气储能电站技术经济性分析[J]. 储能科学与技术, 4(2): 158-168.
刘辉, 张磊, 张俊杰, 等. 2018. 基于压缩空气储能的分布式能源系统热力学特性分析[J]. 节能技术, 36(4): 325-330.
刘佳, 夏红德, 陈海生. 2010. 新型液化空气储能技术及其在风电领域的应用[J]. 工程热物理学报, 31(12): 1993-1996.
刘金超, 徐玉杰, 陈宗衍, 等. 2014. 压缩空气储能储气装置发展现状与储能特性分析[J]. 科学技术与工程, 14(35): 148-156.
刘南宏. 2021. 无人机压缩空气弹射系统研究[D]. 北京: 中国科学院大学.
刘文毅, 杨勇平, 张昔国, 等. 2007. 压缩空气蓄能(CAES)电站及其现状和发展趋势[J]. 山东电力技术, (2): 10-14.
刘文毅, 杨勇平. 2007. 压缩空气蓄能电站综合效益评价研究[J]. 工程热物理学报, 28(3): 373-375.
刘晓君. 2013. 技术经济学[M]. 北京: 科学出版社.
卢韶光, 林汝谋. 1996. 燃气膨胀机稳态全工况特性通用模型[J]. 工程热物理学报, (4): 404-407.
路甬祥. 2016. 大力发展分布式可再生能源应用和智能微网[J]. 中国科学院院刊, 31(2): 157-164.
罗宁, 何青, 刘文毅. 2018. 压缩空气储能系统储气装置研究现状与分析[J]. 储能科学与技术, 7(3): 489-494.

潘艳珠. 2012. 工程技术经济[M]. 北京: 机械工业出版社.

庞永超, 韩中合. 2016. 压气储能系统中储气装置的性能分析与改进[J]. 化工进展, 35(S2): 75-79.

祁大同. 2017. 离心式压缩机原理[M]. 北京: 机械工业出版社.

钱颂文. 2002. 换热器设计手册[M]. 北京: 化学工业出版社.

清华大学气候变化与可持续发展研究院. 2021. 中国长期低碳发展战略与转型路径研究[R]. 北京: 清华大学气候变化与可持续发展研究院.

阮黎祥. 2012. 国内外关于低温压力容器设计理念的比较[J]. 压力容器, 29(8): 22-25.

孙大雁. 2024. 提升电力系统调节能力和智能化调度水平助力构建新型电力系统——《关于加强电网调峰储能和智能化调度能力建设的指导意见》解读[J]. 电力设备管理, 5: 7-9.

孙国刚. 2016. 压力容器及过程设备设计[M]. 北京: 中国石化出版社.

孙潇, 朱光涛, 裴爱国. 2022. 液化空气储能基本循环的热力学分析[J]. 南方能源建设, 9(4): 53-62.

孙晓霞, 桂中华, 高梓玉, 等. 2023. 压缩空气储能系统动态运行特性[J]. 储能科学与技术, 12(6): 1840-1853.

童钧耕. 2007. 工程热力学[M]. 4版. 北京: 高等教育出版社.

汪峰. 2014. 压力容器设计技术的研究[J]. 化学工程与装备, 11: 161-162,165.

汪军, 马其良, 张振东. 2008. 工程燃烧学[M]. 北京: 中国电力出版社.

王厚华. 2006. 传热学[M]. 重庆: 重庆大学出版社.

王加璇, 王清照, 宋乃辉. 2002. 热经济学研究的使命与任务[J]. 热能动力工程, 17(2): 111-114.

王凯, 张远, 孙燕平, 等. 2013. 一种基于风能储能的分布式能源系统[J]. 汽轮机技术, 55(5): 338335-338358.

王晓露, 郭欢, 张华良, 等. 2021. 火电厂热电联产机组与压缩空气储能集成系统能量耦合特性分析[J]. 储能科学与技术, 10: 598-610.

王心明, 麦克 W Z. 2011. 工程压力容器设计与计算[M]. 北京: 国防工业出版社.

王雅婷, 苏辛一, 刘世宇, 等. 2020. 储能在高比例可再生能源系统中的应用前景及支持政策分析[J]. 电力勘测设计, 1: 15-22.

王志泉. 2016. 低温压力容器设计探析[J]. 化工设计通讯, 42(6): 79.

翁史烈. 1987. 燃气轮机性能分析[M]. 上海: 上海交通大学出版社.

武震. 2014. 分布式储能系统关键技术研究[D]. 天津: 天津大学.

忻建华, 钟芳源. 2015. 燃气轮机设计基础[M]. 上海: 上海交通大学出版社.

新华社. [2020-9-22].在第七十五届联合国大会一般性辩论上的讲话[R/OL]. 中华人民共和国国务院公报. https://www.gov.cn/gongbao/content/2020/content_5549875.htm.

徐玉杰, 陈海生, 刘佳, 等. 2012. 风光互补的压缩空气储能与发电一体化系统特性分析[J]. 中国电机工程学报, 32(20): 33888-95144.

许建国. 2009. 电机与拖动基础[M]. 北京: 高等教育出版社.

严晓辉. 2014. 适用于分布式供能系统的储能系统研究[D]. 北京: 中国科学院研究生院工程热物理研究所.

杨科, 张远口, 李雪梅, 等. 2014. 风电与压缩空气储能系统的能量转化特性研究[J]. 工程热物理学报, 35(5): 825-829.

杨世铭, 陶文铨. 2006. 传热学[M]. 4版. 北京: 高等教育出版社.

杨文峰. 2008. 低温压力容器的设计[J]. 中国特种设备安全, 24(9): 19-21.

杨征, 陈海生, 王亮, 等. 2016. 蓄热对超临界空气储能系统性能的影响[J]. 动力工程, 37(8): 33-37.

姚雪青. 2023-02-06. 藏电于气, 绿色低碳, 江苏常州金坛盐穴压缩空气储能电站——赋能地下盐穴 助力高效用能[N]. 人民日报, (8).

叶季蕾, 薛金花, 王伟, 等. 2014. 储能技术在电力系统中的应用现状与前景[J]. 中国电力, 47(3): 1-5.

游达明. 2009. 技术经济与项目经济评价[M]. 北京: 清华大学出版社.

于永源, 杨绮雯. 2007. 电力系统分析[M]. 3版. 北京: 中国电力出版社.

余建祖. 2006. 换热器原理与设计[M]. 北京: 北京航空航天大学出版社.

余健明, 同向前. 2008. 供电技术[M]. 4版. 北京: 机械工业出版社.

虞启辉, 高胜昱, 孙国鑫, 等. 2024. 基于风光互补发电系统的压缩空气混合储能系统容量优化[J]. 新能源进展, 12(1): 74-81.

翟昕, 俞小莉, 刘忠民. 2006. 压缩空气-燃油混合动力的研究[J]. 浙江大学学报(工学版), 40(4): 610-614.

张靖周, 常海萍. 2015. 传热学[M]. 2版. 北京: 科学出版社.

张文生. 2007. 电工学(上册 电子技术)[M]. 北京: 中国电力出版社.

张新敬, 陈海生, 刘金超, 等. 2012. 压缩空气储能技术研究进展[J]. 储能科学与技术, 1(1): 26-40.

张雪辉. 2014. 超临界压缩空气储能系统多级向心透平研究[D]. 北京: 中国科学院大学.

张远, 杨科, 李雪梅, 等. 2013. 基于先进绝热压缩空气储能的冷热电联产系统[J]. 工程热物理学报, 34(11): 1991-1996.

张志, 邵尹池, 伦涛, 等. 2020. 电化学储能系统参与调峰调频政策综述与补偿机制探究[J]. 电力工程技术, 39(5): 71-77.

郑建国. 2008. 技术经济分析[M]. 北京: 中国纺织出版社.

中国化学与物理电源行业协会储能应用分会课题组. 2024 中国压缩空气储能产业发展白皮书[R]. 杭州: 中国化学与物理电源行业协会.

中国能源研究会储能专委会, 中关村储能产业技术联盟. 2024. 储能产业研究白皮书2024[R]. 北京: 中关村储能产业技术联盟.

中华人民共和国国家发展和改革委员会, 国家能源局. 2021. 关于加快推动新型储能发展的指导意见[R]. 北京: 中华人民共和国国家发展和改革委员会, 国家能源局.

中华人民共和国国家发展和改革委员会, 国家能源局. 2022. "十四五"新型储能发展实施方案[R]. 北京: 中华人民共和国国家发展和改革委员会, 国家能源局.

中华人民共和国国家发展和改革委员会. 2014. 关于完善抽水蓄能电站价格形成机制有关问题的通知[R]. 北京: 中华人民共和国国家发展和改革委员会.

中华人民共和国国家发展和改革委员会. 2017. 关于促进储能技术与产业发展的指导意见[R]. 北京: 中华人民共和国国家发展和改革委员会.

中华人民共和国国家发展和改革委员会. 2019. 贯彻落实<关于促进储能技术与产业发展的指导意见>2019-2020年行动计划[R]. 北京: 中华人民共和国国家发展和改革委员会.

中华人民共和国国家发展和改革委员会. 2021. 关于进一步完善抽水蓄能价格形成机制的意见[R]. 北京: 中华人民共和国国家发展和改革委员会.

周倩. 2020. 压缩空气储能中的蓄热技术及其经济性研究[D]. 北京: 华北电力大学.

周友行, 邓胜达. 2008. 基于压缩空气储能的小规模风力发电新技术[J]. 装备制造技术, (1): 103-104,115.

朱明善, 刘颖, 林兆庄. 2011. 工程热力学[M]. 2版. 北京: 清华大学出版社.

邹春. 2021. 基础燃烧学[M]. 武汉: 华中科技大学出版社.